iCourse·教材

大学物理（第二版·第三卷）
电磁学

主编　胡海云 吴晓丽 缪劲松

中国教育出版传媒集团
高等教育出版社·北京

内容简介

本套教材分为四卷，第一卷力学与热学，包括质点力学、刚体力学、连续体力学、气体动理论、热力学基础；第二卷波动与光学，包括振动、波动、几何光学基础、光的干涉、光的衍射、光的偏振；第三卷电磁学，包括静电场、静电场中的导体和电介质、恒定磁场、电磁感应和电磁场；第四卷近代物理，包括狭义相对论力学基础、微观粒子的波粒二象性、薛定谔方程及其应用、固体中的电子、原子核物理。各章后均有本章提要、思考题和习题，书末备有习题参考答案和活页作业单。

本书适合作为工科各专业的大学物理课程的教材或教学参考书，也可作为综合性大学和高等师范院校相关专业的教材或教学参考书。

图书在版编目（CIP）数据

大学物理. 第三卷，电磁学／胡海云，吴晓丽，缪劲松主编. -- 2 版. -- 北京 ：高等教育出版社，2024.7

ISBN 978-7-04-062189-1

Ⅰ. ①大… Ⅱ. ①胡… ②吴… ③缪… Ⅲ. ①物理学-高等学校-教材②电磁学-高等学校-教材 Ⅳ. ①O4

中国国家版本馆 CIP 数据核字(2024)第 094642 号

DAXUE WULI(DI SAN JUAN)DIANCIXUE

策划编辑 马天魁　　责任编辑 吴 荻　　封面设计 王 鹏 张志奇　　版式设计 杜微言

责任绘图 于 博　　责任校对 胡美萍　　责任印制 沈心怡

出版发行	高等教育出版社	网　　址	http://www.hep.edu.cn
社　　址	北京市西城区德外大街 4 号		http://www.hep.com.cn
邮政编码	100120	网上订购	http://www.hepmall.com.cn
印　　刷	涿州市星河印刷有限公司		http://www.hepmall.com
开　　本	787 mm×1092 mm　1/16		http://www.hepmall.cn
印　　张	22.75	版　　次	2017 年 8 月第 1 版
字　　数	540 千字		2024 年 7 月第 2 版
购书热线	010-58581118	印　　次	2024 年 7 月第 1 次印刷
咨询电话	400-810-0598	定　　价	46.40 元

物 料 号　62189-00

第二版前言

本套教材第一版自 2017 年出版后，于 2019 年获评兵工高校精品教材，于 2023 年获评北京高等学校优质本科教材课件。与新形态教材配套的讲课视频源于 8 门大学物理系列慕课，相关课程于 2018 年获评国家精品在线开放课程、2020 年获评国家级线上一流课程。北京理工大学“大学物理”课程自 2017 年基于本套教材全面实施了线上线下混合式教学模式，2020 年被评为国家级线上线下混合式一流课程。

本套教材结合国内外的教学改革进展，充分体现了多年教学实践与教材建设的成果。在第二版中根据广大教师和读者的建议，以及一些高校使用第一版教材进行线上线下混合式模块化授课的经验，我们对原书的部分内容和视频做了修改与补充，使内容更加充实、新颖。本套教材有如下特色。

- 具有时代性。紧密联系国内外物理学发展及互联网信息技术，巧妙嵌入引力波、黑洞、北斗卫星导航系统等现代科技研究成果，体现了物理学新的教学理念。

- 借鉴国内外同类教材，突出物理学知识与实际相结合的特色，注意从物理学史的角度引入物理学定律和概念，补充演示实验，引入新颖、前沿的实际应用案例。

- 教材思政深入化。融入了人文素养、科学素养、科学精神和科学方法等思政元素，如介绍中国磁悬浮、中国物理学家（如吴有训等）的成就，涵养学生家国情怀。

- 加强近代物理，并以现代观点处理经典物理的体系结构。如精心设计狭义相对论的多种介绍方法，在内容归类和章节编排上更加合理有序，结构严谨。

- 在例题和习题中配备了具有启发性的题目，引导学生开展研究性学习，培养学生的创新性思维。

• 知识体系完整，适用面广。除了常规内容外，还包括滚动、连续体力学、现代光学、固体物理、原子核物理等部分，可用于分层次教学。

• 方便教与学。书后配有活页练习单，包括选择题、填空题和计算题，有利于巩固知识点、深入理解概念。

• 以学生为中心，让教材易读、易懂、易教。在写作风格上力求物理图像清晰，物理思想突出；论述深入浅出，注重激发学生的兴趣，使学生多方位开展学习。

• 版式精美，通过双栏和底色突出三大功能，包括章首内容提示、边栏重点概念和边栏留白，以帮助学生统揽全章内容、复习查找知识点和记笔记。

本套教材有八位主编，其中胡海云、刘兆龙曾获北京市高等学校教学名师奖；缪劲松、冯艳全为北京理工大学教学名师。第一卷主编为：刘兆龙（第1、第2章），石宏霆（第3章），冯艳全（第4、第5章）；第二卷主编为：李英兰（第1、第2章，第3—第6章视频），刘兆龙（第1、第2章视频），郑少波（第3—第6章）；第三卷主编为：胡海云（第1、第2章），吴晓丽（第3章），缪劲松（第4章）；第四卷主编为：缪劲松（第1章），胡海云（第2、第3章），冯艳全（第4章），吴晓丽（第5章）。另外，第一卷部分插图由赵云峰绘制。

感谢北京理工大学的物理学前辈为本套教材打下的良好基础，感谢北京理工大学、高等教育出版社等对本套教材的编写与出版的积极支持。

书中难免出现不妥之处，真诚希望读者提出宝贵批评意见和建议。

编者于北京理工大学

2023年8月

第一版前言

物理学是研究物质的基本结构、基本运动形式、相互作用的自然科学，它具有完整的科学体系、独特有效的研究方法、丰富的知识，所有这些对于培养 21 世纪的科学研究工作者及工程技术人员都是必不可少的。因此以物理学基础为内容的大学物理课程是理、工、经、管、文等本科各非物理学专业必修的一门基础课。

当前，以计算机、手机和网络技术为核心的现代信息技术正在改变着我们的生产方式、生活方式、工作方式和学习方式，并可能引起教育和教学的变革。北京理工大学大学物理教学团队充分利用自身的教育资源优势，一直积极开展大学物理课程的网络建设。北京理工大学“大学物理”课程 2008 年被评为北京市精品课；2014 年入选中国大学慕课首批建设课程，分力学与热学、波动与光学、电磁学、近代物理四个模块进行讲授，并基于慕课开展面向多元化专业人才培养的大学物理模块化分层次混合式教学；“物理之妙里看‘花’”2016 年被评为国家级精品视频公开课。

我们之所以新编一套教材，是因为不仅要考虑结合国内外的教学改革进展及信息化技术，还要考虑在充分总结和吸取广大教师和学生对原北京市精品教材（《大学物理》苟秉聪、胡海云主编）意见的基础上，依据教育部高等学校物理学与天文学教学指导委员会编制的《理工科类大学物理课程教学基本要求》（2010 年版）进行编写。本套教材在写作风格上力求物理图像清晰，物理思想突出；论述深入浅出并有适量的技术应用和理论扩展；同时力求贯彻以学生为主体、教师为主导的教育理念，遵循学生混合式学习的认知规律，结合慕课教学，通过立体化设计，体现“导学”“督学”“自学”“促学”思想，展现物理以“物”喻理、以“物”明理、以“物”悟理的学科特点，使学生多方位地开展学习，增加教材的可读性和趣味性。

本套教材编者均为大学物理教学的一线优秀教师，具有多年丰富的教学、教改经验。第一卷主编老师为：刘兆龙（第1、第2章），石宏霆（第3章），冯艳全（第4、第5章）；第二卷主编老师为：李英兰（第1、第2章），郑少波（第3—第6章）；第三卷主编老师为：胡海云（第1、第2章），吴晓丽（第3章），缪劲松（第4章）；第四卷主编老师为：缪劲松（第1章），胡海云（第2、第3章），冯艳全（第4章），吴晓丽（第5章）。我们感谢北京理工大学的物理学前辈荀秉聪教授等为本套教材打下的良好基础，感谢北京理工大学教务处、高等教育出版社物理分社等对本套教材的编写与出版的积极支持。

编者

2016年4月

目录

绪 论

授课视频:电磁学绪论

电磁运动是物质的一种基本运动形式．电磁学是物理学的一个重要分支,它是研究电磁运动的基本规律,包括物质之间的电磁相互作用以及电磁场的产生、变化和运动的规律的学科．电磁学不仅与人们的日常生活和生产技术有着十分密切的联系,是人类大规模生产电能、长距离传送电能．储存电能和应用电能的科学基础,而且也是电工学、无线电电子学、电子计算机技术、等离子体物理和磁流体力学以及其他新科学、新技术发展的理论基础.

电磁相互作用是自然界中的四种基本相互作用之一,是带电粒子与电磁场的相互作用以及带电粒子之间通过电磁场传递的相互作用．在强度上它弱于强相互作用而强于引力相互作用和弱相互作用．电磁相互作用也是我们日常生活中比较重要的一种相互作用．我们所熟悉的弹性力和摩擦力等是由电磁相互作用引起的;我们在生活中所观察到的大部分现象,包括化学和生物过程都与分子、原子等粒子之间的电磁相互作用有关．例如,组成人体或植物等的基本物质,就是由原子和分子等粒子通过电磁相互作用聚集在一起的．无线电波、微波、光等形式的电磁辐射是由振荡的电场和磁场形成的．

人类对电磁现象的观察与研究的历史可分为两个阶段．

NOTE

第一个阶段是观察与记录阶段．人类对电和磁现象的认识可以追溯到远古时期．公元前 6 世纪,古希腊学者泰勒斯(Thales,约前 624—约前 547)就观察到摩擦起电的现象．在中国,早在公元前 4 世纪—公元前 3 世纪就有磁石吸引铁屑现象以及磁石指南等现象的记载．宋代科学家沈括(1031—1095)于他所著的《梦溪笔谈》中记载了地磁偏角,并讨论了用针在磁石上反复摩擦,使针带有磁性的方法．宋代,中国已将“司南”用于航海,后来经阿拉伯国家传到西方,促成大航海时代的到来．公元 16 世纪,英国医生吉尔伯特(W. Gilbert,1544—1603)对电和磁现象进行了系统的研究,并且采用了电力、电吸引以及磁极等名词．在这一时期,人们对电或磁的关注主要是出于好奇或者是直接应用它,比如说,对闪电的观察、对指南针的应用等．在这一阶

NOTE

段，人们认为，电和磁是完全不同的两种现象．

第二个阶段是定量研究阶段，这一阶段始于 18 世纪下半叶．1785 年，法国物理学家库仑（C. A. de Coulomb，1736—1806）公布了用自己设计的扭秤实验得到的电力平方反比定律，即后来成为电磁学基本定律的库仑定律，开启了电学的定量研究，这是对静电相互作用的系统研究．所谓静电就是指静止的电荷所产生的电学现象．从静电研究向动电研究的转变始于 1800 年，意大利物理学家伏打（A. Volta，1745—1827）发明了电堆，使得恒定电流的获得成为可能．然而在相当长的历史时期内，电和磁被视为两种完全不同的现象分别被加以研究．直到 1820 年，丹麦物理学家奥斯特（H. C. Oersted，1777—1851）发现了电流可以使小磁针偏转即电流的磁效应，才使电学与磁学彼此隔绝的情况有了突破，电磁学的研究进入了新的阶段．同年，法国科学家安培（A. M. Ampère，1775—1836）对电磁相互作用进行了深入研究，提出了安培定律．1831 年，英国物理学家法拉第（M. Faraday，1791—1867）的贡献尤为突出，他发现了电磁感应现象并提出了场的概念，进一步揭示了电磁现象的内在联系．1864 年，英国物理学家麦克斯韦（J. C. Maxwell，1831—1879）在总结前人成就的基础上，极富创见地提出了感应电场和位移电流的假说，并将一切电、磁理论归纳到一组数学方程式即麦克斯韦方程组中，建立了一套电磁场理论，使电磁学真正发展起来．这样看来，电效应和磁效应是一种相互作用的两个方面，这种相互作用就是电磁相互作用．此后随着电磁理论的不断完善，发电机和电动机相继问世，实现了电能与机械能的相互转化，给人们的生活带来了翻天覆地的变化，推动了新的工业革命．

我们在电磁学的学习中将着重从场的观点出发介绍静电场、恒定磁场的基本性质和基本规律，并涉及有介质时的情形，然后阐述电磁感应现象的物理本质，最后介绍电磁场理论的初步知识——麦克斯韦方程组．

第 1 章　静　电　场

静电场是由真空中相对于观察者静止的电荷或者带电体所产生的电场．本章首先由奥妙无穷的电现象认识电荷的基本性质如电荷的量子性、相对论不变性以及电荷守恒定律．然后介绍静电学的两个实验规律——库仑定律和电场力的叠加原理．从库仑定律的建立我们可以获得许多启示，对阐明物理学发展中理论和实验的关系，了解物理学的研究方法均会有所裨益．最后着重了解电场及其性质．一方面从电荷在电场中受力的作用出发，引入描述电场的重要物理量——电场强度，并在介绍电场线、电场强度通量概念的基础上重点介绍反映静电场有源性的高斯定理．另一方面，从电场力对电荷做功出发来研究电场的性质，得到反映静电场保守性的环路定理，从而引出电势能的概念和描述静电场的另一重要物理量——电势．此外还简要介绍等势面和电势梯度的概念，以进一步了解静电场的电场强度和电势的微积分关系．

1.1　库仑定律

1.1.1　电荷

人类对电荷的认识最初源于摩擦起电现象和自然界的雷电现象．早在公元前 6 世纪，古希腊人就发现用毛皮摩擦过的琥珀能够吸引羽毛、头发等轻小物体．“电”这个词的英文 electricity 就源自琥珀的希腊词语 elektron. 公元 1 世纪，我国学者王充（27—约 97）在其所著书籍《论衡》中也有“顿牟掇芥”的描述，指的是摩擦过的玳瑁甲壳能吸引像草芥之类的轻小物体．到 16 世纪末、17 世纪初，人们进一步发现，其他的物体如玻璃棒用丝绸摩擦后，硬橡胶棒用毛皮摩擦后，都能吸引轻小物体，这种现象称

授课视频:电荷的性质 a

为摩擦起电,也就是通过摩擦方法使物体带上了电荷,成为带电体. 继而人们发现雷击、感应、接触、光照等都可能使某些物体带电. 物体之所以产生各种电磁现象,就归因于物体带上了电荷,或者进一步说,物体之所以产生电磁现象,还由于这些电荷的运动. 人们通过对电荷的各种相互作用及其效应的研究,发现电荷有以下一些基本性质:

1. 电荷的种类及其性质

实验表明,自然界中只有两种电荷. 1747 年,美国的物理学家富兰克林(Benjamin Franklin,1706—1790),也就是后来用拴钥匙的风筝收集大气放电,揭示了雷电现象的秘密,制作了避雷针的富兰克林,用正电荷和负电荷的名称将这两种电荷加以区分,这种命名法一直沿用至今. 也就是说,一种电荷与在室温下用丝绸摩擦过的玻璃棒上所带的电荷相同,称为正电荷;而另一种电荷与毛皮摩擦过的橡胶棒上所带的电荷相同,称为负电荷. 电荷的一个重要性质是同种电荷相互排斥,异种电荷相互吸引,即同号相斥、异号相吸. 当异种电荷在一起时,它们的效应有互相抵消的作用.

生活里有许多奥妙无穷的静电现象,这里不妨列举几个:

在干燥的天气中,用塑料梳子梳理头发时,头发往往会随着梳子飘了起来,并且越梳越蓬松. 这是因为塑料梳子在梳理头发的时候,容易摩擦起电,从而使梳子带上负电荷,头发带上正电荷导致静电现象.

许多隐形眼镜的材料和人眼中的蛋白质分子是通过静电吸引的,从而使人佩戴起来感觉比较舒适. 同样,一些化妆品也是通过静电吸引力附着在皮肤的表面上. 我们用手触摸物体的时候,往往会在其上留下带正电荷的蛋白质分子,在其上撒上带负电荷的金粉颗粒,就可以根据异种电荷相互吸引来揭示指纹.

NOTE

在汽车生产中,也常采用静电喷漆技术,让车体带正电荷,油漆带负电荷,通过正、负电荷的相互吸引来实现喷漆的均匀化.

令人惊异的是,自然界许多生物是带电的. 例如,蜜蜂飞行的过程中,由于翅膀与空气摩擦往往使其带上正电荷,而花粉颗粒由于通过茎枝和大地相连会带上负电荷,当蜜蜂飞到花朵附近时,由于静电相互吸引,使得蜜蜂采集花粉的能力大为提高.

2. 电荷量

物体所带电荷数量的多少称为电荷量,常用 Q 或 q 表示. 正电荷量取正值,负电荷量取负值. 一个物体所带的总电荷量就是其所带正、负电荷量的代数和. 在国际单位制中,电荷量的单位是库仑,简称库,用 C 表示. 库仑的定义为:让导线中通有 1 A 的恒定电流，则在 1 s 的时间内通过导线横截面的电荷量就为 1 C，也就是 1 C = 1 A · s.

实验室里常用验电器来检验物体是否带电．如图 1-1 所示，验电器的主体结构看上去像一个小铜人，从上到下都由金属制成．当检验物体是否带电的时候，让带电的物体和上方的金属球接触，其中一部分电荷就传到下方的两个金属片上，这两个金属片由于带同种电荷相互排斥而张开．

图 1-1 验电器

宏观带电体所带电荷种类的不同是由于组成它们的微观粒子所带电荷种类不同．现代物理学关于物质结构的理论和实验表明，一切实物都是由原子和分子组成的，而原子又由带正电荷的原子核和核外带负电荷的电子组成．原子核内带正电荷的粒子是质子，中子整体对外不呈电性．一个电子所带的电荷量和一个质子所带的电荷量数值相同，但符号相反．在一般情况下，一个物体中任何一部分都包含相同数目的质子和电子，所以对外界不呈现电性．当两个电中性的宏观物体相互摩擦时，可使一些电子从一个物体传给另一个物体，结果得到电子的物体就带负电荷，失去电子的物体就带正电荷．因此摩擦起电实际上就是通过摩擦作用使一些电子从一个物体转移到另一个物体的过程．物质的电结构决定了物体带电的本质，物体内部固有的带电的质子和带电的电子是物体的各种带电过程的内在根据．

NOTE

3. 电荷的相对论不变性

电荷的相对论不变性，是指一个物体所带的电荷量与它的运动状态无关，即在不同的参考系内观察，同一带电物体的电荷量不变．例如，在回旋加速器实验中，根据电子电荷量不变这一结论导出的电子运动速度与实验结果相符合．较为直接的实验例子是：氢分子、氦原子都精确地是电中性的．二者都有两个质子，两个核外电子．这些电子的运动状态相差不大，但氦原子中两个质子的能量比氢分子中两个质子的能量大约一百万倍的数量级，因而运动状态有显著的差别．而氢分子和氦原子的电中性说明，质子的电荷量是与其运动状态无关的．

4. 电荷守恒定律

大量实验表明，在一个与外界没有电荷交换的系统内，正、负电荷的代数和在任何过程中总是保持不变．这就是电荷守恒定律．

电荷守恒定律是物理学最基本的定律之一．近代科学实践证明，不仅它在一切宏观过程（如摩擦起电、接触起电、感应起电等）中成立，而且一切微观过程也普遍遵守电荷守恒定律．例如，

授课视频：电荷的性质 b

NOTE

在原子核衰变过程 $^{238}_{92}U \rightarrow ^{234}_{90}Th + ^{4}_{2}He$ 中，衰变前后电荷的代数和保持不变．在粒子的相互作用过程中，尽管电荷是可以产生和消灭的，电荷守恒定律也并未因此而遭到破坏．例如，在正负电子对的湮没过程中，一对正、负电子转化为两个不带电的光子，即 $e^{+}+e^{-} \rightarrow 2\gamma$. 而一个高能光子与一个重原子核作用时，该光子又可以转化为一个正电子和一个负电子．在这些过程中，电荷的产生和消灭并不改变系统中电荷的代数和．

5. 电荷的量子性

在自然界中，物体所带的电荷量总是以一个基本单元的整数倍出现．电荷的基本单元即元电荷的概念，最初是英国物理学家法拉第于1833—1834年通过电解的实验定律提出，其后1906—1908年，美国物理学家密立根（Robert Andrews Millikan，1868—1953）通过著名的油滴实验，直接测定了元电荷的量值．

密立根油滴实验的装置如图1-2所示．A、B为平行的两块金属板，分别与电源的正、负极相连接而带上等量的正、负电荷．板中央开一个小孔，从喷雾器喷出的带负电的油滴经小孔进入两板间后，受到静电力 $\boldsymbol{F}_e$、重力 $m\boldsymbol{g}$ 和空气浮力 $\boldsymbol{F}_b$ 的作用．通过电源调节金属板上的电荷量，使油滴所受的三个力达到平衡，并从显微镜中观测．密立根油滴实验首先证明，油滴上的电荷总是电子所带电荷的整数倍．到目前为止的所有实验都表明，物体所带的电荷不是以连续方式出现的，而是以一个基本单元的正、负整数倍出现的．这个特性就称为电荷的量子性，而这个基本单元就是一个电子所带电荷量的绝对值，称为元电荷，常以 e 表示，其值为 $e=1.602\ 176\ 634\times10^{-19}$ C. 在计算中，一般取 $e=1.602\times10^{-19}$ C. 1923年，密立根获得诺贝尔物理学奖，他的重要贡献之一，就是测定了元电荷的量值．

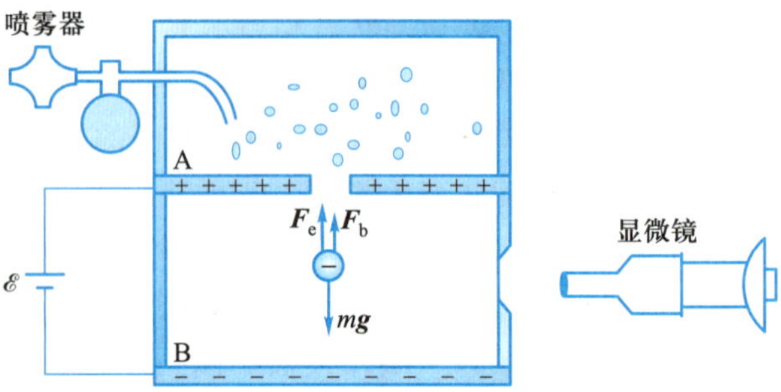

图1-2 密立根油滴实验

自然界中任何一个物体或其他的微观粒子所带的电荷量 Q 都是元电荷 e 的整数倍，可以写成 $Q=Ne$ 的形式，其中，N 是一个整数．例如，电子的电荷量是 $-e$；质子的电荷量是 $+e$；α 粒子，即

NOTE

氦核，是由紧密结合在一起的两个质子和两个中子所组成的，具有$+2e$的电荷量．微观粒子所带的元电荷的个数称为它的电荷数，其是正整数或负整数．一个原子序号为Z的原子，带有Ze的正电荷，而核外有Z个电子，因而是电中性的．任何带电体的电荷只能以e为单位进行交换和变化，所以电荷的变化是不连续的．

近代物理从理论上预言中子、质子等强子由被称为夸克和反夸克的更小的粒子组成，每一个夸克或反夸克所带的电荷量为$\pm e/3$或$\pm 2e/3$. 目前物理学家们已经借助大型加速器实验发现六种夸克：上夸克、下夸克、粲夸克、奇夸克、底夸克和顶夸克．然而至今在实验中还没有检测到单独存在的夸克，即没有发现脱离强子自由运动的夸克．因此，人们仍然把电子电荷量的绝对值视为元电荷．即使以后发现自由状态的夸克，依然不会改变电荷的量子性，而只是会改变元电荷的量值．

下面介绍电磁学中常用的两个理想模型．第一个理想模型是我们在讨论电磁现象的宏观规律时，所涉及的电荷量通常是元电荷的许多倍，因此可以认为电荷连续地分布在带电体上，而忽略电荷的量子性所引起的微观起伏．例如，用毛皮摩擦塑料棒，可以转移10^{10}个甚至更多的电子．从微观上看，这些电子离散地分布在物体内．但由于元电荷e与Ne相比很小，所以在宏观电磁现象中，电荷的量子性显示不出来．犹如宏观上我们看到的水是连续的，而微观上我们知道水是由一个个水分子组成，水分子之间实际上是有空隙的．宏观上对电荷的这种连续性处理非常有利于我们后面使用微积分方法来进行一些计算．

第二个理想模型是电学中经常用到的点电荷，它是一个没有形状和大小而只带有电荷的物体．在什么情况下才能应用这个理想模型呢？只有当一个带电体自身的几何线度远小于所研究的问题中涉及的距离时，该带电体的形状、大小及电荷在其上的分布对所讨论的问题没有影响或其影响可以忽略，该带电体才可以视为没有内部结构、只有有限的质量和电荷的几何点，即点电荷．点电荷这一概念只具有相对的意义，它本身不一定是很小的带电体．至于带电体的线度比相关的距离小多少时它才能当作点电荷，要看问题所要求的精度而定．例如，电子所带的负电荷集中在半径约为10^{-18} m的空间范围内，质子所带的正电荷分布在半径约为10^{-15} m的空间范围内．一般情况下，在讨论带电板、带电棒这些宏观意义上的问题时，都把电子和质子等带电粒子视为点电荷．此外，力学中可以把一切宏观物体视为质点的集合，在电磁学中也可以把所有的宏观带电体视为点电荷的集合．

1.1.2 库仑定律

授课视频:库仑定律

同种电荷相斥,异种电荷相吸.这是对于电荷之间相互作用的定性描述.实际上,在发现电现象以后的两千多年的时间里,人们对于电的认识一直处于定性阶段.最早的定量研究是在 1785 年,法国科学家库仑用他自己发明的扭秤装置测定了两个带电球体之间的相互作用力,并在此基础上提出了两个静止点电荷之间相互作用的规律,即库仑定律.

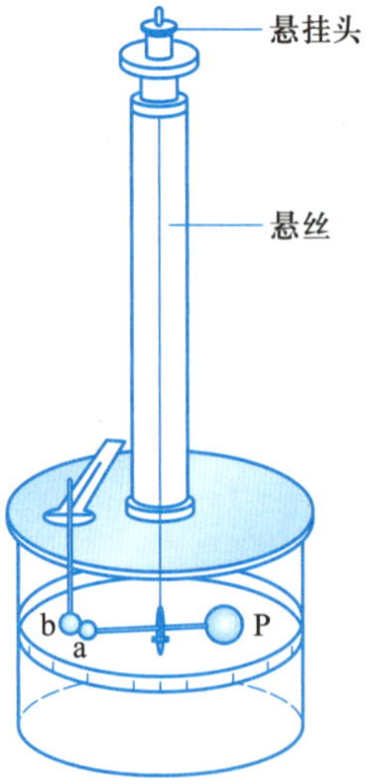

图 1-3 库仑扭秤装置

图 1-3 为库仑扭秤装置的示意图,在细金属丝的下端悬挂一根水平秤杆,它的一端有一个小球 a,另一端有一平衡体 P,在 a 旁放置一个同它一样大小的固定小球 b. 为了研究带电体间的作用力,先使 a 和 b 都带一定电荷,这时秤杆因 a 端受力而偏转,平衡时悬丝的扭力矩等于该作用力施在 a 上的力矩.若悬丝的扭力矩同扭角间的关系已知,并测得秤杆的长度,就可以求出在此距离下 a 与 b 之间的作用力.

库仑定律表述如下:相对于惯性系观察,真空中两个静止点电荷之间的相互作用力(称为库仑力)的大小与这两个电荷所带电荷量的乘积成正比,与它们之间距离的平方成反比;作用力的方向沿着这两个点电荷的连线,同号电荷相斥,异号电荷相吸.

库仑定律的数学表达式为

$$\boldsymbol{F}_{12}=k\frac{q_1q_2}{r_{12}^2}\boldsymbol{e}_{r12} \tag{1-1}$$

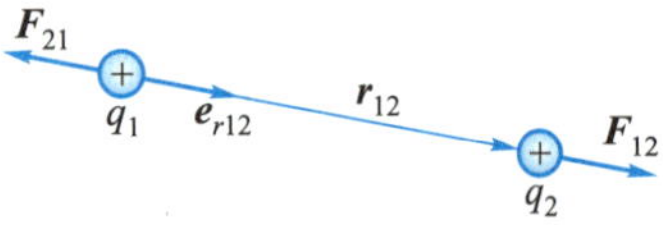

图 1-4 库仑定律

式中,$\boldsymbol{F}_{12}$为点电荷 q_1 对点电荷 q_2 的作用力;q_1 和 q_2 分别为两个点电荷的电荷量,其值可正可负;r_{12}表示两个点电荷之间的距离;比例常量 k 称为库仑常量,在国际单位制中,由实验测得 $k\approx8.99\times10^9\ \mathrm{N\cdot m^2\cdot C^{-2}}$;$\boldsymbol{e}_{r12}$为从 q_1 指向 q_2 方向的单位矢量;如图 1-4 所示.若以 $\boldsymbol{r}_{12}$表示 q_2 相对于 q_1 的位矢,其大小为 r_{12},方向从 q_1 指向 q_2,则

$$\boldsymbol{e}_{r12}=\frac{\boldsymbol{r}_{12}}{r_{12}} \tag{1-2}$$

当 q_1 和 q_2 同号时,$\boldsymbol{F}_{12}$和 $\boldsymbol{e}_{r12}$同方向,表明 q_1 和 q_2 之间的作用力是斥力;当 q_1 和 q_2 异号时,$\boldsymbol{F}_{12}$和 $\boldsymbol{e}_{r12}$反方向,表明 q_1 和 q_2 之间的作用力是吸引力.

根据上面的约定符号,若要计算电荷 q_2 对电荷 q_1 的库仑力 $\boldsymbol{F}_{21}$,只需将 $\boldsymbol{e}_{r12}$反向即得.从这个意义上讲,库仑定律给出的两个静止点电荷之间的库仑力大小相等,方向相反,即

$$\boldsymbol{F}_{12}=-\boldsymbol{F}_{21} \tag{1-3}$$

为了使以后经常使用的电磁学规律的表达式得到简化,通常

NOTE

引入另一常量 ε_0，使 $k=\dfrac{1}{4\pi\varepsilon_0}$，这里引入的 ε_0 称为真空介电常量，又称为真空电容率，其值为

$$\varepsilon_0=\frac{1}{4\pi k}=8.854\ 187\ 812\ 8(13)\times10^{-12}\mathrm{C}^2\cdot\mathrm{N}^{-1}\cdot\mathrm{m}^{-2}$$

在计算中，一般取 $\varepsilon_0=8.85\times10^{-12}\ \mathrm{C}^2\cdot\mathrm{N}^{-1}\cdot\mathrm{m}^{-2}$. 这样，就得到真空中库仑定律如下的常用表达式：

$$\boldsymbol{F}_{12}=\frac{1}{4\pi\varepsilon_0}\frac{q_1q_2}{r_{12}^2}\boldsymbol{e}_{r12} \tag{1-4}$$

在库仑定律的表达式中引入"4π"因子的做法，称为单位制的有理化，这样做的结果虽然使库仑定律的形式变得复杂些，但却使以后经常用到的电磁学规律的表达式因不出现"4π"因子而变得相对简单些，其优越性可以在以后的学习中逐步体会到.

注意库仑定律和万有引力定律的相似性：二者均为平方反比定律（$F\propto1/r^2$）. 但万有引力的大小与两质点质量的乘积成正比，而且总是吸引力；库仑力的大小与两个点电荷所带电荷量的乘积成正比，并且可以是吸引力，也可以是斥力.

库仑定律是关于一种基本力的实验定律，二百多年以来，经过 1773 年卡文迪什（H. Cavendish，1731—1810）、1873 年麦克斯韦（J. C. Maxwell，1831—1879）、1936 年洛顿（W. E. Lawton）、1971 年威廉姆斯（E. R. Williams）等人的实验测定，幂指数 2 的精度一再提高. 现代精密实验测得幂指数 2 的误差已小于 10^{-16}，使库仑定律成为迄今物理学中最精确的实验定律之一.

从高能电子散射实验到人造地球卫星的地球磁场研究实验等大量近代物理实验表明，两个静止点电荷之间距离的数量级在 $10^{-17}\sim10^{7}$ m 的范围内，库仑定律是极其精确地与实验相符合的. 一般认为，在天体物理、空间物理等更大范围内仍然有效. 这说明库仑力是一种长程力.

例 1-1

按照量子理论，在氢原子中，核外电子快速地运动，并有一定的概率出现在原子核即主要是质子的周围各处. 在基态下，电子在半径 $r=5.29\times10^{-11}$ m 的球面附近出现的概率最大. 根据经典模型，r 为正常情况下，电子和质子之间的距离. 试计算和比较氢原子内电子和质子之间的库仑力和万有引力的大小. 已知电子质量 $m_e=9.11\times10^{-31}$ kg，质子质量 $m_p=1.67\times10^{-27}$ kg，引力常量 $G=6.67\times10^{-11}\ \mathrm{m}^3\cdot\mathrm{kg}^{-1}\cdot\mathrm{s}^{-2}$.

授课视频：库仑定律［例 1-1］

解：电子的电荷量为$-e$，即$q_e=-1.602\times10^{-19}$ C，质子的电荷量为e，即$q_p=1.602\times10^{-19}$ C. 根据库仑定律，氢原子中电子和质子之间的库仑力的大小为

$$F_e=\frac{|q_eq_p|}{4\pi\varepsilon_0r^2}=\frac{(1.602\times10^{-19})^2}{4\pi\times8.85\times10^{-12}\times(5.29\times10^{-11})^2}\ \text{N}=8.1\times10^{-8}\ \text{N}$$

根据万有引力定律，两粒子之间万有引力的大小为

$$F_g=G\frac{m_em_p}{r^2}=6.67\times10^{-11}\times\frac{9.11\times10^{-31}\times1.67\times10^{-27}}{(5.29\times10^{-11})^2}\ \text{N}=3.7\times10^{-47}\ \text{N}$$

由计算结果可以看出，氢原子中电子与质子之间相互作用的库仑力远远大于万有引力，前者约为后者的10^{39}倍. 所以在研究原子中带电粒子的相互作用时，它们之间的万有引力通常都可以忽略不计.

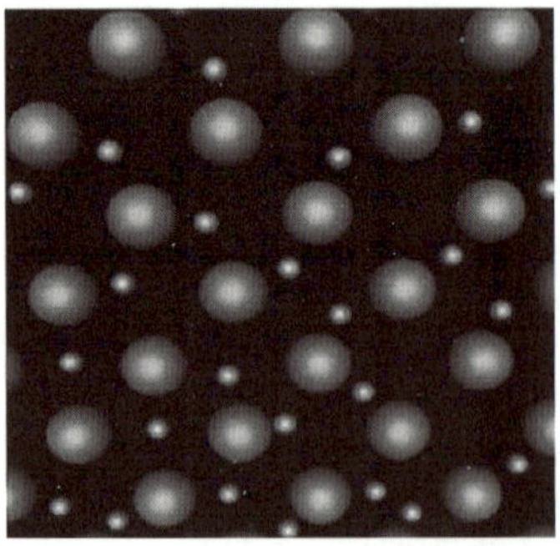

图 1-5 金属的微观结构模型

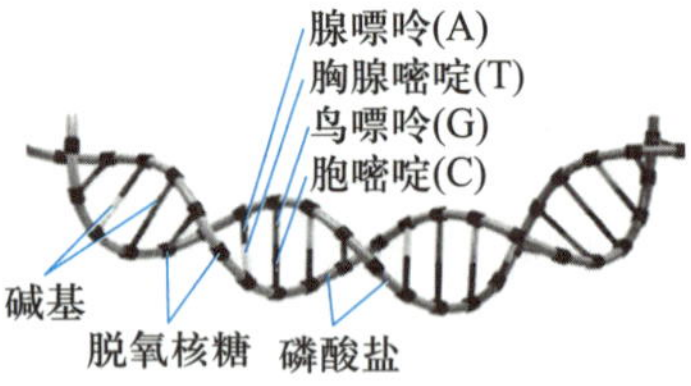

图 1-6 脱氧核糖核酸(DNA)的组成

宏观物体也是靠分子、原子之间的库仑力来维系的. 例如金属，从微观上看是由金属阳离子排列成的晶格和游离于阳离子周围的自由电子构成的结构(图 1-5). 这样的结构之所以稳定，就是因为阳离子之间的静电斥力保持阳离子间的距离，防止结构坍缩；电子在阳离子周围形成弥散的电子海，来拉拢阳离子，防止结构崩溃. 因此，维系这个结构的力主要是库仑力，从四大基本作用力来说就是电磁力. 当然万有引力也是存在的，但它跟电磁力相比是微不足道的.

再举一个例子，生命是一种能自我复制、记载、累积和传递遗传信息的有机体，掌握生命系统运作的是细胞核中的脱氧核糖核酸(英文缩写为 DNA). DNA 是由脱氧核糖、磷酸盐和含氮碱基组成的高分子化合物. 其中，碱基有 4 种，分别是腺嘌呤(A)、鸟嘌呤(G)、胞嘧啶(C)和胸腺嘧啶(T). 如图 1-6 所示，脱氧核糖和磷酸盐交替连接形成多核苷酸链，构成基本骨架，碱基在内侧. 两条核苷酸链通过碱基之间的静电力作用配对连接形成双螺旋结构的 DNA. 碱基的配对原则是腺嘌呤(A)与胸腺嘧啶(T)配对、鸟膘呤(G)与胞嘧啶(C)配对.

图 1-7 是配对的“特写”，显示 A 和 T，以及 G 和 C 如何通过静电力相互吸引. “+”和“-”表示净电荷，它通常为一个分数，这是由于电子的非均匀共享. 蓝色圆点表示静电吸引力(通常称为“弱键”或“氢键”). 请注意，A 和 T 之间有两个弱键，而 C 和 G 之间有三个.

尽管万有引力比库仑力弱得多，但它在大尺度的情况下更重要，因为它总是使物体相互吸引. 这意味着它能把许多小物体

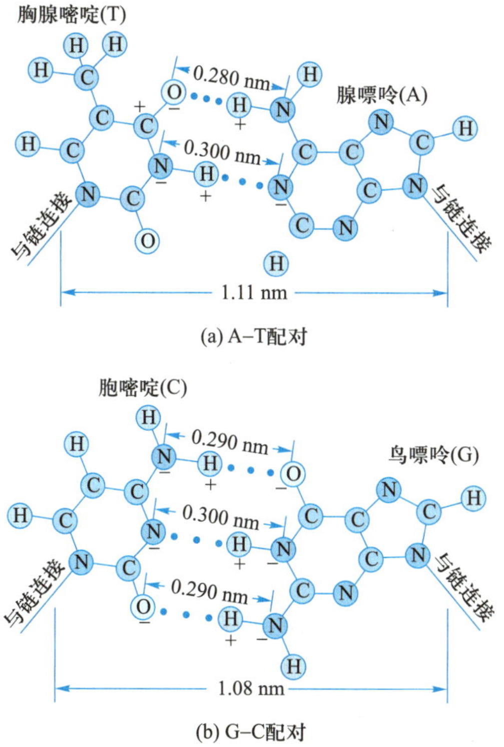

图 1-7 静电力作用形成 DNA 的双螺旋结构

NOTE

聚集成具有巨大质量的庞大物体，如行星和恒星．另一方面，质子之所以能结合在一起组成原子核，是由于核内除质子之间的静电斥力外还存在着远比该斥力强的引力——核力．因此世界的不同层次中有不同的力维持着，它们一起使物质构成了宇宙．

台球比赛中捣乱的静电 在观看台球(斯诺克)比赛时，现场解说员往往说某个国际大师的击球失误是由于静电造成的，如图 1-8 所示，在一场比赛中，要被击打的球由于静电明显跳离了台面．这到底是怎么回事呢？下面分析一下．任何两个不同材质的物体只要接触后分离就可能产生静电荷．台球桌面上铺的是绝缘毛毡；台球在其上滚动过程中会产生静电荷．白球在比赛中被击打的次数最多，滚动路线最长，所以其积累的静电荷会相对较高．当白球聚集的静电荷较多，恰逢被击打的红球或彩球也带有静电荷时，它们相互之间会产生库仑力的作用，这样，便会影响击球的力量和球行走的路线．假设两球均带有 10^{-6} C 的静电荷，根据库仑定律，两电荷在相距 1 mm 时相互之间的静电斥力大小能达到 9 N，这可以使得 500 g 的小球产生 18 m/s^2 的加速度(忽略球与桌面之间的摩擦)．当然以上估算只是假设，球的电荷

图 1-8 球杆对着的球明显跳离了台面

量可能不会有 10^{-6} C 这么大．不管怎么说，由于摩擦而使得球带电后的静电作用力是客观存在的，所以为消除静电对击打力量和路线的影响，比赛过程中经常要擦拭白球以消除静电．

授课视频：库仑定律适用条件小议

关于库仑定律的适用条件，一般有三个：(1) 在真空中；(2) 电荷处于静止状态；(3) 点电荷．

实验证实，点电荷在空气中的相互作用力与在真空中的相互作用力相差很小，所以对于空气中的点电荷，库仑定律也近似成立．其实，真空条件是为了除去其他电荷的影响，使得两个点电荷彼此只受对方的作用，别无其他．若真空条件破坏了，即当两个点电荷周围有导体或电介质时，导体表面上出现的感应电荷或电介质上的极化电荷也会对原来的两个点电荷施加作用力．但是任何两个静止的点电荷之间的相互作用力都遵从库仑定律．因此说真空条件并非是必要的，库仑定律可以推广到存在导体、电介质等的情况．

条件(2)是指两个点电荷相对静止，且相对于观察者静止，这是静电学的出发点．但是，我们在例 1-1 中已应用库仑定律估算基态的氢原子中核外运动的电子与质子之间的库仑力，注意：其中核外电子是运动的．其实，在应用库仑定律时，可以放宽到静止电荷对运动电荷的作用，不必要求两个点电荷都相对于观察者静止，只要求施力电荷是静止的，受力电荷可以是静止的，也可以是做任意运动的．在后面的学习中会看到，这是因为静止电荷产生的电场空间分布是不随时间变化的，运动电荷所受到的由静止电荷产生的电场力只与两电荷的相对位置和它们所带的电荷量有关，即遵从库仑定律，与受力电荷的运动无关．但是，该条件不能拓展到运动电荷对静止电荷的作用．因为静止电荷受到的由运动电荷产生的电场力不但与二者的电荷量、相对位置有关，而且还与运动电荷的速度、加速度有关，即有推迟效应．

NOTE

当两个点电荷静止时，q_1 受到 q_2 的作用力与 q_2 受到 q_1 的作用力大小相等而方向相反．若点电荷 q_1 静止而点电荷 q_2 运动，则 $\boldsymbol{F}_{12}\neq-\boldsymbol{F}_{21}$，显然，此时两个电荷之间的相互作用力是不遵守牛顿第三定律的．

众所周知，牛顿第三定律实际上是更普遍的动量守恒定律在特殊条件下的产物．若两个物体构成封闭系统，且不受外界作用，则系统动量守恒．系统中一个物体动量的增量或减量应等于另一个物体动量的减量或增量，由 $\boldsymbol{F}=\dfrac{\mathrm{d}\boldsymbol{p}}{\mathrm{d}t}$，则两物体间的相互作用力必定大小相等、方向相反、作用在同一连线上．接触物体之间的作用力如摩擦力、弹性力等都是如此．现在，静止点电荷与运动点电荷之间的相互作用力不等，表明其一个点电荷动量的增量或减量并不等于另一个点电荷动量的减量或增量．实际上正说明，两个点电荷之间的相互作用力是通过第三者——电磁场来传递的，电磁场是特殊形式的物质，具有自身的动量以及能量等．由此，在讨论两个点电荷之间的相互作用时，构成封闭系统的成员除两个点电荷之外，还存在电磁场．当两个点电荷都静止时，虽然电场依然存在，但其动量不变，所以两个点电荷之间的库仑力大小相等而方向相反；当两个点电荷一个静止一个运动时，伴随着电荷的运动，相应电场的动量有所变化，于是两点电荷之间作用力不对等．若此种情况下，将场包含进去，则满足动量守恒．

再一次强调，库仑定律只适合于两个点电荷的情况．因此对于式(1-1)，当 r 趋于 0 时，F 趋于无穷大，从而是无意义的，原因是此时的 q_1 和 q_2 不可以再视为点电荷．上面对库仑定律的适用条件的讨论说明物理定律具有深刻的内涵和丰富的外延．

NOTE

1.1.3 电场力的叠加原理

库仑定律只讨论了两个静止的点电荷之间的相互作用力，当考虑两个以上的静止的点电荷之间的相互作用时，就必须补充另一个实验事实：两个点电荷之间的作用力并不因第三个点电荷的存在而有所改变．若空间中存在两个以上的点电荷，则作用在每一个点电荷上的合力，等于其他点电荷单独存在时对该点电荷的作用力的矢量和．这一结论称为电场力的叠加原理．电场力的叠加原理表明，不管周围有无其他电荷存在，两个点电荷之间的相互作用力总是符合库仑定律的．

授课视频：电场力的叠加原理

例如，真空中有 n 个点电荷 $q_1,q_2,\cdots,q_n$ 所组成的电荷系，以 $\boldsymbol{F}_1,\boldsymbol{F}_2,\cdots,\boldsymbol{F}_n$ 分别表示点电荷 $q_1,q_2,\cdots,q_n$ 单独存在时对电荷系外另一个点电荷 q_0 的作用力，则 $q_1,q_2,\cdots,q_n$ 同时存在时，作用在 q_0 上的合力为

$$\boldsymbol{F}=\boldsymbol{F}_1+\boldsymbol{F}_2+\cdots+\boldsymbol{F}_n=\sum_{i=1}^{n}\boldsymbol{F}_i \tag{1-5}$$

式(1-5)为电场力的叠加原理的表达式．当 $q_1,q_2,\cdots,q_n$ 和 q_0 都静止时，$\boldsymbol{F}_1,\boldsymbol{F}_2,\cdots,\boldsymbol{F}_n$ 可以用库仑定律的表示式(1-4)给出，可得

$$\boldsymbol{F}=\sum_{i=1}^{n}\frac{q_0q_i}{4\pi\varepsilon_0 r_{i0}^2}\boldsymbol{e}_{ri0} \tag{1-6}$$

式中，q_i 表示第 i 个点电荷所带的电荷量，r_{i0} 表示 q_i 与 q_0 之间的距离，$\boldsymbol{e}_{ri0}$ 是由 q_i 指向 q_0 方向的单位矢量．

例 1-2

已知三个点电荷的分布如图 1-9(a)所示．其中，$q_1 = 1.5\times10^{-6}$ C，$q_2 = -0.5\times10^{-6}$ C，$q_3 = 0.2\times10^{-6}$ C；$|AC| = r_1 = 1.2$ m，$|BC| = r_2 = 0.5$ m，求作用在点电荷 q_3 上的合力．

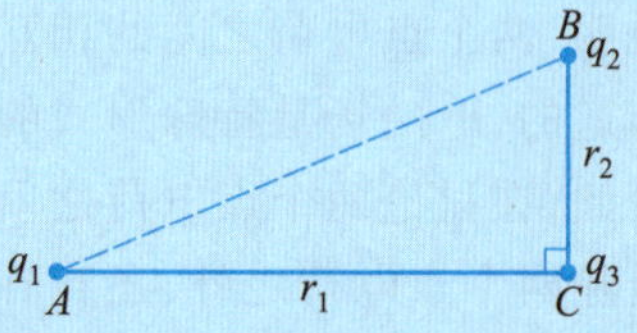

(a)

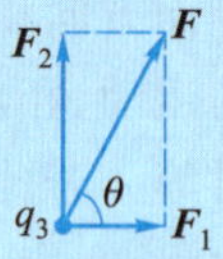

(b)

图 1-9 例 1-2 图

解：由于 q_1 和 q_3 都为正电荷，所以它们之间的静电力是斥力，用 $\boldsymbol{F}_1$ 来表示 q_1 对 q_3 的作用力，方向沿 AC 连线方向；q_2 为负电荷，所以 q_2 和 q_3 之间的静电力是吸引力，用 $\boldsymbol{F}_2$ 来表示 q_2 对 q_3 的作用力，方向沿 CB 连线方向，如图 1-9(b)所示．

这两个力的大小分别为

$$F_1 = \frac{q_1 q_3}{4\pi\varepsilon_0 r_1^2} = \frac{1.5\times10^{-6}\times0.2\times10^{-6}}{4\pi\times8.85\times10^{-12}\times1.2^2}\ \text{N} = 1.9\times10^{-3}\ \text{N}$$

$$F_2 = \frac{|q_2 q_3|}{4\pi\varepsilon_0 r_2^2} = \frac{0.5\times10^{-6}\times0.2\times10^{-6}}{4\pi\times8.85\times10^{-12}\times0.5^2}\ \text{N} = 3.6\times10^{-3}\ \text{N}$$

作用在 q_3 上的合力 $\boldsymbol{F}$ 是 $\boldsymbol{F}_1$ 和 $\boldsymbol{F}_2$ 的矢量和，其大小为

$$F = \sqrt{F_1^2+F_2^2} = \sqrt{(1.9\times10^{-3})^2+(3.6\times10^{-3})^2}\ \text{N} = 4.1\times10^{-3}\ \text{N}$$

合力的方向可用 $\boldsymbol{F}$ 与 $\boldsymbol{F}_1$ 方向的夹角 θ 来表示，从图 1-9 中可得

$$\theta = \arctan\frac{|F_2|}{F_1} = \arctan\frac{3.6\times10^{-3}}{1.9\times10^{-3}} = 62.5^\circ$$

注意在求作用在电荷上的合力时，不仅要给出合力的大小，还要给出合力的方向．

NOTE

库仑定律和电场力的叠加原理是关于静止电荷相互作用的两个基本实验定律，应用它们，原则上可以解决静电学中的全部问题．例如，在求两个带电体之间相互作用的静电力时，若不能把它们当成点电荷，就无法直接应用库仑定律．这时，可先将两个带电体分别划分成无数个能视为点电荷的小块，根据库仑定律求出一个带电体上每一小块对另一带电体上每一小块的相互作用力；再根据上述电场力的叠加原理求出矢量和，就可得到两个带电体之间相互作用的静电力．

1.2 电场 电场强度

1.2.1 电场

授课视频:电场

库仑定律描述了空间中相隔一定距离的两个点电荷之间的相互作用力与哪些因素有关,但是两个电荷在没有直接接触的情况下,它们之间的相互作用力是如何传递的呢?围绕这个问题,历史上曾经有过两种对立的观点.

早期的一种观点认为两个电荷之间的相互作用力是一种超距作用,也就是说,这种作用力既不需要中间介质,也不需要传递时间,而是直接和即时地发生作用.这种超距作用方式可表示为

$$电荷 \Longleftrightarrow 电荷$$

当人们用超距作用的观点来解释电磁现象时遇到了困难,因为事实表明,电场力、磁场力在真空中以 $3\times10^{8}\ \mathrm{m\cdot s^{-1}}$ 的速度传递,传递是需要时间的.

另一种观点是法拉第根据大量的物理现象研究,在 19 世纪 30 年代凭借着惊人的想象力提出来的近距作用学说,并且被近代物理学的理论和实验证实是正确的.这种观点认为,任何电荷都在其周围的空间激发称为电场的物质,电荷与电荷之间的一种相互作用就是通过这种电场来传递的,传递以有限的速度进行,跨越空间的传递则需要一定的时间.也就是说,电荷与电荷之间的一种相互作用是通过电场对电荷的作用来实现的.因此,电荷之间的这种作用力也称为电场力.例如,当电荷 q_2 位于电荷 q_1 的附近,即处于 q_1 的电场中时,q_2 所受到的一种作用力就是通过 q_1 的电场施加给它的.同理,当 q_1 也处于 q_2 的电场中时,q_1 受到的一种作用力是通过 q_2 的电场施加给它的.这种作用方式可表示为

$$电荷 \Longleftrightarrow 电场 \Longleftrightarrow 电荷$$

当电荷量发生变化或电荷运动时,它所产生的电场也随之发生变化.这个变化的电场在真空中以光速传播,电荷之间的相互作用也以光速传递.

电场对外的表现主要有:

(1) 电场对于处在其中的任何其他电荷或其他带电体都有作用力,即电场力.库仑力实际上就是一种电场力.

(2) 当电荷在电场中运动时,电场力要对电荷做功,这表示

NOTE

电场具有能量.

(3) 电场还能使引入电场中的导体或电介质分别产生静电感应现象或极化现象.

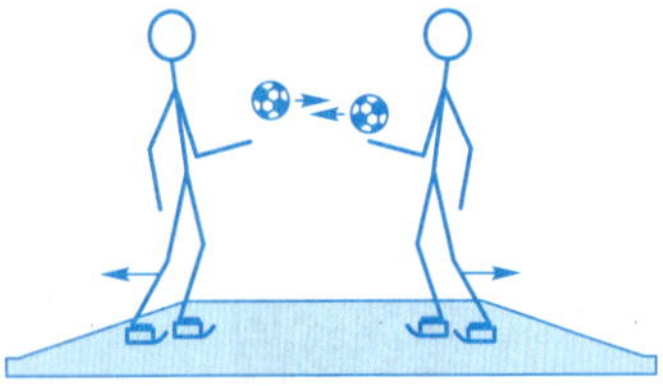
图 1-10 两滑冰者向对方传球

如上所述,当有带电体存在时,其周围就伴随有一个电场.电场虽然不能像一般实物那样直接看得见、摸得着,但是可以从它的对外表现来发现它的存在.比如,当两个滑冰者通过向对方传球而分开时,若你没有看到他们传的球,你会觉得他们之间有斥力,如图 1-10 所示.看不见的东西未必不存在.类似地,两个滑冰者通过拽拉物品而靠近,若你没有看到物品,你会觉得他们之间有吸引力,如图 1-11 所示.

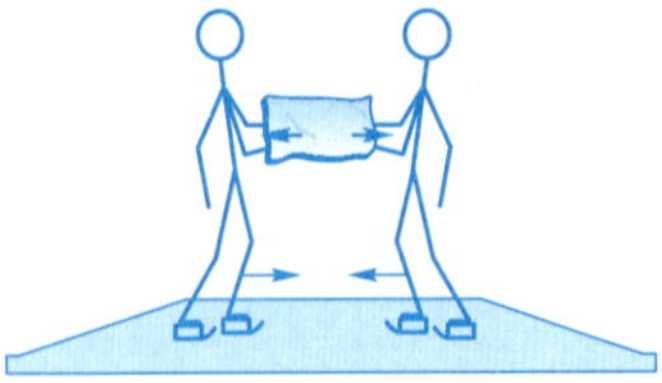
图 1-11 两滑冰者在拽拉物品

"场"概念的提出,不仅对一系列电磁实验可以进行定量的物理描述,而且"场"的提出,也表明电场力以及后面将会介绍的磁场力是一种近距作用,即这种力是通过"场"进行传播的,不是"超距作用".

更重要的是,"场"的引入是物理学中极具想象力的创举,对物理学的发展具有开创意义.实验证实,电场以及后面将会介绍的磁场是一种特殊形态的物质,是客观存在的.电磁场与物质的另一种常见形态——由原子、分子组成的实物一样,具有能量、动量和质量等物质的属性.但是要注意的是,场又不同于一般的实物.场具有空间兼容性或者说"可入性",即各个电荷激发的电场可以同时占据同一个空间,场的空间兼容性将会导致其的可叠加性,后面将予以介绍.而实物是具有空间排斥性的,实物所占有的空间不能同时为另一实物所占据.因此,场和实物是物质存在的两种不同形式.

NOTE

若带电体相对于观察者所在的惯性参考系是静止的,那么,在这带电体周围存在的电场称为静电场,静电场对电荷的作用力称为静电力.本章主要介绍的是静电场.静电场的物质性是读者要理解的重点.经典物理学中没有自作用的概念,某个电荷所激发的静电场对这个电荷本身没有作用力,所谓的静电场力都是指对处于其静电场中的其他电荷的作用力,这就是静电场的特点.下面将从力和能量这两方面来介绍静电场的性质,并相应地引入描述静电场性质的两个物理量——电场强度和电势.

1.2.2 电场强度

授课视频:电场强度

电场的一个重要性质是对处于电场中的电荷有电场力的作用.下面利用这一性质,引入描述电场性质的基本物理量——电场强度．电场强度是描述电场中各点电场的强弱和方向的物理量．

NOTE

我们知道，风是空气的流动形成的，既看不见，也摸不着，但平常生活中是如何了解风力的大小和风向的呢？一个简单方法是：借助风中的树叶、小旗或其他轻小物体的运动情况来加以判断．例如，根据小旗飘扬的方向可以获知风向，根据小旗抖动的激烈程度可以了解风力的大小．

同样的认知方法可用在电场上．电场可以对放入其中的电荷产生力的作用，当电荷在场中发生移动时，电场力又会对电荷做功，使电荷的某些能量发生变化．根据电荷在电场中的受力情况或具有的能量特点可以了解电场的基本性质．物理学中，把这种用来研究电场性质的电荷称为试验电荷．

试验电荷需要满足两个要求：首先，电荷 q_0 的电荷量要充分小，当把它引入电场中时不会显著改变原来电场的分布，从而可以测定原来电场的性质；其次，电荷 q_0 的几何线度要充分小，即可以把它视为点电荷，从而可以研究电场中各点的性质．

为了研究静止电荷 Q 产生的电场（Q 称为场源电荷），在电场中引入一个试验电荷 q_0，并考察这一试验电荷在电场中所受的电场力 $\boldsymbol{F}$.

我们可以做如图 1-12 所示的实验，用挂在丝线下端的带电小球作为试验电荷，把它先后挂在 $P_1, P_2, \cdots, P_6$ 等位置，测量 Q 产生的电场对它的作用力 $\boldsymbol{F}_1, \boldsymbol{F}_2, \cdots, \boldsymbol{F}_6$ 等，电场力 $\boldsymbol{F}$ 的大小可通过丝线相对重垂线偏角的大小来确定．

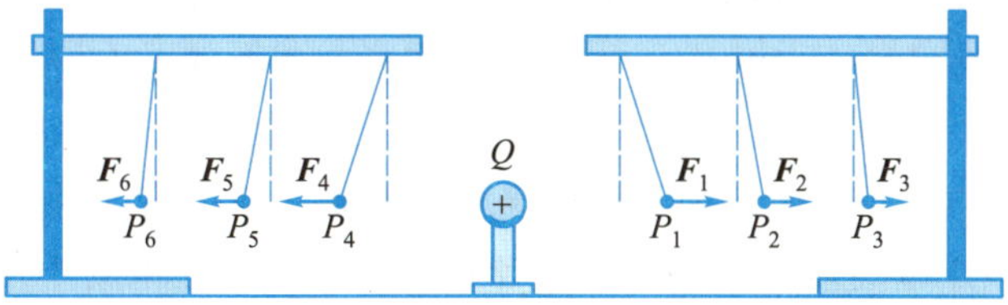

图 1-12 Q 产生的电场中不同位置处试验电荷所受电场力情况

实验表明，在电场中不同的位置 $P_1, P_2, \cdots, P_6$ 等处，试验电荷 q_0 所受到的电场力 $\boldsymbol{F}$ 的大小和方向一般来说是不同的．如图 1-12 所示，试验电荷在 P_1, P_2, P_3 各点受到的电场力依次减小；在 P_4, P_5, P_6 各点受到的电场力也依次减小，在 Q 的两边，试验电荷的受力方向也不同．但对于电场中任一固定点（称为场点）而言，q_0 所受到的电场力是确定的，而且这一电场力和试验电荷的电荷量 q_0 成正比．若把试验电荷的电荷量增大为原来的 n 倍，则电场力 $\boldsymbol{F}$ 也增大到 n 倍，而力的方向不变．若把试验电荷换成等量异号的电荷，则力的大小不变，而方向相反．因此，对电场中

NOTE

的固定点来说,试验电荷所受到的电场力 $\boldsymbol{F}$ 与试验电荷 q_0 的比值 $\boldsymbol{F}/q_0$ 无论大小和方向都是一个与试验电荷的大小、正负无关的矢量. 这个矢量只与给定电场中各固定点的位置有关,反映了电场本身的性质. 我们把这个矢量定义为电场中各点的电场强度,简称场强,用 $\boldsymbol{E}$ 表示,即

$$\boldsymbol{E}=\frac{\boldsymbol{F}}{q_0} \tag{1-7}$$

式(1-7)表明,电场中任意点的电场强度在数值和方向上等于静止于该点的单位正电荷所受的电场力. 在国际单位制中,电场强度的单位为 $\mathrm{N\cdot C^{-1}}$. 以后会看到,电场强度的单位也可以是 $\mathrm{V\cdot m^{-1}}$,即

$$1\ \mathrm{V\cdot m^{-1}}=1\ \mathrm{N\cdot C^{-1}}$$

关于电场强度,需要注意以下几点:

(1) 引入试验电荷,是为了感知电场的存在,有无 q_0,电场都是客观存在的,且只与场源电荷分布有关. 即电场强度是空间坐标 x、y、z 和时间 t 的函数. 也就是说,在电场中的各点,电场强度的大小和方向都可以不同,而且可能还随时间发生变化.

(2) 相对于观察者静止的电荷所产生的电场称为静电场,它是电磁场的一种特殊形式. 在静电场中,各点的 $\boldsymbol{E}$ 可以各不相同,$\boldsymbol{E}$ 只是空间坐标的矢量函数,与时间无关. 这一章主要讨论静电场.

(3) 我们强调电场强度是一个矢量. 在求电场强度时,不仅要给出它的大小,同时还要给出它的方向.

(4) 在已知电场中各点的电场强度 $\boldsymbol{E}$ 的情况下,可由式(1-7)求得任一点电荷 q_0 在电场中所受到的电场力为

$$\boldsymbol{F}=q_0\boldsymbol{E} \tag{1-8}$$

即一个点电荷在电场中某点所受到的电场力 $\boldsymbol{F}$ 等于它的电荷量 q_0 与该点电场强度 $\boldsymbol{E}$ 的乘积. 计算任意带电体在电场中所受到的电场力时,可以先将该带电体分解为许多个可视为点电荷的小块. 若其中任一小块所带的电荷量为 $\mathrm{d}q$,则其在电场中所受到的电场力为

$$\mathrm{d}\boldsymbol{F}=\boldsymbol{E}\mathrm{d}q \tag{1-9}$$

式中,$\boldsymbol{E}$ 为 $\mathrm{d}q$ 所在位置处的电场强度. 把各小块在电场中所受到的电场力矢量叠加即积分可得到整个带电体所受到的电场力为

$$\boldsymbol{F}=\int\boldsymbol{E}\mathrm{d}q \tag{1-10}$$

你知道吗? 蜜蜂对电场是极为敏感的. 每当雷雨到来之前,

它们就能感觉到周围大气电场强度的变化,以便及时隐蔽起来.这是因为蜜蜂在与蜂巢壁、蜂房摩擦时,身上会带电,在大气的电场中就会受到电场力的作用.

1.2.3 电场强度的计算

1. 点电荷的场强

如图 1-13 所示.在真空中有一个静止的点电荷 Q,以该场源电荷 Q 所在处为原点 O,在 Q 所产生的电场中取任意场点 P,引入一个试验电荷 q_0;Q 与 q_0 之间的距离为 $|OP|=r$,从场源电荷 Q 指向场点 P 的单位矢量为 $\boldsymbol{e}_r$.根据库仑定律,试验电荷 q_0 受到 Q 的电场力为

$$\boldsymbol{F}=\frac{1}{4\pi\varepsilon_0}\frac{Qq_0}{r^2}\boldsymbol{e}_r$$

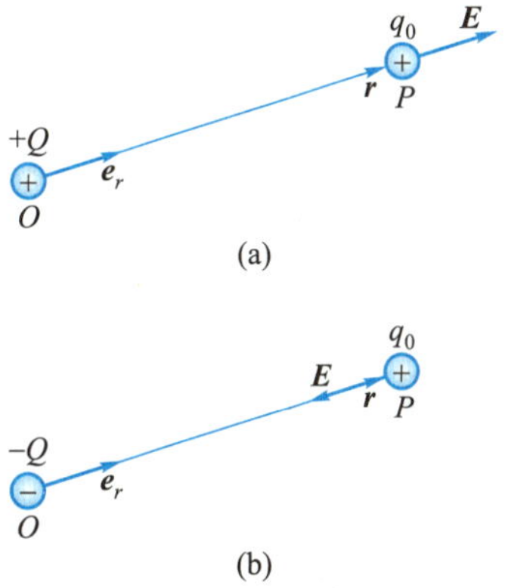

图 1-13 静止的点电荷的电场

由电场强度的定义,P 点的电场强度为

$$\boldsymbol{E}=\frac{\boldsymbol{F}}{q_0}=\frac{Q}{4\pi\varepsilon_0 r^2}\boldsymbol{e}_r \tag{1-11}$$

上式就是点电荷的电场中电场强度在空间的分布公式.式中,r 为场点到场源电荷的距离.

对点电荷的场强公式做如下讨论:

(1) 点电荷电场中各点的场强方向为正的试验电荷的受力方向.当 $Q>0$ 时,$\boldsymbol{E}$ 与 $\boldsymbol{e}_r$ 同向[图 1-13(a)],当 $Q<0$ 时,$\boldsymbol{E}$ 与 $\boldsymbol{e}_r$ 反向[图 1-13(b)].

(2) 静止的点电荷的电场具有球对称性,即在以点电荷为中心的每个球面上各点的电场强度大小相等,电场强度的方向处处沿着半径向外($Q>0$)或向内($Q<0$).

2. 点电荷系的场强

当空间存在由 n 个点电荷 $q_1,q_2,\cdots,q_n$ 组成的点电荷系时,为求出该点电荷系所产生的电场中各点的电场强度,可以在其中引入一个试验电荷 q_0.根据电场强度的定义和电场力的叠加原理,点电荷系的电场强度为

授课视频:点电荷系的场强

$$\boldsymbol{E}=\frac{\boldsymbol{F}}{q_0}=\frac{\sum_{i=1}^{n}\boldsymbol{F}_i}{q_0}=\sum_{i=1}^{n}\frac{\boldsymbol{F}_i}{q_0}$$

式中,$\boldsymbol{F}_i/q_0$ 是点电荷 q_i 单独存在时所产生的电场在 q_0 所在位置处的电场强度 $\boldsymbol{E}_i$,所以

$$\boldsymbol{E}=\sum_{i=1}^{n}\boldsymbol{E}_i \tag{1-12}$$

电场强度叠加原理

上式表明，在点电荷系产生的电场中，任一点处的电场强度等于各个点电荷单独存在时在该点产生的电场强度的矢量和．这就是**电场强度叠加原理**（简称场强叠加原理）．它是电场力的叠加原理的直接结果，是求解电场强度的重要基础．

将点电荷的电场强度公式(1-11)代入式(1-12)可得点电荷系所产生的电场强度为

$$\boldsymbol{E}=\sum_{i=1}^{n}\frac{q_i}{4\pi\varepsilon_0 r_i^2}\boldsymbol{e}_{ri} \tag{1-13}$$

式中，q_i为第 i 个点电荷所带的电荷量，r_i为第 i 个点电荷 q_i与场点之间的距离，$\boldsymbol{e}_{ri}$为由第 i 个点电荷 q_i指向场点方向上的单位矢量．

例 1-3

一对等量异号点电荷所带电荷量分别为$+q$、$-q$，二者之间的距离为 l，求两个点电荷连线的延长线上任一点 P 和中垂面上任一点 P'的场强，已知 P 和 P'到两个点电荷连线中点 O 的距离都是 r.

解：(1) 两个点电荷连线的延长线上 P 点的场强．

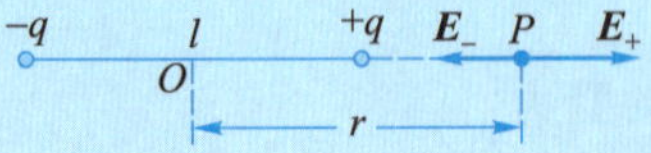

图 1-14 两个点电荷连线的延长线上的电场

如图 1-14 所示，已知两个点电荷连线中点 O 到 P 的距离为 r，则点电荷$+q$ 到 P 点的距离为 $r_+=r-\dfrac{l}{2}$，点电荷$-q$ 到 P 点的距离为 $r_-=r+\dfrac{l}{2}$. 设点电荷$+q$ 在 P 点产生的场强为 $\boldsymbol{E}_+$，则由点电荷的场强公式(1-11)得其大小为

$$E_+=\frac{1}{4\pi\varepsilon_0}\frac{q}{\left(r-\dfrac{l}{2}\right)^2}$$

$\boldsymbol{E}_+$的方向向右．同理，设点电荷$-q$ 在 P 点产生的场强为 $\boldsymbol{E}_-$，大小为

$$E_-=\frac{1}{4\pi\varepsilon_0}\frac{q}{\left(r+\dfrac{l}{2}\right)^2}$$

$\boldsymbol{E}_-$的方向向左．由于 $\boldsymbol{E}_+$与 $\boldsymbol{E}_-$的方向相反，故总场强的大小为

$$E=E_+-E_-=\frac{1}{4\pi\varepsilon_0}\frac{q}{\left(r-\dfrac{l}{2}\right)^2}-\frac{1}{4\pi\varepsilon_0}\frac{q}{\left(r+\dfrac{l}{2}\right)^2}$$
$$=\frac{q}{4\pi\varepsilon_0}\frac{2lr}{\left(r^2-\dfrac{l^2}{4}\right)^2} \tag{1-14}$$

可见，两个点电荷连线的延长线上 P 点的场强大小随 r 增加而减少，方向向右．

(2) 两个点电荷连线的中垂面上 P'点的场强．

如图 1-15 所示，以 O 为原点建立平面直角坐标系，其 x 轴沿两个点电荷连线，方向向右，y 轴经过两个点电荷连线的中垂面

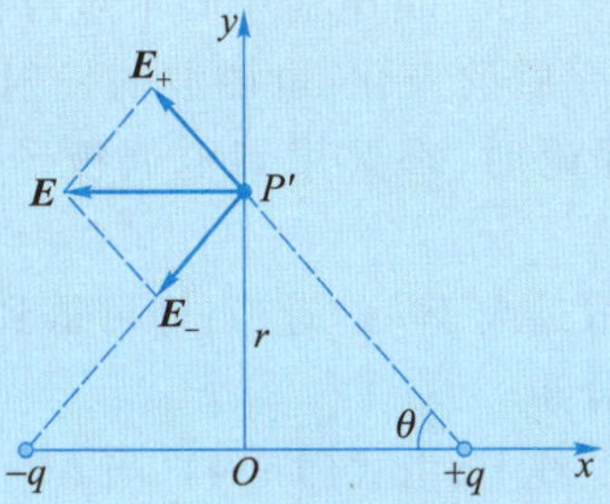

图 1-15 两个点电荷连线中垂面上的电场

上的 P' 点，方向向上．

设 $+q$ 在 P' 点产生的场强为 $\boldsymbol{E}_+$，方向为 $+q$ 到 P' 点的连线方向；$-q$ 在 P' 点产生的场强为 $\boldsymbol{E}_-$，方向为从 P' 点到 $-q$ 的连线上并指向 $-q$. 二者的矢量合成为 P' 点的总场强 $\boldsymbol{E}$. 由于两个点电荷到 P' 点的距离相等，均为 $r^2+\frac{l^2}{4}$. 所以它们在 P' 点产生的场强大小一样，即

$$E_+=E_-=\frac{1}{4\pi\varepsilon_0}\frac{q}{r^2+\frac{l^2}{4}}$$

根据对称性分析可以看出，两个点电荷在 P' 点产生的电场强度沿 y 轴的分量相互抵消，而沿 x 轴的分量大小相等，方向一致．因此总场强 $\boldsymbol{E}$ 的大小即 E_x，若 θ 为 $\boldsymbol{E}_+$ 与 x 轴负方向之间的夹角．则有总场强 $\boldsymbol{E}$ 的大小为

$$\begin{aligned}E&=E_+\cos\theta+E_-\cos\theta=2E_+\cos\theta\\&=-2\frac{1}{4\pi\varepsilon_0}\frac{q}{r^2+\frac{l^2}{4}}\cos\theta\end{aligned}$$

因为 $\cos\theta=\dfrac{l/2}{\sqrt{r^2+(l/2)^2}}$，所以总场强 $\boldsymbol{E}$ 的大小为

$$\begin{aligned}E&=-\frac{1}{4\pi\varepsilon_0}\frac{ql}{\left(r^2+\frac{l^2}{4}\right)^{\frac{3}{2}}}\\&=-\frac{ql}{4\pi\varepsilon_0 r^3\left(1+\frac{l^2}{4r^2}\right)^{\frac{3}{2}}}\end{aligned}\qquad(1-15)$$

式中，负号表示总场强 $\boldsymbol{E}$ 的方向向左，即沿 x 轴负方向．

3. 电偶极子的场强

继点电荷之后，我们还要常常遇到一个简单而且重要的带电系统．如图 1-16 所示，这是由一对等量异号点电荷 $+q$ 和 $-q$ 所组成的电荷系统，二者之间的距离为 l，O 点是两个点电荷连线的中点，P 点是所讨论的场点，P 点相对于 O 点的位置矢量为 $\boldsymbol{r}$，若 $l \ll r$，也就是说，当两个点电荷之间的距离 l 远远小于它们到所讨论的场点的距离 r 时，这两个等量异号点电荷组成的电荷对就称为电偶极子．设由 $-q$ 指向 $+q$ 的有向线段以矢量 $\boldsymbol{l}$ 来表示，电荷量 q 与矢量 $\boldsymbol{l}$ 的乘积 $q\boldsymbol{l}$ 反映了电偶极子本身的特征，称为电偶极子的**电偶极矩**，简称**电矩**，用 $\boldsymbol{p}$ 表示，即

授课视频：电偶极子场强

电偶极矩 电矩

$$\boldsymbol{p}=q\boldsymbol{l}\qquad(1-16)$$

注意，电偶极矩 $\boldsymbol{p}$ 是一个矢量，它的方向与 $\boldsymbol{l}$ 相同，由 $-q$ 指向 $+q$.

电偶极子模型在静电学中有特殊的理论意义和价值．例如，

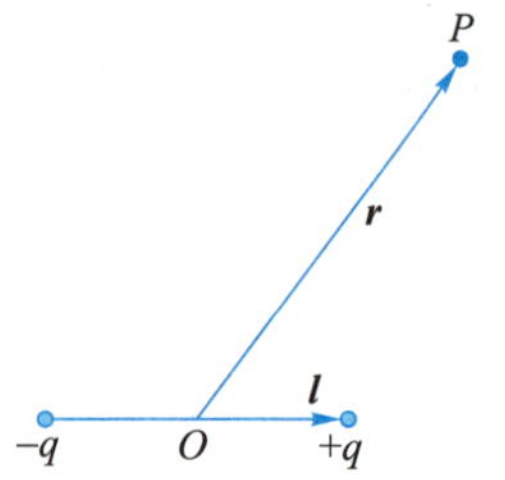

图 1-16 电偶极子模型

NOTE

像水分子一类的电介质分子的正、负电荷中心不重合，自身形成电偶极子．后面在学习电介质的极化、电磁波的发射和吸收以及中性分子相互作用等理论时，都要用到电偶极子这一物理模型．

将例 1-3 的结果中 r 取远大于 l 的近似，即可得到电偶极子在两个特殊方位上的场强分布．

（1）在电偶极子的延长线上，由式(1-14)，当 $l \ll r$ 时，

$$E \approx \frac{1}{4\pi\varepsilon_0}\frac{2ql}{r^3}$$

考虑到 $\boldsymbol{E}$ 的方向与电偶极矩 $\boldsymbol{p}$ 的方向相同，且 ql 为 p 的大小，上式可写为矢量式：

$$\boldsymbol{E} \approx \frac{1}{4\pi\varepsilon_0}\frac{2\boldsymbol{p}}{r^3} \tag{1-17}$$

（2）在电偶极子的中垂面上，由式(1-15)，当 $l \ll r$ 时，由于 $\left(1+\frac{l^2}{4r^2}\right)\approx 1$，故 $\boldsymbol{E}$ 的大小简化为

$$E=\frac{ql}{4\pi\varepsilon_0 r^3}=\frac{p}{4\pi\varepsilon_0 r^3}$$

考虑到 $\boldsymbol{E}$ 的方向与电偶极矩 $\boldsymbol{p}$ 的方向相反，上式可写为矢量式

$$\boldsymbol{E}=-\frac{1}{4\pi\varepsilon_0}\frac{\boldsymbol{p}}{r^3} \tag{1-18}$$

上述结果表明，电偶极子中垂线上任一点的电场强度与电偶极子的电矩成正比，与距离 r 的三次方成反比，它比点电荷的场强随 r 递减的速度快得多．

（3）设电偶极子电场中的任意场点为 P 点．如图 1-17 所示，$+q$ 到场点 P 点的位矢为 $\boldsymbol{r}_+$，在该处产生的场强为 $\boldsymbol{E}_+$，其方向为点电荷 $+q$ 到 P 点的连线方向；$-q$ 到场点 P 点的位矢为 $\boldsymbol{r}_-$，在 P 点产生的场强为 $\boldsymbol{E}_-$，方向为从 P 点到点电荷 $-q$ 的连线上并且指向点电荷 $-q$．根据点电荷的场强公式(1-11)，分别有

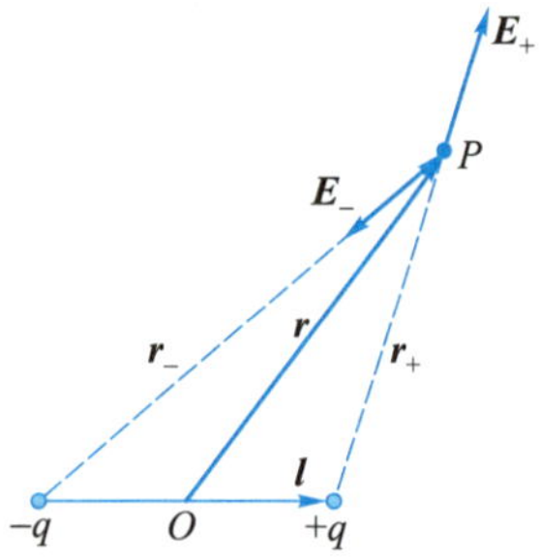

图 1-17 电偶极子的电场中任意场点 P 处的场强

$$\boldsymbol{E}_+=\frac{q}{4\pi\varepsilon_0 r_+^2}\boldsymbol{e}_{r+},\quad \boldsymbol{E}_-=\frac{-q}{4\pi\varepsilon_0 r_-^2}\boldsymbol{e}_{r-}$$

总的电场强度 $\boldsymbol{E}$ 就是 $\boldsymbol{E}_+$ 与 $\boldsymbol{E}_-$ 的矢量和，即

$$\boldsymbol{E}=\boldsymbol{E}_+ + \boldsymbol{E}_- = \frac{q}{4\pi\varepsilon_0 r_+^2}\boldsymbol{e}_{r+}+\frac{-q}{4\pi\varepsilon_0 r_-^2}\boldsymbol{e}_{r-}$$

式中，$\boldsymbol{e}_{r+}$ 为 $\boldsymbol{r}_+$ 方向的单位矢量，也可以表示为 $\boldsymbol{e}_{r+}=\frac{\boldsymbol{r}_+}{r_+}$；$\boldsymbol{e}_{r-}$ 为 $\boldsymbol{r}_-$ 方向的单位矢量，也可以表示为 $\boldsymbol{e}_{r-}=\frac{\boldsymbol{r}_-}{r_-}$，则总场强 $\boldsymbol{E}$ 可改写为

$$\boldsymbol{E}=\frac{q}{4\pi\varepsilon_0}\left(\frac{\boldsymbol{r}_+}{r_+^3}-\frac{\boldsymbol{r}_-}{r_-^3}\right) \qquad ①$$

NOTE

场点 P 相对于电偶极子的位置可用两电荷连线中心 O 点到 P 点的位矢 $\boldsymbol{r}$ 来表示．从图 1-17 可以看出，从 O 点到 $+q$ 所在位置的有向线段可以表示为矢量 $\boldsymbol{l}/2$，它与 $\boldsymbol{r}_+$ 和 $\boldsymbol{r}$ 构成一个矢量三角形，则有矢量关系式 $\boldsymbol{r}_+=\boldsymbol{r}-\frac{\boldsymbol{l}}{2}$. 同理，从 $-q$ 所在位置到 O 点的有向线段也可以表示为矢量 $\boldsymbol{l}/2$，它与 $\boldsymbol{r}$ 和 $\boldsymbol{r}_-$ 构成另一个矢量三角形，则有矢量关系式 $\boldsymbol{r}_-=\boldsymbol{r}+\frac{\boldsymbol{l}}{2}$. 把这两个矢量关系式合写为一个，即

$$\boldsymbol{r}_\pm=\boldsymbol{r}\mp\frac{\boldsymbol{l}}{2} \qquad ②$$

然后将其两边平方，得到

$$r_\pm^2=r^2+\frac{l^2}{4}\mp\boldsymbol{r}\cdot\boldsymbol{l}=r^2\left(1+\frac{l^2}{4r^2}\mp\frac{\boldsymbol{r}\cdot\boldsymbol{l}}{r^2}\right)$$

再把等式两边同时进行 $-3/2$ 次方，则有

$$r_\pm^{-3}=r^{-3}\left(1+\frac{l^2}{4r^2}\mp\frac{\boldsymbol{r}\cdot\boldsymbol{l}}{r^2}\right)^{-\frac{3}{2}}$$

对于电偶极子而言，须满足 $r\gg l$ 的几何关系．因而上式括号中的第二项可略掉，故

$$r_\pm^{-3}\approx r^{-3}\left(1\mp\frac{\boldsymbol{r}\cdot\boldsymbol{l}}{r^2}\right)^{-\frac{3}{2}}$$

注意，上式括号中的第二项也远远小于 1，即 $\frac{\boldsymbol{r}\cdot\boldsymbol{l}}{r^2}\ll 1$，利用数学中的泰勒展开式可知，当 $x\ll 1$ 时，$(1\pm x)^y\approx 1\pm yx$，从而可得

$$r_\pm^{-3}\approx r^{-3}\left(1\pm\frac{3}{2}\frac{\boldsymbol{r}\cdot\boldsymbol{l}}{r^2}\right)$$

将这个近似式代入前面给出的总场强的表达式①中，并整理一下，即可得

$$\boldsymbol{E}=\frac{q}{4\pi\varepsilon_0 r^3}\left[\boldsymbol{r}_+-\boldsymbol{r}_-+(\boldsymbol{r}_++\boldsymbol{r}_-)\frac{3}{2}\frac{\boldsymbol{r}\cdot\boldsymbol{l}}{r^2}\right]$$

由式②可知，$\boldsymbol{r}_+-\boldsymbol{r}_-=-\boldsymbol{l}$，$\boldsymbol{r}_++\boldsymbol{r}_-=2\boldsymbol{r}$，以及利用式(1-16)，最后得到电偶极子在任意 P 场点的场强表达式为

$$E=\frac{1}{4\pi\varepsilon_0 r^3}[-p+3(e_r\cdot p)e_r] \qquad (1-19)$$

由式(1-19)也容易得到电偶极子在其延长线上和中垂面上的场强表达式(1-17)和式(1-18).

4. 电荷连续分布的带电体的场强

授课视频:电荷连续分布的带电体的场强

从微观结构来看,电荷集中在一个个带电微观粒子如电子、原子核等上面,但从宏观效果来看,人们往往把电荷视为连续分布的.

对于电荷连续分布的带电体(连续带电体),需要用微积分的方法来求解其电场强度的分布. 通常,在连续带电体上取一个小的体积元 $\mathrm{d}V$,它所带的电荷量是 $\mathrm{d}q$,把 $\mathrm{d}q$ 称为电荷元. 这个带电体的电荷就可视为由许多无限小的电荷元组成,而每个电荷元都可视为点电荷,如图1-18所示.

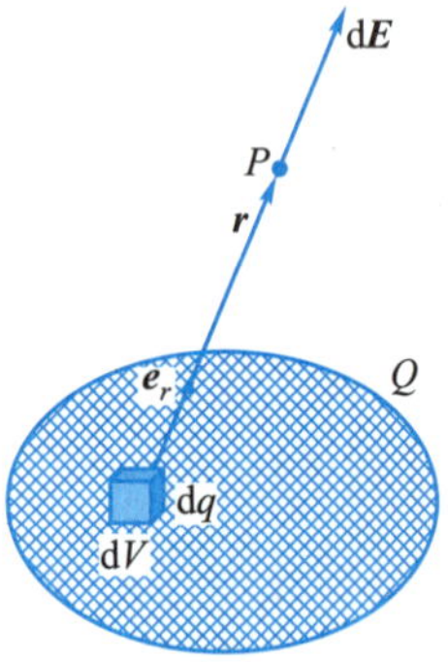

图1-18 连续带电体中电荷元的场强

场点 P 相对于任一电荷元 $\mathrm{d}q$ 的位矢为 $\boldsymbol{r}$,电荷元 $\mathrm{d}q$ 在 P 点产生的电场强度为 $\mathrm{d}\boldsymbol{E}$,根据点电荷电场强度公式(1-11),有

$$\mathrm{d}\boldsymbol{E}=\frac{\mathrm{d}q}{4\pi\varepsilon_0 r^2}\boldsymbol{e}_r$$

式中,r 是电荷元 $\mathrm{d}q$ 到场点 P 的距离,$\boldsymbol{e}_r$ 是从电荷元 $\mathrm{d}q$ 指向场点 P 方向上的单位矢量.

根据电场强度叠加原理,整个带电体在 P 点产生的总的电场强度可用积分式表示为

$$\boldsymbol{E}=\int\mathrm{d}\boldsymbol{E}=\int\frac{\mathrm{d}q}{4\pi\varepsilon_0 r^2}\boldsymbol{e}_r \qquad (1-20)$$

这个积分遍及整个带电体. 式(1-20)是一个矢量积分,一般不能直接计算. 在具体计算时,可以先将 $\mathrm{d}\boldsymbol{E}$ 沿各坐标轴分解,例如,在直角坐标系中,可将其表示为

NOTE

$$\mathrm{d}\boldsymbol{E}=\mathrm{d}E_x\boldsymbol{i}+\mathrm{d}E_y\boldsymbol{j}+\mathrm{d}E_z\boldsymbol{k}$$

式中,$\boldsymbol{i}$、$\boldsymbol{j}$、$\boldsymbol{k}$ 分别表示沿三个坐标轴 x、y、z 正方向上的单位矢量. 然后分别积分,求出 $\boldsymbol{E}$ 的各分量,即把场强矢量积分化成三个坐标轴上的大小积分

$$E_x=\int\mathrm{d}E_x,\quad E_y=\int\mathrm{d}E_y,\quad E_z=\int\mathrm{d}E_z$$

最后再确定电场强度 $\boldsymbol{E}$ 的大小和方向,或将其表示为

$$\boldsymbol{E}=E_x\boldsymbol{i}+E_y\boldsymbol{j}+E_z\boldsymbol{k}$$

在计算连续带电体的电场强度时,常需要引入电荷密度的概念. 电荷密度分为电荷体密度、电荷面密度和电荷线密度. 若电荷连续分布在一个体积中,在带电体内任一点处取一体积元 $\mathrm{d}V$,若 $\mathrm{d}V$ 体积元内所带的电荷量为 $\mathrm{d}q$,如图1-18所示,则该点处的

电荷体密度 ρ_e 定义为

$$\rho_e=\frac{dq}{dV} \tag{1-21}$$

即电荷体密度就是单位体积所带的电荷量．在国际单位制中，电荷体密度的单位为 $C\cdot m^{-3}$．注意：dV 是物理学中通常所取的宏观小而微观大的体积元，也就是说 dV 在宏观上足够小，而微观上仍包含大量的微观带电粒子．可见，电荷体密度的概念实际上包含了电荷对一定的宏观体积取平均的意思．平均的结果，便从微观上的不连续过渡到宏观上的连续分布．若已知带电体的电荷体密度 ρ_e 的分布，则 dV 内的电荷量可以表示为

$$dq=\rho_e dV \tag{1-22}$$

在后面的学习中可以看到，对于导体或电介质，电荷经常分布在表面附近很薄的一层里，这时就可把表面层抽象成一个没有厚度的几何面，认为电荷连续分布在一个曲面上．我们可在该曲面上取如图 1-19 所示的面积元 dS，它从宏观上看很小，而从微观上看却很大，若 dS 所带的电荷量为 dq，则电荷面密度 σ_e 定义为

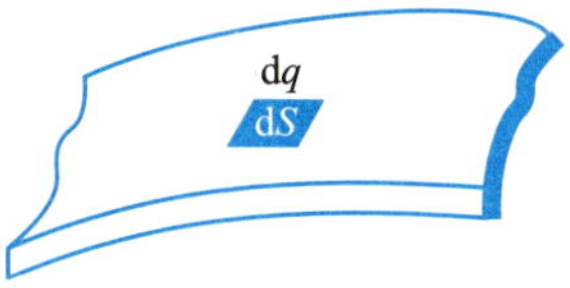

图 1-19 连续带电曲面上的面电荷元

$$\sigma_e=\frac{dq}{dS} \tag{1-23}$$

即电荷面密度就是单位面积所带的电荷量．在国际单位制中，电荷面密度的单位为 $C\cdot m^{-2}$．若已知曲面上的电荷面密度 σ_e 的分布，则 dS 面内的电荷量可以表示为

$$dq=\sigma_e dS \tag{1-24}$$

若电荷连续分布在一条长线上，例如，电荷分布在细线上或细棒上，或者我们不打算研究电荷沿截面的分布，那么我们可沿长度方向取如图 1-20 所示的线元 dl，它所带的电荷量为 dq，则电荷线密度 λ_e 定义为

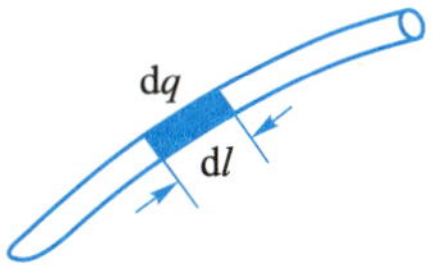

图 1-20 连续带电曲线上的线电荷元

$$\lambda_e=\frac{dq}{dl} \tag{1-25}$$

即电荷线密度就是单位长度所带的电荷量．在国际单位制中，电荷线密度的单位为 $C\cdot m^{-1}$．若已知电荷线密度 λ_e 的分布，则 dl 段中的电荷量可以表示为

$$dq=\lambda_e dl \tag{1-26}$$

综上所述，根据电场强度叠加原理和点电荷的电场强度公式，原则上可以计算任意电荷分布所产生的电场分布．考虑电荷分布的对称性，常常可以简化场强矢量叠加的计算．表 1-1 给出了一些典型的电场强度．

表 1-1 一些典型的电场强度 单位:N · C^{-1}

室内天线附近	约 3×10^{-2}	电子枪内	约10^5
无线电波内	约10^{-1}	空气的电击穿强度	约 3×10^6
日光灯管内	约10^2	X 射线管内	约 5×10^6
地球表面附近	约10^2	氢原子内电子轨道处	约 6×10^{11}
太阳光内(平均)	约10^3	中子星表面	约10^{14}
雷雨云附近	约10^4	铀核表面	约 2×10^{21}

例 1-4

求均匀带电细棒或直线的场强. 已知:一条均匀带电直线长为 l,电荷线密度为 λ_e(设 $\lambda_e>0$),求空间一点 P 处的电场强度. 如图 1-21 所示,设 P 点到直线的垂直距离为 a,P 点到直线 A 端的连线与 AB 的夹角为 α_1,P 点到直线 B 端的连线与 AB 的夹角为 α_2.

授课视频:[例 1-4]细棒场强

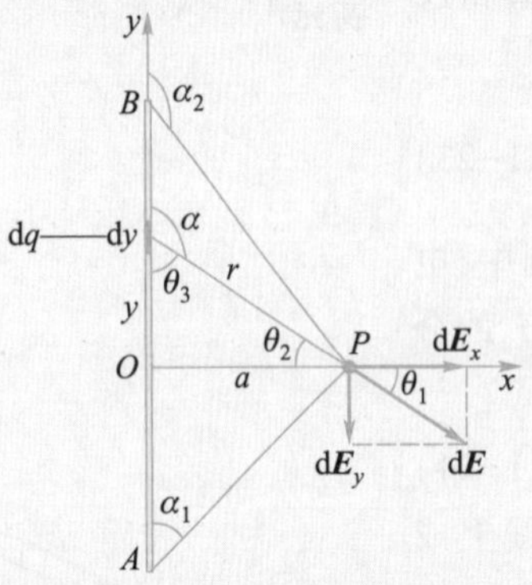

图 1-21 均匀带电直线的场强

解:本题是矢量积分求场强的典型例题. 在求解这样一类问题时,首先要建立一个合适的坐标系,这里采用直角坐标系. 选取通过场点 P 并垂直于带电直线向右为 x 轴,取沿带电直线 AB 为 y 轴. 由于在包含 y 轴的每一个平面内场强分布情况类似,我们就选纸面所在的平面作为代表来进行分析.

在带电直线上任取一个线元 dy,其坐标为$(0,y)$,线元 dy 上所带电荷量为 $dq=\lambda_e dy$. 当 dy 取得足够小时,可以把电荷元 dq 视为点电荷. 设 dy 到场点 P 的距离为 r,它和 P 点的连线与 AB 的夹角为 α. 当 $\lambda_e>0$ 时,该电荷元在 P 点产生的场强为 $d\boldsymbol{E}$,其方向在该电荷元到 P 点的连线上,如图 1-21 所示. 该电荷元在 P 点产生的电场强度大小为

$$dE=\frac{dq}{4\pi\varepsilon_0 r^2}=\frac{\lambda_e dy}{4\pi\varepsilon_0 r^2}$$

$d\boldsymbol{E}$ 可以分解成 x 分量 $d\boldsymbol{E}_x$ 和 y 分量 $d\boldsymbol{E}_y$,从图 1-21 所示的几何角关系可以看出

$$dE_x=dE\cos\theta_1=dE\cos\theta_2=dE\sin\theta_3$$
$$=dE\sin\alpha=\frac{\lambda_e dy}{4\pi\varepsilon_0 r^2}\sin\alpha$$
$$dE_y=-dE\sin\theta_1=-dE\sin\theta_2=-dE\cos\theta_3$$
$$=dE\cos\alpha=\frac{\lambda_e dy}{4\pi\varepsilon_0 r^2}\cos\alpha$$

式中,负号表示 $d\boldsymbol{E}_y$ 方向沿 y 轴负方向. 对上面两式积分就可得到 P 点的总场强在 x 轴和 y 轴上的分量大小:

$$E_x=\int dE_x=\frac{\lambda_e}{4\pi\varepsilon_0}\int\frac{\sin\alpha}{r^2}dy \qquad ①$$

$$E_y=\int dE_y=\frac{\lambda_e}{4\pi\varepsilon_0}\int\frac{\cos\alpha}{r^2}dy \qquad ②$$

式中,r、y 和 α 均为变量,为了完成积分,必须统一变量. 根据经验,把 r 和 y 分别用 α 表示会使计算相对简单,从图 1-21 可得

$$r=\frac{a}{\sin\theta_3}=\frac{a}{\sin\alpha} \quad ③$$

$$y=a\cot\theta_3=-a\cot\alpha$$

对上式两边微分,得

$$\mathrm{d}y=a\frac{\mathrm{d}\alpha}{\sin^2\alpha} \quad ④$$

将式③和式④代入积分式①和式②中,并把与积分变量 α 无关的量提到积分符号之外,注意,积分变量 α 的物理意义代表 P 点和电荷元的连线与细棒 AB 或其延长线之间的夹角. 当电荷元取在 A 点时,这一夹角是 α_1,这就是所取的积分下限;当电荷元取在 B 点时,这一夹角是 α_2,这就是所取的积分上限. 具体为

$$E_x=\frac{\lambda_e}{4\pi\varepsilon_0 a}\int_{\alpha_1}^{\alpha_2}\sin\alpha\mathrm{d}\alpha=\frac{\lambda_e}{4\pi\varepsilon_0 a}(\cos\alpha_1-\cos\alpha_2) \quad (1-27)$$

$$E_y=\frac{\lambda_e}{4\pi\varepsilon_0 a}\int_{\alpha_1}^{\alpha_2}\cos\alpha\mathrm{d}\alpha=\frac{\lambda_e}{4\pi\varepsilon_0 a}(\sin\alpha_2-\sin\alpha_1) \quad (1-28)$$

式(1-27)和式(1-28)分别表示带电直线在 P 点产生的电场强度的 x、y 分量大小,它们与 P 点到细棒的距离 a 成反比.

下面对所得的结果进行讨论.

(1) 若 P 点在带电直线的中垂线上,则 $\alpha_2=\pi-\alpha_1$,此时,因为 $\cos\alpha_2=-\cos\alpha_1$,$\sin\alpha_2=\sin\alpha_1$,则

$$E_x=\frac{\lambda_e\cos\alpha_1}{2\pi\varepsilon_0 a},\quad E_y=0$$

从图 1-22 可以看出,

$$\cos\alpha_1=\frac{l/2}{\sqrt{a^2+(l/2)^2}}$$

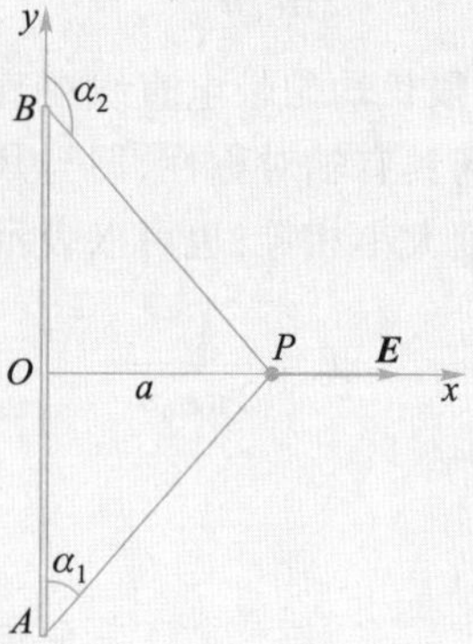

图 1-22 均匀带电直线中垂线上的场强

所以,带电直线的中垂线上 P 点的总场强的大小也可以表示为

$$E=E_x=\frac{\lambda_e l}{4\pi\varepsilon_0 a^2\left[1+l^2/(4a^2)\right]^{1/2}}$$

对于这一结果,可以进行进一步的讨论. 当 $a\gg l$ 时,表明场点到带电直线的距离远远大于带电直线本身的线度,这时,$l^2/(4a^2)\to 0$,从而得到 P 点的总场强大小为

$$E=\frac{\lambda_e l}{4\pi\varepsilon_0 a^2}$$

式中,$\lambda_e l$ 就是这条直线所带的总电荷 q. 因此

$$E=\frac{q}{4\pi\varepsilon_0 a^2}$$

式中,a 代表场点到带电直线的垂直距离. 注意,上式是一个点电荷的场强公式. 这说明,在远离带电直线的地方,带电直线的电场相当于一个点电荷 q 所产生的电场.

(2) 当带电细棒或直线为无限长时,从图 1-21 中可以看出,由于带电直线向下伸向无限远处,则 $\alpha_1=0$,带电直线向上也伸向无限远处,则 $\alpha_2=\pi$. 把这两个角度代入式

(1-27)和式(1-28)中,可得

$$E_x=\frac{\lambda_e}{2\pi\varepsilon_0 a},\quad E_y=0$$

这表明,无限长均匀带电直线在直线外空间产生的电场具有轴对称性,即与其等距离处的电场强度大小相等,也可以表示为

$$E=\frac{\lambda_e}{2\pi\varepsilon_0 a} \tag{1-29}$$

式中,a 代表场点到无限长均匀带电直线的垂直距离. 场强方向均垂直带电细棒. 若细棒带正电荷,也就是 $\lambda_e>0$,则场强方向垂直细棒并远离细棒向外;若直线带负电荷,也就是 $\lambda_e<0$,则场强方向垂直细棒且指向细棒.

NOTE

无限长均匀带电直线所产生的场强公式(1-29)是一个非常典型的结果,其在以后的学习中会经常被用到.

通过这个典型的例题,可以得到应用电场强度叠加原理积分求解连续带电体的场强时通常所采取的下列几个步骤:

(1) 选好合适的电荷元,画出该电荷元在场点处所产生的电场强度 $\mathrm{d}\boldsymbol{E}$.

(2) 引入电荷密度,写出电荷元的场强大小 $\mathrm{d}E$ 的表达式.

(3) 建立合适的坐标系,写出 $\mathrm{d}\boldsymbol{E}$ 的分量式.

(4) 写出 $\mathrm{d}\boldsymbol{E}$ 各分量的积分式,根据其中各变量之间的关系,统一积分变量.

(5) 定出积分上下限,注意对称性. 因为积分要遍及整个带电体,所以我们要由选定的坐标系和带电体的形状确定出积分上下限. 这里对称性是指,当电荷分布对于场点具有某种对称性时,通过对称性分析,往往可使我们立即看出电场强度的某些分量等于零,判断出其方向,从而省略了积分求解的过程,使计算大大简化. 这一点,在下面的例题中会有体现.

(6) 积分求结果,代数求其值.

(7) 进行讨论,加深对一些问题的理解.

下面就基本采取这样的步骤求解另外几道典型例题.

例 1-5

如图 1-23 所示,真空中有一宽为 b 的无限长均匀带电平面薄板,电荷面密度为 σ_e,设 $\sigma_e>0$. 求:

(1) 与薄板共面且到薄板中分线的距离为 d_1($d_1>b/2$)的 P_1 点的电场强度;

(2) 在过中分线的垂线上到薄板距离为 d_2 的 P_2 点的电场强度.

授课视频:[例 1-5]平板场强

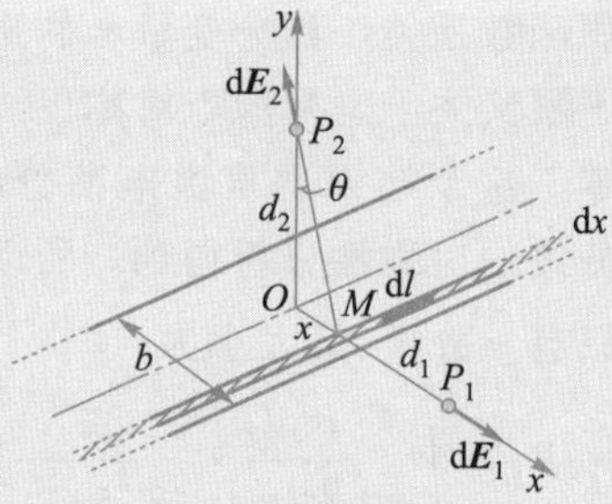

图 1-23 真空中有一宽为 b 的无限长均匀带电平面薄板

解：建立如图 1-23 所示的坐标系，让 x 轴过 P_1 点并垂直于薄板中分线，原点 O 在中分线上，y 轴沿过 P_2 点所在的中分线的垂线．首先要选取合适的电荷元，我们可把薄板分成许多平行于其中分线的窄条，每个窄条都视为无限长均匀带电直线．考虑其中一个窄条，其坐标为 x，宽为 $\mathrm{d}x$，那么其电荷线密度 λ_e 是多少呢？

我们这样来分析，在窄条上再取长度为 $\mathrm{d}l$ 的电荷元，其面积 $\mathrm{d}S=\mathrm{d}l\cdot\mathrm{d}x$，所带的电荷量 $\mathrm{d}q=\sigma_e\mathrm{d}S=\sigma_e\mathrm{d}l\cdot\mathrm{d}x$. 根据电荷线密度的定义式(1-25)，有

$$\lambda_e=\frac{\mathrm{d}q}{\mathrm{d}l}=\frac{\sigma_e\mathrm{d}l\cdot\mathrm{d}x}{\mathrm{d}l}=\sigma_e\mathrm{d}x$$

(1) 先求 P_1 点的场强．

窄条即无限长带电直线到场点 P_1 处的距离为 d_1-x，在 P_1 点产生的场强的大小，由式(1-29)可写为

$$\mathrm{d}E_1=\frac{\lambda_e}{2\pi\varepsilon_0(d_1-x)}=\frac{\sigma_e\mathrm{d}x}{2\pi\varepsilon_0(d_1-x)}$$

$\mathrm{d}\boldsymbol{E}_1$ 的方向沿着 x 轴正方向，如图 1-23 所示．

当窄条在平板上移动时，$\mathrm{d}\boldsymbol{E}_1$ 的方向不变，即不同 x 处的窄条在 P_1 产生的场强方向相同，所以整个薄平板在 P_1 点产生的总场强的大小 E_1 可由对上式的直接积分得到，即

$$E_1=\int\mathrm{d}E_1=\int_{-b/2}^{b/2}\frac{\sigma_e\mathrm{d}x}{2\pi\varepsilon_0(d_1-x)}$$

$$=\frac{\sigma_e}{2\pi\varepsilon_0}\ln\frac{2d_1+b}{2d_1-b}$$

$\boldsymbol{E}_1$ 的方向沿着 x 轴的正向．注意，上式中的积分变量 x 表示窄条相对于点 O 的位置坐标，当所选取的窄条分别在薄板的两侧的边缘时，x 就是 $\pm b/2$，它们就是积分的上下限．

下面对所得的结果讨论一下：

当 $d_1\gg b$ 时，把 P_1 点的场强表达式中的分子和分母同除以 $2d_1$，并根据对数的运算规则，有

$$E_1=\frac{\sigma_e}{2\pi\varepsilon_0}\ln\frac{1+b/(2d_1)}{1-b/(2d_1)}$$

$$=\frac{\sigma_e}{2\pi\varepsilon_0}\left[\ln\left(1+\frac{b}{2d_1}\right)-\ln\left(1-\frac{b}{2d_1}\right)\right]$$

当 $|z|<1$ 时，利用近似展开式 $\ln(1+z)\approx z-\frac{1}{2}z^2$，可以得到

$$E_1\approx\frac{\sigma_e}{2\pi\varepsilon_0}\left[\frac{b}{2d_1}-\frac{1}{2}\left(\frac{b}{2d_1}\right)^2+\frac{b}{2d_1}+\frac{1}{2}\left(\frac{b}{2d_1}\right)^2\right]$$

$$=\frac{\sigma_e b}{2\pi\varepsilon_0 d_1}$$

式中，$\sigma_e b$ 可看成该整个带电体的电荷线密度，这里用 η 来表示，则有

$$E_1\approx\frac{\eta}{2\pi\varepsilon_0 d_1}$$

上式也是无限长均匀带电直线的场强公式．因此，在 $d_1\gg b$ 的情况下，该均匀带电薄板可视为无限长均匀带电直线．

(2) 求 P_2 点的场强．

如图 1-23 所示，P_2 点在 y 轴上，对于薄板上坐标为 x 处所取的宽为 $\mathrm{d}x$ 的窄条状的电荷元，P_2 点到它的垂直距离为 $|MP_2|=\sqrt{d_2^2+x^2}$.

该窄条状电荷元可视为无限长均匀带电直线，由式(1-29)，其在 P_2 点产生的场强的大小为

$$dE_2=\frac{\sigma_e dx}{2\pi\varepsilon_0\,(d_2^2+x^2)^{1/2}}$$

方向在 Oxy 平面中沿 MP_2 方向．

当窄条状电荷元在薄板上移动时，$d\boldsymbol{E}_2$ 的方向将会改变，即不同 x 处的窄条状电荷元在 P_2 点产生的场强方向不同．因此，需要把窄条状电荷元在 P_2 点的场强 $d\boldsymbol{E}_2$ 沿两个坐标轴分解．设 P_2M 与 y 轴负方向所夹的角度为 θ，从图 1-23 可以看出 $d\boldsymbol{E}_2$ 的 x 分量为

$$dE_{2x}=-dE_2\sin\theta$$

把式中的 $\sin\theta$ 用坐标量表示并将上面给出的 $d\boldsymbol{E}_2$ 的大小代入，得

$$d\boldsymbol{E}_{2x}=\frac{-\sigma_e dx}{2\pi\varepsilon_0\,(d_2^2+x^2)^{1/2}}\cdot\frac{x}{(d_2^2+x^2)^{1/2}}=-\frac{\sigma_e x dx}{2\pi\varepsilon_0(d_2^2+x^2)}$$

同理，$d\boldsymbol{E}_2$ 的 y 分量大小可以表示为

$$dE_{2y}=dE_2\cos\theta=\frac{\sigma_e dx}{2\pi\varepsilon_0\,(d_2^2+x^2)^{1/2}}\cdot\frac{d_2}{(d_2^2+x^2)^{1/2}}=\frac{\sigma_e d_2 dx}{2\pi\varepsilon_0(d_2^2+x^2)}$$

对窄条状电荷元在 P_2 点产生的场强的这两个分量式分别积分，就可得到薄板在 P_2 点的电场强度的两个分量大小 E_{2x} 和 E_{2y}．其中

$$E_{2x}=\int dE_{2x}=\int_{-b/2}^{b/2}\frac{-\sigma_e}{2\pi\varepsilon_0}\cdot\frac{x dx}{(d_2^2+x^2)}=0$$

因为被积函数是关于积分变量 x 的奇函数，积分上下限又关于坐标原点对称，所以积分后必为零．这个结果也可由电荷分布对薄平板中分线的对称性分析得到．所以 P_2 点的场强只有 y 分量，其大小为

$$E_{2y}=\int dE_{2y}=\int_{-b/2}^{b/2}\frac{\sigma_e d_2}{2\pi\varepsilon_0}\cdot\frac{dx}{(d_2^2+x^2)}=\frac{\sigma_e}{2\pi\varepsilon_0}\left[\arctan\left(\frac{b}{2d_2}\right)-\arctan\left(-\frac{b}{2d_2}\right)\right]$$

由本例题可以看出，矢量叠加实际上归结为各分量的叠加．而在计算时，关于对称性的分析是很重要的．它往往可使我们立即看出合成矢量的某些分量等于 0，判断出合成矢量的方向，使计算大大简化．

下面对第(2)问的结果也做一下讨论：

当 $b\gg d_2$ 时，则从 P_2 点看，平板可以视为无限大均匀带电平面．而且此时，对于 P_2 点的场强表达式中两个反正切函数，分别有

$$\arctan\frac{b}{2d_2}=\arctan\infty=\frac{\pi}{2},$$

$$\arctan\left(-\frac{b}{2d_2}\right)=\arctan(-\infty)=-\frac{\pi}{2}$$

从而得到

$$E_2=E_{2y}=\frac{\sigma_e}{2\varepsilon_0}\qquad(1-30)$$

这就是无限大均匀带电平面周围空间的场强．注意，这个结果与 x 坐标无关，从而表明，无限大均匀带电平面在其两侧产生的电场是一个均匀电场．当 $\sigma_e>0$ 时则场强方向垂直带电平面并背离它，反之，则指向它．

无限大带电平面所产生的场强公式(1-30)是一个非常典型的结果，其在以后的学习中也会经常被用到．

例 1-6

求均匀带电细圆环轴线上任一点的电场强度．已知圆环半径为 R，所带总电荷量为 Q（设 $Q>0$）．P 是轴线上一点，离圆心 O 的距离为 x，求 P 点的场强．

授课视频：[例 1-6]圆环场强

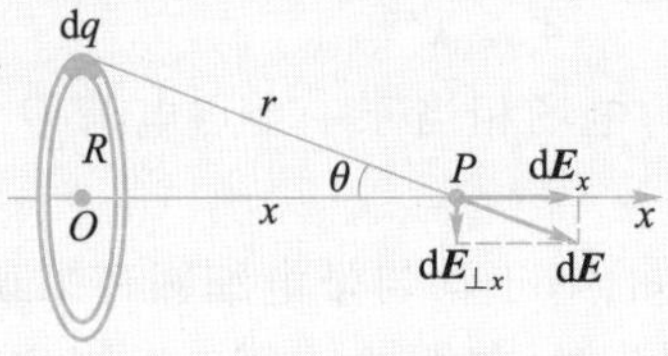

图 1-24 均匀带电细圆环轴线上的场强

解：如图 1-24 所示，首先在圆环上任意取一弧状线元 $\mathrm{d}l$，它所带的电荷量为 $\mathrm{d}q$，当 $\mathrm{d}l$ 取得足够小时，也可以把电荷元 $\mathrm{d}q$ 视为点电荷．电荷元 $\mathrm{d}q$ 到 P 点的位矢是 $\boldsymbol{r}$，$\mathrm{d}q$ 与 P 点的连线和 x 轴负方向的夹角为 θ，$\mathrm{d}q$ 在 P 点产生的电场强度为 $\mathrm{d}\boldsymbol{E}$，方向沿 $\mathrm{d}q$ 指向 P 点的方向．

根据点电荷的电场强度公式（1-11），可以将 $\mathrm{d}\boldsymbol{E}$ 表示为

$$\mathrm{d}\boldsymbol{E}=\frac{\mathrm{d}q}{4\pi\varepsilon_0 r^2}\boldsymbol{e}_r$$

将 $\mathrm{d}\boldsymbol{E}$ 沿平行和垂直于 x 轴的两个方向分解为 $\mathrm{d}\boldsymbol{E}_x$ 和 $\mathrm{d}\boldsymbol{E}_{\perp x}$．从图 1-24 中可得

$$\mathrm{d}E_x=\mathrm{d}E\cos\theta,\quad \mathrm{d}E_{\perp x}=-\mathrm{d}E\sin\theta$$

在积分求解之前，先来考虑对称性．由于圆环的对称性及均匀带电，圆环上各电荷元在 P 点所产生的电场强度的分布也具有对称性，且各电荷元在 P 点产生的电场强度大小与 $\mathrm{d}E$ 相等．其中，位于同一直径两端的一对电荷元在 P 点所产生的电场强度的 $\mathrm{d}\boldsymbol{E}_{\perp x}$ 分量相互抵消．这样由于电荷分布的对称性，圆环上各电荷元在轴线上任意 P 点所产生的电场强度 $\mathrm{d}\boldsymbol{E}_{\perp x}$ 分量的矢量和为零，即

$$\int \mathrm{d}\boldsymbol{E}_{\perp x}=0$$

而各电荷元的 $\mathrm{d}\boldsymbol{E}_x$ 分量都具有相同的方向，故有圆环在 P 点所产生的总场强

$$\boldsymbol{E}=E_x\boldsymbol{i}$$

这样，只要对 $\mathrm{d}E_x$ 积分就可以了．总场强的大小为

$$E=E_x=\int \mathrm{d}E\cos\theta=\int_{(Q)}\frac{\mathrm{d}q}{4\pi\varepsilon_0 r^2}\cos\theta$$

在积分过程中，对于各电荷元来说，r 和 $\cos\theta$ 保持不变，可以提到积分号外，即

$$E=\frac{\cos\theta}{4\pi\varepsilon_0 r^2}\int_{(Q)}\mathrm{d}q$$

电荷元 $\mathrm{d}q$ 的积分就是这个带电圆环所带的总电荷量 Q，所以

$$E=\frac{Q\cos\theta}{4\pi\varepsilon_0 r^2}$$

因为，$\cos\theta=x/r$，而 $r=(x^2+R^2)^{1/2}$，所以最终求得均匀带电细圆环在轴上任意一点所产生的场强大小为

$$E=\frac{Qx}{4\pi\varepsilon_0(x^2+R^2)^{3/2}}\qquad(1\text{-}31)$$

式中，x 代表场点到环心的距离．$\boldsymbol{E}$ 的方向为沿着轴线指向远方．

下面对例 1-6 所得的结果讨论几点.

(1) 在环心处,$x=0$,由式(1-31)可以得出,$E=0$,即均匀带电细圆环在其圆心处所产生的电场强度为零.

(2) 当圆环所带电荷量 $Q<0$ 时,轴线上电场强度 $\boldsymbol{E}$ 的方向是沿轴线指向环心.

(3) 当 $x \gg R$ 时,也就是说,场点离带电圆环无限远时,$(x^2+R^2)^{3/2} \approx x^3$,则

$$E \approx \frac{Q}{4\pi\varepsilon_0 x^2}$$

此结果表明,远离圆环处的电场相当于一个点电荷 Q 所产生的电场.

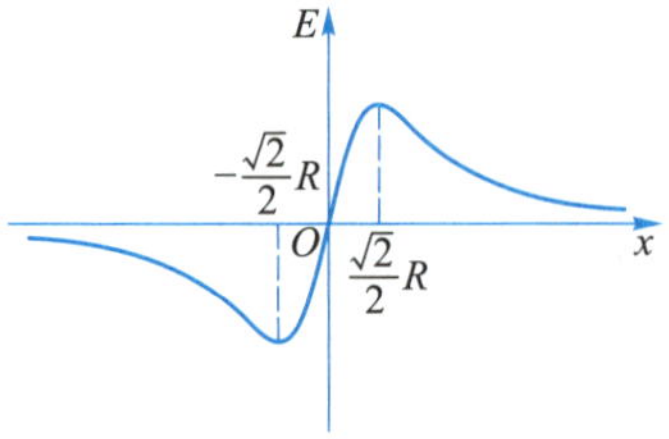

图 1-25 均匀带电细圆环轴线上的 $E-x$ 曲线

(4) 通过以上讨论可知,对于均匀带电细圆环来说,在环心处场强为零,在 x 趋于无限远处,场强也为零. 二者之间必有一个极大值. 由于场强为极大值的场点,必然满足$\frac{\mathrm{d}E}{\mathrm{d}x}=0$,据此,我们求出该场强极大值所在位置为 $x=\pm\frac{\sqrt{2}}{2}R$. 图 1-25 给出轴线上场强大小 E 随 x 变化的关系曲线. 注意,这里设场强方向沿 x 轴时为正,这样,对于 $x<0$ 的场点来说,场强就取负值,表明其方向与 x 轴的正方向相反.

请读者思考一个问题:若把带电细圆环去掉一半,x 轴上 P 点的场强大小是否等于式(1-31)所给出的 E 的一半?

例 1-7

求均匀带电薄圆盘轴线上任一点的场强. 如图 1-26 所示,已知圆盘半径为 R,电荷面密度为 σ_e(设 $\sigma_e>0$). P 为轴线上一点,离圆心 O 的距离为 x,求 P 点的场强.

授课视频:[例 1-7]

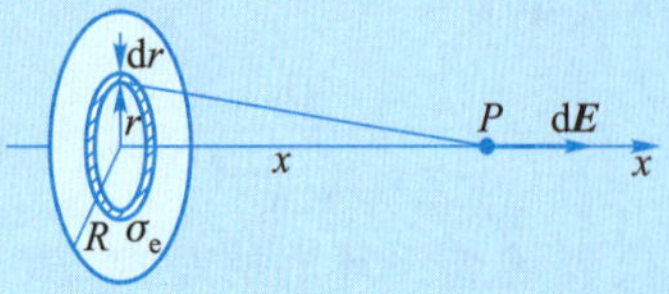

图 1-26 均匀带电薄圆盘轴线上的场强

解:这道题可以利用例 1-6 的结果,带电圆盘可视为由许多同心的带电细圆环组成. 取半径为 r,宽度为 $\mathrm{d}r$ 的细圆环作为电荷元,其所带的电荷量为

$$\mathrm{d}q=\sigma_e \mathrm{d}S=\sigma_e 2\pi r \mathrm{d}r$$

由式(1-31)可知,此带电细圆环在 P 点产生的电场强度大小为

$$dE = \frac{x\mathrm{d}q}{4\pi\varepsilon_0(x^2+r^2)^{3/2}} = \frac{\sigma_e x 2\pi r\mathrm{d}r}{4\pi\varepsilon_0(x^2+r^2)^{3/2}} = \frac{\sigma_e x}{2\varepsilon_0}\frac{r\mathrm{d}r}{(x^2+r^2)^{3/2}}$$

方向沿着轴线指向远方，如图 1-26 所示．由于组成圆盘的所有细圆环在 P 点产生的电场强度方向相同，所以整个带电圆盘在 P 点所产生的电场强度大小为

$$E = \int \mathrm{d}E = \frac{\sigma_e x}{2\varepsilon_0}\int_0^R \frac{r\mathrm{d}r}{(x^2+r^2)^{3/2}} = \frac{\sigma_e}{2\varepsilon_0}\left(\frac{x}{|x|} - \frac{x}{\sqrt{R^2+x^2}}\right)$$

其方向也是沿着轴线指向远方．

下面，对例 1-7 所得的结果进行几点讨论．

(1) 对于 $x>0$ 的场点，$E = \frac{\sigma_e}{2\varepsilon_0}\left(1 - \frac{x}{\sqrt{R^2+x^2}}\right)$，$\boldsymbol{E}$ 的方向沿着 x 轴正方向；对于 $x<0$ 场点，$E = -\frac{\sigma_e}{2\varepsilon_0}\left(1 - \frac{|x|}{\sqrt{R^2+x^2}}\right)$，负号表示 $\boldsymbol{E}$ 的方向沿着 x 轴负方向．所以，可以把场强矢量式表示为

$$\boldsymbol{E} = \frac{\sigma_e}{2\varepsilon_0}\left(\frac{x}{|x|} - \frac{x}{\sqrt{R^2+x^2}}\right)\boldsymbol{i}$$

(2) 当 $x \ll R$ 时，也就是说，当场点无限靠近带电圆盘时，从 P 点看，圆盘可以视为无限大均匀带电平面．此时，$\frac{x}{\sqrt{R^2+x^2}} \to 0$，则得无限大均匀带电平面产生的电场强度大小为

$$E = \frac{\sigma_e}{2\varepsilon_0}$$

与式(1-30)一样．

(3) 当 $x \gg R$ 时，也就是说，当场点无限远离带电圆盘时，由于

$$\frac{x}{\sqrt{R^2+x^2}} = \frac{1}{\sqrt{1+(R/x)^2}} \approx 1 - \frac{1}{2}\left(\frac{R}{x}\right)^2$$

所以此种情况下，P 点的场强大小为

$$E \approx \frac{\pi R^2\sigma_e}{4\pi\varepsilon_0 x^2} = \frac{Q}{4\pi\varepsilon_0 x^2}$$

式中，$Q = \pi R^2\sigma_e$ 是圆盘所带的总电荷量．此结果也表明，远离圆盘处的电场相当于一个点电荷 Q 所产生的电场．

NOTE

例 1-8

求无限大带正电厚壁的电场分布．已知无限大带正电厚壁的厚度为 d，电荷体密度为 $\rho_e=kx$，k 为正常量，x 为垂直于壁面的坐标，原点在厚壁的左表面上，如图 1-27(a)所示．

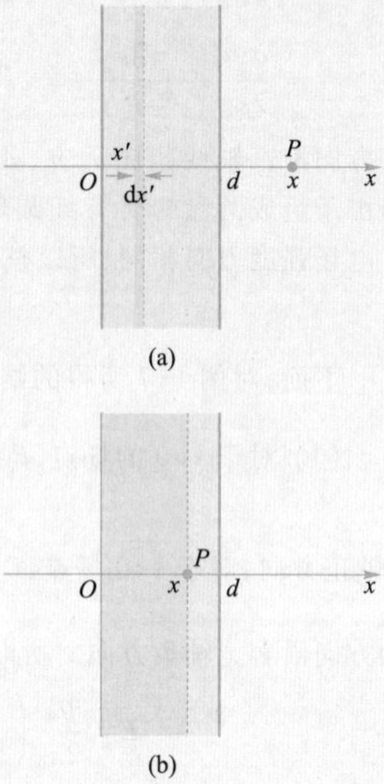

图 1-27　例 1-8 图

解：将厚壁视为由很多平行于厚壁表面的无限大带电薄板组成，每一块薄板当作无限大均匀带电平面．任取其中 x'处 dx'厚的一块薄板，在该薄板上再取一边长分别为 dy'和 dz'的小面元，设其所带的电荷量为 dq，则所取薄板的电荷面密度可以表示为

$$\sigma_e(x')=\frac{dq}{dy'dz'}=\frac{dq}{dx'dy'dz'}dx'=\rho_e(x')dx'$$

根据无限大均匀带电平面的场强公式(1-30)，x'处 dx'厚的薄板在 x 处形成的电场强度大小为

$$dE=\frac{\sigma_e(x')}{2\varepsilon_0}=\frac{\rho_e(x')dx'}{2\varepsilon_0}$$

当 $x>d$ 时，如在图 1-27(a)中的 P 点处，由厚壁分割出的任何薄板在场点 P 产生的电场都向右，且与 x 无关，因此总场强 $\boldsymbol{E}$ 也与场点 P 的坐标 x 无关．总场强的大小 E 为各个薄板所产生的场强大小 dE 相加，即

$$E=\int dE=\int_0^d\frac{\rho_e(x')dx'}{2\varepsilon_0}=\frac{k}{2\varepsilon_0}\int_0^d x'dx'=\frac{kd^2}{4\varepsilon_0},\quad x>d$$

同理，当 $x<0$ 时，场强大小也为此值，只是以负号表示方向向左，即

$$E=-\frac{kd^2}{4\varepsilon_0},x<0$$

当 $0<x<d$ 时，如在图 1-27(b)中的 P 点处，过 x 的平面将平板分为两个部分，其左侧的薄板在场点 P 处产生向右的场强，其右侧的薄板在该点的场强方向向左，所以总场强大小为

$$E(x)=\int_0^x\frac{\rho_e(x')dx'}{2\varepsilon_0}-\int_x^d\frac{\rho_e(x')dx'}{2\varepsilon_0}=\frac{k}{4\varepsilon_0}(2x^2-d^2),\quad 0<x<d$$

前文中，我们主要介绍了电荷连续分布带电体的场强的求解方法——积分法．用积分方法求任意带电体的场强的基本思想是把带电体视为电荷元的集合，在电场中某点的场强为各电荷元在该点产生的场强的矢量和．电荷元可以是线元、面元或体元．

通过例题和习题，读者可以体会，在某些情况下，可把电荷连续分布的带电体视为由许多微小宽度的带电直线或圆环、具有微小厚度的圆盘或球壳所组成．例如，有限长均匀带电直圆柱体可视为由若干薄圆盘所组成，这时可以取带电薄圆盘为电荷元，以便求出该带电圆柱体轴线上一点的场强．这样取电荷元的好处是可以把二重积分或三重积分化为单重积分来做，使运算简化．

物理学中常把复杂的、具体的物体用简单的、抽象的模型来代替，这样可突出问题的本质，忽略次要因素，简化条件，易于总结出基本规律．这种理想的抽象是一种很重要的科学分析方法．至此，我们涉及了电磁学中的四个物理模型：点电荷、电偶极子、无限长均匀带电直线和无限大均匀带电平面．它们一般是根据“远远大于”或“远远小于”等必要条件将研究对象提炼成理想模型．对此小结一下：

（1）如图 1-28(a) 所示，点电荷这一理想模型是对带电体的线度 d 远小于带电体与所研究的场点 P 之间距离 r 时情况的一种理想抽象．较小的带电体不一定可简化成点电荷，大的带电体也可能被简化成点电荷．

（2）如图 1-28(b) 所示，对于两个等量异号的点电荷组成的系统，若两个点电荷之间的距离 l 远远小于系统中心点 O 到场点 P 的距离 r，这对点电荷系统称为电偶极子．

（3）如图 1-28(c) 所示，对于长为 L 的均匀带电直线，靠近直线中心区域的场点 P 到直线的距离 r 若远远小于 L，则可将带电直线简化成无限长均匀带电直线．

（4）如图 1-28(d) 所示，对于有限大的均匀带电平面，求其电场的分布时，若靠近带电面中心区域的场点 P 与带电面的距离 r 远小于带电平面的几何线度 $\bar{d}$，则可以将带电平面抽象成无限大均匀带电平面这一物理模型．

了解以上模型自身的含义，把握住它们的成立范围，有助于对物理概念、规律的深刻理解和正确运用．在实际应用时可根据研究问题的特定条件，简化抽象物理模型，不但能使问题较为简便解决，而且有利于将问题的结论应用于工程技术中，解决较为复杂的问题．

(a) 点电荷：$d\ll r$

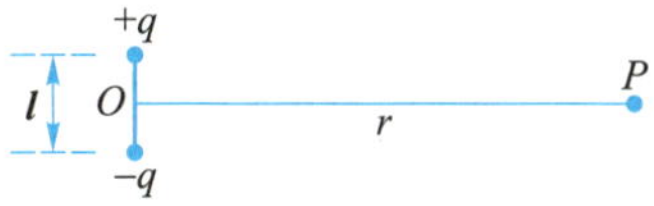

(b) 电偶极子：$l\ll r$

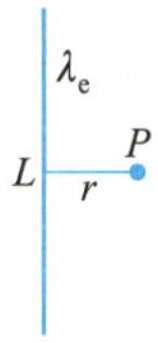

(c) 无限长均匀带电直线：$L\gg r$

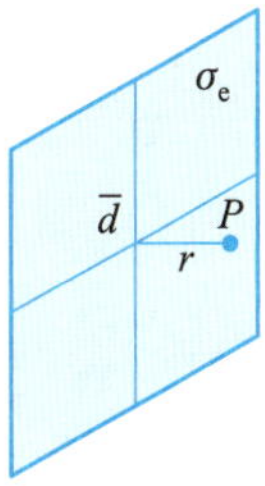

(d) 无限大均匀带电平面：$\bar{d}\gg r$

图 1-28 理想模型示意图

1.3 静电场的高斯定理

1.3.1 电场线

授课视频:电场线

在电学中,尽管电场的概念被近代物理理论和实验证实是正确的. 但是我们并不能直接感觉到或看到电场. 为了形象地描述电场在空间的分布,法拉第在 19 世纪 30 年代提出场的概念的同时还引入了电力线的概念. 我国物理学名词审定委员会根据科学性、系统性、通俗性的原则在 1988 年完成对第一批物理学名词(基础物理学部分)的审定工作,作了多处改动. 诸如将“电力线”改名为“电场线”,“磁力线”改名为“磁感应线”. 公布的《物理学名词》在 1989 年由科学出版社出版. 所以电力线是较早以前的叫法.

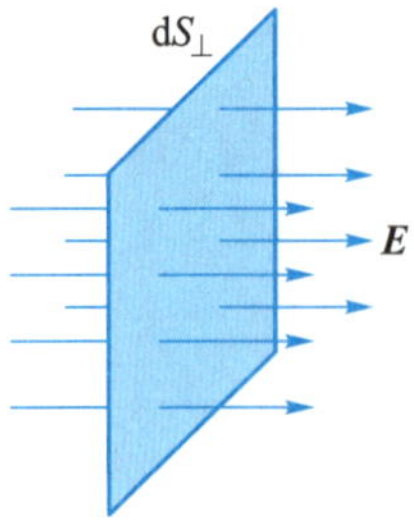

图 1-29 电场线数密度与电场强度

NOTE

电场线是按下述规定在电场中画出的一簇假想的曲线:电场线上任一点的切线方向表示该点电场强度 $\boldsymbol{E}$ 的方向;电场线的疏密程度表示该点电场强度的大小. 为了能用电场线定量地表示电场强度的大小,我们画电场线时,要使通过电场中任一点与电场垂直的单位面积的电场线数目正比于(通常等于)该点场强的量值. 例如,在电场中某一点,取一垂直于该点场强方向的面元 $dS_\perp$,如图 1-29 所示. 因为所取面元的面积很小,所以面元上各点的场强可视为相同,即所画出的穿过该面元的电场线是一些等间距的平行直线. 若过这个面积元有 dN 条平行的电场线,则 $\dfrac{dN}{dS_\perp}$,即垂直于电场方向的单位面积所通过的电场线条数称为电场线的数密度. 使该点场强的大小正比于(通常等于)此数密度,即

$$E \propto \text{或} = \frac{dN}{dS_\perp} \tag{1-32}$$

这样电场线的疏密分布就反映了电场强度大小的分布情况. 电场线稀疏的地方对应场强小,电场线稠密的地方对应场强大.

图 1-30 给出了几种典型静电场的电场线分布. 可以看出静电场的电场线有如下特点:(1) 电场线总是始于正电荷或来自无限远处,止于负电荷或伸向无限远处,不会在没有电荷处中断;(2) 若体系中正、负电荷一样多,则由正电荷发出的全部电场线都终止于负电荷;(3) 电场线有头有尾,不会形成闭合曲线;(4) 在

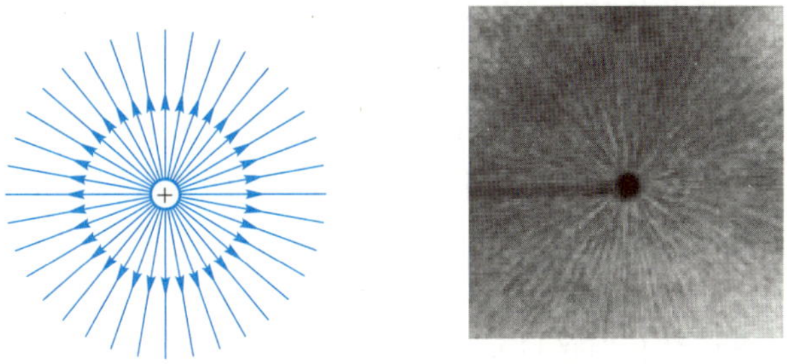

(a) 正电荷

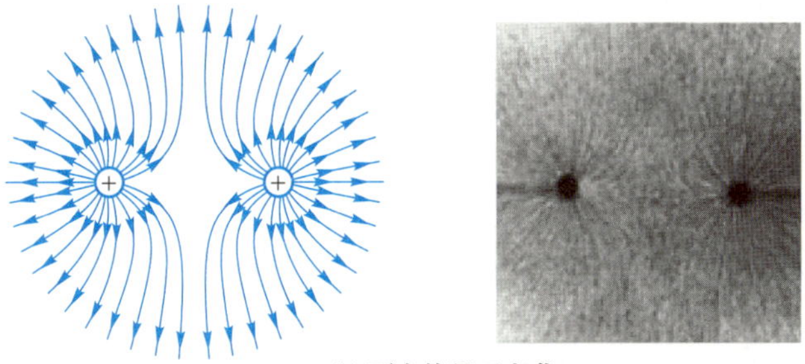

(b) 两个等量正电荷

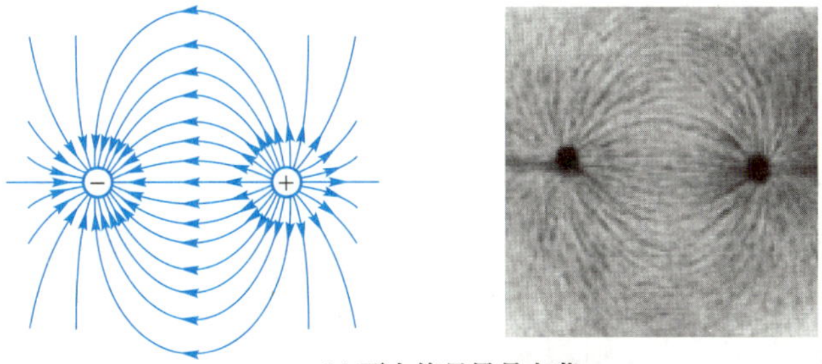

(c) 两个等量异号电荷

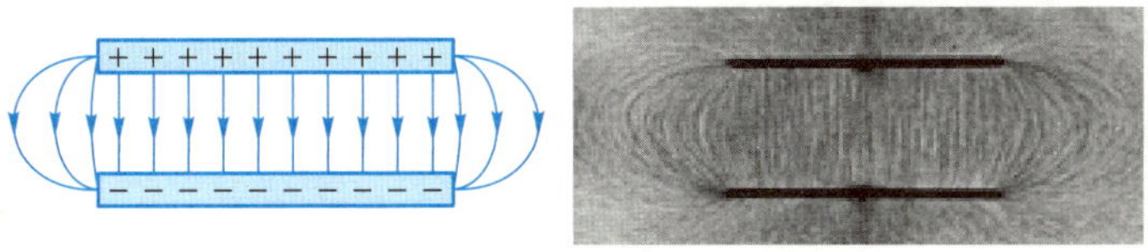

(d) 两块带等量异号电荷的平行平板

图 1-30 几种典型静电场的电场线分布

NOTE

没有电荷的空间处，任意两条电场线不会相交．静电场的电场线所具有的这些基本性质，是由静电场的基本性质和场的单值性决定的．可用以后学习到的静电场的基本性质方程加以证明．

电场线的形状也可以用实验来模拟．把奎宁的针状结晶等微屑悬浮在蓖麻油里加上电场，微屑就可按照电场强度的方向排列起来，显示出电场线的分布情况，如图 1-30 中的右图所示．该注意的是，电场虽然抽象但它是客观存在的物质，电场线虽然形象但它不是电场里实际存在的线，仅是为描绘电场而假想的线．

电场线的引入为抽象的电场建立起具体的模型，形象、直观地反映电场的总体情况，为我们打开了一扇认识、研究电场的大门．也为我们认识研究抽象事物的本质特征和运动规律提供了科学的方法：从抽象到具体，化无形为有形．这对于分析某些实际问题很有帮助．例如，在研究某些复杂的电场，如电子管内部的电场，高压电器设备附近的电场时，就常采用模拟的方法把它们的电场线画出来．研究大气物理的科学家也常通过电场线分析大气中电场变化时的蛛丝马迹来预测气候．

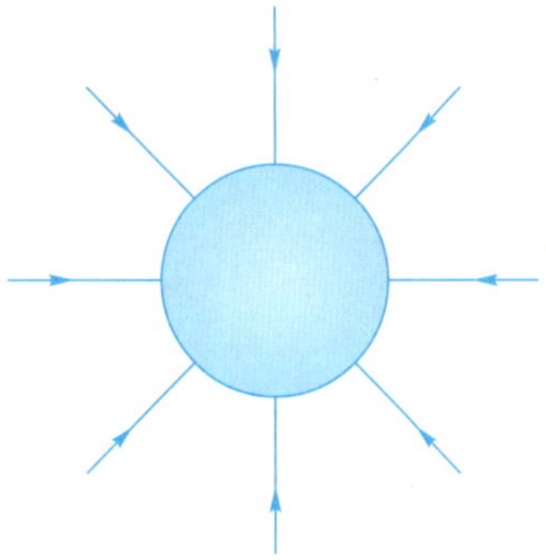

图 1-31 地球的引力场

场的概念也可以应用于万有引力中．可以说任何一个有质量的物体都在周围空间产生引力场，物体之间的万有引力是通过引力场来传递的．图 1-31 显示了地球所产生的引力场.

1.3.2 电场强度通量

授课视频：电场强度通量

若场强的大小等于电场线的数密度，即在式(1-32)中取等号，则在电场中通过任意曲面的电场线的条数称为通过该面的电场强度通量，也称为 $\boldsymbol{E}$ 通量，以 $\varPhi_e$ 表示．

首先考虑电场中的任一面元 $\mathrm{d}S$，它的法向单位矢量 $\boldsymbol{e}_n$ 与它所在处的电场强度 $\boldsymbol{E}$ 的夹角为 θ，此面元在垂直于电场强度方向的投影面元为 $\mathrm{d}S_{\perp}$，如图 1-32 所示．很明显，通过 $\mathrm{d}S$ 的电场线条数等于通过 $\mathrm{d}S_{\perp}$ 的电场线条数，在场强大小等于电场线的数密度的通常定义下，则根据式(1-32)，通过 $\mathrm{d}S_{\perp}$ 的电场线条数为

$$\mathrm{d}N=E\mathrm{d}S_{\perp}$$

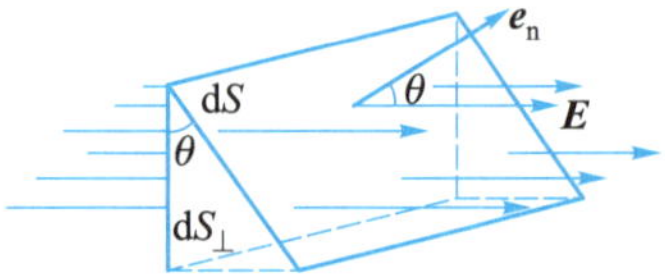

图 1-32 通过面元 $\mathrm{d}S$ 的 $\boldsymbol{E}$ 通量

由图 1-32 可知，$\mathrm{d}S$ 和 $\mathrm{d}S_{\perp}$ 两面元之间的夹角也为 θ，$\mathrm{d}S_{\perp}=\mathrm{d}S\cos\theta$，因此通过面元 $\mathrm{d}S$ 的电场线条数或 $\boldsymbol{E}$ 通量为

$$\mathrm{d}\varPhi_e=E\mathrm{d}S_{\perp}=E\mathrm{d}S\cos\theta \tag{1-33}$$

为了表示出面元的方位，引入面元矢量 $\mathrm{d}\boldsymbol{S}$，其大小为面元的面积，其方向为面元的法线方向，即 $\mathrm{d}\boldsymbol{S}=\mathrm{d}S\boldsymbol{e}_n$．根据矢量标积的定义，通过面元 $\mathrm{d}S$ 的 $\boldsymbol{E}$ 通量也可以表示为

$$\mathrm{d}\varPhi_e=\boldsymbol{E}\cdot\mathrm{d}\boldsymbol{S} \tag{1-34}$$

$\boldsymbol{E}$ 通量 $\varPhi_e$ 是一个标量，但它可以取正值，也可以取负值．由式(1-33)可知，当 $0\leqslant\theta<\dfrac{\pi}{2}$ 时，$\mathrm{d}\varPhi_e$ 为正值；当 $\theta=\dfrac{\pi}{2}$ 时，$\mathrm{d}\varPhi_e=0$；当 $\dfrac{\pi}{2}<\theta\leqslant\pi$ 时，$\mathrm{d}\varPhi_e$ 为负值．所以 $\mathrm{d}\varPhi_e$ 的正负取决于面元法线方向的选取，因为对于非闭合曲面，面上各处的法线正方向可以任意选取指向曲面的这一侧或那一侧．

对于电场中的任意空间曲面 S，可将其分割成许多小面元 $\mathrm{d}S$，如图 1-33 所示．由于面元的面积取得很小，每一小面元上的电场视为均匀电场，所以通过面元 $\mathrm{d}S$ 的 $\boldsymbol{E}$ 通量 $\mathrm{d}\Phi_e$ 可以用式(1-34)表示．通过曲面 S 的 $\boldsymbol{E}$ 通量 Φ_e 就等于通过所有面元的 $\boldsymbol{E}$ 通量的代数和，即

$$\Phi_e = \int \mathrm{d}\Phi_e = \int_S \boldsymbol{E}\cdot \mathrm{d}\boldsymbol{S} \tag{1-35}$$

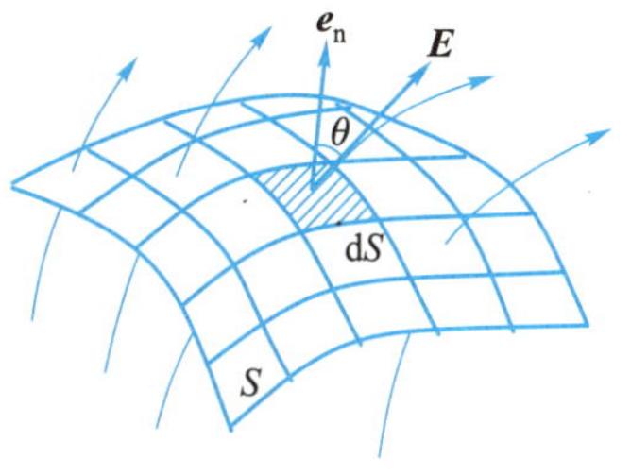

图 1-33 通过任意曲面的 $\boldsymbol{E}$ 通量

式中，符号 $\int_S$ 表示对整个曲面 S 求积分．这个数学表达式也是 $\boldsymbol{E}$ 通量的定义式，即通过一个曲面的 $\boldsymbol{E}$ 通量可以用电场强度对该面的面积分来表示．我们常用式(1-35)计算 $\boldsymbol{E}$ 通量．在国际单位制中，$\boldsymbol{E}$ 通量的单位为 $\mathrm{N\cdot m^2\cdot C^{-1}}$．

例 1-9

一半径为 R 的半球面放在水平面上，如图 1-34(a)所示，在距球心 O 的正上方 $l(l>R)$ 远处有一点电荷 q，求通过该半球面的电场强度通量．

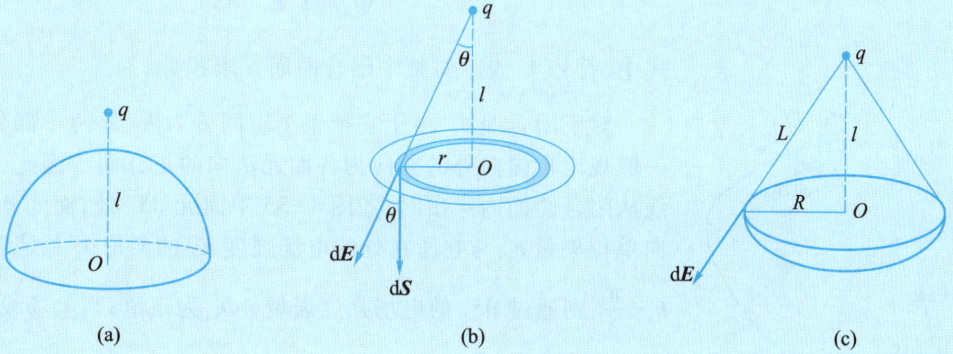

图 1-34 例 1-9 图

解： 由于点电荷的电场线是以点电荷为中心的射线，显然通过半球面的电场线的条数等于通过半球面边线所围的圆平面的电场线的条数，所以通过半球面的 $\boldsymbol{E}$ 通量就等于通过圆平面的 $\boldsymbol{E}$ 通量．该圆平面可视为由许多同心的细圆环组成．任取半径为 r，宽度为 $\mathrm{d}r$ 的细圆环，其面积为

$$\mathrm{d}S = 2\pi r\mathrm{d}r$$

点电荷 q 在细圆环上各处产生的电场强度大小相同，为

$$E = \frac{q}{4\pi\varepsilon_0(r^2+l^2)}$$

细圆环上各处的电场强度 $\boldsymbol{E}$ 与面元矢量 $\mathrm{d}\boldsymbol{S}$ 的夹角为 θ，由图 1-34(b)可知，$\cos\theta = \dfrac{l}{(r^2+l^2)^{1/2}}$．则通过圆平面的 $\boldsymbol{E}$ 通量即通过半球面的 $\boldsymbol{E}$ 通量为

$$\Phi_e = \int_{S_{圆}} \boldsymbol{E} \cdot \mathrm{d}\boldsymbol{S} = \int_{S_{圆}} E\cos\theta \mathrm{d}S$$

$$= \int_0^R \frac{q}{4\pi\varepsilon_0(r^2+l^2)} \frac{l}{(r^2+l^2)^{1/2}} 2\pi r\mathrm{d}r$$

$$= \int_0^R \frac{ql}{4\varepsilon_0(r^2+l^2)^{3/2}}\mathrm{d}r^2 = \frac{q}{2\varepsilon_0}\left(1-\frac{l}{\sqrt{l^2+R^2}}\right)$$

解法二：

如图 1-34(c)所示，以 q 为球心，半径为 $L=\sqrt{R^2+l^2}$ 作球冠面，其面积为 $S=2\pi L(L-l)$. 由于点电荷的电场线是以点电荷为中心的射线，显然通过半球面的电场线的条数也等于通过该球冠面的电场线的条数，所以通过半球面的 $\boldsymbol{E}$ 通量就等于通过该球冠面的 $\boldsymbol{E}$ 通量.

点电荷 q 在球冠面上产生的电场强度的大小处处相等，为

$$E = \frac{q}{4\pi\varepsilon_0 L^2}$$

球冠面上各处的电场强度 $\boldsymbol{E}$ 与面元矢量 $\mathrm{d}\boldsymbol{S}$ 的方向相同，所以 $\cos\theta=1$. 则通过球冠面的 $\boldsymbol{E}$ 通量即通过半球面的 $\boldsymbol{E}$ 通量为

$$\Phi_e = \Phi_{冠} = \int_{S_{冠}} \boldsymbol{E} \cdot \mathrm{d}\boldsymbol{S} = \int_{S_{冠}} E\mathrm{d}S = E\int_{S_{冠}} \mathrm{d}S$$

$$= \frac{q}{4\pi\varepsilon_0 L^2} 2\pi L(L-l) = \frac{q}{2\varepsilon_0}\left(1-\frac{l}{L}\right)$$

$$= \frac{q}{2\varepsilon_0}\left(1-\frac{l}{\sqrt{l^2+R^2}}\right)$$

通过如图 1-35 所示的一个闭合曲面 S 的 $\boldsymbol{E}$ 通量可表示为

$$\Phi_e = \oint_S \boldsymbol{E} \cdot \mathrm{d}\boldsymbol{S} \tag{1-36}$$

式中，符号 $\oint_S$ 表示对整个闭合曲面 S 求积分.

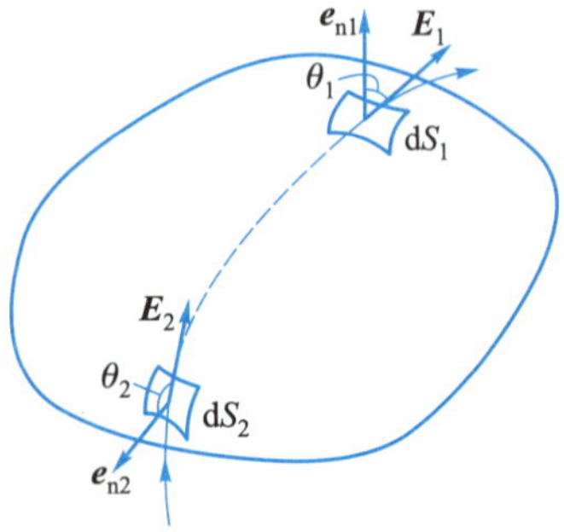

图 1-35 通过闭合曲面的 $\boldsymbol{E}$ 通量

对于闭合曲面，由于它把整个空间分为内、外两个部分，我们一般规定自内向外的方向为各面元法向的正方向. 因此，当电场线从闭合曲面内穿出时，如图 1-35 中面元 $\mathrm{d}S_1$ 处，面元 $\mathrm{d}S_1$ 的法向单位矢量 $\boldsymbol{e}_{n1}$ 与它所在处的电场强度 $\boldsymbol{E}_1$ 的夹角 θ_1 总是满足 $0\leqslant\theta_1<\frac{\pi}{2}$，则通过 $\mathrm{d}S_1$ 的电场强度通量 $\mathrm{d}\Phi_{e1}$ 为正值；当电场线从闭合曲面外穿入时，如图 1-35 中面元 $\mathrm{d}S_2$ 处，面元 $\mathrm{d}S_2$ 的法向单位矢量 $\boldsymbol{e}_{n2}$ 与它所在处的电场强度 $\boldsymbol{E}_2$ 的夹角 θ_2 总是满足 $\frac{\pi}{2}<\theta_2\leqslant\pi$，则通过 $\mathrm{d}S_2$ 的电场强度通量 $\mathrm{d}\Phi_{e2}$ 为负值. 通过整个闭合曲面的 $\boldsymbol{E}$ 通量就是这些正负值的代数和，也就是穿出的电场线条数减去穿入的电场线条数. 所以通过整个闭合曲面的 $\boldsymbol{E}$ 通量，就等于净穿出闭合曲面的电场线的总条数.

例如，在图 1-36(a)中，闭合曲面 S_1 包围电偶极子中的一个负电荷，由于电场线穿入闭合曲面 S_1 终止于负电荷，所以通过这一闭合曲面的 $\boldsymbol{E}$ 通量为负值；闭合曲面 S_2 包围电偶极子中的一个正电荷，由于电场线起始于正电荷，穿出闭合曲面 S_2，所以通过这一闭合曲面的 $\boldsymbol{E}$ 通量为正值；在图 1-36(b)中，闭合曲面 S 显然包围不等量异号电荷，穿出闭合曲面 S 的电场线条数多于穿入

它的电场线条数，因此通过这一闭合曲面的 $\boldsymbol{E}$ 通量为正值．

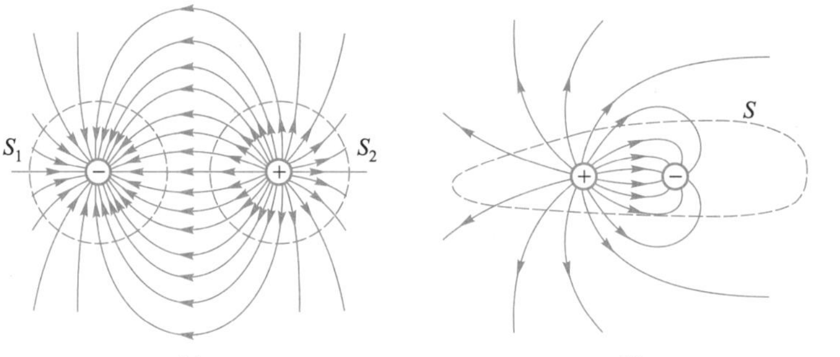

图 1-36 通过闭合曲面的 $\boldsymbol{E}$ 通量
(a)电偶极子．通过闭合曲面 S_1 的 $\boldsymbol{E}$ 通量为负值；通过闭合曲面 S_2 的 $\boldsymbol{E}$ 通量为正值．(b)通过闭合曲面 S 的 $\boldsymbol{E}$ 通量为正值．

例 1-10

对于一个静止的正点电荷 q 所产生的电场，求下列三种情况下穿过闭合曲面的 $\boldsymbol{E}$ 通量：

(1) 曲面为以点电荷为中心的球面 S_1；

(2) 曲面为包围点电荷的任意闭合曲面 S_2；

(3) 曲面为不包围点电荷的任意闭合曲面 S_3.

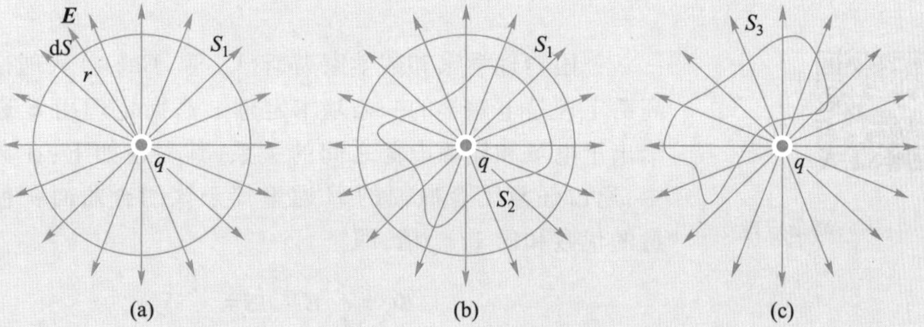

图 1-37 例 1-10 求解图

解：(1) 以 q 所在点为球心，以任意长度 r 为半径作一球面 S_1 包围这个点电荷 q，如图 1-37(a)所示．在球面 S_1 上任取一小面元 $\mathrm{d}S$，其法线正方向沿径向，由面内指向面外．由于点电荷的电场具有球对称性，所以在该面元上产生的电场强度的方向也沿此面元的法线正方向，电场强度的大小为 $E=\dfrac{q}{4\pi\varepsilon_0 r^2}$．则通过面元 $\mathrm{d}S$ 的 $\boldsymbol{E}$ 通量为

$$\mathrm{d}\Phi_{\mathrm{e}}=\boldsymbol{E}\cdot\mathrm{d}\boldsymbol{S}=E\mathrm{d}S=\frac{q}{4\pi\varepsilon_0 r^2}\mathrm{d}S$$

对上式两边积分得到通过整个球面 S_1 的 $\boldsymbol{E}$ 通量为

$$\Phi_{\mathrm{e1}}=\oint_{S_1}\boldsymbol{E}\cdot\mathrm{d}\boldsymbol{S}=\oint_{S_1}\frac{q}{4\pi\varepsilon_0 r^2}\mathrm{d}S$$

$$=\frac{q}{4\pi\varepsilon_0 r^2}\oint_{S_1}\mathrm{d}S=\frac{q}{4\pi\varepsilon_0 r^2}4\pi r^2=\frac{q}{\varepsilon_0}$$

注意，此结果与球面半径 r 无关，只与它所包围的电荷量 q 有关．这说明，对以正点电荷 q 为球心的任意球面来说，通过它们的 $\boldsymbol{E}$ 通量都相同而且大于零，即从这些同心球面穿出的电场线的条数相同．因此，从

正点电荷 q 发出的电场线连续地延伸到无限远处，不会在没有电荷的地方中断．同理，若 $q<0$，通过包围点电荷球面的 $\boldsymbol{E}$ 通量都相同而且小于零，由无限远处而来的电场线到负点电荷终止．在没有电荷处，电场线不中断、不增加．

(2) 作另一任意的闭合曲面 S_2，且 S_2 与 S_1 包围同一个点电荷 q，如图 1-37(b) 所示．由电场线的连续性可知，通过闭合曲面 S_2 的电场线条数和通过球面 S_1 的电场线条数是相同的．因此，通过包围点电荷 q 任意形状的闭合曲面 S_2 的 $\boldsymbol{E}$ 通量仍然是 q/ε_0，即

$$\Phi_{e2}=\oint_{S_2}\boldsymbol{E}\cdot\mathrm{d}\boldsymbol{S}=\frac{q}{\varepsilon_0}$$

(3) 任意选取一个不包围点电荷 q 的闭合曲面 S_3，如图 1-37(c) 所示．由于电场线的连续性，从 S_3 一侧穿入的电场线必然从 S_3 的另一侧穿出，所以进入与穿出 S_3 的电场线条数相等，净穿出 S_3 的电场线条数为零，即通过闭合曲面 S_3 的 $\boldsymbol{E}$ 通量为零，用公式表示为

$$\Phi_{e3}=\oint_{S_3}\boldsymbol{E}\cdot\mathrm{d}\boldsymbol{S}=0$$

1.3.3 高斯定理

授课视频：高斯定理

德国物理学家和数学家高斯（C. F. Gauss）从理论上推出的高斯定理是电磁学的一条基本定理．高斯定理用 $\boldsymbol{E}$ 通量的概念给出了电场和场源电荷之间的关系，其表述如下：在真空静电场中，通过任意闭合曲面的 $\boldsymbol{E}$ 通量等于该闭合曲面所包围的电荷量的代数和的 $1/\varepsilon_0$ 倍，即

$$\Phi_e=\oint_S\boldsymbol{E}\cdot\mathrm{d}\boldsymbol{S}=\frac{1}{\varepsilon_0}\sum q_{内} \tag{1-37}$$

式中，$\sum q_{内}$ 为闭合曲面内的电荷量的代数和．式(1-37)就是真空中静电场高斯定理的数学表达式，其中的闭合曲面常称为高斯面．

下面来验证高斯定理的正确性．

例 1-10 分析了单个点电荷电场的情况，结果表明：点电荷的场中，通过任意闭合曲面的 $\boldsymbol{E}$ 通量 $\Phi_e=q_{内}/\varepsilon_0$．即在任意形状的闭合曲面内的点电荷 q 对该曲面 $\boldsymbol{E}$ 通量的贡献为 q/ε_0；处于闭合曲面外的点电荷 q 对该闭合曲面 $\boldsymbol{E}$ 通量的贡献为零．所以，高斯定理在场源电荷为单个点电荷的情况下是成立的．

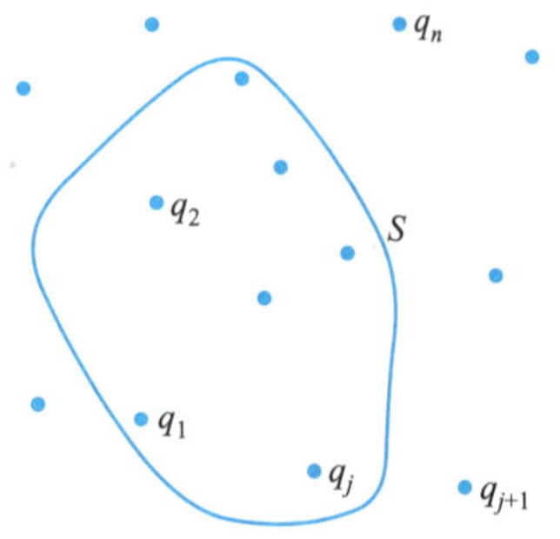

图 1-38 多个点电荷的情况下高斯定理的验证

下面考虑场源电荷为多个点电荷的情况．对于一个由若干个点电荷 $q_1,q_2,\cdots,q_n$ 组成的点电荷系，在其电场中任意选取一个闭合曲面 S，如图 1-38 所示，它包围一部分点电荷，以 q_1，$q_2,\cdots,q_j$ 来表示；另外一些点电荷在闭合曲面 S 之外，以 $q_{j+1},\cdots,$

q_n来表示．

NOTE

根据电场强度叠加原理，闭合曲面 S 上的任意一点的电场强度 $\boldsymbol{E}$ 是面内与面外所有点电荷单独存在时在该点产生的电场强度 $\boldsymbol{E}_1,\boldsymbol{E}_2,\cdots,\boldsymbol{E}_j,\boldsymbol{E}_{j+1},\cdots,\boldsymbol{E}_n$的矢量和，即

$$\boldsymbol{E}=\boldsymbol{E}_1+\boldsymbol{E}_2+\cdots+\boldsymbol{E}_j+\boldsymbol{E}_{j+1}+\cdots+\boldsymbol{E}_n=\sum_{i=1}^{n}\boldsymbol{E}_i=\sum_{i=1}^{j}\boldsymbol{E}_i+\sum_{i=j+1}^{n}\boldsymbol{E}_i$$

因此，通过任意闭合曲面 S 的 $\boldsymbol{E}$ 通量为

$$\begin{aligned}\Phi_{\mathrm{e}}&=\oint_S \boldsymbol{E}\cdot\mathrm{d}\boldsymbol{S}\\&=\oint_S \boldsymbol{E}_1\cdot\mathrm{d}\boldsymbol{S}+\oint_S \boldsymbol{E}_2\cdot\mathrm{d}\boldsymbol{S}+\cdots+\oint_S \boldsymbol{E}_j\cdot\mathrm{d}\boldsymbol{S}+\\&\quad\oint_S \boldsymbol{E}_{j+1}\cdot\mathrm{d}\boldsymbol{S}+\cdots+\oint_S \boldsymbol{E}_n\cdot\mathrm{d}\boldsymbol{S}\\&=\sum_{i=1}^{n}\oint_S \boldsymbol{E}_i\cdot\mathrm{d}\boldsymbol{S}=\sum_{i=1}^{j}\oint_S \boldsymbol{E}_i\cdot\mathrm{d}\boldsymbol{S}+\sum_{i=j+1}^{n}\oint_S \boldsymbol{E}_i\cdot\mathrm{d}\boldsymbol{S}\end{aligned}$$

式中，对于第一项 $\sum_{i=1}^{j}\oint_S \boldsymbol{E}_i\cdot\mathrm{d}\boldsymbol{S}$，由于求和涉及的各点电荷都在闭合曲面 S 的内部，根据例 1-10(2)关于单个点电荷的结论可知，这些点电荷对通过闭合曲面 S 的 $\boldsymbol{E}$ 通量的贡献就是这些点电荷的电荷量除以 ε_0，所以

$$\sum_{i=1}^{j}\oint_S \boldsymbol{E}_i\cdot\mathrm{d}\boldsymbol{S}=\sum_{i=1}^{j}\frac{q_i}{\varepsilon_0}=\frac{1}{\varepsilon_0}\sum q_{内}$$

式中，$\sum q_{内}$代表闭合曲面 S 包围的所有点电荷的电荷量的代数和．

对于第二项 $\sum_{i=j+1}^{n}\oint_S \boldsymbol{E}_i\cdot\mathrm{d}\boldsymbol{S}$，求和涉及的各点电荷都在闭合曲面之外，根据例 1-10(3)关于单个点电荷的结论可知，这些点电荷对通过闭合曲面 S 的 $\boldsymbol{E}$ 通量的贡献为零，所以

$$\sum_{i=j+1}^{n}\oint_S \boldsymbol{E}_i\cdot\mathrm{d}\boldsymbol{S}=0$$

综合上面的分析结果可得，通过闭合曲面 S 的总的 $\boldsymbol{E}$ 通量为

$$\Phi_{\mathrm{e}}=\oint_S \boldsymbol{E}\cdot\mathrm{d}\boldsymbol{S}=\frac{1}{\varepsilon_0}\sum q_{内}$$

这正是高斯定理的表达式．所以，高斯定理在场源电荷是多个点电荷的情况下也成立．由于任意电荷系均可视为点电荷的集合体，可以得到结论：高斯定理对任意连续的电荷分布亦正确.

以上只是采用归纳的方法对高斯定理进行了验证．实际上，

NOTE

高斯定理可以从库仑定律和电场强度叠加原理严格导出．正是由于库仑定律给出的电力平方反比关系，才使穿过高斯面的 $\boldsymbol{E}$ 通量与 r 无关．但是库仑定律只适用于静电场，而对于运动电荷和变化的电场，库仑定律不再成立，但高斯定理仍然有效．即不论是静电场，还是变化的电场，高斯定理都是适用的．所以说高斯定理比库仑定律应用更广泛，意义更深刻，它是关于电场的普遍的基本规律．

高斯定理说明了通过闭合曲面的总的 $\boldsymbol{E}$ 通量只取决于它所包围的电荷量的代数和，而与曲面内电荷的分布无关，与曲面外的电荷也无关．应当注意的是，电场强度 $\boldsymbol{E}$ 与电场强度通量 Φ_e 是两个不同的概念，切勿混淆！高斯定理表达式中的电场强度 $\boldsymbol{E}$ 是闭合曲面上各点的电场强度，并非只由闭合曲面内的电荷所产生，而是由闭合曲面内、外的电荷共同产生的，且与这些电荷的分布有关．但是高斯面内、外电荷对 $\boldsymbol{E}$ 通量 Φ_e 即电场强度对闭合曲面的面积分 $\oint_S \boldsymbol{E} \cdot \mathrm{d}\boldsymbol{S}$ 的贡献有差别，只有处于闭合曲面内的电荷才对通过闭合曲面的 $\boldsymbol{E}$ 通量 Φ_e 有贡献，闭合曲面外部的电荷对 $\boldsymbol{E}$ 通量 Φ_e 没有贡献，即通过闭合曲面的 $\boldsymbol{E}$ 通量取决于它所包围的净电荷 $\sum q_{内}$，且与电荷在闭合曲面内的分布无关．当 $\sum q_{内}$ 等于零，例如高斯面内正、负点电荷的电荷量相等，且不重合时，通过闭合曲面的 $\boldsymbol{E}$ 通量为零，但这并不意味着闭合曲面上的电场处处为零，也不意味着闭合曲面内一定没有电荷．

高斯定理是静电场的一条重要定理，说明静电场是有源场．由高斯定理可看出，当闭合曲面内有净电荷 q 时，通过该闭合曲面的 $\boldsymbol{E}$ 通量 $\Phi_e = q/\varepsilon_0$．若 $q>0$，则 $\Phi_e>0$，说明有 q/ε_0 条电场线从闭合曲面内发出，即正电荷是电场线的“头”；若 $q<0$，则 $\Phi_e<0$，说明有 $|q|/\varepsilon_0$ 条电场线自外向闭合曲面内汇集，即负电荷是电场线的“尾”．由此可知，高斯定理揭示了场和场源的内在联系，“头”和“尾”就是源，所以静电场是有源场，正、负电荷是静电场的场源，这是静电场的重要性质．

例 1-11

(1) 如图 1-39(a)所示，一个点电荷 q 位于一立方体的中心，立方体边长为 a，求通过立方体一个面的电场强度通量；(2) 如图 1-39(b)所示，若将此电荷移动到立方体的一个顶点上，求此时通过立方体每一面的电场强度通量．

授课视频：高斯定理思考题和[例 1-11]

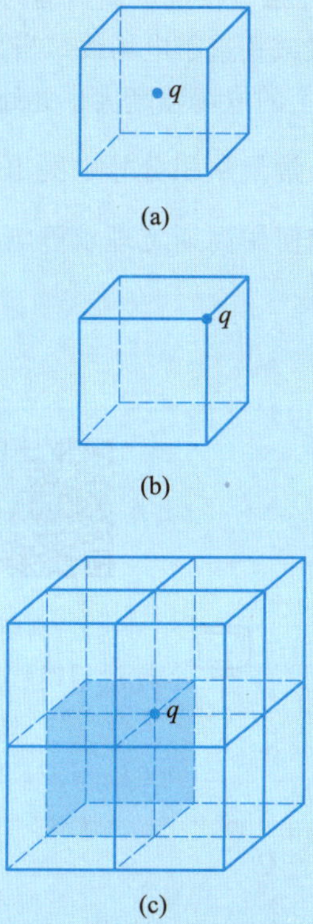

图 1-39 例 1-11 图

解:(1) 当点电荷 q 位于立方体的中心时，由高斯定理可知，通过立方体六个面所形成的闭合高斯面的总的 $\boldsymbol{E}$ 通量为 q/ε_0. 由于立方体的六个侧面对于其中心对称，所以通过立方体每一面的 $\boldsymbol{E}$ 通量相等，且为总的 $\boldsymbol{E}$ 通量的 1/6；因而通过每一面的 $\boldsymbol{E}$ 通量为 $q/(6\varepsilon_0)$.

(2) 若点电荷 q 位于一立方体的一个顶点上，由于点电荷的电场线是径向的，因此包含点电荷所在顶点的三个面[图 1-39(b)中的顶面、正面和右面]上各点的 $\boldsymbol{E}$ 均平行于各自的平面，故通过这三个面的 $\boldsymbol{E}$ 通量为零.

另三个面[图 1-39(b)中的左面、底面和背面]对点电荷所在顶点是对称的，所以通过这三个面的 $\boldsymbol{E}$ 通量相等. 若在 q 周围再连接大小相同的 7 个立方体，构成一个大立方体，使 q 位于其中心，如图 1-39(c)所示，则由与(1)同样的分析可知，通过大立方体每一面的 $\boldsymbol{E}$ 通量为 $q/(6\varepsilon_0)$. 而大立方体的每一个面含有四个小立方体侧面，因此通过边长为 a 的立方体的另外三个面的 $\boldsymbol{E}$ 通量各为 $q/(24\varepsilon_0)$.

类似地，读者也可重新求解例 1-9.

NOTE

1.3.4 利用高斯定理求静电场的分布

从高斯定理的表达式(1-37)可看出，电场强度 $\boldsymbol{E}$ 位于积分号内，一般不易求解. 因此尽管高斯定理是普遍成立的，但利用高斯定理求场强是有条件的. 它要求带电系统及其电场分布一定具有某种空间对称性，这样便于将高斯定理中面积分下的电场强度 $\boldsymbol{E}$ 提到积分号外. 在这种对称性的情况下，用高斯定理求静电场比用电荷元场强积分法求解要简便得多. 这种方法一般分两步进行：(1) 根据电荷分布的对称性分析电场分布的对称性. 常见的电荷分布对称性有：球对称性(均匀带电球面、球体和多层同心球壳等)、轴对称性(无限长均匀带电直线、圆柱面和圆柱体等)和面对称性(无限大均匀带电平面和平板等). (2) 选取合适的高斯面并利用高斯定理求出电场的分布．在选取高斯面时，应注意一般使高斯面法线方向平行于电场线或垂直于电场线．当高斯面法线方向平行于电场线时，还要使该面上的电场强度大小处处相等，以便使积分 $\oint_S \boldsymbol{E}\cdot \mathrm{d}\boldsymbol{S}$ 中的 $\boldsymbol{E}$ 可以作为常量从积分号中提出来，这样就可以求出 E 值．下面举例说明如何用高斯定理求静电场的分布．

例 1-12

一半径为 R 的均匀带电球面，其所带电荷量为 Q（设 $Q>0$）.

（1）求均匀带电球面的电场分布；

（2）如图 1-40（a）所示，在均匀带电球面半径方向上有一均匀带电细线，其电荷线密度为 λ_e，长度为 l，细线左端离球心的距离为 r_0（$r_0>R$）．设球面和细线上的电荷分布固定，求细线受到带电球面作用的电场力．

授课视频：高斯定理应用 1［例 1-12(1)］

解：（1）首先根据电荷分布的对称性分析电场分布的对称性．如图 1-40（b）所示，考虑球面外距球心 O 为 r 的任一场点 P，并连接 OP 直线．对于带电球面上的任何一个面电荷元 $\mathrm{d}q$，在球面上都存在另一个面电荷元 $\mathrm{d}q'$，二者对 OP 连线对称分布．$\mathrm{d}q$ 和 $\mathrm{d}q'$ 在 P 点分别产生的电场强度 $\mathrm{d}\boldsymbol{E}$ 和 $\mathrm{d}\boldsymbol{E}'$ 也关于 OP 连线对称，从而它们的矢量和 $\mathrm{d}\boldsymbol{E}+\mathrm{d}\boldsymbol{E}'$ 必定沿 OP 连线，并指向远离 O 的方向．整个带电球面上电荷都可以分割成一对对这样对称的面电荷元，所以整个带电球面在球面外 P 点产生的总场强 $\boldsymbol{E}$ 一定沿 OP 方向，即沿径向，并指向远离 O 的方向．又由于电荷分布具有球对称性，可以判断，电场分布也应具有球对称性．这就是说，球面外空间任意点的场强不仅沿着径矢方向，呈辐射状，而且在与球心 O 等距离处，场强 $\boldsymbol{E}$ 的大小都应相等．

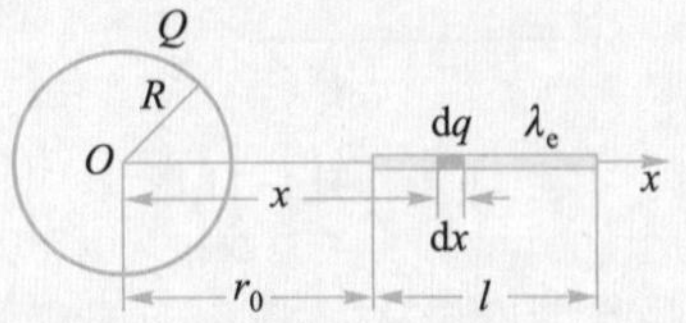

(a) 例1-12(2)图

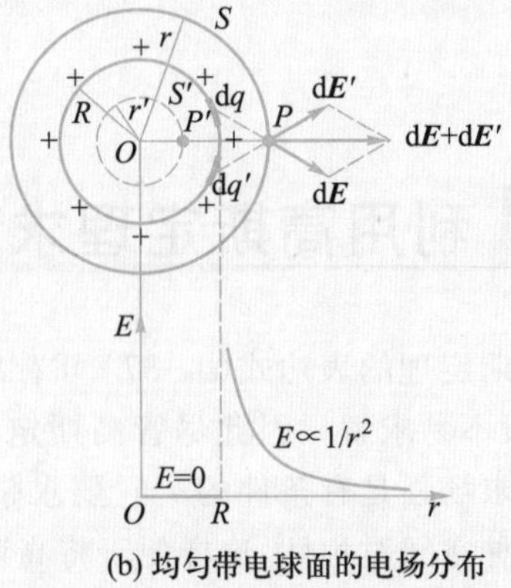

(b) 均匀带电球面的电场分布

图 1-40 例 1-12 图

然后根据电场分布的这种球对称性，在球面外选取以 O 点为球心且过待求的场点 P 的球面 S 作为高斯面．由于高斯面上各点的场强大小都与待求的 P 点场强大小 E 相等，且各面元处的法线正方向与电场强度的方向一致，均沿径向向外．所以通过此高

斯面的 $\boldsymbol{E}$ 通量为

$$\Phi_e=\oint_S \boldsymbol{E}\cdot d\boldsymbol{S}=\oint_S E dS=E\oint_S dS=E\cdot 4\pi r^2$$

此高斯面内所包含的电荷量 $\sum q_{内}=Q$. 根据高斯定理，有

$$E\cdot 4\pi r^2=\frac{Q}{\varepsilon_0}$$

所以

$$E=\frac{Q}{4\pi\varepsilon_0 r^2},\quad r>R$$

考虑 $\boldsymbol{E}$ 的方向，可得电场强度的矢量式为

$$\boldsymbol{E}=\frac{Q}{4\pi\varepsilon_0 r^2}\boldsymbol{e}_r,\quad r>R \qquad (1-38)$$

可以看出，均匀带电球面外的电场强度分布好像球面上的电荷全部集中在球心时形成的一个点电荷的电场强度分布一样．

对球面内任一点 P'，上述关于电场强度的大小和方向的分析仍然适用．过 P' 点作半径为 r' 的同心球面 S' 为高斯面．通过此高斯面的 $\boldsymbol{E}$ 通量仍可表示为 $E\cdot 4\pi r'^2$，但由于 S' 内所包围的电荷为零，根据高斯定理，有

$$E\cdot 4\pi r'^2=0$$

所以

$$E=0,\quad r<R \qquad (1-39)$$

此结果表明，均匀带电球面内部的电场强度处处为零．

图 1-40(b) 还给出了均匀带电球面内、外电场强度大小 E 随场点到球心的距离 r 变化的曲线．可以看出，在均匀带电球面上 $(r=R)$ 电场强度是不连续的．

对于 $Q<0$ 的情况，场强的大小与 $Q>0$ 的情况一样，但球面外场强的方向沿着半径指向带电球面．

在后面的学习中，要常涉及多个均匀带电同心球面产生的场强，可直接使用本例题的结论，并通过电场强度叠加原理得出．

(2) 如图 1-40(a) 所示，设 x 轴沿带电细线方向，原点在球心处，在细线上 x 处取线元 dx，其所带电荷量为 $dq'=\lambda_e dx$，将其视为点电荷，其在带电球面的电场中所受电场力大小为

$$dF=Edq'=\frac{Q\lambda_e dx}{4\pi\varepsilon_0 x^2}$$

整个细线受到带电球面作用的电场力大小为

$$F=\int dF=\int_{r_0}^{r_0+l}\frac{Q\lambda_e dx}{4\pi\varepsilon_0 x^2}$$

$$=\frac{Q\lambda_e}{4\pi\varepsilon_0}\left(\frac{1}{r_0}-\frac{1}{r_0+l}\right)=\frac{Q\lambda_e l}{4\pi\varepsilon_0 r_0(r_0+l)}$$

若 $\lambda_e>0$，$\boldsymbol{F}$ 的方向沿 x 轴正方向；若 $\lambda_e<0$，$\boldsymbol{F}$ 的方向沿 x 轴负方向．

下面对所得到的均匀带电球面的场强再做两点讨论：

(1) 如何理解均匀带电球面内部的场强为零？

在均匀带电球面内，过任意一个场点 P' 作一对对顶的小锥体，在带电球面上 A_1 和 A_2 处截出两个面元，dS_1 和 dS_2，如图 1-41 所示．若均匀带电球面的电荷面密度为 σ，则两个面元所带的电荷量 dq_1 和 dq_2 分别为

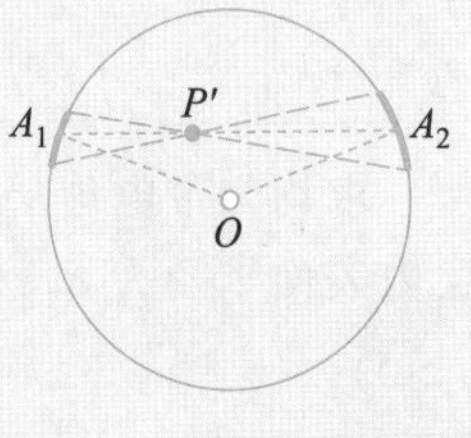

图 1-41　例 1-12 讨论图

$$dq_1=\sigma dS_1,\quad dq_2=\sigma dS_2$$

把它们视为点电荷，则 dq_1 和 dq_2 在 P' 点产生的场强大小分别为

$$dE_1=\frac{\sigma dS_1}{4\pi\varepsilon_0 r_1^2},\quad dE_2=\frac{\sigma dS_2}{4\pi\varepsilon_0 r_2^2}$$

式中，r_1 和 r_2 分别为 dq_1 和 dq_2 到 P' 点的距离．

在平面上，一段圆弧 $\widehat{AB}$ 的长度与其圆半径 R 的比值为其对圆心所张的圆心角或平面角，记作 $\beta=\widehat{AB}/R$，单位为弧度；与此类

似，球面上一块面积 S' 与其半径 R 的平方的比值称为其对球心所张的立体角，记作 $\Omega=S'/R^2$，单位为球面度．所以，dS_1 对 P' 点所张的立体角可以表示为

$$d\Omega=\frac{dS_1'}{r_1^2}=\frac{dS_1\cos\theta}{r_1^2}$$

式中，θ 为锥体轴线 $P'A_1$ 与球面半径 OA_1 的夹角，dS_1' 为 $P'A_1$ 的锥体在以 P' 为球心，r_1 为半径的球面上截取的面元．$d\Omega$ 也等于 dS_2 对 P' 点所张的立体角，由于锥体轴线 $P'A_2$ 与球面半径 OA_2 的夹角也等于 θ，所以 $d\Omega$ 也可以表示为

$$d\Omega=\frac{dS_2'}{r_2^2}=\frac{dS_2\cos\theta}{r_2^2}$$

式中，dS_2' 为 $P'A_2$ 的锥体在以 P' 为球心，r_2 为半径的球面上截取的面元．因此，

$$dE_1=dE_2=\frac{\sigma}{4\pi\varepsilon_0\cos\theta}d\Omega$$

可见，这一对电荷元 dq_1 和 dq_2 在 P' 点产生的场强大小相等，而方向相反，因而相互抵消．整个带电球面都可以分割成一对对由过 P' 点的锥体截取的立体角相等的面电荷元，所以均匀带电球面在其内部任意 P' 点产生的总场强 $\boldsymbol{E}=\mathbf{0}$.

（2）如何理解均匀带电球面 $r=R$ 处的 E 值突变？

均匀带电球面处的 E 值突变是采用面模型的结果，实际问题中计算带电层内及其附近的准确场强时，应放弃面模型而还其体密度分布的本来面目．具体请看下一道例题.

例 1-13

求均匀带电球层的电场分布．如图 1-42 所示，已知球层内表面半径为 R_1，外表面半径为 R_2，电荷体密度为 ρ_e（设 $\rho_e>0$）.

授课视频：高斯定理应用 2［例 1-13］与［例 1-14］

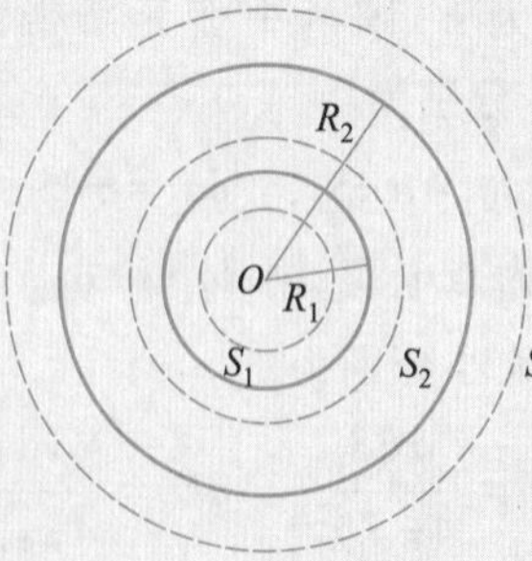

图 1-42　例 1-13 图

解：均匀带电球层的电荷分布也是球对称的，其可视为由一层层同心均匀带电球面组成．因此，在上例中的对称性分析及结果对本例仍然适用．均匀带电球层的电场分布也具有球对称性，所以以 O 点为球心，通过待求场点的半径为 r 的球面作为高斯面．由高斯定理可知，通过闭合球面 S 的 $\boldsymbol{E}$ 通量为

$$\oint_S \boldsymbol{E}\cdot d\boldsymbol{S}=E\cdot 4\pi r^2=\frac{\sum q_{内}}{\varepsilon_0}$$

解得

$$E=\frac{\sum q_{内}}{4\pi\varepsilon_0 r^2}$$

其中，通过高斯面的 $\boldsymbol{E}$ 通量的计算也与上例相同，$\sum q_{内}$ 代表高斯面内所包围的净电荷．

(1) 若 P 点在空腔内，即当 $r<R_1$ 时，如图 1-42 所示，高斯面为 S_1，其内无电荷，所以 $\sum q_{内}=0$，则

$$E=0,\quad r<R_1$$

(2) 若 P 点在带电球层中，即当 $R_1<r<R_2$ 时，如图 1-42 所示，高斯面为 S_2，其内的电荷量为 $\sum q_{内}=\rho_e\left(\frac{4}{3}\pi r^3-\frac{4}{3}\pi R_1^3\right)$，由此解出场强大小，并考虑方向沿径向，得到

$$\boldsymbol{E}=\frac{\rho_e}{3\varepsilon_0}\left(r-\frac{R_1^3}{r^2}\right)\boldsymbol{e}_r,\quad R_1\leqslant r\leqslant R_2$$

(3) 若 P 点在带电球面外，即当 $r>R_2$ 时，如图 1-42 所示，高斯面为 S_3，其包围了带电球层中的所有电荷 Q，所以 $\sum q_{内}=\rho_e\left(\frac{4}{3}\pi R_2^3-\frac{4}{3}\pi R_1^3\right)=Q$，则

$$\boldsymbol{E}=\frac{\rho_e(R_2^3-R_1^3)}{3\varepsilon_0 r^2}\boldsymbol{e}_r=\frac{Q}{4\pi\varepsilon_0 r^2}\boldsymbol{e}_r,\quad r>R_2$$

这时，在均匀带电球层外部的电场分布和带电球层的总电荷 Q 都集中在球层中心 O 点所形成的点电荷产生的电场一样．

图 1-43 给出了在两种厚度下，均匀带电球层的电场强度大小 E 随场点到球层中心 O 点的距离 r 变化的曲线．可以看出，在厚度不为零时，在带电球层的内、外表面上，电场强度是连续的．

当 $R_1\to 0$，$R_2=R$ 时，带电球层成为一个均匀带电球体，此时，球体外部的电场仍和所有电荷 Q 都集中在球心所形成的点电荷产生的电场一样，为

$$\boldsymbol{E}=\frac{Q}{4\pi\varepsilon_0 r^2}\boldsymbol{e}_r=\frac{\rho_e R^3}{3\varepsilon_0 r^2}\boldsymbol{e}_r,\quad r>R \tag{1-40}$$

而球体内的场强为

$$\boldsymbol{E}=\frac{\rho_e r}{3\varepsilon_0}\boldsymbol{e}_r,\quad r\leqslant R$$

此结果表明，均匀带电球体内各点的电场强度的大小与径矢 $\boldsymbol{r}$ 的大小成正比．由于 $\boldsymbol{r}=r\boldsymbol{e}_r$，则

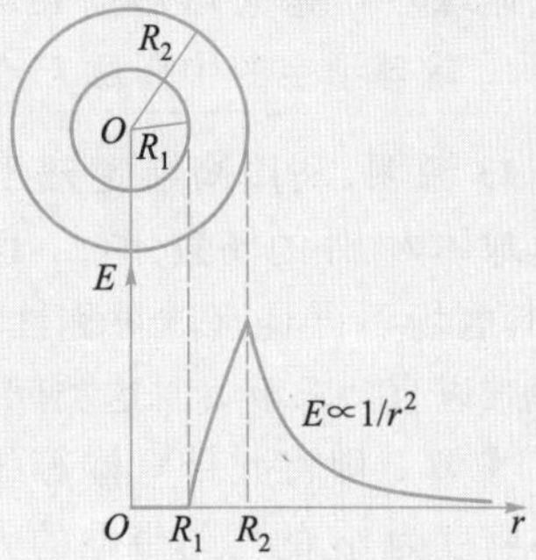

(a) 球层厚度较大

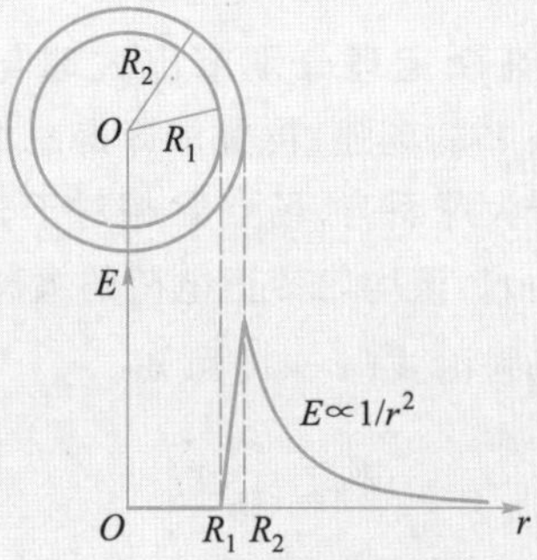

(b) 球层厚度较小

图 1-43 均匀带电球层的电场分布曲线

$$\boldsymbol{E}=\frac{\rho_e}{3\varepsilon_0}\boldsymbol{r},\quad r\leqslant R \tag{1-41}$$

图 1-44 给出了均匀带电球体的电场强度大小 E 随场点到球心的距离 r 变化的曲线．可以看出，在均匀带电球体表面 $(r=R)$ 上电场强度也是连续的．

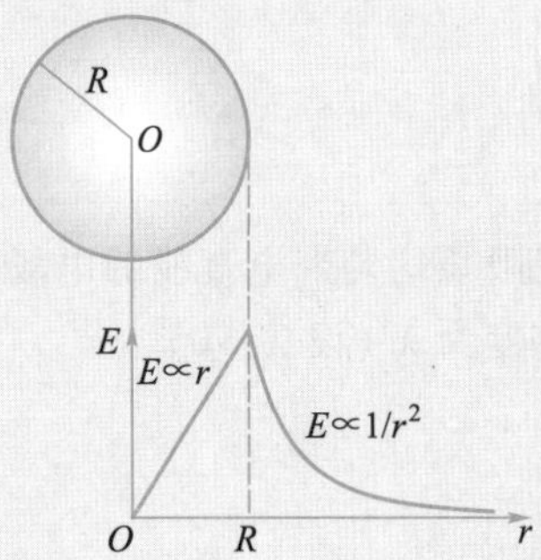

图 1-44 均匀带电球体的电场分布曲线

例 1-14

在电荷体密度为$+\rho_e$的均匀带电球体内，存在一球形空腔．若将带电体球心 O 指向球形空腔球心 O'的矢量以 $\boldsymbol{a}$ 表示，如图 1-45 所示．求球形空腔中任意 P 点的电场强度．

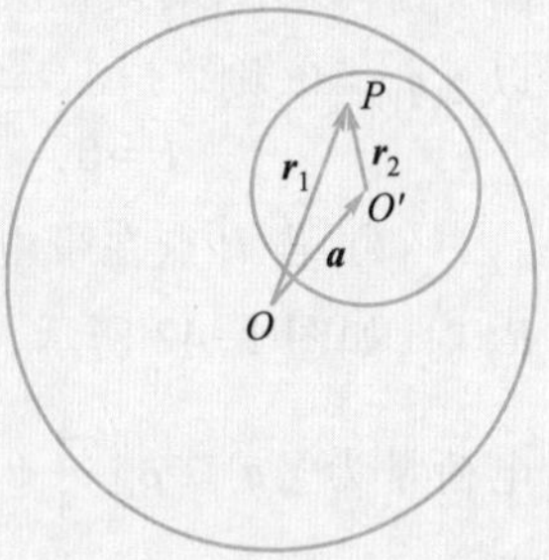

图 1-45 例 1-14 图

解：例 1-13 说明，利用高斯定理不难求出均匀带电球体内、外的场强分布．但挖去一空腔后，其电场不再具有球对称性，所以用高斯定理难以直接求解．对这类问题，常用"补偿法"求解．即将此带电体等效地视为由电荷体密度为$+\rho_e$的均匀带电的大球与电荷体密度为$-\rho_e$的均匀带电的小球重叠构成. 先用高斯定理分别求出大球与小球各自在场点 P 的场强，再叠加即得总场强．

对于大球而言，场点 P 相对于其球心 O 的位矢为 $\boldsymbol{r}_1$，该均匀带正电荷的大球在 P 点产生的场强由式(1-41)可知

$$\boldsymbol{E}_1=\frac{\rho_e}{3\varepsilon_0}\boldsymbol{r}_1$$

对于小球而言，场点 P 相对于其球心 O'的位矢为 $\boldsymbol{r}_2$，该均匀带负电荷的小球在 P 点产生的场强由式(1-41)可知

$$\boldsymbol{E}_2=-\frac{\rho_e}{3\varepsilon_0}\boldsymbol{r}_2$$

根据电场强度叠加原理，场点 P 的电场强度等于均匀带正电荷的大球和均匀带负电荷的小球各自在该点产生的电场强度的矢量和，即

$$\boldsymbol{E}=\boldsymbol{E}_1+\boldsymbol{E}_2=\frac{\rho_e}{3\varepsilon_0}(\boldsymbol{r}_1-\boldsymbol{r}_2)$$

由图 1-45 所示的矢量三角形可知上式中 $\boldsymbol{r}_1-\boldsymbol{r}_2=\boldsymbol{a}$，则

$$\boldsymbol{E}=\frac{\rho_e}{3\varepsilon_0}\boldsymbol{a}$$

可见，空腔中的电场为均匀电场．

在电磁学中，对于与本题类似的某些问题，当直接去解 A 的场很困难或没有条件求解时，可设法补上一个 B，补偿的原则是使 A+B 成为一个已知的模型，从而使 A+B 的场变为易于求解，而且，补上去的 B 的场也必须容易求解．这样，待求的 A 的场便可从两者的矢量差中获得，问题就迎刃而解了，这就是解决物理问题时常用的补偿法．用这个方法可算出一些特殊的带电体所产生的电场强度．

例 1-15

求无限长均匀带电直线的电场分布．已知带电直线的电荷线密度为 λ_e(设 $\lambda_e>0$).

授课视频：高斯定理应用 3
[例 1-15]—[例 1-17]

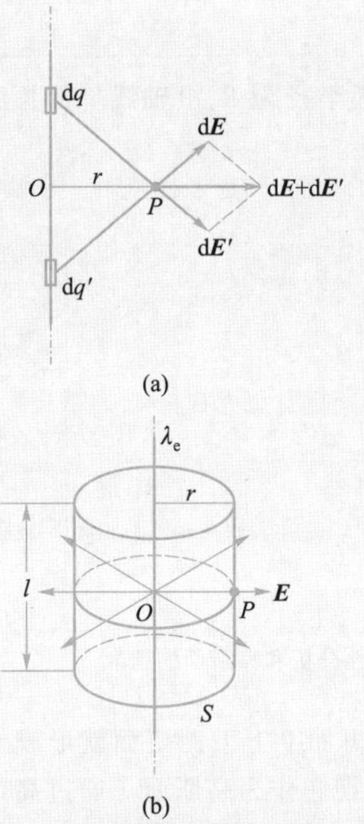

图 1-46 无限长均匀带电直线的电场对称性分析和高斯面的选取

解：首先进行对称性分析．如图 1-46(a)所示，考虑任一场点 P，它到带电直线的垂直距离为 r. 因为带电直线为无限长，且均匀带电，所以电荷分布相对于垂线 OP 上、下是对称的．对于上半段上的任何一个线电荷元 $\mathrm{d}q$，在下半段都存在另一个线电荷元 $\mathrm{d}q'$，二者对垂线 OP 对称分布．$\mathrm{d}q$ 和 $\mathrm{d}q'$在 P 点分别产生的元电场 $\mathrm{d}\boldsymbol{E}$ 和 $\mathrm{d}\boldsymbol{E}'$也对垂线 OP 对称，从而它们的矢量和 $\mathrm{d}\boldsymbol{E}+\mathrm{d}\boldsymbol{E}'$必定沿垂线 OP，并指向远离 O 的方向．整个带电直线都可以分割成一对对这样的对称的线电荷元，因而 P 点的总场强 $\boldsymbol{E}$ 的方向一定垂直于带电直线即沿径向，并指向远离 O 的方向．由于本例中电荷分布具有轴对称性，所以这一无限长均匀带电直线的电场分布也具有轴对称性．这就是说，以带电直线为轴与 P 点在同一圆柱面上的各点电场强度大小相等，方向都沿径向，在垂直于带电直线的平面内呈辐射状．

然后根据电场分布的这种轴对称性选取高斯面．如图 1-46(b)所示，作一个过 P 点，以带电直线为轴，以 l 为高、上下两端为平面的圆柱形闭合面 S 为高斯面．通过整个高斯面的 $\boldsymbol{E}$ 通量可以分为通过 S 面的上、下底面和侧面的 $\boldsymbol{E}$ 通量三个部分，即

$$\Phi_{\mathrm{e}}=\oint_S \boldsymbol{E}\cdot\mathrm{d}\boldsymbol{S}=\int_{S_{上}}\boldsymbol{E}\cdot\mathrm{d}\boldsymbol{S}+\int_{S_{下}}\boldsymbol{E}\cdot\mathrm{d}\boldsymbol{S}+\int_{S_{侧}}\boldsymbol{E}\cdot\mathrm{d}\boldsymbol{S}$$

由于 S 面的上、下底面的法线方向与电场强度方向垂直，所以通过这两底面的 $\boldsymbol{E}$ 通量 $\int_{S_{上}}\boldsymbol{E}\cdot\mathrm{d}\boldsymbol{S}$ 和 $\int_{S_{下}}\boldsymbol{E}\cdot\mathrm{d}\boldsymbol{S}$ 均为零．而在 S 面的侧面上各点，面元的法线方向与电场强度的方向相同，所以有

$$\oint_S \boldsymbol{E}\cdot\mathrm{d}\boldsymbol{S}=\int_{S_{侧}}\boldsymbol{E}\cdot\mathrm{d}\boldsymbol{S}=\int_{S_{侧}}E\mathrm{d}S$$

$$=E\int_{S_{侧}}\mathrm{d}S=E\cdot 2\pi rl$$

此高斯面所包围的净电荷为 $\sum q_{内}=\lambda_{\mathrm{e}}l$，根据高斯定理可得

$$E\cdot 2\pi rl=\frac{\lambda_{\mathrm{e}}l}{\varepsilon_0}$$

因此无限长均匀带电直线的电场强度分布为

$$E=\frac{\lambda_{\mathrm{e}}}{2\pi\varepsilon_0 r}\qquad(1-42)$$

方向在垂直于带电直线的平面内沿着径向，并指向远离带电直线的方向．式(1-42)与前面 1.2.3 节中例 1-4 通过场强积分法所求解的有限长均匀带电细棒周围的场强，最后推出的关于无限大均匀带电直线的场强的结论即式(1-29)相同．由此可见，在电荷分布具有某种对称性时，利用高斯定理计算电场强度的分布要简便得多．

例 1-16

求无限长均匀带电圆柱面的电场分布．已知圆柱面半径为 R，沿轴线单位长度所带的电荷量为 λ_e（设 $\lambda_e>0$）．

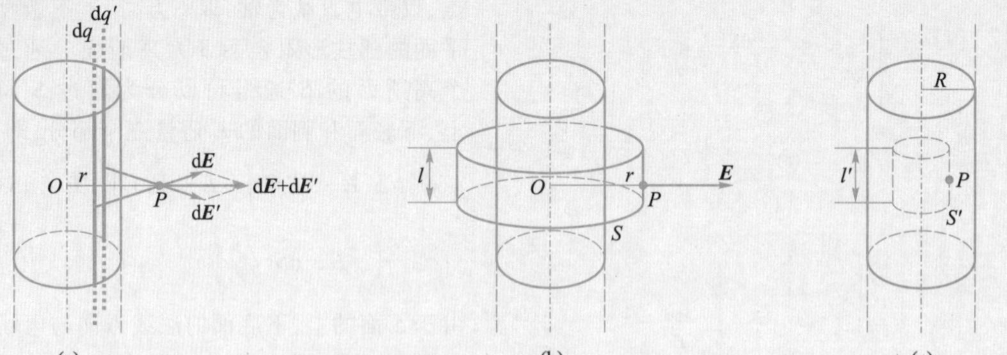

图 1-47　无限长均匀带电圆柱面的电场对称性分析和高斯面的选取

解：首先根据电荷分布的对称性分析电场分布的对称性．设 P 是带电圆柱面外空间任意一点，与圆柱面轴线的垂直距离为 r．无限长均匀带电圆柱面可以视为沿着圆柱面平行于轴线排列的许多无限长窄条组成．如图 1-47(a)所示，对于垂线 OP 和轴线组成的平面，两侧的无限长窄条状电荷元 $\mathrm{d}q$ 和 $\mathrm{d}q'$ 是对称分布的，$\mathrm{d}q$ 和 $\mathrm{d}q'$ 在 P 点分别产生的元电场 $\mathrm{d}\boldsymbol{E}$ 和 $\mathrm{d}\boldsymbol{E}'$ 也对垂线 OP 和轴线组成的平面对称，从而它们的矢量和 $\mathrm{d}\boldsymbol{E}+\mathrm{d}\boldsymbol{E}'$ 必定沿垂线 OP，并指向远离 O 的方向．无限长均匀带电圆柱面可以分割成一对对这样的对称的无限长窄条状的电荷元，因而 P 点的总场强 $\boldsymbol{E}$ 的方向一定沿垂线 OP，并指向远离 O 的方向．由于本例中电荷分布具有轴对称性，可以确定电场分布也具有轴对称性，即与圆柱面轴线等距离的各点的场强大小相等，方向都垂直于圆柱面向外．

然后我们根据电场分布的这种轴对称性选取高斯面．若场点 P 在均匀带电圆柱面外，即当 $r>R$ 时，如图 1-47(b)所示，通过 P 点以圆柱面轴线为轴作一个圆柱面，其高度为 l，再加上上下两底面就形成一个闭合曲面 S，把它作为高斯面．通过高斯面 S 的 $\boldsymbol{E}$ 通量为

$$\Phi_e=\oint_S \boldsymbol{E}\cdot\mathrm{d}\boldsymbol{S}$$

这个积分可以分成三部分，分别是，场强对圆柱面的上底面的积分，场强对圆柱面的下底面的积分和场强对圆柱面的侧面的积分，即

$$\Phi_e=\int_{S_上}\boldsymbol{E}\cdot\mathrm{d}\boldsymbol{S}+\int_{S_下}\boldsymbol{E}\cdot\mathrm{d}\boldsymbol{S}+\int_{S_侧}\boldsymbol{E}\cdot\mathrm{d}\boldsymbol{S}$$

由于在高斯面上、下底面上，各面元处电场强度都与面元的法线方向垂直，则 $\boldsymbol{E}\cdot\mathrm{d}\boldsymbol{S}=0$，所以通过这两底面的 $\boldsymbol{E}$ 通量 $\int_{S_上}\boldsymbol{E}\cdot\mathrm{d}\boldsymbol{S}$ 和 $\int_{S_下}\boldsymbol{E}\cdot\mathrm{d}\boldsymbol{S}$ 均为零．而在高斯面的侧面上的各个面元处，场强的方向和面元的法线正方向一致，所以有

$$\oint_S \boldsymbol{E}\cdot\mathrm{d}\boldsymbol{S}=\int_{S_侧}\boldsymbol{E}\cdot\mathrm{d}\boldsymbol{S}=\int_{S_侧}E\mathrm{d}S$$

$$=E\int_{S_侧}\mathrm{d}S=E\cdot 2\pi rl$$

根据高斯定理可得

$$E\cdot 2\pi rl=\frac{\sum q_{内}}{\varepsilon_0}$$

而高斯面所包围的净电荷 $\sum q_{内}=\lambda_e l$，所以，可解得

$$E=\frac{\lambda_e}{2\pi\varepsilon_0 r},\quad r>R \qquad (1-43)$$

方向垂直于圆柱面向外．这个结果与例 1-15 求得的无限长均匀带电直线的电场强度的表达式(1-42)完全一样，因此，无限长均匀带电圆柱面在其外侧所产生的电场与整个圆柱面的电荷量都集中在轴线上的一根无限长均匀带电直线的电场是相同的．

若场点 P 在均匀带电圆柱面内，即当 $r<R$ 时，如图 1-47(c)所示，选择高斯面 S'，应用高斯定理，可以得到

$$E\cdot 2\pi rl'=0$$

这是因为 S'所包围的电荷量为零．所以在圆柱面内，有

$$E=0,\quad r<R \qquad (1-44)$$

图 1-48 给出了无限长均匀带电圆柱面内、外电场强度大小 E 随场点到轴线的距离 r 变化的曲线．可以看出，在无限长均匀带电圆柱面上($r=R$)，电场强度是不连续的．

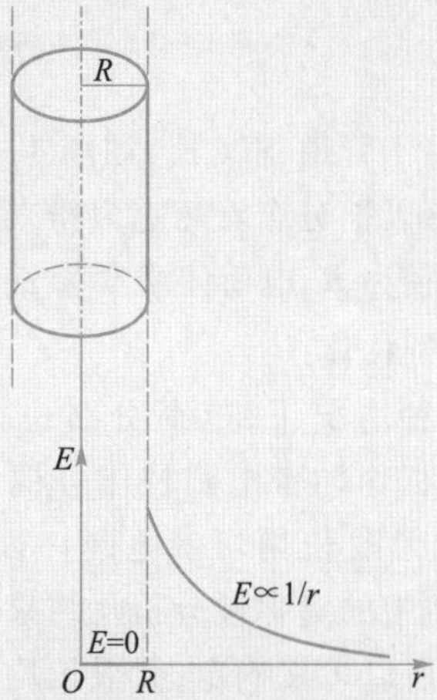

图 1-48 无限长均匀带电圆柱面的电场分布曲线

例 1-17

巧克力粉末的秘密 Ⅰ．近几十年，粉尘爆炸事故在世界各地屡有发生，有些则是由静电放电火花引起的．这是因为粉尘在加工、输送、储存、收集过程中易积累大量的静电．下面以 20 世纪 70 年代曾在欧洲某饼干厂出现的巧克力粉末爆炸为例进行分析．如图 1-49(a)所示，在工厂，工人们通常把新送到的待加工的粉末袋卸空到送料箱中，巧克力粉末由料箱下方流出，被鼓风机吹走，通过聚氯乙烯管道送到贮仓内贮存．在有巧克力粉末流的聚氯乙烯管道的某处，爆炸应满足条件：电场强度大小达到 $3.0\times10^6\ \mathrm{N\cdot C^{-1}}$或更大，以至能发生电击穿因而出现火花．假设带负电的巧克力粉末流被吹过截面半径 $R=5.0\ \mathrm{cm}$ 的聚氯乙烯管道，粉末所带的电荷以电荷体密度 $\rho_e=-1.1\times10^{-3}\mathrm{C\cdot m^{-3}}$均匀地散布在管道中(这在饼干厂是有代表性的)．

(1) 求管道内、外的电场强度大小分布；

(2) 火花会出现吗？如果会，在哪里？

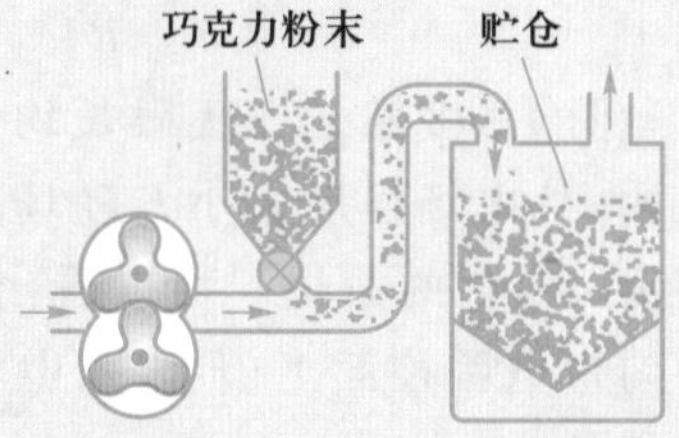

(a)

(b)

图 1-49 巧克力粉末流(a)示意图;(b)常用的输料器

解:(1) 由于管道细又长,如图 1-49(b)所示,所以可以把分布着巧克力粉末的管道视为截面半径为 R、电荷体密度为 ρ_e 的无限长均匀带电圆柱体.

在这种情况下,电荷分布也是轴对称的. 无限长均匀带电圆柱体可视为由一层层同轴的无限长均匀带电圆柱面组成,因此,在上例中的对称性分析及结果对本例仍然适用. 所以可以确定,无限长均匀带电圆柱体的电场分布也具有轴对称性,即与圆柱体轴线等距离的各点的场强大小相等,方向都垂直于圆柱体轴线.

下面根据电场分布的这种轴对称性选取高斯面. 如图 1-50 所示,过场点 P 作与带电圆柱体同轴而截面半径为 r,长度为 l、两端以平面封闭的圆柱面 S,把它作为高斯面. 通过整个高斯面 S 的 $\boldsymbol{E}$ 通量可以分为三部分,分别是:对圆柱面的上底面的 $\boldsymbol{E}$ 通量、对圆柱面的下底面的 $\boldsymbol{E}$ 通量和对圆柱面的侧面的 $\boldsymbol{E}$ 通量,即

$$\Phi_e=\oint_S \boldsymbol{E}\cdot d\boldsymbol{S}=\int_{S_{上}}\boldsymbol{E}\cdot d\boldsymbol{S}+\int_{S_{下}}\boldsymbol{E}\cdot d\boldsymbol{S}+\int_{S_{侧}}\boldsymbol{E}\cdot d\boldsymbol{S}$$

由于在高斯面上、下底面上,各面元处电场强度都与面元的法线方向垂直,则 $\boldsymbol{E}\cdot d\boldsymbol{S}=0$,所以通过这两底面的 $\boldsymbol{E}$ 通量 $\int_{S_{上}}\boldsymbol{E}\cdot d\boldsymbol{S}$、$\int_{S_{下}}\boldsymbol{E}\cdot d\boldsymbol{S}$ 均为零. 而在高斯面的侧面上的各个面元处,场强的方向和面元的法线正方向一致,所以有

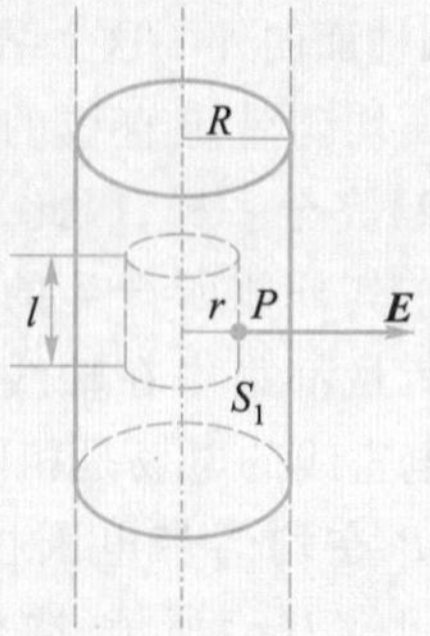

(a)

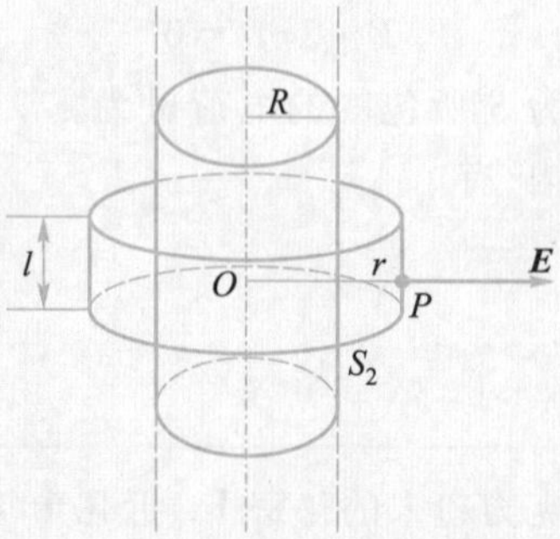

(b)

图 1-50 求无限长均匀带电圆柱体的场强时高斯面的选取

$$\oint_S \boldsymbol{E}\cdot d\boldsymbol{S}=\int_{S_{侧}}\boldsymbol{E}\cdot d\boldsymbol{S}=\int_{S_{侧}}E dS$$

$$=E\int_{S_{侧}}dS=E\cdot 2\pi rl$$

根据高斯定理可得

$$E \cdot 2\pi rl = \frac{\sum q_{内}}{\varepsilon_0}$$

若场点 P 在带电圆柱体内，即当 $r \leqslant R$ 时，如图 1-50(a) 所示，高斯面为 S_1，其包围的净电荷为 $\sum q_{内} = \pi r^2 l\rho_e$，则

$$E_{内} = \frac{\rho_e}{2\varepsilon_0}r, \quad r \leqslant R \qquad (1-45)$$

若场点 P 在带电圆柱体外，即当 $r>R$ 时，如图 1-50(b) 所示，高斯面为 S_2，其包围的净电荷为 $\sum q_{内} = \pi R^2 l\rho_e$，则

$$E_{外} = \frac{R^2\rho_e}{2\varepsilon_0 r}, \quad r>R \qquad (1-46)$$

若设带电圆柱体沿轴线单位长度所带的电荷量即电荷线密度为 λ_e，则有

$$\rho_e = \frac{\lambda_e}{\pi R^2}$$

将其代入式(1-45)和式(1-46)，则无限长均匀带电圆柱体内、外的场强大小分布也可以表示为

$$E_{内} = \frac{\lambda_e}{2\pi\varepsilon_0 R^2}r, \quad r \leqslant R \qquad (1-47)$$

$$E_{外} = \frac{\lambda_e}{2\pi\varepsilon_0 r}, \quad r>R \qquad (1-48)$$

由式(1-48)可见，无限长均匀带电圆柱体在其外侧所产生的电场与整个圆柱体的电荷量都集中在轴线上的一根无限长均匀带电直线的电场是相同的．

图 1-51 给出了无限长均匀带电圆柱体内、外电场强度大小 E 随场点到轴线的距离 r 变化的曲线．可以看出，在无限长均匀带电圆柱体表面上($r=R$)电场强度是连续的．

(2) 由于在柱体内场强与场点到轴的距离 r 成正比，所以管道中，场强最大的地方在管壁处，即在 $r=R$ 的地方，有

$$E_{内\max} = \frac{|\rho_e|}{2\varepsilon_0}R$$

$$= \frac{1.1\times10^{-3}}{2\times8.85\times10^{-12}}\times0.05\ \text{N}\cdot\text{C}^{-1}$$

$$= 3.1\times10^{6}\ \text{N}\cdot\text{C}^{-1}$$

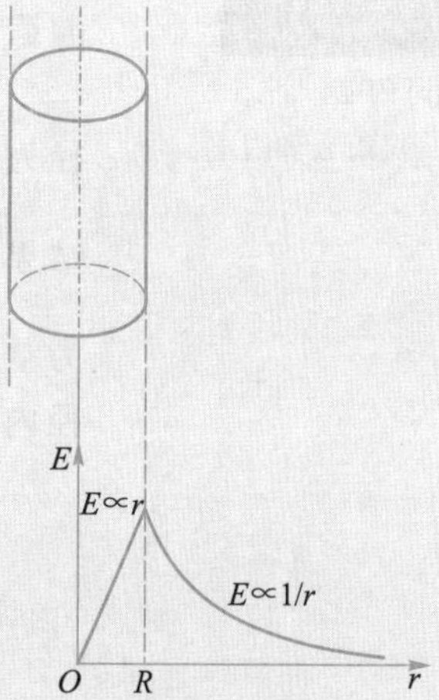

图 1-51 无限长均匀带电圆柱体的电场分布曲线

该值大于击穿场强 $3.0\times10^6\ \text{N}\cdot\text{C}^{-1}$，因此火花可能会出现在 $r=R$ 的地方．关于巧克力粉末爆炸的探索尚未结束，后面还有巧克力粉末的秘密Ⅱ、Ⅲ和Ⅳ.

下面让我们来看一看伟大自然界中的奇妙现象，走近闪电．每逢夏季，不少地方多发雷电．闪电是自然界中最美的景观之一，它的魅力不仅在于它拥有巨大的能量，而且它还能发出剧烈的光芒．其实“闪电”通常是带异号电荷的云层与大地之间的一种放电现象．夏季天气闷热，地面的热空气携带着大量的水蒸气

授课视频：走近闪电

(a) 积雨云

(b) 闪电

图 1-52 积雨云和闪电

NOTE

不断上升到天空，形成大块大块的积雨云，如图 1-52(a)所示．积雨云的不同部位聚集着正、负两种电荷，正电荷在云的上端，负电荷在云的下端并使下方的地面感应出正电荷．当云层中的电荷积累到一定程度的时候，它和地面之间就形成了一个强大的电场，会把空气击穿而在瞬间剧烈放电，从而形成了我们看到的划破长空的闪电，如图 1-52(b)所示，同时放电时产生的声音就是雷声．

几千米远处的闪电我们一般都能看到．那么一根闪电大概有多粗呢？实际上，大多数的闪电在可见部分之前有一个不可见的阶段，在该阶段一根电子柱从积雨云向下延伸到地面．这些电子来自积雨云和在该柱内被电离的空气分子．一般该柱内的电荷线密度 $\lambda_e = -1\times10^{-3}\ \mathrm{C\cdot m^{-1}}$．一旦电子柱到达地面，柱内的电子会迅速地倾泻到地面，在倾泻期间，运动电子与柱内空气的碰撞造成明亮的闪光．

尽管电子柱不是直的或者不是无限长的，但可把它近似为半径为 R 的无限长均匀带电圆柱体．其电场强度的大小由上题的结果可知，在电子柱的表面处的场强达到最大值$\dfrac{|\lambda_e|}{2\pi\varepsilon_0 R}$，若此值为空气的击穿场强 E_b，已知为 $3.0\times10^6\ \mathrm{N\cdot C^{-1}}$，则只有在该半径内会有空气分子电离而柱体外的分子则不电离．因此，根据

$$E_b = \frac{|\lambda_e|}{2\pi\varepsilon_0 R}$$

可近似求出电子柱的半径为

$$R = \frac{|\lambda_e|}{2\pi\varepsilon_0 E_b} = \frac{1\times10^{-3}}{2\pi\times8.85\times10^{-12}\times3\times10^6}\ \mathrm{m}\approx 6\ \mathrm{m}$$

一般认为，闪电发光部分的半径较电子柱的半径要小些，可能仅约 0.5 m. 虽然一次闪电的发光半径可能只有几米，但也不要设想倘若你在离雷击距离较大的某处会是安全的．因为轰击所倾泻的电子沿地面行进．这种地面电流会是致命的．

例 1-18

求无限大均匀带电平面的电场分布．已知带电平面的电荷面密度为 σ_e(设 $\sigma_e>0$).

授课视频:高斯定理应用 4 [例 1-18]

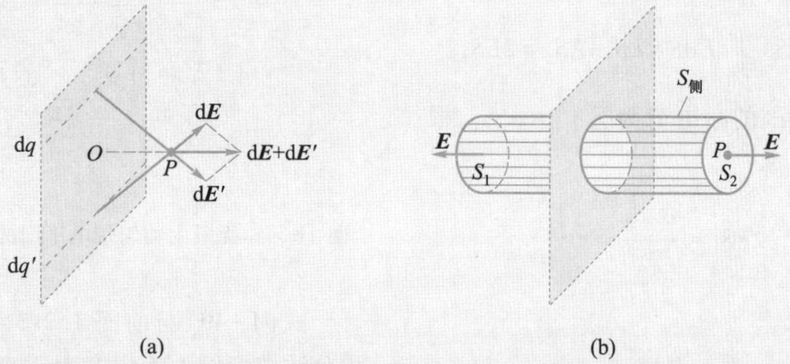

图 1-53 无限大均匀带电平面的电场对称性分析和高斯面的选取

解:首先进行对称性分析．如图 1-53(a)所示,考虑离竖直放置的无限大均匀带电平面外任一点 P 处的电场强度,因为带电平面为无限大,且均匀带电,所以电荷分布相对于过 P 点并与带电平面垂直的水平面上、下是对称的．对于上半平面上的任何一个无限长窄条状的电荷元 $\mathrm{d}q$,它可视为无限长带电直线,在下半平面上都存在另一个无限长窄条状的电荷元 $\mathrm{d}q'$,二者对过 P 点并与带电平面垂直的水平面对称．这两个对称的窄条状的电荷元 $\mathrm{d}q$ 和 $\mathrm{d}q'$在 P 点分别产生的元电场 $\mathrm{d}\boldsymbol{E}$ 和 $\mathrm{d}\boldsymbol{E}'$也对过 P 点并与带电平面垂直的水平面对称,从而它们的矢量和 $\mathrm{d}\boldsymbol{E}+\mathrm{d}\boldsymbol{E}'$必定沿垂线 OP,并指向远离 O 的方向．整个带电平面上电荷都可以分割成一对对这样对称的无限长窄条状的电荷元,因而 P 点的总场强 $\boldsymbol{E}$ 的方向垂直于带电平面,并指向远离平面的方向．由于本例中电荷分布具有面对称性,所以可知,与平面的距离相等处的场强大小相等,平面两侧场强方向应垂直于平面,并且指向远离平面的方向．

然后根据电场分布的这种面对称性选取高斯面．如图 1-53(b)所示,选取一个圆柱状高斯面,其轴线垂直于带电平面,两底面 S_1 和 S_2 与带电平面平行且与带电平面等距离,而待求场点 P 就位于一个底面上．通过整个高斯面的 $\boldsymbol{E}$ 通量为

$$\Phi_e=\oint_S \boldsymbol{E}\cdot\mathrm{d}\boldsymbol{S}$$

此积分也可以分成三部分,分别是:场强对高斯面的左底面 S_1 的积分,场强对高斯面的右底面 S_2 的积分以及场强对高斯面的侧面的积分,即

$$\Phi_e=\int_{S_1}\boldsymbol{E}\cdot\mathrm{d}\boldsymbol{S}+\int_{S_2}\boldsymbol{E}\cdot\mathrm{d}\boldsymbol{S}+\int_{S_{侧}}\boldsymbol{E}\cdot\mathrm{d}\boldsymbol{S}$$

在圆柱面的侧面上,各面元处场强的方向与该处面元的法线正方向垂直,因此,$\boldsymbol{E}\cdot\mathrm{d}\boldsymbol{S}=0$,则通过侧面的 $\boldsymbol{E}$ 通量 $\int_{S_{侧}}\boldsymbol{E}\cdot\mathrm{d}\boldsymbol{S}$ 为零．

而在左右两底面上，法线正方向都由高斯面内指向高斯面外，均与各面元处的电场强度方向相同，即指向远离带电平面的方向．又由于左底面和右底面与带电平面等距离，而且各面元处电场强度的大小相等，两底面的面积也一样，所以

$$\Phi_e=\int_{S_1}\boldsymbol{E}\cdot\mathrm{d}\boldsymbol{S}+\int_{S_2}\boldsymbol{E}\cdot\mathrm{d}\boldsymbol{S}$$

$$=\int_{S_1}E\mathrm{d}S+\int_{S_2}E\mathrm{d}S=ES_1+ES_2=2ES_1$$

此高斯面所包围的净电荷为 $\sum q_{内}=\sigma_e S_1$，根据高斯定理可得

$$2ES_1=\frac{\sigma_e S_1}{\varepsilon_0}$$

所以

$$E=\frac{\sigma_e}{2\varepsilon_0} \tag{1-49}$$

此结果和场点到无限大均匀带电平面的距离没有关系，因此无限大均匀带电平面两侧的电场是垂直于平面的均匀场，当 $\sigma_e>0$ 时，$\boldsymbol{E}$ 的方向远离平面；当 $\sigma_e<0$ 时，$\boldsymbol{E}$ 的方向指向平面．

取 x 轴垂直带电平面，坐标原点在带电平面上，图 1-54 给出了无限大均匀带正电平面在其两侧空间各点的电场强度大小 E 随距平面的位置坐标 x 变化的关系曲线，其中规定场强沿 x 轴正方向为正，反之为负．

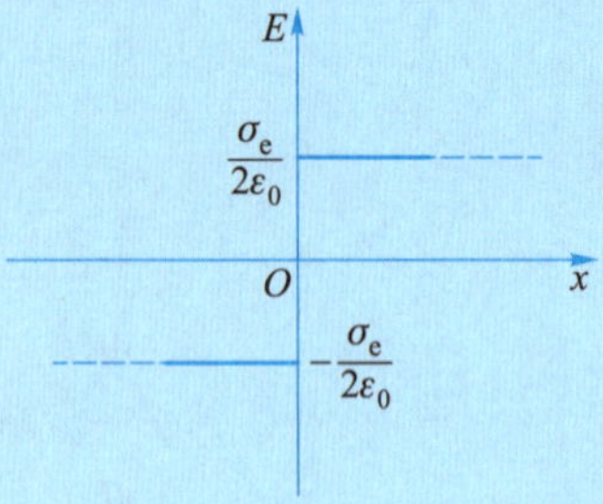

图 1-54 无限大均匀带电平面的电场分布曲线

式(1-49)与前面 1.2.3 节中通过场强积分法求解例 1-5 中宽为 b 的无限长均匀带电平板过中分线的垂线上的场强或例 1-7 中均匀带电圆盘轴线上的场强，最后推出的关于无限大均匀带电平板的场强的结论即式(1-30)相同．但是应用高斯定理求解要比场强积分法求解简便得多．

NOTE

利用以上结果和电场强度叠加原理，就可求得两个带等量异号电荷且均匀分布的无限大平行平面的电场分布．设两无限大平行平面的电荷面密度分别为 $+\sigma_e$ 和 $-\sigma_e$，它们在各自的两侧产生的电场强度大小均为 $\frac{\sigma_e}{2\varepsilon_0}$，方向如图 1-55(a)所示，所以有

在Ⅰ区： $E=E_2-E_1=0$

在Ⅱ区： $E=E_1+E_2=\frac{\sigma_e}{\varepsilon_0}$ (1-50)

在Ⅲ区： $E=E_1-E_2=0$

即两平面外的电场强度为零；两平面之间的电场为均匀场，电场强度大小为 $\frac{\sigma_e}{\varepsilon_0}$，方向由带正电荷的平面指向带负电荷的平面，方向如图 1-55(b)所示．

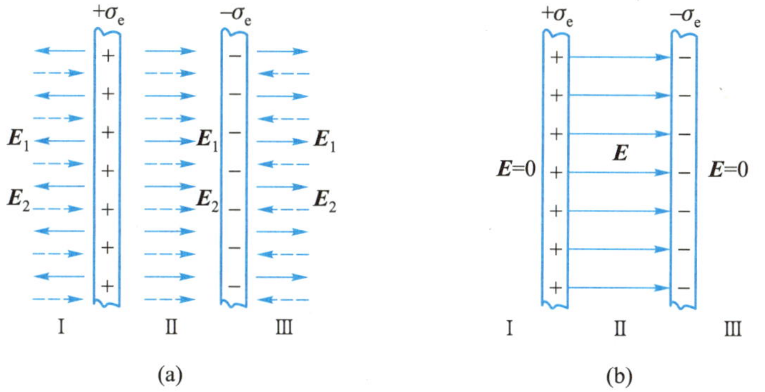

图 1-55 无限大均匀带电平行平面的电场分布

NOTE

上面通过几个例题介绍了如何用高斯定理来求解静电场的分布，这一方法通常用于电荷分布具有某种对称性的问题，包括球对称的问题、轴对称的问题和面对称的问题．

对于球对称的问题，一般取高斯面为球面，与电场线垂直，球面上各点场强大小与待求点相同．对于轴对称的问题，一般取高斯面为圆柱面，其上下底面与电场线平行，侧面与电场线垂直，侧面各点场强大小与待求点相同．对于面对称的问题，一般取高斯面为柱面，其两底面与电场线垂直，底面上各点场强大小与待求点相同，侧面与电场线平行．

虽然这样的带电体系并不多，但在几个特例中得到的结果都是很重要的．这些结果的实际意义往往不限于这些特例的本身，很多实际场合都可以用它们来做近似计算．就拿无限长均匀带电直线或无限大均匀带电平面来说．虽然实际中没有无限大的带电体系，但是对于有限长均匀带电直线和有限大均匀带电平面附近，只要不太靠近端点或边缘，上面例题的结果还是相当好的近似．

例 1-19

应用高斯定理求解例题 1-8.

授课视频：静电场强求解举例（［例 1-8］与［例 1-19］）及小结

解：根据前面例 1-8 的分析，可将厚壁视为由很多平行于厚壁表面的无限大的带电薄板组成，每一块薄板当成无限大均匀带电平面．根据无限大均匀带电平面的公式

(1-49),任一点的场强只有 E_x 分量. 对于 $x>d$ 的场点,分割的任何薄板所产生的电场方向都向右,且大小与 x 无关,因此整块厚壁在 x 处形成的电场也与 x 无关. 同理,对于 $x<0$ 的场点,场强也与 x 无关,方向向左. 因此厚壁在板外产生的电场分布呈现对厚壁的中分面的面对称性,即厚壁两侧的场强大小相等,方向相反.

根据这种对称性,当 $x<0$,$x>d$ 时,选取如图 1-56(a)所示的一个底面积为 ΔS 的柱状高斯面 S_1,其轴线垂直于厚壁表面,左底面和右底面均与厚壁表面平行且与厚壁中分面等距离,而待求场点 P 就位于一个底面上,通过整个高斯面 S_1 的 $\boldsymbol{E}$ 通量为

$$\Phi_e=\oint_{S_1}\boldsymbol{E}\cdot d\boldsymbol{S}=\int_{S_{1左}}\boldsymbol{E}\cdot d\boldsymbol{S}+\int_{S_{1右}}\boldsymbol{E}\cdot d\boldsymbol{S}+\int_{S_{1侧}}\boldsymbol{E}\cdot d\boldsymbol{S}$$

在高斯面 S_1 的侧面上,各面元处电场强度的方向与该处面元的法线正方向垂直,因此通过侧面的 $\boldsymbol{E}$ 通量为零. 而在左底面和右底面上,各面元处的电场强度方向分别与两底面的法线正方向相同,又由于两底面上各面元处电场强度的大小都相等,所以通过高斯面左底面的 $\boldsymbol{E}$ 通量等于通过高斯面右底面的 $\boldsymbol{E}$ 通量. 二者相加最后得到通过高斯面 S_1 的 $\boldsymbol{E}$ 通量为

$$\Phi_e=\int_{S_{1左}}\boldsymbol{E}\cdot d\boldsymbol{S}+\int_{S_{1右}}\boldsymbol{E}\cdot d\boldsymbol{S}$$

$$=\int_{S_{1左}}E dS+\int_{S_{1右}}E dS=E\Delta S+E\Delta S=2E\Delta S$$

高斯面 S_1 所包围的净电荷为

$$\sum q_{内}=\int_0^d\Delta S\rho(x)\,dx=\int_0^d\Delta Skx\,dx=\Delta Skd^2/2$$

根据高斯定理可得

$$2E\Delta S=\Delta Skd^2/(2\varepsilon_0)$$

解得当 $x<0$,$x>d$ 时的总场强大小为

$$E=\frac{kd^2}{4\varepsilon_0}$$

为了求 $0\leqslant x\leqslant d$ 范围内的场强大小 E_2,作高斯面 S_2,即把上面的高斯面 S_1 的一个底面移至板内,且过待求的场点,如图 1-56(a) 所示. 在这种情况下,通过高斯面 S_2 的 $\boldsymbol{E}$ 通量为

$$\Phi_e=\int_{S_{2左}}\boldsymbol{E}\cdot d\boldsymbol{S}+\int_{S_{2右}}\boldsymbol{E}\cdot d\boldsymbol{S}$$

$$=\int_{S_{2左}}E dS+\int_{S_{2右}}E dS=E\Delta S+E_2\Delta S$$

高斯面 S_2 所包围的净电荷为

$$\sum q_{内}=\int_0^x\Delta S\rho(x)\,dx=\int_0^x\Delta Skx\,dx=\Delta Skx^2/2$$

根据高斯定理可得

$$E\Delta S+E_2\Delta S=\Delta Skx^2/(2\varepsilon_0)$$

将前面求得的 E 代入,解出当 $0\leqslant x\leqslant d$ 时的场强大小为

$$E_2=\frac{k}{4\varepsilon_0}(2x^2-d^2)$$

若选取 x 正方向为场强的正方向,则该

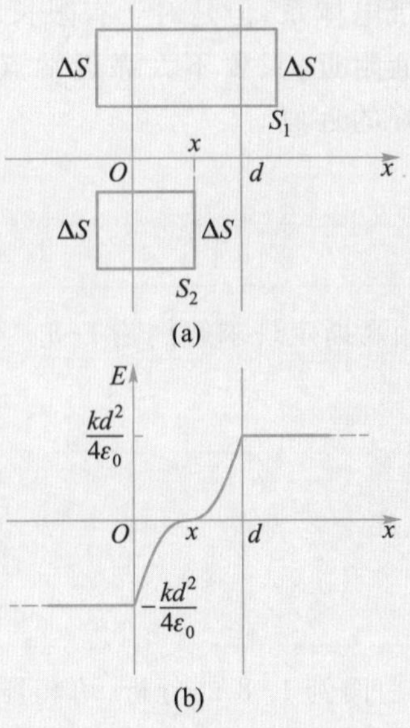

图 1-56 例 1-19 图

无限大带正电厚壁的场强分布为

$$E(x)=\begin{cases}\dfrac{-kd^2}{4\varepsilon_0}, & x<0\\[2mm] \dfrac{k(2x^2-d^2)}{4\varepsilon_0}, & 0\leqslant x\leqslant d\\[2mm] \dfrac{kd^2}{4\varepsilon_0}, & x>d\end{cases}$$

其中,负号表示场强的方向向左．画出该无限大带正电厚壁的场强分布曲线如图 1-56(b)所示．

对上面的结果,做以下两点讨论:

(1) 结果表明,厚壁外仍为均匀电场,与到厚壁的距离无关．

(2) 壁内电场为非均匀电场,电场强度由 $-\dfrac{kd^2}{4\varepsilon_0}$ 变至 $+\dfrac{kd^2}{4\varepsilon_0}$,中间必有一处场强为零,由场强分布知该处 x 坐标为 $x=d/\sqrt{2}$.

至此,我们已重点介绍了静电场求解的两种方法．一种方法是利用电荷元场强公式和电场强度叠加原理,通过矢量积分求场强．所取的电荷元可以是点电荷元,也可以是线电荷元、面电荷元等．另一种方法是在电荷分布有某种对称性条件下,应用高斯定理求场强．有些问题如两块平行的无限大均匀带电平板的场强分布,需要运用上面方法得出的如关于一块无限大均匀带电平板的场强结论后再进行叠加处理,最终得出结果．而对于带有柱状空腔的无限长均匀带电圆柱体的场强这类问题则可以用介绍过的补偿法来求解．

1.4　静电场的环路定理　电势

1.4.1　静电场的环路定理

本节将研究静电场力对移动电荷所做的功,从功能观点来阐述静电场的保守性,得到静电场的环路定理,并引入静电势能及电势的概念．

授课视频:静电场的环路定理

首先讨论一个点电荷所产生的静电场．如图 1-57 所示,在一个静止点电荷 q 所产生的电场中,一个试验电荷 q_0 从 a 点沿某一路径移至 b 点．在 q_0 运动路径上相对于 q 的位矢为 $\boldsymbol{r}$ 的某一位置 P 点,q 在该点产生的电场强度 $\boldsymbol{E}$ 可以表示为

$$\boldsymbol{E}=\frac{q}{4\pi\varepsilon_0 r^2}\boldsymbol{e}_r$$

式中,$\boldsymbol{e}_r$ 为沿位矢 $\boldsymbol{r}$ 的单位矢量．q_0 受到 q 的电场力为 $\boldsymbol{F}=q_0\boldsymbol{E}$,

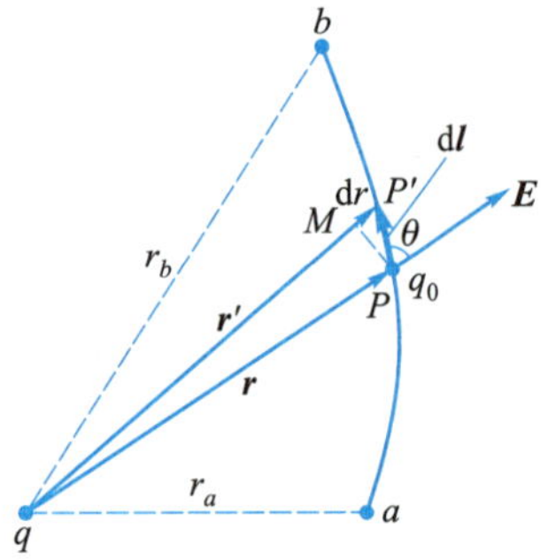

图 1-57 点电荷的场的保守性

NOTE

当 q_0 从 P 点沿运动路径发生元位移 $\mathrm{d}\boldsymbol{l}$ 至 P' 点的过程中，根据功的定义，电场力 $\boldsymbol{F}$ 对 q_0 所做的元功为

$$\mathrm{d}A=\boldsymbol{F}\cdot\mathrm{d}\boldsymbol{l}=q_0\boldsymbol{E}\cdot\mathrm{d}\boldsymbol{l}$$

若 $\boldsymbol{E}$ 与 $\mathrm{d}\boldsymbol{l}$ 之间的夹角为 θ，则

$$\mathrm{d}A=q_0E\ |\mathrm{d}\boldsymbol{l}|\cos\theta=\frac{q_0q}{4\pi\varepsilon_0r^2}\ |\mathrm{d}\boldsymbol{l}|\cos\theta$$

从点电荷 q 所在处指向 $\mathrm{d}\boldsymbol{l}$ 末端 P' 点的位矢为 $\boldsymbol{r}'$，从 P 点向 $\boldsymbol{r}'$ 作垂线 PM，由于 $\mathrm{d}l$ 非常小，可以认为 $\boldsymbol{r}$ 和 $\boldsymbol{r}'$ 对点电荷 q 所在处所张的角度很小，即趋于零，所以 P 点、M 点和场源电荷 q 所在处构成了一个等腰三角形，则有 P 点、M 点到场源电荷 q 的距离相等，其距离即 $\boldsymbol{r}$ 的大小，从图 1-57 中可以看出，

$$|MP'|=r'-r=\mathrm{d}r=|\mathrm{d}\boldsymbol{l}|\cos\theta$$

于是有

$$\mathrm{d}A=\frac{qq_0}{4\pi\varepsilon_0r^2}\mathrm{d}r$$

在试验电荷 q_0 由 a 移至 b 的整个过程中，电场力所做的总功为

$$A_{ab}=\int_a^b\mathrm{d}A=\frac{qq_0}{4\pi\varepsilon_0}\int_{r_a}^{r_b}\frac{\mathrm{d}r}{r^2}=\frac{qq_0}{4\pi\varepsilon_0}\left(\frac{1}{r_a}-\frac{1}{r_b}\right)\tag{1-51}$$

式中，r_a 和 r_b 分别为从点电荷 q 所在处到试验电荷移动路径的起点和终点的距离．上式表明，在静止的点电荷 q 的电场中移动试验电荷 q_0 时，电场力所做的功只与试验电荷的起点和终点的位置有关，而与试验电荷在电场中所经历的路径无关．在功的表达式(1-51)中，没有任何一项参量代表试验电荷 q_0 如何从 a 点移动到 b 点，只与电荷量 q_0 和表示起点和终点位置的物理量 r_a 和 r_b 有关．

因此得到一个结论：试验电荷 q_0 在点电荷 q 的电场中移动时，电场力所做的功只与试验电荷的起点和终点的位置有关，而与试验电荷在电场中所经过的路径无关．在力学中介绍过，若力所做的功只与物体的始末位置有关，而与所经历的路径无关，这类力就称为保守力，如万有引力、弹性力．所以根据保守力的定义，点电荷所产生的静电场力也是保守力，它所产生的静电场是保守场．

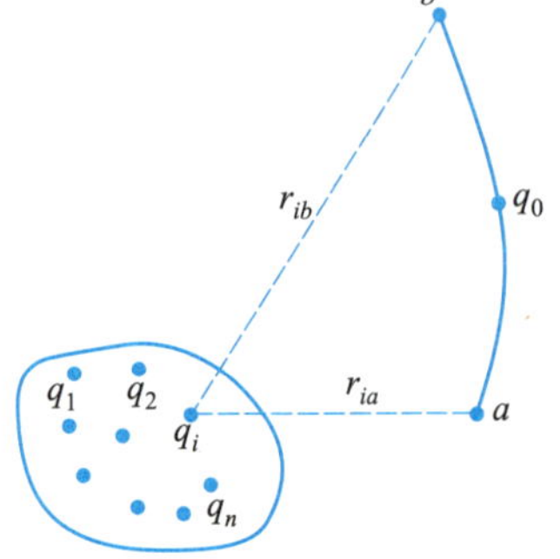

图 1-58 点电荷系的场的保守性

下面再讨论任意带电体所产生的静电场．任何带电体都可以视为由许多点电荷组成的点电荷系．如图 1-58 所示，在含有 n 个点电荷 $q_1,q_2,\cdots,q_n$ 的点电荷系的电场中，一个试验电荷 q_0 从 a 点沿某一路径移至 b 点，在此过程中静电场力所做的功为

NOTE

$$A_{ab}=\int_a^b q_0\boldsymbol{E}\cdot\mathrm{d}\boldsymbol{l}$$

根据电场强度叠加原理，点电荷系在某点产生的电场强度等于各点电荷单独在该点产生的电场强度的矢量和，即

$$\boldsymbol{E}=\boldsymbol{E}_1+\boldsymbol{E}_2+\cdots+\boldsymbol{E}_n$$

因此

$$A_{ab}=q_0\int_a^b(\boldsymbol{E}_1+\boldsymbol{E}_2+\cdots+\boldsymbol{E}_n)\cdot\mathrm{d}\boldsymbol{l}$$
$$=q_0\int_a^b\boldsymbol{E}_1\cdot\mathrm{d}\boldsymbol{l}+q_0\int_a^b\boldsymbol{E}_2\cdot\mathrm{d}\boldsymbol{l}+\cdots+q_0\int_a^b\boldsymbol{E}_n\cdot\mathrm{d}\boldsymbol{l}$$

所以，点电荷系的静电场力所做的功等于组成此点电荷系的各点电荷的静电场力所做功的代数和．根据前面关于点电荷电场的分析，由式(1-51)可将上式写为

$$A_{ab}=\sum_{i=1}^{n}\frac{q_0q_i}{4\pi\varepsilon_0}\left(\frac{1}{r_{ia}}-\frac{1}{r_{ib}}\right) \tag{1-52}$$

式中，r_{ia}表示从点电荷 q_i所在处到试验电荷移动路径的起点的距离，r_{ib}表示从点电荷 q_i所在处到试验电荷移动路径的终点的距离．由于上式右侧的每一项都与路径无关，所以它们的代数和也与路径无关，只由 q_0 的始末位置决定．由此得出如下结论：在真空中，一个试验电荷 q_0 在任何静电场中移动时，静电场力所做的功只与试验电荷的电荷量和路径的起点及终点的位置有关，而与试验电荷所经过的具体路径无关．这是静电场力的一个重要特性，和力学中讨论过的万有引力、弹性力等保守力做功的特性类似，所以静电场力是保守力，静电场是保守场．

静电场的环路定理

静电场力做功与路径无关的特性还可以表示成另外一种等价形式，这就是**静电场的环路定理**．其表述为：在静电场中，电场强度沿任一闭合路径 L 的线积分恒等于零，即

$$\oint_L\boldsymbol{E}\cdot\mathrm{d}\boldsymbol{l}=0 \tag{1-53}$$

静电场的环路定理的证明如下．如图 1-59 所示，设在静电场中有一个试验电荷 q_0 从 a 点沿任一路径 L_1 移动到 b 点；再沿任一路径 L_2 返回至 a 点．路径 L_1 和路径 L_2 就构成一个闭合路径 L. 作用在试验电荷 q_0 上的静电场力在整个闭合路径 L 上所做的功为

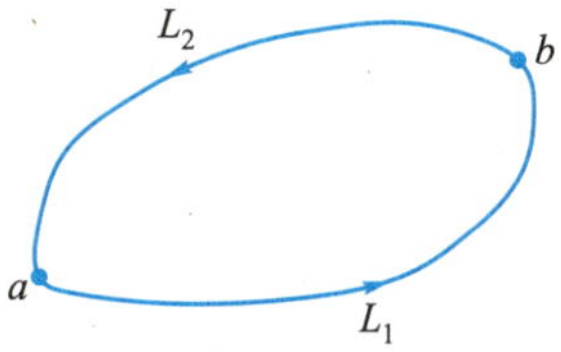

图 1-59 静电场的环路定理

$$A=\oint_L\boldsymbol{F}\cdot\mathrm{d}\boldsymbol{l}=q_0\oint_L\boldsymbol{E}\cdot\mathrm{d}\boldsymbol{l}=q_0\int_{a(L_1)}^{b}\boldsymbol{E}\cdot\mathrm{d}\boldsymbol{l}+q_0\int_{b(L_2)}^{a}\boldsymbol{E}\cdot\mathrm{d}\boldsymbol{l}$$
$$=q_0\int_{a(L_1)}^{b}\boldsymbol{E}\cdot\mathrm{d}\boldsymbol{l}-q_0\int_{a(L_2)}^{b}\boldsymbol{E}\cdot\mathrm{d}\boldsymbol{l}$$

由于静电场力是保守力，其做功与路径无关，只与起始和终

NOTE

了位置有关,所以

$$q_0\int_{a(L_1)}^{b}\boldsymbol{E}\cdot d\boldsymbol{l}=q_0\int_{a(L_2)}^{b}\boldsymbol{E}\cdot d\boldsymbol{l}$$

将此式代入上式可得

$$A=q_0\oint_L\boldsymbol{E}\cdot d\boldsymbol{l}=0$$

由于试验电荷 q_0 不为零,所以

$$\oint_L\boldsymbol{E}\cdot d\boldsymbol{l}=0$$

电场强度 $\boldsymbol{E}$ 沿任意闭合路径的线积分,也称为电场强度的环流．因此,静电场的环路定理也可表述为:在静电场中,电场强度的环流等于零．

静电场的环路定理与前面所讲的高斯定理一样,也是表述静电场性质的一个重要定理．可用环路定理检验一个电场是不是静电场．

例 1-20

分析如图 1-60 所示的一簇平行的电场线表示的电场是否是静电场．

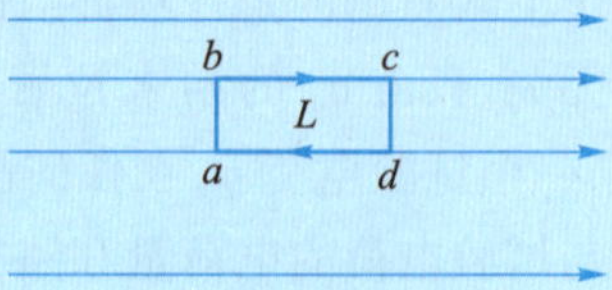

图 1-60 例 1-20 图

解: 作一个顺时针的矩形环路 $L(abcda)$．其中,ab 和 cd 两条边与电场线垂直,则在这两边上 $\boldsymbol{E}\cdot d\boldsymbol{l}=0$,因而

$$\int_a^b\boldsymbol{E}\cdot d\boldsymbol{l}=\int_c^d\boldsymbol{E}\cdot d\boldsymbol{l}=0$$

而 bc 边与电场线平行,在该边上场强大小均相等,以 E_{bc} 表示,则

$$\int_b^c\boldsymbol{E}\cdot d\boldsymbol{l}=\int_b^c E dl=E_{bc}|bc|$$

da 边与电场线反平行,在该边上场强大小均相等,以 E_{da} 表示,但由于电场线的疏密程度表示场强的大小,显然 $E_{da}\neq E_{bc}$,则

$$\int_d^a\boldsymbol{E}\cdot d\boldsymbol{l}=-\int_d^a E dl=-E_{da}|da|$$
$$=-E_{da}|bc|\neq -E_{bc}|bc|$$

所以,场强沿矩形环路 L 的环流为

$$\oint_L\boldsymbol{E}\cdot d\boldsymbol{l}$$
$$=\int_a^b\boldsymbol{E}\cdot d\boldsymbol{l}+\int_b^c\boldsymbol{E}\cdot d\boldsymbol{l}+\int_c^d\boldsymbol{E}\cdot d\boldsymbol{l}+\int_d^a\boldsymbol{E}\cdot d\boldsymbol{l}$$
$$=0+E_{bc}|bc|+0-E_{da}|bc|\neq 0$$

表明场强的环流不为零,因此,该电场不是静电场．

静电场的环路定理除了说明静电场是保守场,它还可以说明静电场中的电场线不能构成闭合曲线．因为根据作电场线的规定,电场线上任意点的切线方向即该点的电场强度 $\boldsymbol{E}$ 的方向．因此，若电场线能构成闭合曲线，对于该闭合曲线的各个线元，均有 $\boldsymbol{E}\cdot\mathrm{d}\boldsymbol{l}>0$，则 $\oint_L \boldsymbol{E}\cdot\mathrm{d}\boldsymbol{l}>0$，从而违背静电场的环路定理．由于静电场线不允许闭合，所以静电场就是无旋场．例如，正点电荷发出的电场线犹如从泉眼喷涌而出的水，向四周发散，如图 1-61 所示.

图 1-61 从泉眼喷涌而出的水

还有另外一种矢量场犹如河水中的旋涡，形成一圈一圈闭合的场线，如图 1-62(a) 所示．为了便于理解，我们以流体中速度场为例．速度 $\boldsymbol{v}$ 沿着任意一闭合环路的线积分 $\oint_L \boldsymbol{v}\cdot\mathrm{d}\boldsymbol{l}$ 称为速度的环流．如图 1-62(b) 所示，若水流是环绕着一圈圈的圆流动，且在每圈上是匀速率的，则在此种情况下，对于半径为 R 的流线，速度的环流为

$$\oint_L \boldsymbol{v}\cdot\mathrm{d}\boldsymbol{l}=\oint_L v\mathrm{d}l=v\oint_L \mathrm{d}l=2\pi Rv$$

即有旋场的环流不为零．且当 R 一定时，速度 $\boldsymbol{v}$ 越大，速度的环流就越大，环流描述了 $\boldsymbol{v}$ 的旋转程度．第 3 章介绍的磁场就是有旋场.

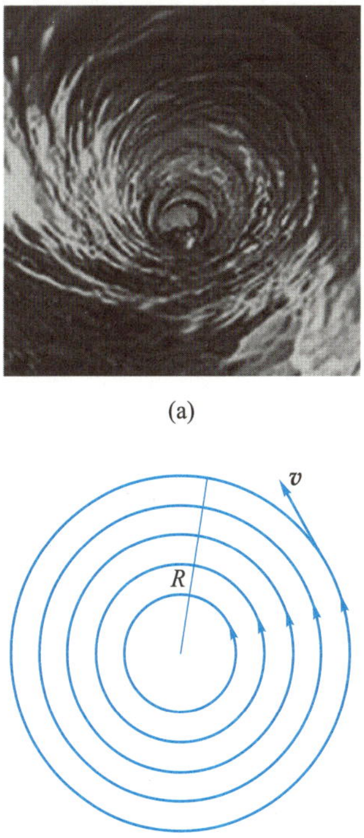

图 1-62 有旋场

静电场是由静止电荷产生的电场，是一个矢量场．静电场的高斯定理表明，静电场是有源场，源就是电荷；静电场的环路定理表明，静电场是无旋场．两者结合，完整地描绘了静电场作为一个矢量场的性质：静电场是有源无旋场.

1.4.2 静电势能

在力学中，重力和弹性力均是保守力，可以分别引入重力势能和弹性势能的概念．由于静电场力也是保守力，所以在研究静电场力做功时，也可以引入相应的静电势能的概念，简称电势能.

在保守场中，保守力做功等于相应势能的减少．例如，在重力场中，重力对物体做功，物体的位置由 a 变为 b，重力势能就随着改变．重力对物体所做的功 A_{ab} 等于重力势能的减少量 W_a-W_b，即

$$A_{ab}=\int_a^b \boldsymbol{F}\cdot\mathrm{d}\boldsymbol{l}=W_a-W_b$$

式中，$\boldsymbol{F}$ 须是保守力．与此类似，在静电场中，处于一定位置的试验电荷 q_0 具有一定的电势能．若把试验电荷 q_0 从 a 点沿任意路径移至 b 点，静电场力 $\boldsymbol{F}$ 对试验电荷 q_0 所做的功就等于 q_0 的电势能的减少量，即

授课视频：电势能

NOTE

$$A_{ab}=q_0\int_a^b \boldsymbol{E}\cdot \mathrm{d}\boldsymbol{l}=W_{ea}-W_{eb} \tag{1-54}$$

式中，W_{ea}和 W_{eb}分别表示试验电荷 q_0 在静电场中 a、b 两点所具有的电势能．因为静电场力做功与路径无关，所以这里无须指明路径．电势能的减少量 $W_{ea}-W_{eb}$也可以说成是电势能增量的负值，所谓电势能的增量 $W_{eb}-W_{ea}$就是末状态的电势能 W_{eb}减去初状态的电势能 W_{ea}．所以静电场力所做的功就等于电势能增量的负值．由式(1-54)可知，当静电场力做正功时，q_0 所具有的电势能减少；当静电场力做负功(即外力克服静电场力做功)时，q_0 所具有的电势能增加．

电势能与重力势能和弹性势能相似，是一个相对量．由式(1-54)只能确定电荷在电场中 a、b 两点的电势能的差值．要确定电荷在电场中任意点的电势能，必须先选取一个电势能的参考点，并设该点的电势能为零．而电势能零点的选取是任意的，一般视处理问题的方便而定．

当场源电荷分布在有限区域时，电势能零点通常选在无限远处，即 $W_{e\infty}=0$，则由式(1-54)，电荷 q_0 在 a 点的电势能就定义为

$$W_{ea}=A_{a\infty}=q_0\int_a^{\infty} \boldsymbol{E}\cdot \mathrm{d}\boldsymbol{l} \tag{1-55}$$

当场源电荷分布在无限区域时，电势能零点不能选为无限远处，而通常选在某一固定点，如选取 q_0 在 b 点的电势能为零，即 $W_{eb}=0$，则由式(1-54)可得

$$W_{ea}=A_{ab}=q_0\int_a^{b(\text{电势能零点})} \boldsymbol{E}\cdot \mathrm{d}\boldsymbol{l} \tag{1-56}$$

这表明，电荷 q_0 在电场中某点的电势能，在数值上等于把它从该点沿任意路径移至电势能零点处静电场力所做的功．

在实际问题中，也常常选地球或接地的金属外壳作为电势能零点．

由于电势能的量值是相对的，取决于电势能零点的选取，因而电势能虽是标量，但可为正值，也可为负值．

需要指出的是，一个电荷 q_0 在外电场中的电势能是属于电荷 q_0 和场源电荷 Q 共有的，是电荷 q_0 和场源电荷 Q 这个系统中的一种相互作用能，它并不单独属于电荷 q_0．一般来说，电荷 q_0 在电场中移动时，场源电荷 Q 产生的电场并无变化，因此习惯上把这一系统的静电势能简称为电荷 q_0 所具有的电势能，也就是通常所说的电荷在静电场中任一位置都具有的电势能．其实，在重力场中也有类似的说法，但从本质上要明确，电势能是属于场源电荷 Q 和电荷 q_0 这一系统，是电荷 q_0 与场源电荷 Q 之间的相互作用能．

在国际单位制中，电势能的单位为 J.

1.4.3 电势和电势差

从电势能的定义式(1-55)或式(1-56)可以看出,电势能不仅与电场有关,也与试验电荷 q_0 有关,它并不能直接反映电场的性质. 若要描述电场本身的性质,需要引入新的物理量. 由式(1-54)可知

$$\frac{W_{ea}}{q_0}-\frac{W_{eb}}{q_0}=\int_a^b \boldsymbol{E}\cdot \mathrm{d}\boldsymbol{l} \tag{1-57}$$

由于在式(1-57)中右边的积分与试验电荷 q_0 无关,所以左边的 $\frac{W_{ea}}{q_0}-\frac{W_{eb}}{q_0}$ 也应与试验电荷 q_0 无关. 根据静电场的环路定理,式(1-57)中右边场强的线积分与路径无关,只与始末位置有关. 这表明,左边的 $\frac{W_{ea}}{q_0}-\frac{W_{eb}}{q_0}$ 也只与电场在 a、b 两点的性质有关. 因此,对于静电场,可以引入一个仅仅与位置有关的标量函数 W_e/q_0,并把此标量函数称为电势,以符号 φ 表示,即

$$\varphi=\frac{W_e}{q_0} \tag{1-58}$$

上式表明,在静电场中,任意一点的电势等于单位正电荷在该点所具有的电势能. 电势是描述电场能量性质的物理量,注意:它与试验电荷 q_0 无关. 符号 φ 是国家标准 GB 3102.5—93 中电势的规范符号之一.

将式(1-56)代入式(1-58)可得

$$\varphi_a=\int_a^{\text{电势零点}} \boldsymbol{E}\cdot \mathrm{d}\boldsymbol{l} \tag{1-59}$$

上式表明,在静电场中,任意一点的电势等于将单位正电荷从该点沿任意路径移至电势零点时,静电场力所做的功;或者说,任意一点的电势等于场强从该点沿任意路径到电势零点的线积分,式(1-59)反映了电势与电场强度的积分关系.

需要指出的是,由于静电场的保守性,式(1-59)对积分路径无须做任何规定. 对于电场中给定的点来说,电势只与该点在电场中的位置有关,因此,电势和电场强度一样,也是描述电场性质的物理量. 不过应注意,与电势能相似,电场中某一点的电势与电势零点的选取有关. 由式(1-58)可知,电势能零点即电势零点. 相对于不同的电势零点,电场中同一点的电势会有不同的值. 因此,在说明各点的电势值时,必须事先明确电势零点在何处. 电势零点确定后,电势值就唯一确定,相应的电势是空间位置的函数.

授课视频:电势

NOTE

NOTE

关于电势零点的选取，原则上是任意的，视研究问题的方便而定，类似于电势能零点的选取原则，一般有以下三种情况：

通常对于电荷分布在有限区域的带电体，在理论计算中常选无限远处为电势零点，此时场点 P 处的电势为

$$\varphi_P=\int_P^{\infty}\boldsymbol{E}\cdot\mathrm{d}\boldsymbol{l}\quad(\varphi_{\infty}=0)\tag{1-60}$$

对于无限大或无限长的带电体，后面会看到，只能选有限远处的某点如 P_0 点为电势零点，否则计算结果将出现不合理的值，此时场点 P 处的电势为

$$\varphi_P=\int_P^{P_0}\boldsymbol{E}\cdot\mathrm{d}\boldsymbol{l}\quad(\varphi_{P_0}=0)\tag{1-61}$$

在实际应用或研究电路问题时，常常以大地的电势为零，这样，任何导体如电子仪器的金属外壳接地时就认为它的电势也为零．

当静电场中电势分布已知时，根据式(1-58)可得一个点电荷 q_0 在静电场中某点的电势能为

$$W_{\mathrm{e}}=q_0\varphi\tag{1-62}$$

即一个点电荷在静电场中某点的电势能 W_{e} 等于它的电荷量 q_0 与静电场中该点电势 φ 的乘积．计算任意带电体在静电场中的电势能时，可以先将该带电体分解为许多个可视为点电荷元的小块．若其中任一小块的点电荷元所带的电荷量为 $\mathrm{d}q$，则其在静电场中所具有的电势能为

$$\mathrm{d}W_{\mathrm{e}}=\varphi\mathrm{d}q\tag{1-63}$$

式中，φ 为 $\mathrm{d}q$ 所在位置处的电势，把各小块点电荷元在静电场中所具有的电势能相加，即积分可得到整个带电体所具有的电势能为

$$W_{\mathrm{e}}=\int\varphi\mathrm{d}q\tag{1-64}$$

若以 φ_a 和 φ_b 分别表示静电场中 a 点和 b 点的电势，则在静电场中把点电荷 q_0 从 a 点移至 b 点时，静电场力所做的功可以表示为

$$A_{ab}=q_0(\varphi_a-\varphi_b)\tag{1-65}$$

式(1-65)中，电势 φ_a 与 φ_b 的差值称为 a 和 b 两点间的电势差，也称为该两点间的电压，以符号 U_{ab} 表示，即有

$$U_{ab}=\varphi_a-\varphi_b\tag{1-66}$$

授课视频：电势差

由电势的定义式(1-58)和式(1-59)[或式(1-57)]，则

$$U_{ab}=\frac{W_{\mathrm{e}a}}{q_0}-\frac{W_{\mathrm{e}b}}{q_0}=\int_a^b\boldsymbol{E}\cdot\mathrm{d}\boldsymbol{l}\tag{1-67}$$

式(1-67)表明，静电场中，U_{ab} 为单位正电荷在 a、b 两点的电势能之差，又可表示为电场强度从 a 点沿任意路径到 b 点的线积分，也就等于将单位正电荷从 a 点沿任意路径移至 b 点静电场力所做的功．

尽管相对于不同的电势零点，电场中同一点的电势会有不同的值．然而，在静电场中，对于给定的两点，其电势差与电势零点

NOTE

的选择无关.

人体不同部位的电活动会引起电势差. 例如,心脏的电活动会引起胸部不同处之间的电势差,医疗诊断所用的心电图仪就是通过连接在皮肤上的电极测出这一电势差随时间的变化曲线,并被图表记录仪或计算机记录下来. 类似地,脑电图仪(EEG)通过置于头部的电极测量脑的电活动引起的电势差. 视网膜电图仪(ERG)通过置于眼部附近的电极测量由闪光刺激所引起的视网膜中的电活动产生的电势差.

在国际单位制中,为了纪念意大利物理学家伏打,将电势和电势差的单位名称定为伏特(volt),简称伏,以符号 V 表示,且

$$1\ \text{V}=1\ \text{J}\cdot\text{C}^{-1}$$

即若 1 C 的电荷在电场中某点处的电势能为 1 J,则该点的电势为 1 V.

在电场强度的单位中,

$$\frac{\text{N}}{\text{C}}=\frac{\text{N}\cdot\text{m}}{\text{C}\cdot\text{m}}=\frac{\text{J}}{\text{C}\cdot\text{m}}=\frac{\text{V}}{\text{m}}$$

所以电场强度的单位也可以用 $\text{V}\cdot\text{m}^{-1}$来表示.

引入电势差的概念之后,在静电场中,把点电荷 q_0 从 a 点沿任意路径移至 b 点时,静电场力所做的功可以表示为

$$A_{ab}=q_0U_{ab} \tag{1-68}$$

即静电场力对电荷所做的功,等于移动的电荷量与始末位置电势差的乘积,式(1-68)是计算静电场力做功常用到的公式.

需要指出的是,在处理电子、原子或分子的能量时,J 是一个非常大的单位,所以人们引入电子伏(符号为 eV)这一能量单位. 定义为真空中,一个粒子(所带电荷量为 e)在 1 V 电势差上移动所获得的动能或所损失的电势能,因此

$$1\ \text{eV}=(1.602\times10^{-19}\ \text{C})\times1\ \text{V}=1.602\times10^{-19}\ \text{J}$$

但是,eV 不是国际单位制单位,在计算中需要用上面的关系式换算为 J.

下面估算一下闪电的能量. 我们知道,闪电发生前,积雨云的下部分中有负电荷积蓄,云层下的地面积蓄了极性相反的等量正电荷. 云层和地面间的电势差 U 可达 -2×10^8 V,闪电发生时,若有 $q=-30$ C 的电荷倾泻至地面,则闪电释放的能量用电场力对移动电荷所做的功 $A=qU$ 来估算,结果为 6×10^9 J,这相当于几千度电. 由于技术所限,雷电能量的收集和利用还未成功,或许在不久的将来,这种最原始的电磁现象将为世界带来前所未有的变化.

1.4.4 电势的计算

授课视频:点电荷的电势与[例 1-21]

NOTE

1. 用场强线积分法求电势

对于任意带电体电场中的电势,一种求解方法是根据式(1-59)反映出的电势与电场强度的积分关系,即电场强度从待求点到电势零点的线积分来求解,这种方法简称为场强线积分法. 利用场强线积分法求解电势的步骤一般分为三步:首先根据已知的电荷分布,求出电场强度的分布;然后选择合适的积分路径;最后计算出电场强度从待求点到电势零点的线积分.

首先来看点电荷电场中的电势. 在点电荷 q 产生的电场中,电场强度的分布为

$$\boldsymbol{E}=\frac{q}{4\pi\varepsilon_0 r^2}\boldsymbol{e}_r$$

式中,r 为点电荷到场点的距离,$\boldsymbol{e}_r$ 为沿径矢的单位矢量.

若选择无限远处为电势零点,则根据式(1-59),与点电荷 q 距离为 r 的 P 点的电势为

$$\varphi=\int_P^\infty \boldsymbol{E}\cdot \mathrm{d}\boldsymbol{l}=\int_P^\infty \frac{q}{4\pi\varepsilon_0 r^2}\boldsymbol{e}_r\cdot \mathrm{d}\boldsymbol{l}$$

因为场强的线积分与路径无关,我们就选取一条便于计算的路径,即沿径矢的直线,这样,$\boldsymbol{e}_r$ 与 $\mathrm{d}\boldsymbol{l}$ 方向相同,因此,$\boldsymbol{e}_r\cdot \mathrm{d}\boldsymbol{l}=\mathrm{d}r$,于是有

$$\varphi=\int_r^\infty \frac{q}{4\pi\varepsilon_0 r^2}\mathrm{d}r=\frac{q}{4\pi\varepsilon_0 r} \tag{1-69}$$

这就是在真空中静止的点电荷的电场中电势的分布公式. 可以看出,点电荷电场中的电势具有球对称性,距点电荷距离相等的球面上,电势相等. 另外需要注意,电势是标量,但有正负. 当 $q>0$ 时,各点电势均为正值,离点电荷越远处,电势越低,在无限远处电势最小且为零;当 $q<0$ 时,各点电势均为负值,离点电荷越远处,电势越高,在无限远处电势最大且为零.

例 1-21

如图 1-63 所示,点电荷 $q=10^{-8}$ C,与它在同一直线上的 A、B、C、D 四点分别距离 q 为 10 cm、20 cm、30 cm、10 cm. 若选 B 点为电势零点,求 A、C、D 三点的电势.

图 1-63 例 1-21 图

解: 以 B 点为电势零点,A 点的电势为

$$\varphi_A = \int_A^B \boldsymbol{E} \cdot \mathrm{d}\boldsymbol{l} = \frac{q}{4\pi\varepsilon_0}\int_A^B \frac{1}{r^2}\boldsymbol{e}_r \cdot \mathrm{d}\boldsymbol{l}$$

选取沿 AB 的直线作为积分路径,因此,$\boldsymbol{e}_r \cdot \mathrm{d}\boldsymbol{l} = \mathrm{d}r$,则 A 点的电势为

$$\varphi_A = \frac{q}{4\pi\varepsilon_0}\int_{r_A}^{r_B}\frac{\mathrm{d}r}{r^2} = \frac{q}{4\pi\varepsilon_0}\left(\frac{1}{r_A} - \frac{1}{r_B}\right)$$

$$= \frac{10^{-8}}{4\pi \times 8.85 \times 10^{-12}}\left(\frac{1}{0.1} - \frac{1}{0.2}\right)\ \mathrm{V}$$

$$= 450\ \mathrm{V}$$

同理,C 点的电势为

$$\varphi_C = \int_C^B \boldsymbol{E} \cdot \mathrm{d}\boldsymbol{l} = \frac{q}{4\pi\varepsilon_0}\int_C^B \frac{1}{r^2}\boldsymbol{e}_r \cdot \mathrm{d}\boldsymbol{l}$$

为方便起见,选取从 C 点到 B 点的直线作为积分路径.在这种情况下,$\boldsymbol{e}_r$ 与 $\mathrm{d}\boldsymbol{l}$ 方向相反.因此,$\boldsymbol{e}_r \cdot \mathrm{d}\boldsymbol{l} = -|\mathrm{d}\boldsymbol{l}| = \mathrm{d}r$,其中 $\mathrm{d}\boldsymbol{l}$ 的大小即 $|\mathrm{d}\boldsymbol{l}| = -\mathrm{d}r$,这是因为,$|\mathrm{d}\boldsymbol{l}|$ 是正值,而积分路径沿 CB 直线时,r 是减小的,所以 $\mathrm{d}r<0$,加上负号即 $-\mathrm{d}r$ 才是正的.于是,C 点的电势为

$$\varphi_C = \frac{q}{4\pi\varepsilon_0}\int_{r_C}^{r_B}\frac{\mathrm{d}r}{r^2} = \frac{q}{4\pi\varepsilon_0}\left(\frac{1}{r_C} - \frac{1}{r_B}\right)$$

$$= \frac{10^{-8}}{4\pi \times 8.85 \times 10^{-12}}\left(\frac{1}{0.3} - \frac{1}{0.2}\right)\ \mathrm{V}$$

$$= -150\ \mathrm{V}$$

本例题 A、C 两点的电势另外一种求解方法是,若选无限远处为电势零点,由式(1-69)可知,$\dfrac{q}{4\pi\varepsilon_0 r_A}$ 和 $\dfrac{q}{4\pi\varepsilon_0 r_C}$ 分别是 A、C 两点的电势,把它们与 B 点的电势 $\dfrac{q}{4\pi\varepsilon_0 r_B}$ 相减即得到同样的结果.

根据点电荷的场具有球对称性的特点,即在点电荷 q 的两侧与它等距离的 D 点和 A 点电势相同,所以

$$\varphi_D = \varphi_A = 450\ \mathrm{V}$$

例 1-22

求均匀带电球面的电场中电势的分布.如图 1-64(a)所示,范德格拉夫(van de Graaff)起电机球形罩上的电荷能产生超过一千万伏的电压.在核物理实验中,如此高的电压可用来加速各种带电粒子,如质子、电子等.此外,这种起电机也可用来演示很多有趣的静电现象,如使头发竖立起来、产生电火花等.

授课视频:均匀带电球面的电势[例 1-22]

(1) 将范德格拉夫起电机的高压端看成一个半径为 R 的球形金属壳,选取无限远处为电势零点,求其均匀带上电荷量 Q 时所产生的电场中电势的分布.

(2) 如图 1-64(c)所示,在均匀带电球面半径方向上有一均匀带电细线,其电荷线密度为 λ_e,长度为 l,细线左端离球心的距离为 r_0($r_0>R$).设球面和细线上的电荷分布固定,求细线在带电球面电场中的电势能.

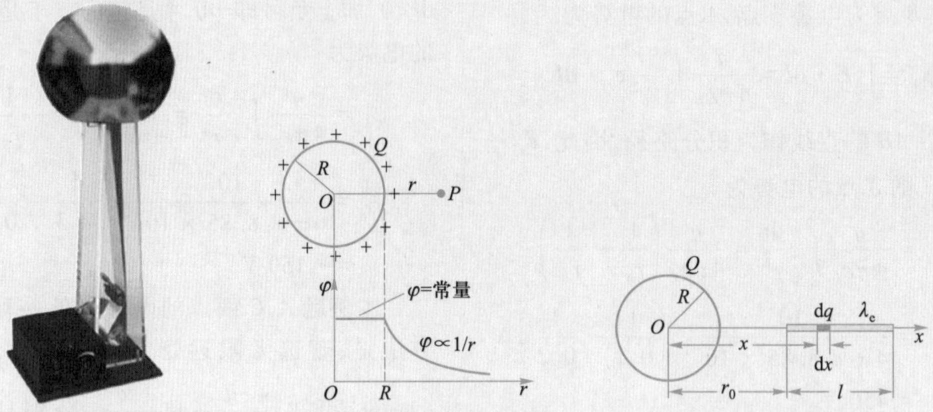

(a) 范德格拉夫起电机　　(b) 均匀带电球面的电势分布　　(c) 例1-22(2)图

图 1-64　例 1-22 图

解:(1) 由于电荷分布具有球对称性,在例 1-12 中已应用高斯定理求出均匀带电球面的电场强度分布为

$$\boldsymbol{E}=\begin{cases}0, & r<R\\ \dfrac{Q}{4\pi\varepsilon_0 r^2}\boldsymbol{e}_r, & r>R\end{cases}$$

式中,r 为球心到场点的距离,$\boldsymbol{e}_r$ 为沿径矢的单位矢量.

若选无限远处为电势零点,因为球面外电场强度方向沿径向,利用场强线积分法求电势时选取径向为积分路径. 如图 1-64(b) 所示,在电场中任选一点 P,其到球心距离为 r. 当 P 点在球面外($r>R$)时,其电势为

$$\varphi=\int_P^\infty \boldsymbol{E}\cdot \mathrm{d}\boldsymbol{l}=\int_r^\infty \frac{Q}{4\pi\varepsilon_0 r^2}\mathrm{d}r=\frac{Q}{4\pi\varepsilon_0 r}$$

这和球面上的电荷全部集中在球心时形成的点电荷在 P 点产生的电势相同.

当 P 点在球面内($r\leqslant R$)时,由于球面内、外电场强度的分布不同,所以要分成两段积分,即

$$\varphi=\int_P^\infty \boldsymbol{E}\cdot \mathrm{d}\boldsymbol{l}=\int_P^R \boldsymbol{E}\cdot \mathrm{d}\boldsymbol{l}+\int_R^\infty \boldsymbol{E}\cdot \mathrm{d}\boldsymbol{l}$$

$$=0+\int_R^\infty \frac{Q}{4\pi\varepsilon_0 r^2}\mathrm{d}r=\frac{Q}{4\pi\varepsilon_0 R}$$

该结果与 P 点在球面内的位置无关,即均匀带电球面内各点的电势相等,都等于球面上的电势.

所以均匀带电球面所产生的电势分布为

$$\varphi=\begin{cases}\dfrac{Q}{4\pi\varepsilon_0 R}, & r\leqslant R\\ \dfrac{Q}{4\pi\varepsilon_0 r}, & r>R\end{cases}\tag{1-70}$$

图 1-64(b) 给出了电势 φ 随距离 r 变化的曲线. 可以看出,在球面($r=R$)处,电势的数值没有跃变,是连续分布的;而在球面处,电场强度却是不连续的,如图 1-40(b) 所示.

(2) 如图 1-64(c) 所示,设 x 轴沿带电细线方向,原点在球心处,在细线上 x 处取线元 $\mathrm{d}x$,其所带电荷量为 $\mathrm{d}q'=\lambda_e\mathrm{d}x$,将其视为点电荷,其在带电球面的电场中具有的电势能为

$$\mathrm{d}W_e=\varphi\mathrm{d}q'=\frac{Q\lambda_e\mathrm{d}x}{4\pi\varepsilon_0 x}$$

整个细线在带电球面电场中的电势能为

$$W_e=\int_{r_0}^{r_0+l}\frac{Q\lambda_e\mathrm{d}x}{4\pi\varepsilon_0 x}=\frac{Q\lambda_e}{4\pi\varepsilon_0}\ln\frac{r_0+l}{r_0}$$

例 1-23

求无限长均匀带电直线的电场中电势的分布．如图 1-65(a)所示的盖革(Geiger)计数器，是一种用于探测电离辐射的粒子探测器，通常用于探测 α 粒子和 β 粒子．计数器由带正电荷的中央细丝和围绕它的带等量负电荷的同轴导体圆筒组成．若将盖革计数器中带正电荷的中央细丝视为电荷线密度为 λ_e 的无限长均匀带电直线．求其在周围任意 P 点产生的电势．

授课视频：无限长均匀带电直线的电势[例 1-23]

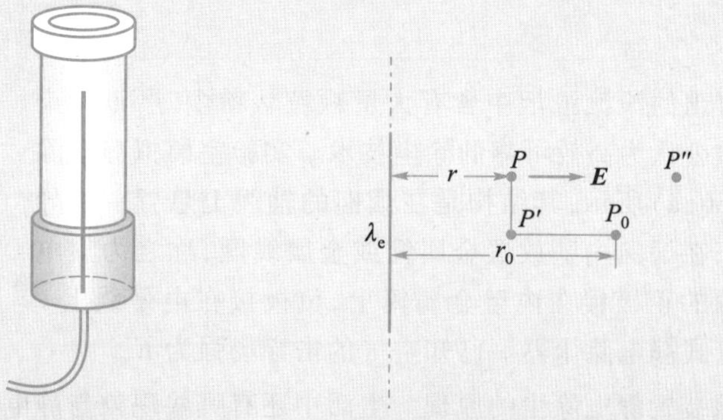

(a) 盖革计数器示意图 (b) 无限长均匀带电直线的电势求解

图 1-65 例 1-23 图

解：由于电荷分布具有轴对称性，在例 1-15 中已应用高斯定理求出距无限长均匀带电直线任意距离 r 处 P 点的场强方向垂直于带电直线，并可表示为

$$\boldsymbol{E}=\frac{\lambda_e}{2\pi\varepsilon_0 r}\boldsymbol{e}_r$$

式中，r 为场点到带电直线的距离；$\boldsymbol{e}_r$ 为沿径向的单位矢量．

若仍选无限远处为电势零点，则到带电直线的距离为 r 的任意 P 点的电势为

$$\varphi=\int_P^{\infty}\boldsymbol{E}\cdot \mathrm{d}\boldsymbol{l}=\int_r^{\infty}\frac{\lambda_e \mathrm{d}r}{2\pi\varepsilon_0 r}=\frac{\lambda_e}{2\pi\varepsilon_0}(\ln\infty-\ln r)$$

由此结果可知，各点电势都为无限大而失去意义．其原因是对无限长的带电体，电荷分布不局限于有限空间范围．我们不能选取无限远处作为电势零点，而只能选取有限远处如到带电直线的距离为 r_0 的 P_0 点作为电势零点，如图 1-65(b)所示．此时 P 点的电势为

$$\varphi=\int_P^{P_0}\boldsymbol{E}\cdot \mathrm{d}\boldsymbol{l}=\int_P^{P'}\boldsymbol{E}\cdot \mathrm{d}\boldsymbol{l}+\int_{P'}^{P_0}\boldsymbol{E}\cdot \mathrm{d}\boldsymbol{l}$$

式中，积分路径 PP' 与带电直线平行，因此其上各段元位移 $\mathrm{d}\boldsymbol{l}$ 与电场强度方向垂直，所以上式等号右侧第一项积分为零．积分路径 $P'P_0$ 与轴线垂直，故

$$\begin{aligned}\varphi&=\int_{P'}^{P_0}\boldsymbol{E}\cdot \mathrm{d}\boldsymbol{l}=\int_r^{r_0}\frac{\lambda_e}{2\pi\varepsilon_0 r}\mathrm{d}r\\&=-\frac{\lambda_e}{2\pi\varepsilon_0}\ln r+\frac{\lambda_e}{2\pi\varepsilon_0}\ln r_0\\&=\frac{\lambda_e}{2\pi\varepsilon_0}\ln\frac{r_0}{r}\end{aligned}$$

由上式可见，无限长均匀带电直线电场中的电势具有轴对称性，即距直线距离相等的柱面上各点的电势相等，对于比电势零点 P_0 更远离带电直线的场点，如图 1-65(b) 中的 P'' 点，此时 $r > r_0$，则电势为负值；而对于比电势零点 P_0 更靠近带电直线的场点，如图 1-65(b) 中的 P 点，此时 $r < r_0$，则电势为正值．

无限长均匀带电直线在其周围任意 P 点产生的电势可以一般性地表示为

$$\varphi = -\frac{\lambda_e}{2\pi\varepsilon_0}\ln r + C$$

式中，C 为与电势零点位置有关的常量．

例 1-24

工厂烟囱中冒出的滚滚浓烟中含有大量颗粒状粉尘，严重污染环境．静电除尘被公认为高效可靠的除尘技术．实验室模拟静电除尘的装置如图 1-66(a) 所示，其结构是在烟囱的轴线上悬置一根导线，称之为电晕线；在烟囱内壁放置金属筒或金属线圈，称之为集电极．直流高压电源的正极接在内壁金属筒上，负极接在电晕线上．这种结构也称为管式静电除尘器．已知空气的击穿场强为 E_m.

授课视频：静电除尘 [例 1-24]

(1) 请简述该装置静电除尘的原理．生活中还有哪些现象与静电除尘原理相类似？

(2) 以 R_1 和 R_2 分别表示电晕极与集电极的半径，L 表示集电极圆筒高度．通常 L 为 3~5 m，R_2 为 100~150 mm，故 $L \gg R_2$．请计算出实验室管式静电除尘器的除尘电压．

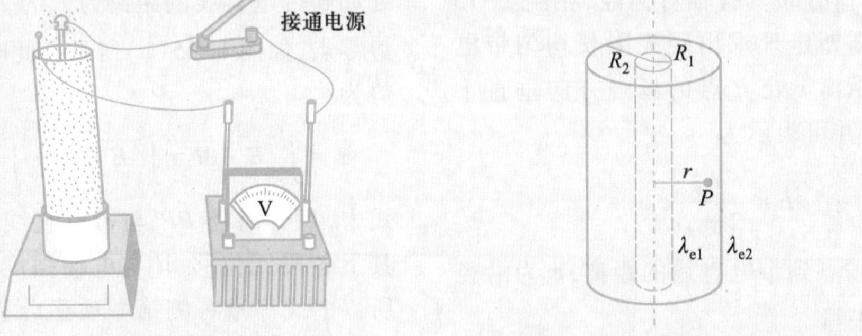

(a) 静电除尘装置　　(b) 两无限长均匀带电圆柱面之间的电压

图 1-66　例 1-24 图

解：(1) 静电除尘装置接通电源后，集电极与电晕线之间就建立了一个非均匀电场，电晕线周围电场最大．改变直流高压电源的电压值，就可以改变电晕线周围的电场强度．当实际电场强度与空气的击穿场强相近时电晕线周围空气发生电离，形成大量的正离子和自由电子．自由电子在电场力作用下向与电源正极相连的集电极飘移，在飘移的过程中自由电子和尘埃中的中性分子或颗粒发生碰撞，这些颗粒吸附电子以后就成了带电粒子，这样就使原来中性的尘埃带上了负电荷．在电场的作用下，这些带负电荷的尘埃颗粒继续向正极运动,并最后附着在集电极上．当集电极上的尘埃积聚到一定量时,通过振动装置,尘埃颗粒就落入底部的灰斗中．

生活中电视机等电器附近的灰尘聚集,房间、楼道水暖气上方墙壁的灰尘聚集都是由于静电吸附,与这一原理相类似．

(2) 管式静电除尘器的电晕极与集电极可视为两个“无限长”均匀带电的共轴圆柱面,如图 1-66(b)所示．设两圆柱面沿轴线方向的电荷线密度分别为 λ_{e1} 和 λ_{e2},应用静电场高斯定理容易求出在两圆柱面之间距轴线任意距离 r 处 P 点的场强为

$$\boldsymbol{E}=\frac{\lambda_{e1}}{2\pi\varepsilon_0 r}\boldsymbol{e}_r \qquad ①$$

式中,$\boldsymbol{e}_r$ 为沿径矢的单位矢量．内、外两极间电压 U 与电场强度 E 的关系为

$$U=\varphi_{R_1}-\varphi_{R_2}=\int_{R_1}^{R_2}\boldsymbol{E}\cdot \mathrm{d}\boldsymbol{l}$$

$$=\int_{R_1}^{R_2}\frac{\lambda_{e1}}{2\pi\varepsilon_0 r}\mathrm{d}r=\frac{\lambda_{e1}}{2\pi\varepsilon_0}\ln\frac{R_2}{R_1}$$

则有

$$\lambda_{e1}=\frac{2\pi\varepsilon_0 U}{\ln(R_2/R_1)} \qquad ②$$

将式②代入式①,则

$$E=\frac{U}{r\ln(R_2/R_1)}$$

由于电晕线表面即 $r=R_1$ 附近的电场强度最大,当它达到空气电离所需的电场强度即空气的击穿场强 E_m 时,就可获得高压电源必备的除尘电压,为

$$U_{work}=E_m R_1\ln\frac{R_2}{R_1}$$

若施加的电压 U 低于此临界值 U_{work},则实现不了除尘的目的．采用除尘技术以后,在烟囱的排放物中,就看不到浓黑的烟雾了．

例 1-25

巧克力粉末的秘密Ⅱ．巧克力粉末及其电荷被均匀地以电荷体密度 $\rho_e=-1.1\times10^{-3}\ \mathrm{C\cdot m^{-3}}$ 散布在半径为 $R=5.0\ \mathrm{cm}$ 的长管道中．

(1) 设接地的管壁上电势为零,求管道中的电势分布;

(2) 管道中心与其内壁之间的电势差是多少?

授课视频:两道小例题([例 1-25])及本讲小结

解:(1) 根据例 1-17 巧克力粉末的秘密Ⅰ的求解,可知管道中距中心轴线任意距离 r 处 P 点的场强方向垂直于管道轴线,大小可表示为

$$E_{内}=\frac{\rho_e}{2\varepsilon_0}r,\quad r\leqslant R$$

当管壁($r=R$)处为电势零点时,管道中距中心轴线任意距离 r 处 P 点的电势为

$$\varphi=\int_r^R \boldsymbol{E}_{内}\cdot \mathrm{d}\boldsymbol{l}=\int_r^R\frac{\rho_e r}{2\varepsilon_0}\mathrm{d}r=\frac{\rho_e}{4\varepsilon_0}(R^2-r^2)$$

(2) 在管道中心,即 $r=0$ 处,电势为

$$\varphi_0=\frac{\rho_e}{4\varepsilon_0}R^2=\frac{-1.1\times10^{-3}}{4\times8.85\times10^{-12}}\times(5.0\times10^{-2})^2\ \mathrm{V}$$

$$=-7.76\times10^4\ \mathrm{V}$$

而在内壁($r=R$)处,电势 $\varphi_R=0$. 故管道中心与其内壁之间的电势差为

$$U=\varphi_0-\varphi_R=0-7.76\times10^4\ \mathrm{V}=-7.76\times10^4\ \mathrm{V}$$

我们在之后的例 3-1 继续讨论时要用到此结果.

上面举例介绍了由场强的线积分求电势的方法．在应用这种方法时，首先要根据带电体是“无限大”还是“有限大”的，明确电势零点．例如，求诸如无限长带电直线或圆柱体、无限大带电平面等电场中的电势，对这些“无限长”“无限大”带电体，只可选取电场中有限远处的某点为电势零点．这些点可以在无限长带电直线上或无限长圆柱体的轴线上、无限大带电平面上．然后需要注意以下几个步骤：(1) 求出电场中的场强分布；(2) 为了使 $\int_P^{\text{电势零点}} \boldsymbol{E}\cdot \mathrm{d}\boldsymbol{l}$ 可积，必须根据场强分布确定合适的积分路径，使得 $\boldsymbol{E}$ 矢量与 $\mathrm{d}\boldsymbol{l}$ 矢量之间或者垂直，或者平行，或者两者有恒定的夹角．(3) 完成积分 $\int_P^{\text{电势零点}} \boldsymbol{E}\cdot \mathrm{d}\boldsymbol{l}$，当场强是分区分布时，积分要分段进行．

2. 用叠加法求电势

授课视频：电势叠加原理

对于由分布在有限区域的 n 个点电荷 $q_1, q_2, \cdots, q_n$ 所组成的电荷系产生的电场，由电场强度叠加原理可知，某点的电场强度为 $\boldsymbol{E}=\boldsymbol{E}_1+\boldsymbol{E}_2+\cdots+\boldsymbol{E}_n$，其中 $\boldsymbol{E}_1, \boldsymbol{E}_2, \cdots, \boldsymbol{E}_n$ 分别为各个点电荷单独存在时产生的电场．根据式(1-59)，电场中某 P 点的电势为

$$\begin{aligned}\varphi &= \int_P^{\text{电势零点}} \boldsymbol{E}\cdot \mathrm{d}\boldsymbol{l} = \int_P^{\text{电势零点}} (\boldsymbol{E}_1+\boldsymbol{E}_2+\cdots+\boldsymbol{E}_n)\cdot \mathrm{d}\boldsymbol{l} \\ &= \int_P^{\text{电势零点}} \boldsymbol{E}_1\cdot \mathrm{d}\boldsymbol{l} + \int_P^{\text{电势零点}} \boldsymbol{E}_2\cdot \mathrm{d}\boldsymbol{l} + \cdots + \int_P^{\text{电势零点}} \boldsymbol{E}_n\cdot \mathrm{d}\boldsymbol{l} \\ &= \varphi_1+\varphi_2+\cdots+\varphi_n\end{aligned}$$

式中，$\varphi_1, \varphi_2, \cdots, \varphi_n$ 分别为各点电荷单独存在时产生的电场中 P 点的电势．因此有

$$\varphi = \sum \varphi_i \tag{1-71}$$

上式表明，电荷系的电场中任一点的电势，等于各电荷单独存在时该点电势的代数和．这一结论称为**电势叠加原理**．

电势叠加原理

若 r_i 为点电荷系中第 i 个点电荷 q_i 到场点 P 的距离，设无限远处为电势零点，则利用点电荷的电势公式(1-69)，可得到点电荷系的电场中 P 点的总电势为

$$\varphi = \sum_i \frac{q_i}{4\pi\varepsilon_0 r_i} \tag{1-72}$$

对于电荷连续分布的带电体，可以认为带电体由许多电荷元 $\mathrm{d}q$ 组成．其中任意电荷元 $\mathrm{d}q$ 在电场中 P 点产生的电势为 $\mathrm{d}\varphi$，而 P 点的总电势则为所有电荷元所产生的电势的代数叠加．这时，只需将式(1-71)中的求和改写成积分即可，即

$$\varphi = \int \mathrm{d}\varphi \tag{1-73}$$

若分割的电荷元 $\mathrm{d}q$ 是点电荷元，则连续带电体的电势又可

以表示为

$$\varphi = \int \frac{dq}{4\pi\varepsilon_0 r} \tag{1-74}$$

式中，积分遍及整个带电体．由于电势是标量，所以求电势的积分是标量积分．需要指出的是，在应用式(1-72)或式(1-74)时，电势零点都选在无限远处．

计算电势的第二种方法是根据电势叠加原理，对于已知的电荷分布，利用式(1-71)或式(1-73)进行求解．对于电荷连续分布的带电体，关键是根据电荷的分布，适当分割出已知电势分布的电荷元，如点电荷元等，完成积分．

下面举例说明应用电势叠加原理求解电势的方法．首先看两道由离散的点电荷组成的带电体系的电势的计算例题．

NOTE

例 1-26

如图 1-67 所示，点电荷 q_1、q_2、q_3、q_4均为 4.0×10^{-9} C，放置在一正方形的四个顶角上，各顶角与正方形中心 O 的距离均为 5.0 cm.

(1) 以无限远处为电势零点，求 O 点的电势；

(2) 将试验电荷 $q_0=1.0\times10^{-9}$ C 从无限远处移到 O 点，电场力做的功为多少？

(3) 在这个过程中，电势能改变多少？是增加还是减少？

授课视频：点电荷系的电势[例 1-26]

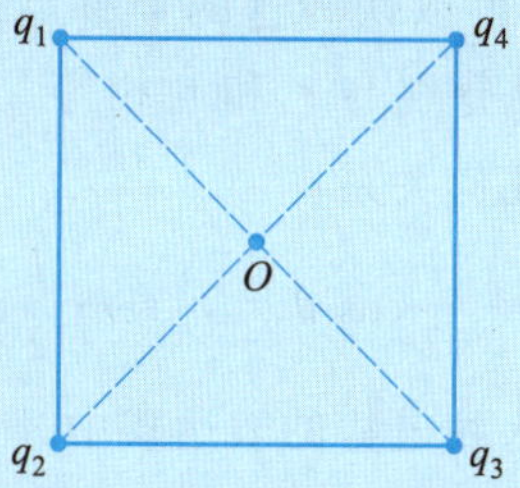

图 1-67 例 1-26 图

解：(1) 根据电势叠加原理，O 点的电势 φ_O 等于点电荷 q_1、q_2、q_3、q_4各自在 O 点产生的电势 φ_1、φ_2、φ_3、φ_4代数相加．由于 4 个点电荷所带的电荷量相等，并且到 O 点的距离相等，所以它们在 O 点产生的电势也相等，于是有

$$\varphi_O = 4\varphi_1$$

当无限远处为电势零点时，即 $\varphi_\infty=0$，利用点电荷的电势公式(1-69)，则 O 点的总电势

$$\begin{aligned}\varphi_O &= 4\frac{q_1}{4\pi\varepsilon_0 r}\\ &=4\times\frac{4.0\times10^{-9}}{4\pi\times8.85\times10^{-12}\times0.05}\ \text{V}\\ &=2\ 880\ \text{V}\end{aligned}$$

(2) 将试验电荷 $q_0=1.0\times10^{-9}$ C 从无限远处移到 O 点，电场力做的功为

$$\begin{aligned}A &= q_0(\varphi_\infty-\varphi_O)\\ &=1.0\times10^{-9}\times(0-2\ 880)\ \text{J}\\ &=-2.88\times10^{-6}\ \text{J}\end{aligned}$$

(3) 电场力所做的功是电势能改变的量度．电场力做正功对应电势能减少，即

$$W_{e\infty}-W_{eO}=-2.88\times10^{-6}\ \text{J}$$

所以电势能的变化为

$$W_{eO}-W_{e\infty}=2.88\times10^{-6}\ \text{J}$$

由于电场力做负功，所以电势能是增加的．

注意在此例中，O 点的电场强度为零而电势却不为零．同样，电势为零的地方场强也可以不是零．一定不要认为某点电场强度为零，电势也应该为零或者相反．若某点电场强度为零，这表示位于该点的点电荷将不受静电场力．若某点电势为零，这表示将某一点电荷从电势零点移到该点电场力做的功为零．

例 1-27

以无限远处为电势零点，求距电偶极子相当远处的电势．

授课视频：电偶极子的电势 [例 1-27]

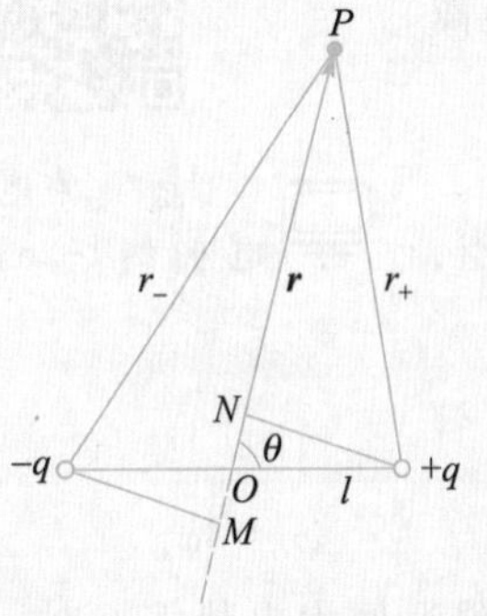

图 1-68 电偶极子的电场中任意场点 P 处的电势

解：如图 1-68 所示，在由一对靠得很近的等量异号的点电荷 $+q$ 和 $-q$ 组成的电偶极子的场中，任选取一个 P 点，P 点相对于 $+q$ 和 $-q$ 的距离分别为 r_+ 和 r_-．点电荷 $+q$ 和 $-q$ 在 P 点产生的电势分别为

$$\varphi_+=\frac{1}{4\pi\varepsilon_0}\frac{q}{r_+},\quad \varphi_-=\frac{1}{4\pi\varepsilon_0}\frac{(-q)}{r_-}$$

根据电势叠加原理，电偶极子在 P 点产生的总电势

$$\varphi=\varphi_++\varphi_-=\frac{1}{4\pi\varepsilon_0}\frac{q}{r_+}+\frac{1}{4\pi\varepsilon_0}\frac{(-q)}{r_-}$$

场点 P 相对于电偶极子的位置可用两个点电荷连线中心 O 点到 P 点的位矢 $\boldsymbol{r}$ 来表示，即 $\overrightarrow{OP}=\boldsymbol{r}$. OP 与两个点电荷连线的夹角为 θ. 由两个点电荷所在处分别向 OP 或其延长线作垂线．对于电偶极子而言，r 远远大于两个点电荷之间的距离 l，即 P 点在相当远处，所以可以认为这两个垂足点 M、N 到 P 点的距离分别与 r_- 和 r_+ 相等．所以近似有如下的几何关系：

$$r_+\approx r-\frac{l}{2}\cos\theta,\quad r_-\approx r+\frac{l}{2}\cos\theta$$

把它们代入到电势的表达式中，则

$$\varphi=\frac{1}{4\pi\varepsilon_0}\frac{q}{r-\frac{l}{2}\cos\theta}-\frac{1}{4\pi\varepsilon_0}\frac{q}{r+\frac{l}{2}\cos\theta}$$

$$=\frac{1}{4\pi\varepsilon_0}\frac{ql\cos\theta}{r^2-\frac{l^2}{4}\cos^2\theta}$$

因为 $r\gg l$，则

$$\varphi\approx\frac{1}{4\pi\varepsilon_0}\frac{ql\cos\theta}{r^2}\qquad(1-75)$$

考虑到 ql 为电偶极矩 $\boldsymbol{p}$ 的大小，θ 为 $\boldsymbol{r}$ 或者说 $\boldsymbol{r}$ 方向上的单位矢量 $\boldsymbol{e}_r$ 与电偶极矩 $\boldsymbol{p}$ 的夹角，所以 φ 又可以表示为

$$\varphi \approx \frac{1}{4\pi\varepsilon_0}\frac{\boldsymbol{p}\cdot\boldsymbol{e}_r}{r^2} = \frac{1}{4\pi\varepsilon_0}\frac{\boldsymbol{p}\cdot\boldsymbol{r}}{r^3} \tag{1-76}$$

在电偶极子两个点电荷连线的延长线上，点电荷 $+q$ 的外侧，单位矢量 $\boldsymbol{e}_r$ 与电偶极矩 $\boldsymbol{p}$ 平行，此时 $\theta=0$，则 $\varphi=\frac{1}{4\pi\varepsilon_0}\frac{p}{r^2}$；在场点到 O 点的距离 r 相同的条件下，该处电势最大．

在电偶极子两个点电荷连线的延长线上，点电荷 $-q$ 的外侧，单位矢量 $\boldsymbol{e}_r$ 与电偶极矩 $\boldsymbol{p}$ 反平行，此时 $\theta=\pi$，则 $\varphi=-\frac{1}{4\pi\varepsilon_0}\frac{p}{r^2}$，在 r 相同的条件下，该处电势最小．

当 P 点在电偶极子的中垂面上，单位矢量 $\boldsymbol{e}_r$ 与电偶极矩 $\boldsymbol{p}$ 垂直，所以 $\boldsymbol{p}\cdot\boldsymbol{e}_r=0$，则 $\varphi=0$. 可见电偶极子轴线的中垂面是一个零电势面．该零电势面将整个电场分为正、负两个对称的区域，正电荷所在一侧为正电势区，负电荷所在一侧为负电势区．

下面五道例题涉及的是连续带电体的电势的计算．

例 1-28

如图 1-69 所示，一均匀带电直线 AB，长为 l，所带电荷量为 Q. 以无限远处为电势零点，求直线延长线上到其 B 端距离为 a 的一点 P 的电势．

授课视频：均匀带电直线延长线上的电势[例 1-28]

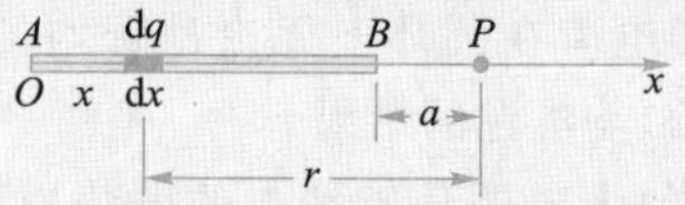

图 1-69　例 1-28 图

解：首先以带电直线的 A 端为原点 O，沿 AB 方向为 x 轴．在带电直线上任意选取电荷元 $\mathrm{d}q$，其坐标为 x，线度为 $\mathrm{d}x$，所带的电荷量为

$$\mathrm{d}q=\lambda_e\mathrm{d}x=\frac{Q}{l}\mathrm{d}x$$

将该电荷元视为点电荷，其到 P 点的距离为 $r=l+a-x$，在 P 点产生的电势为

$$\mathrm{d}\varphi=\frac{1}{4\pi\varepsilon_0}\frac{\mathrm{d}q}{r}=\frac{Q}{4\pi\varepsilon_0 l}\frac{\mathrm{d}x}{l+a-x}$$

根据电势叠加原理，整个带电直线在 P 点产生的总电势为

$$\varphi=\int\mathrm{d}\varphi=\frac{Q}{4\pi\varepsilon_0 l}\int_0^l\frac{\mathrm{d}x}{l+a-x}$$

$$=\frac{1}{4\pi\varepsilon_0}\frac{Q}{l}\ln\frac{l+a}{a}$$

例 1-29

求均匀带电细圆环轴线上的电势分布．如图 1-70 所示，已知圆环半径为 R，所带总电荷量为 Q(设 $Q>0$)，设无限远处为电势零点．

授课视频：圆环轴线上的电势[例 1-29]

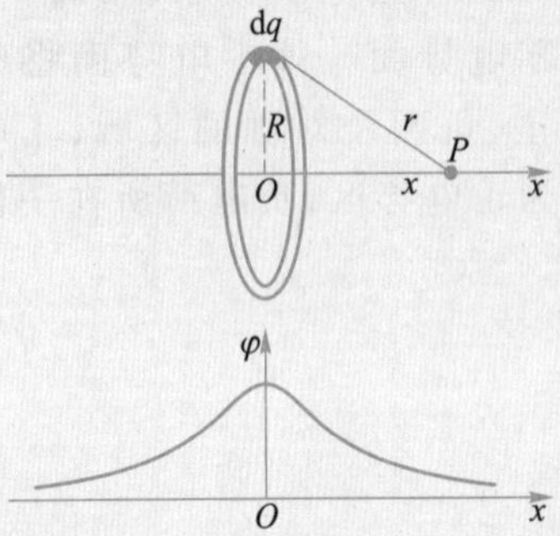

图 1-70　均匀带电细圆环轴线上的电势分布

解：如图 1-70 所示，取环心 O 点为原点，x 轴沿圆环轴线，轴线上的 P 点与环心 O 点的距离为 x. 在圆环上任取一电荷元 $\mathrm{d}q$，它到 P 点的距离为 r，当无限远处为电势零点时，点电荷元 $\mathrm{d}q$ 在圆环轴线上 P 点产生的电势为

$$\mathrm{d}\varphi=\frac{1}{4\pi\varepsilon_0}\frac{\mathrm{d}q}{r}$$

根据电势叠加原理，整个带电圆环在 P 点产生的电势为

$$\varphi=\int\mathrm{d}\varphi=\int\frac{1}{4\pi\varepsilon_0}\frac{\mathrm{d}q}{r}$$

由于各电荷元到 P 点的距离均为 r，所以可将 $\frac{1}{4\pi\varepsilon_0 r}$ 提到积分符号之外，而 $\int\mathrm{d}q$ 就是整个带电体所带的总电荷量 Q，则

$$\varphi=\frac{1}{4\pi\varepsilon_0 r}\int\mathrm{d}q=\frac{Q}{4\pi\varepsilon_0 r}=\frac{Q}{4\pi\varepsilon_0\sqrt{R^2+x^2}} \tag{1-77}$$

图 1-70 给出了电势分布的曲线．

下面对该结果进行讨论：

(1) 当 P 点位于环心 O 点处，即 $x=0$ 时，

$$\varphi_O=\frac{Q}{4\pi\varepsilon_0 R}$$

注意，环心 O 点处的场强为零．

(2) 当 P 点位于轴线上相当远处，即 $x\gg R$ 时，因为 $\sqrt{R^2+x^2}\approx x$，所以

$$\varphi=\frac{Q}{4\pi\varepsilon_0 x}$$

可见，圆环轴线上足够远处的某点的电势，与把圆环所有电荷量 Q 都集中在环心处的一个点电荷在该点的电势相同．

(3) 若电荷在圆环上不是均匀分布的，圆环轴线上任一点的电势还是式(1-77)的结果，即电荷在圆环上无论是否均匀分布，都不会影响本题的结果．

均匀带电圆环轴线上的电势也可以通过场强线积分法来求解．在例1-6 中已求出均匀带电圆环轴线上任一点的场强大小为

$$E=\frac{Qx}{4\pi\varepsilon_0\left(x^2+R^2\right)^{3/2}}$$

方向沿轴线指向无限远处．

若选取无限远处为电势零点，根据电势与场强的积分关系，距环心为 x 处 P 点的电势为

$$\varphi=\int_P^{\infty}\boldsymbol{E}\cdot\mathrm{d}\boldsymbol{l}=\int_P^{\infty}E\mathrm{d}x$$
$$=\int_x^{\infty}\frac{Qx}{4\pi\varepsilon_0\,(x^2+R^2)^{3/2}}\mathrm{d}x$$
$$=\frac{Q}{4\pi\varepsilon_0\sqrt{x^2+R^2}}$$

与用电势叠加原理求出电势的结果是一样的，显然前一种方法简便些．

请读者思考，若电荷在圆环上不是均匀分布，如何利用场强线积分法求出圆环轴线上的电势分布，且求出的结果与电荷在圆环上是否均匀分布无关．

例 1-30

求均匀带电薄圆盘轴线上的电势分布．如图 1-71 所示，已知薄圆盘半径为 R，所带总电荷量为 Q(设 $Q>0$)，设无限远处为电势零点．

授课视频：圆盘轴线上的电势［例 1-30］

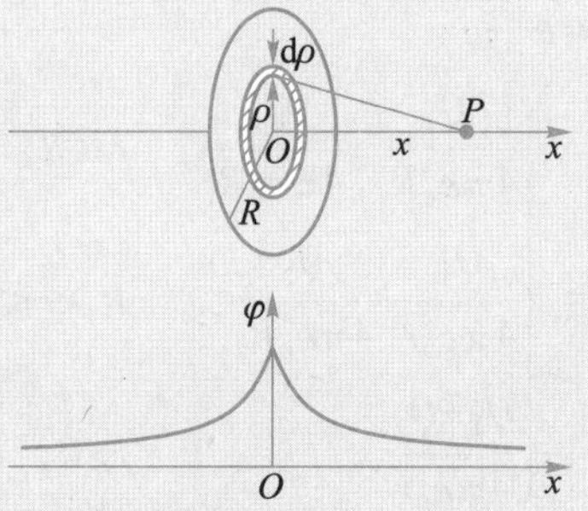

图 1-71 均匀带电薄圆盘轴线上的电势分布

解：在利用电势叠加即积分法求 x 处 P 点的电势时，关键是选取合适的电荷元．均匀带电薄圆盘可视为由许多均匀带电圆环组成．如图 1-71 所示，在盘面上任选一半径为 ρ，宽为 $\mathrm{d}\rho$ 的圆环，其面积为 $\mathrm{d}S=2\pi\rho\mathrm{d}\rho$，所带的电荷量为

$$\mathrm{d}q=\sigma_{\mathrm{e}}\mathrm{d}S=\frac{Q}{\pi R^2}2\pi\rho\mathrm{d}\rho$$

若环状电荷元 $\mathrm{d}q$ 上各处到轴线上的场点 P 的距离为 r，该 $\mathrm{d}q$ 在其轴线上距环心为 x 处的 P 点的电势，由例 1-29 可知为

$$\mathrm{d}\varphi=\frac{\mathrm{d}q}{4\pi\varepsilon_0 r}$$

式中，$r=\sqrt{\rho^2+x^2}$．整个带电薄圆盘在 P 点的电势为所有带电圆环在 P 点的电势的叠加，即

$$\varphi=\int\mathrm{d}\varphi=\int\frac{\mathrm{d}q}{4\pi\varepsilon_0 r}=\int\frac{\mathrm{d}q}{4\pi\varepsilon_0\sqrt{\rho^2+x^2}}$$
$$=\int_0^R\frac{\frac{Q}{\pi R^2}2\pi\rho\mathrm{d}\rho}{4\pi\varepsilon_0\sqrt{\rho^2+x^2}}$$
$$=\frac{Q}{2\pi\varepsilon_0 R^2}\left(\sqrt{R^2+x^2}-|x|\right)$$

下面对该结果进行讨论．当 P 点位于圆盘中心 O 点处，即 $x=0$ 时，$\varphi=\dfrac{q}{2\pi\varepsilon_0 R}$，它不为零，并且为例 1-29 所求得的电荷量为 Q 的均匀带电细圆环在环心处的电势的 2 倍．

例 1-31

如图 1-72 所示，两个同心的均匀带电球面，内球面半径为 R_1，所带电荷量为 Q_1，外球面半径为 R_2，所带电荷量为 Q_2. 设无限远处为电势零点，求其电场的电势分布．

授课视频：两个同心均匀带电球面的电势[例 1-31]

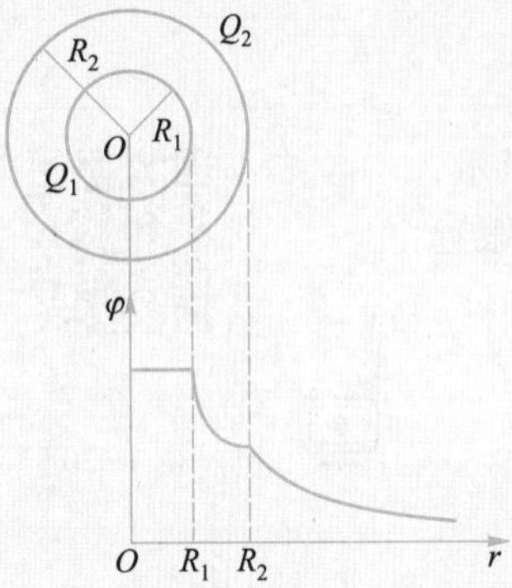

图 1-72 均匀带电同心球面的电势分布

解：在例 1-22 中已给出了一个均匀带电球面电场中电势的分布公式(1-70)：其球面内是一个等势区，并与球面上的电势相等，球面外的电势相当于电荷集中在球心处时的点电荷产生的电势．因此，半径为 R_1 的球面上 Q_1 产生的电场的电势分布为

$$\varphi_1=\begin{cases}\dfrac{Q_1}{4\pi\varepsilon_0 R_1}, & r\leqslant R_1\\[2mm] \dfrac{Q_1}{4\pi\varepsilon_0 r}, & r>R_1\end{cases}$$

半径为 R_2 的球面上 Q_2 产生的电场的电势分布为

$$\varphi_2=\begin{cases}\dfrac{Q_2}{4\pi\varepsilon_0 R_2}, & r\leqslant R_2\\[2mm] \dfrac{Q_2}{4\pi\varepsilon_0 r}, & r>R_2\end{cases}$$

两球面上电荷产生的电场的电势叠加后的分布为

$$\varphi=\varphi_1+\varphi_2$$

$$=\begin{cases}\dfrac{Q_1}{4\pi\varepsilon_0 R_1}+\dfrac{Q_2}{4\pi\varepsilon_0 R_2}, & r\leqslant R_1\\[2mm] \dfrac{Q_1}{4\pi\varepsilon_0 r}+\dfrac{Q_2}{4\pi\varepsilon_0 R_2}, & R_1<r\leqslant R_2\\[2mm] \dfrac{Q_1+Q_2}{4\pi\varepsilon_0 r}, & r>R_2\end{cases}$$

图 1-72 给出了电势 φ 随 r 的分布曲线．顺便指出，本例还可以先求出电场强度分布，再用电场强度的线积分求电势的方法来求解．

例 1-32

如图 1-73 所示，一个均匀带电球层，电荷体密度为 ρ_e，球层内半径为 R_1，外半径为 R_2. 设无限远处为电势零点，求空间的电势分布．

授课视频：均匀带电球层的电势[例 1-32]

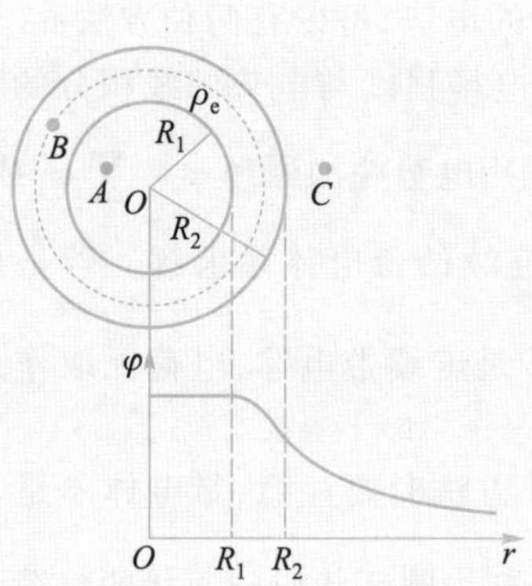

图 1-73 均匀带电球层的电势分布

解：把此带电体系视为一系列同心的均匀带电薄球壳，任取其中半径为 a，厚度为 $\mathrm{d}a$ 的薄球壳状的电荷元，其所带的电荷量为

$$\mathrm{d}q=\rho_e 4\pi a^2\mathrm{d}a$$

该薄球壳状的电荷元可被视为均匀带电球面，其产生电场的电势分布为

$$\mathrm{d}\varphi=\begin{cases}\dfrac{\mathrm{d}q}{4\pi\varepsilon_0 a}=\dfrac{\rho_e}{\varepsilon_0}a\mathrm{d}a, & r\leqslant a\\[2ex] \dfrac{\mathrm{d}q}{4\pi\varepsilon_0 r}=\dfrac{\rho_e}{\varepsilon_0 r}a^2\mathrm{d}a, & r>a\end{cases}$$

下面利用电势叠加原理求空间的电势分布．

对于空腔内的任意场点 A，即当 $r<R_1$ 时，A 点的电势是分割的所有半径不同的均匀带电薄球壳在其内部 A 点处电势的叠加结果．故有

$$\varphi_A=\int\mathrm{d}\varphi=\int_{R_1}^{R_2}\frac{\rho_e}{\varepsilon_0}a\mathrm{d}a=\frac{\rho_e}{2\varepsilon_0}(R_2^2-R_1^2)$$

对于球层中的任意场点 B，即当 $R_1\leqslant r\leqslant R_2$ 时，过 B 点的球面将球层电荷分成两部分．对于 $r<a\leqslant R_2$ 中的薄球壳状的电荷元，B 点在其内；而对于 $R_1\leqslant a<r$ 中的薄球壳状的电荷元，B 点在其外．故有

$$\varphi_B=\int\mathrm{d}\varphi=\int_r^{R_2}\frac{\rho_e}{\varepsilon_0}a\mathrm{d}a+\int_{R_1}^{r}\frac{\rho_e}{\varepsilon_0 r}a^2\mathrm{d}a$$

$$=\frac{\rho_e}{2\varepsilon_0}(R_2^2-r^2)+\frac{\rho_e}{3\varepsilon_0 r}(r^3-R_1^3)$$

$$=\frac{\rho_e}{6\varepsilon_0}\left(3R_2^2-r^2-\frac{2R_1^3}{r}\right)$$

对于球层外的任意场点 C，即当 $r>R_2$ 时，C 点的电势是分割的所有半径不同的均匀带电薄球壳在其外 C 点处电势的叠加结果．故有

$$\varphi_C=\int\mathrm{d}\varphi=\int_{R_1}^{R_2}\frac{\rho_e}{\varepsilon_0 r}a^2\mathrm{d}a=\frac{\rho_e}{3\varepsilon_0 r}(R_2^3-R_1^3)$$

由此可见，球层在其外任意场点 C 产生的电势，相当于球层所带的总电荷 $\rho_e\dfrac{4}{3}\pi(R_2^3-R_1^3)$ 全部集中在球层中心 O 点时的一个点电荷在 C 点产生的电势．图 1-73 给出了均匀带电球层电场中的电势 φ 随 r 的分布曲线．

当 $R_1=0,R_2=R$ 时，由该题结果还可以得到均匀带电球体的电势分布为

$$\varphi=\begin{cases}\dfrac{\rho_e}{6\varepsilon_0}(3R^2-r^2), & r\leqslant R\\[2ex] \dfrac{\rho_e}{3\varepsilon_0 r}R^3, & r>R\end{cases}$$

此题也可由高斯定理先计算出空间的电场分布，然后由电势与场强的积分关系求出电势．不过计算过程较烦琐，读者不妨一试．

授课视频：电势计算小结

总之，计算电场中各点的电势，可以有两种方法：一是首先求出电场强度分布，然后根据电场强度与电势的线积分的关系来计算；二是已知电荷分布时，利用电势叠加原理 $\varphi=\sum\limits_i \varphi_i$ 或 $\varphi=\int \mathrm{d}\varphi$ 分别对离散的带电体系和连续的带电体系求解．若是离散的点电荷系，$\varphi=\sum\limits_i \dfrac{q_i}{4\pi\varepsilon_0 r_i}$；若是连续带电体，电荷元取作点电荷元时，$\varphi=\int \dfrac{\mathrm{d}q}{4\pi\varepsilon_0 r}$．应用这种方法时要注意，带电体不是只限于分割为点电荷元的，也可以分割为圆环状或球面状的电荷元．电荷元选得合适，求解可既简便又合理，所以选取合适的电荷元是十分重要的．

1.4.5 等势面

授课视频：等势面

电场中场强的分布可以借助电场线来形象地描绘，同样，电场中电势的分布也可以借助于等势面形象地进行描绘．一般说来，静电场中电势值是逐点变化的，但总有一些点的电势值彼此相等，这些电势相等的点所组成的曲面，称为等势面．曲面上的电势一定满足方程

$$\varphi(x,y,z)=C \quad (常量) \tag{1-78}$$

前面常用电场线的疏密程度来表示电场的强弱，我们也可以用等势面的疏密程度来表示电场的强弱．为此，对等势面的疏密作这样的规定：电场中任意两个相邻的等势面之间的电势差都相等，即当式(1-78)中常量 C 取等间隔数值时，可以得到一系列的等势面．图 1-74 给出了点电荷和电偶极子的等势面和电场线的示意图．图中实线代表电场线，虚线代表等势面．

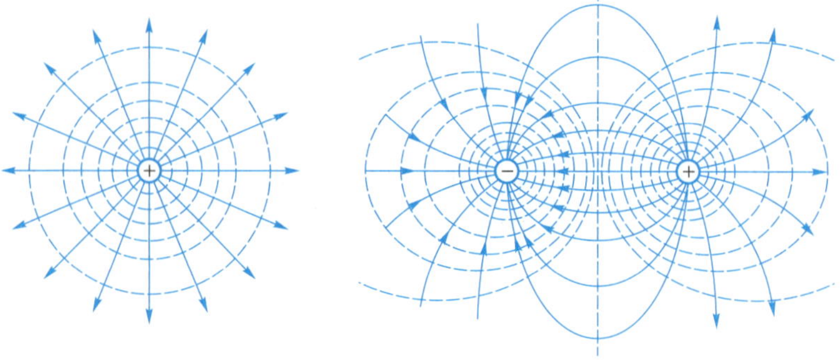

(a) 点电荷　　(b) 电偶极子

图 1-74 等势面与电场线

等势面有如下性质：

(1) 等势面与电场线处处正交．

证明如下：如图 1-75 所示，在静电场中，设一个试验电荷 q_0 沿等势面做一任意元位移 $\mathrm{d}\boldsymbol{l}$，$\mathrm{d}\boldsymbol{l}$ 所在处的电场强度为 $\boldsymbol{E}$，电场力所做的元功为

$$\mathrm{d}A=q_0\boldsymbol{E}\cdot\mathrm{d}\boldsymbol{l}$$

若 $\boldsymbol{E}$ 与 $\mathrm{d}\boldsymbol{l}$ 的夹角为 θ，则

$$\mathrm{d}A=q_0E\mathrm{d}l\cos\theta$$

由于电荷沿等势面移动，电场力做功为零．这是因为等势面上各点的电势相等，当试验电荷沿等势面移动时，静电势能不变，所以电场力不会做功．但 q_0、E、$\mathrm{d}l$ 都不等于零，所以必然有

$$\cos\theta=0，即\ \theta=\pm\pi/2$$

这就是说，场强 $\boldsymbol{E}$ 与 $\mathrm{d}\boldsymbol{l}$ 垂直．要使得场强 $\boldsymbol{E}$ 与等势面上的任意线元 $\mathrm{d}\boldsymbol{l}$ 垂直，那么电场强度或电场线与等势面就必须处处正交．

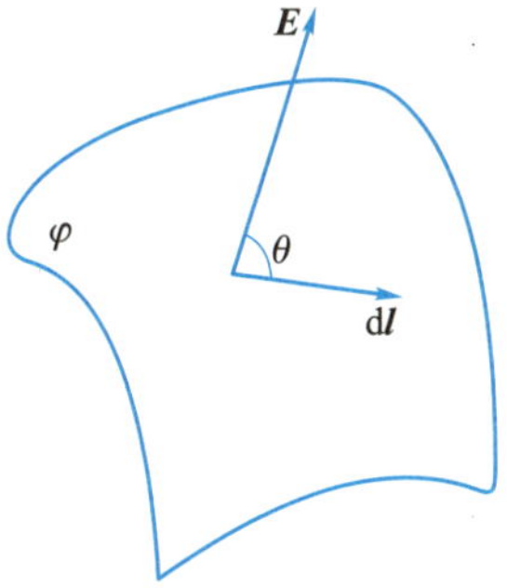

图 1-75 等势面与电场线处处正交的证明用图

(2) 电场线的方向亦即电场强度的方向指向电势降落的方向．

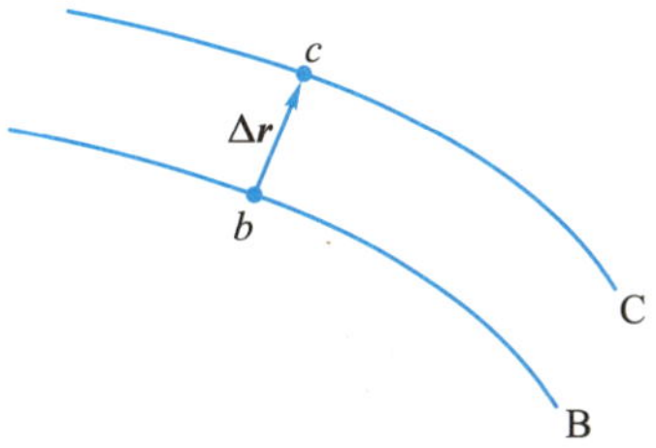

图 1-76 电场线指向电势降的方向的证明用图

证明如下：如图 1-76 所示，假设 B 和 C 是静电场中的两个等势面，b 是等势面 B 上的某一点，从 b 点作等势面 B 的法线，与等势面 C 交于 c 点．从 b 点指向 c 点的矢量用 $\Delta\boldsymbol{r}$ 来表示．若 c 点的电势 φ_c 大于 b 点的电势 φ_b，那么 $\Delta\boldsymbol{r}$ 就指向电势升高的方向．当把一个正的试验电荷 q_0 从 b 点沿着 $\Delta\boldsymbol{r}$ 移动到 c 点，电场力所做的功为

$$A=q_0\boldsymbol{E}\cdot\Delta\boldsymbol{r}=q_0\varphi_b-q_0\varphi_c$$

式中，$q_0\varphi_b$ 代表试验电荷在 b 点的电势能，$q_0\varphi_c$ 代表试验电荷在 c 点的电势能．由于 $\varphi_c>\varphi_b$，所以

$$q_0\boldsymbol{E}\cdot\Delta\boldsymbol{r}=q_0\varphi_b-q_0\varphi_c<0$$

把 $+q_0$ 消去，得到

$$\boldsymbol{E}\cdot\Delta\boldsymbol{r}<0$$

也就是说，场强 $\boldsymbol{E}$ 与 $\Delta\boldsymbol{r}$ 反向．由于 $\Delta\boldsymbol{r}$ 指向电势升高的方向，所以电场强度 $\boldsymbol{E}$ 指向电势降落的方向．

(3) 等势面密集的地方电场强度大，稀疏的地方电场强度小．

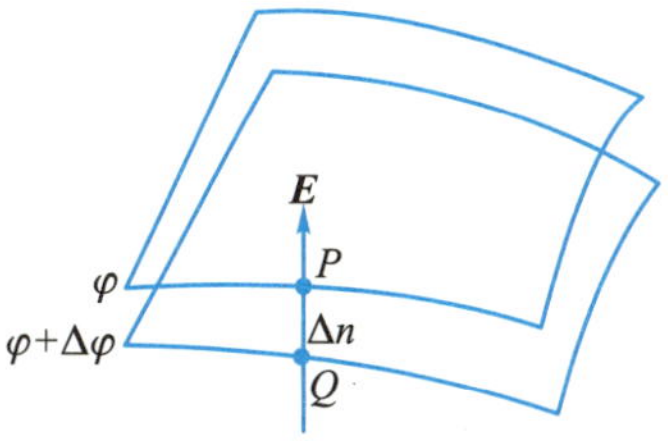

图 1-77 等势面密集的地方场强大的证明用图

证明如下：如图 1-77 所示，取一对电势分别为 φ 和 $\varphi+\Delta\varphi$ 的邻近等势面，作一条电场线与两等势面分别交于 P、Q 两点．因为两等势面十分接近，PQ 可视为两等势面的垂直距离 Δn．由于 Δn 很小，PQ 段上的场强可视为均匀的，则两等势面之间的电势差为

NOTE

$$|\Delta\varphi| \approx E\Delta n \quad 或 \quad E \approx \frac{|\Delta\varphi|}{\Delta n}$$

上式表明，在同一对邻近的等势面间，Δn 小的地方 E 大；Δn 大的地方 E 小．也就是说，两等势面相距较近处的场强数值大；相距较远处的场强数值小．若在作等势面图时，取所有各相邻等势面间的电势差都一样，则上述结论还可用于其他各对等势面之间．由此可见，等势面的疏密反映了场的强弱．

画等势面是研究电场的一种极为有用的方法．在许多实际问题中，等势面的分布容易通过实验的方法描绘出来．例如，由于电势差易于测量，所以常常是先测出电场中电势差为零的各点，并把这些点连起来，画出电场的电势面；再根据某点的电场强度与通过该点的等势面相垂直的特点绘制电场线，从而可形象地分析整个电场的分布．

1.4.6 电势梯度

授课视频：电势梯度

电场强度和电势都是描述空间各点电场性质的物理量，因此两者之间必然存在联系．电势的定义式(1-59)以积分形式反映了这种联系：当电场强度分布已知时，可以用它的线积分求出电势分布．那么，若电势分布已知，可不可以用它求出电场强度分布呢？答案是肯定的．下面就来导出电场强度与电势的微分关系．

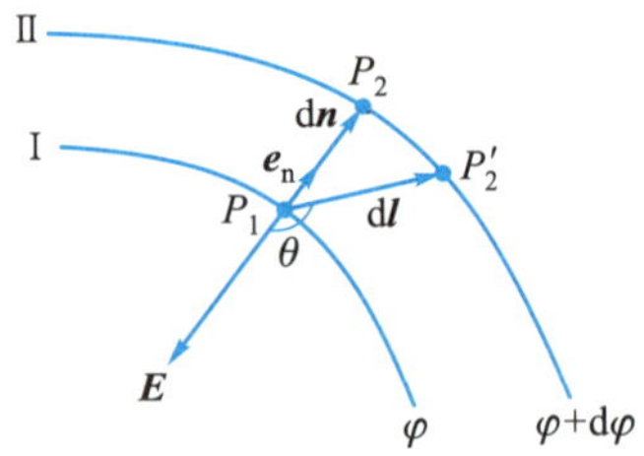

图 1-78　电场强度与电势的关系

如图 1-78 所示，在静电场中任取靠得很近的两个等势面Ⅰ和Ⅱ，它们的电势分别为 φ 和 $\varphi+\mathrm{d}\varphi$，并且 $\mathrm{d}\varphi>0$. P_1是等势面Ⅰ上的某一点，过 P_1点作等势面Ⅰ的法线，与等势面Ⅱ交于 P_2点，从 P_1点指向 P_2点的微小位移记为 $\mathrm{d}\boldsymbol{n}$，$\boldsymbol{e}_n$是沿 $\mathrm{d}\boldsymbol{n}$ 方向即等势面法线方向的单位矢量，其指向沿电势增加的方向．P_2'是等势面Ⅱ上的另外一点，从 P_1点指向 P_2'点的矢量用 $\mathrm{d}\boldsymbol{l}$ 来表示．很显然，由于从 P_1点到 P_2点的距离 $\mathrm{d}n$ 是两个等势面之间在 P_1点处的法向距离，则对于任意的 $\mathrm{d}\boldsymbol{l}$，显然，$\mathrm{d}l \geqslant \mathrm{d}n$，因此有

$$\frac{\partial\varphi}{\partial l} \leqslant \frac{\partial\varphi}{\partial n}$$

也就是说，电势沿不同方向的空间变化率是不同的．在 P_1点处，电势沿 $\boldsymbol{e}_n$方向的空间变化率最大．因此，可以定义一个矢量：

$$\mathrm{grad}\ \varphi = \boldsymbol{e}_n \frac{\partial\varphi}{\partial n} \qquad (1-79)$$

$\mathrm{grad}\ \varphi$ 也常表示为 $\nabla\varphi$，算符 ∇ 读作 nabla 或者 del. $\mathrm{grad}\ \varphi$ 或 $\nabla\varphi$ 称

NOTE

为电势梯度．grad 就是英文梯度 grandient 的简写，算符∇称为梯度算符．式(1-79)给出的电势梯度是一个矢量，它在方向上与该点处电势升高最快的方向相同，它在量值上等于电势的最大空间变化率．

当将电荷量为 1 C 的单位正电荷从电势为 φ 的 P_1点，沿任意 d$\boldsymbol{l}$ 方向移至电势为 $\varphi+\mathrm{d}\varphi$ 的 P_2'点时，电场力对此单位正电荷所做的功为

$$A=1\ \mathrm{C}\cdot(\boldsymbol{E}\cdot\mathrm{d}\boldsymbol{l})=\boldsymbol{E}\cdot\mathrm{d}\boldsymbol{l}\cdot1\ \mathrm{C}$$

或

$$A=W_{\mathrm{e}1}-W_{\mathrm{e}2}=1\ \mathrm{C}\cdot[\varphi-(\varphi+\mathrm{d}\varphi)]=1\ \mathrm{C}\cdot(-\mathrm{d}\varphi)$$

若电场强度 $\boldsymbol{E}$ 与 d$\boldsymbol{l}$ 之间的夹角为 θ，则

$$\boldsymbol{E}\cdot\mathrm{d}\boldsymbol{l}=E\mathrm{d}l\cos\theta=-\mathrm{d}\varphi$$

式中，$E\cos\theta$ 是场强 $\boldsymbol{E}$ 在元位移 d$\boldsymbol{l}$ 方向的投影，以 E_l表示．将 dl 除到等式的右边，故

$$E_l=E\cos\theta=-\frac{\partial\varphi}{\partial l}\tag{1-80}$$

式中，电势 φ 沿 d$\boldsymbol{l}$ 的方向微商$\frac{\partial\varphi}{\partial l}$为电势 φ 沿 d$\boldsymbol{l}$ 方向的空间变化率，这是一种偏微商．式(1-80)表明，在电场中某点的电场强度沿任一方向的分量等于该方向电势的空间变化率的负值．若分别取 d$\boldsymbol{l}$ 沿直角坐标系的 x、y、z 轴方向，则得电场强度沿 3 个坐标轴方向的分量大小为

$$E_x=-\frac{\partial\varphi}{\partial x},\quad E_y=-\frac{\partial\varphi}{\partial y},\quad E_z=-\frac{\partial\varphi}{\partial z}\tag{1-81}$$

电势沿不同方向的微商即空间变化率是不同的，下面讨论沿两个有代表性方向的微商．

由于等势面上各点的电势是相等的．因此，电场中某一点的电势沿等势面的方向微商的值为零．这说明，等势面上任一点的场强的切向分量为零．

由于电场强度总是与等势面垂直，即沿法线方向，所以电场中任意点 $\boldsymbol{E}$ 的大小就是该点 $\boldsymbol{E}$ 沿等势面的法向分量大小 E_{n}，取 φ 沿等势面法线方向的微商的负值，则有

$$E=E_{\mathrm{n}}=-\frac{\partial\varphi}{\partial n}\tag{1-82}$$

此时 $\cos\theta=1$，所以场强 $\boldsymbol{E}$ 在等势面法线方向的投影 E_{n}是 $\boldsymbol{E}$ 在各方向投影中的最大值$-\left.\frac{\partial\varphi}{\partial l}\right|_{\max}$．又由于场强 $\boldsymbol{E}$ 指向电势减少的方向，即 $\boldsymbol{E}$ 的方向与 $\boldsymbol{e}_{\mathrm{n}}$的方向相反，如图 1-78 所示．于是有

$$\boldsymbol{E}=-\boldsymbol{e}_{\mathrm{n}}\frac{\partial\varphi}{\partial n}=-\mathrm{grad}\ \varphi=-\nabla\varphi\tag{1-83}$$

NOTE

式中，$\boldsymbol{e}_n$是沿等势面法线方向的单位矢量，指向电势增加的方向；$\boldsymbol{e}_n\dfrac{\partial\varphi}{\partial n}$就是式(1-79)给出的电势梯度 grad φ 或$\nabla\varphi$. 式(1-83)说明，场强大小等于电势沿等势面法线方向的变化率即电势梯度的大小，场强方向指向电势减少的方向．简言之，静电场中任意一点的电场强度等于该点电势梯度的负值．这就是电场强度与电势之间的微分关系，负号表示电场强度的方向与电势梯度的方向相反．

一般来说，在直角坐标系中，电场强度 $\boldsymbol{E}$ 是坐标 x、y 和 z 的函数．将式(1-81)中三个分量合在一起用矢量表示为

$$\boldsymbol{E}=E_x\boldsymbol{i}+E_y\boldsymbol{j}+E_z\boldsymbol{k}=-\left(\boldsymbol{i}\frac{\partial\varphi}{\partial x}+\boldsymbol{j}\frac{\partial\varphi}{\partial y}+\boldsymbol{k}\frac{\partial\varphi}{\partial z}\right)\tag{1-84}$$

可见，梯度算符为

$$\nabla=\boldsymbol{i}\frac{\partial}{\partial x}+\boldsymbol{j}\frac{\partial}{\partial y}+\boldsymbol{k}\frac{\partial}{\partial z}$$

在国际单位制中，电势梯度的单位为 $\mathrm{V\cdot m^{-1}}$. 根据式(1-82)，电场强度的单位也可为 $\mathrm{V\cdot m^{-1}}$，它与电场强度的另一单位 $\mathrm{N\cdot C^{-1}}$ 是等价的．

若电势分布已知，就可利用电场强度与电势的微分关系求出电场强度分布．由于电势是标量而电场强度是矢量，所以在实际计算时，常常先计算电势分布，再通过计算电势梯度的负值来求出电场强度．

例 1-33

利用电场强度与电势的关系求解均匀带电薄圆盘轴线上电场强度的分布．已知圆盘半径为 R，电荷面密度为 σ_e（设 $\sigma_e>0$）．

授课视频：由电势梯度求场强[例 1-33]与[例 1-34]

解：在例 1-30 中已由均匀带电圆环轴线上的电势和电势叠加原理求得均匀带电薄圆盘轴线上的电势分布为

$$\varphi=\frac{\sigma_e}{2\varepsilon_0}\left(\sqrt{R^2+x^2}-|x|\right)$$

由于均匀带电薄圆盘的电荷分布对于轴线是对称的，所以轴线上各点的电场强度在垂直于轴线方向的分量为零，轴线上任一点的电场强度的方向沿 x 轴．则根据场强与电势梯度的微分关系式(1-83)或式(1-84)有

$$\boldsymbol{E}=-\nabla\varphi=-\boldsymbol{i}\frac{\mathrm{d}\varphi}{\mathrm{d}x}=\frac{\sigma_e}{2\varepsilon_0}\left(\frac{x}{|x|}-\frac{x}{\sqrt{R^2+x^2}}\right)\boldsymbol{i}$$

这与 1.2.3 节中例 1-7 的计算结果相同．

例 1-34

利用电场强度与电势的关系求解电偶极子电场中任一点的电场强度.

解:建立如图 1-79 所示的直角坐标系.令电偶极子中心位于坐标原点 O,并使电偶极矩 $\boldsymbol{p}=q\boldsymbol{l}$ 指向 x 轴正方向.设场点 P 在 Oxy 平面内,P 点与 O 点的距离为 r.在例 1-27 中已由电势叠加原理求得电偶极子在 P 点的电势为

$$\varphi=\frac{1}{4\pi\varepsilon_0}\frac{\boldsymbol{p}\cdot\boldsymbol{r}}{r^3}=\frac{1}{4\pi\varepsilon_0}\frac{p\cos\theta}{r^2}$$

式中,θ 为 OP 与 $\boldsymbol{l}$ 之间的夹角.

电偶极子的电场强度具有对于其轴线

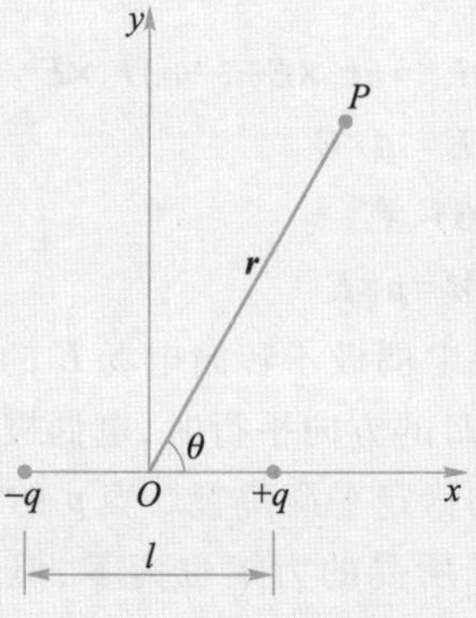

图 1-79 电偶极子的电场

(x 轴)的对称性,因此只需求解 Oxy 平面内的电场分布.对任一点 $P(x,y)$,由于有几何关系:

$$r^2=x^2+y^2$$

$$\cos\theta=\frac{x}{r}=\frac{x}{(x^2+y^2)^{1/2}}$$

所以

$$\varphi=\frac{px}{4\pi\varepsilon_0(x^2+y^2)^{3/2}}$$

则根据式(1-81),可得

$$E_x=-\frac{\partial\varphi}{\partial x}=\frac{p(2x^2-y^2)}{4\pi\varepsilon_0(x^2+y^2)^{5/2}}$$

$$E_y=-\frac{\partial\varphi}{\partial y}=\frac{3pxy}{4\pi\varepsilon_0(x^2+y^2)^{5/2}}$$

这一结果还可以用矢量式表示为

$$\boldsymbol{E}=\frac{1}{4\pi\varepsilon_0 r^3}[-\boldsymbol{p}+3(\boldsymbol{e}_r\cdot\boldsymbol{p})\boldsymbol{e}_r]$$

这与1.2.3 节中由点电荷的场强公式和电场强度叠加原理求得的结果即式(1-19)是相同的.

如图 1-80 所示的双髻鲨是贪婪的捕食者,与很多其他的鱼一样,它们能感知电场.双髻鲨的头部有称为“洛伦齐尼瓮”的器官让其探测出猎物所产生的电场,以此寻找它所喜爱的食物,而它的猎物通常都隐藏在沙子下面.从式(1-82)可知,设双髻鲨感测的是两点之间的电势差,若这两点相距较远,它就能够检测较小的电场.正是它们宽宽的头部让“洛伦齐尼瓮”能够更广泛地分布,使 dn 较大,增强了这些感觉器官的敏感性.有些鲨鱼可以感知的电场弱至 50 pV · m^{-1}即 5 ×10^{-11} V · m^{-1}.

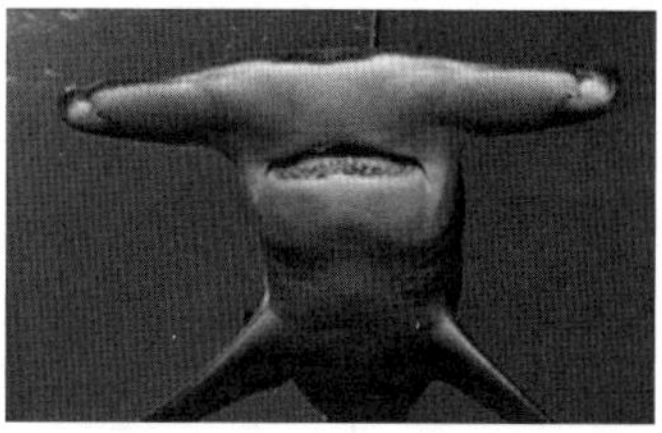

图 1-80 双髻鲨

1.5 静电场中的电偶极子

授课视频：静电场中的电偶极子

电偶极子是一个简单而且重要的带电系统．下面讨论静电场中的电偶极子．

1.5.1 电偶极子在外电场中所受的力矩

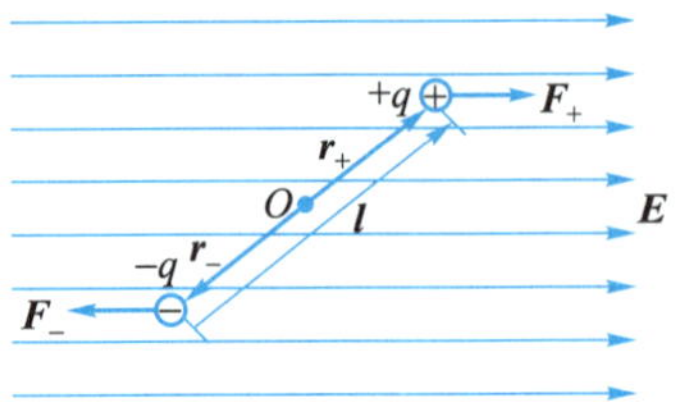

图 1-81 电偶极子在均匀电场中所受的力矩

NOTE

如图 1-81 所示，电偶极矩为 $\boldsymbol{p}=q\boldsymbol{l}$ 的电偶极子处于电场强度为 $\boldsymbol{E}$ 的均匀电场中．电偶极子中点 O 到 $+q$ 和 $-q$ 的径矢分别为 $\boldsymbol{r}_+$ 和 $\boldsymbol{r}_-$．正、负电荷所受的静电场力分别为 $\boldsymbol{F}_+=q\boldsymbol{E}$ 和 $\boldsymbol{F}_-=-q\boldsymbol{E}$，它们的大小相等，方向相反，合力为零，所以电偶极子不会平动．但是，$\boldsymbol{F}_+$ 和 $\boldsymbol{F}_-$ 的作用线不在同一直线上，它们对于中点 O 的力矩方向相同，所以总力矩为

$$\begin{aligned}\boldsymbol{M}&=\boldsymbol{r}_+\times\boldsymbol{F}_++\boldsymbol{r}_-\times\boldsymbol{F}_-=q\boldsymbol{r}_+\times\boldsymbol{E}+(-q)\boldsymbol{r}_-\times\boldsymbol{E}\\&=q(\boldsymbol{r}_+-\boldsymbol{r}_-)\times\boldsymbol{E}=q\boldsymbol{l}\times\boldsymbol{E}\end{aligned}$$

根据电偶极矩的定义式(1-16)，有

$$\boldsymbol{M}=\boldsymbol{p}\times\boldsymbol{E} \tag{1-85}$$

此式表明，力矩的作用总是使电偶极子转向电场 $\boldsymbol{E}$ 的方向．当电偶极矩 $\boldsymbol{p}$ 的方向与电场强度 $\boldsymbol{E}$ 的方向平行时，电偶极子所受力矩为零，这一位置是电偶极子的稳定平衡位置．当 $\boldsymbol{p}$ 的方向与 $\boldsymbol{E}$ 的方向反平行时，虽然电偶极子所受的力矩也为零，但这时电偶极子处于非稳定平衡，只要稍微偏离这一位置，电偶极子将在力矩的作用下转向外电场 $\boldsymbol{E}$ 的方向．

在非均匀电场中，一般来说，电偶极子所受的合力 $\boldsymbol{F}=\boldsymbol{F}_++\boldsymbol{F}_-=q(\boldsymbol{E}_+-\boldsymbol{E}_-)\neq0$. 所以电偶极子会平动．一般而言，同时又会有转动，由于 l 很小，在计算力矩时，可近似认为正、负电荷所在处的电场相同．所以电偶极子受到的力矩仍可用式(1-85)表示．

1.5.2 电偶极子在外电场中的电势能

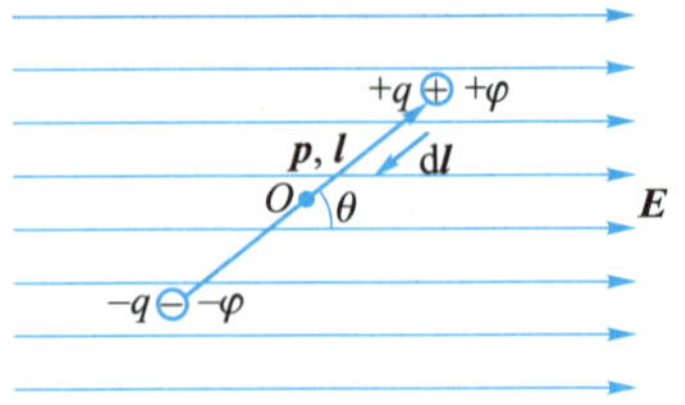

图 1-82 电偶极子在均匀电场中的电势能

如图 1-82 所示，电偶极矩为 $\boldsymbol{p}=q\boldsymbol{l}$ 的电偶极子处于电场强度为 $\boldsymbol{E}$ 的均匀电场中．设 $+q$ 和 $-q$ 所在处的电势分别为 φ_+ 和 φ_-，则它们的电势能分别为

$$W_{e+}=q\varphi_+,\quad W_{e-}=-q\varphi_-$$

NOTE

电偶极子在外电场中的电势能 W_e 为 $+q$ 和 $-q$ 在外电场中的电势能 W_{e+} 与 W_{e-} 之和，所以

$$W_e=W_{e+}+W_{e-}=q\varphi_+-q\varphi_-=q(\varphi_+-\varphi_-)$$

根据电势差的定义式(1-67)，$+q$ 和 $-q$ 所在处之间的电势差

$$\varphi_+-\varphi_-=\int_+^- \boldsymbol{E}\cdot \mathrm{d}\boldsymbol{l}$$

由于 $\boldsymbol{E}$ 是均匀电场，所以可以将其提到积分符号的外面．而 $\int_+^- \mathrm{d}\boldsymbol{l}=-\boldsymbol{l}$，即从 $+q$ 所在处指向 $-q$ 所在处的有向线段．所以电偶极子在外电场中的电势能为

$$W_e=q\int_+^- \boldsymbol{E}\cdot \mathrm{d}\boldsymbol{l}=q\boldsymbol{E}\int_+^-\cdot \mathrm{d}\boldsymbol{l}=-q\boldsymbol{l}\cdot\boldsymbol{E}$$

式中，$q\boldsymbol{l}$ 为电偶极矩 $\boldsymbol{p}$．则电偶极子在外电场中的电势能为

$$W_e=-\boldsymbol{p}\cdot\boldsymbol{E}=-pE\cos\theta \tag{1-86}$$

式中，θ 为电偶极矩 $\boldsymbol{p}$ 与外电场 $\boldsymbol{E}$ 之间的夹角．式(1-86)表明，当电偶极矩 $\boldsymbol{p}$ 与外电场 $\boldsymbol{E}$ 方向一致时，电偶极子在外电场中的电势能最低，为 $W_{e,\min}=-pE$；当电偶极矩 $\boldsymbol{p}$ 与外电场 $\boldsymbol{E}$ 方向相反时，电偶极子在外电场中的电势能最高，为 $W_{e,\max}=pE$．从能量的角度来看，能量越低，系统的状态越稳定．因此，电偶极子系统电势能最低的位置就是电偶极子的稳定平衡位置；而电偶极子系统电势能最高的位置是一个非稳定平衡的位置．一般情况下，电偶极子总具有使自己转向外电场方向的趋势．

在研究电介质的极化等问题时，常要用到电偶极子的概念．例如水分子 H_2O，如图 1-83 所示，由于电荷在原子间分布不均匀．其中，氧离子 O^{2-} 带负电荷，两个氢离子 H^+ 带正电荷．尽管整个分子是电中性的，但它具有电偶极矩．描述这类物质的电性质时，认为物质是由大量的电偶极子组成的，平时电偶极子的排列方向杂乱无章，因而该类物质不显示带电的特性．加上外电场后，电偶极子绕其中心转动，最后都趋向于沿外电场方向排列，从而使物质中的合电场发生变化．具体将在下一章中介绍．

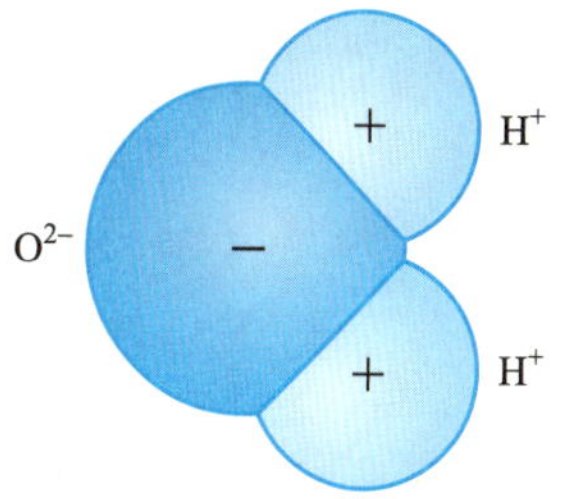

图 1-83 水分子

本章提要

1. 电荷的基本性质

两种电荷，相对论不变性，电荷守恒，量子性．

NOTE

2. 库仑定律

真空中两静止的点电荷之间的相互作用力为

$$\boldsymbol{F}_{12}=\frac{1}{4\pi\varepsilon_0}\frac{q_1q_2}{r_{12}^2}\boldsymbol{e}_{r12}$$

式中，$\varepsilon_0=8.85\times10^{-12}\ \mathrm{C^2\cdot N^{-1}\cdot m^{-2}}$，称为真空介电常量或真空电容率.

3. 电场力的叠加原理

$$\boldsymbol{F}=\sum_i \boldsymbol{F}_i$$

4. 电场强度

$$\boldsymbol{E}=\frac{\boldsymbol{F}}{q_0}$$

5. 电场力

点电荷 q 在外电场 $\boldsymbol{E}$ 中所受的电场力：$\boldsymbol{F}=q\boldsymbol{E}$.

任意带电体在外电场中所受的电场力：$\boldsymbol{F}=\int \mathrm{d}\boldsymbol{F}=\int \boldsymbol{E}\mathrm{d}q$.

6. 电场强度通量（$\boldsymbol{E}$ 通量）

$$\Phi_{\mathrm{e}}=\int_S \boldsymbol{E}\cdot\mathrm{d}\boldsymbol{S}$$

7. 高斯定理

$$\oint_S \boldsymbol{E}\cdot\mathrm{d}\boldsymbol{S}=\frac{1}{\varepsilon_0}\sum q_{内}$$

静电场是有源场.

8. 静电场的环路定理

$$\oint_L \boldsymbol{E}\cdot\mathrm{d}\boldsymbol{l}=0$$

静电场是保守场.

9. 试验电荷 q_0 在外电场中的电势能

$$W_{ea}=q_0\int_a^{电势能零点}\boldsymbol{E}\cdot\mathrm{d}\boldsymbol{l}$$

10. 电势

$$\varphi_a=\frac{W_{ea}}{q_0}=\int_a^{电势零点}\boldsymbol{E}\cdot\mathrm{d}\boldsymbol{l}$$

11. 电势差

$$U_{ab}=\varphi_a-\varphi_b=\int_a^b \boldsymbol{E}\cdot\mathrm{d}\boldsymbol{l}$$

12. 电场强度 $\boldsymbol{E}$ 与电势 φ 的关系

积分关系：$\varphi_a=\int_a^{电势零点}\boldsymbol{E}\cdot\mathrm{d}\boldsymbol{l}$

微分关系：$\boldsymbol{E}=-\nabla\varphi=-\left(\boldsymbol{i}\frac{\partial\varphi}{\partial x}+\boldsymbol{j}\frac{\partial\varphi}{\partial y}+\boldsymbol{k}\frac{\partial\varphi}{\partial z}\right)$

NOTE

13. 电势能

点电荷 q 在外电场中的电势能：$W_e=q\varphi$.

任意带电体在外电场中的电势能：$W_e=\int dW_e=\int\varphi dq$.

14. 移动点电荷 q 时电场力做的功

$$A_{ab}=W_{ea}-W_{eb}=q(\varphi_a-\varphi_b)=qU_{ab}$$

15. 电场强度的计算

（1）用电场强度叠加原理计算：

$$离散电荷系：\boldsymbol{E}=\sum_i\boldsymbol{E}_i$$

$$连续带电体：\boldsymbol{E}=\int d\boldsymbol{E}$$

（2）当电荷分布具有特殊对称性时，可应用高斯定理计算 .

（3）当电势分布已知时，可应用电场强度与电势的微分关系计算 .

16. 典型静电场的场强

点电荷：$\boldsymbol{E}=\dfrac{q}{4\pi\varepsilon_0r^2}\boldsymbol{e}_r$

均匀带电球面：$\boldsymbol{E}=0$ （球面内）

$$\boldsymbol{E}=\frac{q}{4\pi\varepsilon_0r^2}\boldsymbol{e}_r\quad（球面外）$$

均匀带电球体：$\boldsymbol{E}=\dfrac{q}{4\pi\varepsilon_0R^3}\boldsymbol{r}=\dfrac{\rho_e}{3\varepsilon_0}\boldsymbol{r}$ （球体内）

$$\boldsymbol{E}=\frac{q}{4\pi\varepsilon_0r^2}\boldsymbol{e}_r\quad（球体外）$$

无限长均匀带电直线：$E=\dfrac{\lambda_e}{2\pi\varepsilon_0r}$，方向垂直于带电直线 .

无限大均匀带电平面：$E=\dfrac{\sigma_e}{2\varepsilon_0}$，方向垂直于带电平面 .

17. 电势的计算

（1）用电势叠加原理计算：

$$离散电荷系：\varphi=\sum_i\varphi_i$$

$$连续带电体：\varphi=\int d\varphi$$

（2）当电场强度分布已知时，可应用电场强度与电势的线积分关系计算 .

18. 典型静电场的电势

点电荷：$\varphi=\dfrac{q}{4\pi\varepsilon_0r}$

均匀带电球面：$\varphi=\dfrac{q}{4\pi\varepsilon_0 R}$ （球面内）

$\varphi=\dfrac{q}{4\pi\varepsilon_0 r}$ （球面外）

19. 电偶极子

电偶极子在均匀外电场中所受的力矩：$\boldsymbol{M}=\boldsymbol{p}\times\boldsymbol{E}$.

电偶极子在均匀外电场中的电势能：$W_e=-\boldsymbol{p}\cdot\boldsymbol{E}$.

思考题

1-1 点电荷是否一定是很小的带电体？比较大的带电体能否视为点电荷？

1-2 在点电荷的电场强度公式 $\boldsymbol{E}=\dfrac{q}{4\pi\varepsilon_0 r^2}\boldsymbol{e}_r$ 中，当 $r\to 0$ 时，电场强度 $\boldsymbol{E}$ 将趋于无限大．如何解释这一问题？

1-3 有人说，电场线就是点电荷在电场中运动的轨迹．这样说对吗？为什么？

1-4 电场线、$\boldsymbol{E}$ 通量和电场强度的关系如何？$\boldsymbol{E}$ 通量的正、负分别表示什么意义？

1-5 在高斯定理中，对高斯面的形状有无特殊要求？在应用高斯定理求电场强度时，如何选取高斯面的形状？

1-6 若通过一个闭合曲面的 $\boldsymbol{E}$ 通量为零，是否由此可知在该闭合曲面上的电场强度一定处处为零？是否由此可知此闭合曲面一定没有包围电荷？

1-7 试由静电场的环路定理证明静电场的电场线永不闭合．

1-8 如果一个电荷沿着电场线移动，它的电势是升高还是降低？它的电势能是增加还是减少？与电荷的正、负有关吗？

1-9 判断下列说法是否正确．请分别举例说明．

(1) 电场强度大的地方电势高；电势高的地方电场强度大．

(2) 电场强度为零的地方，电势一定为零；电势为零的地方，电场强度也一定为零．

(3) 电场强度大小相等的地方，电势一定相同；电势相同的地方，电场强度大小一定相等．

(4) 带正电荷的物体电势一定是正的；带负电荷的物体电势一定是负的．

(5) 不带电的物体电势一定为零；电势为零的物体也一定不带电．

1-10 已知电场中某点的电势，能否计算出该点的电场强度？已知电场中某点附近区域的电势分布时，能否计算出该点的电场强度？

习题

1-1 在边长为 a 的正方形的四角，依次放置点电荷 q、$2q$、$-4q$ 和 $2q$，中心放置一个单位正电荷，求这个电荷受力的大小和方向．

1-2 如习题 1-2 图所示，在一长度为 L、电荷线密度为 λ_e 的均匀带电细棒的延长线上，距棒端为 a 处有一点电荷 q．求 q 所受到的库仑力．

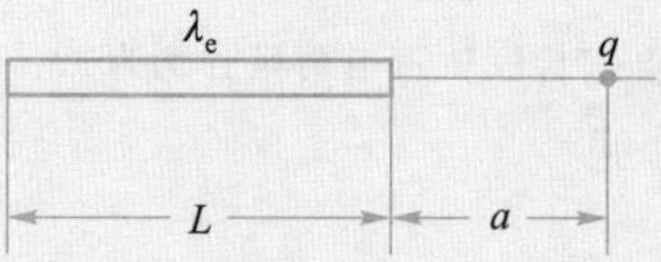

习题 1-2 图

1-3 一长为 L 的均匀带电直线，电荷线密度为 λ_e. 求直线的延长线上距直线中点为 $r(r>L/2)$ 处的电场强度.

1-4 一半径为 R 的半球面，均匀带有电荷，电荷面密度为 σ_e. 求球心处电场强度的大小.

1-5 如习题 1-5 图所示，一带电细线弯成半径为 R 的半圆形，电荷线密度为 $\lambda_e=\lambda_0\cos\theta$. 其中，$\lambda_0$ 为正常量，θ 为径向与 x 轴的夹角. 求圆心 O 点的电场强度.

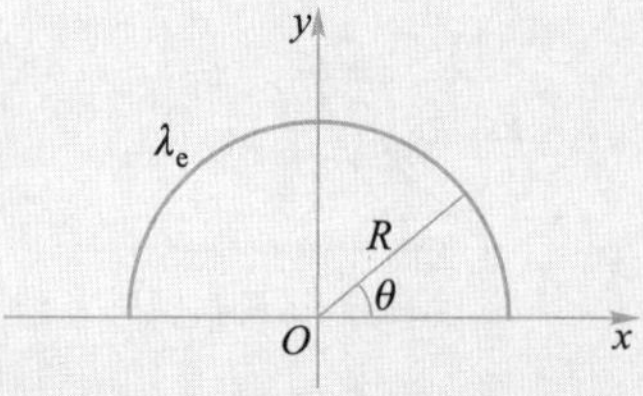

习题 1-5 图

1-6 如习题 1-6 图所示，一个半径为 R、长为 L 的均匀带电圆筒面，所带电荷量为 Q. 求距圆柱面一侧为 a 的轴线上 P 点的电场强度.

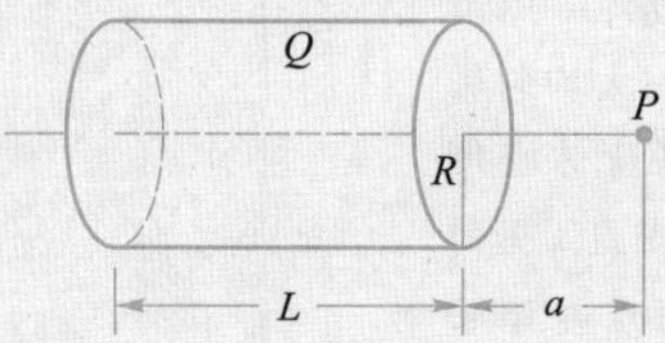

习题 1-6 图

1-7 真空中有半个无限长均匀带电圆柱面，截面半径为 R，电荷面密度为 σ_e，如习题 1-7 图所示. 求中部轴线上 O 点的电场强度.

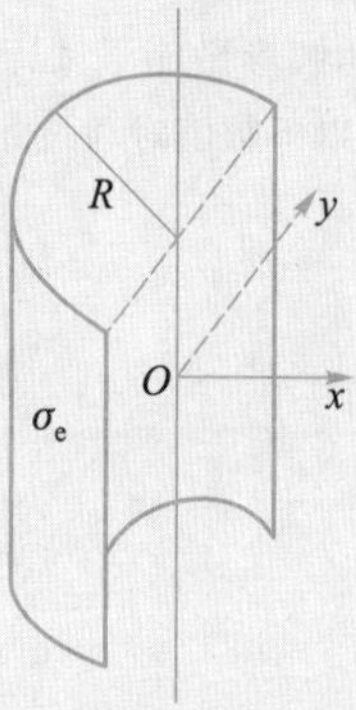

习题 1-7 图

1-8 一根不导电的细塑料杆，被弯成近乎完整的圆，圆的半径为 0.5 m，杆的两端有 2 cm 的缝隙，3.12×10^{-9} C 的正电荷均匀分布在杆上. 求圆心处电场强度的大小和方向.

1-9 如习题 1-9 图所示，两根平行长直线间距为 $2a$，一端用半圆形线连起来，整体均匀带电. 试证明在圆心 O 处的电场强度为零.

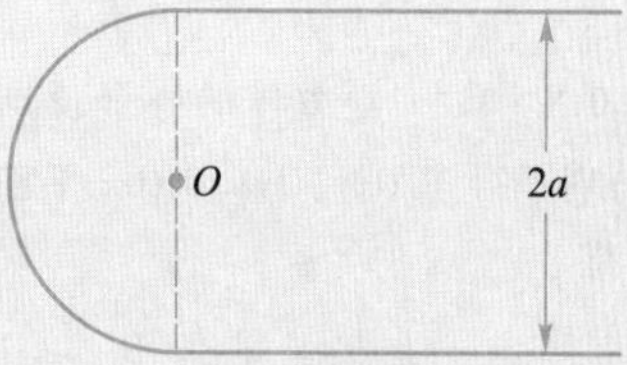

习题 1-9 图

1-10 如习题 1-10 图所示，一环形薄片由细绳悬吊着，环的外半径为 R，内半径为 $R/2$，并有电荷 Q 均匀地分布在环面上，细绳长 $3R$，也有电荷 Q 均匀分布在绳上. 求圆环中心 O 点（在细绳延长线上）的电场强度.

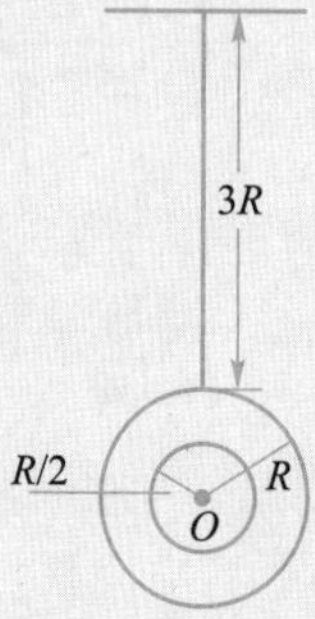

习题 1-10 图

1-11 在电场强度为 300 $N\cdot C^{-1}$ 的均匀电场中，有一半径为 5 cm 的圆形平面．试计算平面法线与电场强度的夹角 θ 取以下数值时通过此平面的电场强度通量．

(1) $\theta=0°$；

(2) $\theta=30°$；

(3) $\theta=90°$；

(4) $\theta=120°$；

(5) $\theta=180°$.

1-12 实验表明：在靠近地面处有一定的电场，$\boldsymbol{E}$ 方向竖直向下，大小约为 100 $V\cdot m^{-1}$；在离地面 1.5 km 高的地方，$\boldsymbol{E}$ 方向竖直向下，大小约为 25 $V\cdot m^{-1}$.

(1) 求从地面到此高度大气中的平均电荷体密度；

(2) 若地球上的电荷全部均匀分布在表面，且地球内部的电场强度为零．求地面上的电荷面密度．

1-13 如习题 1-13 图所示，在边长 $a=1.0$ m 的立方体区域中，电场强度为

$$\boldsymbol{E}=E_0\left(1+\frac{z}{a}\right)\boldsymbol{i}+E_0\left(\frac{z}{a}\right)\boldsymbol{j}$$

式中，$E_0=1.0\ N\cdot C^{-1}$．立方体的一个顶点为坐标原点，其表面分别平行于 Oxy、Oyz 和 Ozx 平面．求立方体内的净电荷．

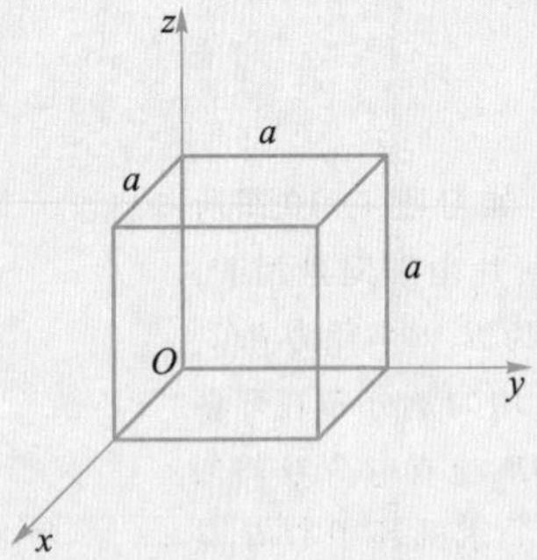

习题 1-13 图

1-14 两根无限长的均匀带电直线相互平行，相距为 $2a$，电荷线密度分别为 $+\lambda_e$ 和 $-\lambda_e$．求每单位长度的带电直线所受的电场力．

1-15 两无限长同轴圆筒，半径分别为 R_1 和 R_2 $(R_1<R_2)$，单位长度所带电荷量分别为 $+\lambda_e$ 和 $-\lambda_e$．求电场强度分布．

1-16 设气体放电形成的等离子体圆柱内的体电荷分布可用电荷体密度 $\rho_e(r)=\dfrac{\rho_0}{[1+(r/a)^2]^2}$ 表示，式中，r 是到轴线的距离，ρ_0 是轴线上的 ρ_e 值，a 是常量．求电场强度分布．

1-17 如习题 1-17 图所示，半径为 R_1 的无限长均匀带电圆柱体，电荷体密度为 ρ_e．其外套以内、外半径分别为 R_2 和 R_3 的均匀带电同轴圆柱管，电荷体密度同为 ρ_e．求该带电系统的电场强度分布．

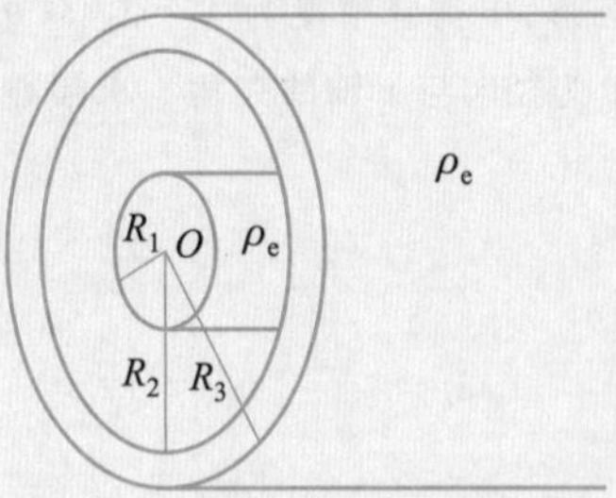

习题 1-17 图

1-18 设在半径为 R 的球体内，电荷分布是球对称的，电荷体密度为 $\rho_e=kr(r\leqslant R)$，k 为正的常量，r 为到球心的距离．求电场强度分布．

1-19 如习题 1-19 图所示，一厚度为 b 的无限大均匀带电厚壁，电荷体密度为 ρ_e，x 为垂直于壁面的坐标，原点在厚壁的中心．求电场强度分布并画出 $E-x$ 曲线．

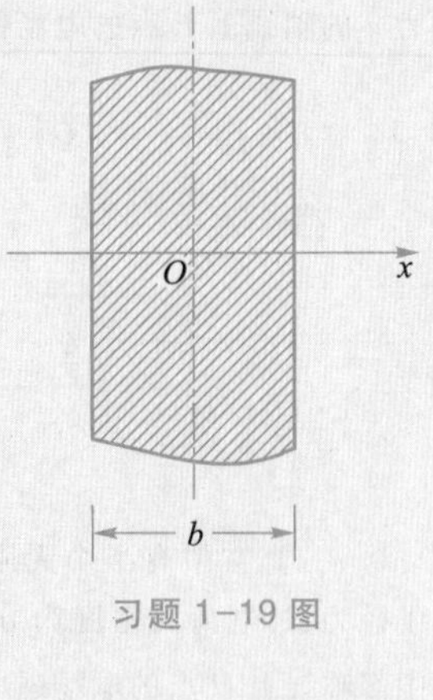

习题 1-19 图

1-20　如习题 1-20 图所示，一无限大均匀带电薄平板，电荷面密度为 σ_e. 在平板中部有一个半径为 R 的小圆孔．求通过圆孔中心并与平板垂直的直线上的电场强度分布．

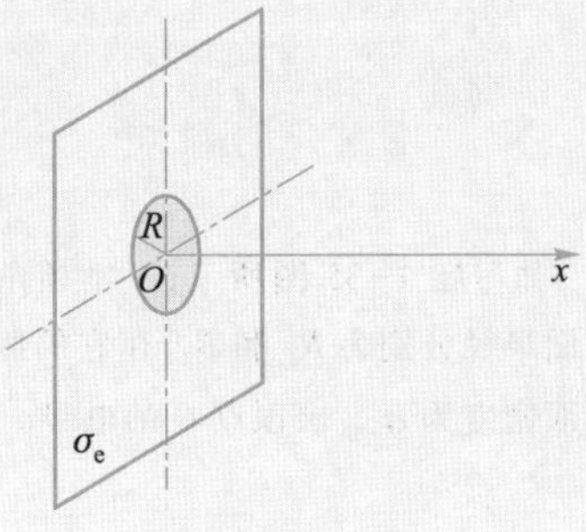

习题 1-20 图

1-21　设电荷体密度 ρ_e 沿 x 轴方向按余弦规律 $\rho_e=\rho_0\cos x$ 分布在整个空间，式中，ρ_0 为其幅值．求空间的场强分布．

1-22　如习题 1-22 图所示，三块互相平行的无限大均匀带电平面，电荷面密度分别为 $\sigma_1=1.2\times10^{-4}\ \mathrm{C\cdot m^{-2}}$，$\sigma_2=2.0\times10^{-5}\ \mathrm{C\cdot m^{-2}}$，$\sigma_3=1.1\times10^{-4}\ \mathrm{C\cdot m^{-2}}$. A 点与平面Ⅱ相距 5.0 cm，B 点与平面Ⅱ相距 7.0 cm.

(1) 计算 A、B 两点的电势差；

(2) 若把电荷量 $q_0=-1.0\times10^{-8}$ C 的点电荷从 A 点移到 B 点，外力克服电场力做的功是多少？

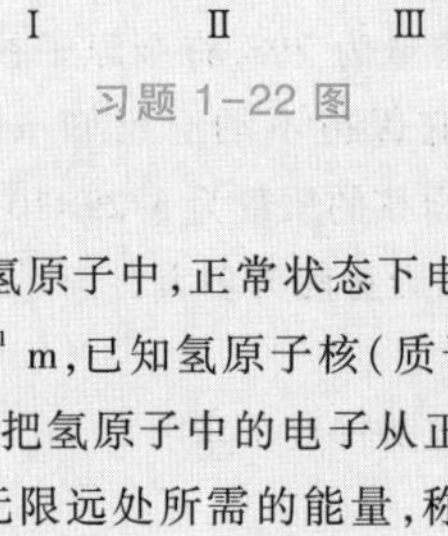

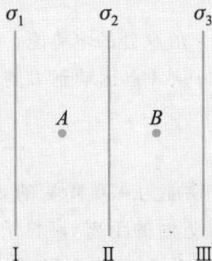

习题 1-22 图

1-23　在氢原子中，正常状态下电子到质子的距离为 5.29×10^{-11} m，已知氢原子核（质子）和电子所带电荷量各为 $\pm e$. 把氢原子中的电子从正常状态下离核的距离拉开到无限远处所需的能量，称为氢原子的电离能．求此电离能的值（以 eV 为单位）．

1-24　两均匀带电球面同心放置，半径分别为 R_1 和 R_2（$R_1<R_2$）．已知内、外球面之间的电势差为 U_{12}，求两球面间的电场强度分布．

1-25　一半径为 R 的均匀带电球体，电荷体密度为 ρ_e. 求：

(1) 球外任一点的电势；

(2) 球表面上的电势；

(3) 球内任一点的电势．

1-26　已知一无限长均匀带电圆柱面的半径为 R，沿轴线方向单位长度所带电荷量为 λ_e（$\lambda_e>0$）．选取带电圆柱面外距轴线为 r_0 的 P_0 点为电势零点，求此无限长均匀带电圆柱面的电场中电势的分布．

1-27　两无限长同轴圆柱面，半径分别为 $R_1=3.0\times10^{-2}$ m 和 $R_2=0.10$ m，带有等量异号电荷，两者的电势差为 450 V. 求：

(1) 圆柱面沿轴线方向的电荷线密度；

(2) 两圆柱面之间的电场强度分布．

1-28　一无限长均匀带电圆柱体，半径为 R，电荷体密度为 ρ_e. 求柱体内、外的电势分布（以轴线为电势零点），并画出 φ-r 曲线．

1-29　设在半径为 R 的无限长圆柱形带电体内，电荷分布是轴对称的，电荷体密度为 $\rho_e=Ar$（$r\leqslant R$），A 为正常量，r 为到轴线的垂直距离．选距轴线为 L（$L>R$）处为电势零点，求柱体内、外的电势分布．

1-30　如习题 1-30 图所示，A 点有点电荷 $+q$，B 点有点电荷 $-q$，$AB=2R$，OCD 是以 B 点为中心、R 为半径的半圆．

(1) 将正电荷 q_0 从 O 点沿 OCD 移到 D 点，电场力做的功是多少？

(2) 将负电荷 $-q_0$ 从 D 点沿 AB 延长线移到无限远处，电场力做的功是多少？

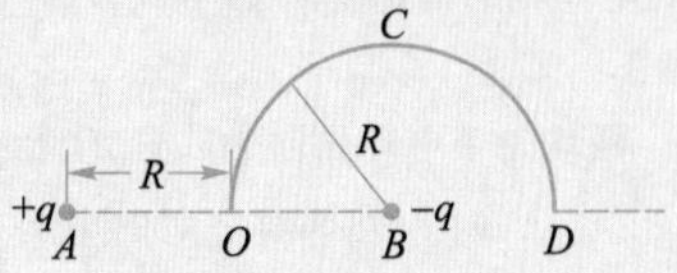

习题 1-30 图

1-31 一细直杆沿 z 轴由 $z=-a$ 延伸到 $z=a$，杆上均匀带电，电荷线密度为 λ_e. 求 x 轴上 $x>0$ 各点的电势 .

1-32 如习题 1-32 图所示，一均匀带电细杆，长 $l=15.0\ \text{cm}$，电荷线密度 $\lambda_e=2.0\times10^{-7}\ \text{C}\cdot\text{m}^{-1}$.

（1）求带电细杆延长线上与杆的一端相距 $a=5.0\ \text{cm}$ 处的 A 点的电势；

（2）求细杆中垂线上与带电细杆相距 $b=5.0\ \text{cm}$ 处的 B 点的电势；

（3）现将一单位正电荷从 A 点沿题图所示的路径移至 B 点，求带电细杆的电场对元电荷做的功 .

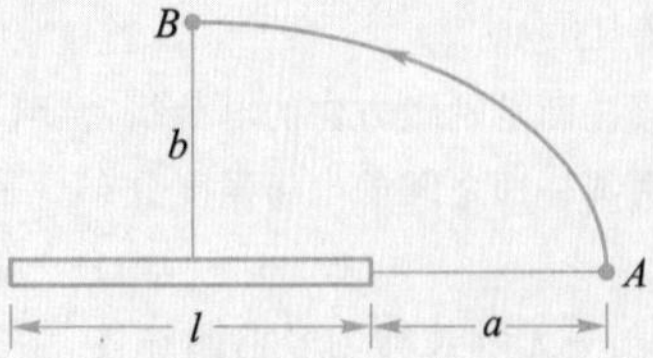

习题 1-32 图

1-33 两个同心的均匀带电球面，半径分别为 $R_1=5.0\ \text{cm}$，$R_2=20.0\ \text{cm}$，已知内球面的电势为 $\varphi_1=60\ \text{V}$，外球面的电势为 $\varphi_2=-30\ \text{V}$.

（1）求内、外球面上所带电荷量；

（2）在两个球面之间何处的电势为零？

1-34 如习题 1-34 图所示，一均匀带电圆环板，内、外半径分别为 R_1 和 R_2，电荷面密度为 σ_e.

（1）求通过环心垂直于环面的轴线上任意 P 点的电势；

（2）若有一质子沿轴线从无限远处射向带正电的圆环，要使质子能穿过圆环，它的初速度至少应为多少？

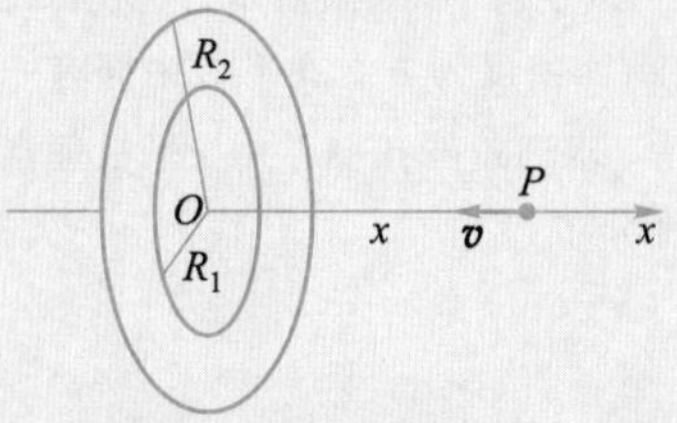

习题 1-34 图

1-35 如习题 1-35 图所示，一锥顶角为 θ 的圆台，上下底面半径分别为 R_1 和 R_2，在它的侧面上均匀带电，电荷面密度为 σ_e. 求顶点 O 的电势 .

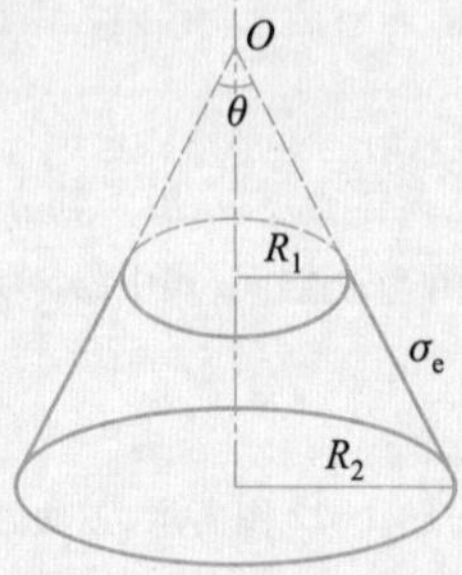

习题 1-35 图

1-36 一半径为 R 的均匀带正电荷的细圆环，所带的电荷线密度为 λ_e，在通过环心垂直于环面的轴线上有 A、B 两点，它们与环心 O 点的距离分别为 R 和 $2R$. 一质量为 m、所带电荷量为 q 的点电荷在环的轴线上运动. 求：

（1）点电荷 q 在 O 处的电势能；

（2）点电荷 q 从 A 点运动到 B 点过程中，电场力所做的功 .

1-37 一个动能为 4.0 MeV 的 α 粒子射向金原子核，求二者最接近时的距离 . α 粒子的电荷量为 $2e$，金原子核的电荷量为 $79e$，将金原子核视为均匀带电球体并且认为它保持不动 . 已知 α 粒子的质量为 $6.68\times10^{-27}\ \text{kg}$，金核的质量为 $3.29\times10^{-25}\ \text{kg}$，在此距离时二者的万有引力势能为多大？

1-38 用电势梯度法求习题 1-31 中 x 轴上 $x>0$ 各点的电场强度 .

1-39 用电势梯度法求习题 1-34 中 x 轴上各点的电场强度.

1-40 习题 1-40 图中给出了电势沿 x 轴方向的分布，计算 x 轴上的电场强度分布.

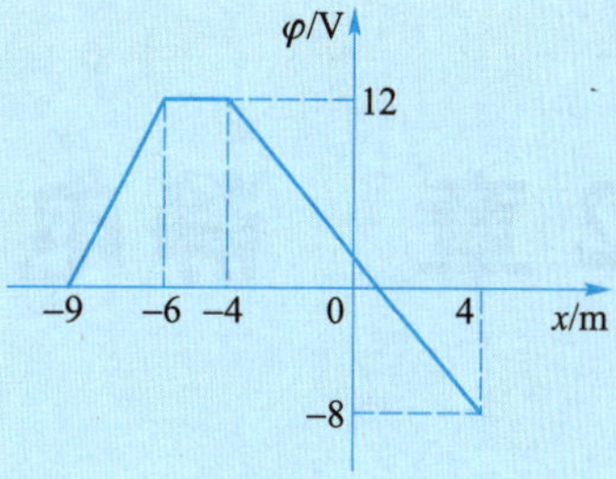

习题 1-40 图

第 2 章 静电场中的导体和电介质

上一章讨论了真空中的静电场,阐明了静电场的基本性质和规律.实际上,在静电场中总有导体或实物介质存在,这些物体的存在会与电场产生相互作用和相互影响,从而会出现一些新的现象和规律.

各种物质电性质的不同,早在 18 世纪初就为人们所注意了.1729 年,英国人格雷(Stephen Gray,1666—1736)研究琥珀的电效应是否可传递给其他物体时发现金属和丝绸的电性质不同.金属接触带电体时能很快把电荷转移或传导到别处,而丝绸却不能.他的实验还证明人体可以导电.

可根据转移、传导电荷的能力,将物体进行分类.

导体

转移和传导电荷能力很强的物质,或者说电荷很容易在其中移动的物质,即具有良好导电性能的物质称为**导体**.导体有固态物质,如金属、合金、石墨、人体、地球等;有液态物质,如电解质溶液,即酸、碱、盐的水溶液等;也有气态物质,如各种电离气体,此外,在导体中还有各种等离子体和超导体.导体之所以能够导电,是因为其中存在着大量可以自由移动的电荷——自由电荷.以金属为例,在金属原子中,有些外层电子(价电子)和原子核的结合非常弱,这些电子并不受某一特定的原子核束缚,它们可以在整个金属内部自由地移动,成为自由电子,其数密度可达 $10^{22}\ \mathrm{cm}^{-3}$. 又如,当酸、碱、盐溶于水时,会电离成正离子或负离子,它们就是可在电解液中自由运动的自由电荷.所以,导体的基本特征是,其体内存在着大量的自由电荷.

授课视频:物质导电性能分类

电介质或绝缘体

转移和传导电荷能力极差的物质,或者说电荷在其中很难移动的物质,即导电性能极差的物质称为**电介质或绝缘体**.绝缘体同样有固态物质,如通常情况下的玻璃、橡胶、塑料、瓷器、云母、纸等;有液态物质,如各种油;也有气态物质,如未电离的各种气体.同样地,空气是一种很好的绝缘体.绝缘体内部没有自由电子,每一个电子都被某一特定的原子核所束缚,不能分离,只能在原子的范围内移动.所以,绝缘体的基本特征是,理论上认为一个自由移动的电荷也没有.绝缘体也称为电介质.

就导电性能而言，理想的导体和理想的电介质(绝缘体)是两个极端．介于导体和绝缘体之间的是半导体，其中自由电子数密度较小，为 $10^{12} \sim 10^{19}\ \text{cm}^{-3}$，而且对温度、光照、杂质、压力、电磁场等外加条件极为敏感．某些计算机工业地区被称为“硅谷”，这是因为硅是一种用于制造计算机芯片和其他电子设备的常见半导体材料．

半导体

NOTE

需要说明的是，上述分类不是绝对的．在一定的条件下，物体转移或传导电荷的能力(称为导电能力)将发生变化．例如，绝缘体在强电场的作用下，将被击穿而成为导体．实际上，纯水不属于导体．纯水主要由完整的水分子(H_2O)组成，在它流动时并不带有净电荷；而离子(H^+和 OH^-)的浓度非常低．但自来水由于包含了很多可溶解的矿物质不能称为纯水．矿物离子使自来水成为一种导体，因此应该避免用湿手去触摸电子设备．人体也包含很多离子，因此人体也是导体．

本章将介绍静电场与导体和电介质的相互作用规律．这种作用包括两个方面：一方面，由于构成一切物质的原子、分子都由带负电荷的电子和带正电荷的原子核组成，故把一个物体如导体球或电介质球放在静电场中，物体受到静电场的作用，其带电状态即电荷分布会发生变化．另一方面，物体的带电状态变化后，又会反过来影响原来的静电场．不同的物体，如导体球或电介质球，与静电场的相互作用规律也是不同的．本章将从导体和电介质的微观结构出发，分析导体在电场中的静电感应现象和电介质在电场中的极化现象，并介绍导体的静电平衡条件、有介质时的高斯定理，以及电容器和静电场的能量．

2.1 静电场中的导体

2.1.1 导体的静电平衡条件

本节通过各向同性的均匀金属导体来说明静电场与导体的相互作用或影响的基本规律．

金属导体的特点是其体内存在着大量的自由电子．当导体不带电或不受外电场影响时，自由电子在金属导体内只做无规则的热运动，而没有宏观的定向运动．当把一个不带电的金属导体

授课视频：导体的静电平衡条件

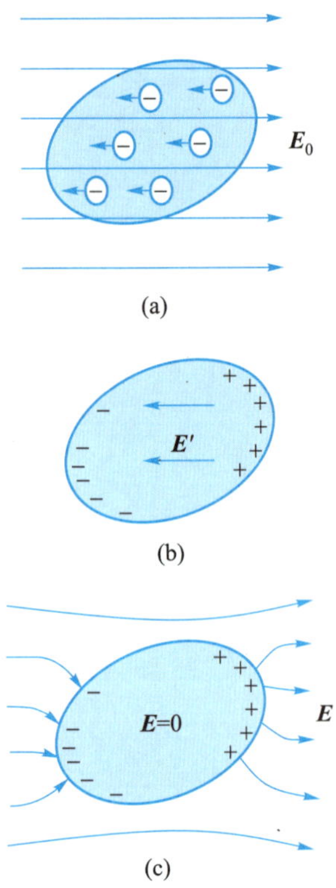

图 2-1

放在外电场中时，导体中的自由电子在做无规则热运动的同时，还将在电场力的作用下做宏观定向运动．如图 2-1(a)所示，在均匀电场 $\boldsymbol{E}_0$中放入一块金属导体．导体中的自由电子所受电场力的方向与外电场 $\boldsymbol{E}_0$的方向相反，它们将逆着电场的方向运动，使得图中导体的左端出现过剩的自由电子(负电荷)；右端由于自由电子减少，出现过剩的正电荷．即自由电子定向运动的结果使得导体两端出现了等量异号的电荷，如图 2-1(b)所示．在电场作用下，这种导体上的电荷所发生的重新分布现象，称为静电感应．在静电感应中，导体表面不同部分出现的正、负电荷称为感应电荷．

然而，这样的过程会不会持续进行下去呢？不会的，因为感应电荷会产生一个附加电场 $\boldsymbol{E}'$，$\boldsymbol{E}'$与外电场 $\boldsymbol{E}_0$叠加的结果，使导体内、外的电场都发生重新分布．如图 2-1(b)所示，在导体内，附加电场 $\boldsymbol{E}'$的方向与外电场 $\boldsymbol{E}_0$的方向相反，使导体内的总电场 $\boldsymbol{E}(=\boldsymbol{E}_0+\boldsymbol{E}')$减弱．但只要导体内的总电场 $\boldsymbol{E}$ 还存在，感应电荷的增加过程就会继续进行，$\boldsymbol{E}'$也随之增强．当在导体内部 $\boldsymbol{E}'$的大小与 $\boldsymbol{E}_0$的大小相等而完全抵消时，导体内部的总电场 $\boldsymbol{E}$ 处处为零，如图 2-1(c)所示，自由电子便不再做定向移动，导体两端正、负电荷不再增加，从而电场分布也不随时间变化．这时，称导体达到了静电平衡状态．

导体的静电平衡状态，就是导体内部和表面都没有电荷定向运动的状态．此时，导体内部任何一点的电场强度 $\boldsymbol{E}$ 为零．否则在 $\boldsymbol{E}$ 不为零的地方，自由电荷会受到电场力的作用而继续定向移动，直到 $\boldsymbol{E}$ 处处为零为止．同时导体表面外附近的任何一点的电场强度 $\boldsymbol{E}_S$方向与该处导体表面垂直．否则电场强度沿表面的分量将使自由电子沿表面做宏观定向运动，这样就不是静电平衡状态了．因此，电场线只与导体表面正交，并不进入导体内部，如图 2-1(c)所示．所以，导体处于静电平衡的条件是

导体处于静电平衡的条件

$$\boldsymbol{E}_{内}=\boldsymbol{0},\quad \boldsymbol{E}_S\perp 表面 \tag{2-1}$$

由于带电导体表面的场强有突变，所以一般不说导体表面上的场强，而是说导体外紧邻导体表面处的场强，即导体表面附近的场强．

导体的静电平衡条件也可以用电势来表述．由于在静电平衡时，导体内部任一点的电场强度为零，所以导体内任意两点 a、b 之间的电势差 $\varphi_a-\varphi_b=\int_a^b \boldsymbol{E}\cdot \mathrm{d}\boldsymbol{l}$ 在积分路径选为导体内部时必为零，即导体内部所有各点的电势相等，这是导体体内电场强度处处为零的必然结果．由于在静电平衡时，导体表面附近任一点

的电场强度垂直于表面，其沿表面的分量为零，所以导体表面上任意两点 c、d 之间的电势差 $\varphi_c-\varphi_d=\int_c^d \boldsymbol{E}\cdot \mathrm{d}\boldsymbol{l}$ 在积分路径选为导体表面时亦为零，即导体表面为一等势面．而且，在静电平衡时，导体内部与导体表面的电势是相等的，否则仍会发生电荷的定向移动．因此，导体的静电平衡条件也可以表述为：处于静电平衡的导体是等势体，其表面是等势面．这个结论很重要，在工程上经常通过接地导线使电气设备外壳与大地等电势，保证用电安全．在电子线路中，也常用公共导线作为等电势公共参考线．

NOTE

导体的静电平衡状态是由导体的电结构特征和静电平衡的要求决定的，与导体的形状无关．所以处于静电平衡状态的各种形状导体的表面，全都是等势面．例如人体是导体，所以人体表面也是等势面．人类赖以生存的地球是一个表面带负电荷的导体．晴天时，地面附近的电场方向垂直指向地面．

2.1.2 静电平衡时导体上电荷的分布

处于静电平衡的导体，其电荷分布应遵循一定的规律．下面从导体的静电平衡条件出发，结合静电场的高斯定理以及电荷守恒来讨论静电平衡时导体上电荷分布的规律．

授课视频：导体电荷分布(1)与(2)

（1）在静电平衡时，导体上的电荷只能分布在表面上，其内部没有净电荷．

这一规律可以用高斯定理证明．如图 2-2 所示，在达到静电平衡的实心导体内任取一个闭合的高斯面 S. 因为导体内任一点的电场强度为零，所以通过这个高斯面的 $\boldsymbol{E}$ 通量必为零．根据高斯定理，这个闭合曲面内的净电荷为零．因为高斯面 S 是任意选取的，可以向包围的任一点收缩，所以导体内任一体积内的净电荷均为零．因此在静电平衡时，整个导体内无净电荷，电荷只能分布在导体的表面上．

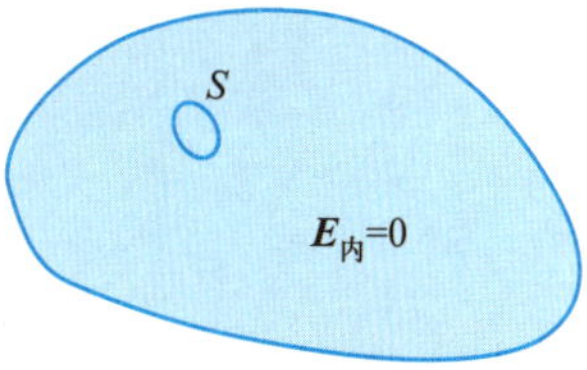

图 2-2 导体内无净电荷

在上一章中，曾介绍均匀带电的物体，如球体等．注意：它们不是我们这里介绍的导体，而可以是绝缘体．因为绝缘体若带电，那么它的不导电性使分布到其内部的电荷不会相互传递，从而在体内均匀分布．像曾介绍的带电的巧克力粉末分布在一定区域内，也能构成一个均匀带电体．

（2）在静电平衡时，若导体空腔内无带电体，空腔导体上的电荷只能分布在空腔导体的外表面上；若导体空腔内有带电体，空腔导体上的净电荷及感应电荷可以分布在空腔导体的内、外表

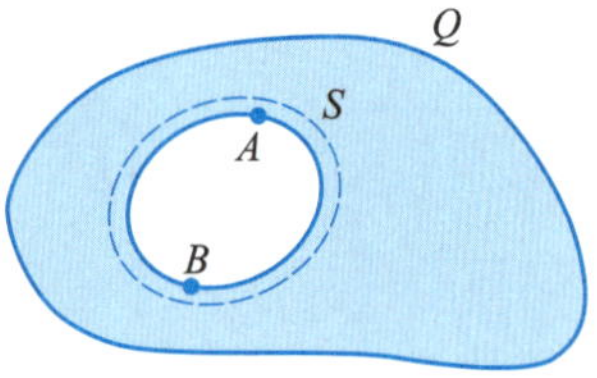

图 2-3 导体空腔内无带电体时的电荷分布

NOTE

面上，且空腔导体的内表面所带电荷与腔内带电体所带电荷的代数和为零．

当导体空腔内无带电体时，在导体内任取一高斯面 S 包围空腔导体内表面，如图 2-3 所示．由于静电平衡时，高斯面上任一点的电场强度都为零，所以通过高斯面的 $\boldsymbol{E}$ 通量为零．根据高斯定理，空腔导体的内表面上净电荷为零．在空腔导体内表面上也不可能出现某些地方如 A 点带正电荷、另一些地方如 B 点带等量的负电荷而使内表面上电荷代数和为零的情况．因为这种情况下，空腔内就要有始于内表面 A 点处正电荷，而终止于 B 点处负电荷的电场线，且电场线只能通过空腔．因静电平衡时，导体内场强处处为零，故电场线不可能穿过导体．由于电场线沿电势降低的方向，所以这根从 A 到 B 的电场线的两个端点不等势，则内表面将不是等势面，空腔导体就不在静电平衡状态了．因此，当导体空腔内无带电体时，导体内表面处处不带电，导体所带的电荷 Q 以及感应电荷只能分布在空腔导体的外表面上．由此，空腔内因不可能有电场线，则空腔内场强处处为零，没有电场就没有电势差，故腔内空间各点的电势处处相等，整个空腔为等势体．

法拉第冰桶实验 用带绝缘柄的金属小球接触空心的导体桶的内表面，如图 2-4(a) 所示．然后使小球再接触验电器，验电器的箔片没反应，如图 2-4(b) 所示，说明导体桶的内表面不带电．再用同样的方法检验导体桶的外表面，结果也是不带电．然后用丝绸摩擦玻璃棒，使玻璃棒带上正电荷，用它接触导体桶的内表面，如图 2-4(c) 所示，将一些正电荷传给了导体桶．这时再用带绝缘柄的金属小球接触空心的导体桶的内表面，然后使小球再接触验电器，验电器的箔片仍然没反应，而小球在接触导体桶的外表面后，能使验电器的箔片张开，如图 2-4(d) 所示．以上现象表明：若带电导体空腔内没有其他带电体，在静电平衡时，电荷只分布在空腔导体的外表面上．

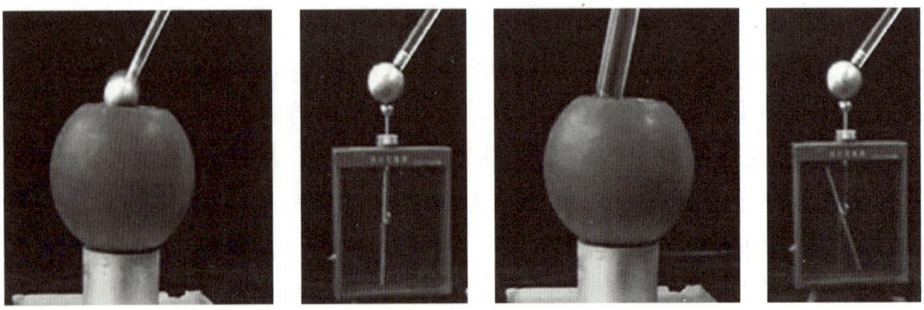

(a) (b) (c) (d)

图 2-4 法拉第冰桶实验

当导体空腔内有电荷 q 时，在导体内作一高斯面 S 包围空腔导体内表面，如图 2-5 所示．由于达到静电平衡时，高斯面上任一点的电场强度都为零，所以通过高斯面的 $\boldsymbol{E}$ 通量为零．根据高斯定理，S 内电荷的代数和为零，即空腔导体的内表面所带电荷与腔内带电体的电荷的代数和为零．故空腔导体内表面上必分布有 $-q$ 的感应电荷．同时，空腔内的场强不为零，若 $q>0$，则电场线自 q 出发，全部终止于空腔导体内表面的 $-q$ 处．根据电荷守恒定律，空腔导体的总电荷量 Q 保持不变，故空腔导体外表面上所带电荷量为 $Q+q$.

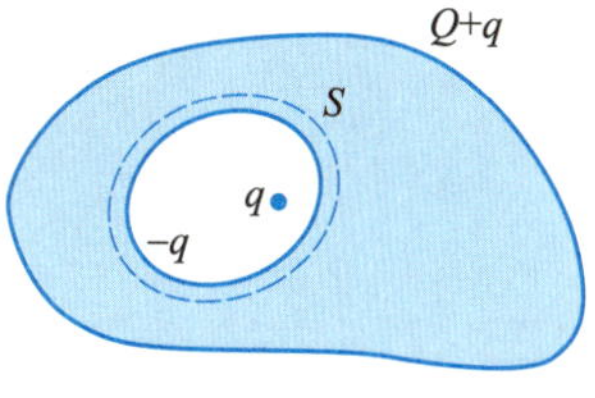

图 2-5 导体空腔内有带电体时的电荷分布

授课视频：导体电荷分布(3)

(3) 在静电平衡时，导体表面外紧邻处的电场强度的大小 E 与该处导体表面的电荷面密度 σ_e 有如下正比关系：

$$E=\frac{\sigma_e}{\varepsilon_0} \tag{2-2}$$

式(2-2)可证明如下．如图 2-6 所示，在导体表面外紧邻处取一点 P，以 $\boldsymbol{E}$ 表示该处的电场强度．过 P 点作导体表面外法线方向上的单位矢量 $\boldsymbol{e}_n$，则 P 点处的场强可以表示为 $\boldsymbol{E}=E\boldsymbol{e}_n$. 在 P 点附近的导体表面上取一面元 ΔS，其上的电荷分布可视为均匀的，其电荷面密度为 σ_e. 以 $\boldsymbol{e}_n$ 为轴作一扁圆柱形闭合高斯面 S，使圆柱侧面与导体表面 ΔS 垂直，圆柱的上底面通过 P 点，下底面在导体内，两底面都无限靠近导体表面 ΔS 并与之平行，且它们的面积都为 ΔS.

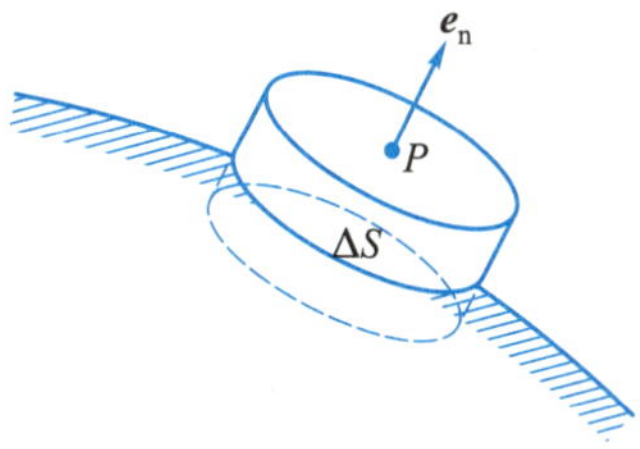

图 2-6 导体表面电场强度与电荷面密度的关系

通过整个高斯面的 $\boldsymbol{E}$ 通量为

$$\oint_S \boldsymbol{E}\cdot \mathrm{d}\boldsymbol{S}=\int_{上底面}\boldsymbol{E}\cdot \mathrm{d}\boldsymbol{S}+\int_{下底面}\boldsymbol{E}\cdot \mathrm{d}\boldsymbol{S}+\int_{侧面}\boldsymbol{E}\cdot \mathrm{d}\boldsymbol{S}$$

由于导体内电场强度处处为零，而导体表面外紧邻处的电场强度又与表面垂直，即垂直于圆柱底面，所以通过高斯面的下底面和侧面的 $\boldsymbol{E}$ 通量都为零，即 $\int_{下底面}\boldsymbol{E}\cdot \mathrm{d}\boldsymbol{S}=\int_{侧面}\boldsymbol{E}\cdot \mathrm{d}\boldsymbol{S}=0$；又因底面的面积 ΔS 很小，可认为上底面各点处的场强与 P 点处的场强相同，故通过高斯面的上底面的 $\boldsymbol{E}$ 通量为 $\int_{上底面}\boldsymbol{E}\cdot \mathrm{d}\boldsymbol{S}=E\Delta S$，这也就是通过扁圆柱形高斯面的总的 $\boldsymbol{E}$ 通量．高斯面内所包围的电荷为 $\sigma_e\Delta S$，根据高斯定理可得

$$\oint_S \boldsymbol{E}\cdot \mathrm{d}\boldsymbol{S}=E\Delta S=\frac{\sigma_e\Delta S}{\varepsilon_0}$$

消去 ΔS 后即得到式(2-2)．此式说明：处于静电平衡的导体，电荷面密度 σ_e 大的表面附近电场强度 $\boldsymbol{E}$ 大；电荷面密度 σ_e 小的表面附近电场强度 $\boldsymbol{E}$ 小．

考虑导体表面外紧邻处电场强度的方向与导体表面垂直，则把式(2-2)写为矢量式

NOTE

NOTE

$$E=\frac{\sigma_e}{\varepsilon_0}e_n \tag{2-3}$$

当导体表面某处带正电荷时，该处表面外附近 $\boldsymbol{E}$ 的方向垂直表面向外，即与表面外法线方向的单位矢量 $\boldsymbol{e}_n$ 相同；当表面某处带负电荷时，该处表面外附近 $\boldsymbol{E}$ 的方向垂直表面指向导体内部，即与表面外法线方向的单位矢量 $\boldsymbol{e}_n$ 相反．

应用式(2-3)时需注意，导体表面外紧邻处某点的电场并非仅仅由当地导体表面上的电荷产生，它是由所有电荷(包括导体上的全部电荷和导体外的其他电荷)共同产生的，电场强度 $\boldsymbol{E}$ 是这些电荷的合场强．这一点应该不难理解，因为在推导式(2-3)时用了高斯定理．在上一章曾指出，虽然 $\boldsymbol{E}$ 通量与高斯面内包围的净电荷有关，但场强 $\boldsymbol{E}$ 却是空间所有电荷产生的．当导体外的电荷分布发生变化时，导体上的电荷分布也会发生变化，而导体外的电场分布也会发生变化．这种变化直到它们满足式(2-1)的关系，导体又处于静电平衡为止．

由式(1-30)或式(1-49)可知，电荷面密度为 σ_e 的无限大均匀带电平面两侧的电场强度大小为 $E=\sigma_e/(2\varepsilon_0)$，这个公式对于有限大的带电平面的紧邻处也适用．那么，根据这个结果，在导体表面取一小面元 ΔS，该处电荷面密度为 σ_e，小面元 ΔS 上的电荷 $\sigma_e\Delta S$ 在紧靠近它的地方产生的场强大小也应是 $\sigma_e/(2\varepsilon_0)$；而由式(2-2)可知，在静电平衡状态下，导体表面(该处电荷面密度为 σ_e)附近的电场强度大小为 $E=\sigma_e/\varepsilon_0$．为什么前者比后者小一半呢？

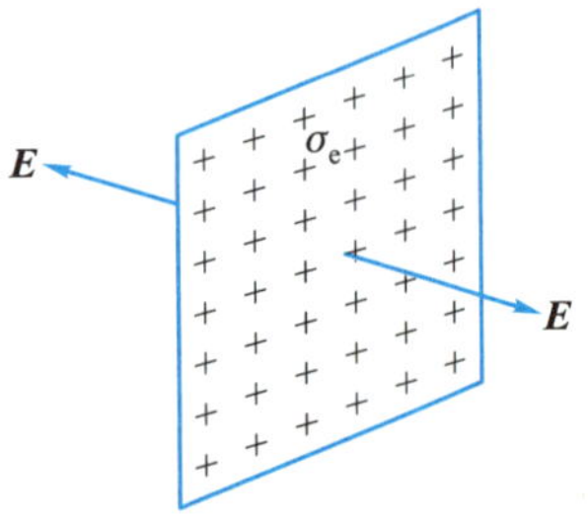

(a) 无限大均匀带电平面

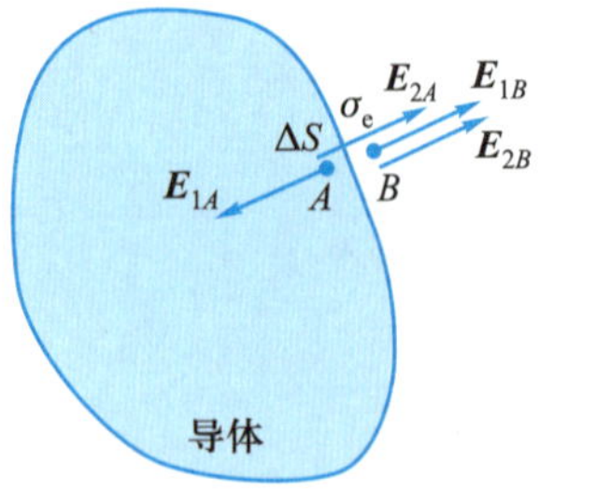

(b) 导体表面

图 2-7 场强与电荷面密度关系的分析

实际上，$E=\sigma_e/2\varepsilon_0$ 给出的是无限大均匀带电平面所产生的场强大小 E 与电荷面密度 σ_e 的关系．在这种情况下，无限大均匀带电平面两侧的场强分布是对称的，如图 2-7(a)所示．$E=\sigma_e/\varepsilon_0$ 是导体表面外紧邻处一点的场强大小 E 与导体表面电荷面密度 σ_e 的关系；在这种情况下，导体内部的场强为零，如图 2-1(c)所示．若从电场线的角度分析，对于无限大均匀带电平面(设带正电荷)，电场线从平面向两侧发出；而对于导体，所有电荷分布在表面，电场线只在表面外侧出现．因此二者情况不同．然而两种情况没有矛盾．解释如下：如图 2-7(b)所示，在导体表面某处(电荷面密度为 σ_e)取一块小面元 ΔS，小面元 ΔS 对其两侧非常近旁的场点 A 点和 B 点，可视为无限大均匀带电平面，因此小面元 ΔS 所带的电荷 $\sigma_e\Delta S$ 在其两侧近旁 A 点和 B 点产生的场强 $\boldsymbol{E}_{1A}$ 与 $\boldsymbol{E}_{1B}$ 大小相等，均为 $\sigma_e/(2\varepsilon_0)$．设 $\sigma_e>0$，则小面元 ΔS 所带的电荷 $\sigma_e\Delta S$ 在导体内紧邻处 A 点产生的场强 $\boldsymbol{E}_{1A}$ 方向垂直表面指向导体内，在导体外紧邻处 B 点产生的场强 $\boldsymbol{E}_{1B}$ 方向垂直表面指向导体外．所以有

NOTE

$$E_{1B}=-E_{1A}=\frac{\sigma_e}{2\varepsilon_0}$$

式中，负号表示 $\boldsymbol{E}_{1B}$ 与 $\boldsymbol{E}_{1A}$ 方向相反．若把导体上其他表面电荷（除小面元 ΔS 所带的电荷 $\sigma_e\Delta S$ 外）以及导体外的其他带电体所带电荷以 $Q_{其他}$ 表示，设 $Q_{其他}$ 在小面元 ΔS 近旁的导体内 A 点产生的场强为 $\boldsymbol{E}_{2A}$，由于在静电平衡时，所有带电体（$\sigma_e\Delta S$ 与 $Q_{其他}$）在导体内部 A 点产生的总场强 $\boldsymbol{E}_A$ 为零，即

$$\boldsymbol{E}_A=\boldsymbol{E}_{1A}+\boldsymbol{E}_{2A}=\mathbf{0}$$

因此在小面元 ΔS 近旁导体内部 A 点有

$$E_{2A}=-E_{1A}=\frac{\sigma_e}{2\varepsilon_0}$$

式中，负号表示 $\boldsymbol{E}_{2A}$ 与 $\boldsymbol{E}_{1A}$ 方向相反．由于导体上其他表面电荷以及导体外的其他带电体距导体表面 ΔS 较远，所以 $Q_{其他}$ 在导体表面 ΔS 附近的场强 $\boldsymbol{E}_2$ 应视为连续的，或者说 ΔS 两侧非常紧邻的 A、B 两点对于导体上其他表面电荷以及导体外的其他带电体而言可视为同一点．所以 $Q_{其他}$ 在导体内、外 A、B 两点产生的场强 $\boldsymbol{E}_{2A}$ 与 $\boldsymbol{E}_{2B}$ 一样，即大小为

$$E_{2B}=E_{2A}=\frac{\sigma_e}{2\varepsilon_0}$$

方向垂直表面指向导体外．因此，所有带电体（$\sigma_e\Delta S$ 与 $Q_{其他}$）在导体表面 ΔS 外紧邻处 B 点产生的总场强大小应为

$$E_B=E_{1B}+E_{2B}=\frac{\sigma_e}{2\varepsilon_0}+\frac{\sigma_e}{2\varepsilon_0}=\frac{\sigma_e}{\varepsilon_0}$$

这正是式（2-2）所给出的结果．

若考虑一个静电平衡状态下的无限大均匀带电导体板（设带正电荷），电荷分布在其两个表面上，电场线也从两表面发出，如图 2-8 所示．在空间仅有此导体板的情况下，电荷 Q_1 和 Q_2 分别均匀分布在导体板的两个表面上，设平板一个表面的面积为 S，则两个表面上的电荷面密度分别为 $\sigma'_{e1}=Q_1/S$ 和 $\sigma'_{e2}=Q_2/S$. 由式（1-30）或式（1-49），Q_1 和 Q_2 在导体板内任意 A 点产生的场强大小分别为 $E'_{1A}=\sigma'_{e1}/(2\varepsilon_0)$ 和 $E'_{2A}=\sigma'_{e2}/(2\varepsilon_0)$，二者方向相反．根据静电平衡条件，导体板内 A 点的总场强必为零，则

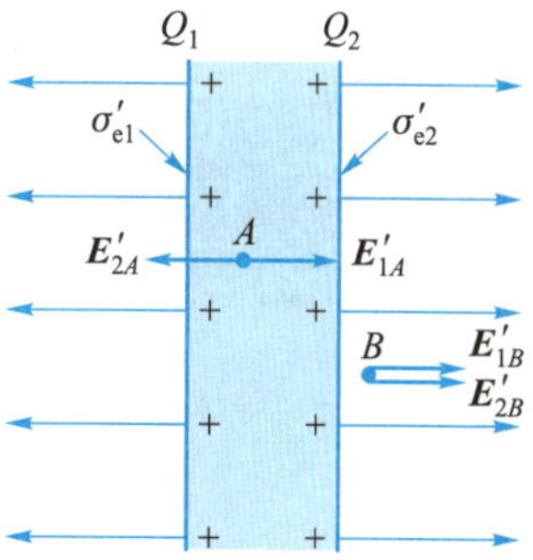

图 2-8 无限大均匀带电导体板

$$E_A=E'_{1A}-E'_{2A}=\frac{\sigma'_{e1}}{2\varepsilon_0}-\frac{\sigma'_{e2}}{2\varepsilon_0}=0$$

所以，$\sigma'_{e1}=\sigma'_{e2}$. 因此两个表面上各带的电荷量 Q_1 与 Q_2 相同，即 $Q_1=Q_2$.

对于导体板外的任意 B 点，导体板上两个表面上的 Q_1 和 Q_2

NOTE

产生的场强方向相同，由式(1-30)或式(1-49)，大小分别为 $E'_{1B}=\sigma'_{e1}/2\varepsilon_0$ 和 $E'_{2B}=\sigma'_{e2}/2\varepsilon_0$. 由电场强度叠加原理，$B$ 点的总场强大小为

$$E_B=E'_{1B}+E'_{2B}=\frac{\sigma'_{e1}}{2\varepsilon_0}+\frac{\sigma'_{e2}}{2\varepsilon_0}=\frac{\sigma'_{e2}}{\varepsilon_0}$$

这与式(2-2)所给出的结果一致.

注意：整个无限大导体板(包括导体板的两个表面)单位面积上所带的电荷为

$$\sigma_e=\frac{Q}{S}=\frac{Q_1+Q_2}{S}=\frac{Q_1}{S}+\frac{Q_2}{S}=\sigma'_{e1}+\sigma'_{e2}=2\sigma'_{e2}$$

则也可以直接使用式(1-30)或式(1-49)求出导体板外任意 B 点的总场强为

$$E_B=\frac{\sigma_e}{2\varepsilon_0}=\frac{\sigma'_{e2}}{\varepsilon_0}$$

式中，σ_e 是整个无限大导体板所带的电荷面密度，与一个表面上的电荷面密度 σ'_{e1} 或 σ'_{e2} 的定义不同. 所以，式(1-30)或式(1-49)与式(2-2)并不矛盾；分别正确应用它们，均可得到一致的结果.

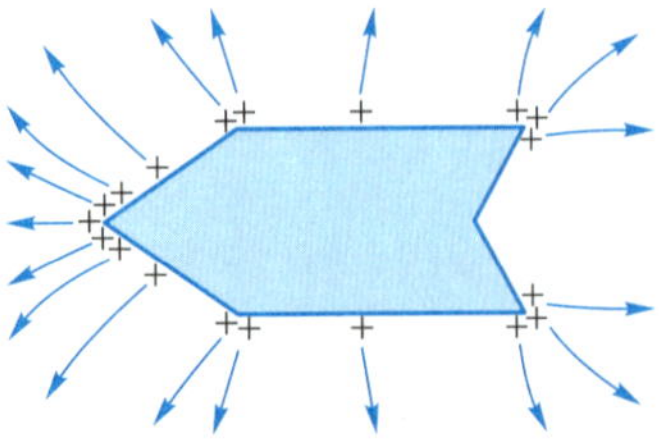

图 2-9　有尖端导体的电荷及电场分布

授课视频：导体电荷分布(4)

(4) 孤立导体处于静电平衡时，它的表面各处的电荷面密度与各处表面的曲率有关. 曲率大的地方电荷面密度大，曲率小的地方电荷面密度小，曲率为负(凹进去)的地方电荷面密度更小，如图 2-9 所示.

一般来说，导体表面上的电荷分布不仅与导体本身的形状有关，还与附近其他带电体及其分布有关. 但是，对于孤立导体来说，电荷在其表面上的分布却完全由表面的形状所决定. 要定量研究这个问题比较复杂，但根据对实验现象进行的分析，可以定性得出这一规律.

孤立导体是指在该导体周围没有其他带电体或物体存在，或距该导体足够远，以至于其他物体上电荷所激发的电场对该导体的影响可以忽略不计. 如图 2-9 所示，设想电荷只能沿着孤立导体表面运动. 在平坦的表面，相邻电荷之间的库仑斥力平行于表面，使这些表面电荷分散开. 而在一个弯曲的表面上，只有库仑斥力平行于表面的分量才能使电荷有效地分散开. 由于表面越尖锐，电荷间库仑斥力平行于表面的分量就越小，所以电荷就倾向于朝这些尖锐区域运动. 因此，若导体的形状不规则，表面上分布的电荷将更多地集中在尖端处.

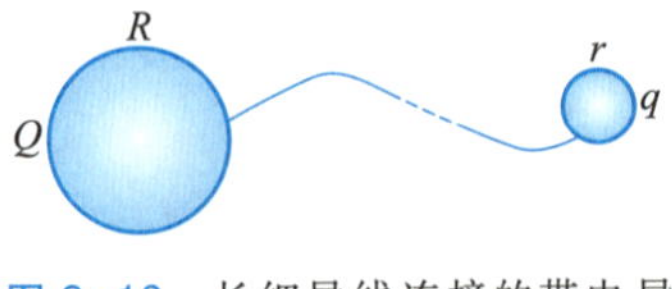

图 2-10　长细导线连接的带电导体球

为了进一步说明这个结论，如图 2-10 所示，设有半径分别为 R 和 r 的一大一小的两个导体球，它们相距很远，且周围没有其

NOTE

他带电体或导体．这两球用一根细导线相连,并使它们分别带有电荷 Q 和 q. 由于连接导线极细,可以忽略导线上分担电荷的情况．由于两球相距甚远,可以认为相互之间电荷分布无干扰,且每个球面上的电荷在另一球处所激发的电场忽略不计．因此每个球又可以近似地视为孤立导体球,在两球表面上的电荷分布各自都是均匀的．则两导体球的电势分别为

$$\varphi_R=\frac{Q}{4\pi\varepsilon_0 R},\quad \varphi_r=\frac{q}{4\pi\varepsilon_0 r}$$

由于细导线将两个导体球连接为一个整体,所以整个系统在静电平衡时是一个等势体,两球的电势相等．则

$$\frac{Q}{4\pi\varepsilon_0 R}=\frac{q}{4\pi\varepsilon_0 r}$$

即

$$\frac{Q}{R}=\frac{q}{r} \tag{2-4}$$

式(2-4)说明,大导体球所带的电荷量 Q 比小导体球所带电荷量 q 多．当所带电荷为 q 的有限大的导体用导线与地面连接后,由于地球半径 R 远远大于该导体的线度 r,静电平衡后,电荷会全部分配到地球表面,即当 $r/R\to 0$ 时,$q\to 0$,所以导体外表面电荷消失．注意:此时,除接地导体外没有其他带电体存在．

设两个导体球各自表面均匀分布的电荷面密度分别为 σ_{eR} 和 σ_{er},则

$$\sigma_{eR}=\frac{Q}{4\pi R^2},\quad \sigma_{er}=\frac{q}{4\pi r^2}$$

把以上两式代入式(2-4),可得

$$\frac{\sigma_{eR}}{\sigma_{er}}=\frac{r}{R} \tag{2-5}$$

由上述推导可以得出这样的结论:细导线连接的相距很远的两个金属导体球表面的电荷面密度与球面半径成反比．可见,导体表面的电荷面密度和曲率半径有关,在导体表面尖而凸出的地方,曲率半径小(或曲率大),电荷面密度大;在导体表面比较平坦的地方,曲率半径大(或曲率小),电荷面密度小．但是应注意,这只是定性的规律．即使对于孤立导体,其表面电荷面密度 σ_e 与曲率半径 r 之间并不存在单一的函数关系．

由式(2-2)可知,导体表面外紧邻处的场强大小 E 与表面上各点的电荷面密度 σ_e 成正比,则带电导体表面曲率半径较小处附近的场强要强些．图 2-9 给出了一个带有尖端的导体表面的电荷及电场分布的情况．由于导体尖端的曲率半径极小,因而电

荷密度极大,所以尖端邻域的电场会很强．当电场强到使空气击穿时,空气分子电离,并且这些带电离子在尖端附近强电场的作用下急剧运动．在离子运动过程中,由于碰撞可使更多的空气分子电离而产生大量的带电粒子,形成正、负离子流．与金属尖端上电荷同号的离子背离尖端运动,形成“电风”,并会把附近的蜡烛火焰吹向一边．与金属尖端上电荷异号的离子,向着尖端运动,落在金属尖端上并与那里的电荷中和,产生所谓的尖端放电现象．由于尖端放电,产生火花．人造闪电就是依此原理产生的,如图 2-11 所示．

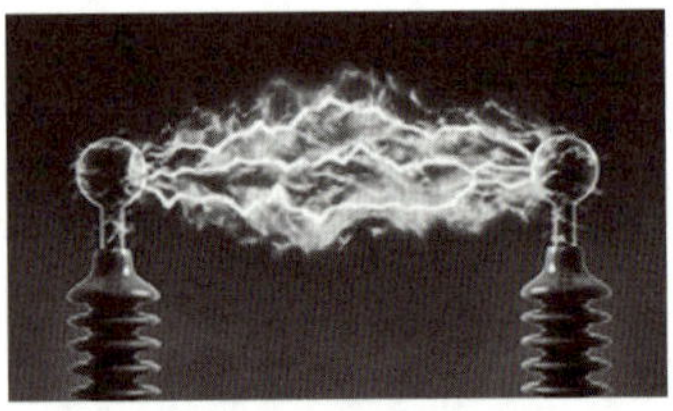

图 2-11　人造闪电

图 2-12　电晕

授课视频:避雷针趣事

授课视频:范德格拉夫起电机

在离子撞击空气分子时,有时由于能量较小而不足以使分子电离,但会使分子获得一部分能量而处于高能状态．处于高能状态的分子是不稳定的,总要返回低能量的基态．在返回基态的过程中要以发射光子的形式将多余的能量释放出去,于是在尖端周围就会出现暗淡的光环,这种现象称为电晕,如图 2-12 所示．

对于尖端放电,有时要防止它的发生．例如,为了防止由于放电而引起的危险和造成电能的浪费,高压输电线的表面要尽量做得光滑,它的半径也不能太小．另外,一些高压设备的电极,也常常做成光滑的球面,避免尖端放电,以利于保持其高电压．而有时,又要利用尖端放电．例如,与日常生活有密切关系的避雷针,就是利用尖端效应以防止雷击现象的发生．避雷针总是安装在需要保护的建筑物的最高处,并与大地保持良好的接触．当带电的云层接近时,由于静电感应,避雷针会带有异号电荷．当电荷积累到一定程度时,放电现象就会通过避雷针持续不断地进行,从而避免了建筑物遭受雷击的破坏．

范德格拉夫起电机　若空腔导体的腔内无电荷,则电荷都集中在空腔导体的外表面．范德格拉夫起电机就是利用这种原理制成的．如图 2-13(a)所示,范德格拉夫起电机的主要部件是一个近乎封闭的球形金属壳,作为一个高压电极,它被放在一个绝缘的圆筒形支柱上,筒内上下设置两个滚轮,由电机驱动带动一个用橡胶或丝织物制成的绝缘皮带．在皮带的下方附近装有一排针尖状电刷 1,针尖指向皮带,针尖与电荷发生器相连．电荷发生器可以是高压电源的一个电极,也可以用摩擦起电器提供．在针尖状电刷处产生尖端放电,喷射的电荷就附着在皮带上,电荷随着传送皮带经过其上方附近与导体球壳的内表面相连接的另一个针尖状电刷 2 时,电刷 2 将电荷传送给金属球壳,并且全部分布到金属球壳的外表面上．随着滚轮转动,电荷不断地从下边的电荷发生器传向皮带向上输送,最后分布于球壳的外表面上,使它相对于地的电势不断升高．这种装置主要用于加速带电粒子以进行核反应实验,也用于离子注入技术以制备半导体器件等．

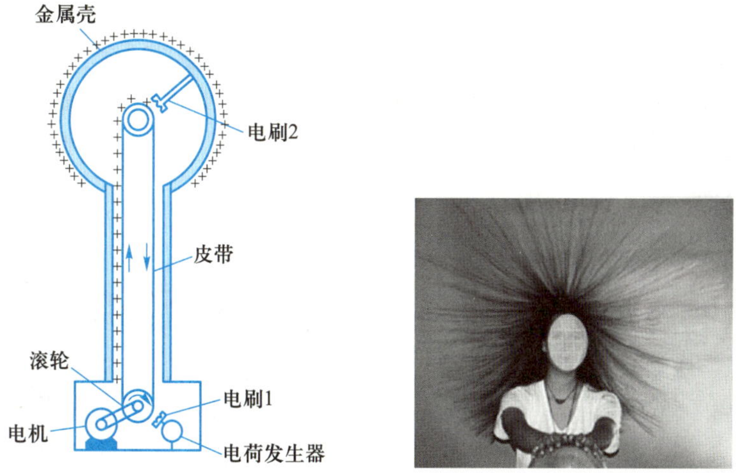

(a) 基本结构　　(b) “怒发冲冠”实验

图 2-13 范德格拉夫起电机基本结构及实验

NOTE

当一个人与地面绝缘并且用手触碰范德格拉夫起电机的金属球时,则外球面上布满的电荷会重新分布,有一部分传送到人的身上. 由于同种电荷相互排斥,所以人身上很轻的物体——头发,就会因为这种斥力而竖起来,如图 2-13(b)所示. 这就是“怒发冲冠”实验. 尽管效果十分惊人,但人和金属球整体电势相等,若操作正确则没有任何危险. 那为何头顶竖起的头发会比肩部的多? 那是因为头顶比较“尖”,因此聚集的电荷较多,产生的场强也较大,并且头发竖起来的方向正是沿着电场线的方向.

场致发射离子显微镜 在带电导体尖端部分紧邻处有非常强的电场. 而场致发射离子显微镜就是其很重要的一个应用. 图 2-14(a)是场致发射离子显微镜的基本结构图. 在玻璃泡的中心放置待测的金属针尖形状样品,尖端处的曲率半径通常为 20~100 nm. 在玻璃泡的内壁涂敷一层很薄的荧光导电膜. 测试前先将玻璃泡抽成真空,然后降至低温,再充以少量成像气体如氦气,让荧光导电膜接地,并在金属样品与荧光导电膜之间加上很高的电压,则会在上部泡内空间产生径向电场,金属样品尖端附近极强的电场使吸附在表面的氦分子电离成氦离子,氦离子被电场加速并沿径向电场线射向荧光导电膜. 于是就在膜上产生一个荧光点,与示波器、电视显像管中的情况类似,只是显像管中是电子撞击荧光膜发光的. 那些到达荧光膜某处的离子,在很高的近似程度上,可以看作发源于径向场线的另一端,这样,根据荧光膜发光点的位置就可以推断出金属尖端的某个原子的位置. 这个荧光点就是该氦离子与金属尖端相碰的那个金属表面原子

授课视频:场离子显微镜

的“像”. 所以玻璃泡荧光膜上的光点将描绘出金属尖端表面的原子分布图像. 图 2-14(b)呈现的是纯铝在温度为 15 K,电压为 7 kV下的场致发射离子显微镜的图像. 场致发射离子显微镜是最早达到原子分辨率,也就是最早能进行原子尺度观测的显微镜.

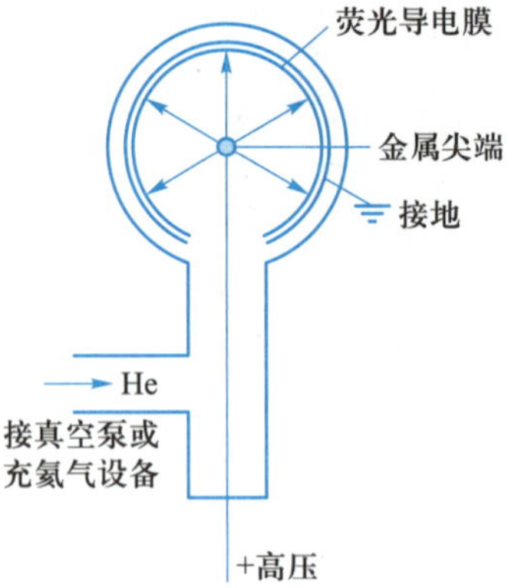

(a) 基本结构

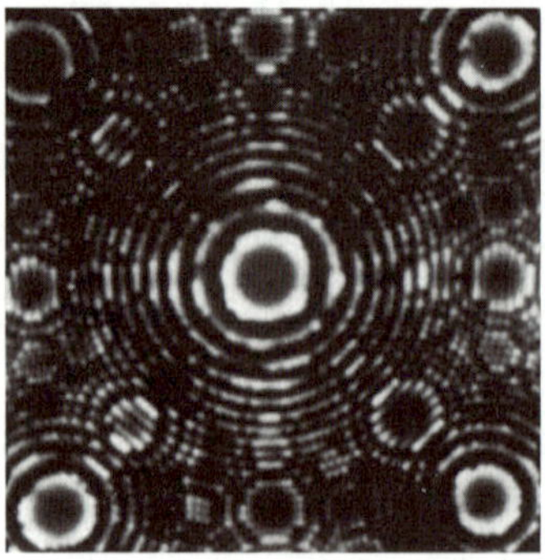

(b) 实验图像

图 2-14 场致发射离子显微镜的基本结构和实验图像

2.1.3 静电屏蔽

授课视频:静电屏蔽

由于静电平衡时,导体内场强处处为零,电场线不能穿越,因此,空腔导体或导体壳将空间分割成了腔内空间与壳外空间两部分;空腔导体的表面也有内表面和外表面之分.

(1) 腔内空间的电场

对于导体腔内空间的电场,若腔内没有带电体,在 2.1.2 节中介绍过,空腔导体在静电平衡时,导体壳的内表面处处无电荷,电荷只分布在外表面. 导体内和空腔内各点处的场强都为零;或者说,腔内电势处处相等. 注意:得到上面的结论不管导体壳是否带电,以及导体壳外是否有带电体 Q,如图 2-15 所示. 需要指出的是,空腔内电场为零,并不是壳外带电体 Q 不在腔内激发电场,而是导体壳外表面上的电荷分布在 Q 出现后发生了变化(或者说产生了感应电荷). 达到静电平衡后,这些导体壳外表面上重新分布的电荷在空腔内所产生的电场正好处处抵消了壳外带电体 Q 在空腔内所产生的电场,使得空腔内的总场强处处为零. 也就是说,腔内场与壳外(包括导体壳的外表面)电荷及其分布无关.

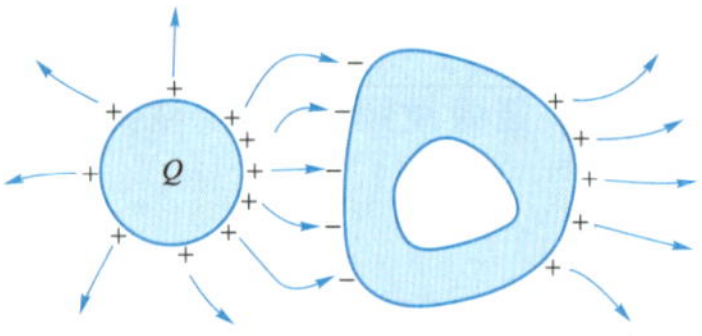

图 2-15 空腔导体屏蔽外电场

当导体腔内有带电体 q(设 $q>0$)时,在 2.1.2 节中用高斯定理说明过,导体壳的内表面会出现 $-q$ 的电荷分布,如图 2-5 所示. 此时,腔内空间因腔内(包括壳的内表面)有电荷而存在电场. 可由电动力学证明,空腔内的场强分布由空腔内的带电体包括导体壳内表面电荷的分布唯一地确定,即只与腔内的带电体、腔内的几何因素及其介质有关;而与壳的外表面及壳外是否有带电体、电荷量多少,如何分布均无关. 或者说,在腔内,壳的外表面的电荷以及壳外带电体产生的场强处处相互抵消.

总之,不论导体空腔内有无带电体,空腔导体都能使它所包围的空腔不受导体壳外表面上的电荷或外界电场的影响,这种现象称为**静电屏蔽**.

静电屏蔽

(2) 壳外空间的电场

若导体壳外空间没有带电体,设壳为中性的,当腔内有 $+q$ 的电荷时,壳的内表面和外表面会分别感应出电荷 $-q$ 及 $+q$,如图 2-16(a) 所示. 因此壳外空间存在电场,它是腔内电荷 $+q$ 通过在壳的外表面感应出等量电荷间接引起的. 由此可见,空腔导体虽然能使它包围的腔内空间不受外部电荷产生的电场的影响,却无法阻止腔内电荷对壳外空间的电场的影响.

为了消除腔内电荷对壳外空间电场的影响,只需用导线将导体壳与大地相接,即接地,如图 2-16(b)所示. 在 2.1.2 节中曾分析过,在这种情形下,由于导体壳的线度比地球半径小得多,则导体壳外表面所产生的感应正电荷与从大地来的负电荷中和,使导体壳外表面不再带电,相应的电场也就消失,空腔内带电体所发出的电场线就会全部终止在导体壳内表面等量的感应负电荷上. 这样,接地的导体空腔内的带电体所激发的电场对导体壳外就不会产生任何影响.

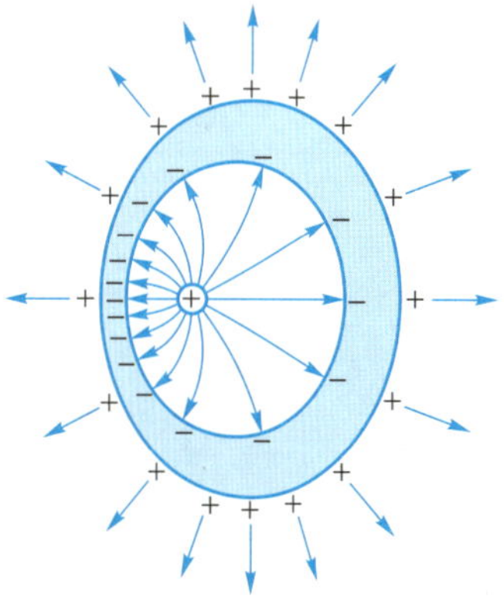

(a) 腔内电荷对壳外空间电场的影响

(b) 接地空腔导体的屏蔽作用

图 2-16 壳外空间电场

关于外表面的感应电荷消失,也可以简单地这样理解,接地意味着导体与大地的电势相等. 若外表面上还有电荷,则它们会向外部空间发出电场线,指向无限远处或者大地,因电场线是沿着电势下降的方向,则导体与大地的电势就不等势,从而与接地的前提相矛盾.

当导体壳外有带电体(例如 $Q>0$)时,尽管把导体壳接地,但导体壳外表面的电荷因受到壳外带电体 Q 的吸引作用,电荷面密度并不处处为零,如图 2-17 所示. 否则,若导体壳的外表面的电荷面密度处处为零,壳外空间除电荷 Q 外,别无其他电荷. 那么,壳外的带电体 Q 在腔内产生的电场不能被完全抵消,与前面对腔内空间的电场的讨论相矛盾. 可见,接地并不导致导体壳外表面电荷一定为零. 但由于接地,导体壳外表面上的电荷的多少,不再与腔内电荷有关,只取决于导体壳外的电荷分布. 这就

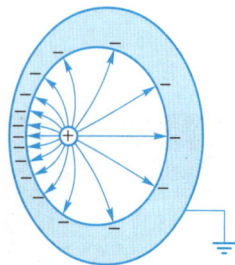

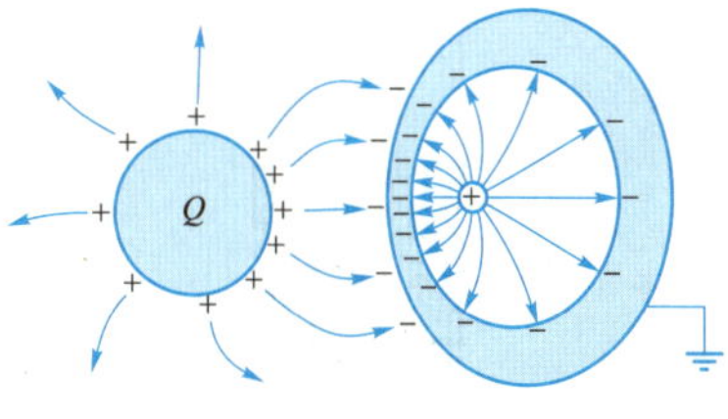

图 2-17 壳外空间有带电体时,接地空腔导体外表面上有电荷分布

NOTE

是说,“接地”割断了腔内电荷影响导体壳外电荷分布的途径.

由电动力学可严格证明:接地的导体空腔可使壳外电场不受腔内电荷的影响,即不管腔内电荷如何,壳外电场只由壳外电荷决定.这也是一种静电屏蔽.

若保持腔内 q 的电荷量不变,只改变它在腔内的位置,那么导体壳内表面感应电荷 $-q$ 的分布会改变,即内表面上各处的电荷面密度 $\sigma_{e内}$ 会变化,并且对腔内的电场分布 $\boldsymbol{E}_{内}$ 也有影响.但是,导体壳外表面感应电荷分布即外表面上各处的电荷面密度 $\sigma_{e外}$ 不变,导体壳外部的电场分布 $\boldsymbol{E}_{外}$ 也不受影响.这是因为,不论腔内电荷 q 的位置如何变化,由 q(设 $q>0$)发出的全部电场线都终止于导体壳内表面上的等量异号的感应电荷 $-q$ 上.腔内电荷 q 和导体壳内表面的感应电荷 $-q$,在导体壳内表面以外的区域激发的电场相互抵消.因此,在导体壳外表面的感应电荷的分布,只取决于导体壳外表面的形状和导体壳外的电荷分布,与腔内电荷 q 的位置无关.所以,电荷量不变的腔内电荷 q 在腔内处于不同位置时,导体壳外的电场分布都是相同的,导体壳的电势是确定不变的.

综合以上讨论,可以利用空腔导体来实现静电屏蔽.从总的效果来看,封闭的导体壳,无论接地与否,腔内电场都不受导体壳外电荷位置和量值变化的影响,只与腔内电荷分布、腔内几何条件及介质有关.其实质是:导体壳外的所有电荷和导体壳外表面的电荷(包括感应电荷)在腔内激发的电场处处相互抵消,因而对腔内电场无任何贡献.但为了使导体壳外的电场不受腔内电荷量变化的影响,导体壳必须接地,此时壳外电场只由导体壳外的所有电荷和导体壳外表面的电荷、壳外的几何条件及介质决定.其实质是:导体空腔内的电荷和导体壳内表面的感应电荷在壳外每一点激发的电场相互抵消,因而对壳外电场无任何贡献.这种使导体空腔内的电场不受外界影响或利用接地的空腔导体将腔内带电体对外界的影响隔绝的现象,就是静电屏蔽.

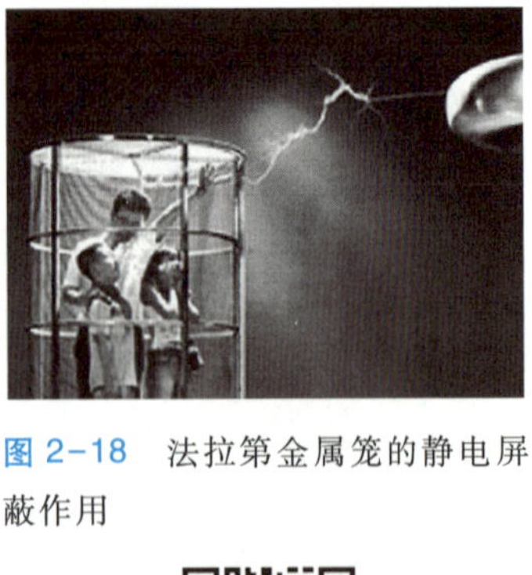

图 2-18 法拉第金属笼的静电屏蔽作用

授课视频:静电屏蔽的应用

静电屏蔽现象在实际中有重要的应用.例如,为了使一些精密的电磁测量仪器不受外界电场的干扰,通常在仪器外面加上金属罩.对于高压设备,为了使其不影响外界,可以把它放在接地的金属壳内.在实际工作中,常常用编织紧密的金属网来代替金属壳,也能起到相当好的屏蔽作用.在雷鸣电闪时,躲避在金属外壳的汽车内是相对安全的.图 2-18 显示出法拉第金属笼内的人不会受到笼外强电流的伤害.

高压带电操作 高压带电操作是指在不停电的情况下对高压线路进行维修.图 2-19(a)是一家电力公司的一名电工正在乘坐直升机检修一段通电的高压线路.正确的高压带电操作步

骤是：直升机在接近高压输电线时，直升机或电工与高压输电线之间的电势差可达几十万伏．若此时碰触高压输电线，那么直升机以及上面的人员都会被电击，以致机毁人亡．所以电工先用一根金属棒快速接近高压输电线，如图 2-19(b)所示，在一定距离时金属棒与高压输电线之间会产生强烈的放电现象，如图 2-19(c)所示，放电完毕，将金属棒通过挂钩挂在输电线上，如图 2-19(d)所示，此时直升机上电工与输电线等电势，两者之间不会有电流通过，因而电工可以随意触摸输电线，安全地进行维修．为了避免触电致死，他必须脱离任何与地面的电接触，为了保证身体始终与他正施工的输电线的电势相同，他穿一套屏蔽服，屏蔽服内全部织满金属丝，其他装备如鞋、袜、手套都通过铜线和屏蔽服相连，形成一个密不透“电”的“笼子”，罩住全身部位，并通过金属棒与高压输电线接触．检修完毕后，先将金属棒挂钩从输电线上摘下，再离开输电线．

NOTE

(a) (b) (c) (d)

图 2-19 高压带电操作

2.1.4 有导体存在时静电场量的计算

有导体存在时，上一章介绍的反映静电场基本性质的高斯定理和静电场的环路定理仍然成立．此外，在计算静电场量时，注意正确应用导体静电平衡条件和电荷守恒定律．

授课视频：有导体时场量计算原则与[例 2-1]和[例 2-2]

例 2-1

两块面积同为 S 的大金属板 A 和 B 平行放置,所带电荷量分别为 q_A 和 q_B. 忽略金属板的边缘效应,达到静电平衡时:

(1) 求两金属板上的电荷分布;

(2) 若将 B 板接地,求两金属板上的电荷分布;

(3) 设 $q_A>q_B>0$,求两金属板周围空间的电场分布.

解:(1) 由于静电平衡时导体内部无净电荷,所以电荷只能分布在两块金属板的四个表面上. 忽略金属板的边缘效应,可以认为电荷分别均匀分布在两块板的四个无限大表面上. 设两块板的四个表面上的电荷面密度分别为 σ_{e1}、σ_{e2}、σ_{e3}和 σ_{e4},如图 2-20 所示.

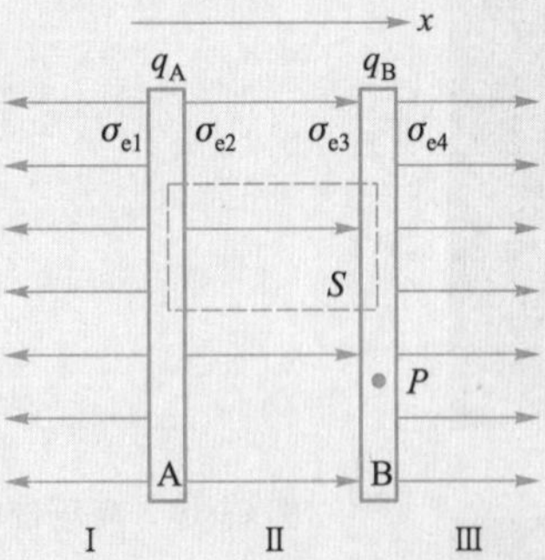

图 2-20 两块金属板的电荷和电场分布示意图

选一个侧面与板面垂直而两底分别在两板内部的柱形高斯面 S,如图 2-20 所示. 由于金属内部电场为零,所以通过高斯面两个底面的 $\boldsymbol{E}$ 通量为零;又由于在两板间,电场是四个无限大均匀带电平面产生的电场叠加的结果,其方向一定与板面垂直,即与高斯面侧面面元法线方向垂直,因此通过高斯面侧面的 $\boldsymbol{E}$ 通量也为零. 所以通过整个高斯面的 $\boldsymbol{E}$ 通量为零. 设底面积为 ΔS,由高斯定理可得

$$\oint_S \boldsymbol{E}\cdot \mathrm{d}\boldsymbol{S}=\frac{(\sigma_{e2}+\sigma_{e3})\Delta S}{\varepsilon_0}=0$$

则

$$\sigma_{e2}+\sigma_{e3}=0 \qquad ①$$

在金属板 B 内任取一点 P,P 点的电场是四个无限大均匀带电平面的电场叠加的结果,各带电平面产生的电场强度大小分别为 $\sigma_{e1}/(2\varepsilon_0)$、$\sigma_{e2}/(2\varepsilon_0)$、$\sigma_{e3}/(2\varepsilon_0)$、$\sigma_{e4}/(2\varepsilon_0)$. 先假定四个平面的电荷面密度均为正(若求出的 σ_e 为负,说明带电符号与假设相反),则各带电平面产生的电场方向垂直于各自平面且指向两侧. 设场强方向沿着 x 轴正方向时为正,由于静电平衡时,导体内各处电场强度为零,则有

$$\frac{\sigma_{e1}}{2\varepsilon_0}+\frac{\sigma_{e2}}{2\varepsilon_0}+\frac{\sigma_{e3}}{2\varepsilon_0}-\frac{\sigma_{e4}}{2\varepsilon_0}=0 \qquad ②$$

由电荷守恒定律可知

$$\sigma_{e1}+\sigma_{e2}=\frac{q_A}{S} \qquad ③$$

$$\sigma_{e3}+\sigma_{e4}=\frac{q_B}{S} \qquad ④$$

联立求解以上四个方程式①、式②、式③和式④,可得

$$\sigma_{e1}=\frac{q_A+q_B}{2S},\quad \sigma_{e2}=\frac{q_A-q_B}{2S},\quad \sigma_{e3}=-\frac{q_A-q_B}{2S},\quad \sigma_{e4}=\frac{q_A+q_B}{2S} \qquad (2-6)$$

可见,两金属板相向的两个表面(A 板的右表面、B 板的左表面)上,电荷面密度 σ_{e2}、σ_{e3}总是大小相等而符号相反,即 $\sigma_{e2}=-\sigma_{e3}$;两金属板相背的两个表面(A 板的左表面、B 板的右表面)上,电荷面密度 σ_{e1}、σ_{e4}总是大小相等而符号相同,即 $\sigma_{e1}=\sigma_{e4}$. 不

论 q_A、q_B 带哪种电荷，上面的结果均成立．下面，讨论几种情况：

(a) 若两块板带上等量异号的电荷，即后面介绍的平行板电容器带电时的情况，此时 $q_A=-q_B$，则

$$\sigma_{e1}=\sigma_{e4}=0,\quad \sigma_{e2}=-\sigma_{e3}=\frac{q_A}{S} \tag{2-7}$$

即平行板电容器带电时，电荷只分布在相向的两个表面(A 板的右表面、B 板的左表面)上.

(b) 若两块板带上同样的电荷，此时 $q_A=q_B$，则

$$\sigma_{e1}=\sigma_{e4}=\frac{q_A}{S},\quad \sigma_{e2}=\sigma_{e3}=0$$

即电荷只分布在相背的两个表面(A 板的左表面、B 板的右表面)上．

(c) 若一块板带电，一块板不带电，设 $q_B=0$，此时

$$\sigma_{e1}=\sigma_{e2}=-\sigma_{e3}=\sigma_{e4}=\frac{q_A}{2S}$$

(2) 将 B 板接地后，B 板和大地之间将会发生电荷交换．由于 B 板右侧没有其他带电体，接地后其右表面上的电荷就会变为零，所以，

$$\sigma_{e4}=0 \tag{⑤}$$

否则 B 板右表面上有电场线伸向无限远处，由于电场线是沿着电势下降的方向，所以与接地时应有 $\varphi_B=\varphi_{地}=\varphi_\infty=0$ 相矛盾．

式①、式②、式③仍成立．联立求解式①、式②、式③和式⑤这四个方程，可得

$$\sigma_{e1}=\sigma_{e4}=0,\quad \sigma_{e2}=-\sigma_{e3}=\frac{q_A}{S} \tag{2-8}$$

与平行板电容器带电时的结果一样，参见式(2-7).

(3) 由于空间任意一点的电场是四个无限大均匀带电平面的电场叠加的结果，而各带电平面产生的电场是均匀的，则总电场在各区的分布也分别是均匀的．当 $q_A>q_B>0$ 时，可根据式(2-2)和式(2-6)求得总电场的分布如下：

在Ⅰ区，$E_{\mathrm{I}}=\dfrac{\sigma_{e1}}{\varepsilon_0}=\dfrac{q_A+q_B}{2\varepsilon_0 S}$，方向向左

在Ⅱ区，$E_{\mathrm{II}}=\dfrac{\sigma_{e2}}{\varepsilon_0}=\dfrac{q_A-q_B}{2\varepsilon_0 S}$，方向向右

在Ⅲ区，$E_{\mathrm{III}}=\dfrac{\sigma_{e4}}{\varepsilon_0}=\dfrac{q_A+q_B}{2\varepsilon_0 S}$，方向向右

图 2-20 中画出了各区的电场线．

若将 B 板接地，则可根据式(2-2)和式(2-8)求得总电场的分布如下：

在Ⅰ区，$E_{\mathrm{I}}=\dfrac{\sigma_{e1}}{\varepsilon_0}=0$

在Ⅱ区，$E_{\mathrm{II}}=\dfrac{\sigma_{e2}}{\varepsilon_0}=\dfrac{q_A}{S}$，方向向右

在Ⅲ区，$E_{\mathrm{III}}=0$

例 2-2

两块大金属板 A 和 B 平行放置，所带电荷量分别为 q_A 和 q_B，二者之间还平行插入一块中性的金属板 C，三块大金属板的面积均为 S. 忽略金属板的边缘效应，求静电平衡时：

(1) 各金属板上的电荷分布；

(2) 若将 B 板接地，A、B 两板之间电场强度的大小 E.

解：(1) 静电平衡时电荷只能分布在三块金属板的六个表面上．忽略金属板的边缘效

应,可以认为电荷分别均匀分布在这六个无限大表面上.设它们的电荷面密度分别为 σ_{e1}、σ_{e2}、σ_{e3}、σ_{e4}、σ_{e5} 和 σ_{e6},如图 2-21 所示.

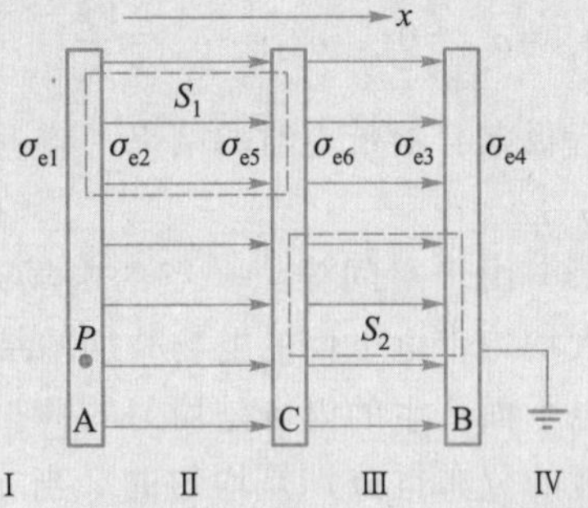

图 2-21 三块金属板的电荷和电场分布示意图

由于板间电场与板面垂直,金属板的内部电场为零,所以先选一个侧面与板面垂直而两底分别在 A、C 两板内部的柱形高斯面 S_1,如图 2-21 所示,则通过此高斯面的 $\boldsymbol{E}$ 通量为零.由高斯定理可得

$$\sigma_{e2}+\sigma_{e5}=0 \quad ①$$

再选一个侧面与板面垂直而两底分别在 C、B 两板内部的柱形高斯面 S_2,如图 2-21所示,则通过此高斯面的 $\boldsymbol{E}$ 通量也为零.由高斯定理可得

$$\sigma_{e6}+\sigma_{e3}=0 \quad ②$$

然后在 A 板内取一 P 点,并设六个带电平面在 P 点分别产生的场强沿着 x 轴正方向时为正值,由于金属板 A 内 P 点的总场强应为零,则

$$E_P=\frac{\sigma_{e1}}{2\varepsilon_0}-\frac{\sigma_{e2}}{2\varepsilon_0}-\frac{\sigma_{e3}}{2\varepsilon_0}-\frac{\sigma_{e4}}{2\varepsilon_0}-\frac{\sigma_{e5}}{2\varepsilon_0}-\frac{\sigma_{e6}}{2\varepsilon_0}=0 \quad ③$$

最后再根据电荷守恒定律可知

$$\sigma_{e1}+\sigma_{e2}=\frac{q_A}{S} \quad ④$$

$$\sigma_{e3}+\sigma_{e4}=\frac{q_B}{S} \quad ⑤$$

$$\sigma_{e5}+\sigma_{e6}=0 \quad ⑥$$

联立求解以上六个方程式①—⑥,可得

$$\sigma_{e1}=\frac{q_A+q_B}{2S},\quad \sigma_{e2}=\frac{q_A-q_B}{2S},$$

$$\sigma_{e3}=-\frac{q_A-q_B}{2S},\quad \sigma_{e4}=\frac{q_A+q_B}{2S}$$

$$\sigma_{e5}=-\frac{q_A-q_B}{2S},\quad \sigma_{e6}=\frac{q_A-q_B}{2S}$$

与式(2-6)对比可见,中性金属板 C 的插入不改变原来 A、B 两板的电荷分布,但 C 板两表面上出现了等值异号的电荷.

(2) 将 B 板接地后,由于 B 板右侧没有其他带电体,其右表面上的电荷就会变为零,所以

$$\sigma_{e4}=0 \quad ⑦$$

而式①—④和式⑥仍成立.联立求解式①—④、式⑥和式⑦这六个方程,可得

$$\sigma_{e1}=\sigma_{e4}=0,\quad \sigma_{e2}=-\sigma_{e3}=-\sigma_{e5}=\sigma_{e6}=\frac{q_A}{S} \quad ⑧$$

由此可见,B 板所带的电荷量确实由于接地而改变.

若现拆去 B 板的接地线,各板的电荷分布应无变化.再令 A 板接地,此时若令 $\sigma_{e1}=0$,重新计算,则结果是各个面的电荷面密度仍都不变,所以电荷分布不因 A 板接地而进一步改变.可见,接地只是提供交换电荷的可能性,至于如何交换才取决于具体情况.

由于两板之间的电场分别是均匀的,所以可以直接利用式(2-2)和式⑧得到 A、B 两板之间电场强度大小的分布为

$$E_{\text{Ⅱ}}=\frac{\sigma_{e2}}{\varepsilon_0}=\frac{q_A}{\varepsilon_0 S}$$

$$E_{\text{Ⅲ}}=\frac{\sigma_{e6}}{\varepsilon_0}=\frac{q_A}{\varepsilon_0 S}$$

若 $q_A>0$,图 2-21 中示出了各区的电场线.

例 2-3

如图 2-22 所示，在一半径 $R_1=6.0$ cm 的实心金属球 A 外面套有一个同心的金属球壳 B. 已知球壳 B 的内、外半径分别为 $R_2=8.0$ cm，$R_3=10.0$ cm. 设球 A 所带的电荷总量为 $Q_A=3\times10^{-8}$ C，球壳 B 所带的电荷总量为 $Q_B=2\times10^{-8}$ C.

授课视频：有导体时场量计算[例 2-3]

(1) 求电场强度的分布；

(2) 求球 A 和球壳 B 的电势；

(3) 将球壳 B 接地，求球 A 的电势；

(4) 断开球壳 B 的接地线，再把球 A 接地，求球壳 B 的电势；

(5) 无上述接地过程，用导线连接球 A 和球壳 B，求球 A 的电势以及电场强度的分布.

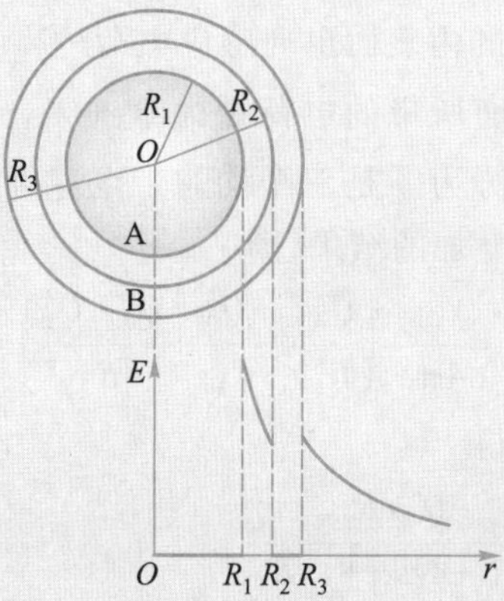

图 2-22 例 2-3 图

解：(1) 由导体的静电平衡条件及高斯定理可知，电荷只能均匀地分布在金属球 A 和球壳 B 的内、外表面上. 金属球 A 半径为 R_1 的表面上所带的电荷量为

$$Q_{A表}=Q_A=3\times10^{-8}\ \text{C}$$

球壳 B 半径为 R_2 的内表面上所带的电荷量为

$$Q_{B内}=-Q_A=-3\times10^{-8}\ \text{C}$$

球壳 B 半径为 R_3 的外表面上所带的电荷量为

$$Q_{B外}=Q_A+Q_B=(3\times10^{-8}+2\times10^{-8})\ \text{C}$$
$$=5\times10^{-8}\ \text{C}$$

由于实心金属球 A 与金属球壳 B 同心放置，所以三个球状表面上的电荷都是均匀分布的，这样，它们所产生的电场就具有球对称性. 用高斯定理很容易求出空间的场强分布为

当 $r<R_1$ 时， $E_1=0$

这也可直接由静电平衡时导体的内部场强为零得到.

当 $R_1<r<R_2$ 时，$\boldsymbol{E}_2=\dfrac{Q_{A表}}{4\pi\varepsilon_0 r^2}\boldsymbol{e}_r=\dfrac{Q_A}{4\pi\varepsilon_0 r^2}\boldsymbol{e}_r$

$$=\frac{3\times10^{-8}}{4\pi\times8.85\times10^{-12}r^2}\boldsymbol{e}_r=\frac{270}{r^2}\boldsymbol{e}_r(\text{V}\cdot\text{m}^{-1})$$

当 $R_2<r<R_3$ 时，$E_3=0$

这也可直接由静电平衡时导体的内部场强为零得到.

当 $r>R_3$ 时，$\boldsymbol{E}_4=\dfrac{Q_{B外}}{4\pi\varepsilon_0 r^2}\boldsymbol{e}_r=\dfrac{Q_A+Q_B}{4\pi\varepsilon_0 r^2}\boldsymbol{e}_r=$

$$\frac{5\times10^{-8}}{4\pi\times8.85\times10^{-12}r^2}\boldsymbol{e}_r=\frac{450}{r^2}\boldsymbol{e}_r(\text{V}\cdot\text{m}^{-1})$$

电场强度的分布也可由三个均匀带电球面产生的场强利用场强叠加原理获得，场强大小分布如图 2-22 所示.

(2) 根据电势叠加原理，空间各点的电势就是三个均匀带电球面所产生的电势叠加的结果. 由例 1-22 所求均匀带电球面电场中的电势分布公式(1-70)(取 $\varphi_\infty=0$)，可得球 A 和球壳 B 的电势分别为

$$\varphi_A=\frac{1}{4\pi\varepsilon_0}\left(\frac{Q_{A表}}{R_1}+\frac{Q_{B内}}{R_2}+\frac{Q_{B外}}{R_3}\right)$$

$$=\frac{1}{4\pi\varepsilon_0}\left(\frac{Q_A}{R_1}+\frac{-Q_A}{R_2}+\frac{Q_A+Q_B}{R_3}\right)$$

$$=\frac{1}{4\pi\times8.85\times10^{-12}}\left(\frac{3\times10^{-8}}{0.06}+\frac{-3\times10^{-8}}{0.08}+\frac{5\times10^{-8}}{0.10}\right)\text{ V}$$

$$=5\ 625\text{ V}$$

$$\varphi_B=\frac{1}{4\pi\varepsilon_0}\left(\frac{Q_{A表}}{R_3}+\frac{Q_{B内}}{R_3}+\frac{Q_{B外}}{R_3}\right)=\frac{1}{4\pi\varepsilon_0}\frac{Q_{B外}}{R_3}$$

$$=\frac{1}{4\pi\varepsilon_0}\frac{Q_A+Q_B}{R_3}$$

$$=\frac{1}{4\pi\times8.85\times10^{-12}}\times\frac{5\times10^{-8}}{0.10}\text{ V}=4\ 500\text{ V}$$

此结果也可取无限远处为电势零点，利用电势和场强的积分关系式(1-60)求得，注意：场强是分区的，所以积分要分段进行.

(3) 当球壳 B 接地时，其电势 $\varphi_B=0$. 接地的球壳 B 构成静电屏蔽，因球壳 B 外没有其他带电体，所以球壳 B 的外表面无电荷，即 $Q_{B外}=0$，使得 $r>R_3$ 的空间场强 $\boldsymbol{E}_4$ 变为零. 球壳 B 外表面以内($r<R_3$)的电荷分布 $Q_{A表}$、$Q_{B内}$ 和电场分布 $\boldsymbol{E}_1$、$\boldsymbol{E}_2$、$\boldsymbol{E}_3$ 都不变. 故根据电势叠加原理可得金属球 A 的电势为

$$\varphi_A=\frac{1}{4\pi\varepsilon_0}\left(\frac{Q_{A表}}{R_1}+\frac{Q_{B内}}{R_2}+\frac{Q_{B外}}{R_3}\right)$$

$$=\frac{1}{4\pi\varepsilon_0}\left(\frac{Q_A}{R_1}+\frac{-Q_A}{R_2}\right)$$

$$=\frac{1}{4\pi\times8.85\times10^{-12}}\left(\frac{3\times10^{-8}}{0.06}+\frac{-3\times10^{-8}}{0.08}\right)\text{ V}$$

$$=1\ 125\text{ V}$$

此结果也可取无限远处为电势零点，利用电势和场强的积分关系式(1-60)求得.

(4) 断开球壳 B 接地线后，则它所带的电荷总量变为

$$Q'_B=Q_{B内}=-Q_A=-3\times10^{-8}\text{ C}$$

然后将金属球 A 接地，则球 A 的电势 $\varphi_A=0$. 但此时，其外部有带电 Q'_B 的球壳，所以，球 A 表面上的电荷并没有因接地全部消失，但也不是原来的 Q_A. 设此时金属球 A 表面所带电荷量为 Q'_A，则静电平衡时，金属球壳 B 的内表面出现感应电荷 $-Q'_A$；球壳 B 的外表面所带的电荷量为 $Q'_A+Q'_B$. 由于球 A 的电势为零是三个均匀带电球面所产生的电势叠加的结果，则

$$\varphi_A=\frac{1}{4\pi\varepsilon_0}\left(\frac{Q'_A}{R_1}+\frac{-Q'_A}{R_2}+\frac{Q'_A+Q'_B}{R_3}\right)=0$$

由此解得

$$Q'_A=\frac{-Q'_B/R_3}{1/R_1-1/R_2+1/R_3}$$

$$=\frac{3\times10^{-8}/0.10}{1/0.06-1/0.08+1/0.10}\text{ C}=2.1\times10^{-8}\text{ C}$$

球壳 B 内、外表面上所带的电荷量分别为

$$Q'_{B内}=-Q'_A=-2.1\times10^{-8}\text{ C}$$

$$Q'_{B外}=Q'_A+Q'_B=(2.1\times10^{-8}-3\times10^{-8})\text{ C}$$

$$=-0.9\times10^{-8}\text{ C}$$

利用电势叠加原理或电势与场强的积分关系式(1-60)可得球壳 B 的电势为

$$\varphi_B=\frac{1}{4\pi\varepsilon_0}\frac{Q'_{B外}}{R_3}=\frac{1}{4\pi\varepsilon_0}\frac{Q'_A+Q'_B}{R_3}$$

$$=\frac{1}{4\pi\times8.85\times10^{-12}}\times\frac{(-3+2.1)\times10^{-8}}{0.1}\text{ V}$$

$$=-810\text{ V}$$

(5) 无上述接地过程，用导线连接金属球 A 和球壳 B，球 A 的表面就成为球壳 B 的内表面的一部分，所以静电平衡时，球 A 的表面和球壳 B 的内表面均没有电荷分布，所有电荷 Q_A+Q_B 全部均匀分布在球壳 B 的外表面上．球壳 B 外表面以内（$r<R_3$）的整个区域都是等势区，所以金属球 A 的电势为

$$\varphi_A=\varphi_B=\frac{Q_A+Q_B}{4\pi\varepsilon_0 R_3}$$

$$=\frac{1}{4\pi\times 8.85\times 10^{-12}}\times\frac{5\times 10^{-8}}{0.10}\ \mathrm{V}$$

$$=4\ 500\ \mathrm{V}$$

电场强度的分布为

当 $r<R_1$ 时，　$E_1=0$

当 $R_1<r<R_2$ 时，$E_2=0$

当 $R_2<r<R_3$ 时，$E_3=0$

当 $r>R_3$ 时，$\boldsymbol{E}_4=\dfrac{Q_{B外}}{4\pi\varepsilon_0 r^2}\boldsymbol{e}_r=\dfrac{Q_A+Q_B}{4\pi\varepsilon_0 r^2}\boldsymbol{e}_r$

$$=\frac{5\times 10^{-8}}{4\pi\times 8.85\times 10^{-12} r^2}\boldsymbol{e}_r=\frac{450}{r^2}\boldsymbol{e}_r\ (\mathrm{V\cdot m^{-1}})$$

即球壳 B 外表面以内（$r<R_3$）各区域的场强大小 E_1、E_2、E_3 都为零，球壳 B 外（$r>R_3$）的电场仍与（1）的求解结果一样．

库仑定律的卡文迪什实验验证　导体空腔内没有带电体时，电荷只能分布在导体外表面上的结论，是建立在高斯定理的基础之上的，而高斯定理又是由库仑定律反映的库仑力与点电荷距离之间的平方反比关系推导出来的．相反，若两个点电荷之间的相互作用力偏离了这个平方反比律，则高斯定理将不成立，从而在空腔内没有带电体时，空腔导体上的电荷也不会完全分布在外表面上．用实验方法来研究这种情况下的空腔导体内表面是否没有电荷，可以比库仑扭秤实验更为精确地验证库仑力与点电荷距离之间的平方反比关系．

授课视频：库仑定律的卡文迪什实验验证

这类实验在 1785 年库仑定律建立之前，首先由英国物理学家卡文迪什（Henry Cavendish，1731—1810）在 1772—1773 年间完成．如图 2-23 所示，卡文迪什用一个金属球 A 和一个与之同心的金属球壳 B 做实验．金属球 A 以一根穿过中心的玻璃棒为

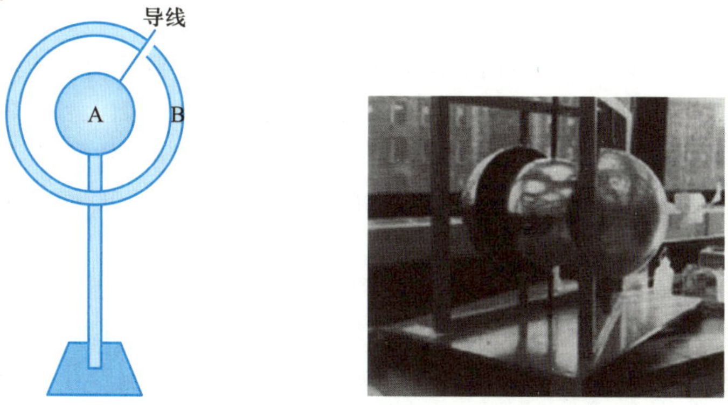

(a) 示意图　　(b) 实验装置复原件

图 2-23　卡文迪什实验

NOTE

轴，金属球壳 B 由两个可分开的半球壳组合而成，两个半球壳合起来正好形成球 A 外的同心球壳．实验时，先使球 A 和球壳 B 带上电荷；再通过一根导线将二者连在一起，这样，球 A 表面就成为球壳 B 内表面的一部分．系统带上电荷后，取走导线，再将球壳 B 的两半分开并移去，然后用木髓球验电器检验金属球 A 的带电情况．结果发现它没有带电，电荷完全分布在球壳 B 上．

卡文迪什将这个实验重复了多次，确定静电场力服从平方反比定律，指数偏差不超过 0.02. 此卡文迪什实验设计得相当巧妙. 卡文迪什用的是当年最原始的电测仪器，将直接测量变为间接测量，并且使用了示零法，获得了相当可靠而且精确的结果．但是卡文迪什的相关实验结果和他自己的许多看法，却没有由他自己公布出来，直到 19 世纪中叶，英国物理学家开尔文即威廉·汤姆孙（William Thomson，1824—1907）注意到卡文迪什的手稿的价值，经他催促，才于 1879 年由麦克斯韦整理，使卡文迪什约一百年前的许多重要发现得以公布于世．对于卡文迪什把全部身心倾注在科学研究工作上的精神，麦克斯韦写道："这些论文证明卡文迪什几乎预料到电学上所有的伟大事实．"卡文迪什把自己的研究成果捂得如此严实，他对研究的关心远甚于对发表著作的关心，以至于电学的历史改变了本来面目，在科学史上成了一个很大的遗憾．

例 2-4

如图 2-24 所示，半径为 R 的金属球原为中性，现将一所带电荷量为 $+q$ 的点电荷放在金属球外离球心 O 点距离为 r_0（$r_0 > R$）处，金属球内 P 点至点电荷 q 的距离为 r.

（1）求金属球上的感应电荷在 P 点处产生的电场强度和电势；

（2）若将金属球接地，不计接地导线上电荷的影响，求金属球上的感应电荷总量．

授课视频：有导体时场量计算［例 2-4］

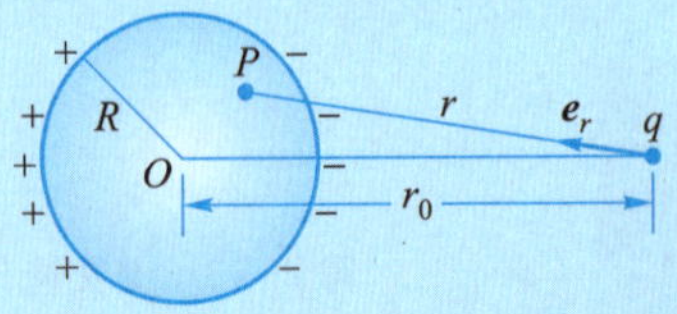

图 2-24 例 2-4 图

解：（1）由于点电荷 $+q$ 产生的电场是非均匀电场，所以金属球在这个电场中因静电感应而在球表面上产生的等量异号的感应电荷是非均匀分布的，即金属球表面上各处的电荷面密度不同；并且靠近点电荷一侧为负电荷，远离点电荷的另一侧为正电荷，如图 2-24 所示．

在静电平衡时，金属球内 P 点总的电场强度 $\boldsymbol{E}$ 为零．这是空间所有电荷在 P 点产生的电场包括点电荷 q 在 P 点产生的电

场 $\boldsymbol{E}_1$ 与金属球表面上的感应电荷在 P 点产生的电场 $\boldsymbol{E}_2$ 矢量叠加的结果．即

$$\boldsymbol{E}=\boldsymbol{E}_1+\boldsymbol{E}_2=\boldsymbol{0}$$

式中，点电荷 $+q$ 在 P 点产生的电场强度为

$$\boldsymbol{E}_1=\frac{q}{4\pi\varepsilon_0 r^2}\boldsymbol{e}_r$$

式中，$\boldsymbol{e}_r$ 为从点电荷 q 所在处指向 P 点方向上的单位矢量．则金属球面上非均匀分布的感应电荷在 P 点产生的电场强度为

$$\boldsymbol{E}_2=\boldsymbol{E}-\boldsymbol{E}_1=\boldsymbol{0}-\frac{q}{4\pi\varepsilon_0 r^2}\boldsymbol{e}_r=-\frac{q}{4\pi\varepsilon_0 r^2}\boldsymbol{e}_r$$

式中，负号表示 $\boldsymbol{E}_2$ 的方向沿 r 从 P 指向点电荷 q 所在处．

由于整个金属球是等势体，金属球内任意一点的电势都相同，所以 P 点处的电势等于 O 点处的电势，即

$$\varphi_P=\varphi_O$$

则 O 点的电势可代表导体球的电势，它是由空间所有电荷在 O 点产生的电势叠加的结果．其中点电荷 q 在 O 点产生的电势为

$$\varphi_{10}=\frac{q}{4\pi\varepsilon_0 r_0}$$

金属球面上的感应电荷到 O 点的距离都相同，尽管这些等量异号的感应电荷在球面上不是均匀分布的，但是由于金属球面上的净电荷量 $Q=0$，所以它们在球心 O 点处产生的电势代数相加为零，即

$$\varphi_{20}=\int\frac{\mathrm{d}q}{4\pi\varepsilon_0 R}=\frac{1}{4\pi\varepsilon_0 R}\int\mathrm{d}q$$

$$=\frac{Q}{4\pi\varepsilon_0 R}=0$$

所以 O 点也即 P 点的电势为

$$\varphi_P=\varphi_O=\varphi_{10}+\varphi_{20}=\frac{q}{4\pi\varepsilon_0 r_0}+0=\frac{q}{4\pi\varepsilon_0 r_0}$$

P 点的电势也是由空间所有电荷在 P 点产生的电势包括点电荷 q 在 P 点产生的电势 φ_{1P} 与金属球表面上的感应电荷在 P 点产生的电势 φ_{2P} 叠加的结果．即

$$\varphi_P=\varphi_{1P}+\varphi_{2P}$$

式中，点电荷 q 在 P 点产生的电势为

$$\varphi_{1P}=\frac{q}{4\pi\varepsilon_0 r}$$

则金属球面上非均匀分布的感应电荷在 P 点产生的电势为

$$\varphi_{2P}=\varphi_P-\varphi_{1P}=\frac{q}{4\pi\varepsilon_0 r_0}-\frac{q}{4\pi\varepsilon_0 r}$$

（2）将金属球接地，其电势变为零，即球心 O 点的电势也为零．这是空间所有电荷在该点各自产生的电势叠加的结果．其中，点电荷 q 在 O 点产生的电势为

$$\varphi'_{10}=\frac{q}{4\pi\varepsilon_0 r_0}$$

设在静电平衡时金属球表面上感应的总电荷量为 Q'，其在 O 点产生的电势为

$$\varphi'_{20}=\frac{Q'}{4\pi\varepsilon_0 R}$$

根据电势叠加原理，O 点的电势为

$$\varphi'_O=\varphi'_{10}+\varphi'_{20}=\frac{Q'}{4\pi\varepsilon_0 R}+\frac{q}{4\pi\varepsilon_0 r_0}=0$$

解得

$$Q'=-\frac{R}{r_0}q$$

此结果表明，在电场中接地导体上常带有感应电荷．正是接地导体上存在感应电荷，才使导体的电势为零．不要错误地认为，接地导体的电势为零，其上就一定没有电荷．

例 2-5

如图 2-25(a)所示,一接地的无限大厚导体板的一侧有半无限长的均匀带正电荷的直线,电荷线密度为 λ_e,垂直于导体板放置,带电直线的一端 A 与板的距离 $OA=d$. 求板面上 O 点处的感应电荷面密度 σ_{eO}.

授课视频:有导体时场量计算[例 2-5]及小结

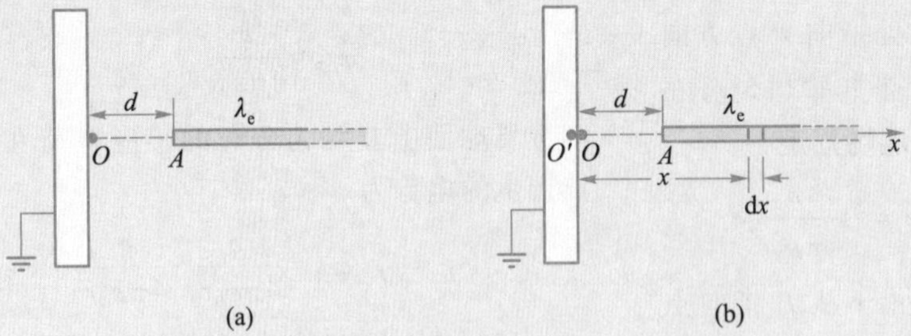

图 2-25　例 2-5 图

解:建立坐标如图 2-25(b)所示,O 为原点,x 轴沿带电直线. 在导体板内取与 O 点邻近的 O'点,O'点的总场强 $\boldsymbol{E}_{O'}=\boldsymbol{0}$,这是由带电直线和导体板上的感应电荷分别产生的场强 $\boldsymbol{E}_{线O'}$ 和 $\boldsymbol{E}_{感O'}$ 矢量叠加的结果,即

$$\boldsymbol{E}_{线O'}+\boldsymbol{E}_{感O'}=\boldsymbol{0}$$

在带电直线上取线电荷元 $\lambda_e \mathrm{d}x$,将其视为点电荷,则带电直线在 O'点产生的电场强度的大小为

$$E_{线O'}=\int_d^{\infty}\frac{\lambda_e \mathrm{d}x}{4\pi\varepsilon_0 x^2}=\frac{\lambda_e}{4\pi\varepsilon_0 d}$$

方向沿 x 轴负方向.

导体板接地以后,导体板的电势与大地的电势相同. 由于板的左边没有其他带电体,所以导体板的左表面上没有电荷. 导体板的右表面上的感应电荷可分为两部分:O 点处的小面元上感应电荷以及除此面元外的感应电荷. 其中,后一部分的感应电荷的分布是关于 O 点呈圆对称分布的,在 O 点也即 O'点产生的场强为零. 所以右表面上的感应电荷在 O'点产生的场强就为 O 点处的小面元在 O'点产生的场强. 对 O'点而言,该小面元可视为电荷面密度为 σ_{eO}的无限大均匀带电平面,所以感应电荷在 O'点产生的电场强度大小为

$$E_{感O'}=\frac{\sigma_{eO}}{2\varepsilon_0}$$

先设 $\sigma_{eO}>0$,则 $\boldsymbol{E}_{感O'}$ 方向也沿 x 轴负方向. 根据场强叠加原理

$$E_{O'}=E_{线O'}+E_{感O'}=\frac{\lambda_e}{4\pi\varepsilon_0 d}+\frac{\sigma_{eO}}{2\varepsilon_0}=0$$

有

$$\sigma_{eO}=-\frac{\lambda_e}{2\pi d}$$

上面介绍了导体与电场相互作用的特点. 一方面,电场可以改变导体上的电荷分布,产生感应电荷;另一方面,导体上的电荷又反过来改变着电场的分布. 也就是说,导体上的电荷与空间电场相互影响,相互制约. 最后达到怎样的平衡分布,由二者共同

决定．在解决有关导体问题，特别是涉及导体接地问题时，其关键是把握导体的静电平衡条件，并一定要注意以下几点：

(1) 通常规定大地为电势零点，大地的电势为零与无限远处电势为零一般情况下可认为是等价的．接地的导体与地球等电势，此时，即使导体外部的电场分布发生变化，导体的电势也始终保持零电势不变．

(2) 导体接地也只表明导体与地球等电势并为导体与地球之间电荷的流动提供了一个通道而已．而导体表面的电荷未必一定全部消失，接地导体表面电荷究竟如何分布，需由导体的静电平衡条件、高斯定理和静电场的环路定理来决定．

(3) 电场中任一点的电势都是所有电荷共同贡献的结果，因此，导体接地时，电势为零也是导体表面的电荷及周围空间所有电荷共同贡献的结果．

NOTE

*2.1.5 静电技术在实际中的应用

静电学是物理学中一门古老而成熟的分支学科，有着丰富的实验基础和完善的理论体系．广泛存在于自然界和人类日常生活中的静电现象也被人们所熟知，并且被广泛地应用于工农业生产中，例如静电除尘、静电复印、静电喷涂和静电除虫等．下面就从静电防护和静电探测两个方面简单介绍静电技术在日常工作和生活乃至高技术领域中的应用．

在实际工作和生活中，静电的产生是不可避免的，这是因为任何两个物体在接触分离的过程中都会产生静电，而静电场通过静电感应或静电极化也可以使原来不带电的物体成为带电体．当静电的产生和积累超过一定限度时，就会因电场过强产生放电现象，对生产环境、产品和生命产生危害．为了防止静电产生的危害，最有效的措施就是使用导电材料并进行有效的静电接地．例如在大规模集成电路生产及运输过程中，为了防止静电对电子产品及其元器件造成损伤，这些元件和电子产品都必须用防静电的材料进行包装，如图 2-26 所示．这些防静电的包装袋实际上就是由导电材料制成的，可对被包装的电子产品起到静电屏蔽的作用，这样就能保证电子产品及其元器件不受外界环境中静电的影响被损伤．

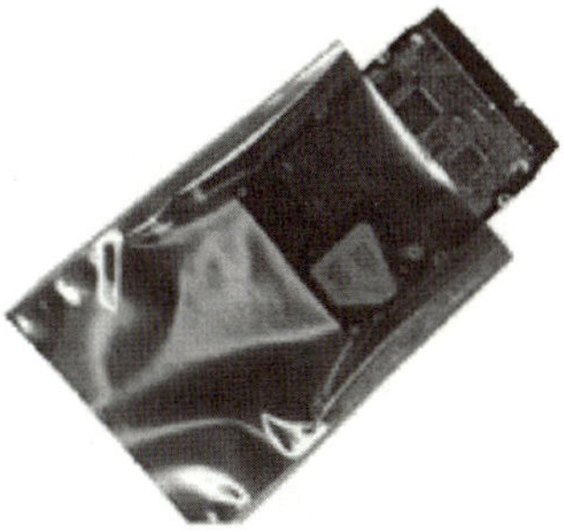

图 2-26 防静电材料

又如在火工品、烟花爆竹生产企业及在炼油厂、加油站等场所，由于静电聚积而产生的静电放电有引发燃烧爆炸的危险．因此在易燃易爆危险品的生产车间都必须使用防静电的工作台面、

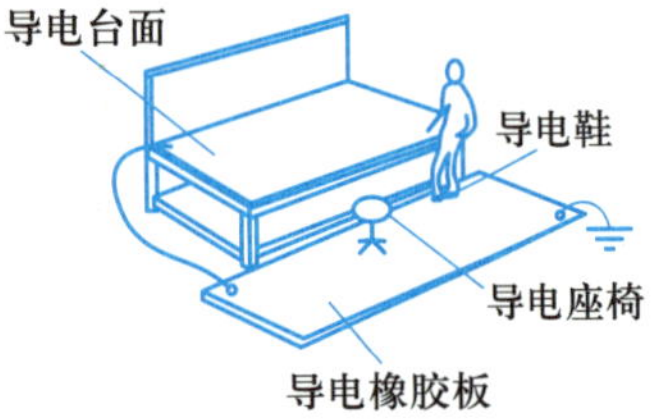

图 2-27 防静电设施

地面及座椅，工作人员也必须穿着防静电的工作服和防静电鞋等，如图 2-27 所示．这些防静电的工作台面、地面及座椅都由导电材料制成，并且进行了静电接地，工作人员穿着的工作服和鞋等也都是由导电材料制成的．这样在生产过程中产生的静电就可以通过接地装置导入大地，从而避免由于静电存在可能引发的危害．

另外，在纺织、造纸、印刷胶片等工业生产中，纤维、纸张和胶片等会因静电而粘连在一起，从而给生产带来麻烦．在这些场所也可以通过接地、加湿及离子风等传统方法来避免静电的产生．

静电无处不在，在某些场合，静电能产生危害，但在某些场合，静电的存在也同样可以被人们所利用．静电探测就是通过对目标周围空间电场的测定来得到目标有关信息的一种探测技术．静电探测技术最早被用于引信技术（称为静电引信）中．由于任何移动的物体如飞机、导弹等，在飞行过程中将不可避免地带上静电，飞机在飞行过程因静电起电而带上的电势可高达几十千伏到几百千伏，能在其周围空间几百米甚至上千米的较大范围内形成可探测到的静电场．静电引信就是基于静电感应的原理，引信主要由探测电极及其放大电路组成，探测电极在附近带电体的电场中会因为静电感应而带上一定的电势，放大电路通过对电势的测定来判断探测电极是否接近空中飞行的带电体．当电势达到一定数值时，说明静电引信已经接近目标带电体，此时可引爆导弹来摧毁目标飞行物．由于静电感应在原理上相当简单，装置也不复杂，所以静电引信完全不受电子对抗的影响；虽然由于隐身技术的发展，很多飞行器可对雷达电磁波隐身，但只要是飞行器，就不可避免地会产生静电，会对附近的金属电极产生感应，因此静电引信技术也可有效地对抗隐身技术．另外，由于静电感应在较远范围内都能产生，并不需要直接击中目标才能引爆，所以打击的范围也较大．

NOTE

在现代军事中，随着隐身技术的发展，静电探测在防御技术方面的作用也变得越来越重要．前面提到的静电引信技术是基于较近距离内的静电探测技术，若能将静电探测技术发展到适用于较远距离（几百米到上千米），就可以通过对飞行物（飞机或导弹）在飞行过程中所带静电的检测，来实现对目标飞行物的位置及飞行方向的锁定，这在现代防御技术中有着重要的战略意义．与静电引信技术相似，静电探测也是基于静电感应的原理，利用探测电极对空中目标产生的静电场的感应信号来获取目标的信息．与静电引信技术不同的是，利用静电探测来对目标定位，是通过在边境地区设置静电探头阵列来实现的，这些静电探头可以利用静电感应的原理对周围空间的静电变化进行测量,这样就可以通过对静电探头阵列测得的信号进行分析从而得到对飞行物(特别是雷达通常很难探测到的超低空飞行物体)的位置、速度等的判断. 由于探测距离较远,所以对静电探头灵敏度及其信号处理技术的要求就更高.

通过以上静电应用技术可以看出,即使是物理学中非常成熟的原理,在日常生产、生活、现代科技乃至军事科技中都有着不可忽视的重要作用.

2.2 静电场中的电介质

2.2.1 电介质对电场的影响

授课视频:电介质对电场的影响

本节讨论电介质与静电场的相互作用,其特点有些方面与导体有相似之处. 所涉及的电介质只限于各向同性的材料.

电介质也即绝缘体的导电性能极差,这是由于理想的电介质内部没有可以自由移动的电荷. 但构成电介质的原子或分子(以下统称为分子)都是由带负电荷的电子和带正电荷的原子核组成的,它们都会受到电场的作用. 因此电介质进入电场后,其状态会发生变化,并反过来影响静电场. 不同的电介质对静电场的影响程度是不同的,可通过下述实验来观察电介质对静电场的影响.

如图 2-28 所示,两块平行放置的大金属平板分别带有等量异号电荷$+Q$和$-Q$. 板间是空气,可近似当成真空处理. 忽略边缘效应,两板间产生一均匀电场$\boldsymbol{E}_0$,测得两板间电势差为U_0,则$U_0=E_0d$. 此时保持两板的距离d和电荷$\pm Q$都不改变,而在板间充满电介质,测得两板间电势差为U. 实验发现U减小了,它与U_0的关系可表示为

$$U=\frac{U_0}{\varepsilon_r} \tag{2-9}$$

并且$U=Ed$,所以相应地有

$$E=\frac{E_0}{\varepsilon_r} \tag{2-10}$$

式中,$\boldsymbol{E}_0$和$\boldsymbol{E}$分别为充入电介质前、后两板间的电场强度. 实验表明,对于一定的电介质,ε_r为一常量,称为该电介质的相对介电

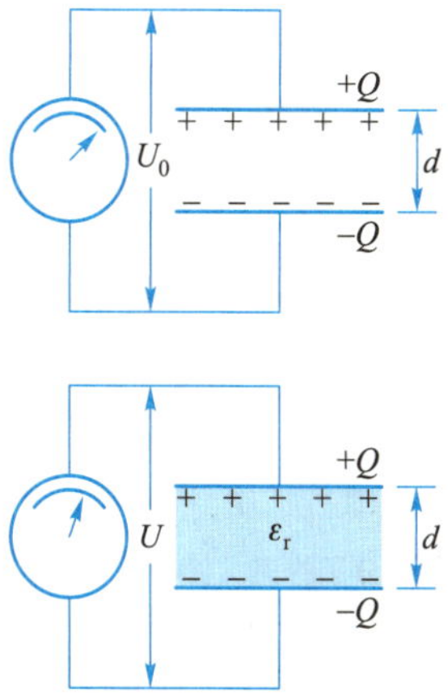

图 2-28 电介质对电场的影响

常量或相对电容率．除真空中 $\varepsilon_r=1$ 外，所有电介质的 ε_r 均大于 1. 几种电介质的相对介电常量见 2.2.3 节的表 2-1.

式(2-10)表明，当两板上的电荷 $\pm Q$ 不变时，电介质的充入使两板间的电场减弱了，场强减为真空时的 $1/\varepsilon_r$. 相对介电常量 ε_r 反映了场强减弱的倍数，它标志电介质对静电场影响的程度，因此是反映物质电学性能的一个重要参量．

实验还发现，如图 2-29 所示，若保持两个大金属板始终分别与电源的正、负两极相连，也就是使两板间的电势差 U 保持恒定. 则电介质的充入会使两板上所带的电荷 Q' 比没有电介质时的 Q 要多，即 $Q'>Q$.

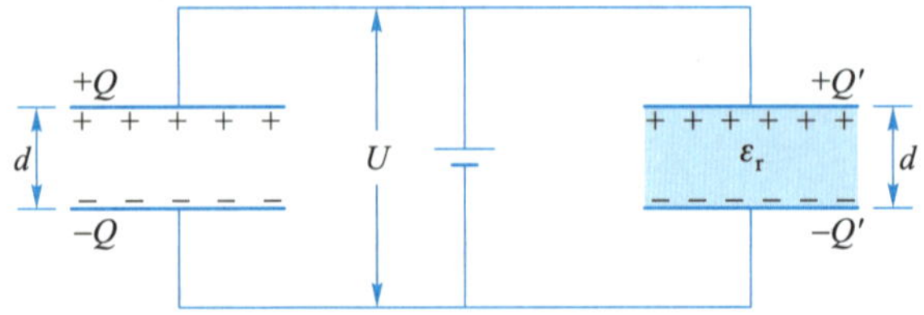

图 2-29 两板间电压保持不变

2.2.2 电介质的极化

授课视频：电介质的极化

下面从电介质的微观结构和电介质在电场中的极化来分析上述实验现象的原因．

对于中性不带电的电介质，虽然每个分子的正、负电荷相等，对外并不显示电性，但在电介质分子中，正、负电荷并不集中于一点，而是通常分布在一个线度为 10^{-10} m 的数量级的体积内．当考虑这些电荷在离开分子的距离比分子的线度大得多的地方所产生的电场时，可以认为分子中全部的正电荷集中于一点，这一点称为正电荷的“重心”；而分子中全部的负电荷也集中于另一点，这一点称为负电荷的“重心”. 也就是说，电介质分子中全部正电荷和负电荷对外的影响，可以等效为一个单独的正电荷和一个单独的负电荷的影响，即这样等效的正电荷和负电荷在远处任意 P 点产生的电场和中性电介质分子全部的正、负电荷在 P 点产生的电场相同．这样等效的正电荷的位置和负电荷的位置分别称为该分子的正电荷和负电荷的“重心”. 因此，一个中性分子就等效于一个电偶极子，而电介质可以认为是由大量的这种微小的电偶极子组成的．

根据电介质分子的电结构的不同，可以把电介质分子分为两

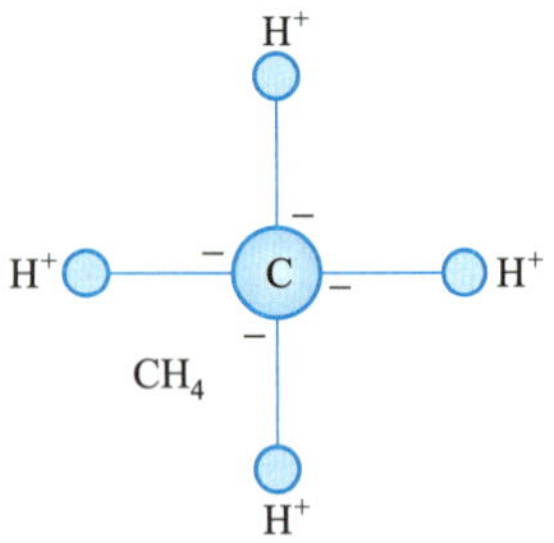

(a) 甲烷分子的正、负电荷“重心”重合

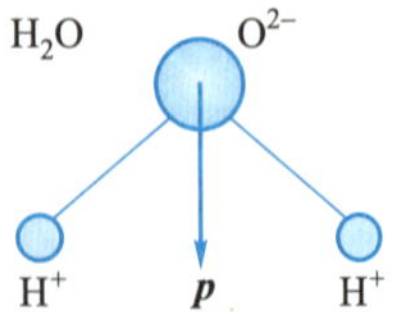

(b) 水分子的正、负电荷“重心”不重合，相当于一个电偶极子。

图 2-30 无极分子与有极分子的结构

类：无极分子与有极分子．有一类分子，如氢、氮、甲烷、石蜡和聚苯乙烯等，当外电场不存在时，它们的正、负电荷“重心”重合，则这种分子的等效电偶极矩为零，这类分子称为无极分子，如图 2-30(a)所示．另一类分子，如水、有机玻璃、纤维素和聚氯乙烯等，即使当外电场不存在时，它们的正、负电荷“重心”也不重合，形成一定的电偶极矩，称为分子的固有电矩，这类分子称为有极分子，如图 2-30(b)所示，其中 $\boldsymbol{p}$ 表示分子的电偶极矩，其方向是由负电荷“重心”指向正电荷“重心”.

由无极分子构成的电介质称为无极分子电介质；由有极分子构成的电介质称为有极分子电介质．当把各向同性的均匀电介质放入外电场中时，电介质分子的正、负电荷将受到电场力的作用，产生极化现象．有极分子和无极分子的电结构不同，因而它们的极化过程也有所不同，下面分别进行讨论．

1. 无极分子电介质的极化

如图 2-31(a)所示，当没有外电场时，每一个无极分子的电偶极矩为零，所以由无极分子构成的电介质的电偶极矩为零，对外不显电性．

如图 2-31(b)所示，把无极分子电介质放入外电场 $\boldsymbol{E}$ 中，在电场力的作用下，每一个分子的正、负电荷受相反方向的电场力 $\boldsymbol{F}_+$ 和 $\boldsymbol{F}_-$ 的作用从而正、负电荷“重心”彼此向相反方向发生微小的位移，变成了一个电偶极子，分子电偶极矩的方向沿外电场方向，这种在外电场作用下产生的电偶极矩称为感生电矩．外电场越强，感生电矩越大．

如图 2-31(c)所示，对于处在外电场中的整块电介质来说，每个分子都有一定的电偶极矩，而且沿外电场方向排列．此时，在均匀电介质内部的宏观微小的区域内，正、负电荷仍然相等，因而仍表现为电中性；但在电介质的两个表面上却出现了只有正电荷或只有负电荷的电荷层，如图 2-31(d)所示．这种正电荷或负电荷是和电介质分子连在一起的，与导体中的自由电荷不同，既不能在电介质内部自由移动，也不能通过诸如接地之类的导电方法使它们脱离相应分子中原子核的束缚而引走，因此称为束缚电荷（或极化电荷）．束缚电荷与自由电荷的共同之处是它们也会产生静电场．在外电场的作用下，电介质表面出现束缚电荷的现象称为电介质的极化．无极分子的极化过程是由分子中正、负电荷“重心”发生相对位移而产生的，所以称为位移极化．又因为分子中带负电荷的电子质量远小于带正电荷的质子质量，所以在外电场的作用下，主要是电子发生位移，无极分子的极化机制也称为电子位移极化．

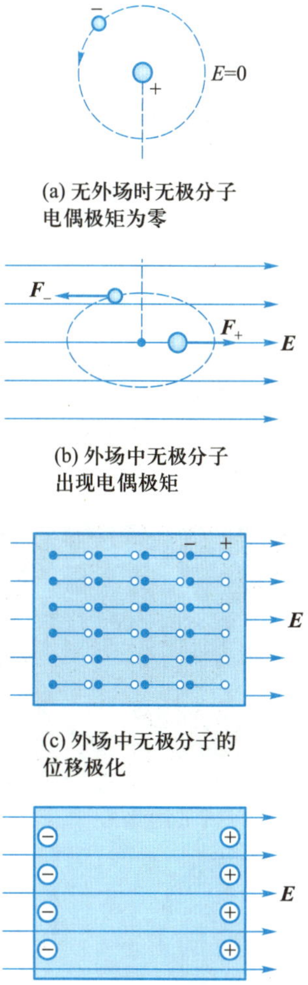

(a) 无外场时无极分子电偶极矩为零

(b) 外场中无极分子出现电偶极矩

(c) 外场中无极分子的位移极化

(d) 被极化的电介质表面出现束缚电荷

图 2-31　无极分子电介质的极化

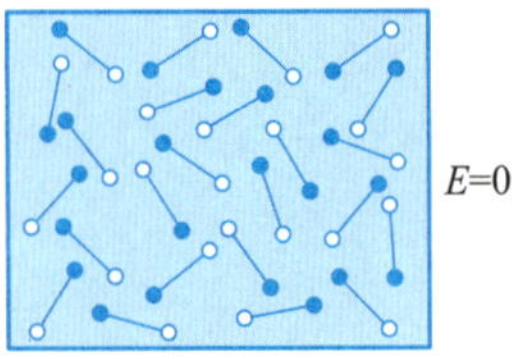

(a) 无外场时有极分子各向机会均等

(b) 有极分子在外场中的转向极化

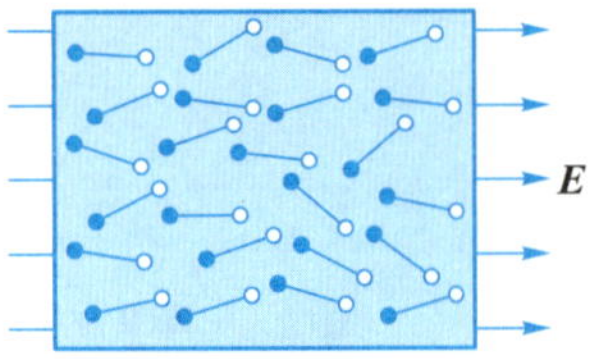

(c) 分子电偶极矩趋向外场方向

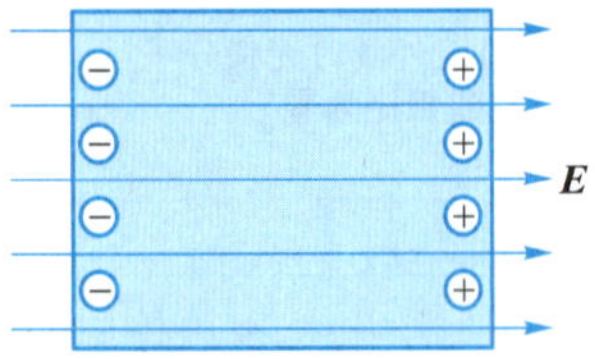

(d) 被极化的电介质表面出现束缚电荷

图 2-32 有极分子电介质的极化

当外电场撤去后，无极分子的正、负电荷“重心”又将重合而恢复原状，极化现象也随之消失．

2. 有极分子电介质的极化

如图 2-32(a)所示，当没有外电场时，虽然每一个有极分子具有固有电矩，但由于分子的无规则热运动，各分子的固有电矩取向杂乱无章，所以由有极分子构成的整个电介质内任意宏观微小区域所有分子的电偶极矩的矢量和为零，对外也呈现电中性．

如图 2-32(b)所示，把有极分子电介质放入外电场 $\boldsymbol{E}$ 中，每个分子的固有电矩都要受到外电场的力矩作用而转向外电场方向．因为只有当电偶极矩 $\boldsymbol{p}$ 的方向与外电场场强 $\boldsymbol{E}$ 的方向相同时，电偶极子才处于稳定平衡状态．然而，由于分子的无规则热运动，各分子电矩不可能非常整齐地沿外电场的方向排列起来，如图 2-32(c)所示．显然，外电场越强，固有电矩排列越整齐．同样，对于均匀有极分子电介质来说，在其内部任意宏观微小区域内，正、负电荷仍然相等，因而表现为电中性，也不会出现体电荷的分布．然而从整体上来看，这种转向排列的结果使电介质表面上出现束缚电荷，即电介质被极化，如图 2-32(d)所示．这种极化称为转向极化或取向极化．在有极分子电介质的极化过程中，也会产生正、负电荷“重心”发生相对位移而引起的位移极化．但是，有极分子电介质的转向极化比位移极化强得多，因而在一般情况下只考虑转向极化．

若撤去外电场，由于分子的热运动，有极分子固有电矩的排列又将变成无序状态了．

综上所述，在静电场中，虽然无极分子电介质和有极分子电介质极化的微观机制不同，但在宏观上，都表现为在均匀电介质表面上出现面束缚电荷．一般来说，外电场越强，极化现象越显著，电介质表面出现的束缚电荷越多．对于非均匀电介质，不仅在电介质表面会出现束缚电荷，在内部也会出现体束缚电荷．

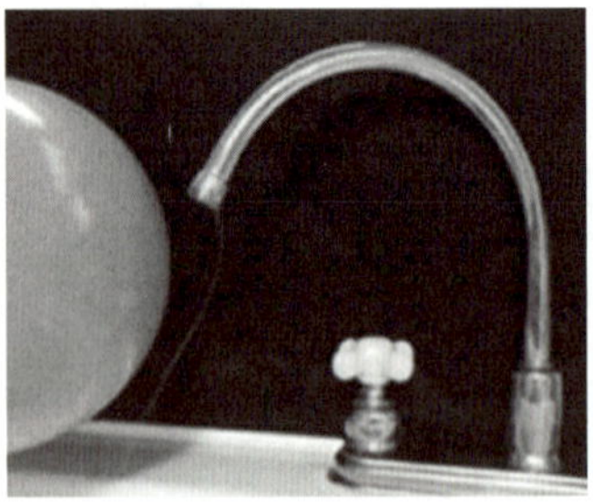

(a) 实验

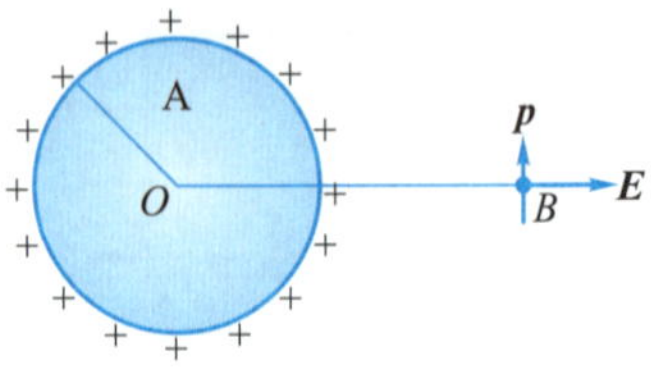

(b) 分析

图 2-33 水流弯曲实验及分析

我们可做这样的实验，让一个经摩擦带电的物体如气球、吸管、塑料梳子等，靠近从管子流出的细水流，你会发现本来向下直流的水弯曲了，如图 2-33(a)所示．为了解释这个现象，先分析图 2-33(b)所示的情况．在一个均匀带有正电荷的球 A 外的 B 点处，放置一个电偶极子，其电偶极矩 $\boldsymbol{p}$ 的方向先是竖直向上的．电偶极子被释放后，该电偶极子将如何运动呢？

球 A 在电偶极子所在处产生的电场强度 $\boldsymbol{E}$ 大致沿着 OB 径

向,在此电场的作用下,根据式(1-85),电偶极子受到的力矩方向为垂直纸面向里,使它沿顺时针方向旋转直至 $\boldsymbol{p}$ 沿 OB 径向.当电偶极矩 $\boldsymbol{p}$ 与电场 $\boldsymbol{E}$ 平行时,由于组成电偶极子的正、负点电荷所在处的电场强度大小不等,靠近球 A 的负点电荷所在处的电场强度大于远离球 A 的正点电荷所在处的电场强度,所以电偶极子又会逆着电场线方向向着球 A 移动.到此,你就能明白,为什么我们能够看到带电物体附近的细水流向其弯曲的现象.

2.2.3 电极化强度

授课视频:电极化强度

在电介质中,取任一宏观上无限小而微观上无限大的体积元 ΔV,在没有外电场时,体积元 ΔV 内所有分子电偶极矩的矢量和 $\sum \boldsymbol{p}_i$ 为零,电介质未被极化.当外电场存在时,体积元 ΔV 内所有分子电偶极矩的矢量和 $\sum \boldsymbol{p}_i$ 不为零,电介质处于极化状态.当外电场不同时,体积元 ΔV 内各分子电偶极矩排列的整齐程度也不同,$\sum \boldsymbol{p}_i$ 也随之发生变化,即极化程度不同.因此,为了定量地描述电介质内各处极化的情况,引入电极化强度矢量,把它定义为单位体积内分子电偶极矩的矢量和,以 $\boldsymbol{P}$ 表示,则有

$$\boldsymbol{P}=\frac{\sum \boldsymbol{p}_i}{\Delta V} \tag{2-11}$$

在国际单位制中,电极化强度的单位为 $\mathrm{C\cdot m^{-2}}$,它的量纲与电荷面密度的量纲相同.

NOTE

对无极分子构成的电介质,若每个分子的感生电矩 $\boldsymbol{p}$ 都相同,则有

$$\boldsymbol{P}=n\boldsymbol{p}$$

式中,n 为电介质单位体积内的分子数.

在外电场中,若电介质各点的电极化强度 $\boldsymbol{P}$ 的大小和方向都相同,称电介质的极化是均匀的,否则就是不均匀的.

在外电场 $\boldsymbol{E}_0$ 中极化的电介质表面以及体内出现的束缚电荷 q' 也要产生电场 $\boldsymbol{E}'$.根据电场强度叠加原理,有电介质时的总电场 $\boldsymbol{E}$ 应是原来外电场 $\boldsymbol{E}_0$ 与束缚电荷所激发的电场 $\boldsymbol{E}'$ 共同叠加的结果,即

$$\boldsymbol{E}=\boldsymbol{E}_0+\boldsymbol{E}'$$

实验表明,当电介质内的电场 $\boldsymbol{E}$ 不太强时,各向同性的电介质的电极化强度 $\boldsymbol{P}$ 与 $\boldsymbol{E}$ 呈线性关系,可表示为

NOTE

$$\boldsymbol{P}=\varepsilon_0(\varepsilon_r-1)\boldsymbol{E} \qquad (2\text{-}12a)$$

式中，ε_r 即2.2.1节中介绍的电介质的相对介电常量，它是一个大于或者等于1的量纲一的量．式(2-12a)也称为电介质的极化规律．若取 $\chi_e=\varepsilon_r-1$，则式(2-12a)可改写为

$$\boldsymbol{P}=\chi_e\varepsilon_0\boldsymbol{E} \qquad (2\text{-}12b)$$

式中，比例系数 χ_e 称为电介质的电极化率．注意，对于各向同性的电介质，电极化强度 $\boldsymbol{P}$ 与场强 $\boldsymbol{E}$ 的方向处处一致．而在各向异性的电介质中，$\boldsymbol{P}$ 与 $\boldsymbol{E}$ 的方向可以不同．本章中仅讨论各向同性的电介质．

由于电介质的束缚电荷是电介质极化的结果，所以束缚电荷与电极化强度之间必然存在一定关系．下面以无极分子电介质为例来讨论这两者之间的关系，所得结论同样适用于有极分子电介质．

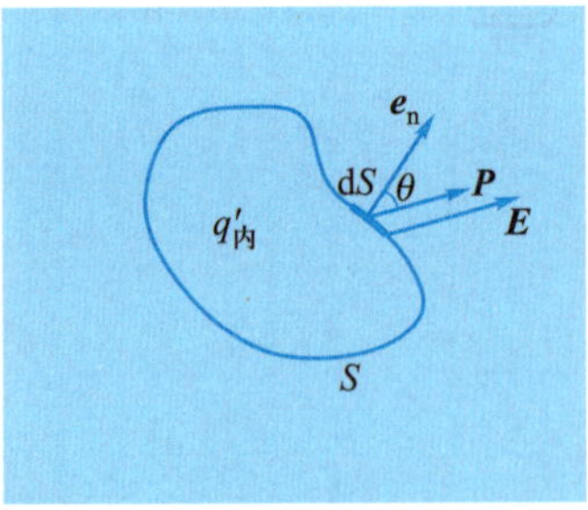

图2-34 因极化而穿过闭合曲面的束缚电荷

如图2-34所示，在电介质体内，任意选取一个闭合曲面 S. 若整个分子都落在 S 面内，由于其正、负电荷的代数和为零，对 S 面内的束缚电荷没有贡献．显然，分子中的正、负电荷分别在 S 面内、外，即电偶极子穿过 S 面的这些分子对 S 面内的束缚电荷才有贡献．在 S 面上任意选取一面元矢量 $\mathrm{d}\boldsymbol{S}$，其正法线方向为 $\boldsymbol{e}_n$，则 $\mathrm{d}\boldsymbol{S}=\mathrm{d}S\boldsymbol{e}_n$. 先考虑能越过面元 $\mathrm{d}S$ 的束缚电荷 $\mathrm{d}q'$. 设面元 $\mathrm{d}S$ 所在处的电场强度为 $\boldsymbol{E}$，电极化强度为 $\boldsymbol{P}$，$\boldsymbol{E}$ 的方向即 $\boldsymbol{P}$ 的方向和 $\mathrm{d}\boldsymbol{S}$ 的正法线方向 $\boldsymbol{e}_n$ 成 θ 角．由于电场 $\boldsymbol{E}$ 的作用，无极分子的正、负电荷的重心将沿电场 $\boldsymbol{E}$ 的方向分离．为简单起见，设电介质极化时，每个分子的负电荷不动，而正电荷沿 $\boldsymbol{E}$ 的方向相对于负电荷发生位移 $\boldsymbol{l}$.

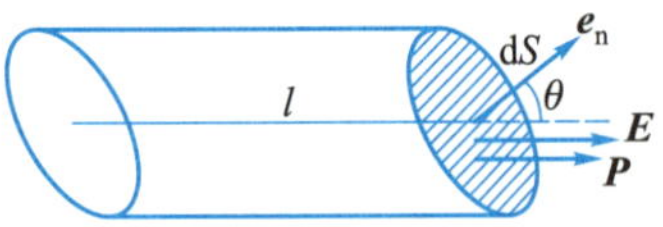

图2-35 穿过面元 $\mathrm{d}S$ 的束缚电荷 $\mathrm{d}q'$

如图2-35所示，在面元 $\mathrm{d}S$ 的后侧取一斜高为 l，底面积为 $\mathrm{d}S$ 的斜柱体，其侧面与电极化强度 $\boldsymbol{P}$ 的方向平行，该斜柱体的体积为 $\mathrm{d}V=l\cos\theta\mathrm{d}S$. 在斜柱体内，电介质可认为被均匀极化，所有分子的 $\boldsymbol{p}$ 都相同．若以 q 表示每个分子中的正电荷量，以 n 表示电介质单位体积内的分子数，则斜柱体内各分子电偶极矩 $\boldsymbol{p}=q\boldsymbol{l}$，电极化强度 $\boldsymbol{P}=n\boldsymbol{p}=nq\boldsymbol{l}$. 显然，凡是原来处于此斜柱体内的分子，电极化后其正电荷都会穿过底面 $\mathrm{d}S$ 到其前侧去，则穿过 $\mathrm{d}S$ 面的总电荷为

$$\mathrm{d}q'=nq\mathrm{d}V=nql\mathrm{d}S\cos\theta=nq\mathrm{d}S\boldsymbol{l}\cdot\boldsymbol{e}_n=\boldsymbol{P}\cdot\mathrm{d}\boldsymbol{S} \qquad (2\text{-}13)$$

因此，面元 $\mathrm{d}S$ 上因电极化而穿过单位面积的电荷应为

$$\frac{\mathrm{d}q'}{\mathrm{d}S}=\boldsymbol{P}\cdot\boldsymbol{e}_n=P\cos\theta \qquad (2\text{-}14)$$

上式表明，当 $\theta<\pi/2$ 时，穿过面元 $\mathrm{d}S$ 的电荷为正，落在 S 面内的

NOTE

是负电荷．当 $\theta>\pi/2$ 时，穿过面元 $\mathrm{d}S$ 的电荷为负，落在 S 面内的是正电荷．

对于电介质内的任意一个闭合曲面 S，如上已求得由于电极化而穿过其上 $\mathrm{d}\boldsymbol{S}$ 面向外移出闭合曲面的电荷为 $\boldsymbol{P}\cdot\mathrm{d}\boldsymbol{S}$，则穿过整个闭合曲面向外移出的电荷为 $\oint_S \boldsymbol{P}\cdot\mathrm{d}\boldsymbol{S}$．因为电介质是中性的，根据电荷守恒定律，穿过整个闭合曲面 S 向外移出的电荷等于闭合曲面 S 内净余的束缚电荷的负值，即

$$\oint_S \boldsymbol{P}\cdot\mathrm{d}\boldsymbol{S} = -\sum q'_{\text{内}} \tag{2-15}$$

上式说明，通过电介质内任意闭合曲面的电极化强度通量等于该闭合曲面所包围的束缚电荷的负值．这是电极化强度与束缚电荷分布的一个普遍关系．

当把闭合曲面 S 的面元 $\mathrm{d}S$ 取在电介质体内时，由于当前面的束缚电荷移出时，后面还有束缚电荷补充进来．可以证明，对于各向同性的均匀电介质，其体内不会出现净余的束缚电荷，即束缚电荷体密度为零．对于非均匀电介质，其体内可能有束缚电荷．下面只考虑均匀电介质的情形，因电极化，均匀电介质表面会出现束缚电荷．

在上述论证中，若 $\mathrm{d}S$ 面在电介质的表面上，而 $\boldsymbol{e}_n$ 是其外法线方向的单位矢量，则式(2-14)就给出因电极化而在电介质表面单位面积上出现的束缚电荷，即电介质表面的束缚电荷面密度 σ'_e，所以

$$\sigma'_e = \boldsymbol{P}\cdot\boldsymbol{e}_n = P\cos\theta = P_n \tag{2-16}$$

式中，P_n 是电极化强度 $\boldsymbol{P}$ 在表面外法线方向的分量．式(2-16)是因电极化而在介质表面出现的束缚电荷面密度 σ'_e 与电极化强度 $\boldsymbol{P}$ 之间的关系．

若表面某处电极化强度 $\boldsymbol{P}$ 与 $\boldsymbol{e}_n$ 的夹角 θ 为锐角，则 $P_n>0$，$\sigma'_e>0$，该表面处的束缚电荷为正电荷，如图 2-36(a)所示；而 θ 为钝角的地方，$P_n<0$，$\sigma'_e<0$，电介质表面的束缚电荷为负电荷，如图 2-36(b)所示．

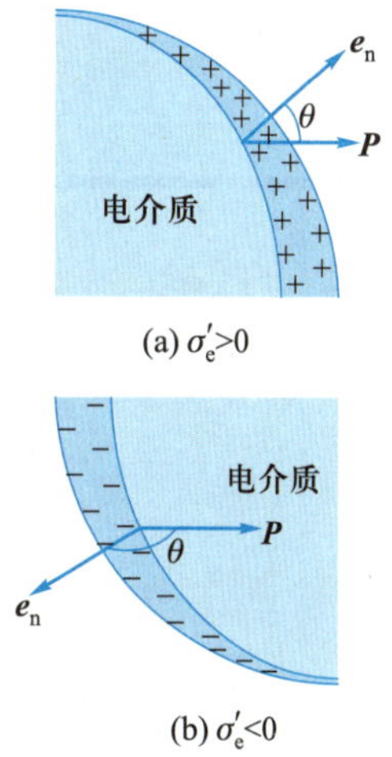

图 2-36 电介质表面的束缚电荷

当外电场不是很强时，它只是使电介质极化，不影响电介质的绝缘性能；但当外电场很强时，电介质分子中的正、负电荷就有可能被拉开，以至于脱离束缚而成为自由电荷．电介质中产生大量自由电荷之后，电介质的绝缘性能就被明显破坏而成为导体，这种现象称为电介质的击穿．电介质材料所能承受的不被击穿的最大电场强度称为电介质的介电强度或击穿场强．表 2-1 给出了几种电介质的相对介电常量和击穿场强．

表 2-1 几种电介质的相对介电常量和击穿场强

电介质	相对介电常量	击穿场强/(10^6 V·m^{-1})
真空	1	—
空气(20 °C)	1.000 59	3
水(20 °C)	80.2	—
变压器油	2.2~2.5	12
纸	2.5	5~14
聚四氟乙烯	2.0~2.1	60
聚乙烯	2.2~2.4	50
氯丁橡胶	6.6	10~20
硼硅酸玻璃	5~10	10~50
云母	3.0~8.0	160
陶瓷	6	4~25
二氧化钛	173	—
钛酸锶	约 250	8
钛酸钡锶	约 10^4	—

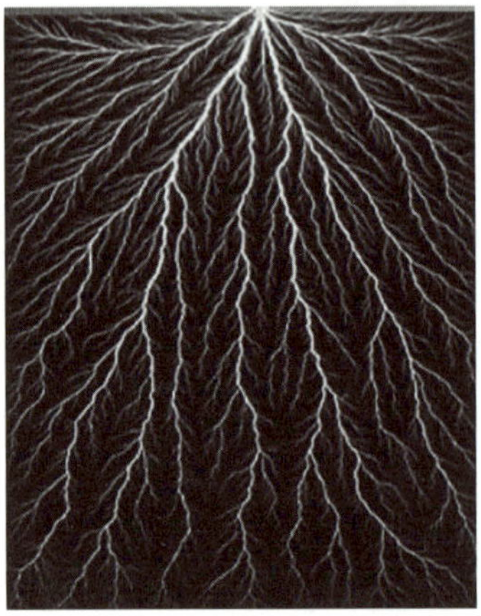
图 2-37 电介质树枝状击穿

电介质击穿经常以狭窄的放电径迹如闪电形式发生，在高电场强度作用下，电介质中某一区域内形成树枝状局部损坏．在电场的持续作用下，树枝状微通道顺着电场方向穿过电介质．这种放电途径显示出分叉倾向，形成各种复杂的随机图案，整体上经常表现出一种很接近的结构相似性，如图 2-37 所示．

2.3 有电介质时的高斯定理

当电介质放入外电场 $\boldsymbol{E}_0$ 中时，电介质被极化而出现束缚电荷 q'．这些束缚电荷和自由电荷 q_0 一样，在周围空间产生附加电场 $\boldsymbol{E}'$．因此有电介质存在时的总场强为

$$\boldsymbol{E}=\boldsymbol{E}_0+\boldsymbol{E}' \tag{2-17}$$

即电场 $\boldsymbol{E}$ 通过式(2-17)由束缚电荷的分布决定，而电介质最后的极化情况即电极化强度 $\boldsymbol{P}$ 和束缚电荷的分布如 σ'_e 又是由总场强 $\boldsymbol{E}$ 决定的，参见式(2-12)和式(2-16)．可见，总场强 $\boldsymbol{E}$、电极化强度 $\boldsymbol{P}$、束缚电荷分布如 σ'_e 这三者是相互影响、相互制约的，问题显得非常复杂，但通过引入适当的物理量，可以使这种复杂关系得以简化．

2.3.1 电位移和有电介质时的高斯定理

在有电介质存在时，高斯定理仍然成立，只不过此时，总电场强度通量的计算需要同时考虑高斯面内的自由电荷 $q_{0内}$ 和束缚电荷 $q'_{内}$ 的贡献，即有电介质时高斯定理的表达式应写为

$$\oint_S \boldsymbol{E}\cdot d\boldsymbol{S}=\frac{1}{\varepsilon_0}\sum(q_{0内}+q'_{内}) \tag{2-18}$$

在 2.2.3 节中已推得式(2-15)，即

$$\oint_S \boldsymbol{P}\cdot d\boldsymbol{S}=-\sum q'_{内}$$

把此式代入式(2-18)，移项整理后可得

$$\oint_S (\varepsilon_0\boldsymbol{E}+\boldsymbol{P})\cdot d\boldsymbol{S}=\sum q_{0内} \tag{2-19}$$

现引入一个辅助物理量 $\boldsymbol{D}$，并定义

$$\boldsymbol{D}=\varepsilon_0\boldsymbol{E}+\boldsymbol{P} \tag{2-20}$$

$\boldsymbol{D}$ 称为电位移，则式(2-19)可改写为

$$\oint_S \boldsymbol{D}\cdot d\boldsymbol{S}=\sum q_{0内} \tag{2-21}$$

此式表明，通过任意闭合曲面的电位移通量（或称 $\boldsymbol{D}$ 通量）等于该闭合曲面所包围的自由电荷的代数和．这一关系式就是有电介质时的高斯定理，或称为 **$\boldsymbol{D}$ 的高斯定理**．

自由电荷是一种等效概念，常指存在于物质内部，在外电场作用下能做定向运动的电荷．如金属中的自由电子，电解质溶液中的正、负离子，稀薄气体中的电子和离子等；但由于电介质极化产生的束缚电荷不是自由电荷．

实际上，式(2-18)和式(2-21)都是有电介质时高斯定理的表达式，后者比前者优越之处在于其等式右边没有明显地出现束缚电荷．应该指出，不论有无导体和电介质存在，式(2-21)都是普遍成立的．在无电介质的情况下，$\boldsymbol{P}=\boldsymbol{0}$，式(2-21)还原为式(1-37)．

电位移 $\boldsymbol{D}$ 是在有电介质时，为了方便起见引入的一个辅助矢量，它没有直接的物理意义．由定义式(2-20)看出，$\boldsymbol{D}$ 是空间位置的函数，空间任一点的 $\boldsymbol{D}$ 与该点的 $\boldsymbol{P}$ 和 $\boldsymbol{E}$ 是一一对应关系．在国际单位制中，电位移的单位为 $C\cdot m^{-2}$，与电极化强度的单位一样．

对于各向同性电介质，根据式(2-12a)，$\boldsymbol{P}=\varepsilon_0(\varepsilon_r-1)\boldsymbol{E}$，代入式(2-20)可得

$$\boldsymbol{D}=\varepsilon_0\varepsilon_r\boldsymbol{E}=\varepsilon\boldsymbol{E} \tag{2-22}$$

授课视频：电位移和有电介质时的高斯定理

D 的高斯定理

NOTE

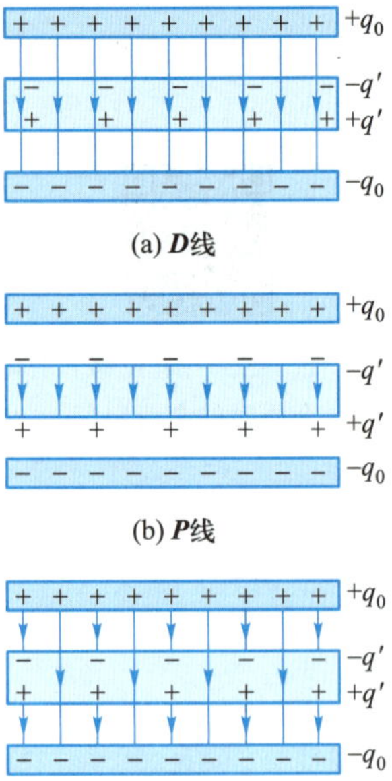

(a) **D**线

(b) **P**线

(c) **E**线

图 2-38 三种场线的分布特点

NOTE

式中，比例系数 $\varepsilon=\varepsilon_0\varepsilon_r$，称为电介质的介电常量或电容率，它的单位与 ε_0 的单位相同．式(2-22)表明，在各向同性电介质中，各点的 $\boldsymbol{D}$ 与 $\boldsymbol{E}$ 总是同方向的，大小成正比．

与对真空中静电场的高斯定理的讨论类似，电位移 $\boldsymbol{D}$ 与 $\boldsymbol{D}$ 通量是两个不同的概念．通过一个闭合曲面 S 的 $\boldsymbol{D}$ 通量仅与 S 内的自由电荷有关；而一般情况下，$\boldsymbol{D}$ 不仅与自由电荷有关，还与束缚电荷有关．

描述电位移的场线称为电位移线或 $\boldsymbol{D}$ 线．$\boldsymbol{D}$ 的高斯定理即式(2-21)表明，电位移线起于正的自由电荷，止于负的自由电荷，不会在无自由电荷处中断．描述电极化强度的场线称为 $\boldsymbol{P}$ 线；式(2-15)表明，$\boldsymbol{P}$ 线起于负的束缚电荷，止于正的束缚电荷．式(2-18)表明，$\boldsymbol{E}$ 通量取决于空间的所有电荷，所以 $\boldsymbol{E}$ 线即电场线与自由电荷和束缚电荷均相关．例如，两块面积相等的大金属板平行放置，分别带有等量异号的自由电荷 $+q_0$ 和 $-q_0$，两板间平行放置一定厚度的各向同性均匀电介质板，在其表面产生的束缚电荷为 $-q'$ 和 $+q'$，则 $\boldsymbol{D}$ 线、$\boldsymbol{P}$ 线和 $\boldsymbol{E}$ 线分别如图 2-38(a)—(c)所示．

2.3.2 有电介质时高斯定理的应用

当自由电荷和电介质的分布都具有一定的对称性如球对称、轴对称或平面对称时，我们可以利用有电介质时的高斯定理即式(2-21)，根据自由电荷的分布先求出电位移 $\boldsymbol{D}$ 的分布；再由 $\boldsymbol{D}$ 根据式(2-22)便可得到电场强度 $\boldsymbol{E}$；然后由电极化强度 $\boldsymbol{P}$ 与 $\boldsymbol{E}$ 的关系式(2-12)求出 $\boldsymbol{P}$；进一步可根据式(2-16)由 $\boldsymbol{P}$ 求出束缚电荷面密度 σ_e'；最后可由 σ_e' 对电介质表面的面积分计算表面的束缚电荷量 $q'=\int_S \sigma_e' \mathrm{d}S$．

例 2-6

如图 2-39 所示，一个带正电荷的金属球，半径为 R，电荷量为 q，置于相对介电常量为 ε_r 的均匀电介质中．求：

(1) 金属球外的电位移 $\boldsymbol{D}$、电场强度 $\boldsymbol{E}$ 及电极化强度 $\boldsymbol{P}$ 的分布；

(2) 贴近金属球的电介质表面上的束缚电荷量．

授课视频：高斯定理的应用[例 2-6]

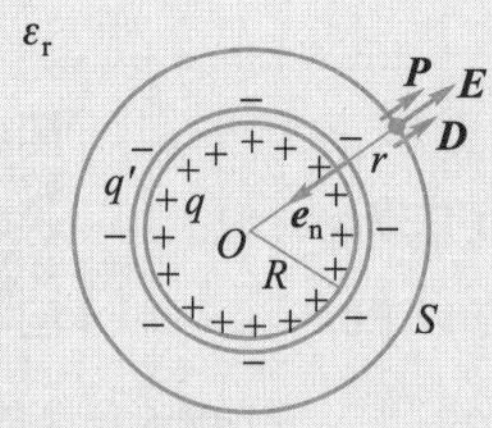

图 2-39 例 2-6 图

解：(1) 由金属球表面的自由电荷 q 及电介质分布的球对称性可知，电场强度 $\boldsymbol{E}$ 和电位移 $\boldsymbol{D}$ 的分布也具有球对称性．在电介质中作一半径为 r 的高斯面 S，如图 2-39 所示，则通过此高斯面 S 的 $\boldsymbol{D}$ 通量为

$$\oint_S \boldsymbol{D}\cdot \mathrm{d}\boldsymbol{S} = D\cdot 4\pi r^2$$

由 $\boldsymbol{D}$ 的高斯定理可知

$$\oint_S \boldsymbol{D}\cdot \mathrm{d}\boldsymbol{S} = q$$

则

$$D=\frac{q}{4\pi r^2}$$

因为 $\boldsymbol{D}$ 的方向沿径向向外，此式可用矢量式表示为

$$\boldsymbol{D}=\frac{q}{4\pi r^2}\boldsymbol{e}_r$$

根据 $\boldsymbol{D}=\varepsilon_0\varepsilon_r\boldsymbol{E}$，可得电介质中的电场强度分布公式为

$$\boldsymbol{E}=\frac{q}{4\pi\varepsilon_0\varepsilon_r r^2}\boldsymbol{e}_r \quad ①$$

由于在真空情况下，金属球表面的自由电荷 q 周围的电场为

$$\boldsymbol{E}_0=\frac{q}{4\pi\varepsilon_0 r^2}\boldsymbol{e}_r \quad ②$$

可见，当金属球周围充满电介质时，电场强度 $\boldsymbol{E}$ 减弱为真空时 $\boldsymbol{E}_0$ 的 $1/\varepsilon_r$．减弱的原因是在贴近金属球的电介质表面上出现了束缚电荷．

由 $\boldsymbol{P}=\varepsilon_0(\varepsilon_r-1)\boldsymbol{E}$，可得电介质中的电极化强度分布公式为

$$\boldsymbol{P}=\frac{(\varepsilon_r-1)q}{4\pi\varepsilon_r r^2}\boldsymbol{e}_r$$

(2) 如图 2-39 所示，在 $r=R$ 处，贴近金属球的电介质表面的外法线方向上的单位矢量 $\boldsymbol{e}_n$ 沿径向指向金属球球心 O 点，与该处沿径向向外的电极化强度 $\boldsymbol{P}$ 的方向相反，即 $\boldsymbol{e}_n=-\boldsymbol{e}_r$．由于电介质表面上的束缚电荷面密度 $\sigma'_e=\boldsymbol{P}\cdot\boldsymbol{e}_n$，所以有

$$\sigma'_e=-P(R)=-\frac{(\varepsilon_r-1)q}{4\pi\varepsilon_r R^2}$$

上式表明，贴近金属球的电介质表面各处的束缚电荷面密度都相同，即束缚电荷在此表面上是均匀分布的．贴近金属球的电介质表面上的束缚电荷量为

$$q'=\sigma'_e\cdot 4\pi R^2=-\frac{(\varepsilon_r-1)q}{4\pi\varepsilon_r R^2}\cdot 4\pi R^2=-\left(1-\frac{1}{\varepsilon_r}\right)q$$

此问还有另外一种方法．由于有电介质存在时的总场强 $\boldsymbol{E}$ 是自由电荷 q 产生的场强 $\boldsymbol{E}_0$ 与束缚电荷 q' 产生的附加场强 $\boldsymbol{E}'$ 的叠加结果，即

$$\boldsymbol{E}=\boldsymbol{E}_0+\boldsymbol{E}' \quad ③$$

由于束缚电荷 q' 在贴近球面的电介质表面上均匀分布，q' 在 r 处产生的电场强度应为

$$\boldsymbol{E}'=\frac{q'}{4\pi\varepsilon_0 r^2}\boldsymbol{e}_r \quad ④$$

将式①、式②和式④代入式③中，则

$$\frac{q}{4\pi\varepsilon_0\varepsilon_r r^2}\boldsymbol{e}_r=\frac{q}{4\pi\varepsilon_0 r^2}\boldsymbol{e}_r+\frac{q'}{4\pi\varepsilon_0 r^2}\boldsymbol{e}_r$$

也可解得

$$q'=-\left(1-\frac{1}{\varepsilon_r}\right)q$$

由于一般电介质 $\varepsilon_r>1$，所以 q' 总与 q 异号，而在数值上 $|q'|<|q|$．

例 2-7

如图 2-40 所示，两块面积相等的平行大金属板间原为真空，分别带上电荷面密度为 $+\sigma_{e0}$ 和 $-\sigma_{e0}$ 的等量异号电荷，板间电压为 U_0. 若保持两金属板所带的电荷量不变，将板间上半空间充以相对介电常量为 ε_r 的电介质．忽略边缘效应，问：

(1) 板间电压变为多少？

(2) 电介质左、右表面的束缚电荷面密度多大？

授课视频：高斯定理的应用[例 2-7]

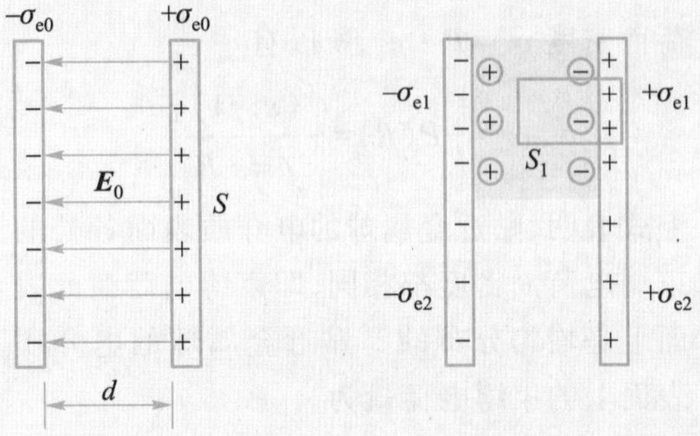

(a) 未充入电介质　(b) 上半部充入电介质

图 2-40　例 2-7 图

解：(1) 在未充电介质之前，两块金属板的电荷面密度分别为 $+\sigma_{e0}$ 和 $-\sigma_{e0}$，由例 2-1(1)中的讨论(a)可知，此时两块金属板上的电荷分别只均匀分布在相向的两个表面(左金属板的右表面、右金属板的左表面)上．如图 2-40(a)所示，左板的右表面带负电荷、右板的左表面带正电荷，这时板间的电场强度大小由式(1-50)可得

$$E_0=\frac{\sigma_{e0}}{\varepsilon_0}$$

方向垂直于板面水平向左且分布均匀．设板间距离为 d，两板间的电势差为

$$U_0=E_0 d$$

如图 2-40(b)所示，板间一半充以电介质后，电介质的左、右表面上因电极化会分别出现等量的正、负束缚电荷．束缚电荷的出现又会使金属板上的电荷重新分布，以 $\pm\sigma_{e1}$ 和 $\pm\sigma_{e2}$ 分别表示金属板上半表面和下半表面的电荷面密度．若不考虑边缘效应，则板间各处的电场强度 $\boldsymbol{E}$ 与电位移 $\boldsymbol{D}$ 的方向都垂直于板面且在上半部电介质和下半部空气中分别均匀分布．以 $\boldsymbol{E}_1$、$\boldsymbol{E}_2$ 和 $\boldsymbol{D}_1$、$\boldsymbol{D}_2$ 分别表示板间上半部电介质、下半部空气中的电场强度和电位移．

为了求出上半空间充以电介质时板间的电压，需要先求出电场强度的分布，而这又需要先求出电位移的分布．为此，先在板间上半部作一闭合柱面 S_1 作为高斯面，其轴线与板面垂直，左右两底面与金属板平行，而且右底面在金属板内，如图 2-40(b)所示．则通过闭合柱面 S_1 的 $\boldsymbol{D}$ 通量为

$$\oint_{S_1}\boldsymbol{D}_1\cdot\mathrm{d}\boldsymbol{S}=\int_{左底面}\boldsymbol{D}_1\cdot\mathrm{d}\boldsymbol{S}+\int_{右底面}\boldsymbol{D}_1\cdot\mathrm{d}\boldsymbol{S}+\int_{侧面}\boldsymbol{D}_1\cdot\mathrm{d}\boldsymbol{S}$$

由于在高斯面 S 的侧面上 $\boldsymbol{D}_1$ 与 $\mathrm{d}\boldsymbol{S}$ 的方向垂直，所以通过侧面的 $\boldsymbol{D}$ 通量 $\int_{侧面}\boldsymbol{D}_1\cdot\mathrm{d}\boldsymbol{S}=0$；右底面在导体内，所以场强 $\boldsymbol{E}_1$ 为零，$\boldsymbol{D}_1$ 也为零；则通过右底面的 $\boldsymbol{D}$ 通量 $\int_{右底面}\boldsymbol{D}_1\cdot$

$\mathrm{d}\boldsymbol{S}=0$. 在左底面各处 $\boldsymbol{D}_1$ 的大小相等,方向水平向左且与 $\mathrm{d}\boldsymbol{S}$ 的方向一致;若底面积为 ΔS,则

$$\oint_{S_1}\boldsymbol{D}_1\cdot\mathrm{d}\boldsymbol{S}=D_1\Delta S$$

根据 $\boldsymbol{D}$ 的高斯定理可得

$$D_1\Delta S=\sum q_{0内}=\sigma_{e1}\Delta S$$

所以

$$D_1=\sigma_{e1}$$

根据 $\boldsymbol{D}_1=\varepsilon_0\varepsilon_r\boldsymbol{E}_1$,有

$$E_1=\frac{D_1}{\varepsilon_0\varepsilon_r}=\frac{\sigma_{e1}}{\varepsilon_0\varepsilon_r} \quad ①$$

同理,在下半部空气中

$$D_2=\sigma_{e2}$$

$$E_2=\frac{D_2}{\varepsilon_0}=\frac{\sigma_{e2}}{\varepsilon_0} \quad ②$$

由于静电平衡时,两块金属板分别都是等势体,所以上下两部分两板间的电势差是相等的,即

$$U=E_1d=E_2d \quad ③$$

则

$$E_1=E_2 \quad ④$$

将式①和式②代入式④可得

$$\frac{\sigma_{e1}}{\varepsilon_r}=\sigma_{e2}$$

此外,设金属板的面积为 S,因为两块金属板上电荷分别守恒,所以有

$$\sigma_{e1}\frac{S}{2}+\sigma_{e2}\frac{S}{2}=\sigma_{e0}S$$

将以上关于 σ_{e1} 和 σ_{e2} 的两个方程联立求解,可得

$$\sigma_{e1}=\frac{2\varepsilon_r}{1+\varepsilon_r}\sigma_{e0},\quad \sigma_{e2}=\frac{2}{1+\varepsilon_r}\sigma_{e0} \quad ⑤$$

由于一般电介质 $\varepsilon_r>1$,所以 $\sigma_{e1}>\sigma_{e0}$,$\sigma_{e2}<\sigma_{e0}$. 将式⑤代入式④和式②得板间电场强度为

$$E_1=E_2=\frac{\sigma_{e2}}{\varepsilon_0}=\frac{2\sigma_{e0}}{(1+\varepsilon_r)\varepsilon_0}=\frac{2}{1+\varepsilon_r}E_0 \quad ⑥$$

这一结果说明,两板间场强比板间全部为真空时的场强 E_0 减弱了,但并不是减弱为 E_0 的 $1/\varepsilon_r$,这是因为电介质并未充满两板间的空间的缘故.

将求出的场强表达式⑥代入式③,可得板间上半部充有电介质时两板间的电压为

$$U=E_2d=\frac{2}{1+\varepsilon_r}E_0d=\frac{2}{1+\varepsilon_r}U_0$$

(2) 由电极化强度 $\boldsymbol{P}$ 与 $\boldsymbol{E}$ 的关系式(2-12a),可得板间上半部电介质中的电极化强度的大小为

$$P=\varepsilon_0(\varepsilon_r-1)E_1=\varepsilon_0(\varepsilon_r-1)\frac{2\sigma_{e0}}{(1+\varepsilon_r)\varepsilon_0}$$
$$=\frac{2(\varepsilon_r-1)}{\varepsilon_r+1}\sigma_{e0}$$

$\boldsymbol{P}$ 的方向与 $\boldsymbol{E}_1$ 的方向相同,即垂直于电介质表面向左. 可根据式(2-16)由 $\boldsymbol{P}$ 求出电介质的左表面上束缚电荷面密度 σ'_e 为

$$\sigma'_e=\boldsymbol{P}\cdot\boldsymbol{e}_n=P_n=P=\frac{2(\varepsilon_r-1)}{\varepsilon_r+1}\sigma_{e0}$$

其为正电荷,相应地右表面上则分布等量的负电荷.

2.3.3 静电场的边界条件

授课视频：静电场的边界条件

在静电场中，两种电介质的分界面两侧，由于相对介电常量的不同，电极化强度也不同，所以分界面两侧的电场也不同，但两侧的电场有一定的关系．下面根据静电场的基本规律导出这一关系．设两种电介质的相对介电常量分别为 ε_{r1} 和 ε_{r2}，而且在分界面上并无自由电荷存在．

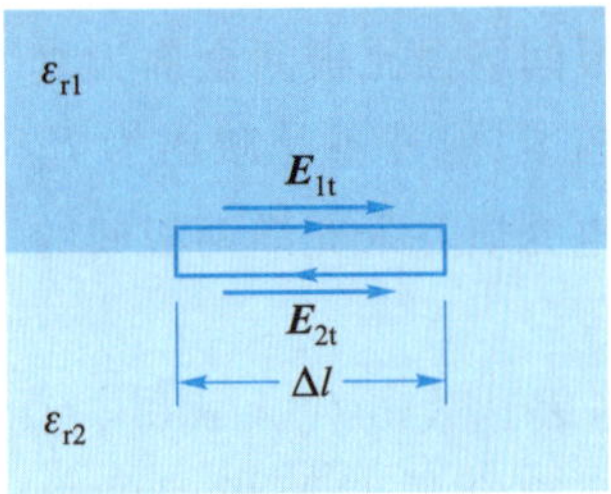

图 2-41 分界面两侧电场强度的切向分量连续

如图 2-41 所示，在两种电介质的分界面上作狭窄矩形回路 L，长度为 Δl 的两长对边分别在分界面两侧的电介质中，与分界面平行且无限接近分界面．以 E_{1t} 和 E_{2t} 分别表示界面两侧电介质中的电场强度的切向分量大小，则由静电场的环路定理，可得

$$\oint_L \boldsymbol{E} \cdot \mathrm{d}\boldsymbol{l} = E_{1t}\Delta l - E_{2t}\Delta l = 0$$

式中，由于两短边的长度趋于零，场强沿这两短边的线积分可忽略．由上式得

$$E_{1t} = E_{2t} \tag{2-23}$$

可见，在电介质的分界面两侧，电场强度的切向分量相等，即电场强度的切向分量连续．

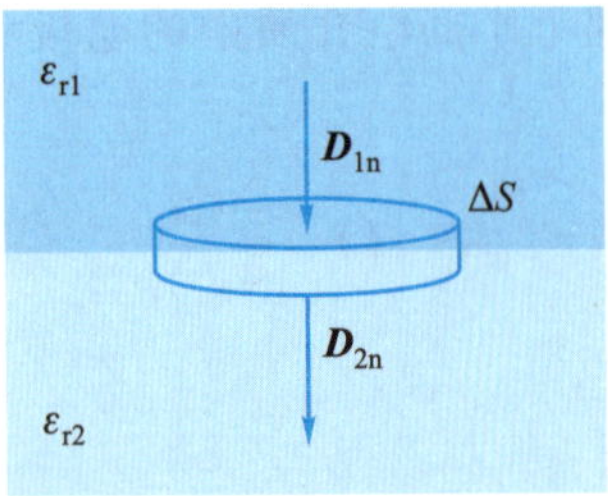

图 2-42 分界面两侧电位移的法向分量连续

如图 2-42 所示，在两种电介质的分界面上作一扁平圆柱形高斯面 S，面积为 ΔS 的两底面分别在分界面两侧的电介质中，与分界面平行且其高度趋于零．以 D_{1n} 和 D_{2n} 分别表示分界面两侧电介质中的电位移的法向分量大小，当分界面上无自由电荷存在时，由 $\boldsymbol{D}$ 的高斯定理，可得

$$\oint_S \boldsymbol{D} \cdot \mathrm{d}\boldsymbol{S} = -D_{1n}\Delta S + D_{2n}\Delta S = 0$$

式中，由于高斯面 S 的高度趋于零因而其侧面积趋于零，对侧面的 $\boldsymbol{D}$ 通量可忽略．由上式得

$$D_{1n} = D_{2n} \tag{2-24}$$

可见，在分界面上无自由电荷存在时，分界面两侧电位移的法向分量相等，即电位移的法向分量连续．

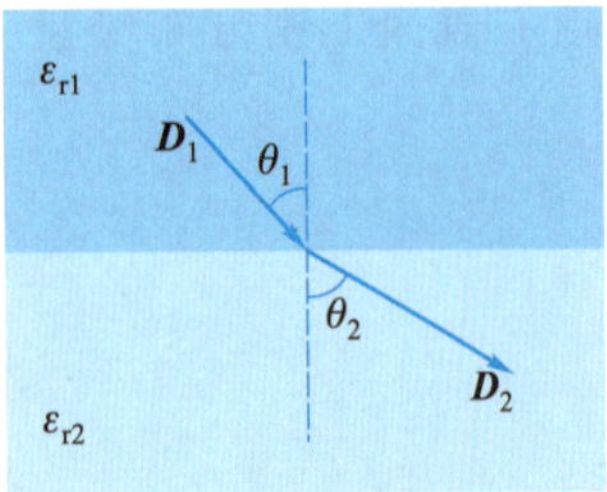

图 2-43 $\boldsymbol{D}$ 线的折射定律

上面导出的两个关系式(2-23)和式(2-24)统称为静电场的边界条件，由它们还可求出电位移越过两种电介质的分界面时方向的改变量．如图 2-43 所示，以 θ_1 和 θ_2 分别表示两种电介质中的电位移 $\boldsymbol{D}_1$ 和 $\boldsymbol{D}_2$ 与分界面法线方向的夹角，则先后由几何关系、式(2-24)和式(2-22)，有

$$\frac{\tan\theta_1}{\tan\theta_2} = \frac{D_{1t}/D_{1n}}{D_{2t}/D_{2n}} = \frac{D_{1t}}{D_{2t}} = \frac{\varepsilon_0\varepsilon_{r1}E_{1t}}{\varepsilon_0\varepsilon_{r2}E_{2t}} = \frac{\varepsilon_{r1}E_{1t}}{\varepsilon_{r2}E_{2t}}$$

再根据式(2-23)，可得

$$\frac{\tan\theta_1}{\tan\theta_2}=\frac{\varepsilon_{r1}}{\varepsilon_{r2}} \tag{2-25}$$

由于 $\boldsymbol{D}$ 线是连续的，不会在没有自由电荷的地方中断，所以这一表示 $\boldsymbol{D}$ 线越过电介质分界面时方向改变的关系称为 $\boldsymbol{D}$ 线的折射定律.

2.4 电容 电容器

目前计算机、汽车等越来越多地用到了指纹识别系统来开启，手指轻轻一摁，就 OK！指纹识别系统如此神奇，它工作的基本原理是什么？还有，触摸屏自问世以来，吸引了众多消费者的眼球，触摸屏为什么能感受到物体的触摸？答案就在本节的学习中.

2.4.1 孤立导体的电容

授课视频：孤立导体的电容

所谓孤立导体，是指只有此导体，别无其他带电体；若有其他带电体，也应距离足够远，从而其影响可忽略. 孤立导体也是一种理想模型. 理论和实验表明，孤立导体在静电平衡时是一个等势体，其表面电荷 Q 的分布因导体本身的形状、大小不同而不同. 但当孤立导体所带的电荷量 Q 增大时，根据电场强度叠加原理，导体的电势 φ（相对于无限远处的零电势而言）也按一定的比例随之增大. 电荷量 Q 与电势 φ 的比值仅与孤立导体本身的形状和大小的几何因素有关，而与其上的电荷量 Q 和电势 φ 无关. 我们把孤立导体所带的电荷量 Q 与其电势 φ 的比值称为孤立导体的电容，用 C 表示，则有

$$C=\frac{Q}{\varphi} \tag{2-26}$$

它的物理意义是，孤立导体的电容在数值上等于使导体每升高单位电势所需的电荷量. 因此，可以说电容是描述导体电学性质即反映导体容纳电荷本领大小的物理量，与导体本身是否带电无关. 如图 2-44 所示，不同的容器所能装的水量只与容器的几何形状和大小有关.

图 2-44 水的容器的比喻

在国际单位制中，电容的单位是法[拉]，符号为 F：

$$1\ \mathrm{F}=1\ \mathrm{C}\cdot\mathrm{V}^{-1}$$

在实际应用中，由于 1 F 太大，常用的电容单位是微法（μF）或皮法（pF）等较小的单位，纳法（nF）用得比较少．它们之间的换算关系为

$$1\ \mathrm{F}=10^{6}\ \mu\mathrm{F}=10^{9}\ \mathrm{nF}=10^{12}\ \mathrm{pF}$$

例 2-8

计算真空中一半径为 R 的孤立导体球的电容．

解：设孤立导体球带有电荷量 Q，静电平衡时 Q 应均匀分布在导体球的表面上．选无限远处为电势零点，则此导体球的电势为

$$\varphi=\frac{Q}{4\pi\varepsilon_0 R}$$

根据式（2-26），此孤立导体球的电容为

$$C=\frac{Q}{\varphi}=4\pi\varepsilon_0 R \tag{2-27}$$

可见，孤立导体球的电容与其半径有关，而与导体球是否带电无关．

要使 $C=1$ F，真空中孤立导体球的半径应为

$$R=\frac{1}{4\pi\varepsilon_0}=\frac{1}{4\pi\times 8.85\times 10^{-12}}\ \mathrm{m}=9\times 10^{9}\ \mathrm{m}$$

该值远远大于地球的半径 $R_E=6.4\times 10^{6}$ m，可见，电容为 1 F 的导体球的体积是相当大的．

2.4.2 电容器的电容

授课视频：电容器及其电容

若一个带电导体的近旁有其他导体或带电体时，此导体的电势 φ 将不仅与它自己所带电荷 Q 有关，还与周围其他物体的电荷分布有关．在这种情况下，此导体所带的电荷量 Q 与其电势的比值 Q/φ，就不会是只由导体自身的几何形状和大小决定的常量．要想消除其他物体的影响，可采用静电屏蔽的方法．

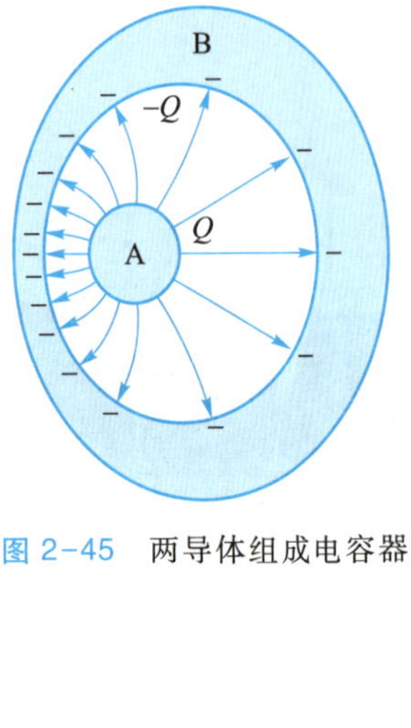

图 2-45　两导体组成电容器

如图 2-45 所示，根据在 2.1.3 节中介绍的静电屏蔽的原理，若导体壳 B 的空腔内有一个带电导体 A，设 A 所带电荷量为 Q，那么导体壳 B 的内表面上将出现等量异号的感应电荷 $-Q$，空腔内的场强分布以及 A 与 B 之间的电势差，只由 Q 的大小、导体壳 B 的内表面和导体 A 的几何形状、相对位置以及其间充填的介质这些因素决定，与导体壳外面的电场或电荷分布无关．即使导体壳 B 不接地，壳外电场的改变也只使导体壳 B 和腔内各点的电势等量地增减，但不会改变腔内的电场强度，也不会改变 A、B 之间的电势差 U．也就是说，A、B 之间的电势差 U 只取决于 Q 的大

小、导体壳 B 的内表面和导体 A 的几何形状、相对位置以及其间充填的介质这些因素，则

$$C=\frac{Q}{U} \tag{2-28}$$

C 是与外界无关的常量，可用来表征 A、B 两个导体的这种组合所具有的有意义的物理属性．

这种由导体壳 B 和其腔内以电介质或真空隔开的导体 A 组成的系统，称为电容器．组成电容器的两个导体 A 和 B 称为电容器的极板．导体 A 的表面和导体壳 B 的内表面是电容器的两个极板面．电容器带电时，两个极板面分别带有等量异号电荷 $+Q$ 和 $-Q$，它们之间的电势差 U 也称为电容器的电压．理论和实验都表明，电容器所带的电荷量 Q 总与其电压 U 成正比，比值 Q/U 对给定的电容器来说是一个常量，称为电容器的电容，以 C 表示，式(2-28)是电容的定义式．

电容 C 是电容器的物理名片，其物理意义为，它表示使电容器的电压升高单位值时所需的电荷量，因此它是反映电容器容纳电荷本领大小的物理量．电容器的电容 C 只与电容器的几何因素包括两极板面的尺寸、形状和相对位置以及它们之间充填的介质有关，而与它所带的电荷量和电压均无关．

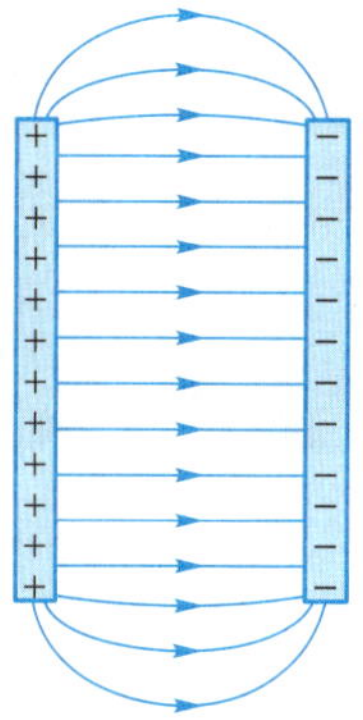

图 2-46 边缘效应

实际中对电容器屏蔽性的要求并不像上面所述那样苛刻．如理想的平行板电容器的两块平行导体板的板面尺度远远大于两板之间的距离，可视为无限大平板．集中在两导体板相向的表面上的电荷是等量异号的，它们产生的电场线集中在两导体板之间狭窄的空间内，且板间的电场是均匀的，并完全取决于两极板相向的表面上所带的电荷量．这时外界的干扰对比值 Q/U 即电容 C 的影响可以忽略．

若平行板电容器的导体板不能视为无限大的，则在电容器边缘的电场不是均匀的，称之为边缘效应，如图 2-46 所示．边缘效应将在一定程度上影响 $C=Q/U=$常量的精确性．在一般的电学问题中，不计边缘效应就是意味着采用“无限大”这样的理想模型．

授课视频：电容器家族简介

电容器是电工和电子技术中的重要元件，其可以有很多分类．按极板形状来分，有平行板电容器、球形电容器和圆柱形电容器等典型电容器；按极板间充填的介质来分，有玻璃电容器、云母电容器、纸质电容器、陶瓷电容器、薄膜电容器和电解电容器等．最原始的电容器是 1745 年荷兰莱顿大学的穆森布罗克(Pieter van Musschenbroek，1692—1761)发明的，之后，被一位法国物理学家诺莱特(Jean-Antoine Nollet，1700—1770)命名为莱顿瓶．如图 2-47 所示，莱顿瓶实际上是玻璃电容器的雏形．玻

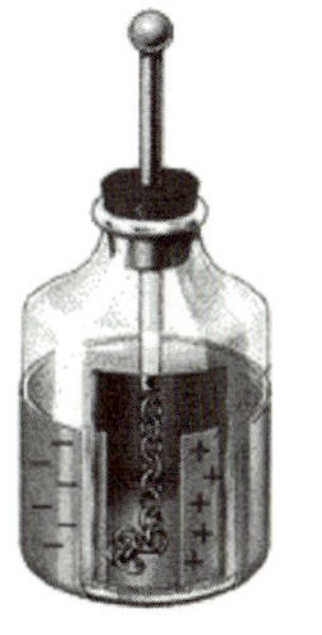

图 2-47 莱顿瓶

璃瓶的内壁和外壁上都贴有锡箔，成为电容器的两个极板．电容器按电容在使用中能否改变，又可分为固定电容器和可变（包括微调）电容器两类．电容器的用处很多，除可以用来储存电荷或电能外，还可用于滤波、调谐、旁路、耦合、振荡、延时等．

2.4.3 电容器的连接

授课视频：电容器的连接

选用电容器时主要看两个指标：电容和耐压值，如图 2-48 所示．电容器工作时，两极板间的电压不能超过其耐压值，否则电容器内的电介质有被击穿的危险，若电介质失去绝缘性质，电容器就损坏了．

图 2-48 电容器的两个主要指标

在实际电路中，当单独一个电容器的电容或耐压值不能满足要求时，就需要把一些电容器组合起来使用．电容器最基本的组合方式是并联和串联．

并联电容器组如图 2-49 所示，将各个电容器的一个极板连在一起，另一极板也连在一起．两端加上电压 U 时，各电容器的两极板间电压 U 均相同．但因各电容器电容不同，极板上的电荷量有所不同，它们分别为

$$q_1=C_1U,\quad q_2=C_2U,\quad \cdots,\quad q_n=C_nU$$

即各电容器极板上分配到的电荷量与其电容值成正比．电容器组所带的总电荷量 Q 为各个电容器所带电荷量之和．若用一个电容器来等效代替并联电容器组，使它在电压为 U 时，所带电荷量也为 Q，则这个等效电容器的电容为 $C=Q/U$，则

$$Q=q_1+q_2+\cdots+q_n=(C_1+C_2+\cdots+C_n)U=CU$$

即

$$C=C_1+C_2+\cdots+C_n=\sum_i C_i \qquad (2-29)$$

式（2-29）说明，并联电容器组的等效电容等于电容器组中各电容之和．

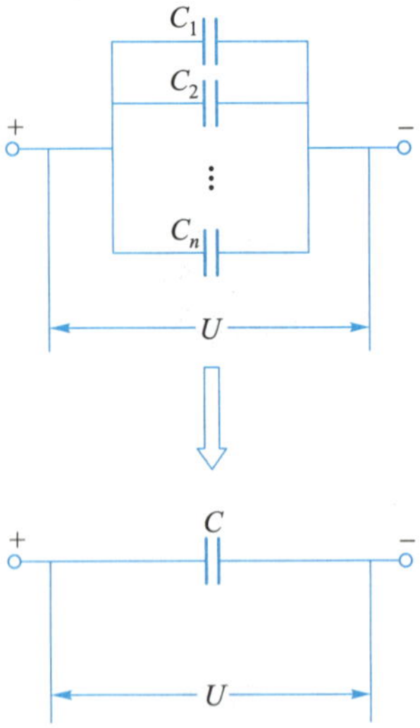

图 2-49 n 个电容器 C_1、C_2、…、C_n 并联，C 为它们的等效电容

串联电容器组如图 2-50 所示，每个电容器的一个极板只与另一个电容器的一个极板相连接，电容器组两端的两个极板与电源相连．设串联电容器组两端的电压为 U，C_1 的左极板和 C_n 的右极板分别带 $+Q$ 和 $-Q$ 的等量异号电荷．由于静电感应，中间电容器的各极板会分别感应出等量异号的 $+Q$ 和 $-Q$ 的电荷．所以说，串联时各电容器所带电荷量相等．此时，各电容器上的电压分别为

$$U_1=\frac{Q}{C_1},\quad U_2=\frac{Q}{C_2},\quad \cdots,\quad U_n=\frac{Q}{C_n}$$

即各电容器分配到的电压与其电容值成反比．按照电路理论，电容器组的总电压 U 为各电容器的电压之和．若用一个电容为 C 的电容器来等效代替串联电容器组，使它在电压为 U 时，所带电荷量也为 Q，则

$$U=U_1+U_2+\cdots+U_n=\frac{Q}{C_1}+\frac{Q}{C_2}+\cdots+\frac{Q}{C_n}=\left(\frac{1}{C_1}+\frac{1}{C_2}+\cdots+\frac{1}{C_n}\right)Q=\frac{Q}{C}$$

即

$$\frac{1}{C}=\frac{1}{C_1}+\frac{1}{C_2}+\cdots+\frac{1}{C_n}=\sum_i\frac{1}{C_i} \tag{2-30}$$

式(2-30)说明，串联电容器组等效电容的倒数等于电容器组中各电容倒数之和．

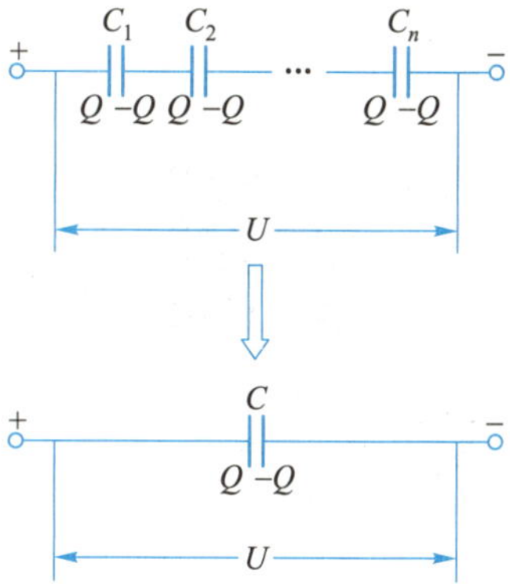

图 2-50　n 个电容器 C_1、C_2、…、C_n 串联，C 为它们的等效电容

比较电容器的并联和串联，可以看出：并联电容器组的等效电容比电容器组中任何一个电容器的电容都要大，但各电容器上的电压却是相等的，因此并联电容器组的耐压能力受到耐压能力最低的那个电容器的限制；串联电容器组的等效电容比电容器组中任何一个电容器的电容都要小，而且串联电容器数量越多，等效电容越小．但由于总电压分配到各个电容器上，所以串联电容器组的耐压能力比每个电容器都提高了．不过要注意，串联时，若其中一个电容器被击穿，剩余的电容器也可能会被相继击穿，因此整个电路可靠性不够好．

在浩瀚的海洋中，一些鱼类具有专门的发电器官．目前已知世界上能发电的鱼约有几百种，而人们还只研究了几十种．有些鱼的发电器官为圆柱体形，它是由很多串联在一起的极板组成．各个圆柱体之间又以并联形式相接．例如，电鳗的每一个圆柱体内有 6 000～10 000 个极板，串联起来，总电压可达到 600 V 左右．电鳐的电器官中，一个圆柱体的极板不超过 1 000 个，但是它有约 200 个并联的圆柱体，所以尽管电鳐的电压不算高，但电流却相当可观．电鱼这种非凡的本领，引起了人们极大的兴趣．19 世纪初，意大利物理学家伏打模仿电鱼的发电器官，把许多铜片、盐水浸泡过的纸片和锌片交替叠在一起，如图 2-51 所示，得到了功率比较大的直流电池，被人们称为伏打电堆，自此之后，电流的研究与应用才得以迅速开展．

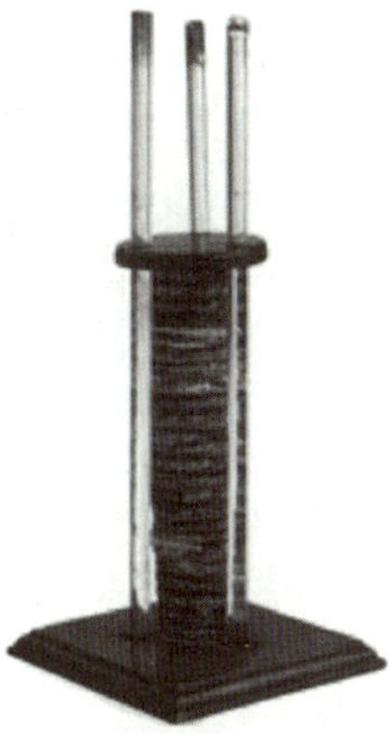
图 2-51　伏打电堆

2.4.4 电容的计算及应用

式(2-28)定义了电容器的电容，式(2-29)和式(2-30)分别给出了电容器组并联或串联时的等效电容．实际上，这就是计算

电容器电容的两种基本方法的出发点．一种方法是以定义计算四步法，另一种方法是串并联等效法．

授课视频：电容的计算及平行板电容器的电容[例 2-9]

简单电容器的电容可以很容易地由四步法计算出来．首先假设电容器的两极板分别带有等量异号电荷$+Q$和$-Q$；然后由电荷分布计算两极板间电场强度的分布；再由电场强度的分布计算两极板之间的电势差；最后根据电容器电容的定义$C=Q/U$，计算出电容器的电容．

1. 平行板电容器的电容及其应用

例 2-9

如图 2-52(a)所示，平行板电容器是由两个彼此靠得很近且平行放置的金属板 A、B 组成，正是二者相距很近，计算时可忽略边缘效应，并认为两板间电场不受外部带电体的影响．但为了让读者看清楚，在图 2-52(b)中放大了两极板间的距离d，已知两极板面积均为S，中间平行插入一块面积相同、厚度为$l(l<d)$、相对介电常量为ε_r的各向同性均匀电介质板．

(1) 求该电容器的电容．

(2) 若将上述电介质板换为相同大小的导体板，结果又如何？

(3) 如果考虑平行板电容器的边缘效应，其电容比不考虑边缘效应时是大还是小？

(a) (b)

图 2-52 平行板电容器

解：(1) 设两极板所带电荷量分别为$+Q$和$-Q$，在例 2-1 中讨论过，此时电荷会均匀地分布在两极板相向的内表面(A 板的右表面、B 板的左表面)上，由于已知极板面积S，所以也可先设这两个面上的电荷面密度分别为$+\sigma_e$和$-\sigma_e$.

然后求场强．由于电介质是均匀的，且不考虑边缘效应，因此两极板间各处的电场强度$\boldsymbol{E}$与电位移$\boldsymbol{D}$的方向都垂直于板面向右，而且在空气内和电介质中分别均匀分布．作一闭合柱面S_1为高斯面，其轴线与板面垂直，两底面与板面平行，且左底面在金属 A 板内，右底面在两板间的空气内或电介质中，如图 2-53(a)所示．通过整个闭合柱面的$\boldsymbol{D}$通量可表示为

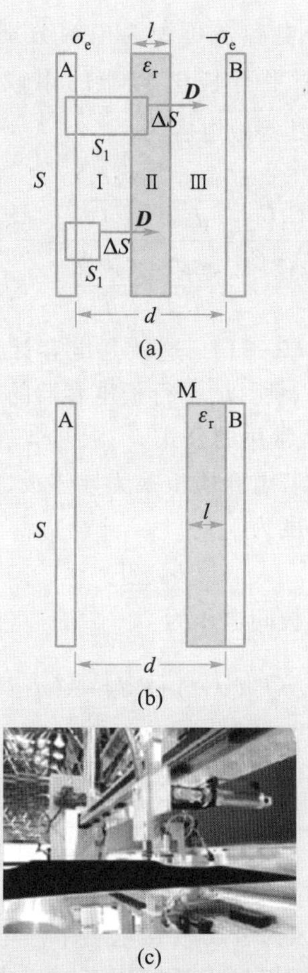

图 2-53 例 2-9 图

$$\oint_{S_1}\boldsymbol{D}\cdot \mathrm{d}\boldsymbol{S}=\int_{\text{左底面}}\boldsymbol{D}\cdot \mathrm{d}\boldsymbol{S}+\int_{\text{侧面}}\boldsymbol{D}\cdot \mathrm{d}\boldsymbol{S}+\int_{\text{右底面}}\boldsymbol{D}\cdot \mathrm{d}\boldsymbol{S}$$

由于金属内场强 $\boldsymbol{E}$ 和电位移 $\boldsymbol{D}$ 为零，所以上式右边第一项面积分为零．在两极板间，侧面面元矢量 $\mathrm{d}\boldsymbol{S}$ 的方向与电位移 $\boldsymbol{D}$ 的方向垂直，所以上式右边第二项面积分也为零. 因此，通过整个闭合曲面的 $\boldsymbol{D}$ 通量就是通过右底面的 $\boldsymbol{D}$ 通量．在右底面上，电位移 $\boldsymbol{D}$ 的大小相等，方向与面元矢量 $\mathrm{d}\boldsymbol{S}$ 一致. 设底面面积为 ΔS，则

$$\oint_{S_1}\boldsymbol{D}\cdot \mathrm{d}\boldsymbol{S}=\int_{\text{右底面}}\boldsymbol{D}\cdot \mathrm{d}\boldsymbol{S}=D\Delta S$$

高斯面 S_1 内所包围的 A 极板面上的自由电荷所占面积为底面大小 ΔS，其上电荷量为 $\sigma_e\Delta S$. 由 $\boldsymbol{D}$ 的高斯定理可知

$$D\Delta S=\sigma_e\Delta S$$

则在两极板间各个区域中：

$$D=\sigma_e$$

$\boldsymbol{D}$ 的方向垂直于板面向右．根据场强 $\boldsymbol{E}$ 与电位移 $\boldsymbol{D}$ 的关系 $\boldsymbol{D}=\varepsilon_0\varepsilon_r\boldsymbol{E}$，得到在极板与电介质板之间的空气缝隙即Ⅰ区和Ⅲ区内的电场强度大小为

$$E_1=\frac{\sigma_e}{\varepsilon_0}$$

在电介质板即Ⅱ区中，电场强度的大小为

$$E_2=\frac{\sigma_e}{\varepsilon_0\varepsilon_r}$$

接着求电容器两极板间的电势差即电容器的电压 U. 因为场强在两极板间是分段均匀的，所以 U 可以表示为

$$U=\int_A^B\boldsymbol{E}\cdot \mathrm{d}\boldsymbol{l}=E_1(d-l)+E_2 l$$

$$=\frac{\sigma_e}{\varepsilon_0}(d-l)+\frac{\sigma_e}{\varepsilon_0\varepsilon_r}l$$

最后由定义可得该平行板电容器的电容为

$$C=\frac{Q}{U}=\frac{\sigma_e S}{U}=\frac{\varepsilon_0 S}{d-l+\dfrac{l}{\varepsilon_r}} \tag{2-31}$$

从上式可以看出，电容器的电容只取决于电容器的结构，与极板所带电荷无关．

对该结果再做几点讨论：

(a) 当两极板间充满同一介质时，即介质板厚度 $l=d$，则得介质平行板电容器电容为

$$C'=\frac{\varepsilon_r\varepsilon_0 S}{d} \tag{2-32}$$

当两极板间只有空气($\varepsilon_r\approx1$)时，即$l=$

0,则得空气平行板电容器电容

$$C_0=\frac{\varepsilon_0 S}{d} \qquad (2-33)$$

所以,$C'=\varepsilon_r C_0$,即两极板间充满电介质时的电容 C' 是极板间为空气时电容 C_0 的 ε_r 倍. 这是因为电介质减弱了极板间的电场和电势差. 从式(2-32)还可以看出,若想增大电容值,可采用增大极板面积 S 或减小极板间距 d 的办法,一般在极板间放置云母、塑料膜等相对介电常量 ε_r 高的电介质来提高电容.

近些年来发展起来的超级电容器,其电容可达 1 000 F 以上. 原理是采用了比表面积非常大的纳米材料作为电极,充电时在电极表面形成两个双电层. 由于双电层面积很大,而层间距又很小,所以等效电容就非常大.

(b) 由于式(2-31)给出的平行板电容器的电容 C 与电介质板在两极板间的左右位置无关,所以,电介质板也可以靠右放置,如图 2-53(b)所示. 若假想介质板左侧放置一没有厚度的金属面 M,看上去有,实则无,例题 2-2 的结果表明,金属面 M 的插入不影响 A、B 两金属板上的电荷分布. 这样,金属面 M 与极板 A 构成一厚度为 $d-l$ 的空气平行板电容器,电容为

$$C_1=\frac{\varepsilon_0 S}{d-l}$$

金属面 M 又与极板 B 构成一厚度为 l 的介质平行板电容器,电容为

$$C_2=\frac{\varepsilon_0\varepsilon_r S}{l}$$

整个电容器可视为电容分别为 C_1 和 C_2 的两个平行板电容器的串联,根据式(2-30),其等效电容为

$$C=\frac{C_1C_2}{C_1+C_2}=\frac{\dfrac{\varepsilon_0 S}{d-l}\cdot\dfrac{\varepsilon_0\varepsilon_r S}{l}}{\dfrac{\varepsilon_0 S}{d-l}+\dfrac{\varepsilon_0\varepsilon_r S}{l}}=\frac{\varepsilon_0 S}{d-l+\dfrac{l}{\varepsilon_r}}$$

也得到式(2-31). 这就是电容计算的串并联等效法. 所以,平行板电容器的电容公式(2-32)是常用的公式.

(2) 若电介质板换为导体板,则导体板内电场强度为

$$E_2=0$$

两极板间电压为

$$U=E_1(d-l)+E_2 l=\frac{\sigma_e}{\varepsilon_0}(d-l)$$

该电容器的电容为

$$C''=\frac{Q}{U}=\frac{\sigma_e S}{U}=\frac{\varepsilon_0 S}{d-l}>C$$

当电介质板换为金属板后,电容增大了. 这是因为金属板在电场中静电平衡,成为等势体,相当于板间距离减少了 l. 但为了绝缘效果好,仍应该用插入电介质的方法来增大电容.

(3) 若考虑平行板电容器的边缘效应,如图 2-46 所示. 因有电场线从边缘跑出,而极板带同样多电荷情况下电场线总条数不变,则说明极板间场强减小,两极板间电势差减小,所以电容变大.

授课视频:电容器的应用举例

在例 2-9 中,若已知电容 C,由式(2-31),反过来得到电介质板的厚度

$$l=\frac{\varepsilon_r}{\varepsilon_r-1}\left(d-\frac{\varepsilon_0 S}{C}\right)$$

这实际上就是电容式测厚仪的工作原理，可用来测量纸张、板材等薄物的厚度，如图 2-53(c)所示．

如图 2-54(a)所示，电容式键盘是常见的键盘类型．在键的下面连有由一小块可移动的金属板、软绝缘体或空气及另一块小的固定金属板组成的一个小的平行板电容器．当键被按下时，电极间的距离改变会引起电容变化，与之相连的电子线路就能检测出是哪个键被按下了，从而给出相应的信号．由平行板电容器的电容公式(2-32)，两边求微分，可知电容的变化 ΔC 与极板间距离变化 Δd 的近似关系为

$$\Delta C\approx-\frac{\varepsilon_r\varepsilon_0 S}{d^2}\Delta d$$

或由 C-d 关系曲线[图 2-54(b)]可见，在相同的距离变化 Δd 下，d 越小，电容的变化越大($\Delta C_1>\Delta C_2$)．

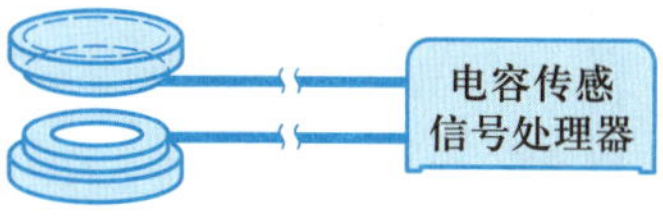

(a)

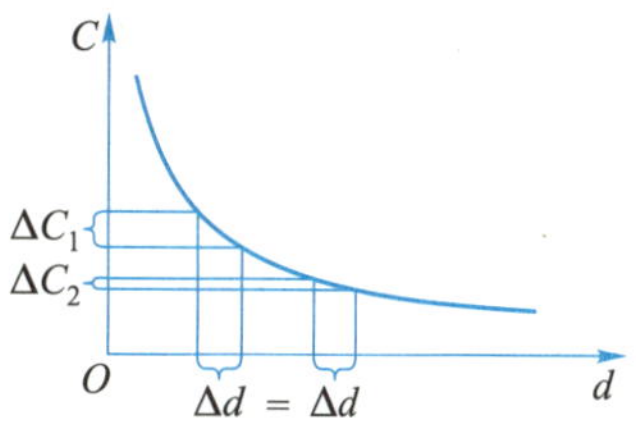

(b)

图 2-54 电容式键盘

如图 2-55 所示，若可移动的不是平板，如在压力 $\boldsymbol{F}$ 作用下发生变形，则整体不是平行板电容器，但可视为许多个小的平行板电容器的并联．建立如图 2-55 所示坐标系，任取 x 处宽为 $\mathrm{d}x$ 的元电容器，其两极板间距为 y，当极板垂直纸面方向的长度是 b 时，x 处的元电容可写为 $\mathrm{d}C=\dfrac{\varepsilon_0 b}{y}\mathrm{d}x$．由于并联电容器组的等效电容 C 是各分电容器的电容之和，则

$$C=\int\mathrm{d}C=\int_0^a\frac{\varepsilon_0 b}{y}\mathrm{d}x$$

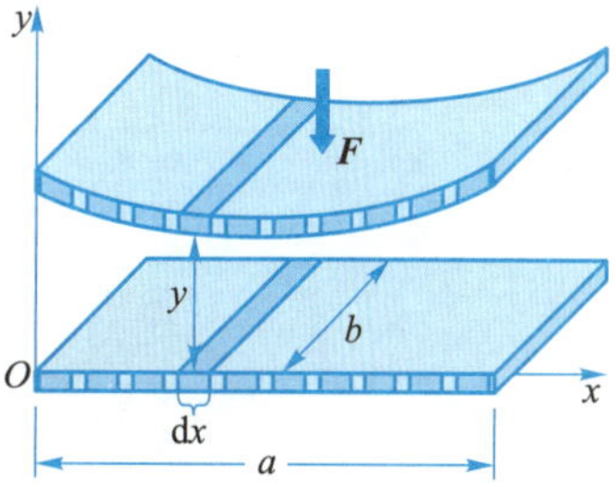

图 2-55 碰撞传感器中的电容器

依此原理制成的碰撞传感器应用到汽车上，是安全气囊系统中主要的控制信号输入的装置．其作用是在汽车发生碰撞时，由它检测汽车碰撞的强度信号，从而判定是否引爆充气组件使气囊充气．2010 年，美国斯坦福大学的华裔女科学家鲍哲南领导的科研组设计出具有触觉的电子皮肤，他们利用厚度可随压力变化的橡胶薄膜，通过与该材料结合在一起的电容器测量压力变化．这种皮肤非常敏感，能感知一只蝴蝶停在上面的压力，反应时间不超过几毫秒，比人类皮肤的反应还快．

下面再来列举电容器的两个应用，与本节开始时提出的问题有关．一个是电容式指纹识别设备．它外部有一个绝缘罩，如图 2-56(a)所示．当手指放在此绝缘罩上时，因为人体是导体，手指皮肤和绝缘罩下方约 10 万个导电金属阵列就组成了一个电容系统，如图 2-56(b)所示．阵列的每一个金属，充当电容器的一极，按在绝缘罩上的手指头的对应处则作为另一极，绝缘罩形成两极之间的电介质层．由于指纹的脊和谷相对于金属极之间的距离不同，导致阵列不同单元的电容不同．于是就可以获得具有

(a)

(b)

图 2-56 电容式指纹识别系统

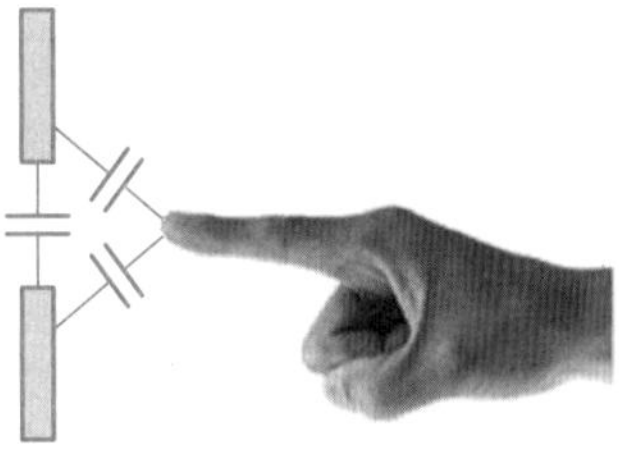

图 2-57　电容感测器

“格子化”的指纹图像．另外，一对彼此相近的电极就可以构成一个电容感测器．当人体（或任何其他导电物体）靠近这些电极时，电极与物体之间会产生额外的电容，如图 2-57 所示．系统测量到这种电容时就能判断有物体出现．这项技术，已应用于目前很流行的触摸屏、触控板等．

2. 圆柱形电容器的电容及其应用

例 2-10

如图 2-58(a)所示，同轴电缆实际上是一种圆柱形电容器．如图 2-58(b)所示，长为 l 的同轴电缆由半径为 R_1 的导线和半径为 R_2 的导体圆筒构成，l 远大于 R_1、R_2，在内、外导体间还充有长为 l，内、外半径分别为 a、b 的同轴圆柱形电介质，其介电常量为 ε. 求此电缆的电容．

授课视频：圆柱形电容器的电容[例 2-10]

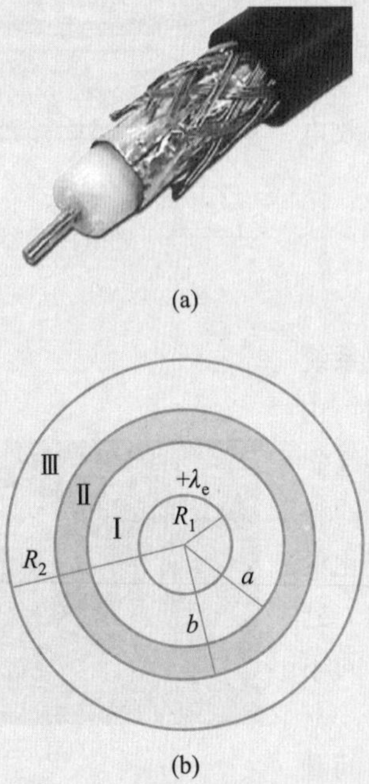

图 2-58　圆柱形电容器

解：圆柱形电容器的电容同样可以采用四步法得到．设内、外导体沿轴线方向的电荷线密度分别为$+\lambda_e$ 和$-\lambda_e$. 当 $l \gg R_1$、R_2时，可以忽略边缘效应，而把此圆柱形电容器视为无限长的，其间的电场具有轴对称性．利用 $\boldsymbol{D}$ 的高斯定理得两导体之间电位移的大小为

$$D=\frac{\lambda_e}{2\pi r}\quad (R_1< r < R_2)$$

根据电场强度 $\boldsymbol{E}$ 与电位移 $\boldsymbol{D}$ 的关系，得到在空气内即 Ⅰ 区和 Ⅲ 区内，电场强度的大小为

$$E_1=\frac{\lambda_e}{2\pi\varepsilon_0 r}\quad (R_1< r < a \text{ 或 } b < r < R_2)$$

在电介质内即 Ⅱ 区中，电场强度的大小为

$$E_2=\frac{\lambda_e}{2\pi\varepsilon r}\quad (a < r < b)$$

方向垂直于轴线而沿径向．因此，两导体之间的电势差为

$$\begin{aligned} U &= \int_{R_1}^{R_2}\boldsymbol{E}\cdot \mathrm{d}\boldsymbol{l} \\ &= \int_{R_1}^{a}E_1\mathrm{d}r + \int_{a}^{b}E_2\mathrm{d}r + \int_{b}^{R_2}E_1\mathrm{d}r \\ &= \int_{R_1}^{a}\frac{\lambda_e}{2\pi\varepsilon_0 r}\mathrm{d}r + \int_{a}^{b}\frac{\lambda_e}{2\pi\varepsilon r}\mathrm{d}r + \int_{b}^{R_2}\frac{\lambda_e}{2\pi\varepsilon_0 r}\mathrm{d}r \\ &= \frac{\lambda_e}{2\pi\varepsilon_0}\ln\left[\left(\frac{R_2}{R_1}\right)\left(\frac{a}{b}\right)^{1-\frac{\varepsilon_0}{\varepsilon}}\right] \end{aligned}$$

根据式(2-28),该圆柱形电容器的电容为

$$C=\frac{\lambda_e l}{U}=\frac{2\pi\varepsilon_0 l}{\ln\left[\left(\frac{R_2}{R_1}\right)\left(\frac{a}{b}\right)^{1-\frac{\varepsilon_0}{\varepsilon}}\right]}$$

从该式也可以看出,电容器的电容与极板所带电荷无关,而只与电容器的几何参量及电介质的性质有关.

对例 2-10 的结果做几点讨论:

(1) 当两极板间充满同一介质时,即 $a=R_1$,$b=R_2$,则得圆柱形介质电容器的电容为

$$C'=\frac{2\pi\varepsilon l}{\ln\frac{R_2}{R_1}} \tag{2-34}$$

(2) 当两极板间充满空气时,即 $a=b$,则得圆柱形空气电容器的电容为

$$C_0=\frac{2\pi\varepsilon_0 l}{\ln\frac{R_2}{R_1}}$$

所以,$C'=\varepsilon_r C_0$,即两极板间充满电介质时的电容是两极板间为真空时电容的 ε_r 倍,其中,相对介电常量 $\varepsilon_r=\varepsilon/\varepsilon_0$.

(3) 整个电容器也可视为三个圆柱形电容器的串联,它们的电容分别为

$$C_1=\frac{2\pi\varepsilon_0 l}{\ln\frac{a}{R_1}},\quad C_2=\frac{2\pi\varepsilon l}{\ln\frac{b}{a}},\quad C_3=\frac{2\pi\varepsilon_0 l}{\ln\frac{R_2}{b}}$$

利用 $\frac{1}{C}=\sum\frac{1}{C_i}$,也可以得到等效电容 C. 所以,圆柱形电容器的电容公式(2-34)也是常用的公式.

常用的电容法测液面高度的装置(电容式液位计)如图 2-59(a)所示,在相对介电常量为 ε_r 的待测液体介质中放入两个同轴圆筒形极板. 大圆筒内半径为 R,小圆筒外半径为 r,圆筒的高度为 H,如图 2-59(b)所示. 该圆柱形电容器可视为上方的空气圆柱形电容器和下方的介质圆柱形电容器并联,它们的电容分别为

$$C_1=\frac{2\pi\varepsilon_0(H-h)}{\ln\frac{R}{r}},\quad C_2=\frac{2\pi\varepsilon_0\varepsilon_r h}{\ln\frac{R}{r}}$$

则总电容

$$C=C_1+C_2=\frac{2\pi\varepsilon_0[(\varepsilon_r-1)h+H]}{\ln\frac{R}{r}}$$

NOTE

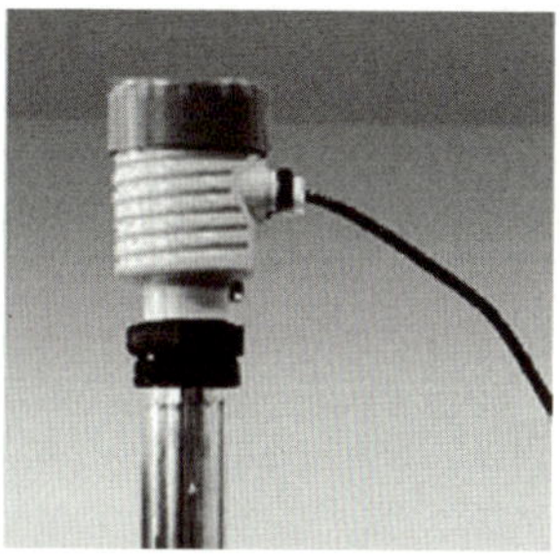

(a)

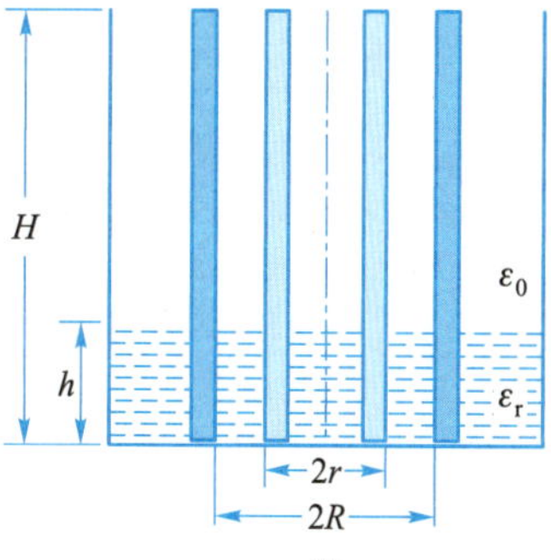

(b)

图 2-59 电容式液位计

NOTE

该圆柱形电容器的电容与筒内液面高度 h 呈线性关系，故根据电容及其变化可以方便地测定液面的高度及其变化．常见的是汽车油量表．依此原理还可进行其他形式的物位测量．这种电容式传感器是将被测量（如尺寸、压力等）的变化量转换成电容变化量的一种传感器．实际上，它本身（或和被测物）就是一个可变电容器．

（4）由式（2-34）可见，圆柱越长，电容 C 越大；两圆柱形导体极板间的间隙越小，电容 C 也越大．若以 d 表示两极板间的间隙大小，即两圆柱形极板面的半径之差 $R_2-R_1=d$．当 $d \ll R_1$ 时，有

$$\ln\frac{R_2}{R_1}=\ln\frac{R_1+d}{R_1}=\ln\left(1+\frac{d}{R_1}\right)\approx\frac{d}{R_1}$$

因此，式（2-34）可写为

$$C\approx\frac{\varepsilon_0\varepsilon_r 2\pi R_1 l}{d}=\frac{\varepsilon_0\varepsilon_r S}{d}$$

式中，$S=2\pi R_1 l$ 是圆柱形极板面积．上式即式（2-32）．由此可见，当两圆柱形导体极板面之间的间隙远小于内极板面半径时，圆柱形电容器可近似为平行板电容器．

当一个短跑运动员挥臂奔跑时，他协调而美观的动作看起来简单，其实每一个动作都涉及很多块肌肉协调的收缩和舒张．肌肉的反应可谓神速之至，这是神经系统迅速传送信息使相关部位迅速发生反应的结果．多细胞动物都有神经系统，如图 2-60 所示，神经细胞由带细胞核的细胞体、树突和轴突组成；树突是由细胞体周围发出的分支，呈树枝状，负责与其他神经元的信息传递；两神经元之间并不接触，其中有一 10~50 nm 的小空隙称为突触．它类似于电容器，可让神经脉冲通过．轴突是由细胞体发出的一根较长的分支．细胞体与轴突的主要功能是与其他神经元合作，接收并传导神经脉冲．简单地说，信号由树突进入细胞体，再从轴突传递出去．这种神经细胞的轴突像一个由半透薄膜构成的细长管子，人体脊髓里的轴突长的可达 1 m 以上，它连接着人体大脚趾的压力感觉细胞和脊髓中的神经．

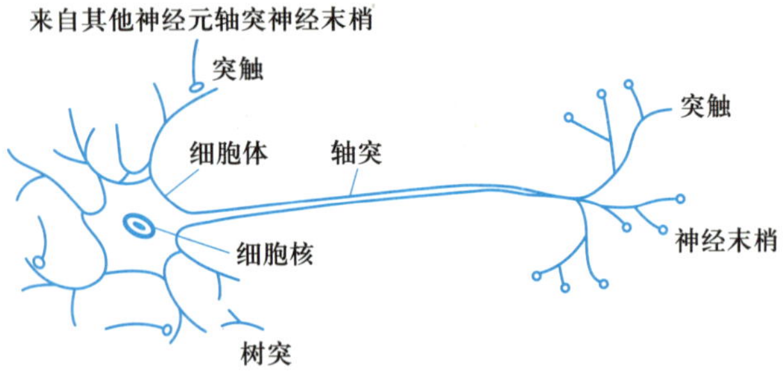

图 2-60 神经细胞结构

例 2-11

已知轴突长度为 1 m，半径为 5 μm，膜的厚度为 8.0 nm，膜的相对介电常量为 7. 膜的内、外分别充满可导电的浆液，其中主要导电的是 Na 离子和 K 离子．它们进出半透膜的内、外，改变内外间电势差．已知轴突膜内外间具有 90 mV 电势差．问：轴突膜内外两侧导体所带电荷量是多少？

授课视频：神经元的电容[例 2-11]

解：由于膜的厚度与轴突半径相比非常小，所以膜的任一小部分都可视为平面，因此可以把轴突等效成平行板电容器，其中细胞膜就是电介质．由平行板电容器的电容公式可知

$$C=\varepsilon_0\varepsilon_r S/d$$

式中，极板面积 $S=2\pi Rl$，代入数值得

$$C=\frac{\varepsilon_0\varepsilon_r\cdot 2\pi Rl}{d}$$

$$=\frac{8.85\times10^{-12}\times7\times2\pi\times5\times10^{-6}\times1}{8.0\times10^{-9}}\ \mathrm{F}$$

$$=2.4\times10^{-7}\ \mathrm{F}$$

轴突膜内、外两侧导体所带电荷量为

$$Q=CU=2.4\times10^{-7}\times90\times10^{-3}\ \mathrm{C}=2.2\times10^{-8}\ \mathrm{C}$$

神经细胞信号传递可以通过研究神经纤维信号传导的电磁学模型来解释．有兴趣的读者不妨自己去深入了解一下．

3. 球型电容器的电容及其应用

例 2-12

如图 2-61(a)所示的麦克里面是球形电容器．球形电容器由两个同心的导体球壳组成．如图 2-61(b)所示，两导体球壳的半径分别为 R_1 和 R_2，两导体球壳间有一层内、外半径分别为 a 和 R_2 的电介质，相对介电常量为 ε_r. 求该球形电容器的电容．

授课视频：球形电容器的电容及其应用

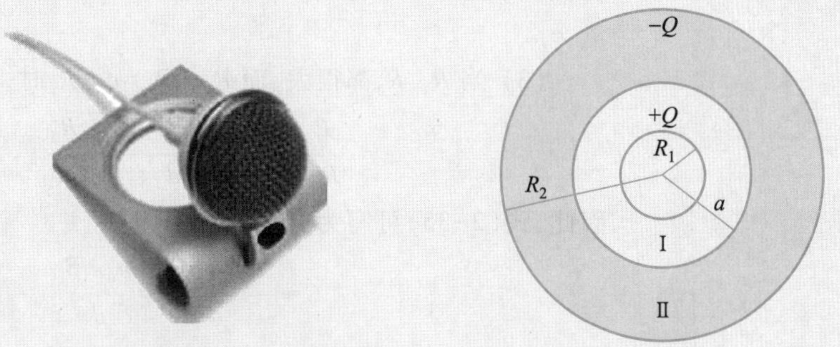

(a) (b)

图 2-61 球形电容器

解：首先设内、外导体球壳分别均匀带有电荷量$+Q$和$-Q$，电介质表面的极化电荷分布也具有球对称性．因此，电位移 $\boldsymbol{D}$ 和电场强度 $\boldsymbol{E}$ 的分布也具有球对称性，由 $\boldsymbol{D}$ 的高斯定理可得两导体球壳之间的电位移为

$$\boldsymbol{D}=\frac{Q}{4\pi r^2}\boldsymbol{e}_r \quad (R_1< r < R_2)$$

然后根据电场强度 $\boldsymbol{E}$ 与电位移 $\boldsymbol{D}$ 的关系，得到电场强度的分布为

在 Ⅰ 区$(R_1< r < a)$中，$\boldsymbol{E}_1=\dfrac{Q}{4\pi\varepsilon_0 r^2}\boldsymbol{e}_r$

在 Ⅱ 区$(a < r < R_2)$中，$\boldsymbol{E}_2=\dfrac{Q}{4\pi\varepsilon_0\varepsilon_r r^2}\boldsymbol{e}_r$

因此，两导体球壳之间的电势差为

$$U=\int_{R_1}^{R_2}\boldsymbol{E}\cdot d\boldsymbol{l}=\int_{R_1}^{a}E_1 dr+\int_{a}^{R_2}E_2 dr$$

$$=\int_{R_1}^{a}\frac{Q}{4\pi\varepsilon_0 r^2}dr+\int_{a}^{R_2}\frac{Q}{4\pi\varepsilon_0\varepsilon_r r^2}dr$$

$$=\frac{Q}{4\pi\varepsilon_0}\left(\frac{1}{R_1}-\frac{1}{a}\right)+\frac{q}{4\pi\varepsilon_0\varepsilon_r}\left(\frac{1}{a}-\frac{1}{R_2}\right)$$

根据式(2-28)，该球形电容器的电容为

$$C=\frac{Q}{U}=\frac{4\pi\varepsilon_0\varepsilon_r}{\varepsilon_r\left(\frac{1}{R_1}-\frac{1}{a}\right)+\left(\frac{1}{a}-\frac{1}{R_2}\right)}$$

对例 2-12 的结果做几点讨论：

(1) 当两极板间充满同一介质时，即$a=R_1$，则得球形介质电容器的电容为

$$C'=4\pi\varepsilon_0\varepsilon_r\frac{R_2R_1}{R_2-R_1} \tag{2-35}$$

由上式可以看出，两导体球壳的半径 R_1，R_2越大，且越接近，即R_2-R_1越小，则电容器的电容越大．

(2) 当两极板间充满空气时，即 $a=R_2$，则得球形空气电容器的电容为

$$C_0=4\pi\varepsilon_0\frac{R_2R_1}{R_2-R_1}$$

所以，$C'=\varepsilon_r C_0$，即两极板间充满电介质时的电容是两极板间为真空时电容的 ε_r 倍．由此可测介质的相对介电常量 ε_r.

(3) 当 R_1，R_2都很大，而 $R_2-R_1=d\ll R_1$时，有

$$\frac{R_2R_1}{R_2-R_1}=\frac{(R_1+d)R_1}{d}\approx\frac{R_1^2}{d}$$

因此，式(2-35)可写为

$$C\approx\frac{\varepsilon_0\varepsilon_r 4\pi R_1^2}{d}=\frac{\varepsilon_0\varepsilon_r S}{d}$$

式中，$S=4\pi R_1^2$ 是导体球壳的面积．上式即式(2-32)．由此可见，当两导体球壳之间的间隙远小于内球壳半径时，球形电容器可近似为平行板电容器．

NOTE

（4）若 $R_2 \gg R_1$，式（2-35）可写为

$$C \approx 4\pi\varepsilon_0\varepsilon_r R_1 \tag{2-36}$$

上式表示相对介电常量为 ε_r 的无限大介质中一个导体球的电容，相当于球形电容器的一个极板在无限远处．

由于一个半径为 R 的导体球也可视为两个导体半球的并联，且两个导体半球的电容相等，则 $C=2C_{半球}$，即相对介电常量为 ε_r 的无限大介质中一个导体半球的电容为

$$C_{半球}=\frac{C}{2}=2\pi\varepsilon_0\varepsilon_r R \tag{2-37}$$

例 2-13

如图 2-62 所示，铜球的一半浸在相对介电常量为 ε_r 的油中，铜球所带电荷量为 q，问：上下半球各带电荷多少？

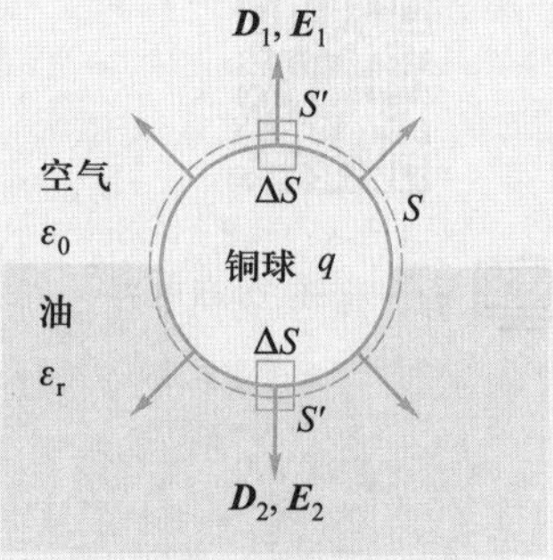

图 2-62 例 2-13 图

解：上半球是空气（$\varepsilon_r=1$）中的导体半球，根据式（2-37），其电容为

$$C_1=2\pi\varepsilon_0 R$$

下半球是油中的导体半球，其电容为

$$C_2=2\pi\varepsilon_0\varepsilon_r R$$

铜球本身是等势体，两个导体半球相对于无限远处的电势差 U_1 和 U_2 相等，即

$$U_1=U_2=U$$

式中，U 为铜球相对于无限远处的电势差．因此，整个铜球可视为两个导体半球并联，若铜球的总电容为 C，则

$$C=C_1+C_2$$

所以，上半球所带电荷量为

$$q_1=C_1U_1=C_1U=C_1\frac{q}{C}=\frac{C_1}{C_1+C_2}q=\frac{q}{1+\varepsilon_r}$$

根据电荷守恒，下半球所带电荷量为

$$q_2=q-q_1=\frac{\varepsilon_r q}{1+\varepsilon_r}$$

另解：如图 2-62 所示，在铜球外紧贴球面取与其同心的高斯球面 S，其中半球面 S_1 在空气中，半球面 S_2 在电介质中．若将上、下两个铜半球表面上的电荷分别视为均匀分布的，设 S_1 面和 S_2 面上的电位移分别为 $\boldsymbol{D}_1$ 和 $\boldsymbol{D}_2$，则通过 S 面的 $\boldsymbol{D}$ 通量为

$$\oint_S \boldsymbol{D}\cdot \mathrm{d}\boldsymbol{S}=\int_{S_1}\boldsymbol{D}_1\cdot \mathrm{d}\boldsymbol{S}+\int_{S_2}\boldsymbol{D}_2\cdot \mathrm{d}\boldsymbol{S}$$
$$=2\pi R^2(D_1+D_2)$$

利用 $\boldsymbol{D}$ 的高斯定理 $\oint_S \boldsymbol{D}\cdot \mathrm{d}\boldsymbol{S}=q$，得

$$D_1+D_2=\frac{q}{2\pi R^2} \quad ①$$

由于铜球上下为等势体，铜球相对于无限远处的电势差可以表示为

$$U=\int_R^{\infty}E_1\mathrm{d}r=\int_R^{\infty}E_2\mathrm{d}r$$

故空气与电介质中电场强度分布相同，即 $E_1=E_2$，或

$$\frac{D_1}{\varepsilon_0}=\frac{D_2}{\varepsilon_0\varepsilon_r} \quad ②$$

联立求解式①和式②,可得

$$D_1=\frac{q}{2\pi(\varepsilon_r+1)R^2},\quad D_2=\frac{\varepsilon_r q}{2\pi(\varepsilon_r+1)R^2}$$

在铜球表面附近取底面积为 ΔS 的柱形闭合高斯面 S',使柱形侧面与导体表面垂直,两底面分别在导体内、外,并无限靠近导体表面．利用高斯定理

$$D_1\Delta S=\sigma_{e1}\Delta S$$

得

$$\sigma_{e1}=D_1=\frac{q}{2\pi(\varepsilon_r+1)R^2}$$

所以,上半球所带电荷量为

$$q_1=\sigma_{e1}\cdot 2\pi R^2=\frac{q}{2\pi(\varepsilon_r+1)R^2}\cdot 2\pi R^2=\frac{q}{1+\varepsilon_r}$$

同理

$$q_2=\frac{\varepsilon_r q}{1+\varepsilon_r}$$

授课视频:分布电容

4．分布电容

实际上任何导体之间都存在电容,例如导线之间、人体与仪器之间等,称为分布电容．通常,因分布电容较小,往往可以忽略,但在某些情况下仍会有一定的影响．若分布电容产生于形状、位置都很复杂的导体之间,则严格计算有困难．若形状、位置比较规则,则可采用电容定义的四步法作数量级的估计．

例 2-14

如图 2-63 所示,求两根无限长平行导线 A 和 B 间单位长度的分布电容．已知导线的半径为 a,两导线轴间距为 d,且 $d\gg a$.

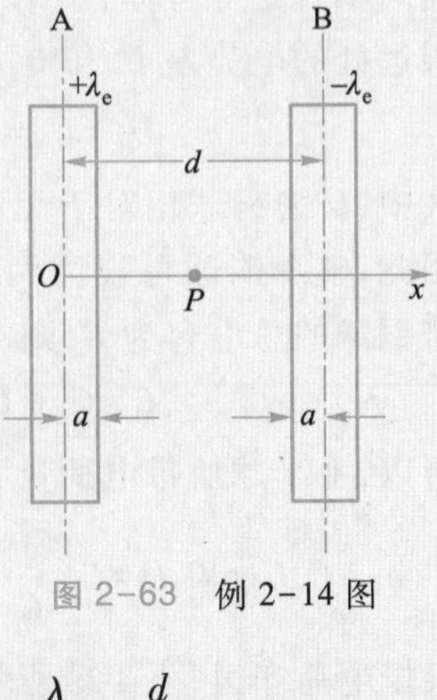

图 2-63 例 2-14 图

解:设无限长导线各带电荷线密度为 $+\lambda_e$ 和 $-\lambda_e$ 的电荷,建立如图 2-63 所示坐标系,x 轴垂直于两导线．由场强叠加原理可求出两导线间任意 x 处 P 点的电场强度为

$$\boldsymbol{E}=\frac{\lambda_e\boldsymbol{i}}{2\pi\varepsilon_0 x}+\frac{\lambda_e\boldsymbol{i}}{2\pi\varepsilon_0(d-x)}=\frac{\lambda_e}{2\pi\varepsilon_0}\left(\frac{1}{x}+\frac{1}{d-x}\right)\boldsymbol{i}$$

因此,两导线间的电势差

$$U=\int_A^B \boldsymbol{E}\cdot \mathrm{d}\boldsymbol{l}=\int_a^{d-a}\frac{\lambda_e}{2\pi\varepsilon_0}\left(\frac{1}{x}+\frac{1}{d-x}\right)\mathrm{d}x$$

$$=\frac{\lambda}{\pi\varepsilon_0}\ln\frac{d-a}{a}$$

因为 $d\gg a$,所以

$$U\approx\frac{\lambda}{\pi\varepsilon_0}\ln\frac{d}{a}$$

则两导线单位长度的分布电容为

$$C_0=\frac{\lambda}{U}=\frac{\pi\varepsilon_0}{\ln\dfrac{d}{a}}$$

设 $a=0.1\ \mathrm{mm}$,$d=5.0\ \mathrm{cm}$,则

$$C_0=\frac{\pi\times 8.85\times 10^{-12}}{\ln\dfrac{5.0\times 10^{-2}}{0.1\times 10^{-3}}}\ \mathrm{F\cdot m^{-1}}$$

$$=7.1\times 10^{-12}\ \mathrm{F\cdot m^{-1}}=7.1\ \mathrm{pF\cdot m^{-1}}$$

可见,此导体系统的分布电容相当小,通常可以忽略.

实际上电容器的电容与两极板的形状和极板之间的电介质有关,一般由实验仪器测量.例如,人体是一个导体,实验测得人体对地的电容值范围很宽,为 10~4 000 pF,典型值范围为 50~250 pF. 由于人体对地面电容的较大部分是脚底对地的电容,所以单脚站立与双脚站立时电容相差很大.

2.5 静电场的能量

NOTE

任何带电过程实质上都是正、负电荷的分离或迁移过程.在此过程中,外力必须克服电场力对带电系统做功.根据能量守恒定律,外力对带电系统所做的功转化为带电系统的静电能.

2.5.1 电荷系的静电能

以无限远处为电势零点,点电荷 q_1 在与它相距 r_{12} 的位置处所产生的电势为

$$\varphi=\frac{q_1}{4\pi\varepsilon_0 r_{12}}$$

令 q_1 不动,把第二个点电荷 q_2 从无限远处移到 r_{12} 处,在这个过程中,外力要克服 q_1 的电场对 q_2 的电场力做功

$$A_2=q_2\varphi=\frac{q_2q_1}{4\pi\varepsilon_0 r_{12}}$$

令 q_1、q_2 不动,移动第三个点电荷 q_3,外力必须克服 q_1 和 q_2 的电场对 q_3 的电场力做功.把点电荷 q_3 从无限远处移到距离 q_1 为 r_{13},距离 q_2 为 r_{23} 的位置处,外力所做的功为

$$A_3=\frac{q_3q_1}{4\pi\varepsilon_0 r_{13}}+\frac{q_3q_2}{4\pi\varepsilon_0 r_{23}}$$

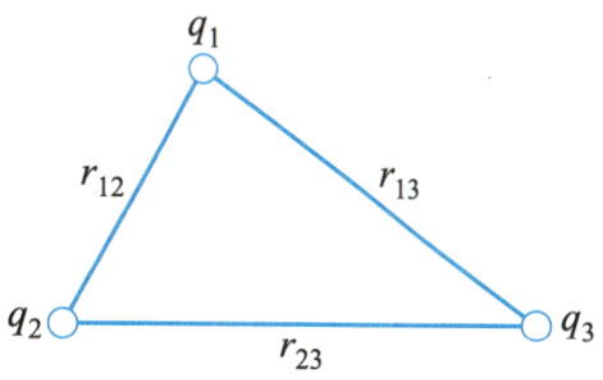

图 2-64 三个点电荷组成的电荷系

把这三个点电荷从无限远处聚集到图 2-64 所示的状态,外力所做的总功就是这三个点电荷所组成的电荷系的静电能

NOTE

$$W_e=\frac{q_2q_1}{4\pi\varepsilon_0 r_{12}}+\frac{q_3q_1}{4\pi\varepsilon_0 r_{13}}+\frac{q_3q_2}{4\pi\varepsilon_0 r_{23}} \tag{2-38}$$

这一结果与移动电荷的先后次序无关．一般来说，把各点电荷从无限分离的状态聚集到最终位置时，外力克服电场力所做的功，定义为电荷系最终状态的静电能，也称为相互作用能(简称互能).

式(2-38)可以写成如下形式

$$\begin{aligned}W_e&=\frac{1}{2}\left(\frac{q_2q_1}{4\pi\varepsilon_0 r_{12}}+\frac{q_3q_1}{4\pi\varepsilon_0 r_{13}}+\frac{q_3q_2}{4\pi\varepsilon_0 r_{23}}+\frac{q_2q_1}{4\pi\varepsilon_0 r_{12}}+\frac{q_3q_1}{4\pi\varepsilon_0 r_{13}}+\frac{q_3q_2}{4\pi\varepsilon_0 r_{23}}\right)\\&=\frac{1}{2}\left[q_1\left(\frac{q_2}{4\pi\varepsilon_0 r_{12}}+\frac{q_3}{4\pi\varepsilon_0 r_{13}}\right)+q_2\left(\frac{q_3}{4\pi\varepsilon_0 r_{23}}+\frac{q_1}{4\pi\varepsilon_0 r_{12}}\right)+\right.\\&\quad\left.q_3\left(\frac{q_1}{4\pi\varepsilon_0 r_{13}}+\frac{q_2}{4\pi\varepsilon_0 r_{23}}\right)\right]\\&=\frac{1}{2}(q_1\varphi_1+q_2\varphi_2+q_3\varphi_3)\end{aligned}$$

式中，$\varphi_1=\dfrac{q_2}{4\pi\varepsilon_0 r_{12}}+\dfrac{q_3}{4\pi\varepsilon_0 r_{13}}$是 q_2 和 q_3 在 q_1 所在位置处产生的电势，$\varphi_2=\dfrac{q_3}{4\pi\varepsilon_0 r_{23}}+\dfrac{q_1}{4\pi\varepsilon_0 r_{12}}$是 q_3 和 q_1 在 q_2 所在位置处产生的电势，$\varphi_3=\dfrac{q_1}{4\pi\varepsilon_0 r_{13}}+\dfrac{q_2}{4\pi\varepsilon_0 r_{23}}$是 q_1 和 q_2 在 q_3 所在位置处产生的电势．所以由 n 个点电荷所组成的电荷系的静电能为

$$W_e=\frac{1}{2}\sum_{i=1}^{n}q_i\varphi_i \tag{2-39}$$

式中，φ_i 是 q_i 所在位置处由 q_i 以外的其他电荷所产生的电势．

若是连续分布的带电体，可以设想把该带电体分割成无限多的点电荷元，将式(2-39)中的求和号改为积分号，即

$$W_e=\frac{1}{2}\int_q\varphi\mathrm{d}q \tag{2-40}$$

若只考虑一个带电体，式(2-40)给出的就是该带电体的静电能，有时也称为自能．因此，一个带电体的静电自能就是组成它的各点电荷元之间的静电互能．由于电荷元 $\mathrm{d}q$ 为无限小，所以式(2-40)积分号内的 φ 为带电体上所有电荷在电荷元 $\mathrm{d}q$ 所在处产生的电势．积分号下标 q 表示积分范围遍及该带电体上的所有电荷．

2.5.2 电容器的能量

授课视频：电容器的能量

如图 2-65 所示，一个电容器、一个直流电源、一个灯泡和双向开关构成一个简单电路．先将开关 S 倒向 a，此时电容器的两极板和电源相连，使电容器两极板分别带上等量异号电荷．这个过程称为电容器的充电．在电容器的充电过程中，外力克服静电力做功，把正电荷由负极板搬运到正极板．在此过程中，外力的功等于电容器的静电能．

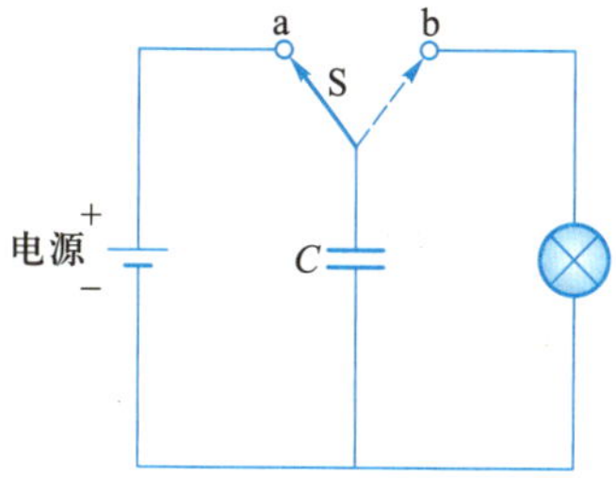

图 2-65　电容器的充电和放电

当开关 S 由 a 倒向 b 时，此时电容器和灯泡会形成一个通路，电容器两极板上的正、负电荷又会通过有灯泡的电路中和，这一过程称为电容器的放电．灯泡发光是电流通过它的显示．灯泡发光所消耗的能量是从电容器释放出来的静电能，而电容器的静电能则是它充电时从电源获得的能量．可见，电容器可以储存能量．

下面计算电容器在带电时所具有的静电能．如图 2-66 所示，一电容为 C 的平行板电容器正处于充电过程中．设某一时刻两极板上的电荷分别为 $+q$ 和 $-q$；相应地，在该时刻两极板间的电势差 $U=q/C$. 此时，若继续把 $+\mathrm{d}q$ 电荷从负极板移至正极板，外力克服静电场力所做的元功为

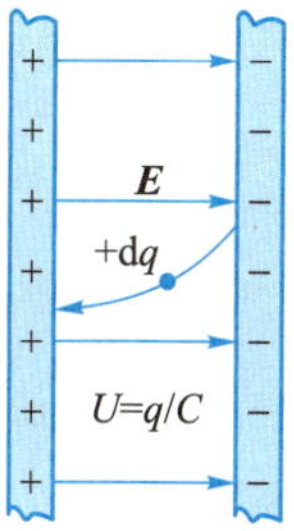

图 2-66　把正电荷从负极板移至正极板，外力克服静电力做功

$$\mathrm{d}A=U\mathrm{d}q=\frac{q}{C}\mathrm{d}q$$

在两极板的电荷量由 0 变为 $\pm Q$ 的过程中，外力克服静电场力所做的总功为

$$A=\int_0^Q\frac{q}{C}\mathrm{d}q=\frac{1}{2}\frac{Q^2}{C}$$

上式即电容器带有电荷量 Q 时所具有的静电能．利用关系式 $C=Q/U$，电容器所储存的电能 W_{e} 可写为

$$W_{\mathrm{e}}=\frac{1}{2}\frac{Q^2}{C}=\frac{1}{2}QU=\frac{1}{2}CU^2 \tag{2-41}$$

上式表明，在一定电压下，电容器的电容越大，其储存的电能越多．因此，也可以把电容视为电容器储存电能本领大小的标志．对同一电容器来说，电压越高储能越多．

在 2.4.2 节中提到的莱顿瓶，就是穆森布罗克试图使电能储藏在盛有水的玻璃瓶里而发明的．如图 2-67 所示，将一根铁棒用两根丝线悬挂在空中，用起电机与铁棒相连；再用一根铜钱从铁棒引出，浸在一个盛有水的玻璃瓶中，就可把电保存下来．莱顿瓶也是当今电池的雏形．

图 2-67　用莱顿瓶储电

NOTE

目前电容器组为激光、粒子加速器等诸多设备提供电能．例如，要营救心脏病患者，通常必须电击心肌以使其恢复正常节奏．若电击一次，在约 2.0 ms 内传输 200 J 的电能，使 20 A 的电流通过胸腔，这就要求电击设备具有约 100 kW 的电功率．在便携式电击设备中，电池在短于一分钟内能使电容器充电到较高电压，储存一定能量．例如，一个 70 μF 的电容器被充电到 5 000 V 时，电容器储存的能量为 875 J，可连续提供三次电击．这种用电池给电容器缓慢充电，然后在高得多的功率下使它放电的技术通常被用于闪光照相或频闪照相术中，使得高速摄影技术得到发展．2020 年底，中国首列超级电容有轨电车在广州市开通运营．由于使用了超级电容器，这列有轨电车的充电仅需 30 s，在乘客上下车期间就可以完成充电．超级电容器具有功率密度高、寿命长、充电快等特点，所以被广泛地应用于电动汽车、风力发电以及高科技装备等领域．

电容器还有我们未提及的应用，如消除脉动、阻隔直流、振荡电路等．从上文中的介绍可以看到，小小电容体现了物理学的作用：“探索自然，驱动技术，拯救生命”．正如 1999 年召开的国际纯粹物理和应用物理学联合会上所指出的：“物理学是一项国际事业，它对人类未来的进步起着关键的作用．对物理教育的支持和研究，对所有国家都是重要的．”

例 2-15

一平行板空气电容器，极板面积为 S，极板间距为 d，充电至带电 Q 后与电源断开，然后用外力缓慢地把两极板间距拉开到 $2d$，求：

（1）电容器能量的改变；

（2）在此过程中外力所做的功，并讨论此过程中的功能转化关系；

（3）若充电后保持电压 U 不变，则（1）、（2）两问结果如何？

授课视频：电容器的能量［例 2-15］

解：（1）极板拉开过程中与电源是断开的，所以电荷量 Q 不变．

电容器原来极板间距为 d，电容为 $C_0=\varepsilon_0 S/d$；两极板间距拉开为 $2d$ 后电容变为 $C=\varepsilon_0 S/(2d)$，则在此过程中电容器能量改变为

$$\Delta W_e=\frac{1}{2}\frac{Q^2}{C}-\frac{1}{2}\frac{Q^2}{C_0}=\frac{Q^2}{2}\left(\frac{2d}{\varepsilon_0 S}-\frac{d}{\varepsilon_0 S}\right)=\frac{Q^2 d}{2\varepsilon_0 S}$$

（2）电容器两极板间的静电吸引力大小为

$$F_e=QE=Q\cdot\frac{Q}{2\varepsilon_0 S}=\frac{Q^2}{2\varepsilon_0 S}$$

注意:带电体所受的电场力不考虑自作用,即上式中的 E 是一个极板产生的场强大小.在两极板被缓慢拉开的过程中,外力大小 $F_{外}$ 应等于两极板之间的相互吸引力大小 F_e,它们均为恒力.外力所做的功为

$$A_{外}=F_{外}\,d=F_e d=\frac{Q^2 d}{2\varepsilon_0 S}$$

可见,外力所做的功等于电容器储存能量的增加,遵从功能原理,即

$$A_{外}=\Delta W_e=\frac{Q^2 d}{2\varepsilon_0 S}$$

(3) 若电压 U 保持不变,则电容器两极板上的电荷量就要改变,其增加量为

$$\Delta Q=CU-C_0U=(C-C_0)U$$

此电荷量是由电源在恒定电压 U 作用下供给的,电源移动电荷所做的功为

$$A_S=\Delta QU=(C-C_0)U^2=\left(\frac{\varepsilon_0 S}{2d}-\frac{\varepsilon_0 S}{d}\right)U^2$$

$$=-\frac{\varepsilon_0 SU^2}{2d}$$

电容器储存的能量增量为

$$\Delta W_e=\frac{1}{2}CU^2-\frac{1}{2}C_0U^2=\frac{1}{2}(C-C_0)U^2$$

$$=\frac{1}{2}\left(\frac{\varepsilon_0 S}{2d}-\frac{\varepsilon_0 S}{d}\right)U^2=-\frac{\varepsilon_0 SU^2}{4d}$$

电容器储存的静电能减小一半.以 $A'_{外}$ 表示外力做的功,则由能量守恒给出

$$A_S+A'_{外}=\Delta W_e$$

由此得

$$A'_{外}=\Delta W_e-A_S=-\frac{1}{2}(C-C_0)U^2$$

$$=-\frac{1}{2}\left(\frac{\varepsilon_0 S}{2d}-\frac{\varepsilon_0 S}{d}\right)U^2=\frac{\varepsilon_0 SU^2}{4d}$$

例 2-16

巧克力粉末的秘密Ⅲ.作为对巧克力粉末爆炸的部分调查,当工人们把巧克力粉末袋卸空到送料箱中并搅起围绕他们的粉尘时,曾测过他们的电势.每个工人相对于被取为电势零点的地面约有 7.0 kV 的电势.

授课视频:巧克力碎屑的秘密Ⅲ[例 2-16]

(1) 假定每个工人实际等效于一具有典型电容 200 pF 的电容器,求该等效电容器所储存的能量.

(2) 如果工人与任一接地的导体之间的一个单一的火花能使工人带的电中和,则那个能量将传送给火花.根据测量,能点燃巧克力粉尘云,并引起爆炸的火花必须有至少 150 mJ 的能量.来自工人的火花能够引起送料箱里巧克力粉尘云的爆炸吗?

解:(1) 根据式(2-41),与一个工人等效的电容器所储存的电能为

$$W_e=\frac{1}{2}CU^2$$

$$=\frac{1}{2}\times 200\times 10^{-12}\times(7.0\times 10^3)^2\ \text{J}$$

$$=4.9\times 10^{-3}\ \text{J}$$

(2) 由于根据(1)算出来的能量远远小于爆炸至少所需的 150 mJ 能量,所以可以得出结论,来自工人的火花不能够引起送料箱里巧克力粉尘云的爆炸.

授课视频：静电场的能量　能量密度

2.5.3 静电场的能量　能量密度

在电容器的充电过程中，两极板间建立起电场，外力做的功也可以认为是用来建立这一电场的．因此，电容器所储存的能量同样可以认为是储存在电容器内的电场之中的．下面仍以平行板电容器为例进行讨论．

设平行板电容器的极板面积为 S，两极板之间的距离为 d，极板间充满相对介电常量为 ε_r 的电介质．由式(2-32)，此电容器的电容为

$$C=\frac{\varepsilon_0\varepsilon_r S}{d}$$

将此式代入式(2-41)可得

$$W_e=\frac{1}{2}CU^2=\frac{1}{2}\frac{\varepsilon_0\varepsilon_r S}{d}(Ed)^2=\frac{1}{2}\varepsilon_0\varepsilon_r E^2 Sd \qquad (2-42)$$

式(2-42)比式(2-41)的物理意义更鲜明．式(2-41)表明，电容器所储存的能量是与极板上的电荷相联系的，电容器能量的携带者似乎是电荷；而式(2-42)却表明，电容器所储存的能量是与电场强度相联系的，电容器能量的携带者是电场．由于静电场是与静止电荷相伴而生的，所以在研究静电学问题时，无法分辨电能到底是与电荷相联系的还是与电场相联系的．但随着时间迅速变化的电场和磁场以一定的速度在空间传播，形成电磁波．在电磁波中电场和磁场可以脱离电荷而传播到很远的地方，所以不能说电磁波能量的携带者是电荷，而只能说电磁波能量的携带者是电场和磁场．因此，电能应该视为储存在电场中，应该把电能称为电场能．若在某一空间具有电场，那么该空间就具有电场能，而式(2-42)比式(2-41)更具有普遍的意义．

NOTE

单位体积中的电场能量称为电场能量密度，以 w_e 表示．若在小体积元 $\mathrm{d}V$ 中的电场能为 $\mathrm{d}W_e$，则有

$$w_e=\frac{\mathrm{d}W_e}{\mathrm{d}V} \qquad (2-43)$$

由于平行板电容器的电场是均匀的，因此静电能均匀分布在电场中．在式(2-42)中，电容器内空间体积 Sd 也就是电容器中电场的体积 V. 所以可得

$$w_e=\frac{W_e}{Sd}=\frac{1}{2}\varepsilon_0\varepsilon_r E^2$$

或

$$w_e=\frac{1}{2}\varepsilon E^2=\frac{1}{2}DE \tag{2-44}$$

NOTE

上式表明,电场能量密度与电场强度的二次方成正比. 电场强度越大,电场能量密度也越大. 式(2-44)虽然是从平行板电容器这个特例中推出的,但可以证明它对于各向同性的电介质是普遍成立的.

在各向异性的电介质中,$\boldsymbol{D}$ 一般与 $\boldsymbol{E}$ 的方向不同,电场能量密度 w_e 应表示为

$$w_e=\frac{1}{2}\boldsymbol{D}\cdot\boldsymbol{E} \tag{2-45}$$

对于任意电场,空间 V 内的总电场能量 W_e 可由电场能量密度 w_e 的体积分求得,即

$$W_e=\int_V w_e\mathrm{d}V=\int_V\frac{1}{2}\varepsilon E^2\mathrm{d}V \tag{2-46}$$

此积分遍及电场分布的空间,适用于任何各向同性的介质中静电场能的计算.

例 2-17

如图 2-68 所示,一长为 l 的圆柱形电容器,两个极板面的半径分别为 R_1 和 R_2,两极板面间充满相对介电常量为 ε_r 的各向同性电介质. 求此电容器带有电荷量 Q 时所储存的电场能量.

授课视频:静电场的能量例题[例 2-17]

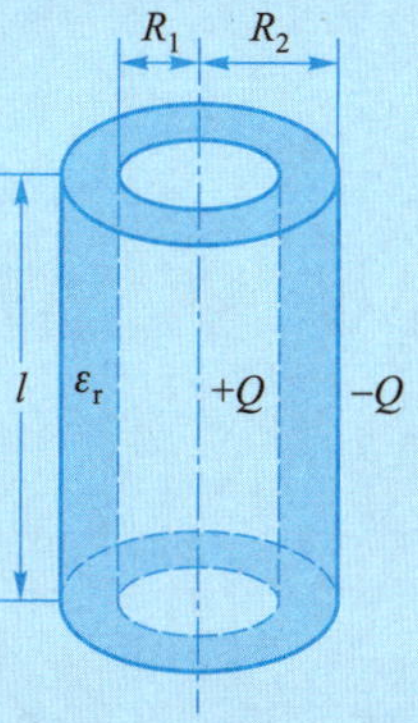

图 2-68 例 2-17 图

解:忽略边缘效应,该圆柱形电容器的电场分布具有轴对称性,当内、外两个极板面分别带有电荷量 $+Q$ 和 $-Q$ 时,根据 $\boldsymbol{D}$ 的高斯定理以及 $\boldsymbol{D}$ 与 $\boldsymbol{E}$ 的关系可求得内极板面以内和外极板面以外的电位移 $\boldsymbol{D}$ 和电场强度 $\boldsymbol{E}$ 均为零. 两极板面间的电场强度大小为

$$E=\frac{Q}{2\pi\varepsilon_0\varepsilon_r rl}$$

因此两极板面间的电场能量密度为

$$w_e=\frac{1}{2}\varepsilon_0\varepsilon_r E^2=\frac{Q^2}{8\pi^2\varepsilon_0\varepsilon_r l^2r^2}$$

在场中取半径为 r、厚为 $\mathrm{d}r$、高度为 l 的薄圆筒,其体积元为 $\mathrm{d}V=2\pi rl\mathrm{d}r$. 在此体积元内电场的能量为

$$dW_e = w_e dV = \frac{Q^2}{8\pi^2\varepsilon_0\varepsilon_r l^2 r^2} \cdot 2\pi r l dr = \frac{Q^2}{4\pi\varepsilon_0\varepsilon_r l r} dr$$

则电场总能量为

$$W_e = \int dW_e = \frac{Q^2}{4\pi\varepsilon_0\varepsilon_r l} \int_{R_1}^{R_2} \frac{dr}{r} = \frac{Q^2}{4\pi\varepsilon_0\varepsilon_r l} \ln \frac{R_2}{R_1}$$

与电容器的能量公式 $W = \frac{1}{2}\frac{Q^2}{C}$ 比较还可得圆柱形电容器的电容为

$$C' = \frac{2\pi\varepsilon_0\varepsilon_r l}{\ln \frac{R_2}{R_1}} \tag{2-47}$$

此式和式(2-34)相同．能量法是求解电容器电容的另一种方法．

例 2-18

核裂变能的估算．核裂变能是当前很有前途的一种新型能源，裂变时释放的“核能”基本上就是静电能．

授课视频：核裂变能的估算［例 2-18］

(1) 已知铀核所带电荷量为 $92e$，可以近似地认为它均匀分布在一个半径为 7.4×10^{-15} m 的球体内．如图 2-69 所示，当铀核对称裂变后，产生两个相同的钯核，各带电荷量 $46e$. 设这两个钯核也可以看成球体，总体积和原来的铀核一样，请估算一下铀核裂变的能量．

(2) 若对每个铀核都以这样的对称裂变计算，则 1 kg 铀核裂变后释放的静电能是多少？

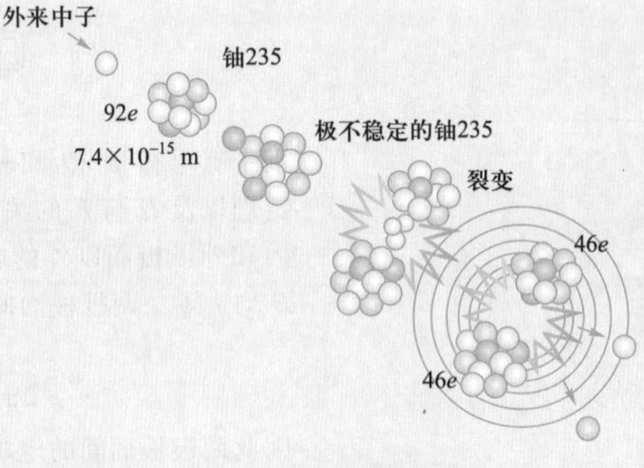

图 2-69 铀核对称裂变

解：(1) 首先利用电场的能量公式(2-46)来求真空中均匀带电球体的静电能．已知其半径为 R，电荷体密度为 ρ_e.

在例 1-13 中曾利用高斯定理，求得均匀带电球体产生的场强分布为

$$\boldsymbol{E} = \frac{\rho_e}{3\varepsilon_0}\boldsymbol{r}, \quad r \leqslant R$$

$$\boldsymbol{E} = \frac{\rho_e R^3}{3\varepsilon_0 r^2}\boldsymbol{e}_r, \quad r > R$$

取半径为 r、厚为 dr 的球壳为体积元，

其 $dV=4\pi r^2 dr$. 则电场总能量为

$$W_e = \int dW_e = \int_{球内} w_e dV + \int_{球外} w_e dV$$

$$= \int_0^R \frac{1}{2}\varepsilon_0\left(\frac{\rho_e}{3\varepsilon_0}r\right)^2 4\pi r^2 dr +$$

$$\int_R^\infty \frac{1}{2}\varepsilon_0\left(\frac{\rho_e R^3}{3\varepsilon_0 r^2}\right)^2 4\pi r^2 dr$$

$$= \frac{4\pi}{15\varepsilon_0}\rho_e^2 R^5$$

在此基础上,就可算出铀核的静电能．对于铀核来说,其电荷体密度为

$$\rho_e = \frac{92e}{4\pi R^3/3}$$

则铀核的静电能为

$$W_e = \frac{3}{5}\cdot\frac{(92e)^2}{4\pi\varepsilon_0 R}$$

$$= \frac{3}{5}\times\frac{(92\times1.6\times10^{-19})^2}{4\pi\times8.85\times10^{-12}\times7.4\times10^{-15}}\ \text{J}$$

$$= 1.6\times10^{-10}\ \text{J}$$

当铀核对称裂变后,若产生的两个相同钯核也可以视为球体,总体积和原来的铀核一样,则钯核的半径 R'满足关系

$$2\times\frac{4\pi}{3}R'^3 = \frac{4\pi}{3}R^3$$

即

$$R' = \frac{R}{\sqrt[3]{2}} = \frac{7.4\times10^{-15}}{\sqrt[3]{2}}\ \text{m} = 5.87\times10^{-15}\ \text{m}$$

当两个钯核分离很远时,它们的总静电能为

$$W'_e = 2\times\frac{3}{5}\times\frac{(46e)^2}{4\pi\varepsilon_0 R'}$$

$$= 2\times\frac{3}{5}\times\frac{(46\times1.6\times10^{-19})^2}{4\pi\times8.85\times10^{-12}\times5.87\times10^{-15}}\ \text{J}$$

$$= 1.0\times10^{-10}\ \text{J}$$

这一裂变释放出的静电能为

$$\Delta W_e = W_e - W'_e = (1.6\times10^{-10} - 1.0\times10^{-10})\ \text{J}$$

$$= 6.0\times10^{-11}\ \text{J}$$

(2) 对每个铀核都进行对称裂变计算,1 kg 铀核裂变后释放的静电能为

$$\Delta W'_e = \frac{\Delta W_e}{235m_p} = \frac{6.0\times10^{-11}}{235\times1.67\times10^{-27}}\ \text{J} = 1.5\times10^{14}\ \text{J}$$

式中,m_p 为质子的质量,$235m_p$ 为一个铀核的质量．由结果可见,核裂变能是相当可观的．

本章提要

1. 导体的静电平衡条件

$\boldsymbol{E}_{内}=\mathbf{0}$,表面外紧邻处 $\boldsymbol{E}_S$ 垂直于表面;或导体是等势体,导体表面是等势面．

2. 静电平衡时导体上电荷的分布

(1) 体内无净电荷;

(2)导体表面的电荷面密度 $\sigma_e=\varepsilon_0 E$;

(3) 若导体空腔内无带电体,则导体壳内表面不带电;若导

NOTE

体空腔内有带电体，则导体壳内表面所带电荷量与腔内带电体所带电荷量等值异号.

3. 静电屏蔽

在静电平衡状态下，导体壳外的带电体及导体壳外表面上的电荷对导体壳内的空间电场无影响；接地的空腔导体将腔内带电体对外界的影响隔绝.

4. 电介质的极化

在外电场中无极分子产生感生电矩或有极分子的固有电矩转向外电场方向使电介质的表面(或内部)出现束缚电荷.

电极化强度：对各向同性电介质，在电场不太强的情况下

$$\boldsymbol{P}=\varepsilon_0(\varepsilon_r-1)\boldsymbol{E}=\chi_e\varepsilon_0\boldsymbol{E}$$

式中，ε_r 为电介质的相对介电常量或相对电容率，χ_e 为电介质的电极化率.

束缚电荷面密度：$\sigma'_e=\boldsymbol{P}\cdot\boldsymbol{e}_n$.

5. 电位移

电位移：$\boldsymbol{D}=\varepsilon_0\boldsymbol{E}+\boldsymbol{P}$

对各向同性电介质：$\boldsymbol{D}=\varepsilon_0\varepsilon_r\boldsymbol{E}=\varepsilon\boldsymbol{E}$

6. $\boldsymbol{D}$ 的高斯定理

$$\oint_S \boldsymbol{D}\cdot d\boldsymbol{S}=\sum q_{0内}$$

7. 电容

电容器的电容：$C=\dfrac{Q}{U}$

平行板电容器：$C=\dfrac{\varepsilon_0\varepsilon_r S}{d}$

球形电容器：$C=\dfrac{4\pi\varepsilon_0\varepsilon_r R_1R_2}{R_2-R_1}$

圆柱形电容器：$C=\dfrac{2\pi\varepsilon_0\varepsilon_r l}{\ln(R_2/R_1)}$

并联电容器组：$C=\sum C_i$

串联电容器组：$\dfrac{1}{C}=\sum\dfrac{1}{C_i}$

8. 电荷系的静电能

$$W_e=\frac{1}{2}\sum_{i=1}^{n}q_i\varphi_i,\quad W_e=\frac{1}{2}\int_q\varphi\,dq$$

9. 电容器的能量

$$W_e=\frac{1}{2}\frac{Q^2}{C}=\frac{1}{2}QU=\frac{1}{2}CU^2$$

10. 电场能量

电场的能量密度：$w_e=\frac{1}{2}\varepsilon E^2=\frac{1}{2}DE$（各向同性电介质）

电场能量：$W_e=\int_V w_e \mathrm{d}V$

思考题

2-1 若一带电导体表面上某点附近电荷面密度为 σ_e，则紧邻该处表面外侧的电场强度大小为 $E=\sigma_e/\varepsilon_0$. 如果将另一带电体移近，该处电场强度是否改变？这电场强度与该处导体表面的电荷面密度的关系是否仍具有 $E=\sigma_e/\varepsilon_0$ 的形式？

2-2 无限大均匀带电平面两侧的电场强度大小为 $E=\sigma_e/(2\varepsilon_0)$，这一公式对于靠近有限大小带电平面的地方也适用. 这就是说，根据这个结果，导体表面附近的电场强度大小也应是 $E=\sigma_e/(2\varepsilon_0)$ 吗？它比式(2-2)的电场强度小一半，这是为什么？

2-3 在孤立导体球壳的中心放一点电荷，球壳内、外表面上的电荷分布是否均匀？如果点电荷偏离球心，电荷分布有何变化？

2-4 把一个带电体移近一个导体壳，带电体单独在导体壳的腔内产生的电场强度是否为零？静电屏蔽效应是如何发生的？

2-5 电介质的极化现象和导体的静电感应现象有何区别？

2-6 在有固定分布的自由电荷的电场中放有一块电介质. 移动此电介质的位置后，电场中 $\boldsymbol{D}$ 的分布是否改变？$\boldsymbol{E}$ 的分布是否改变？通过某一特定封闭曲面的 $\boldsymbol{D}$ 通量是否改变？$\boldsymbol{E}$ 通量是否改变？

2-7 平行板电容器的电容公式表示，当两板间距 $d\to 0$ 时，电容 $C\to\infty$. 在实际情况中为什么一般不能用尽量减小 d 的方法来制造大电容？

2-8 如思考题 2-8 图所示，如果考虑平行板电容器的边缘效应，其电容比不考虑边缘效应时有何变化？

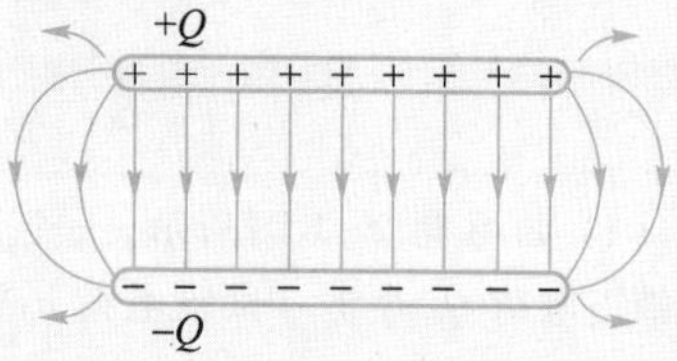

思考题 2-8 图

2-9 如思考题 2-9 图所示，一电介质板置于平行板电容器的两板之间. 作用在电介质板上的电场力是把它拉近还是推出电容器两板间的区域？（此时必须考虑边缘电场的作用.）

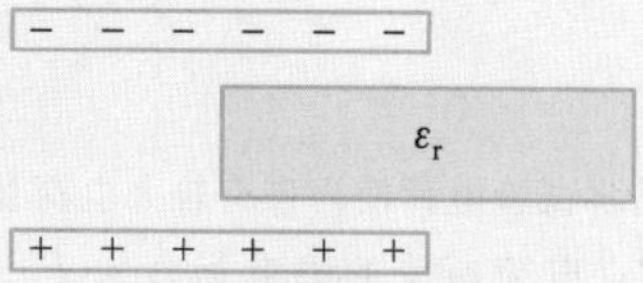

思考题 2-9 图

2-10 数显卡尺，是以数字显示的长度测量工具，如思考题 2-10 图(a)所示. 它是利用电容耦合方式将机械位移量转变为电信号的. 拉动卡尺，产生的电信号进入电子电路，再经过一系列变换和运算后显示出机械位移量的大小. 请提出数显卡尺的设计方案或查阅文献说明它的工作原理.（提示：测量位移 x 的电容式传感器的原理图如思考题 2-10 图(b)所示，其电容可通过什么样的等效方式来计算？）

(a)

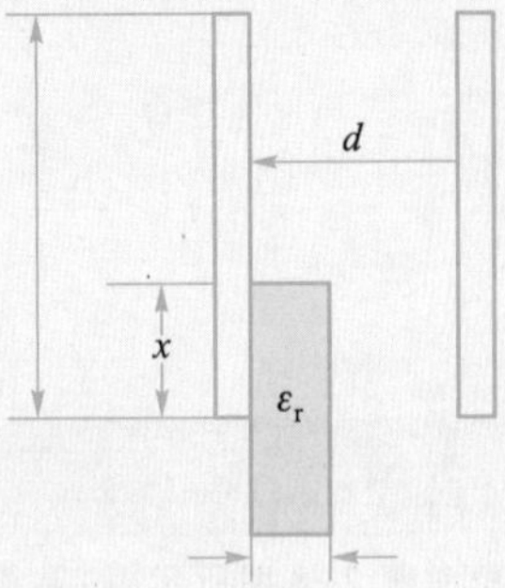

(b)

思考题 2-10 图

2-11 真空中均匀带电的球面和均匀带电的球体，若它们的半径和所带的电荷量都相等，则球面的电场能量和球体的电场能量之间的关系如何？

习题

2-1 (1) 如习题 2-1 图所示，一个半径为 R 的导体球带正电荷 Q，今将一试验电荷 q_0 放在球外距球心 O 为 r 的 P 点处，求该试验电荷所受的静电场力 $\boldsymbol{F}$；

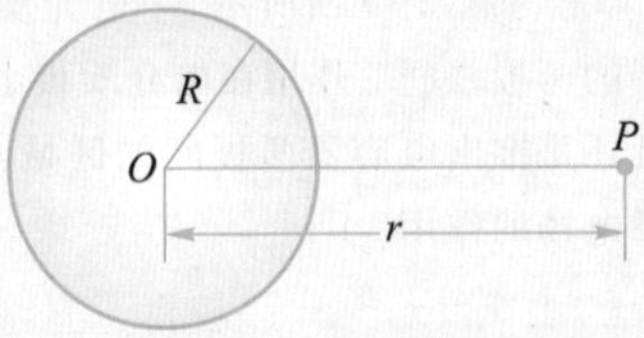

习题 2-1 图

(2) 若将试验电荷换为带有较大电荷量 q 的点电荷，测得该点电荷所受的静电场力为 $\boldsymbol{F}'$，比较一下 F/q_0 与 F'/q 的数值大小.

2-2 一导体球 A 半径为 R_1，其外同心地罩以内、外半径分别为 R_2 和 R_3 的厚导体球壳 B，此系统带电后导体球 A 电势为 φ_1，球壳 B 所带电荷量为 Q. 求此系统各处的电势和电场分布.

2-3 如习题 2-3 图所示，一半径为 R_1 的金属球 A 所带电荷量为 q_1，外面有一同心金属球壳 B 所带电荷量为 q_2，内、外半径分别为 R_2 和 R_3. 求此系统的电荷及电势分布.

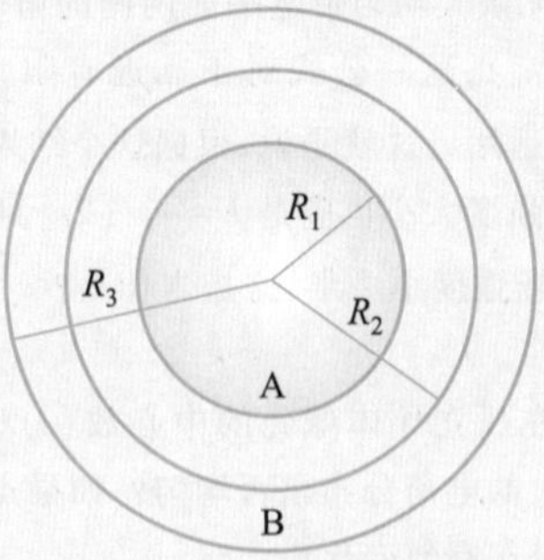

习题 2-3 图

2-4 一导体球 A 半径为 R_1，其外同心地罩以内、外半径分别为 R_2 和 R_3 的导体球壳 B，二者带电后导体球 A 电势为 φ_1，外球壳 B 电势为 φ_2.

(1) 求此系统的电荷和电场分布.

(2) 若用导线将导体球 A 和球壳 B 连接起来，则结果又如何？

2-5 如习题 2-5 图所示，有三块互相平行的导体板 A、B 和 C. 外面的两块导体板 A 和 C 用导线连接，原来不带电，A 和 C 之间的导体板 B 上所带总电荷面密度为 $1.3\times10^{-5}\ \mathrm{C\cdot m^{-2}}$. 试问：每块板的两个表面的电荷面密度各是多少？（忽略边缘效应.）

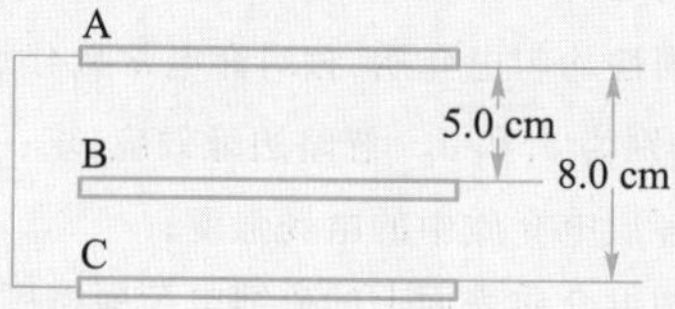

习题 2-5 图

2-6 如习题 2-6 图所示，不带电的导体球 A 含有两个球形空腔，两空腔中心分别有一点电荷 q_b 和 q_c，导体球外距导体球很远的 r 处有另一点电荷 q_d. 试问：q_b、q_c 和 q_d 各受到多大的力？哪个答案是近似的？

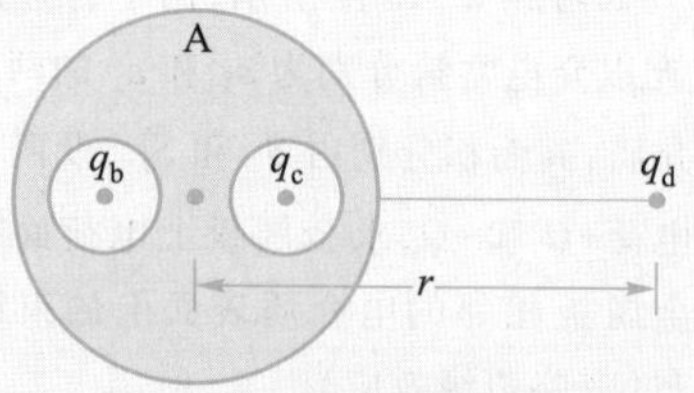

习题 2-6 图

2-7 如习题 2-7 图所示，一半径为 R、球心位于 O 点的导体球所带电荷量为 Q. 将所带电荷量为 $q(q>0)$ 的点电荷放在导体球外距球心 O 点为 $x(x>R)$ 处. P 点在点电荷 q 与球心 O 的连线上，且 $|OP|=R/2$. 求：

(1) O 点的场强和电势；

(2) 导体球上电荷在 P 点激发电场的场强和电势.

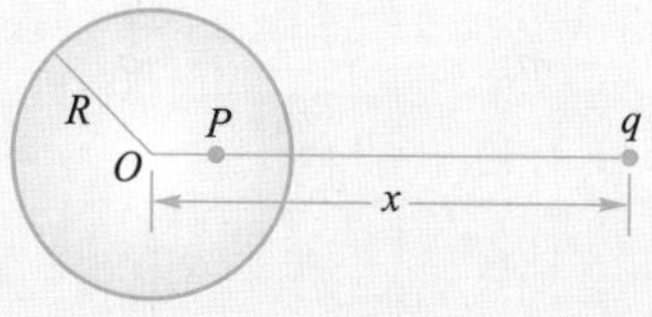

习题 2-7 图

2-8 如习题 2-8 图所示，电荷面密度为 σ_{e1} 的无限大均匀带电平板 A 旁边有一带电导体 B，今测得导体 B 表面靠近 P 点处的电荷面密度为 σ_{e2}. 求：

(1) P 点处的电场强度；

(2) 导体 B 表面靠近 P 点处面积为 ΔS 的电荷元 $\sigma_{e2}\Delta S$ 所受的静电场力.

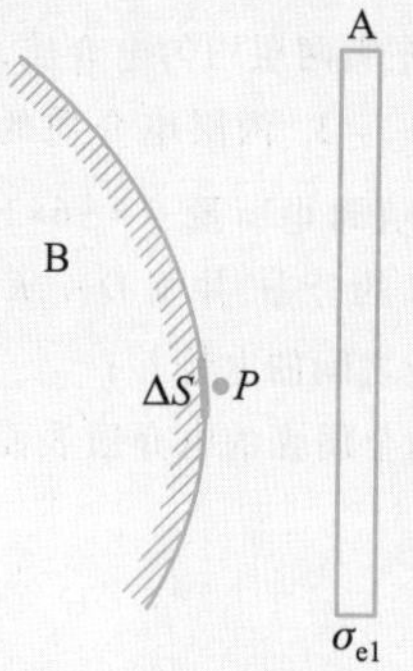

习题 2-8 图

2-9 如习题 2-9 图所示，一个点电荷 q 放在一无限大接地金属平板上方距离为 h 处，试根据场强叠加原理求出板面上距 q 为 R 的 P 点处的感应电荷面密度.

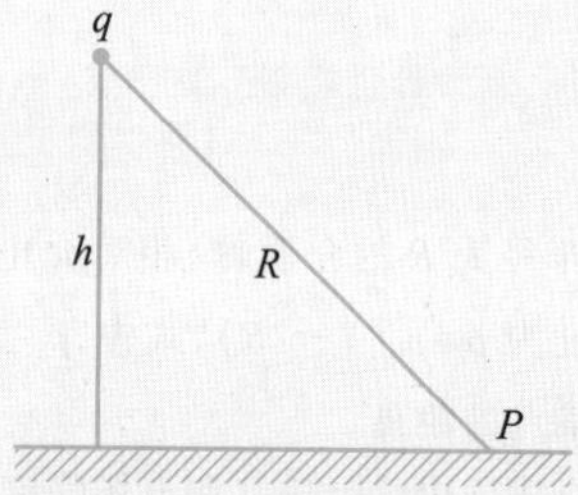

习题 2-9 图

2-10 如习题 2-10 图所示，在 HCl 分子中，氯核和质子（氢核）的距离 $l_0=0.128$ nm. 假设氢原子的电子完全转移到氯原子上并与其他电子构成一球对称的负电荷分布，而且其中心就在氯核上. 此模型的电偶极矩多大？实测的 HCl 分子的电偶极矩的大小为 3.4×10^{-30} C · m，HCl 分子中的负电荷分布的“重心”应在何处？即求 l 的值.（氯核的电荷量为 $17e$.）

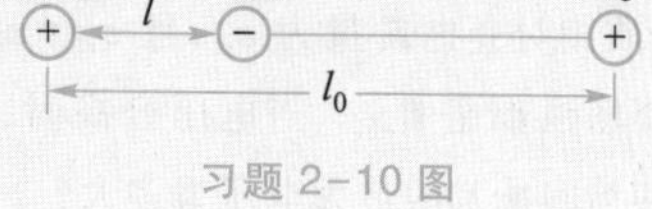

习题 2-10 图

2-11 如习题 2-11 图所示，两个同心的薄金属球壳，内、外球壳半径分别为 $R_1=0.02$ m 和 $R_2=0.06$ m. 球壳间充满两层均匀电介质，相对介电常量分别为 $\varepsilon_{r1}=6$ 和 $\varepsilon_{r2}=3$. 两层电介质的分界面半径 $R=0.04$ m. 设内球壳带电荷量 $Q=-6\times10^{-8}$ C，求：

(1) $\boldsymbol{D}$ 和 $\boldsymbol{E}$ 的分布，并画 $D-r$, $E-r$ 曲线；

(2) 两球壳之间的电势差；

(3) 贴近内金属壳的电介质表面上的束缚电荷面密度.

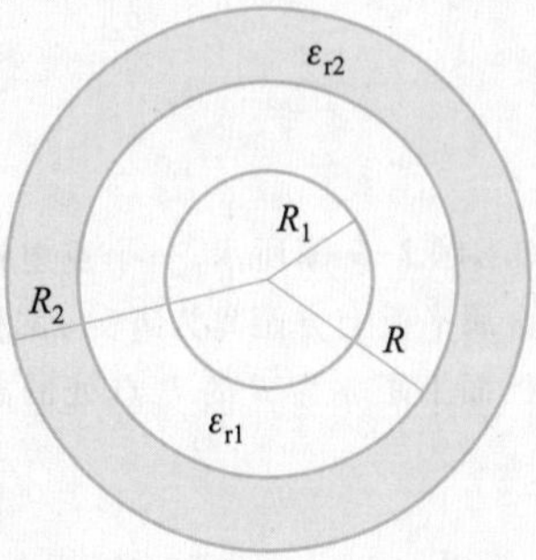

习题 2-11 图

2-12 半径为 R 的介质球，相对介电常量为 ε_r，其电荷体密度为 $\rho=\rho_0(1-r/R)$，式中，ρ_0 为常量，r 是球心到球内某点的距离.

(1) 求介质球内的电位移和电场强度分布；

(2) 试问：在半径 r 多大处电场强度最大？

2-13 两同心导体球壳之间充满各向同性均匀电介质，外球壳半径为 r_2，内、外球壳间电势差 U 保持不变. 问：内球壳半径 r_1 多大时才能使内球壳表面附近的电场强度最小？

2-14 两共轴的导体长圆筒的内、外筒半径分别为 R_1 和 R_2，且 $R_2<2R_1$. 其间有两层各向同性均匀电介质，分界面半径为 r_0. 内层介质相对介电常量为 ε_{r1}，外层介质相对介电常量为 ε_{r2}，且 $\varepsilon_{r2}=\varepsilon_{r1}/2$. 两层介质的击穿场强都是 $\boldsymbol{E}_{max}$. 当电压升高时，哪层介质先击穿？两筒间能加的最大电压为多大？

2-15 如习题 2-15 图所示，两平行金属带电平板上的自由电荷面密度分别为 $+\sigma_{e0}$ 和 $-\sigma_{e0}$，板间充满两层各向同性均匀电介质，相对介电常量分别为 ε_{r1} 和 ε_{r2}，厚度分别为 d_1 和 d_2. 忽略边缘效应，求：

(1) 各层电介质中的电场强度；

(2) 两电介质表面上的束缚电荷面密度.

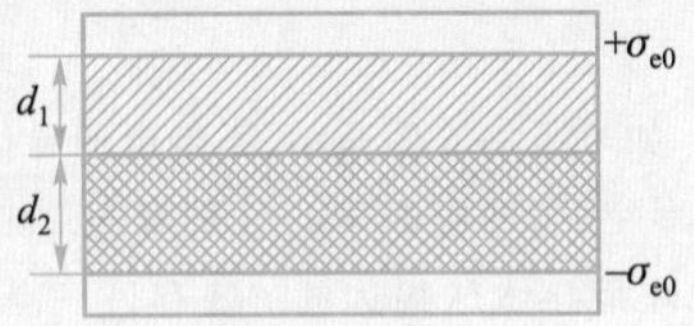

习题 2-15 图

2-16 如习题 2-16 图所示，两平行金属板相距为 d，板间充以介电常量分别为 ε_1 和 ε_2 的两种各向同性均匀电介质，其面积分别占 S_1 和 S_2. 设两板分别带等量异号电荷 $+Q$ 和 $-Q$，求金属板上电荷面密度的分布以及与金属板相邻的电介质表面上的束缚电荷面密度的分布（忽略边缘效应）.

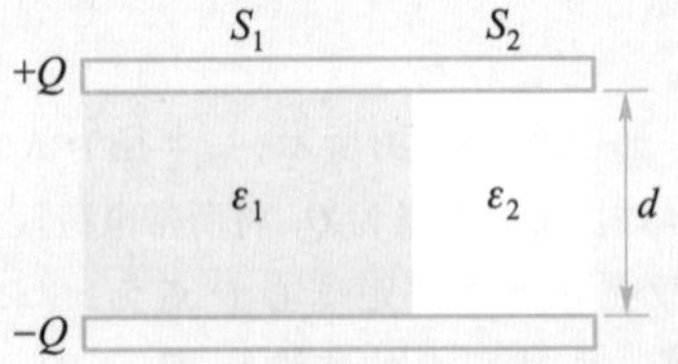

习题 2-16 图

2-17 如习题 2-17 图所示，两块面积相等的大金属板平行放置，分别带有等量异号的电荷，电荷面

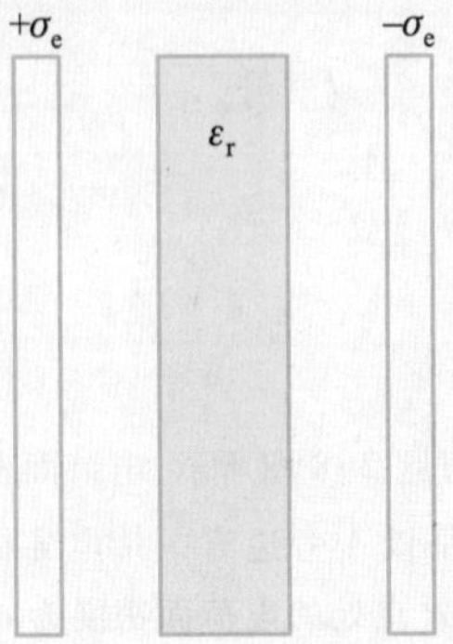

习题 2-17 图

密度 $\sigma_e = 8.85\times10^{-8}\ C\cdot m^{-2}$．两板间平行插入一块 $\varepsilon_r = 5.0$ 的各向同性均匀电介质板．忽略边缘效应，求：

(1) 金属板与电介质板之间缝中的电位移和电场强度；

(2) 电介质中的电位移、电场强度和电极化强度；

(3) 电介质表面束缚电荷面密度．

2-18 如习题 2-18 图所示，一铜球所带电荷量为 Q，半径为 R，上半铜球被相对介电常量为 ε_{r1} 的电介质包围，下半铜球被相对介电常量为 ε_{r2} 的电介质包围．若将上、下两个铜半球上的电荷分别视为均匀分布的，求贴近铜球上、下表面的电介质表面上的束缚电荷面密度．

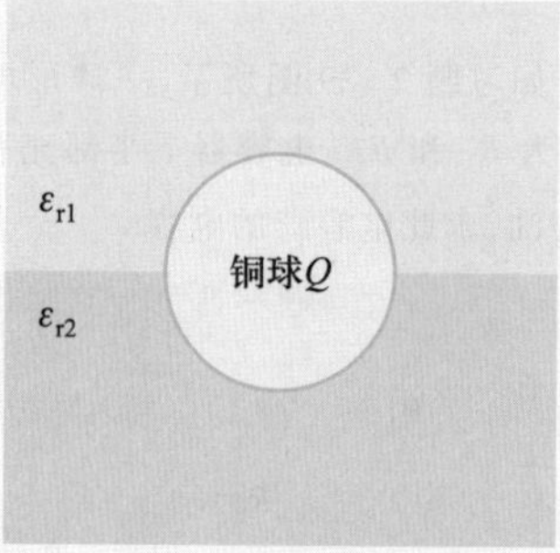

习题 2-18 图

2-19 某介质的相对介电常量为 $\varepsilon_r = 2.8$，击穿场强大小为 18 $MV\cdot m^{-1}$，若用其制作平行板电容器的电介质，要获得电容为 0.047 μF 而耐压值为 4 000 V 的电容器，它的极板面积至少要多大？

2-20 将一个极板面积为 500 cm^2 的空气平行板电容器充电到一定电压后与电源断开．然后把两极板的间距增大 0.4 cm，此时两极板间的电压增大了 100 V．问：平行板电容器的电荷量 Q 为多少？

2-21 如习题 2-21 图所示，同轴电缆由半径为 R_1 的导线和半径为 R_3 的导体圆筒构成，在两导体圆筒之间用两层电介质隔离，分界面的半径为 R_2，其介电常量分别为 ε_1 和 ε_2．若使两层电介质中最大电场强度相等，其条件如何？并求此情况下电缆单位长度的电容．

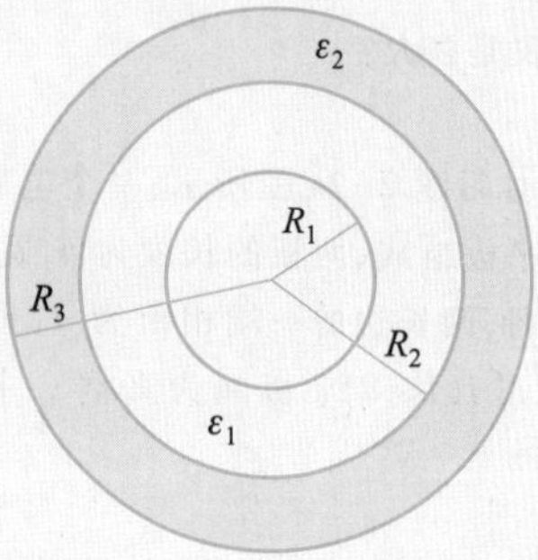

习题 2-21 图

2-22 如习题 2-22 图所示，一球形电容器内、外两导体薄球壳的半径分别为 R_1 和 R_4，两球壳之间放一个内、外半径分别为 R_2 和 R_3 的同心导体球层．

(1) 求半径为 R_1 与 R_4 两球面间的电容．

(2) 若两导体壳之间放一个内、外半径为 R_2 和 R_3 的同心电介质球层，电介质的相对介电常量为 ε_r，则半径为 R_1 与 R_4 两球面间的电容又如何？

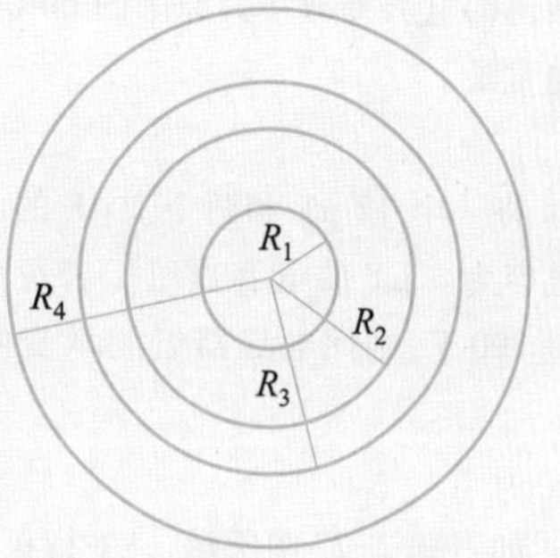

习题 2-22 图

2-23 如习题 2-23 图所示，一个平行板电容器的 A、B 两极板相距 0.50 mm，每个极板的面积均为 0.02 m^2，放在一个金属盒子 K 中．电容器两极板到盒

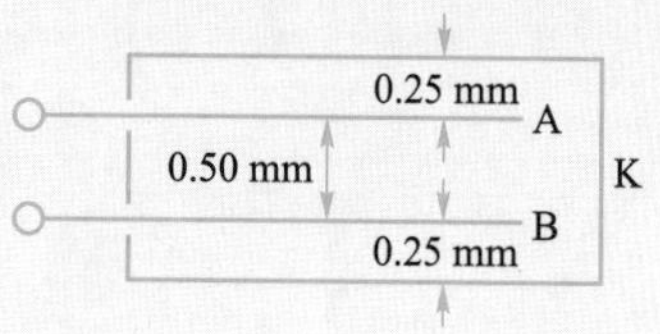

习题 2-23 图

子上下底面的距离各为 0.25 mm，忽略边缘效应，求此电容器的电容．若将一个极板和盒子用导线连接，电容器的电容又是多大？

2-24 如习题 2-24 图所示，一个电容器由两块长方形金属平板组成，两板的长度为 a，宽度为 b．两宽边相互平行，两长边的一端相距为 d，另一端略微抬起一段距离 $l(l\ll d)$．板间为真空．求此电容器的电容．

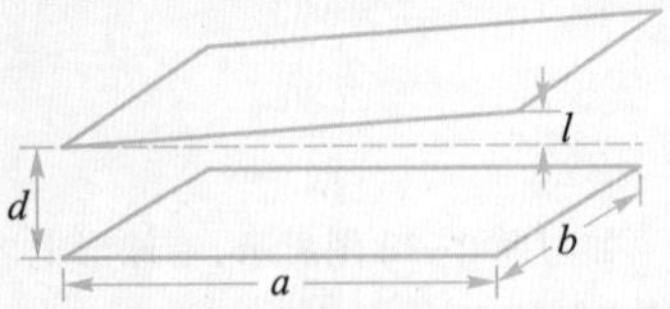

习题 2-24 图

2-25 为了测量电介质材料的相对介电常量，将一块厚为 $d_0=1.5$ cm 的电介质平板慢慢地插进一平行板电容器间距 $d=2.0$ cm 的两极板之间．在插入过程中，电容器的电荷保持不变．插入电介质板之后，电容器两极板间的电势差减小为原来的 60%．求电介质的相对介电常量．

2-26 将一个 12 μF 和两个 2 μF 的电容器连接起来组成电容为 3 μF 的电容器组．若每个电容器的耐压值都是 200 V，则此电容器组能承受的最大电压是多大？

2-27 如习题 2-27 图所示，一平行板电容器面积为 S，极板间距为 d，板间以两层厚度相同而相对介电常量分别为 ε_{r1} 和 ε_{r2} 的电介质充满．求此电容器的电容．

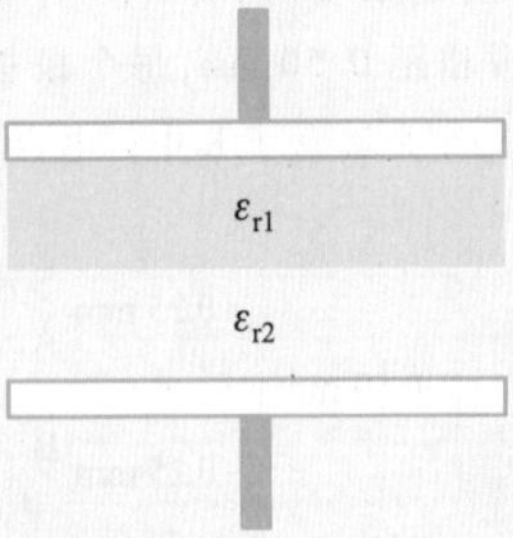

习题 2-27 图

2-28 如习题 2-28 图所示，一平行板电容器填充介电常量分别为 ε_1、ε_2 和 ε_3 的三种电介质，它们分别占电容器体积的 1/2、1/4 和 1/4，极板面积为 S，两极板间距离为 $2d$．求此电容器的电容．

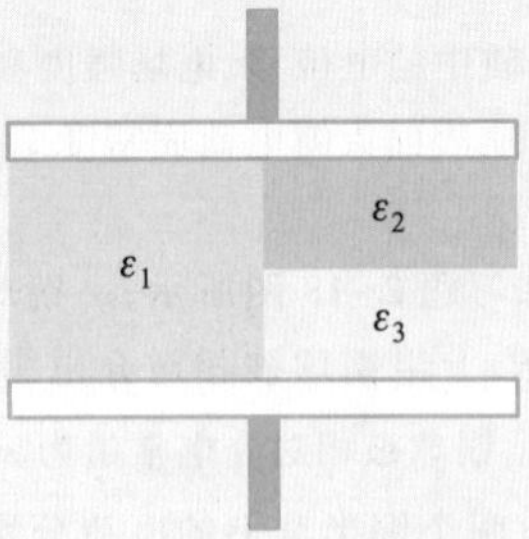

习题 2-28 图

2-29 如习题 2-29 图所示，一球形电容器的内外半径分别为 R_1 和 R_2．电容器下半部充有相对介电常量为 ε_r 的油，求此电容器的电容．

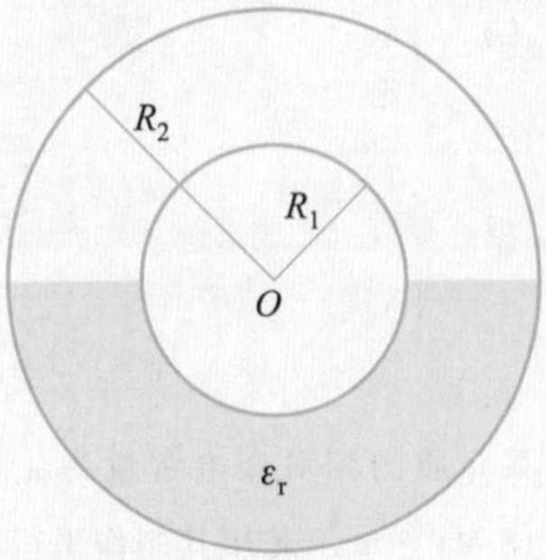

习题 2-29 图

2-30 将一个电容为 4 μF 的电容器和一个电容为 6 μF 的电容器串联起来接到 200 V 的电源上，充电后，将电源断开并将两个电容器分离．在下列两种情况下，每个电容器的电压各变为多少？

(1) 将每一个电容器的正极板与另一个电容器的负极板相连；

(2) 将两电容器的正极板与正极板相连，负极板与负极板相连．

2-31 将一个 100 pF 的电容器充电到 100 V，然后把它和电源断开，再把它和另一电容器并联，最后电压为 30 V. 第二个电容器的电容多大？并联时损失了多少电能？这电能哪里去了？

2-32 如习题 2-32 图所示，球形电容器的内、外半径分别为 R_1 和 R_2，内、外球壳分别带有电荷量 $+Q$ 和 $-Q$，两球壳间充满相对介电常量为 ε_r 的电介质．求此电容器所储存的电场能量．

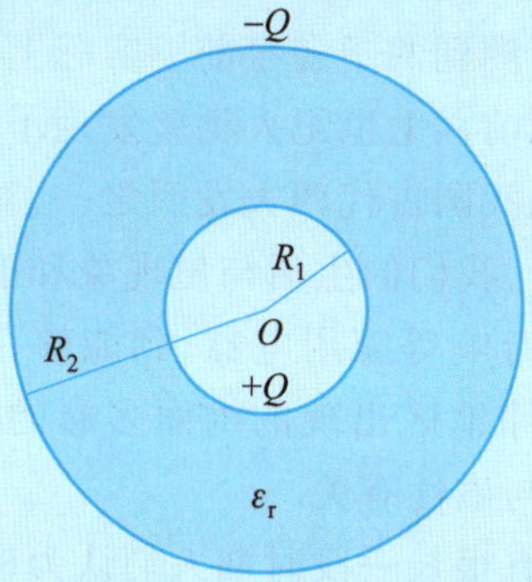

习题 2-32 图

2-33 求半径为 R，所带电荷量为 Q 的均匀带电球体（非导体）的静电能．

2-34 如习题 2-34 图所示，一圆柱形电容器的两导体圆柱面之间充满击穿场强为 $3\times10^6\ \text{V}\cdot\text{m}^{-1}$ 的空气．已知外圆柱面的半径为 $R_2=1.0\times10^{-2}$ m，在空气不被击穿的情况下，内圆柱面的半径 R_1 取多大值时可使电容器所储存的电场能量最多？

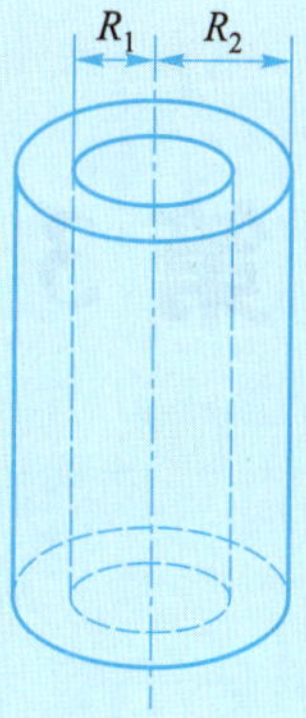

习题 2-34 图

2-35 如习题 2-35 图所示，一平行板电容器，极板面积为 S，极板间距为 d.

（1）充电后保持其电荷量 Q 不变，将一块厚为 b 的金属板平行于两极板插入．与金属板插入前相比，电容器储能增加多少？

（2）金属板进入时，外力（非静电力）对它做功多少？是被吸入还是需要推入？

（3）若充电后保持电容器的电压 U 不变，则（1）、（2）两问结果又如何？

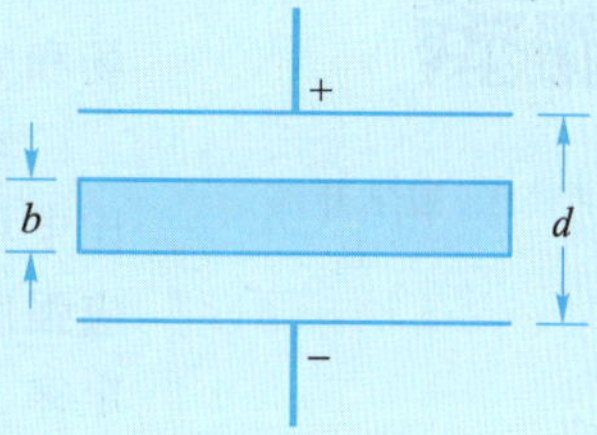

习题 2-35 图

第3章　恒 定 磁 场

授课视频:磁学开篇

人类对电的认识可以追溯到两千多年前．实际上,磁现象的发现比电现象还要早．公元前六七世纪人类就发现了磁石吸铁、磁石指南等现象．指南针是我国古代四大发明之一,对世界文明的发展有重大的影响．如今,我们的生活与磁现象和磁性材料的应用密不可分．从微波炉、音响等家用电器,到能够存储海量信息的轻薄小巧的磁盘;从高纬地区出现的绚丽多彩的极光,到快速便捷的磁悬浮列车,无不与磁性有关.

在磁学的研究过程中,有很长一段时期人们认为磁现象和电现象毫无联系．直到 1820 年,丹麦物理学家奥斯特发现电流能够使它附近的小磁针发生偏转,从而在历史上首次揭示了电与磁之间的关系．1821 年,法国物理学家安培提出分子电流假说,把磁现象的根源归结为电流,从本质上揭示了电磁现象的内在联系. 1831 年英国物理学家法拉第发现了电磁感应现象,并提出了场和力线的概念,进一步揭示了电与磁的统一性.

本章首先介绍电流的性质．然后,从基本的磁现象出发,类比电场和电场强度,引入磁场和描述磁场性质的物理量——磁感应强度．接下来讨论电流产生磁场的基本规律——毕奥-萨伐尔定律,并在此基础上导出关于恒定磁场的两条基本定理:磁场的高斯定理和安培环路定理．其后讨论载流导线和运动电荷在磁场中受到的磁力,最后介绍磁介质与磁场相互影响的规律．

3.1　恒定电流

授课视频:电流

3.1.1　电流　电流密度

电流

载流子

电流是大量带电粒子定向运动形成的．这些形成电流的带电粒子被称为**载流子**．在不同的导电介质中,载流子的种类也不同．比如在金属导体中，载流子是自由电子；在电解质溶液中，载流子是正、负离子；而在半导体中，载流子可能是带正电荷的“空穴”．

描述电流强弱的物理量称为电流强度，也简称为电流，用大写的英文字母 I 表示．它等于单位时间内通过导体某一截面的电荷量．如果在某一时间间隔 $\mathrm{d}t$ 内，通过导体某一截面的电荷量为 $\mathrm{d}q$，则通过该截面的电流为

电流强度

$$I=\frac{\mathrm{d}q}{\mathrm{d}t} \tag{3-1}$$

在国际单位制中，电流的单位是安培，符号是 A. 小的电流用毫安（mA）或者微安（μA）来量度更加方便，

安培

$$1\ \mathrm{mA}=10^{-3}\ \mathrm{A}\quad 1\ \mu\mathrm{A}=10^{-6}\ \mathrm{A}$$

根据电流的定义，

$$1\ \mathrm{A}=1\ \mathrm{C/s}$$

需要指出的是，安培是国际单位制中的基本单位，而电荷量的单位库仑则是导出单位.

电流是标量，但是为了分析问题方便，习惯上将正电荷的运动方向规定为电流的方向．这一规则是美国科学家本杰明・富兰克林建立的．当时科学家们还不知道金属中的载流子是电子. 所以在金属导体中，自由电子运动的反方向是电流的方向．而多数情况下，正电荷向一个方向的运动在宏观上等效于负电荷向相反方向的运动．在电路分析中，一般总是按此规则标出电流的方向，而不用考虑载流子的正负．当通过导体任一截面的电流 I 不随时间变化时，这种电流就称为恒定电流.

恒定电流

沿导体均匀流动的电流在导体某截面各点的分布也是均匀的．但实际上，常会遇到大块导体中电流不均匀分布的情况．为了细致描述电流在导体中各点的分布，下面引入电流密度的概念.

电流密度

以金属导体为例，如图 3-1（a）所示，在没有外加电场时，金属中的自由电子以高速率做无规则的热运动．例如在铜中无规则运动速率大约是 10^{6} m/s. 这些电子彼此之间以及电子和离子之间不断地发生碰撞．在铜中，一个自由电子每秒发生 4×10^{13}次碰

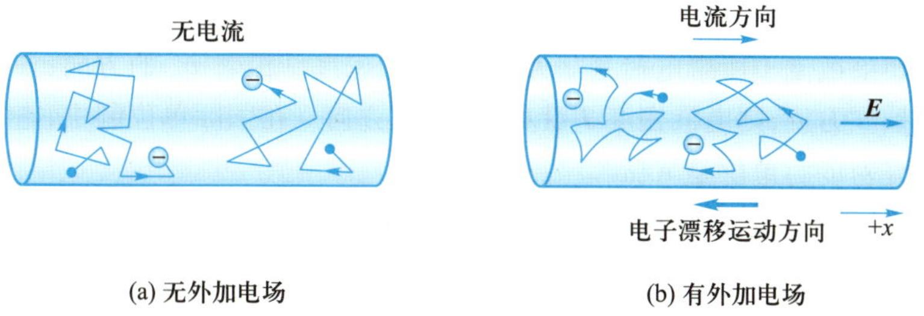

图 3-1 金属中的自由电子在无外加电场和有外加电场时的运动示意图

撞，连续两次碰撞之间平均移动 40 nm．碰撞能改变电子的运动方向，因此每个电子像气体分子一样沿无规则的路径运动．在没有电场的情况下，金属中自由电子的平均速度为零，因此就不存在大量电子的定向运动．

如果在金属中存在一个均匀电场，如图 3-1(b)所示，则作用在自由电子上的电场力使得电子在连续两次碰撞之间做匀加速运动．此时，虽然电子仍然做着和气体分子一样的无规则运动，但是电场力使它们在力的方向上运动的平均速度比反方向稍快．这样，电子就沿着电场力方向做缓慢的漂移运动．此时电子具有非零的平均速度，称为**漂移速度** $\boldsymbol{v}_{\mathrm{D}}$．漂移速度的大小，也就是漂移速率远远小于电子的瞬时速率，通常不到 1 mm/s，但由于它不等于零，就产生了电子的净传输，所以形成电流．

漂移速度

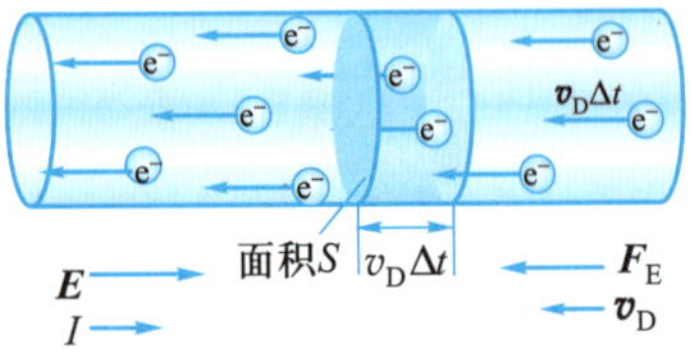

图 3-2 金属中自由电子以漂移速度 $\boldsymbol{v}_{\mathrm{D}}$ 运动的简化图像

下面采用一个简化模型来引出电流密度的概念．如图 3-2 所示，假设在一段横截面积为 S 的金属导体中，电场方向向右，所有自由电子都以恒定的漂移速度 $\boldsymbol{v}_{\mathrm{D}}$ 向左运动．在时间 Δt 内，每个电子都运动了 $v_{\mathrm{D}}\Delta t$ 的距离，也就是图中蓝色的矢量箭头所表示的长度．那么，所有在体积 $Sv_{\mathrm{D}}\Delta t$ 内的自由电子都能在 Δt 时间内通过这个体积左侧的阴影面积．设单位体积内自由电子的数目为 n，称为自由电子的数密度，这是金属的一个特征量．那么在这个体积内的电子数为 $N=nSv_{\mathrm{D}}\Delta t$，电荷量为

$$\Delta Q=Ne=neSv_{\mathrm{D}}\Delta t$$

因此，导线中电流的大小为

$$I=\frac{\Delta Q}{\Delta t}=neSv_{\mathrm{D}} \tag{3-2}$$

用电流 I 除以它所流过的面积 S，即单位面积的电流，就是电流密度，即

$$J=nev_{\mathrm{D}}$$

一般地，电流密度为矢量．导体中任意一点电流密度 $\boldsymbol{J}$ 的方向为该点正电荷漂移运动的方向，大小等于通过该点附近垂直于电流方向单位面积的电流．如果载流子的漂移速度为 $\boldsymbol{v}_{\mathrm{D}}$，载流子数密度为 n，每个载流子所带电荷量为 q，那么电流密度

$$\boldsymbol{J}=nq\boldsymbol{v}_{\mathrm{D}} \tag{3-3}$$

如果载流子所带电荷量 q 为正，则电流密度 $\boldsymbol{J}$ 沿着 $\boldsymbol{v}_{\mathrm{D}}$ 的方向；如果 q 为负，则电流密度 $\boldsymbol{J}$ 沿着 $\boldsymbol{v}_{\mathrm{D}}$ 的反方向．在国际单位制中，电流密度的单位是 $\mathrm{A/m^2}$．

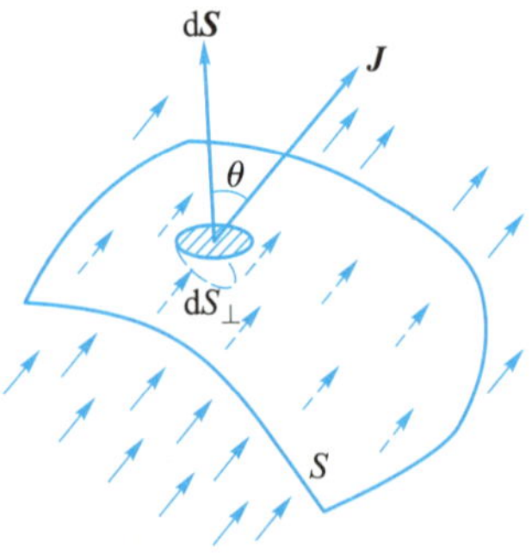

图 3-3 电流密度

假设在导体中取一面积元 d$\boldsymbol{S}$，其方向与该处电流密度 $\boldsymbol{J}$ 之间的夹角为 θ，如图 3-3 所示．可以看出，通过面积元 d$\boldsymbol{S}$ 的电流 dI 与通过 d$\boldsymbol{S}$ 在垂直于电流方向的投影 d$S_{\perp}$ 的电流相同，即

$$dI = JdS_{\perp} = JdS\cos\theta = \boldsymbol{J}\cdot d\boldsymbol{S} \tag{3-4}$$

NOTE

因此,通过导体内任一曲面 S 的电流为

$$I = \int_S dI = \int_S \boldsymbol{J}\cdot d\boldsymbol{S} \tag{3-5}$$

导体中不同位置的电流密度 $\boldsymbol{J}$ 的大小和方向均有可能不同,因而构成一个矢量场,称为电流场. 由式(3-5)可知,电流场中通过某一面积的电流等于通过该面积的电流密度的通量. 通过一封闭曲面 S 的电流可表示为

$$I = \oint_S \boldsymbol{J}\cdot d\boldsymbol{S} \tag{3-6}$$

即净流出封闭曲面的电流,也就是单位时间内从封闭曲面内流出的正电荷. 根据电荷守恒定律,它显然应等于封闭曲面内单位时间内电荷量的减少量,即

$$\oint_S \boldsymbol{J}\cdot d\boldsymbol{S} = -\frac{dq_{内}}{dt} \tag{3-7}$$

这一关系式称为电流的连续性方程.

电流的连续性方程

对于恒定电流,由于其电流场不随时间变化,所以电荷的空间分布也不随时间变化. 根据电荷守恒定律,任意封闭曲面内的电荷量也不随时间变化,故

$$\oint_S \boldsymbol{J}\cdot d\boldsymbol{S} = 0 \quad （恒定电流） \tag{3-8}$$

式(3-8)说明在恒定情况下,通过空间任一封闭曲面的电流为零. 式(3-8)称为恒定电流条件,是恒定电流的一条重要性质. 这一条件也说明恒定电流必须是闭合的.

恒定电流条件

3.1.2 欧姆定律的微分形式

要形成电荷的定向运动,也就是产生电流,必须存在电场,而电流是沿着电场的方向流动. 根据欧姆定律,并结合电阻定律可以导出导体中各处的电流密度与该处电场强度的关系.

设一段粗细均匀的导体长为 l,横截面积(即垂直于电流方向的截面积)为 S. 在恒定电流的情况下,通过这段导体的电流 I 与导体两端的电压 U 之间服从欧姆定律,即

$$I = \frac{U}{R} \tag{3-9}$$

其中 R 为导体的电阻. 根据电阻定律

$$R = \rho\frac{l}{S} \tag{3-10}$$

可知导体的电阻与导体的长度 l 成正比，与导体的横截面积 S 成反比，同时还与导体本身的材料有关．这里 ρ 就是表示材料性质的物理量，称为**电阻率**，其倒数称为导体的**电导率**，通常用 σ 表示，即 $\sigma=1/\rho$. 在国际单位制中，电阻的单位是**欧姆**，符号是 Ω；电阻率的单位是 $\Omega\cdot\mathrm{m}$；电导率的单位是 S/m.

电阻率　电导率

欧姆

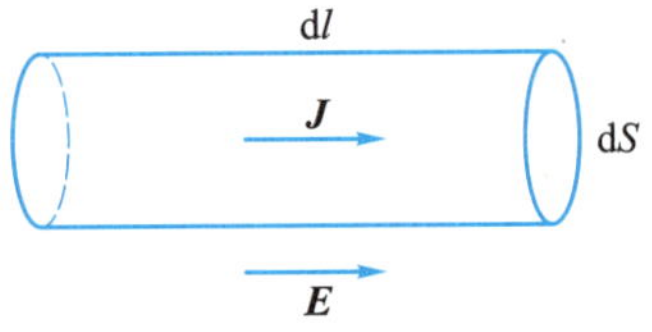

图 3-4　推导欧姆定律的微分形式

授课视频：欧姆定律的微分形式

如图 3-4 所示，在电阻率为 ρ 的导体中截取长为 $\mathrm{d}l$，截面积为 $\mathrm{d}S$ 的圆柱形体积元，其电流密度 $\boldsymbol{J}$ 的方向沿轴线方向．设体积元左右两端的电势差即电压为 $\mathrm{d}U$. 根据欧姆定律，通过截面 $\mathrm{d}S$ 的电流为

$$\mathrm{d}I=\frac{\mathrm{d}U}{R} \tag{3-11}$$

当体积元足够短时，可以忽略场强沿圆柱长度方向的变化，所以有电压 $\mathrm{d}U=E\mathrm{d}l$. 又 $\mathrm{d}I=J\mathrm{d}S$，$R=\rho\dfrac{\mathrm{d}l}{\mathrm{d}S}$，代入式(3-11)可得

$$J\mathrm{d}S=\frac{1}{\rho}\frac{\mathrm{d}S}{\mathrm{d}l}E\mathrm{d}l=\frac{1}{\rho}E\mathrm{d}S$$

因此

$$J=\sigma E \tag{3-12}$$

由于 $\boldsymbol{J}$ 与 $\boldsymbol{E}$ 方向相同，故可写为矢量式形式

$$\boldsymbol{J}=\sigma\boldsymbol{E} \tag{3-13}$$

欧姆定律的微分形式

这就是**欧姆定律的微分形式**．欧姆定律描述了一段导体整体导电的规律，而欧姆定律的微分形式则进一步揭示了导体中电场强度与该点电流密度之间点点对应的关系，从而反映出电流的分布情况．不难发现，当导体中通有电流时，导体并非处于静电平衡状态，导体内的电场不为零.

例 3-1

巧克力粉末的秘密Ⅳ．已知：电荷体密度为 $\rho_e=-1.1\times10^{-3}\ \mathrm{C\cdot m^{-3}}$ 的巧克力粉末以匀速率 $v=2.0\ \mathrm{m\cdot s^{-1}}$ 通过半径为 $R=5.0$ cm 的管道运动到贮仓.

(1) 求出通过管道的电流 I；

(2) 当粉末从管道流进贮仓时，粉末的电势改变量至少等于管道内的径向电势差大小(如例 1-25 所估算的 7.76×10^4 V)，如图 1-49(a)所示．求当粉末离开管道时单位时间从粉末转移到火花的能量；

(3) 如果火花确实发生在出口处且持续 0.2 s(合理的期望值)，则多少能量被转移成火花？

(4) 回想在例 2-16 中曾提到，要引起爆炸需要至少转移 150 mJ 的能量．粉末爆炸可能发生在哪里：在管道内，还是在管道进入贮仓的出口处？

授课视频：[例 3-1] 巧克力碎屑的秘密Ⅳ

解：(1) 利用电流的定义得到通过管道的电流为

$$I=|\rho_e|Sv=|\rho_e|\pi R^2v$$
$$=1.1\times10^{-3}\times3.14\times0.05^2\times2.0\ \text{A}$$
$$=1.73\times10^{-5}\ \text{A}$$

(2) 单位时间转移的能量等于单位时间电场力对转移的电荷所做的功，即

$$P=IU=1.73\times10^{-5}\times7.76\times10^4\ \text{W}=1.34\ \text{W}$$

(3) 在 0.2 s 内转移的能量为

$$W_e=Pt=1.34\times0.2\ \text{J}=0.268\ \text{J}$$

(4) 由于在管道进入贮仓的出口处，在火花持续的时间内转移的能量大于 150 mJ；所以粉末爆炸可能发生在管道进入贮仓的出口处．

例 3-2

是心脏病发作还是触电致死？一个上午，一位男士从郊外野餐地点赤脚走到靠近输电线支撑塔的湿地上，如图 3-5(a) 所示．该男士突然倒下．在餐桌处的亲属看见他跌倒并且在几秒后跑到他那里时，发现他处于心室纤维性颤动中．该男士在急救队带着除颤设备到达之前就死去了．以后其亲属对电力公司提出法律诉讼，声称遇难者由于支撑塔的意外电流泄露而触电致死．设想你去调查此死亡事件．死亡是因心脏病发作还是触电造成的？

授课视频：[例 3-2]

电力公司的调查记录揭示，那天上午在该塔确实有漏电故障，电流 $I=100$ A 从一根杆漏入地面约 1 s，该杆的下端为具有半径 $b=1.0$ cm 的球形．假定电流均匀地（半球状地）传入地面，如图 3-5(b) 所示．地的电阻率为 $\rho=100\ \Omega\cdot\text{m}$，遇难者距杆的距离为 $r=10$ m.

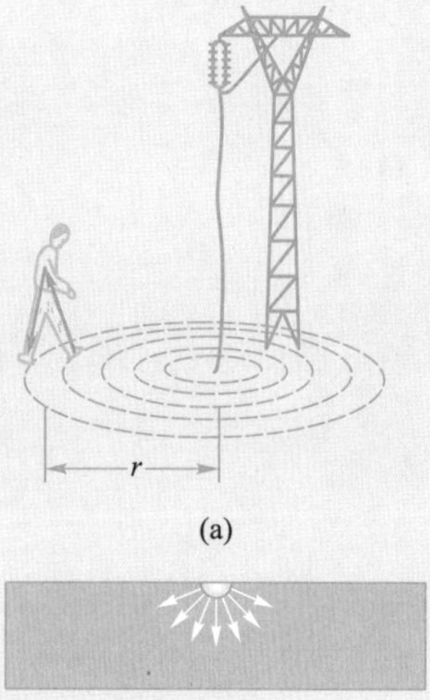

(a)

(b)

图 3-5 例 3-2 图

(1) 求在遇难者位置电流密度的大小；

(2) 求在遇难者位置电场强度的大小；

(3) 求在杆的下端与遇难者之间的电势差 U 的表达式；

(4) 如图 3-5 所示，电流向上通过遇难者一只脚，横过其躯干（包括心脏），并向下通过另一只脚的导电通路．假定一只脚比另一只脚更靠近漏电杆 0.50 m，由给定的数据，试求这个人双脚之间的电势差；

(5) 假定在湿地上一只脚的电阻为 300 Ω 的典型值，而躯干内部的电阻为 1 000 Ω 的一般认可值，那么通过遇难者躯干的电流有多大？

(6) 一般通过躯干的 0.10~1.0 A 的电流能使心脏进入纤维性颤动．遇难者心脏的纤维性颤动是由该杆所泄漏的电流造成的吗？

解：(1) 由于认为电流均匀地呈半球状地流入地面，利用电流密度的定义可知，在遇难者的位置电流密度的大小为

$$J=\frac{I}{2\pi r^2}=\frac{100}{2\times3.14\times10^2}\ \text{A}\cdot\text{m}^{-2}$$
$$=0.16\ \text{A}\cdot\text{m}^{-2}$$

(2) 由欧姆定律的微分形式可得

$$E=\rho J=100\times0.16\ \mathrm{V\cdot m^{-1}}=16\ \mathrm{V\cdot m^{-1}}$$

(3) 利用电势差的定义式可得

$$U=\int \boldsymbol{E}\cdot \mathrm{d}\boldsymbol{l}=\int_b^r E\mathrm{d}r=\int_b^r \frac{\rho I}{2\pi r^2}\mathrm{d}r$$

$$=\frac{\rho I}{2\pi}\left(\frac{1}{b}-\frac{1}{r}\right)=\frac{100\times100}{2\times3.14}\times\left(\frac{1}{0.01}-\frac{1}{10}\right)\mathrm{MV}=0.16\ \mathrm{MV}$$

(4) 把上一问结果中的 b，换成人的另一只脚到电杆的距离 r' 即可，

$$U=\frac{\rho I}{2\pi}\left(\frac{1}{r'}-\frac{1}{r}\right)$$

$$=\frac{100\times100}{2\times3.14}\times\left(\frac{1}{9.75}-\frac{1}{10.25}\right)\ \mathrm{V}$$

$$=7.97\ \mathrm{V}$$

(5) 由欧姆定律可得通过遇难者躯干的电流为

$$I_{\mathrm{b}}=\frac{U}{R}=\frac{7.97}{300\times2+1\ 000}\ \mathrm{mA}=4.98\ \mathrm{mA}$$

(6) 由于通过遇难者躯干的电流小于使心脏进入纤维性颤动的电流，所以遇难者的纤维性颤动不是由泄漏的电流造成的.

NOTE

在低压电网中的各种电器的非带电的金属部分，如电动机、洗衣机、电冰箱等电器的金属外壳，在正常运行情况下，由于绝缘物的隔绝，人碰触并不危险．但因种种原因，例如运行时间过久、绝缘老化、受潮、受损，绝缘物失去绝缘作用发生漏电时，用电设备会出现故障电流，以其入地点为圆心，形成电场圆．若此时有人在电场圆内行走，人的两脚之间将产生电势差，这就是我们平时所说的跨步电压．这种由于跨步电压引起的触电，就是间接接触触电的一种．所以，我们不要随意接触低压带电体、也不要靠近高压带电体，不用手触摸各种带电体的裸露处，不用湿手接触电器开关，不在电线上晾晒衣物，等等.

另外，在野外水边潮湿的环境里，遇到打雷闪电，没有汽车那样的金属外壳作为防雷保护，我们该怎么办呢？要远离水面，游泳者要赶紧上岸，也不要待在树下，我们应该采取如图 3-6 所示的姿势来尽可能地保护自己，即双腿并拢，屈膝全部蹲下去，手抱头．一方面身体尽量降低，不要成为空旷地带的制高点；另一方面双腿并拢是为了防止跨步电压造成的伤害.

图 3-6 在空旷地带正确防雷姿势

3.1.3 电源和电动势

如图 3-7 所示，电容器的两极板分别带有正、负电荷，所以两极板之间有一定的电势差．当用导线把两极板连接起来时，在导线中就会有电流产生．但是随着电流的持续，两极板上的电荷逐渐减少，两板间的电势差也逐渐减小．当正负电荷完全中和后，电流也就消失了．如果要产生持续的恒定电流，就需要不断把负极板上的正电荷搬运回正极板，并维持两极板上的电荷分布不变，从而在导线中产生一个恒定电场．但是在静电场的作用下，正电荷只能从电势高的正极板移动到电势低的负极板，在电荷移动的过程中静电场力所做的功还会有一部分转化为电阻上消耗的焦耳热．所以要使正电荷从负极板回到正极板，不能靠静电力 $\boldsymbol{F}_e$，只能靠其他类型的力．这力使正电荷逆着静电场的方向运动，并通过做功把其他形式的能量补充给回路．这种其他类型的力统称为**非静电力** $\boldsymbol{F}_k$．

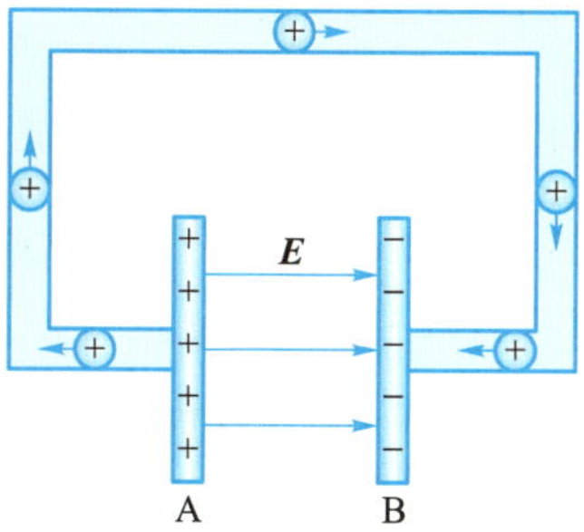

图 3-7 电容器放电

授课视频：电动势

非静电力

任何能够提供非静电力，并能够把其他形式的能量转化成电能的装置就称为**电源**．图 3-8 中的虚线内表示的就是一种电源装置．它有正、负两极，正极的电势高于负极的电势．用导线将正负两极相连时，就形成了闭合回路．通常我们把电源外部的电路称为外电路，而把电源内部的电路称为内电路．在外电路中，正电荷在静电力的作用下从正极板流向负极板；在电源内部，非静电力 $\boldsymbol{F}_k$ 反抗静电力 $\boldsymbol{F}_e$ 做功，将正电荷从负极板搬运回正极板，从而将其他形式的能量转化为电能．这一过程也可以用图 3-9中水的流动形象地表示电路中的电流．在这张图中，人就像是水泵，通过做功把水从势能最低的地方向上运送到势能最高的地方．然后水克服水流中的一些阻碍，比如闸门，从高处流回到低处．电源的作用就像人往高处搬运水一样，通过做功将正电荷从电势最低的地方，即电源的负极运送到电势最高的地方，即电源的正极．这样正电荷就能流过一些对电流有阻碍作用的电器，如灯泡并返回到电源的负极．

电源

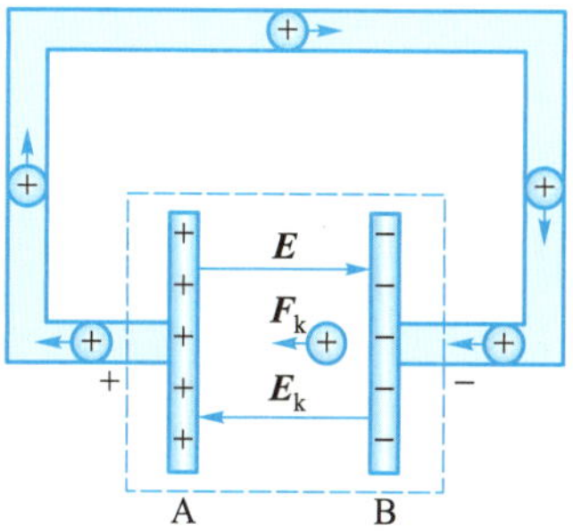

图 3-8 电源的内、外电路

电源的种类有很多，如发电机、太阳能电池以及燃料电池等都是常用的电源．许多有机生物体也包含电源．如某种南美电鳗体内有成百上千的“电池”，这些生物电池提供的电流可以击昏它们的敌人，也用来捕获食物．人类神经系统传递的信号实际上就是电信号，所以我们的人体中也包含电源．所有的电源都是能量转化装置，它们把其他形式的能量转化为电能．如干电池、燃料电池、生物电池转化的是化学能，太阳能电池转化的是太阳能，

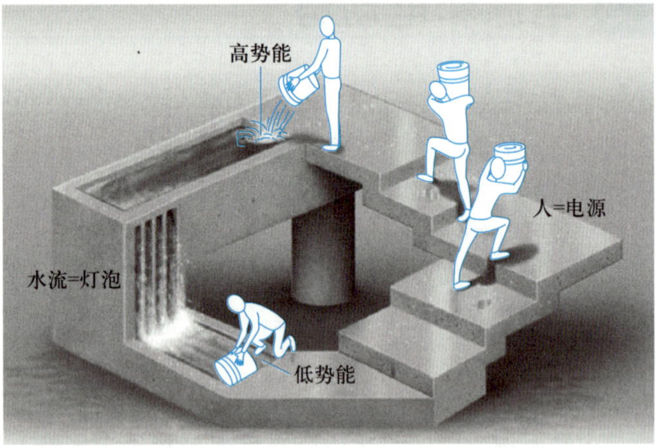

图 3-9 用水的流动过程模拟电路中电荷的流动过程

发电机转化的是机械能.

在不同的电源内,由于非静电力的本质不同,把相同的正电荷从负极移到正极时,非静电力所做的功也不同. 这说明不同的电源转化能量的本领不同. 为了定量描述电源转化能量本领的大小,可以引入电动势的概念. 首先类比静电场场强的定义,用电荷所受的非静电力与电荷量的比值来定义非静电场场强,用 $\boldsymbol{E}_{\mathrm{k}}$ 表示,即

$$E_{\mathrm{k}}=\frac{F_{\mathrm{k}}}{q} \tag{3-14}$$

电源电动势

非静电力把单位正电荷经电源内部从负极移动到正极所做的功,称为电源电动势,用符号 $\mathscr{E}$ 表示,则

$$\mathscr{E}=\int_{-}^{+}\boldsymbol{E}_{\mathrm{k}}\cdot \mathrm{d}\boldsymbol{l} \tag{3-15}$$

NOTE

当非静电力存在于整个回路时,整个回路的总电动势为

$$\mathscr{E}=\oint_{L}\boldsymbol{E}_{\mathrm{k}}\cdot \mathrm{d}\boldsymbol{l} \tag{3-16}$$

电动势与电势单位相同,在国际单位制中都是伏特(V),但二者的物理意义不同. 电动势是反映非静电力做功本领的物理量,它完全取决于电源本身的性质,而与外电路的性质无关;电势则是反映静电场性质的物理量,电路中的电势分布是和外电路的情况相关的. 电动势是标量,但为了便于判断在电流流通时非静电力是做正功还是做负功,我们常把电源内部电势升高的方向,即从负极经电源内部到正极的方向,规定为电动势的方向.

3.2 磁场 磁感应强度

授课视频:磁现象

3.2.1 磁的基本现象

永磁体

人类最早观察到的、也是我们日常生活中最多接触的磁现象都和永磁体相关．如天然磁石可以吸引铁质物体，有些铁质物体经磁石吸引后，本身也具有了磁性，这就是人造磁铁．而我们生活的地球本身就是一个天然大磁铁.

磁极

磁力

磁单极子

如果把一块条形磁铁投入铁屑中，再取出时可以发现，靠近磁铁两端的地方吸引的铁屑特别多，也就是磁性特别强，这磁性特别强的区域称为磁极（图 3-10）．实验表明，所有的磁铁，不管其形状如何，都有两个磁极．如果将条形磁铁悬挂起来，使它能够在水平面内自由转动，则两磁极总是分别指向南北方向．指北的一端称为北极，即 N 极，指南的一端称为南极，即 S 极．磁极之间的相互作用称为磁力，同性磁极相斥，异性磁极相吸．两个电荷之间的相互作用也是同性相斥，异性相吸．但有一点最大的不同就是很容易得到单独的正电荷或单独的负电荷，但获得单独的磁极似乎是不可能的．如果把一块条形磁铁从中间切割成两半，结果不是得到一个单独的北极和一个单独的南极，而是得到两块新磁铁．如果反复进行切割，就会得到更多的磁铁，每一块都有北极和南极（图 3-11）．尽管物理学家从理论上预言存在单独的磁极，或者称为磁单极子，但是迄今为止还没有在实验中发现它.

图 3-10 磁极

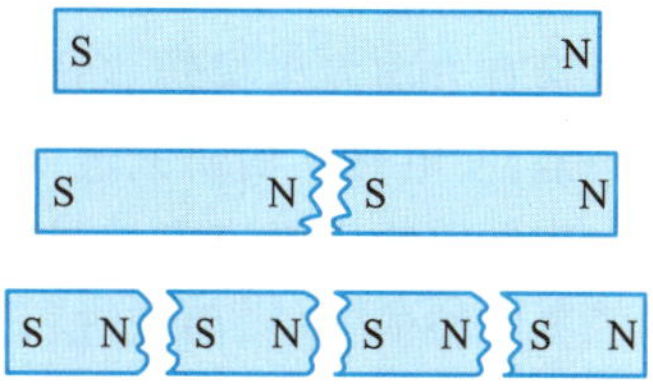

图 3-11 不存在单独的磁极

指南针之所以能够指引方向是因为地球本身就是一个巨大的磁体(图 3-12). 地磁的北极在地理南极附近,所以指南针的南极受其吸引指向南,而地磁的南极在地理北极附近,所以指南针的北极指向北. 地磁南、北极的位置与地理南、北极的位置并不完全一致,其间偏转的角度称为**磁偏角**. 地磁两极在地面上的位置也不是固定的,而是在缓慢变化. 1948 年,加拿大科学家发现位于地理北极的磁极比 1831 年英国探险家发现的位置移动了 250 km. 而在过去的 500 万年间,地磁反转也就是南北磁极对换了大概 100 次.

磁偏角

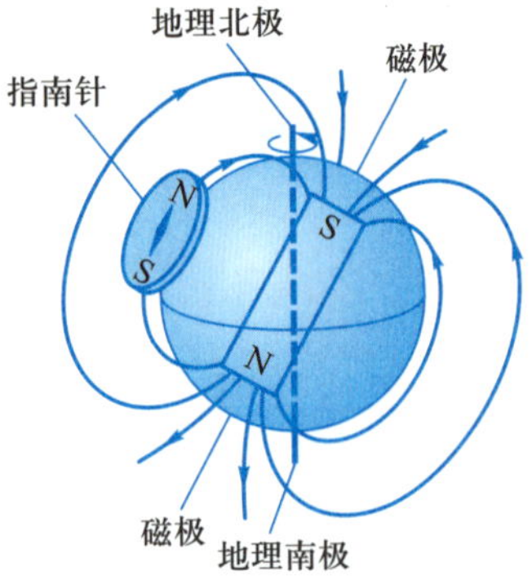

图 3-12 地磁

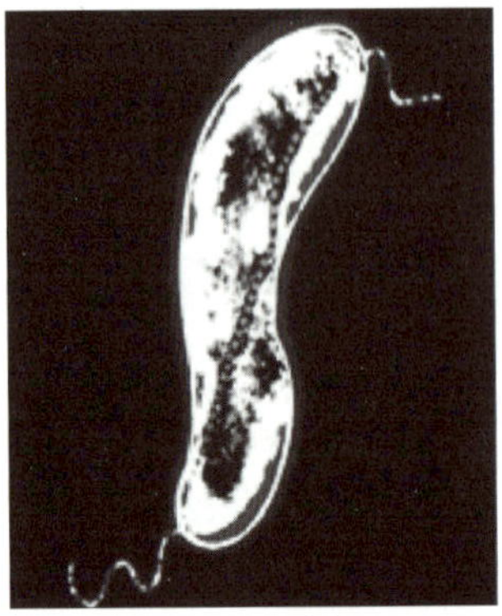

图 3-13 趋磁细菌

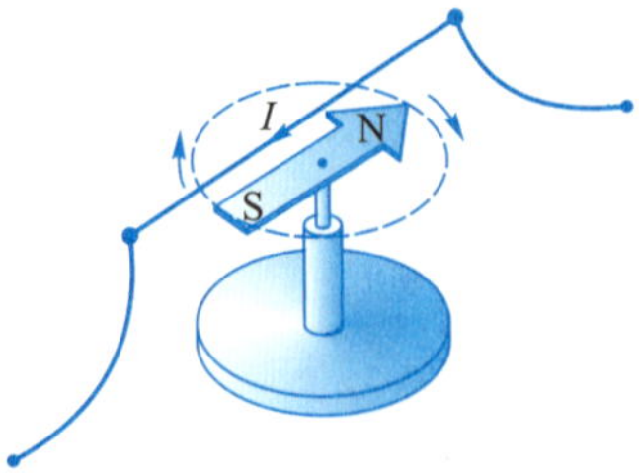

图 3-14 奥斯特实验

自然界中就有一些生物利用地球的磁场来帮助识别方向. 图 3-13 是生活在海底淤泥中的趋磁细菌的电子显微镜照片. 由于这些细菌厌氧,它们喜欢生活在氧含量低的泥中,而在水中则不能长期存活,所以这些细菌一旦被冲入水中,就会迅速向下游回到泥中. 但是这些细菌的质量密度几乎与水的密度一样,它们所受到的浮力阻碍了它们"感受"重力的向下的作用. 因此"判断哪一个方向向下"对于这些细菌来说就不那么容易了. 但是这些细菌却能够向着正确的方向游动从而回到泥中. 原因就在于趋磁细菌体内存在磁石晶体(图 3-13 中细线). 这些晶体就是永磁体,起到指南针的作用. 在北半球,地磁的方向是以一定角度向下的,所以这些小指南针的北极在细菌游动的时候指向下,引导它们回到泥中;而南半球的趋磁细菌体内的指南针南极在前,但地磁的方向是偏向上的,所以那里的趋磁细菌是逆着地磁的方向向下游回泥中. 有意思的是,如果南半球的趋磁细菌被带到北半球,或北半球的趋磁细菌被带到南半球,它们就会向上游而不是向下游回泥中.

在电磁学的发展史上,具有重大意义的一种磁现象的发现是电流磁效应的发现. 在很长的一段历史时期内,人们把电与磁看成本质完全不同的两种现象. 例如库仑于 1785 年发现电力和磁力都满足平方反比定律,说明电与磁具有相似性,但他却断言电与磁不可能有什么联系. 直到 1820 年,丹麦物理学家奥斯特在一次演讲中做演示实验时(图 3-14),偶然发现导线通电时,在它下方的小磁针有一微小晃动. 奥斯特抓住了这个现象,经过 3 个月的反复实验,终于发现了电流的磁效应:通电导线会使磁针向导线垂直方向发生偏转. 这一发现揭开了研究电与磁内在联系的序幕,使电磁学的研究进入了一个迅速发展的新时期.

当法国物理学家安培得知奥斯特的重大发现后,不仅立即重复了奥斯特的实验,而且进行了进一步的实验和理论研究. 安培考虑到既然电流可以对磁铁施加作用力,那么反过来,磁铁是否也会对电流施加作用力呢? 这种对称性存在吗? 他发现把直导线放置在磁铁的两极之间,通电流后,导线就会移动,表明磁铁可以对载流导线施加作用力(图 3-15). 如果把通电线圈放在磁铁的两极间,线圈会发生转动(图 3-16),而这就是电动机的基本原理.

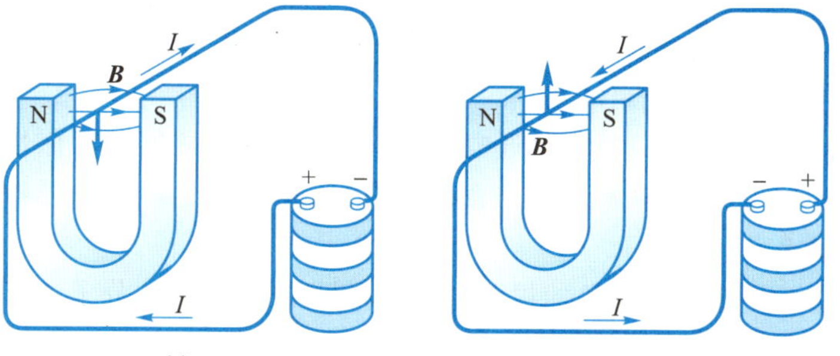

图 3-15 磁铁对电流的作用
(a)导线向下运动;(b)导线向上运动

磁铁不仅对导线中的电流产生磁力,还能直接对在空间中运动的带电粒子产生磁力. 当阴极射线管的两端加上电压后,会有电子束从阴极射向阳极. 如果把条形磁铁靠近阴极射线管,电子束就会发生偏转. 图 3-17 分别显示了无磁铁、磁铁 N 极靠近和磁铁 S 极靠近后电子束的运行轨迹,说明运动的电子受到了磁铁的作用力而发生偏转.

此外,安培通过实验还发现,电流与电流之间也有相互作用力. 如图 3-18 所示,两根细直导线平行放置,当通以相同方向的电流时,它们相互吸引;当通以相反方向的电流时,它们相互排斥.

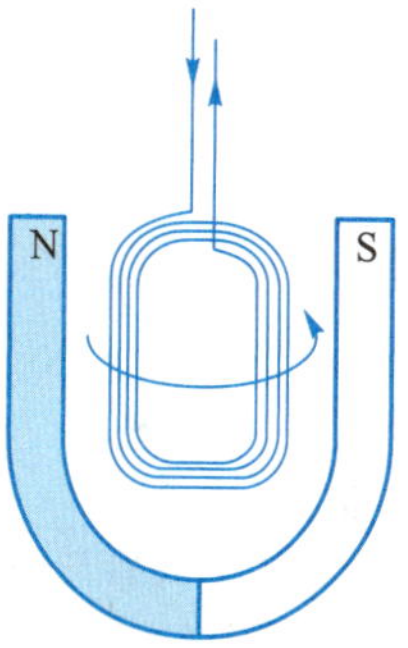

图 3-16 通电线圈在磁铁的作用下转动

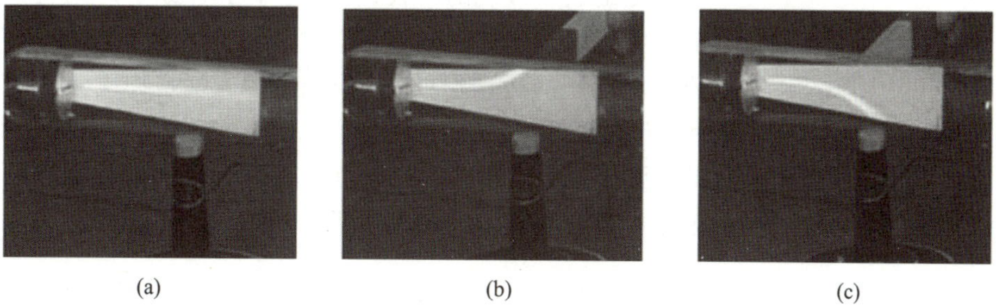

图 3-17 磁铁对运动电子的作用
(a)无磁铁;(b)磁铁 N 极靠近;(c)磁铁 S 极靠近

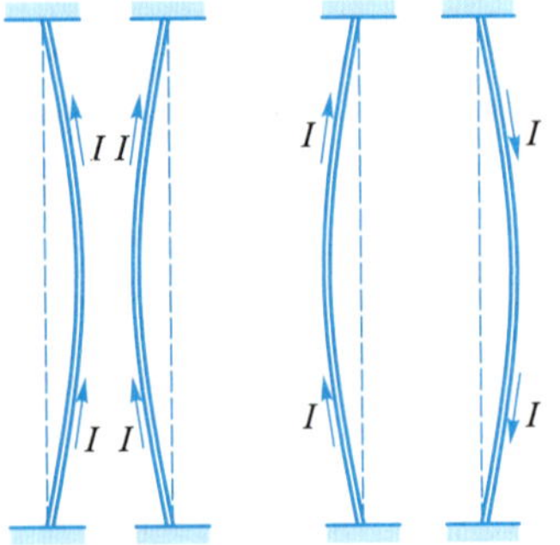

图 3-18 两根载流直导线的相互作用

通电螺线管的行为很像条形磁铁．如图 3-19 所示，将通电螺线管自由悬挂，用一根条形磁铁的某一极分别去接近螺线管的两端．我们会发现螺线管的一端受到吸引，另一端受到排斥．如果用磁铁的另一极来靠近螺线管，那么螺线管原来受吸引的一端变为排斥，原来受排斥的一端变为吸引．这表明：螺线管本身就像一根条形磁铁，一端相当于 N 极，另一端相当于 S 极，其极性是由电流的方向决定的．

这些磁现象，特别是通电螺线管和条形磁铁之间的相似性促使人们思考，磁铁和电流是否在本源上是一致的？磁现象的根源是什么？

分子电流

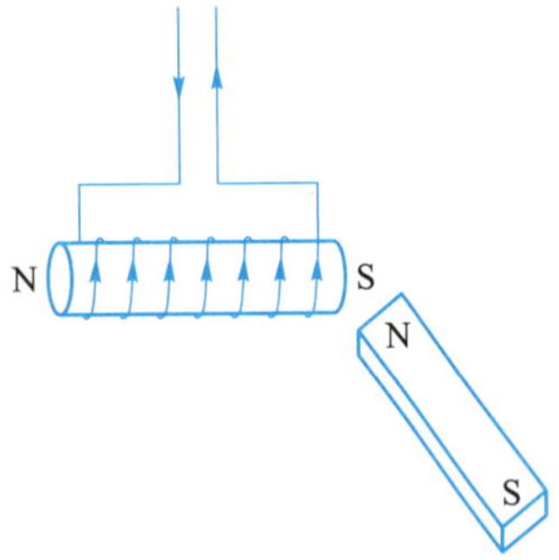

图 3-19 通电螺线管与条形磁铁等效

为了解释磁现象的根源，安培大胆提出了著名的分子电流假说，即磁性物体中的每个分子都可视为环形电流，称为**分子电流**．分子电流相当于一个基元磁体，当物质中的分子电流不规则排列时，它们对外界产生的磁效应相互抵消，整个物体不显示磁性．当这些分子电流做定向排列时，在宏观上就会显示出磁性，呈现出 N、S 两个磁极．如图 3-20 所示，当分子电流整齐排列时，在物体内部，相邻的分子电流方向相反，相互抵消，但是在物体的表面，由一段一段的小电流接续成一个大的环形电流．从物体的左端面看，环形电流是逆时针方向，显示为 N 极；而从物体的右端面看，环形电流是顺时针方向，显示为 S 极．这一假说也可以说明为什么没有磁单极子存在．因为基元磁体的两个极与环形电流的正、反两面相对应，显然，其中任何一个面都不可能脱离另一个面而单独存在．所以，不可能有单独的磁极出现．一旦磁体被分割成几段，各段磁体仍显示出磁性，并且仍然有 N、S 两极．在安培提出这一假说的时代，人们还不了解原子的结构，因此不能解释物质内部的分子电流是怎样形成的．现代理论表明，原子、分子内电子的运动形成了分子电流，这就是物质磁性的根源．因此，不论是导线中的电流，还是磁铁，它们的本源都是电荷的运动．所有磁现象都可以归结为运动电荷之间的相互作用，磁力是运动电荷之间相互作用的表现．

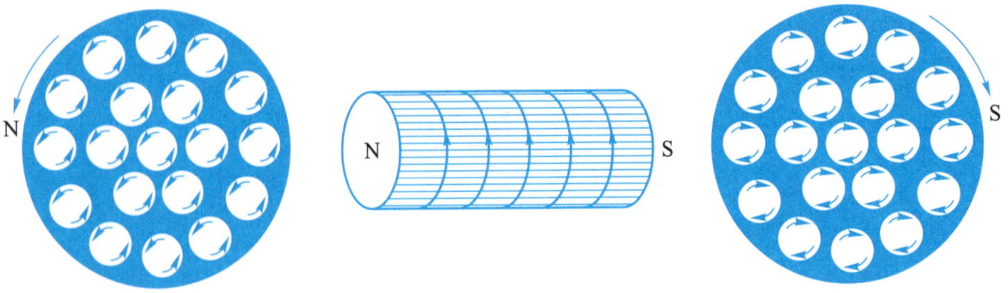

图 3-20 安培的分子电流假说

3.2.2 磁场与磁感应强度

与静止电荷之间的相互作用通过电场来传递一样，运动电荷之间的相互作用也不是超距作用，也是通过一种特殊形态的物质——磁场来传递的．运动电荷在周围空间激发磁场，磁场对置于其中的另一运动电荷产生磁场力（简称磁力）的作用，作用形式可以表示为

运动电荷 $\Longleftrightarrow$ 磁场 $\Longleftrightarrow$ 运动电荷

磁场与电场一样都是物质存在的形式之一，也具有能量、动量和质量．

磁场

授课视频：磁场

为了定量描述磁场的分布，需要引入一个矢量——磁感应强度，用符号 $\boldsymbol{B}$ 来表示．如图 3-21 所示，在一个运动电荷（或者电流或者磁铁）周围，另一电荷 q 以速度 $\boldsymbol{v}$ 运动．注意电荷之间的磁相互作用和电相互作用不同．无论电荷静止还是运动，它们之间都存在电相互作用，但是只有运动的电荷之间才存在磁相互作用．因此电荷 q 受到的作用力 $\boldsymbol{F}$ 可以表示为

磁感应强度

$$\boldsymbol{F}=\boldsymbol{F}_{\mathrm{e}}+\boldsymbol{F}_{\mathrm{m}} \tag{3-17}$$

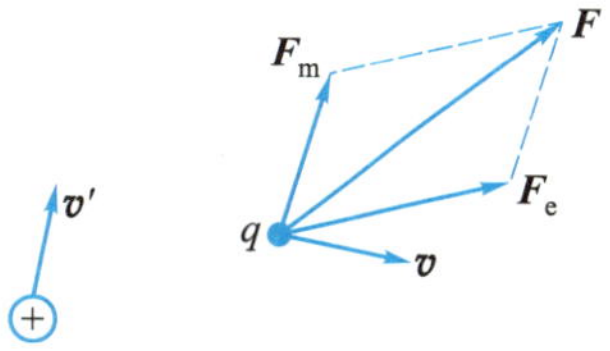

图 3-21 运动电荷受运动电荷的作用力

其中 $\boldsymbol{F}_{\mathrm{e}}$ 是电场力，与电荷 q 的运动速度无关；$\boldsymbol{F}_{\mathrm{m}}$ 是磁场力，与电荷 q 的运动速度有关．$\boldsymbol{v}$ 的大小和方向不同，$\boldsymbol{F}_{\mathrm{m}}$ 的大小和方向也不同．

为了确定磁场中各点的磁感应强度，可以设计以下的实验步骤（图 3-22）：

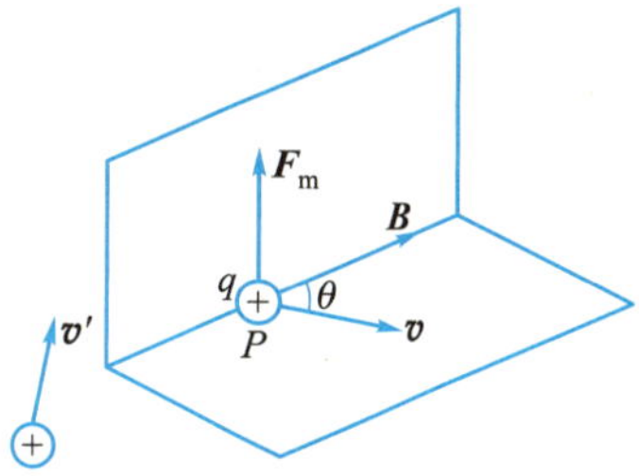

图 3-22 磁感应强度定义

（1）把试验电荷 q 静止放置于运动电荷（或者电流或者磁铁）周围某点 P，测出此时它受到的电场力 $\boldsymbol{F}_{\mathrm{e}}$；然后让 q 以速度 $\boldsymbol{v}$ 通过 P 点，测出它受到的合力 $\boldsymbol{F}$．根据式（3-17）可得 $\boldsymbol{F}_{\mathrm{m}}=\boldsymbol{F}-\boldsymbol{F}_{\mathrm{e}}$，求出磁场力 $\boldsymbol{F}_{\mathrm{m}}$．

（2）让 q 沿不同的方向通过 P 点，重复上述方法测量 $\boldsymbol{F}_{\mathrm{m}}$．可以发现当 q 沿某一特定方向或它的反方向运动时，所受磁力为零．这一方向或它的反方向，就定义为磁感应强度 $\boldsymbol{B}$ 的方向．

（3）以 θ 表示 q 的速度 $\boldsymbol{v}$ 的方向和 $\boldsymbol{B}$ 的方向之间的夹角．可以发现，磁力的大小与 $qv\sin\theta$ 这一乘积成正比，因此就用它们的比值表示 $\boldsymbol{B}$ 的大小，即

$$B=\frac{F_{\mathrm{m}}}{qv\sin\theta} \tag{3-18}$$

这样定义的 $\boldsymbol{B}$ 的大小与试验电荷无关，它反映 P 点处磁场的强弱．

（4）当 q 沿其他方向运动时，它所受磁力的方向总是与（2）

中确定的 $\boldsymbol{B}$ 的方向垂直，也与 q 的速度 $\boldsymbol{v}$ 的方向垂直．结合式(3-18)，可以判定磁力 $\boldsymbol{F}_m$、q 的速度 $\boldsymbol{v}$ 和磁感应强度 $\boldsymbol{B}$ 三者之间满足矢量叉乘的关系，也就是

$$\boldsymbol{F}_m = q\boldsymbol{v}\times\boldsymbol{B} \tag{3-19}$$

因此可以根据任一次 $\boldsymbol{v}$ 和相应的 $\boldsymbol{F}_m$ 的方向进一步规定 $\boldsymbol{B}$ 的方向使它满足这一矢量叉乘关系式．这样，经过以上四步就可以完全确定磁场各处的磁感应强度了．

洛伦兹力

式(3-19)表示的磁力也称为**洛伦兹力**．磁力的大小为

$$F_m = qvB\sin\theta \tag{3-20}$$

其中 θ 是速度 $\boldsymbol{v}$ 和磁感应强度 $\boldsymbol{B}$ 之间的夹角．磁力的方向由右手螺旋定则给出．如图 3-23 所示，由右手螺旋定则确定了 $\boldsymbol{v}\times\boldsymbol{B}$ 的方向以后，如果 $q>0$，则磁力的方向就是 $\boldsymbol{v}\times\boldsymbol{B}$ 的方向；如果 $q<0$，则磁力的方向就是 $\boldsymbol{v}\times\boldsymbol{B}$ 的反方向．

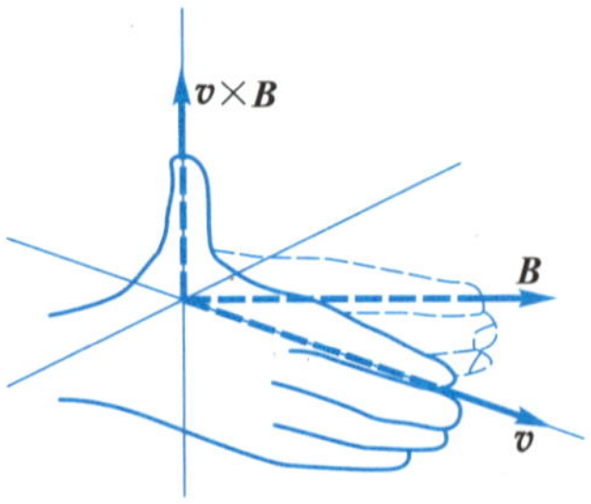

图 3-23 右手螺旋定则

特斯拉

在国际单位制中，磁感应强度的单位是**特斯拉**，符号是 T，

$$1\ \mathrm{T} = 1\ \mathrm{N/A\cdot m}$$

高斯

例如地球表面的磁场大约是 5×10^{-5} T．目前常用的另外一个非国际单位制单位是**高斯**，符号是 G，它与特斯拉的换算关系为

$$1\ \mathrm{T} = 10^4\ \mathrm{G}$$

3.2.3 磁感应线

磁感应线

授课视频：磁感应线

磁场和电场一样，尽管其概念被实验证明是正确的，但是我们并不能直接看到、感觉到磁场．为了使磁场显得更加真实，类比电场线，我们引入**磁感应线**（或称为 $\boldsymbol{B}$ 线）来形象地描绘磁场的分布．磁感应线的画法规定和电场线画法一样，即：磁感应线上任一点的切线方向与该点处的磁感应强度 $\boldsymbol{B}$ 的方向一致；磁场中某点通过垂直于 $\boldsymbol{B}$ 的单位面积的磁感应线条数等于该点处磁感应强度 $\boldsymbol{B}$ 的大小．因此，磁场较强的地方，磁感应线较密集，反之，磁感应线较稀疏．均匀磁场中各点磁感应强度都相同，也

就是各点 ***B*** 的大小相等，方向一致，所以其磁感应线平行并且等间距.

实验上显示磁感应线要比显示电场线容易．如图 3-24(a)所示，将一块玻璃板水平放置在条形磁铁的上方，上面撒上铁屑，轻轻敲动玻璃板，铁屑就会沿磁感应线排列起来．图 3-24(b)显示的是条形磁铁磁感应线的示意图，磁感应线从 N 极出发，走向 S 极．图 3-24(c)是用铁屑显示的螺线管的磁感应线．可以看出，螺线管的磁感应线与条形磁铁的磁感应线十分相似，在外部它从螺线管的一端出发走向另一端，出发的一端就称为等效 N 极，另一端就称为等效 S 极，而在螺线管内部，磁感应线是从 S 极走向 N 极.

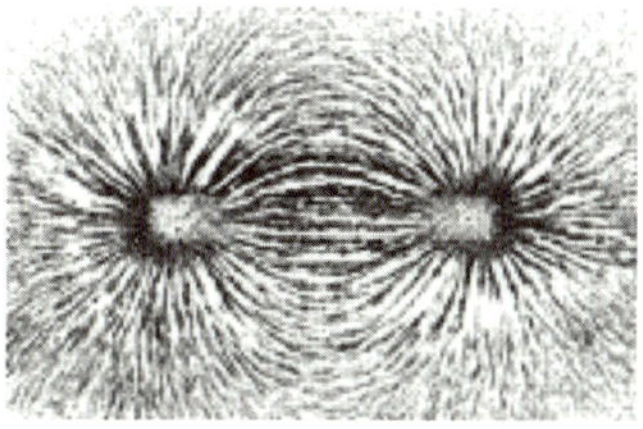

(a) 铁屑显示的条形磁铁磁感应线

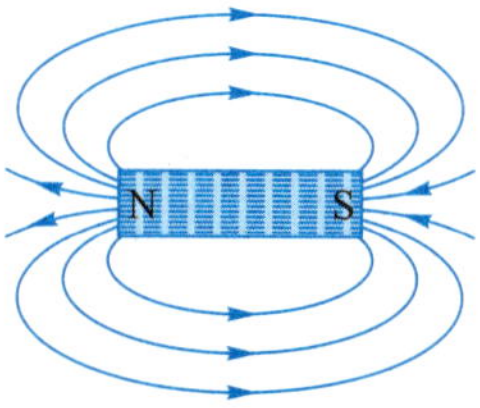

(b) 条形磁铁磁感应线示意图

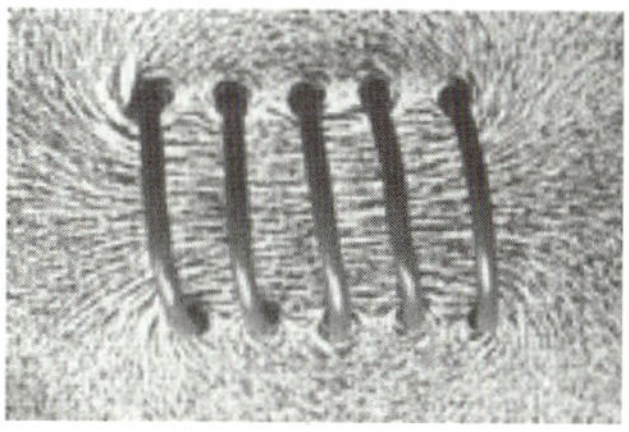

(c) 铁屑显示的螺线管磁感应线

图 3-24 磁感应线

图 3-25 是圆电流磁感应线的铁屑显示图和示意图．图 3-26 是载流直导线(直电流)磁感应线的铁屑显示图和示意图．从这几种典型磁场的磁感应线分布图中，不难看出磁感应线的一些特点：(1) 每条磁感应线都是无头无尾的闭合曲线，这一点与静电场中的电场线不同，静电场中的电场线是有头有尾的不闭合曲线；(2) 磁感应线都与电流套连；(3) 磁感应线的回转方向与电流方向构成右手螺旋关系.

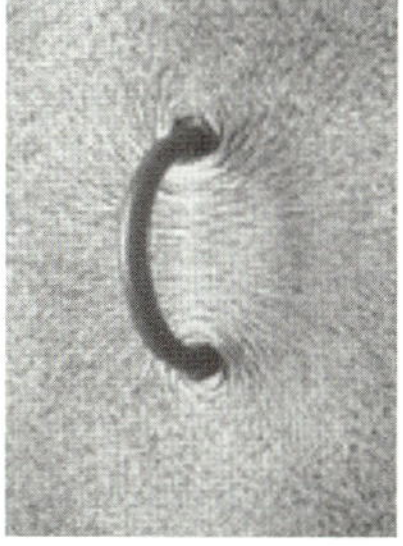

(a) 铁屑显示图

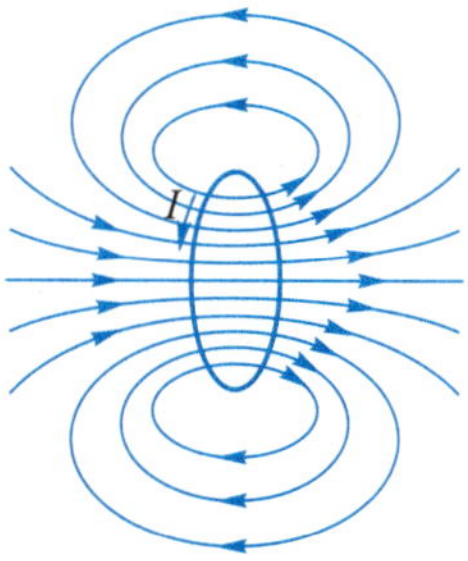

(b) 示意图

图 3-25 圆电流磁感应线

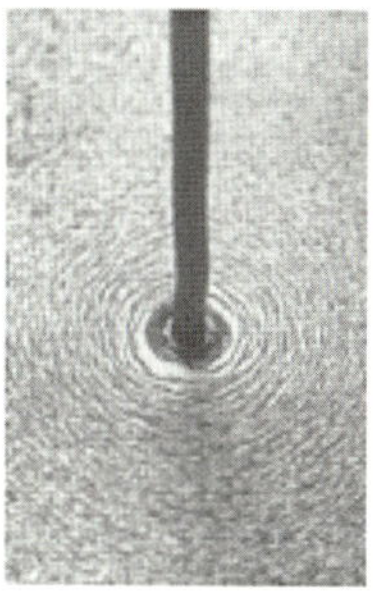

(a) 铁屑显示图

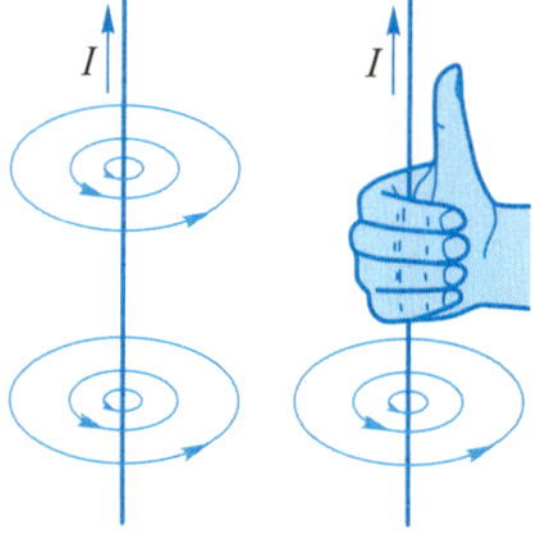

(b) 示意图

图 3-26 直电流磁感应线

3.3 毕奥-萨伐尔定律

3.3.1 毕奥-萨伐尔定律

授课视频:毕奥-萨伐尔定律

恒定电流只能存在于闭合回路中,而闭合回路的形状和大小可以千变万化.因此直接给出载流闭合回路所产生的磁场,会使问题变得非常复杂.在静电学中求解有一定形状和大小的带电体所产生的电场时,可以把带电体分割成许多无限小的电荷元,把每个电荷元看作点电荷,先求出每个电荷元在场点所产生的电场强度,然后通过矢量叠加,就可以把整个带电体在场点产生的电场强度计算出来.仿照此法,可以把载流回路分割成许多无限小的线元,称为电流元,只要知道了电流元在场点产生的磁感应强度,整个载流闭合回路所产生的磁场就可以通过矢量叠加计算出来.但是电流元与点电荷不同,在实验中无法实现一个孤立的恒定电流元,也就无法直接用实验来测出它所产生的磁场,只能间接从闭合载流回路的实验中倒推出来.1820 年,法国物理学家毕奥和萨伐尔通过大量实验发现,载流长直导线周围的磁场与场点到直线的垂直距离成反比.在此基础上,法国数学家拉普拉斯从数学上证明,任何闭合载流回路产生的磁场可看成由电流元的作用叠加起来的.他从毕奥和萨伐尔的实验结果倒推出电流元产生磁场的磁感应强度的数学表达式,从而建立了著名的毕奥-萨伐尔定律.

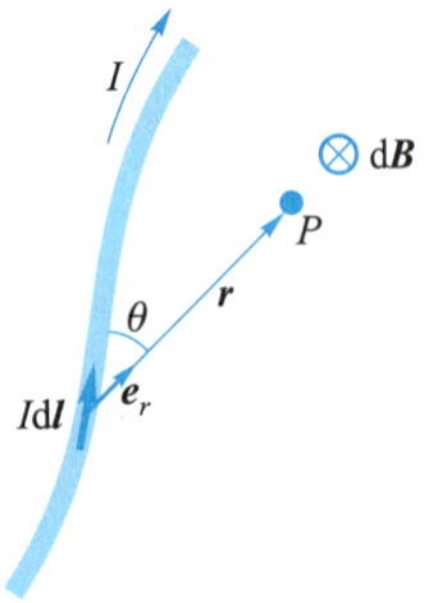

图 3-27 毕奥-萨伐尔定律

电流元

如图 3-27 所示,一段任意形状的载流导线,其中电流为 I,箭头表示电流的方向.在其上任取一线元矢量 $\mathrm{d}\boldsymbol{l}$,$\mathrm{d}\boldsymbol{l}$ 的方向与该处电流的方向一致.电流 I 与 $\mathrm{d}\boldsymbol{l}$ 的乘积 $I\mathrm{d}\boldsymbol{l}$ 就称为**电流元**.毕奥-萨伐尔定律指出:真空中电流元 $I\mathrm{d}\boldsymbol{l}$ 在场点 P 所产生的磁感应强度为

$$\mathrm{d}\boldsymbol{B}=\frac{\mu_0}{4\pi}\frac{I\mathrm{d}\boldsymbol{l}\times\boldsymbol{e}_r}{r^2} \tag{3-21}$$

真空磁导率

式中 r 为电流元到场点 P 的距离,$\boldsymbol{e}_r$ 表示从电流元指向场点 P 的径矢方向的单位矢量.μ_0 称为**真空磁导率**,其值为 $\mu_0=4\pi\times10^{-7}\ \mathrm{N/A^2}$. $\mathrm{d}\boldsymbol{B}$ 的大小为

$$\mathrm{d}B=\frac{\mu_0}{4\pi}\frac{I\mathrm{d}l\sin\theta}{r^2} \tag{3-22}$$

式中 θ 是电流元 $I\mathrm{d}\boldsymbol{l}$ 与单位矢量 $\boldsymbol{e}_r$ 之间的夹角.因此电流元产

生的磁场与电流元的大小成正比，与电流元到场点的距离的平方成反比．毕奥-萨伐尔定律和库仑定律一样都是平方反比定律．$\mathrm{d}\boldsymbol{B}$ 的方向由 $I\mathrm{d}\boldsymbol{l}\times\boldsymbol{e}_r$ 决定，它垂直于 $I\mathrm{d}\boldsymbol{l}$ 和 $\boldsymbol{e}_r$ 所决定的平面，指向由右手螺旋定则确定．在图 3-27 所示情况中，$I\mathrm{d}\boldsymbol{l}\times\boldsymbol{e}_r$ 的方向垂直于纸面向里，所以 P 点处 $\mathrm{d}\boldsymbol{B}$ 的方向用“⊗”来表示（如果 $\mathrm{d}\boldsymbol{B}$ 的方向垂直于纸面向外，则用“⊙”表示）．

NOTE

与静电场相似，磁场也满足叠加原理．任意一段载流导线 L 在 P 点处产生的磁感应强度 $\boldsymbol{B}$，等于载流导线上各电流元 $I\mathrm{d}\boldsymbol{l}$ 在 P 点所产生的磁感应强度 $\mathrm{d}\boldsymbol{B}$ 的矢量和，即

$$\boldsymbol{B}=\int_L \mathrm{d}\boldsymbol{B}=\int_L \frac{\mu_0}{4\pi}\frac{I\mathrm{d}\boldsymbol{l}\times\boldsymbol{e}_r}{r^2} \tag{3-23}$$

式(3-23)积分遍及整个载流导线．虽然实际上并不存在孤立的电流元，毕奥-萨伐尔定律不能由实验直接验证，但由这个定律出发得出的任意恒定电流的磁场都与实验结果相符合，从而间接地验证了毕奥-萨伐尔定律的正确性．下面举例说明如何应用毕奥-萨伐尔定律求解恒定电流的磁场分布．

3.3.2 毕奥-萨伐尔定律的应用

1. 载流直导线的磁场

授课视频：应用一

如图 3-28 所示，在真空中有一段长为 L 的载流直导线（直电流），通有电流 I. 场点 P 到直电流的垂直距离为 a，直电流两端点和 P 点的连线与电流方向之间的夹角分别为 θ_1 和 θ_2. 为了求解直电流在 P 点产生的磁场，首先以 P 点到直导线的垂线垂足 O 为坐标原点，建立如图所示的坐标轴．然后在直电流上任选一电流元 $I\mathrm{d}\boldsymbol{l}$，它的坐标为 l. 设此电流元到 P 点的径矢为 $\boldsymbol{r}$，电流元方向与径矢 $\boldsymbol{r}$ 之间的夹角为 θ. 根据毕奥-萨伐尔定律，电流元 $I\mathrm{d}\boldsymbol{l}$ 在 P 点产生的磁感应强度为

$$\mathrm{d}\boldsymbol{B}=\frac{\mu_0}{4\pi}\frac{I\mathrm{d}\boldsymbol{l}\times\boldsymbol{e}_r}{r^2}$$

其大小为

$$\mathrm{d}B=\frac{\mu_0}{4\pi}\frac{I\mathrm{d}l\sin\theta}{r^2}$$

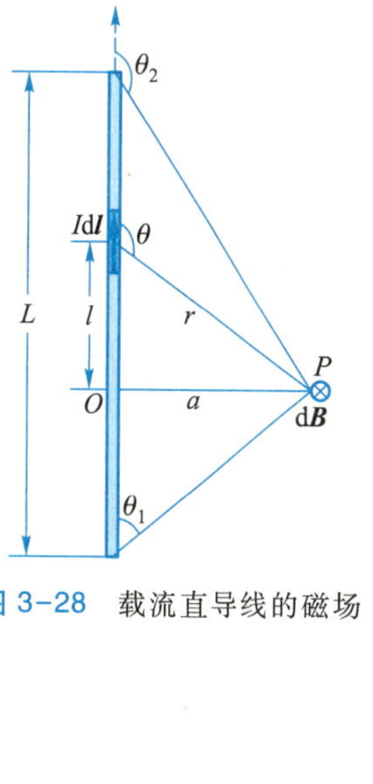

图 3-28 载流直导线的磁场

方向根据右手螺旋定则判断为垂直于纸面向里．由于直电流上所有电流元在 P 点产生的磁感应强度方向均相同，所以 P 点的总磁感应强度的方向也是垂直于纸面向里，其大小为

NOTE

$$B=\int \mathrm{d}B=\frac{\mu_0}{4\pi}\int \frac{I\mathrm{d}l\sin\theta}{r^2}$$

式中 l,θ,r 均为变量,积分前须首先统一积分变量. 由图 3-28 可知各变量的几何关系为

$$l=a\cot(\pi-\theta)=-a\cot\theta,\quad r=\frac{a}{\sin\theta}$$

对 l 取微分可得

$$\mathrm{d}l=\frac{a\mathrm{d}\theta}{\sin^2\theta}$$

将上述关系代入积分式可得

$$B=\frac{\mu_0}{4\pi}\int_{\theta_1}^{\theta_2}\frac{I\sin\theta\mathrm{d}\theta}{a}$$

由此得

$$B=\frac{\mu_0 I}{4\pi a}(\cos\theta_1-\cos\theta_2) \tag{3-24}$$

对上述结果进行讨论:

(1) 对于无限长直电流,$\theta_1=0,\theta_2=\pi$,则有

$$B=\frac{\mu_0 I}{2\pi a} \tag{3-25}$$

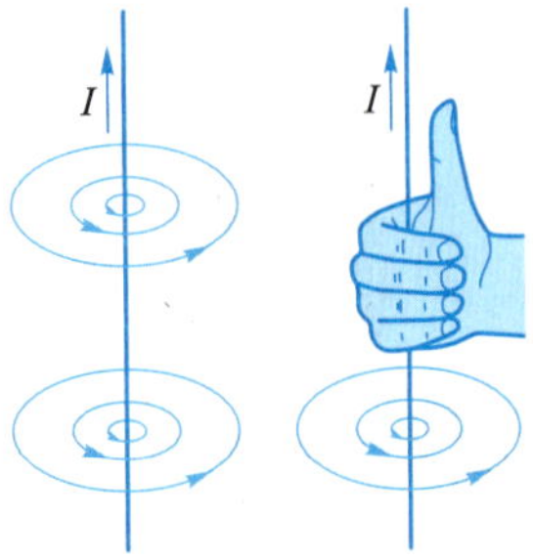

图 3-29 无限长直电流的磁感应线

此式表明,无限长直电流周围的磁感应强度 $\boldsymbol{B}$ 的大小与场点到直电流的距离成反比,与电流成正比. 它的磁感应线是在垂直于导线的平面内以导线上点为圆心的一系列同心圆,如图 3-29 所示. 磁感应线的方向可以通过右手螺旋定则判定,即右手握住直电流,拇指伸直并指向电流的方向,四指环绕的方向就是 $\boldsymbol{B}$ 的方向. 在实际中,我们不可能遇到真正的无限长直电流,但如果在闭合回路中有一段有限长的直电流,当场点远离直电流两端点,并且场点与直电流的距离远远小于直电流的长度时,就可以把这段直电流作为无限长来处理.

(2) 若直电流为半无限长的(图 3-30),对于其端点一侧的场点 P,有 $\theta_1=\pi/2,\theta_2=\pi$,则有

$$B=\frac{\mu_0 I}{4\pi a} \tag{3-26}$$

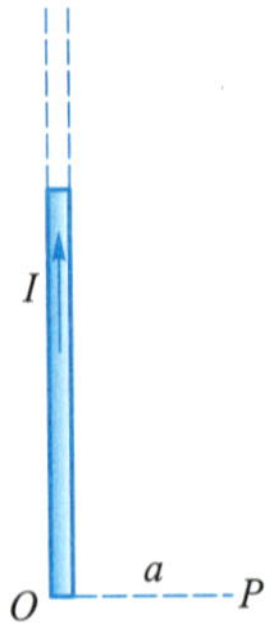

图 3-30 半无限长直电流

恰好是无限长直电流磁感应强度的一半. 注意这一结果只对位于通过端点的垂线上各点成立.

(3) 若 P 点在直电流的延长线上,由于每个电流元都有 $I\mathrm{d}\boldsymbol{l}\times\boldsymbol{e}_r=0$,则这些点的磁感应强度大小为

$$B=0$$

例 3-3

如图 3-31 所示，真空中宽为 b 的无限长金属薄板，电流为 I 且沿宽度方向均匀分布．P 点在过金属板中分线的垂线上，到板的距离为 d. 求 P 点的磁感应强度.

授课视频：[例 3-3]

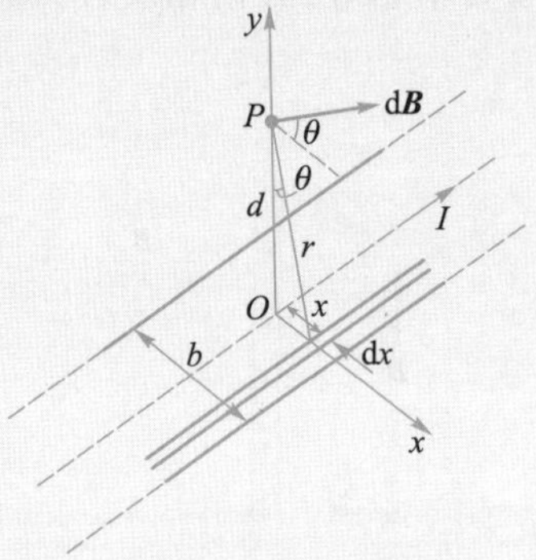

图 3-31 例 3-3 图(a)

解：在本例中，电流均匀流过一个平面，这样的电流称为面电流．对于无限长面电流，可以把它看成由许多无限长直电流组成．只要求出每个直电流在场点所产生的磁场，利用叠加原理就可以求出整个面电流的磁场．建立如图所示的坐标系，原点在中分线上，P 点在 y 轴上，坐标为 d. 在 x 坐标处，取宽为 $\mathrm{d}x$，无限长且平行于金属板中分线的窄条，视为无限长载流直导线，其上电流为

$$\mathrm{d}I=\frac{I}{b}\mathrm{d}x$$

其中 I/b 是通过与电流方向垂直的单位长度的电流．设 P 点到这一直电流的垂直距离为 r，则此直电流在 P 点产生的磁感应强度的大小为

$$\mathrm{d}B=\frac{\mu_0\mathrm{d}I}{2\pi r}=\frac{\mu_0 I\mathrm{d}x}{2\pi b\sqrt{d^2+x^2}}$$

其中 $r=\sqrt{d^2+x^2}$．$\mathrm{d}\boldsymbol{B}$ 在 Oxy 平面内且垂直于从直电流指向 P 点的径矢 $\boldsymbol{r}$. 由于不同的窄条电流在 P 点产生的 $\mathrm{d}\boldsymbol{B}$ 的方向不同，所以不能对 $\mathrm{d}\boldsymbol{B}$ 的大小直接积分．设 $\mathrm{d}\boldsymbol{B}$ 与 x 轴方向之间的夹角为 θ，它在 x、y 轴方向的分量大小分别为

$$\mathrm{d}B_x=\mathrm{d}B\cos\theta,\ \mathrm{d}B_y=\mathrm{d}B\sin\theta$$

由电流分布对金属薄板中分线的对称性可知

$$B_y=\int\mathrm{d}B_y=0$$

因此

$$B=B_x=\int\mathrm{d}B_x=\int\mathrm{d}B\cos\theta$$

从图 3-31 中的几何关系可知

$$\cos\theta=\frac{d}{r}=\frac{d}{\sqrt{d^2+x^2}}$$

所以

$$B=\int\frac{\mu_0 I\mathrm{d}x}{2\pi b\sqrt{d^2+x^2}}\cdot\frac{d}{\sqrt{d^2+x^2}}$$

$$=\frac{\mu_0 Id}{2\pi b}\int_{-\frac{b}{2}}^{\frac{b}{2}}\frac{\mathrm{d}x}{d^2+x^2}=\frac{\mu_0 I}{\pi b}\arctan\frac{b}{2d}$$

$\boldsymbol{B}$ 的方向沿 x 轴方向，也就是平行于载流金属薄板，并与电流方向垂直.

下面讨论两种特殊情况：

(1) 当 $d\gg b$，也就是在距离金属薄板较远处，场点到板的距离远远大于板的宽度时，由于 $b/2d$ 很小，所以 $\arctan\dfrac{b}{2d}\approx\dfrac{b}{2d}$，因而有

$$B\approx\frac{\mu_0 I}{\pi b}\frac{b}{2d}=\frac{\mu_0 I}{2\pi d}$$

这一结果与载有电流 I 的直电流产生的磁场分布是一样的．所以在较远处，有限宽度的无限长金属薄板可以视为载有相同电流的无限长直导线．

（2）当 $d \ll b$，也就是在距离金属薄板中分线很近处，场点到板的距离远远小于板的宽度时，金属薄板可视为无限大．由于 $b/2d$ 趋于无穷大，所以 $\arctan\dfrac{b}{2d}\approx\dfrac{\pi}{2}$，所以有

$$B\approx\frac{\mu_0 I}{\pi b}\frac{\pi}{2}=\frac{\mu_0 I}{2b}$$

定义通过与电流方向垂直的单位长度的电流为**面电流密度**，用 j 来表示，即

$$j=\frac{I}{b} \tag{3-27}$$

则有

$$B=\frac{\mu_0 j}{2} \tag{3-28}$$

这一结果与场点到板的距离无关．在如图3-32所示的无限大载流金属薄板的剖面图中，圆点表示电流垂直于纸面流出，则金属板左侧的磁感应强度指向下，金属板右侧的磁感应强度指向上．即无限大载流平面两侧的磁场大小相等，方向相反，两侧都是均匀磁场．

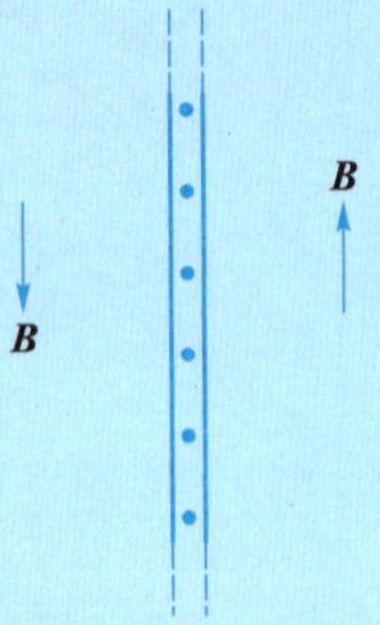

图 3-32 例 3-3 图(b)

面电流密度

2. 载流圆线圈轴线上的磁场

如图 3-33 所示，真空中有一载流圆线圈（圆电流），半径为 R，通有电流 I. 其轴线上一点 P 与圆心 O 的距离为 x. 首先以线圈圆心 O 为坐标原点，以线圈轴线为 x 轴．然后将线圈划分成许多电流元，任选其中一电流元 $I\mathrm{d}\boldsymbol{l}$，它到 P 点的径矢为 $\boldsymbol{r}$. 注意到 $I\mathrm{d}\boldsymbol{l}\perp\boldsymbol{r}$，根据毕奥-萨伐尔定律和右手螺旋定则，可知该电流元在 P 点所产生的磁感应强度 $\mathrm{d}\boldsymbol{B}$ 的方向垂直于 $I\mathrm{d}\boldsymbol{l}$ 和 $\boldsymbol{r}$ 所组成的平面，其大小为

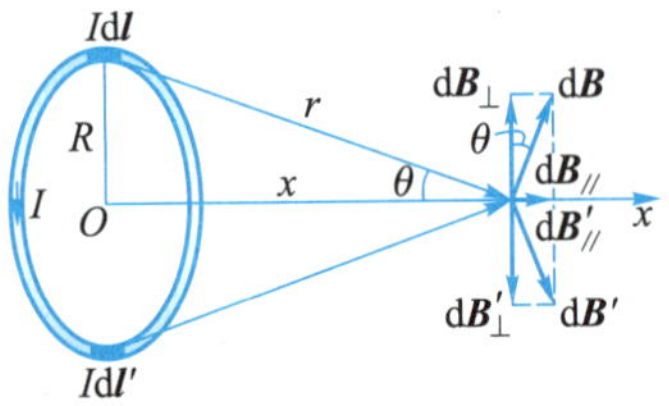

图 3-33 载流圆线圈轴线上的磁场

$$\mathrm{d}B=\frac{\mu_0}{4\pi}\frac{I\mathrm{d}l}{r^2}$$

由于不同的电流元在 P 点所产生的磁感应强度的方向不同，所以需要把 $\mathrm{d}\boldsymbol{B}$ 分解为平行于 x 轴的 $\mathrm{d}\boldsymbol{B}_{/\!/}$ 和垂直于 x 轴的 $\mathrm{d}\boldsymbol{B}_{\perp}$，它们的大小分别为

$$\mathrm{d}B_{/\!/}=\mathrm{d}B\sin\theta$$

$$\mathrm{d}B_{\perp}=\mathrm{d}B\cos\theta$$

授课视频：应用二

式中 θ 为径矢 $\boldsymbol{r}$ 与 x 轴的夹角．在电流元 $I\mathrm{d}\boldsymbol{l}$ 所在直径另一端的对称位置选取电流元 $I\mathrm{d}\boldsymbol{l}'$，其在 P 点的磁感应强度为 $\mathrm{d}\boldsymbol{B}'$. 将 $\mathrm{d}\boldsymbol{B}'$ 分解为 $\mathrm{d}\boldsymbol{B}'_{/\!/}$ 和 $\mathrm{d}\boldsymbol{B}'_{\perp}$，其中 $\mathrm{d}\boldsymbol{B}'_{\perp}$ 与 $\mathrm{d}\boldsymbol{B}_{\perp}$ 大小相等、方向相反，因而相互抵消．由此可知，线圈上各电流元在 P 点的磁感应强度的 $\mathrm{d}\boldsymbol{B}_{\perp}$ 互相抵消，只需要计算平行于 x 轴的 $\mathrm{d}\boldsymbol{B}_{/\!/}$ 的积分，此积分即

为总的磁感应强度的大小，即

$$B=\int \mathrm{d}B_{/\!/}=\int \frac{\mu_0}{4\pi}\frac{I\mathrm{d}l}{r^2}\sin\theta$$

式中 $\sin\theta=R/r$. 由图 3-33 可知，r 与 θ 在积分过程中都保持不变，因此可提到积分号外，故可得圆电流在轴线上 P 点所产生的磁感应强度的大小为

$$B=\frac{\mu_0 IR}{4\pi r^3}\int_0^{2\pi R}\mathrm{d}l=\frac{\mu_0 IR^2}{2r^3}$$

由于 $r^2=R^2+x^2$，故上式又可写成

$$B=\frac{\mu_0 IR^2}{2\left(R^2+x^2\right)^{\frac{3}{2}}} \tag{3-29}$$

$\boldsymbol{B}$ 的方向沿 x 轴正方向，与电流方向构成右手螺旋关系，即右手四指弯向圆电流的方向，则伸直的拇指指向轴线上 $\boldsymbol{B}$ 的方向，如图 3-34 所示.

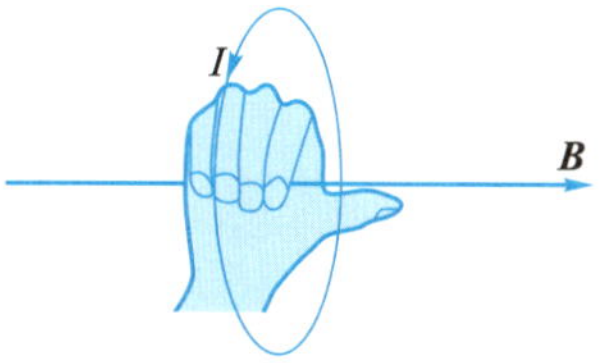

图 3-34 圆电流与轴线上磁场的右手螺旋关系

对上述结果进行讨论：

（1）若 $x=0$，即场点 P 在圆心处，则圆电流环心处磁感应强度的大小为

$$B=\frac{\mu_0 I}{2R} \tag{3-30}$$

（2）若载流导线为一段圆弧，如图 3-35 所示，它对圆心 O 的张角为 θ，由于圆弧上各电流元在 O 点产生的磁感应强度方向都相同，由式(3-30)可知，该段圆弧在圆心 O 处的磁感应强度的大小为

$$B=\frac{\mu_0 I}{2R}\frac{\theta}{2\pi}=\frac{\mu_0 I\theta}{4\pi R} \tag{3-31}$$

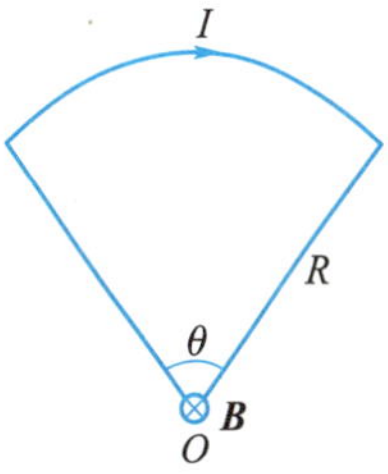

图 3-35 一段载流圆弧

（3）若 $x\gg R$，即场点 P 距离圆电流中心很远，则 P 点处磁感应强度的大小为

$$B=\frac{\mu_0 IR^2}{2x^3} \tag{3-32}$$

按照安培的分子电流假说，物质中的每个分子都可视为环形电流，分子圆电流就相当于基元磁体．为了描述圆电流的磁学性质，引入新的物理量——磁偶极矩，简称磁矩.

磁矩

如图 3-36 所示，一平面圆电流，其电流为 I，面积为 S，$\boldsymbol{e}_n$ 为圆电流平面的正法线方向的单位矢量，与圆电流的流向成右手螺旋关系．定义圆电流的磁矩为

$$\boldsymbol{m}=IS\boldsymbol{e}_n \tag{3-33}$$

如果圆电流由 N 匝导线构成，则其磁矩为

$$\boldsymbol{m}=NIS\boldsymbol{e}_n \tag{3-34}$$

授课视频：磁矩

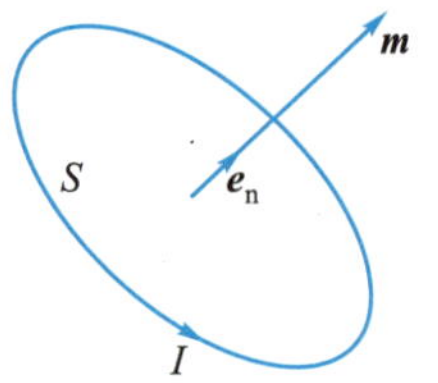

图 3-36 圆电流的磁矩

所以磁矩的大小为 NIS,方向与圆电流成右手螺旋关系. 应当指出,式(3-33)和式(3-34)适用于任意形状的平面载流线圈. 在国际单位制中,磁矩的单位是 $A \cdot m^2$.

由于圆电流的面积 $S=\pi R^2$,考虑到磁感应强度 $\boldsymbol{B}$ 的方向,式(3-32)可以写成如下矢量形式

$$\boldsymbol{B}=\frac{\mu_0 \boldsymbol{m}}{2\pi x^3} \tag{3-35}$$

式(3-35)与静电场中电偶极子的电场强度表达式(1-17)相似,场的强度大小都与距离的三次方成反比. 而且,圆电流的磁感应线分布与电偶极子的电场线分布也非常相似,如图 3-37 所示. 因此我们把圆电流称为磁偶极子.

磁偶极子

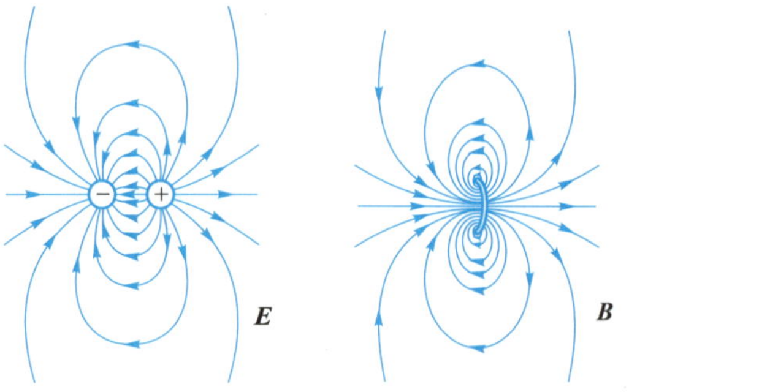

(a) 电偶极子 (b) 磁偶极子

图 3-37 电偶极子与磁偶极子的比较

以上我们只计算了圆电流轴线上的磁场,轴线以外的磁场计算较为复杂,这里略去.

例 3-4

半径为 R 的薄圆盘上均匀带电,总电荷量为 q. 若此圆盘绕通过盘心且垂直于盘面的轴线以角速度 ω 匀速转动,求轴线上距盘心 x 处的磁感应强度.

解:均匀带电圆盘绕通过盘心且垂直于盘面的轴线匀速转动所产生的磁场,相当于一系列同心圆电流产生的磁场的叠加结果. 圆盘上电荷面密度为 $\sigma=q/\pi R^2$. 如图 3-38 所示,以圆盘盘心 O 为圆心,取半径为 r、宽为 dr 的圆环,其所带电荷量为

$$dq=\sigma 2\pi r dr$$

其电流为

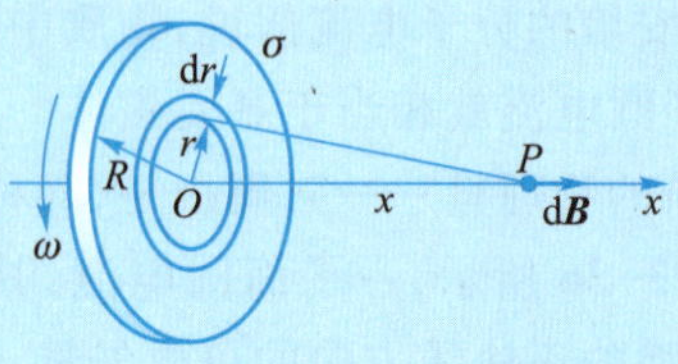

图 3-38 例 3-4 图

$$dI=dq\frac{\omega}{2\pi}=\sigma 2\pi r dr\frac{\omega}{2\pi}=\sigma\omega r dr$$

由式(3-29),圆电流 $\mathrm{d}I$ 在轴线上 P 点处产生的磁感应强度大小为

$$\mathrm{d}B=\frac{\mu_0 r^2\mathrm{d}I}{2\left(r^2+x^2\right)^{3/2}}=\frac{\mu_0 r^2}{2\left(r^2+x^2\right)^{3/2}}\sigma\omega r\mathrm{d}r$$

$$=\frac{\mu_0\sigma\omega}{2}\frac{r^3}{\left(r^2+x^2\right)^{3/2}}\mathrm{d}r$$

所有圆电流在 P 点产生的磁场方向都相同,均沿着 x 轴正方向. 因此整个圆盘在轴线上 P 点处产生的磁感应强度大小为

$$B=\frac{\mu_0\sigma\omega}{2}\int_0^R\frac{r^3}{\left(r^2+x^2\right)^{3/2}}\mathrm{d}r$$

$$=\frac{\mu_0\sigma\omega}{2}\left[\frac{R^2+2x^2}{\left(R^2+x^2\right)^{1/2}}-2x\right]$$

当 $q>0$ 时,$\boldsymbol{B}$ 的方向与 $\boldsymbol{\omega}$ 的方向相同;当 $q<0$ 时,$\boldsymbol{B}$ 的方向与 $\boldsymbol{\omega}$ 的方向相反. 因此可将上式写为矢量形式如下

$$\boldsymbol{B}=\frac{\mu_0\sigma}{2}\left[\frac{R^2+2x^2}{\left(R^2+x^2\right)^{1/2}}-2x\right]\boldsymbol{\omega}$$

在盘心处,$x=0$,磁感应强度为

$$\boldsymbol{B}=\frac{\mu_0\sigma R}{2}\boldsymbol{\omega}$$

3. 载流直螺线管轴线上的磁场

如图 3-39(a)所示,真空中有一均匀密绕直螺线管,长为 L,半径为 R,单位长度上绕有 n 匝线圈,通有电流 I. 由于载流螺线管上的各匝线圈为密绕线圈,因此每一匝线圈都可以看成圆电流,螺线管轴线上任意一点 P 的磁感应强度就等于各圆电流在该点产生的磁感应强度的矢量和.

授课视频:应用三

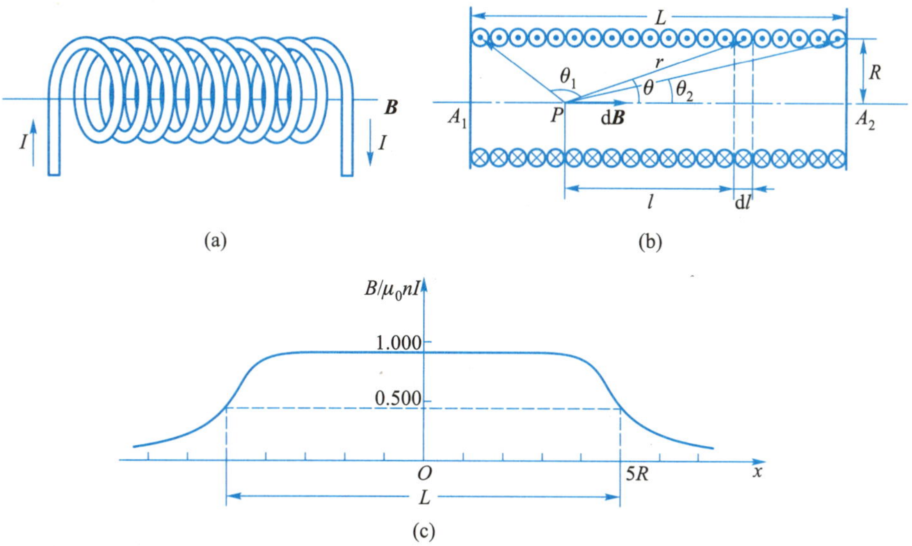

图 3-39 载流直螺线管轴线上的磁场

图 3-39(b)是载流直螺线管的剖面图. 在每一匝圆线圈中,电流从上面流出纸面,从下面流入纸面. 在轴线上任意选取一点 P,在距离 P 点为 l 处,取长为 $\mathrm{d}l$ 的一小段,把这一小段整体看成

NOTE

一个圆电流．由于每一匝线圈流过的电流是I,单位长度上有n匝线圈,$\mathrm{d}l$长度的线圈匝数是$n\mathrm{d}l$,所以流过这一圆电流的电流为$\mathrm{d}I=nI\mathrm{d}l$. 根据右手螺旋定则,此圆电流在$P$点产生的磁感应强度$\mathrm{d}\boldsymbol{B}$的方向水平向右,由式(3-29)可知其大小为

$$\mathrm{d}B=\frac{\mu_0}{2}\frac{R^2\mathrm{d}I}{(R^2+l^2)^{3/2}}=\frac{\mu_0}{2}\frac{nIR^2\mathrm{d}l}{(R^2+l^2)^{3/2}}$$

整个螺线管是由无数这样的圆电流组成的,而且每个圆电流在P点产生的磁感应强度的方向都是水平向右,也就是沿轴线,与电流的绕向成右手螺旋关系,因此整个螺线管在P点的总磁感应强度大小为

$$B=\int\mathrm{d}B=\frac{\mu_0}{2}\int\frac{nIR^2\mathrm{d}l}{(R^2+l^2)^{3/2}} \tag{3-36}$$

设P点到$\mathrm{d}l$的径矢为$\boldsymbol{r}$,且$\boldsymbol{r}$与轴线夹角为θ,为方便积分,可将积分变量统一为θ. 由图3-39(b)中几何关系可知,$r^2=R^2+l^2$,$r=R/\sin\theta$,$l=R\cot\theta$,$\mathrm{d}l=-R\mathrm{d}\theta/\sin^2\theta$,将这些关系代入式(3-36),可得载流直螺线管轴线上P点的磁感应强度大小为

$$B=-\frac{\mu_0}{2}nI\int_{\theta_1}^{\theta_2}\sin\theta\mathrm{d}\theta=\frac{\mu_0}{2}nI(\cos\theta_2-\cos\theta_1) \tag{3-37}$$

方向沿轴线向右,与电流的绕向成右手螺旋关系．图3-39(c)即为载流直螺线管轴线上磁场分布图．可以看出,磁场在螺线管中心附近很大一个范围内近乎均匀,到两个端口附近才逐渐减小,在螺线管外磁场迅速减弱.

下边讨论两种特殊情况:

(1) 当$L\gg R$时,螺线管近似为无限长,即$\theta_1=\pi$,$\theta_2=0$,此时无限长载流直螺线管轴线上磁感应强度大小为

$$B=\mu_0 nI \tag{3-38}$$

这一结果与P点的位置无关,所以无限长载流直螺线管内部轴线上的磁场是均匀的.

(2) 若P点位于半无限长载流直螺线管任一端口的中心处,则$\theta_1=\pi/2$,$\theta_2=0$或$\theta_1=\pi$,$\theta_2=\pi/2$,其磁感应强度大小为

$$B=\frac{\mu_0 nI}{2} \tag{3-39}$$

可见半无限长载流直螺线管端口轴线上的磁感应强度为无限长载流直螺线管内轴线上磁感应强度的一半．

3.3.3 运动电荷产生的磁场

由于电流是大量电荷定向运动形成的,所以从本质上讲,电流产生的磁场就是运动电荷所产生的磁场.下面我们从毕奥-萨伐尔定律所给出的电流元的磁场公式出发,导出运动电荷的磁场公式.

授课视频:运动电荷磁场

如图 3-40 所示,在载流导线中选取一段电流元 $I\mathrm{d}\boldsymbol{l}$,截面积为 S,载流子数密度为 n,每个载流子所带电荷量为 q,以漂移速度 $\boldsymbol{v}$ 运动,假设 $\boldsymbol{v}$ 的方向与 $\mathrm{d}\boldsymbol{l}$ 的方向相同.由式 3-2 可知,单位时间内通过截面 S 的电荷量,即电流

$$I=nqSv$$

代入毕奥-萨伐尔定律,可得此电流元在 P 点所产生的磁感应强度为

$$\mathrm{d}\boldsymbol{B}=\frac{\mu_0}{4\pi}\frac{(nqSv)\,\mathrm{d}\boldsymbol{l}\times\boldsymbol{e}_r}{r^2}$$

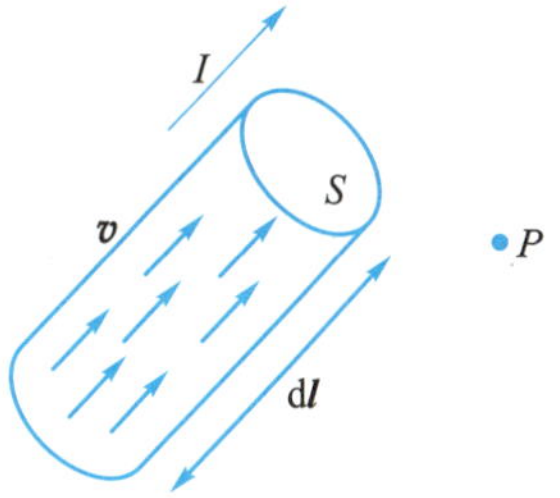

图 3-40 运动电荷的磁场

NOTE

由于 $\mathrm{d}\boldsymbol{l}$ 的方向即 $\boldsymbol{v}$ 的方向,因此上式中 $v\mathrm{d}\boldsymbol{l}$ 可写为 $\boldsymbol{v}\mathrm{d}l$,即

$$\mathrm{d}\boldsymbol{B}=\frac{\mu_0}{4\pi}\frac{(nqS\mathrm{d}l)\,\boldsymbol{v}\times\boldsymbol{e}_r}{r^2}=\frac{\mu_0}{4\pi}\frac{(\mathrm{d}N)\,q\boldsymbol{v}\times\boldsymbol{e}_r}{r^2}$$

式中 $\mathrm{d}N=nS\mathrm{d}l$ 为该电流元内包含的载流子个数.整个电流元 $I\mathrm{d}\boldsymbol{l}$ 在 P 点产生的磁场可以认为是这些以同样速度 $\boldsymbol{v}$ 运动的载流子在 P 点产生的磁场的叠加结果.忽略各载流子到 P 点的径矢 $\boldsymbol{r}$ 的差别,则每个载流子在 P 点产生的磁感应强度的方向相同,大小相等,因此每个载流子所产生的磁感应强度为

$$\boldsymbol{B}=\frac{\mathrm{d}\boldsymbol{B}}{\mathrm{d}N}=\frac{\mu_0}{4\pi}\frac{q\boldsymbol{v}\times\boldsymbol{e}_r}{r^2} \tag{3-40}$$

其中 r 为运动电荷到场点的距离,$\boldsymbol{e}_r$ 为沿径矢 $\boldsymbol{r}$ 方向的单位矢量.因此 $\boldsymbol{B}$ 的方向垂直于 $\boldsymbol{v}$ 和 $\boldsymbol{r}$ 所决定的平面,其指向由右手螺旋定则判定.如果运动电荷 q 为正电荷,则 $\boldsymbol{B}$ 的方向就是 $\boldsymbol{v}\times\boldsymbol{e}_r$ 的方向;如果 q 是负电荷,则 $\boldsymbol{B}$ 的方向就是 $\boldsymbol{v}\times\boldsymbol{e}_r$ 的反方向,如图 3-41 所示.

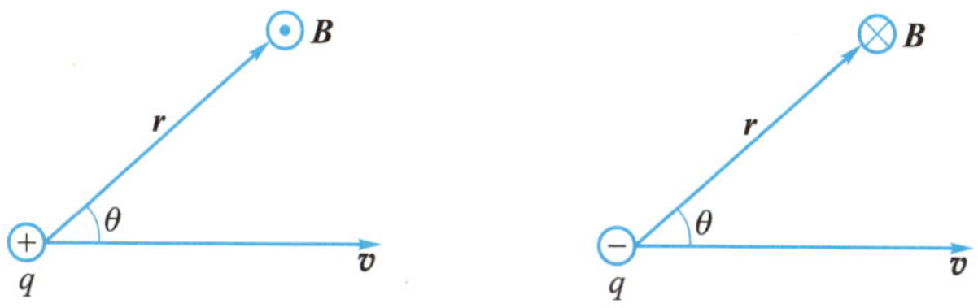

图 3-41 运动电荷的磁场方向

例 3-5

按玻尔模型，基态氢原子中电子绕原子核做半径为 0.53×10^{-10} m 的圆周运动，速度为 2.2×10^{6} m/s. 求这个电子在核处产生的磁感应强度的大小.

解：根据式(3-40)，做圆周运动的电子在核所在的圆心位置产生的磁感应强度大小为

$$B=\frac{\mu_0}{4\pi}\frac{ev}{r^2}$$

$$=(10^{-7}\ \mathrm{N/A^2})\times\frac{(1.6\times10^{-19}\ \mathrm{C})\times(2.2\times10^{6}\ \mathrm{m/s})}{(0.53\times10^{-10}\ \mathrm{m})^2}$$

$$=12.5\ \mathrm{T}$$

前面提到，地球表面的磁场大约是 5×10^{-5} T，所以这一微观领域内运动带电粒子产生的磁场相当强.

3.4 磁场的高斯定理和安培环路定理

3.4.1 磁通量 磁场的高斯定理

授课视频：高斯定理

磁通量

类比静电场中引入电场强度通量的概念，在磁场中引入磁通量来说明磁场的规律. 在磁场中，通过任意曲面的磁感应线的条数称为通过该曲面的磁通量，用 Φ 表示. 如图 3-42 所示，在曲面 S 上任取一面元 $\mathrm{d}\boldsymbol{S}$，$\boldsymbol{B}$ 为面元 $\mathrm{d}\boldsymbol{S}$ 处的磁感应强度，θ 为面元法线方向 $\boldsymbol{e}_n$ 与 $\boldsymbol{B}$ 之间的夹角. 通过该面元的磁通量定义为

$$\mathrm{d}\Phi=B\mathrm{d}S\cos\theta=\boldsymbol{B}\cdot\mathrm{d}\boldsymbol{S} \tag{3-41}$$

而通过曲面 S 的总磁通量为

$$\Phi=\int_S\boldsymbol{B}\cdot\mathrm{d}\boldsymbol{S} \tag{3-42}$$

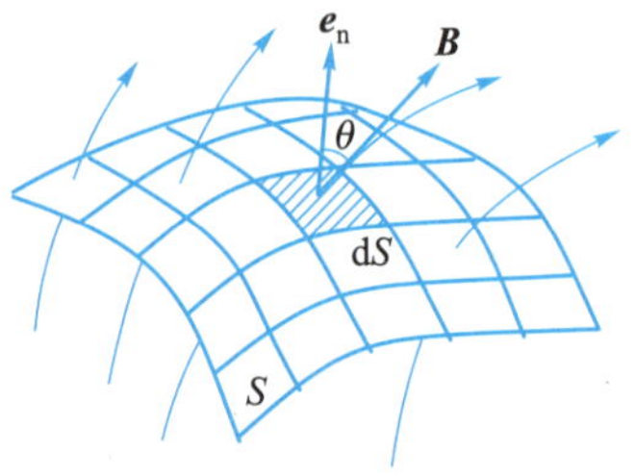

图 3-42 通过任意曲面的磁通量

在国际单位制中，磁通量的单位是韦伯，符号是 Wb，1 Wb = 1 T·m².

对于封闭曲面，如图 3-43 所示，仍取外法线方向为曲面法线的正方向，因此当磁感应线穿出封闭曲面时，磁通量为正；穿入封闭曲面时，磁通量为负. 通过封闭曲面的磁通量就是净穿出封闭曲面的磁感应线的条数. 由于磁感应线是无头无尾的闭合曲线，

从封闭曲面某处穿入的磁感应线必定从另一处穿出，净穿出封闭曲面的磁感应线条数都是零，因此通过任意封闭曲面的磁通量等于零，即

$$\oint_S \boldsymbol{B} \cdot d\boldsymbol{S} = 0 \tag{3-43}$$

这一结论称为磁场的高斯定理，又称为磁通连续原理，它是表明磁场性质的重要定理之一．显然，磁场的高斯定理不同于电场的高斯定理，在静电场中，由于自然界存在单独的正、负电荷，因此通过任意封闭曲面的电场强度通量可以不等于零．在磁场中，到目前为止实验上还没有发现与电荷对应的磁单极子，因此通过任意封闭曲面的磁通量一定等于零．磁感应线是闭合曲线，表明磁场是一个无源场．

磁场的高斯定理

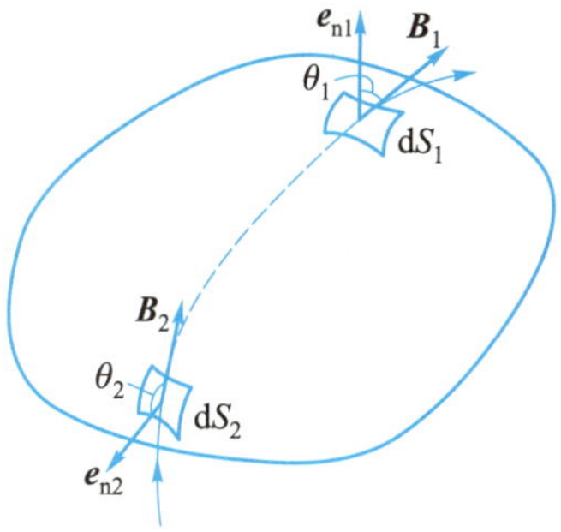

图 3-43 通过封闭曲面的磁通量

3.4.2 安培环路定理

在静电场中，电场强度 $\boldsymbol{E}$ 沿任意闭合路径的线积分等于零，即 $\oint_L \boldsymbol{E} \cdot d\boldsymbol{l} = 0$，这说明静电场是保守场、无旋场．而在磁场中，磁感应线是闭合的，磁感应强度沿任意闭合路径的线积分 $\oint_L \boldsymbol{B} \cdot d\boldsymbol{l}$ 不一定等于零．从毕奥-萨伐尔定律出发，可以导出真空中恒定电流磁场的一条基本规律——安培环路定理．

授课视频：安培环路定理

安培环路定理

安培环路定理的表述为：在恒定电流的磁场中，磁感应强度 $\boldsymbol{B}$ 沿任何闭合路径 L 的线积分（即 $\boldsymbol{B}$ 的环流）等于路径 L 所包围的电流的代数和的 μ_0 倍．它的数学表达式为

$$\oint_L \boldsymbol{B} \cdot d\boldsymbol{l} = \mu_0 \sum I_{内} \tag{3-44}$$

式中 $\sum I_{内}$ 是闭合路径 L 所包围的电流的代数和．

以下通过载有恒定电流的无限长直导线的特例来验证安培环路定理的正确性．

首先讨论闭合路径包围电流的情况．如图 3-44(a) 所示，真空中有一无限长载流直导线，电流 I 垂直于纸面向外，其磁感应线是一系列圆心位于载流直导线上的同心圆，绕行方向与电流方向成右手螺旋关系．在垂直于电流的平面内作一包围电流的任意闭合路径 L，取闭合路径 L 的绕行方向与电流方向也满足右手螺旋关系．在闭合路径 L 上任一点 P 处选取一线元 $d\boldsymbol{l}$，$d\boldsymbol{l}$ 对电流所在处 O 点的张角为 $d\varphi$．P 点处的磁感应强度 $\boldsymbol{B}$ 的方向与该点的径矢 $\boldsymbol{r}$ 垂直，与 $d\boldsymbol{l}$ 夹角为 θ，且有 $r d\varphi = \cos\theta dl$，故 $\boldsymbol{B}$ 沿闭合路

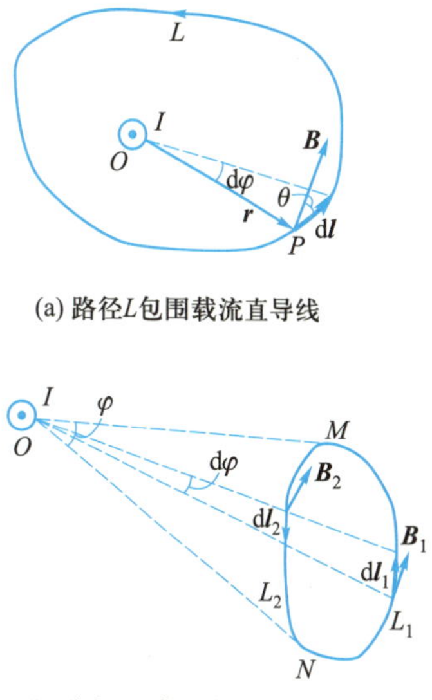

(a) 路径L包围载流直导线

(b) 路径L不包围载流直导线

图 3-44 安培环路定理的验证

NOTE

径 L 的环路积分为

$$\oint_L \boldsymbol{B}\cdot \mathrm{d}\boldsymbol{l}=\oint_L B\cos\theta \mathrm{d}l=\oint_L Br\mathrm{d}\varphi=\int_0^{2\pi}\frac{\mu_0 I}{2\pi r}r\mathrm{d}\varphi=\mu_0 I \tag{3-45}$$

其中 I 就是闭合路径 L 所包围的电流．由此可见被闭合路径所包围的电流 I 对该路径上 $\boldsymbol{B}$ 的环路积分的贡献为 $\mu_0 I$. 若电流流向相反，则 L 绕行方向与电流方向不满足右手螺旋关系，而满足左手螺旋关系．此时，P 点处 $\boldsymbol{B}$ 与 $\mathrm{d}\boldsymbol{l}$ 的夹角为 $\pi-\theta$，且有 $\cos(\pi-\theta)\mathrm{d}l=-r\mathrm{d}\varphi$，因此有

$$\int_L \boldsymbol{B}\cdot \mathrm{d}\boldsymbol{l}=\int_L B\cos(\pi-\theta)\mathrm{d}l=-\int_L Br\mathrm{d}\varphi=-\mu_0 I$$

可见积分结果与电流流向有关．如果电流的正负由右手螺旋定则判断，当电流 I 的流向（拇指方向）与闭合路径 L 的环绕方向（四指方向），即环路积分方向满足右手螺旋关系时，电流 I 为正，反之电流 I 为负，则 $\boldsymbol{B}$ 的环路积分值可以统一用式(3-45)表示.

如果闭合路径不包围电流，如图 3-44(b)所示，L 为在垂直于电流的平面内不包围电流的任意闭合路径．在该平面内从载流直导线出发，向闭合路径 L 作切线，所得切点 M 和 N 将闭合路径分为 L_1 和 L_2 两部分．同一张角 $\mathrm{d}\varphi$ 在 L_1 和 L_2 上分别对应线元 $\mathrm{d}\boldsymbol{l}_1$ 和 $\mathrm{d}\boldsymbol{l}_2$. 显然，$\mathrm{d}\boldsymbol{l}_1$ 与 $\boldsymbol{B}_1$ 的夹角 θ_1 为锐角，而 $\mathrm{d}\boldsymbol{l}_2$ 与 $\boldsymbol{B}_2$ 的夹角 θ_2 为钝角，故有

$$\begin{aligned}\oint_L \boldsymbol{B}\cdot \mathrm{d}\boldsymbol{l}&=\int_{L_1}\boldsymbol{B}_1\cdot \mathrm{d}\boldsymbol{l}_1+\int_{L_2}\boldsymbol{B}_2\cdot \mathrm{d}\boldsymbol{l}_2\\&=\int_{L_1}B_1\cos\theta_1\mathrm{d}l_1+\int_{L_2}B_2\cos\theta_2\mathrm{d}l_2\\&=\int_{L_1}\frac{\mu_0 I}{2\pi r_1}r_1\mathrm{d}\varphi-\int_{L_2}\frac{\mu_0 I}{2\pi r_2}r_2\mathrm{d}\varphi=\frac{\mu_0 I}{2\pi}(\varphi-\varphi)=0\end{aligned}$$

可见，当闭合路径不包围电流时，该电流对 $\boldsymbol{B}$ 沿此路径的环路积分没有贡献．这正是安培环路定理的结论.

若闭合路径内包含有多根电流时，根据磁场的叠加原理不难证明，安培环路定理仍然成立，此时等号右边的电流应是对闭合路径内的电流求代数和．如图 3-45 所示，电流 I_1 的方向与闭合路径 L 的环绕方向服从右手螺旋定则，为正；电流 I_2 则为负；而电流 I_3 与路径 L 无环绕，所以对 $\boldsymbol{B}$ 沿 L 的环路积分无贡献.

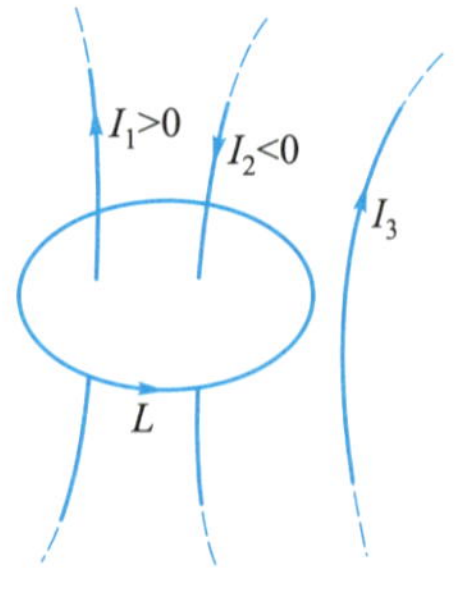

图 3-45 路径 L 所环绕电流的正负

我们还可以证明如果闭合路径 L 不在垂直于电流的平面内，上述讨论依然适用．实际上安培环路定理是可以从毕奥-萨伐尔定律严格导出的，它对于真空中任意的恒定电流和任何闭合路径都是普遍成立的.

下面对安培环路定理作几点说明.

(1) 安培环路定理右侧的电流是被闭合回路所包围的电流,实际就是与 L 相套连的恒定电流. 如图 3-46 所示,电流 I_1 和 I_2 都未与 L 套连在一起,所以只有电流 I_3 才是被 L 所包围的电流,而且根据右手螺旋定则判断,I_3 为负,所以这时安培环路定理右侧的 $\sum I_{内}=-I_3$.

(2) 如果一电流与 L 多次套连,则套连一次就是被包围一次. 如图 3-47 所示,电流 I 被 L 套连 2 次,而且根据右手螺旋定则,I 为负,所以此时 $\sum I_{内}=-2I$. 同理,如果环路 L 与 N 匝线圈套连,则 $\sum I_{内}=NI$.

(3) 安培环路定理表达式左侧的磁感应强度 $\boldsymbol{B}$ 是空间中所有恒定电流产生的磁感应强度的矢量和,其中也包括那些不被 L 所包围的电流产生的磁场,只不过这些电流的磁场对沿 L 的 $\boldsymbol{B}$ 的环路积分没有贡献.

(4) 安培环路定理中的电流必须是闭合恒定电流,无限长载流直导线可认为是在无限远处闭合的恒定电流. 对于一段恒定电流的磁场,安培环路定理不成立. 如图 3-48 所示,如果只求恒定电流回路中 ab 段直电流的磁场,就不能应用安培环路定理,只能应用毕奥-萨伐尔定律求解. 对于非恒定电流的情况,安培环路定理的形式需要加以修正.

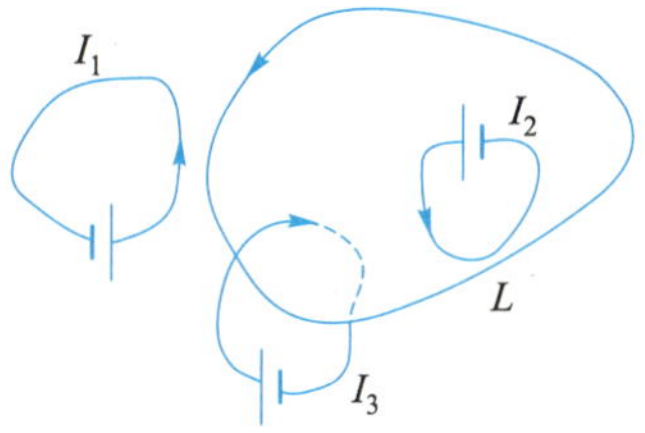

图 3-46 电流回路与环路 L 套连

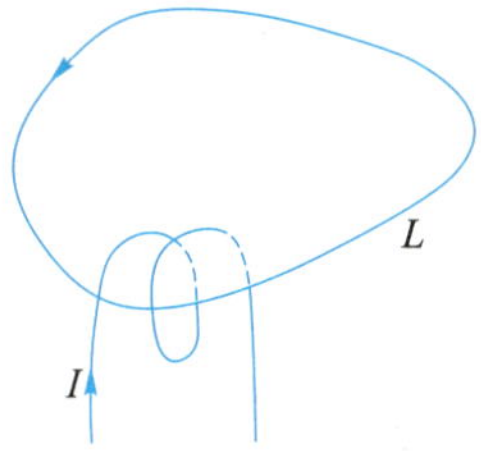

图 3-47 环路 L 与 2 匝电流套连

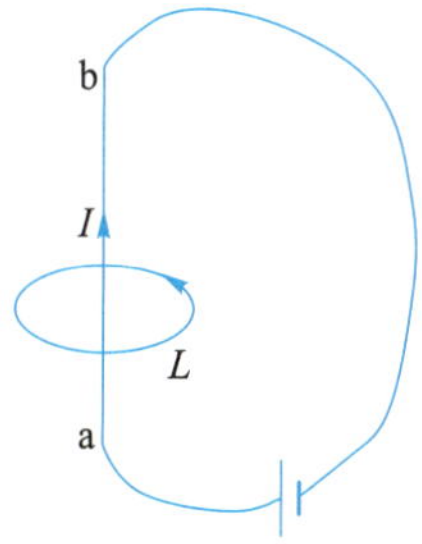

图 3-48 一段恒定电流的磁场

3.4.3 安培环路定理的应用

与静电场中利用高斯定理计算某些具有对称性的带电体的电场分布类似,在恒定磁场中,我们也可以利用安培环路定理很方便地计算出具有一定对称性分布的载流导线的磁场分布. 应用安培环路定理求解磁场时,首先要根据电流分布的对称性来分析磁场分布的对称性;然后根据磁场分布的对称性和特点,选择适当的积分路径 L. 选取积分路径的原则是:在路径 L 上磁感应强度 $\boldsymbol{B}$ 沿路径的切线方向,且数值处处相等,以便于将 $\boldsymbol{B}$ 直接从 $\oint_L \boldsymbol{B}\cdot \mathrm{d}\boldsymbol{l}$ 中以标量形式提出;或者在路径 L 的某些部分 $\boldsymbol{B}$ 满足上述条件,而在路径的其他部分 $\boldsymbol{B}$ 的线积分为零,即 $\boldsymbol{B}\perp \mathrm{d}\boldsymbol{l}$ 或 $\boldsymbol{B}=0$.

下面我们通过几个典型的例题来说明如何应用安培环路定理求解磁场.

NOTE

例 3-6

求无限长载流圆柱面的磁场分布. 设圆柱面的半径为 R,恒定电流 I 沿圆柱面轴向均匀分布,如图 3-49(a)所示.

授课视频:[例 3-6]

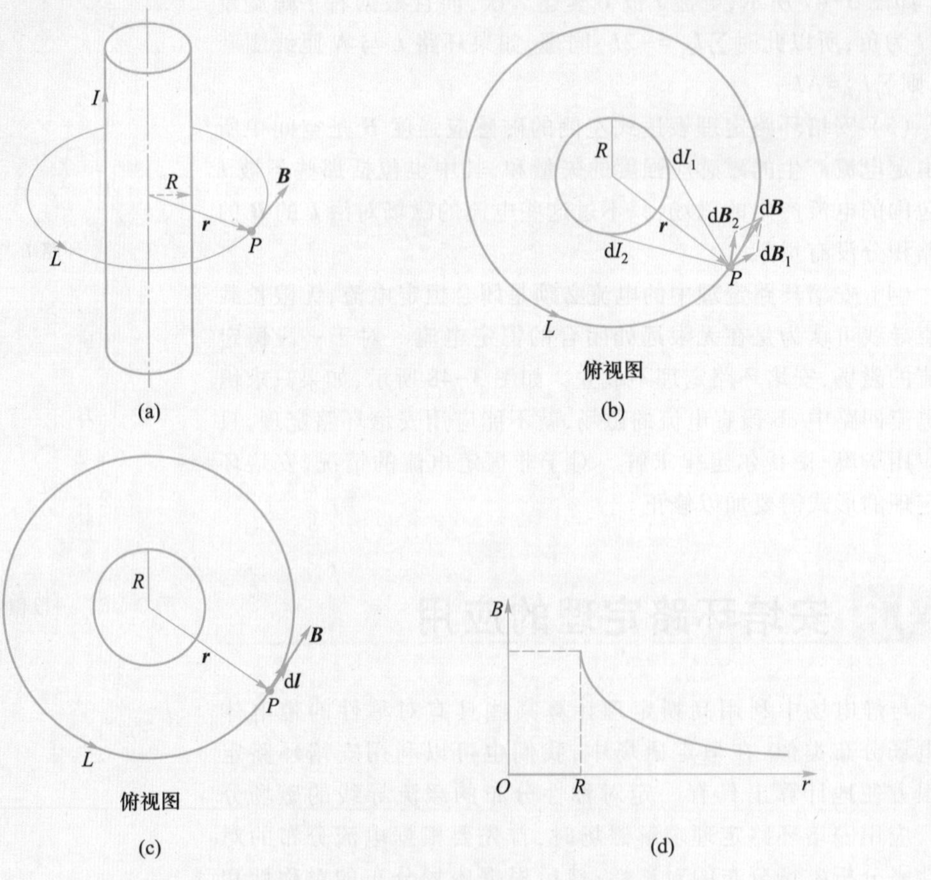

图 3-49 例 3-6 图

解:无限长载流圆柱面的电流分布具有轴对称性,因此在分析磁场的对称性时可以将圆柱面分为一系列平行于轴线的窄条,每个窄条可看作载有电流 dI 的无限长直导线. 图 3-49(b)是载流柱面的俯视图,P 点为柱面外任意一点,距柱面轴线距离为 r,任取一对相对于径矢 $\boldsymbol{r}$ 对称的电流 dI_1、dI_2,它们在 P 点产生的磁场分别为 d$\boldsymbol{B}_1$、d$\boldsymbol{B}_2$. 由无限长直电流的磁场分布可知 d$\boldsymbol{B}_1$ 和 d$\boldsymbol{B}_2$ 的方向分别垂直于 dI_1、dI_2 到 P 点的径矢,且大小相等,因此其合磁场 d$\boldsymbol{B}$ 沿垂直于径矢 $\boldsymbol{r}$ 的方向,且在垂直于轴线的平面内. 由于整个载流无限长圆柱面在 P 点处产生的总磁场 $\boldsymbol{B}$ 可看作这样的一对对无限长载流直导线在 P

点所产生磁场的矢量叠加结果，所以 P 点的总磁感应强度 $\boldsymbol{B}$ 一定也垂直于径矢 $\boldsymbol{r}$，如图 3-49(c)所示．因为 P 点是任意选取的，所以与轴线距离相等的各场点的磁感应强度 $\boldsymbol{B}$ 的大小都相同，方向都垂直于该点的径向，也就是沿着切线方向，与电流方向满足右手螺旋关系．根据磁场分布的这种对称性，过 P 点在垂直于轴线的平面内选取如图 3-49(c)所示的圆形积分环路 L．

根据安培环路定理，有

$$\oint_L \boldsymbol{B}\cdot \mathrm{d}\boldsymbol{l}=\mu_0\sum I_{内}$$

由于环路上各点磁感应强度 $\boldsymbol{B}$ 的大小相同，方向都与该点线元 $\mathrm{d}\boldsymbol{l}$ 一样沿切线方向，同时闭合路径包围的电流只有流过圆柱面的电流 I，而且为正，所以有

$$\oint_L \boldsymbol{B}\cdot \mathrm{d}\boldsymbol{l}=\oint B\mathrm{d}l=B\oint \mathrm{d}l=B\cdot 2\pi r=\mu_0 I$$

因此得到无限长载流圆柱面外的磁场大小为

$$B=\frac{\mu_0 I}{2\pi r}\quad (r>R)\qquad (3-46)$$

方向与电流方向满足右手螺旋关系．可见，无限长载流圆柱面外的磁场与载有相同电流的无限长直导线周围的磁场相同．

如果场点 P 在无限长载流圆柱面内，根据类似的分析，可选取圆心在轴线上，半径 $r<R$ 的圆形积分环路．由于此时环路所包围的电流代数和为零，所以可得无限长载流圆柱面内的磁场

$$B=0\quad (r<R)$$

图 3-49(d)给出无限长载流圆柱面内外磁感应强度 $\boldsymbol{B}$ 的大小随场点到轴线距离 r 的变化关系曲线．

例 3-7

求无限长载流圆柱体的磁场分布．设半径为 R 的实心圆柱体截面上均匀地通有电流 I，沿轴线方向垂直于纸面流出，如图 3-50(a)所示．

授课视频：[例 3-7]

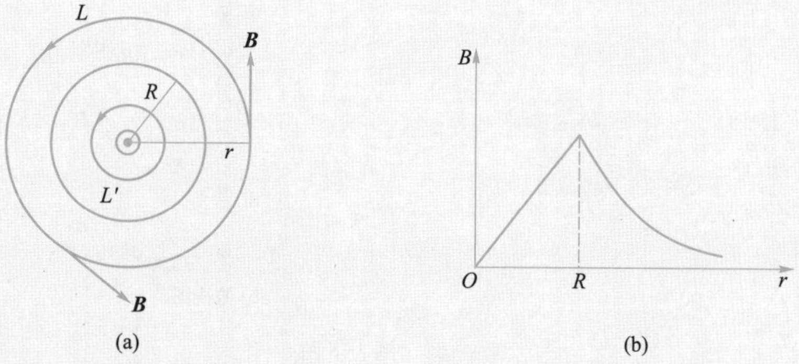

图 3-50　例 3-7 图

解：把此圆柱体视为由一系列薄的同轴载流圆柱面组成，其中每个载流圆柱面所产生的磁场 $\boldsymbol{B}$ 都具有例 3-6 中 $\boldsymbol{B}$ 的性质，因此此无限长载流圆柱体所产生的磁场也具有轴对称性，即与轴线等距离的各点的磁感应强度的大小相等，方向沿切线方向并且与电流成右手螺旋关系.

对于无限长载流圆柱体外的场点，作如图 3-50(a)所示圆形积分环路 L，采用与例 3-6 中当场点到轴线的距离 $r>R$ 时类似的分析，可知无限长载流圆柱体外的磁场大小为

$$B=\frac{\mu_0 I}{2\pi r},\quad r>R \tag{3-47}$$

方向与电流方向满足右手螺旋关系. 这与载有相同电流的无限长直导线周围的磁场也相同.

当场点在无限长载流圆柱体内时，取如图3-50(a)所示圆形积分环路 L'，此时环路 L'所包围的电流为

$$\sum I_{内}=\frac{I}{\pi R^2}\pi r^2=\frac{Ir^2}{R^2}$$

根据安培环路定理可得

$$B\cdot 2\pi r=\mu_0\frac{Ir^2}{R^2}$$

因此无限长载流圆柱体内的磁场大小为

$$B=\frac{\mu_0 Ir}{2\pi R^2},\quad r<R \tag{3-48}$$

与场点到轴线的距离成正比，方向与电流方向满足右手螺旋关系. 图 3-50(b)给出无限长载流圆柱体内外磁感应强度 B 的大小随场点到轴线距离 r 的变化关系曲线.

例 3-8

求无限大载流平面的磁场分布. 设无限大平面中电流均匀流过，面电流密度(即垂直于电流方向单位长度的电流)为 $\boldsymbol{j}$，如图 3-51(a)所示.

授课视频：[例 3-8]

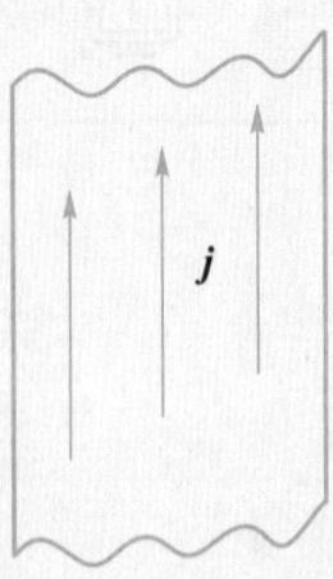

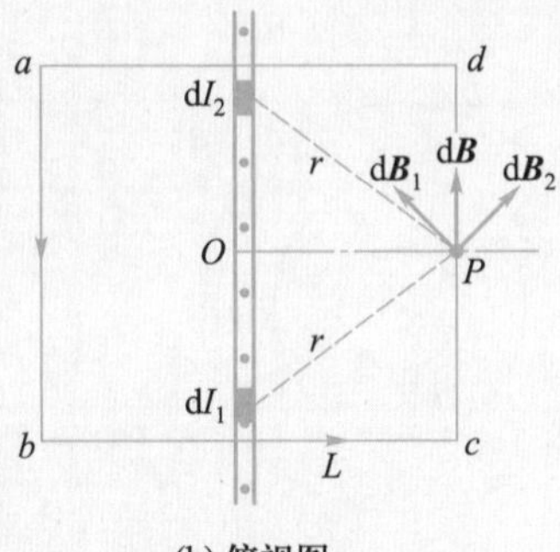

图 3-51 例 3-8 图

解：如图 3-51(b)所示，在载流平面右侧任取一点 P，从 P 点向平面作垂线，垂足为 O. 在 O 点两侧选取对称的等宽度的两长直窄条，视为无限长直电流 $\mathrm{d}I_1$ 和 $\mathrm{d}I_2$，它们在 P

点产生的磁场分别为 $\mathrm{d}\boldsymbol{B}_1$ 和 $\mathrm{d}\boldsymbol{B}_2$. 由对称性可知,它们的合磁场 $\mathrm{d}\boldsymbol{B}$ 的方向平行于载流平面指向上. 整个无限大载流平面是由一对对这样对称的电流窄条组成的,所以 P 点的总磁感应强度 $\boldsymbol{B}$ 的方向平行于载流平面指向上. 因为 P 点是任意选取的,所以与平面距离相等的各点的磁感应强度 $\boldsymbol{B}$ 的大小都相同,方向都平行于载流平面指向上. 根据同样的分析可知,载流平面左侧的 $\boldsymbol{B}$ 的方向平行于载流平面指向下,且大小与平面右侧等距离的点的磁感应强度大小相等. 过 P 点作闭合回路 L,其中 ab 和 cd 长度均为 l,它们都平行于平面且到平面的距离相等,方向分别与各自所在处的磁感应强度 $\boldsymbol{B}$ 方向相同. 而 bc 和 da 都垂直于平面,即与平面两侧的磁感应强度 $\boldsymbol{B}$ 垂直. 则 $\boldsymbol{B}$ 沿该闭合回路 L 的环路积分为

$$\oint_L \boldsymbol{B}\cdot\mathrm{d}\boldsymbol{l} = \int_a^b \boldsymbol{B}\cdot\mathrm{d}\boldsymbol{l} + \int_b^c \boldsymbol{B}\cdot\mathrm{d}\boldsymbol{l} + \int_c^d \boldsymbol{B}\cdot\mathrm{d}\boldsymbol{l} + \int_d^a \boldsymbol{B}\cdot\mathrm{d}\boldsymbol{l}$$

由于在 bc 和 da 上,$\boldsymbol{B}$ 与 $\mathrm{d}\boldsymbol{l}$ 垂直,所以上式中等号右边第二、四项均为零,在 ab 和 cd 上 $\boldsymbol{B}$ 的大小相等,方向均与 $\mathrm{d}\boldsymbol{l}$ 同向,所以有

$$\oint_L \boldsymbol{B}\cdot\mathrm{d}\boldsymbol{l} = \int_a^b \boldsymbol{B}\cdot\mathrm{d}\boldsymbol{l} + \int_c^d \boldsymbol{B}\cdot\mathrm{d}\boldsymbol{l} = 2Bl$$

闭合回路 L 所包围电流的代数和为 jl,则根据安培环路定理有

$$2Bl=\mu_0 jl$$

所以无限大载流平面两侧的磁感应强度大小为

$$B=\frac{\mu_0}{2}j \tag{3-49}$$

可见,无限大载流平面两侧的磁场大小相等,方向相反,是均匀磁场. 式(3-49)与例 3-3 中利用毕奥-萨伐尔定律得到的式(3-28)是完全一样的,显然应用安培环路定理求解这类具有对称性的问题要简便得多.

例 3-9

求无限长(均匀密绕)载流直螺线管的磁场. 设螺线管通有电流 I,单位长度上的线圈匝数为 n.

授课视频:[例 3-9]

解:前面我们利用毕奥-萨伐尔定律求解了载流直螺线管轴线上的磁场分布. 现在我们利用安培环路定理来求解无限长载流直螺线管内部的磁场分布. 螺线管的磁场本质上是并排放置的 N 个相同的载流圆线圈磁场的叠加结果. 图 3-52(a)表示有限长非密绕螺线管的磁场分布. 对于每一匝线圈,当非常靠近它观察时,它的磁场如同一根无限长载流直导线的磁场. 从图中可以看出,相邻两匝导线之间的磁场相互削弱,在螺线管内部靠近轴线的各点处 $\boldsymbol{B}$ 与轴线几乎平行. 对于密绕载流长直螺线管的情况,可看作"无限长",其内部的磁感应线均与轴线平行,且由电流分布的对称性可知,离轴线等距离的各点 $\boldsymbol{B}$ 的大小相等;在螺线管外,磁场很弱,这一点也可以从图 3-52(b)所显示的磁感应线的分布看出,集中于螺线管内部的相同数量的磁感应线分布于

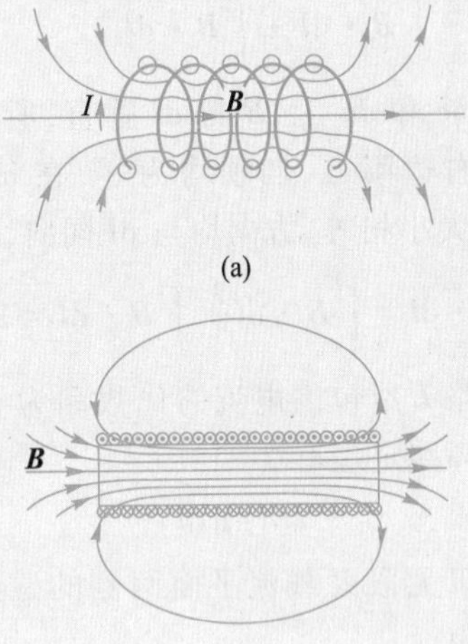

图 3-52 螺线管的磁感应线

管外无限大的空间中,因此管外磁感应强度趋于零.

根据该磁场的特点,在长直螺线管内任取一点 P,过 P 点作如图 3-53 所示的矩形环路 L,其路径方向为逆时针方向.环路中 ab 和 cd 都垂直于轴线,也就是与螺线管中各点 $\boldsymbol{B}$ 的方向垂直;bc 过 P 点,长为 l,路径方向与其上各点 $\boldsymbol{B}$ 的方向一致;da 在螺线管轴线上,长也为 l,但路径方向与轴线上各点 $\boldsymbol{B}_{轴}$ 的方向相反.

所以 $\boldsymbol{B}$ 沿此路径的环路积分为

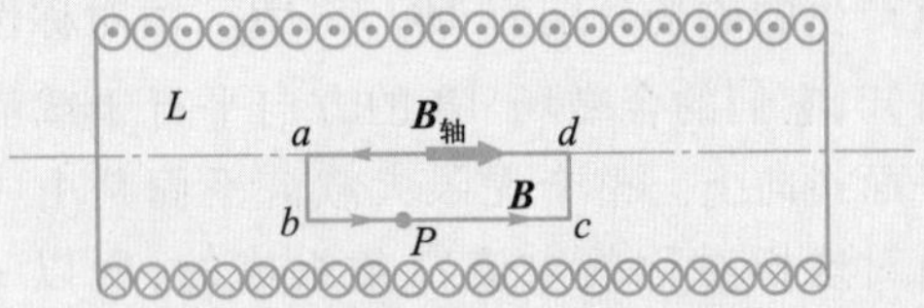

图 3-53 例 3-9 图

$$\oint_L \boldsymbol{B}\cdot \mathrm{d}\boldsymbol{l} = \int_a^b \boldsymbol{B}\cdot \mathrm{d}\boldsymbol{l} + \int_b^c \boldsymbol{B}\cdot \mathrm{d}\boldsymbol{l} + \int_c^d \boldsymbol{B}\cdot \mathrm{d}\boldsymbol{l} + \int_d^a \boldsymbol{B}\cdot \mathrm{d}\boldsymbol{l} = Bl - B_{轴}\, l$$

根据式(3-38),无限长载流直螺线管轴线上磁感应强度的大小为 $B_{轴}=\mu_0 nI$,且回路中没有包围电流,根据安培环路定理则有

$$Bl-\mu_0 nIl=0$$

则

$$B=\mu_0 nI \tag{3-50}$$

由于 P 点是任意的,所以这一结果说明无限长载流直螺线管内各点的磁感应强度大小相等,方向都平行于轴线,与电流方向成右手螺旋关系,其磁场是均匀的.

采用同样的方法,分别过螺线管轴线和螺线管外任意一点作矩形环路,还可求得无限长载流直螺线管外的磁感应强度大小为 $B=0$,这里过程从略.

例 3-10

求载流螺绕环内部的磁场.图 3-54(a)所示的环状螺线管称为螺绕环.设环管的轴线半径为 R,环上均匀密绕 N 匝线圈,线圈中通有电流 I.

授课视频:[例 3-10]

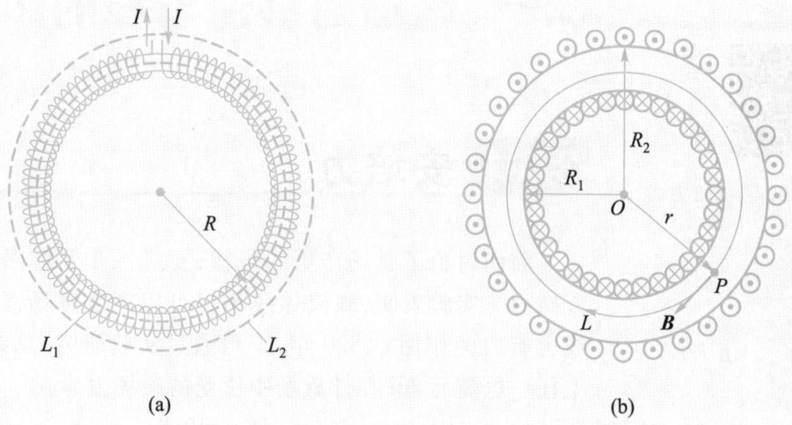

图 3-54 例 3-10 图

解：对于均匀密绕载流螺绕环，由其电流对称性可知，螺绕环内的磁场也呈对称性分布，磁感应线都是以螺绕环的轴线上点为圆心的同心圆，也就是与环心距离相等的各点磁感应强度大小相等，方向沿该点切线方向，与电流成右手螺旋关系.

图 3-54(b)是螺绕环的剖面图. 在环管内，过 P 点，以环心 O 为圆心，以 r 为半径作圆形闭合路径 L，则磁感应强度 $\boldsymbol{B}$ 沿此路径的环路积分为

$$\oint_L \boldsymbol{B} \cdot \mathrm{d}\boldsymbol{l} = B \cdot 2\pi r$$

由于电流穿过闭合路径 N 次，根据安培环路定理可得

$$B \cdot 2\pi r = \mu_0 NI$$

所以环管内部的磁感应强度大小为

$$B = \frac{\mu_0 NI}{2\pi r} \quad (\text{在环管内}) \qquad (3-51)$$

当环管横截面半径比螺绕环半径 R 小得多时，可以忽略从环心到管内各点的距离 r 的区别，因此 r 可以取为 R，这样就有

$$B = \frac{\mu_0 NI}{2\pi R} = \mu_0 nI \qquad (3-52)$$

其中 $n = N/2\pi R$ 是螺绕环单位长度上的匝数. 这与无限长载流直螺线管内的磁场公式形式上一样，但是这里的磁场不是均匀的. 因为各点的 $\boldsymbol{B}$ 的大小虽然相同，但方向都不一样.

在环管外，取类似的圆形闭合路径，如图 3-54(a)中 L_2. 由于它所包围的电流代数和为零，所以 $\boldsymbol{B}$ 沿此路径的环路积分等于零，因此

$$B = 0 \quad (\text{在环管外})$$

这表明载流螺绕环的磁场集中在管内，外部无磁场.

3.5 磁场对载流导线的作用

授课视频:安培力

3.5.1 安培力

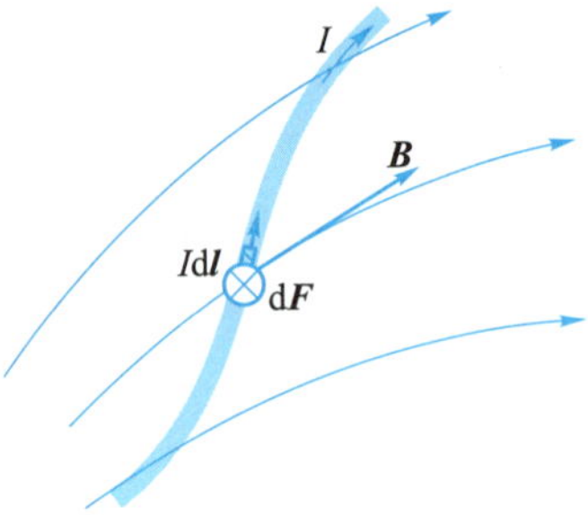

(a)

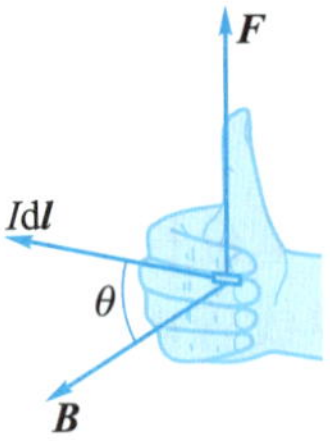

(b)

图 3-55 磁场对载流导线的作用

安培力

前面讨论了磁场产生的规律,要进一步了解磁场,还需要研究磁力. 实验表明,载流导线不仅可以产生磁场,磁场对载流导线也有力的作用. 1820 年,安培通过实验研究,总结出载流导线上任一电流元 $I\mathrm{d}\boldsymbol{l}$ 在外磁场中所受的磁场力为

$$\mathrm{d}\boldsymbol{F}=I\mathrm{d}\boldsymbol{l}\times\boldsymbol{B} \tag{3-53}$$

其中 $I\mathrm{d}\boldsymbol{l}$ 为载流导线上任一电流元,$\boldsymbol{B}$ 是该电流元所在处的磁感应强度,如图 3-55(a)所示. 载流导线受磁场的作用力通常称为**安培力**. 安培力的大小为

$$\mathrm{d}F=I\mathrm{d}lB\sin\theta \tag{3-54}$$

式中 θ 是电流元 $I\mathrm{d}\boldsymbol{l}$ 和电流元所在处的磁感应强度 $\boldsymbol{B}$ 之间的夹角. 安培力的方向就是 $I\mathrm{d}\boldsymbol{l}\times\boldsymbol{B}$ 的方向,由右手螺旋定则确定,即以右手四指指向 $I\mathrm{d}\boldsymbol{l}$ 的方向,然后经小于 180°的角弯向 $\boldsymbol{B}$,拇指的指向就是安培力的方向,如图 3-55(b)所示.

对于任意形状的载流导线 L,其在磁场中所受的安培力,就是其上各电流元所受安培力的矢量叠加结果,即

$$\boldsymbol{F}=\int_L I\mathrm{d}\boldsymbol{l}\times\boldsymbol{B} \tag{3-55}$$

下面我们通过几个例子来具体说明如何求解安培力.

例 3-11

两根平行载流长直导线之间的相互作用力. 如图 3-56 所示,真空中两根平行载流长直导线通有相反方向的电流 I_1 和 I_2,它们之间的距离为 d. 求每根导线单位长度的一段受另一电流的磁场的作用力.

授课视频:[例 3-11]

解:在导线 1 上任取一段电流元 $I_1\mathrm{d}\boldsymbol{l}$,其所在位置处的磁场由电流 I_2 产生. 根据右手螺旋定则,电流 I_2 在 $I_1\mathrm{d}\boldsymbol{l}$ 所在处产生的磁感应强度的方向垂直于纸面向内,大小为

$$B_2=\frac{\mu_0 I_2}{2\pi d}$$

根据式(3-53),则电流元 $I_1\mathrm{d}\boldsymbol{l}$ 所受安培力大小为

$$\mathrm{d}F_1=B_2I_1\mathrm{d}l=\frac{\mu_0 I_2}{2\pi d}I_1\mathrm{d}l$$

方向垂直于导线 1 向左,指向远离 I_2 的方向,为斥力. 因此导线 1 单位长度上的受力为

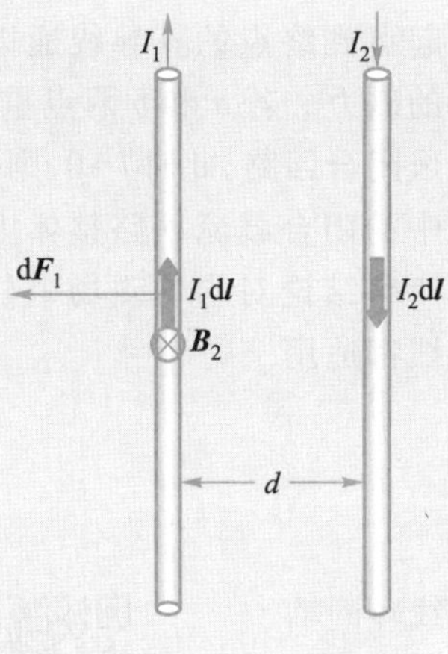

图 3-56 例 3-11 图

$$F_1=\frac{dF_1}{dl}=B_2I_1=\frac{\mu_0I_2I_1}{2\pi d} \quad (3-56)$$

同样,把电流 I_1 看作产生磁场的电流,I_2 看作受力的电流,可得导线 2 单位长度上的受力为

$$F_2=B_1I_2=\frac{\mu_0I_1I_2}{2\pi d}=F_1$$

方向垂直于导线 2 向右. 可见,当电流 I_1、I_2 方向相反时相互排斥,方向相同时相互吸引.

电流的国际单位制单位安培(A)就是根据平行电流间的相互作用力公式定义的,具体操作过程为:在真空中相距 1 m 放置两平行长直导线,分别通以恒定电流 I_1、I_2. 调整 I_1、I_2 使它们大小相等,测量两导线之间的相互作用力. 当导线每米长度受的安培力为 2×10^{-7} N 时,则每根导线中的电流就规定为 1 A. 根据此定义,由于 $d=1$ m,$I_1=I_2=1$ A,$F=2\times10^{-7}$ N,由式(3-56)计算得出

$$\mu_0=\frac{2\pi Fd}{I_1I_2}=\frac{2\pi\times2\times10^{-7}\times1}{1\times1}\ \mathrm{N/A^2}=4\pi\times10^{-7}\ \mathrm{N/A^2}$$

这一数值与毕奥-萨伐尔定律表达式中 μ_0 的值相同.

电流的单位确定后,电荷量的单位也就确定了. 在通有 1 A 电流的导线中,每秒钟流过导线任一横截面上的电荷量就定义为 1 C,即

$$1\ \mathrm{C}=1\ \mathrm{A\cdot s}$$

例 3-12

在均匀磁场 $\boldsymbol{B}$ 中有一段弯曲导线 ab,载有电流 I,导线两端距离为 l,如图 3-57 所示. 求这段导线所受的安培力.

授课视频:[例 3-12]

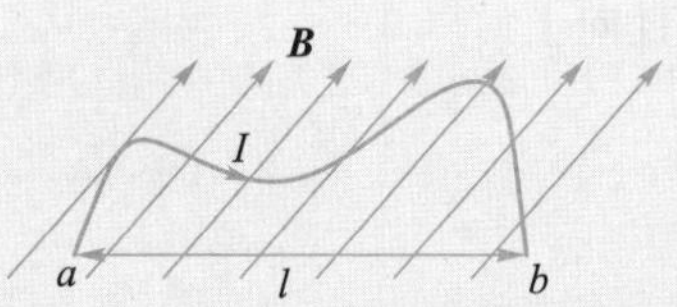

图 3-57 例 3-12 图

解:在导线 ab 上任取一段电流元 $I\mathrm{d}\boldsymbol{l}$,此电流元所受安培力为

$$\mathrm{d}\boldsymbol{F}=I\mathrm{d}\boldsymbol{l}\times\boldsymbol{B}$$

整段弯曲导线所受安培力为

$$\boldsymbol{F}=\int_{ab}I\mathrm{d}\boldsymbol{l}\times\boldsymbol{B}$$

由于电流 I 为常量,且均匀磁场中 $\boldsymbol{B}$ 的大小和方向处处相同,因此 I 和 $\boldsymbol{B}$ 均可提出积分号外,即

$$\boldsymbol{F}=I\left(\int_a^b\mathrm{d}\boldsymbol{l}\right)\times\boldsymbol{B}$$

式中括号内的积分是对弯曲导线 ab 上各线

元进行矢量求和，根据矢量求和法则可知

$$\int_a^b \mathrm{d}\boldsymbol{l} = \boldsymbol{l}$$

式中 $\boldsymbol{l}$ 为由 a 指向 b 的矢量，因此有

$$\boldsymbol{F} = I\boldsymbol{l} \times \boldsymbol{B}$$

这说明整个导线在均匀磁场中所受总磁力相当于从起点到终点的直导线通以相同电流时所受的磁力．若 a 和 b 两点重合，则载流导线构成闭合回路，此时 $l=0$，则 $F=0$，即均匀磁场中的闭合载流回路整体上不受磁力．本题所得结论对均匀磁场中任意形状的载流导线都适用.

例 3-13

有一种磁悬浮装置利用超导材料制作成导线环，与导线环同轴放置一块圆柱形磁铁．当导线环中通电以后，导线环将在磁铁磁场的作用下悬浮在空中．如图 3-58 所示，在一个圆柱形磁铁 N 极的正上方水平放置一个半径为 R 的导线环，其中通以电流 I(俯视为顺时针方向). 在导线所在处磁场 $\boldsymbol{B}$ 的方向都与竖直方向成 α 角，求导线环所受的磁力.

授课视频：[例 3-13]

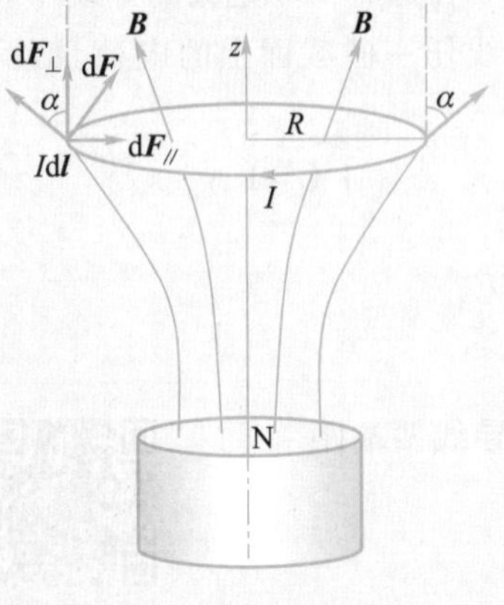

图 3-58 例 3-13 图

解：如图 3-58 所示，在导线环上选电流元 $I\mathrm{d}\boldsymbol{l}$，其方向垂直纸面向里，此电流元所受的磁力为

$$\mathrm{d}\boldsymbol{F} = I\mathrm{d}\boldsymbol{l} \times \boldsymbol{B}$$

方向垂直于 $I\mathrm{d}\boldsymbol{l}$ 与 $\boldsymbol{B}$ 确定的平面，即纸面内垂直于磁场 $\boldsymbol{B}$ 的方向．将 $\mathrm{d}\boldsymbol{F}$ 分解为水平与竖直方向（z 轴方向）两个分量 $\mathrm{d}\boldsymbol{F}_{/\!/}$ 和 $\mathrm{d}\boldsymbol{F}_{\perp}$($\mathrm{d}\boldsymbol{F}_z$). 由于磁场和电流的分布对于 z 轴具有轴对称性，因此导线环上各电流元所受磁力 $\mathrm{d}\boldsymbol{F}$ 的水平分量 $\mathrm{d}\boldsymbol{F}_{/\!/}$ 在积分后将抵消，导线环所受合力沿 z 轴方向，其大小为

$$F = F_z = \int \mathrm{d}F_z = \int \mathrm{d}F \sin\alpha$$

$$= \int_0^{2\pi R} I\mathrm{d}l\, B \sin\alpha = 2IB\pi R \sin\alpha$$

方向竖直向上．

授课视频：电磁炮

在磁悬浮装置中，超导材料制成的通电导线环将受到磁铁磁场的轴向作用力，通过调整电流大小即可实现导线环的磁悬浮．磁悬浮技术可以用在高速列车上，使列车悬浮在导轨上．由于消除了滚动摩擦，列车的速度可以超过 400 km/h. 上海市磁浮列车示范运营线是世界上第一条投入商业化运行的磁浮列车示范线，

设计最高运行速度为 430 km/h.

磁场对电流的作用不仅应用在磁悬浮上，还可用于电磁发射技术．这里我们简单介绍电磁炮的基本原理.

电磁炮

利用磁场对电流的作用力，可以使通电导体运动，把电能转化成机械能．电磁炮就是利用这一原理发射炮弹，以替代借助火药发射炮弹的传统火炮．传统火炮提高炮弹初速只能通过增加发射药量实现，但火炮药室尺寸的增大及炮管长度的加长均受到限制，所以传统火炮最大初速一般不超过 2 000 m/s，而电磁炮则完全摆脱了这一瓶颈．它利用安培力把金属炮弹发射出去，可将炮弹加速到 6 000～8 000 m/s，威力相当惊人．图3-59(a) 显示了电磁炮试验现场，图 3-59(b) 显示的是被电磁炮击穿的钢板.

(a)

(b)

图 3-59 电磁炮试验

图 3-60 是电磁炮的内部结构示意图，其中有两条平行配置的金属导轨，长度可达数百米．导轨间有可沿导轨滑动的电枢和射弹．当通以强电流，电流从导轨一端流入，经过电枢，从另一端流出．电流在两导轨间产生强磁场，对导轨间载流的电枢产生强大的安培力，推动电枢和射弹一起发射出去．射弹体积虽小，但由于初速特别高，所以具有很大的动能，足以穿透厚钢板．且在实际应用中，制造射弹的材料并不受限制，即使使用绝缘材料制成的射弹，也可通过在其表面包裹或涂抹导电层使得射弹导电．电磁炮具有初速大、射程远、命中率高等优点．随着新超导材料的不断涌现和应用，电磁炮将有望发展成为一种新型大推力的发射装置．它既可以发射炮弹击毁远距离目标，也可以向宇宙空间发射卫星和飞船．有科学家认为，在未来的航空航天事业中，电磁发射有望取代传统的喷气发射，成为一种安全有效的新型发射装置．航母电磁弹射器也采用类似的结构和原理发射舰载机，是航空母舰的核心技术之一.

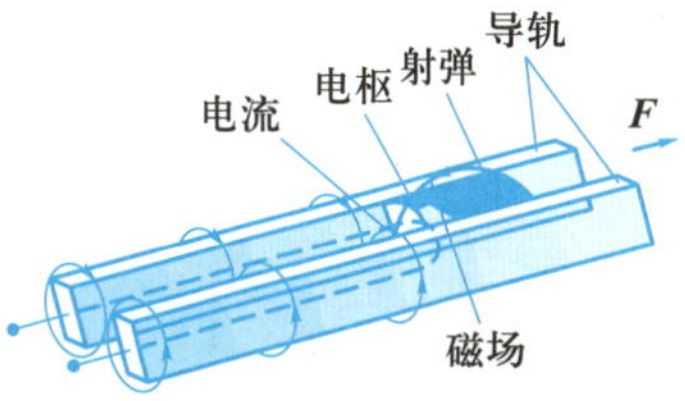

图 3-60 电磁炮内部结构示意图

例 3-14

如图 3-61 所示，大电流沿两条平行的导体轨道之一流入，经过松弛嵌在两轨道之间的待发射金属弹 P，然后沿第二条轨道流回电源．若轨道截面是半径为 r 的圆形截面，通过的电流为 i，两轨道间距为 d，计算作用在金属弹 P 上的安培力.

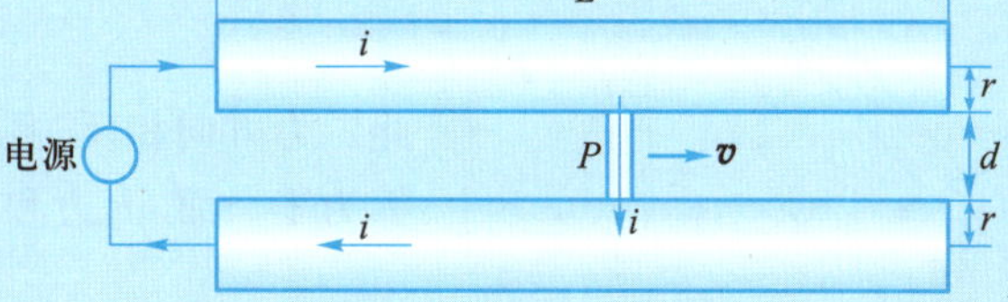

图 3-61 例 3-14 图

解：金属弹 P 通过电流时可视为载流导线．在金属弹上任取一电流元 $I\mathrm{d}\boldsymbol{l}$，两通电轨道可视为两个平行反向的半无限长直电流．它们在电流元 $I\mathrm{d}\boldsymbol{l}$ 处产生的磁感应强度方向相同，皆垂直纸面向里，合磁感应强度的大小为

$$B=\frac{\mu_0 i}{4\pi l}+\frac{\mu_0 i}{4\pi(2r+d-l)}$$

式中，l 与 $(2r+d-l)$ 分别为电流元 $I\mathrm{d}\boldsymbol{l}$ 到两导轨轴线的垂直距离．

由式（3-53）可知，电流元 $I\mathrm{d}\boldsymbol{l}$ 所受安培力水平向右，大小为

$$\mathrm{d}F=iB\mathrm{d}l=\left[\frac{\mu_0 i^2}{4\pi l}+\frac{\mu_0 i^2}{4\pi(2r+d-l)}\right]\mathrm{d}l$$

则整个金属弹 P 所受安培力为

$$F=\int \mathrm{d}F=\int iB\mathrm{d}l$$

$$=\int_r^{r+d}\left[\frac{\mu_0 i^2}{4\pi l}+\frac{\mu_0 i^2}{4\pi(2r+d-l)}\right]\mathrm{d}l$$

$$=\frac{\mu_0 i^2}{2\pi}\ln\frac{d+r}{r}$$

方向水平向右，使金属弹向右射出．金属弹所受安培力大小与电流平方成正比，说明通强电流可产生很大的安培力．

授课视频：磁力矩

3.5.2 磁场对载流线圈的作用

当把闭合载流线圈放入磁场中，载流线圈会受到磁力矩的作用．这一原理有许多重要应用，比如电压表、电流表、电动机等等．此外，在其他领域，比如原子物理中，闭合电流和磁场的相互作用也很重要．

为简单起见，下面通过矩形平面线圈在均匀磁场中所受磁力矩来说明．如图 3-62（a）所示，刚性矩形平面线圈 $abcd$ 处于均匀磁场中，ab 边和 cd 边的长度为 l_1，bc 边和 da 边的长度为 l_2，线圈可绕垂直于磁感应强度 $\boldsymbol{B}$ 的中心轴 OO' 自由转动．线圈中通有电流为 I，线圈平面法线正方向 $\boldsymbol{e}_n$ 与电流方向满足右手螺旋关系．当 $\boldsymbol{e}_n$ 与 $\boldsymbol{B}$ 之间的夹角为 θ 时，bc 边和 da 边所受的安培力大小为

$$F_{bc}=F_{da}=IBl_2\sin\left(\frac{\pi}{2}-\theta\right)$$

此二力方向相反，且共线，所以对线圈来讲，它们的合力及合力矩都为零．而 ab 边和 cd 边受力大小也相等，为

$$F_{ab}=F_{cd}=IBl_1$$

它们方向虽相反但不共线，如 3-62（b）中的线圈俯视图所示，因此它们的合力虽为零，但要对线圈产生磁力矩．它们对 OO' 轴的力臂都是 $(l_2\sin\theta)/2$，且力矩的方向相同，总的力矩大小为

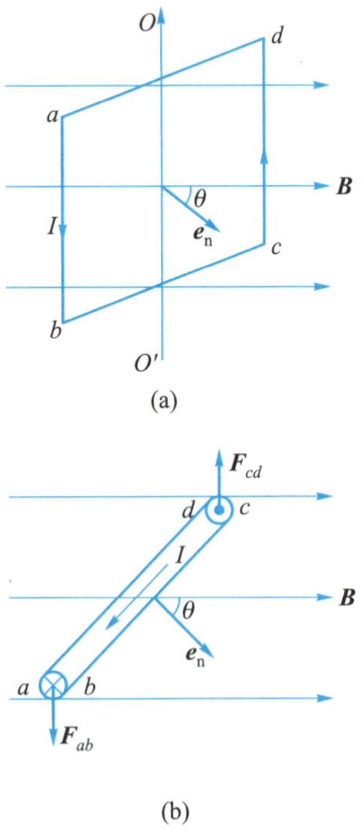

图 3-62 载流线圈在均匀磁场中所受的磁力矩

NOTE

$$M=IBl_1l_2\sin\theta=ISB\sin\theta$$

式中 $S=l_1l_2$ 为线圈面积.

若线圈有 N 匝,则线圈所受磁力矩的大小为

$$M=NISB\sin\theta=mB\sin\theta \tag{3-57}$$

式中 $m=NIS$ 为线圈磁矩,它的方向就是载流平面线圈的法线正方向 $\boldsymbol{e}_n$,其矢量表达式为式(3-34),即 $\boldsymbol{m}=NIS\boldsymbol{e}_n$. 磁力矩的方向沿 OO'轴,其效果是让线圈磁矩的方向转向磁场 $\boldsymbol{B}$ 方向. 因此式(3-57)可用矢量形式表示为

$$\boldsymbol{M}=\boldsymbol{m}\times\boldsymbol{B} \tag{3-58}$$

上式虽然是从均匀磁场中的矩形载流平面线圈的情形推导出来的,但可以证明它对均匀磁场中任意形状的平面载流线圈都适用.

由式(3-58)可以看出,磁力矩 $\boldsymbol{M}$ 不仅与线圈的磁矩 $\boldsymbol{m}$ 和磁感应强度 $\boldsymbol{B}$ 有关,还与线圈在磁场中的取向,即 $\boldsymbol{m}$ 和 $\boldsymbol{B}$ 之间的夹角 θ 有关. 这与电偶极子在均匀电场中受到电力矩的情形相似. 图 3-63 画出了平面载流线圈在均匀磁场中取向不同时所受磁力矩的情况. 图中 $\boldsymbol{e}_n$是载流平面线圈的法线方向,亦即磁矩 $\boldsymbol{m}$ 的方向. 由式(3-58)可知,当 $\theta=0$,线圈平面与 $\boldsymbol{B}$ 垂直(磁矩 $\boldsymbol{m}$ 与 $\boldsymbol{B}$ 平行)时,线圈受到的磁力矩 $M=0$,这时线圈处于稳定平衡状态. 此时如果线圈受到一微小扰动,力矩会使线圈返回到此平衡状态. 当 $\theta=\pi/2$,即线圈平面与 $\boldsymbol{B}$ 平行(磁矩 $\boldsymbol{m}$ 与 $\boldsymbol{B}$ 垂直)时,线圈受到的磁力矩最大,$M=M_{max}=mB$. 当 $\theta=\pi$,线圈平面也和 $\boldsymbol{B}$ 垂直(磁矩 $\boldsymbol{m}$ 与 $\boldsymbol{B}$ 反平行)时,有 $M=0$. 但如果此时线圈受到一微小扰动,力矩就会使它离开这一状态转向外磁场的方向,因此这一状态为非稳定平衡状态. 总之,线圈所受到的磁力矩总是力图使线圈的磁矩 $\boldsymbol{m}$ 转向外磁场 $\boldsymbol{B}$ 的方向,这就是磁场对磁矩的取向作用.

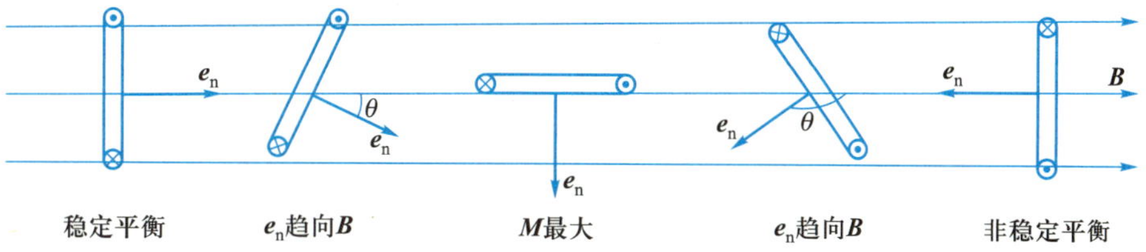

图 3-63 不同方位的平面载流线圈在均匀磁场中的转动情况

对于非均匀磁场,由于线圈各处磁感应强度 $\boldsymbol{B}$ 的大小、方向不同,所以线圈不仅受到磁力矩的作用,还受到磁力的作用,线圈除绕自身轴转动外,还会有整体的平动. 由于情况较为复杂,此处就不再详细讨论了.

例 3-15

如图 3-64(a)所示,在均匀磁场中,半径为 R 的薄圆盘以角速度 ω 绕中心轴转动,圆盘的电荷面密度为 σ. 求它所受到的磁力矩.

授课视频:[例 3-15]

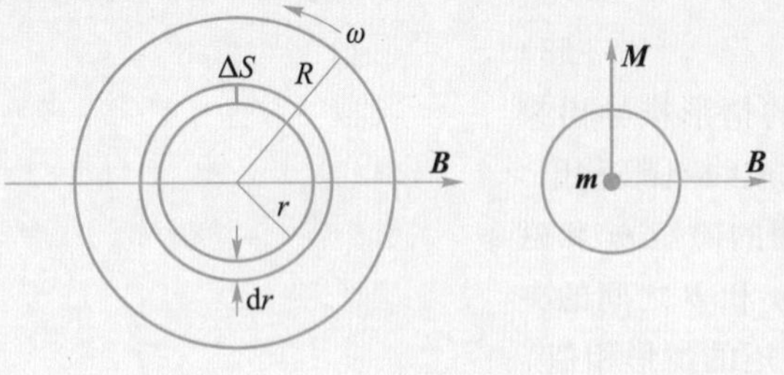

(a) (b)

图 3-64 例 3-15 图

解:电荷的定向运动形成电流. 当均匀带电的薄圆盘绕中心轴转动时,其上电荷产生定向运动,就形成了圆电流,因而具有了磁矩,在外磁场中就会受到磁力矩.

先来求解带电圆盘的磁矩. 取半径为 r、宽度为 $\mathrm{d}r$ 的环状面元,当圆盘转动时,它相当于一个载流圆环,其上电流为

$$\mathrm{d}I=\frac{\omega}{2\pi}\sigma 2\pi r\mathrm{d}r=\omega\sigma r\mathrm{d}r$$

其中 $2\pi r\mathrm{d}r$ 是环状面元的面积,因此 $\sigma 2\pi r\mathrm{d}r$ 就是面元上所带的总电荷量,也是圆盘转动一圈通过环状面元上一个横截面 ΔS 的电荷量. $\omega/2\pi$ 是单位时间内转过的圈数. 这一圆电流磁矩的大小为

$$\mathrm{d}m=S\mathrm{d}I=\pi r^2\omega\sigma r\mathrm{d}r=\pi\omega\sigma r^3\mathrm{d}r$$

其中 πr^2 为圆电流所围的面积. 磁矩的方向为垂直于纸面向外. 由于所有圆电流磁矩的方向都相同,所以整个转动带电圆盘的总磁矩为

$$m=\int\mathrm{d}m=\int_0^R\pi\omega\sigma r^3\mathrm{d}r=\frac{1}{4}\pi\omega\sigma R^4$$

方向垂直于纸面向外. 在均匀磁场中,此圆盘所受到的磁力矩大小为

$$M=mB=\frac{1}{4}\pi\omega\sigma R^4B$$

方向由右手螺旋定则判定为向上. 图 3-64(b)显示了 $\boldsymbol{m}$、$\boldsymbol{B}$、$\boldsymbol{M}$ 这三个矢量的方向.

电流计和电动机就是依据载流线圈在磁场中受到磁力矩作用的原理制成的. 这里对它们进行简要的介绍.

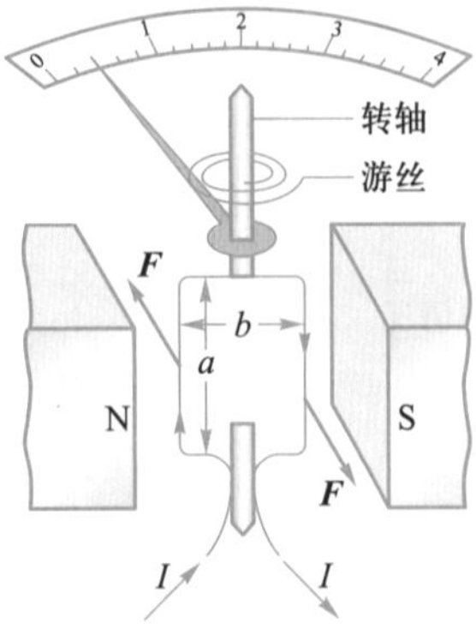

图 3-65 电流计

传统的指针式电流表、电压表和欧姆表的基本组件就是磁电式电流计. 如图 3-65 所示,在永磁铁的磁场中装有可绕转轴转动的线圈. 转轴上附着指针,轴上连接游丝. 当待测电流通过线圈时,磁场对线圈施加力矩,使线圈偏转. 磁力矩的大小和待测电流成正比. 当线圈偏转时,游丝发生形变,产生反向回复力矩,阻止线圈继续偏转. 回复力矩和线圈的偏转角成正比. 当回复力矩和磁力矩相等时,线圈和指针停在平衡位置,此时偏转角反映出待测电流的大小. 电流计经过标准电流计量仪器标定后,就可以直接从指针的偏转角读出待测电流的

数值.

由于磁力矩的大小还与线圈和磁场之间的夹角有关，为使指针的偏转角只与待测电流成正比，把磁极面做成如图 3-66 所示的弯曲形状，并把线圈缠绕在圆柱形的软铁芯上．这样就使得磁感应线均匀地沿着径向分布，磁场总是与线圈平面平行，因此线圈受到的磁力矩总是最大力矩，与线圈的角度无关，使得电流计的偏转角与待测电流成正比，保证了电流计的刻度是线性的.

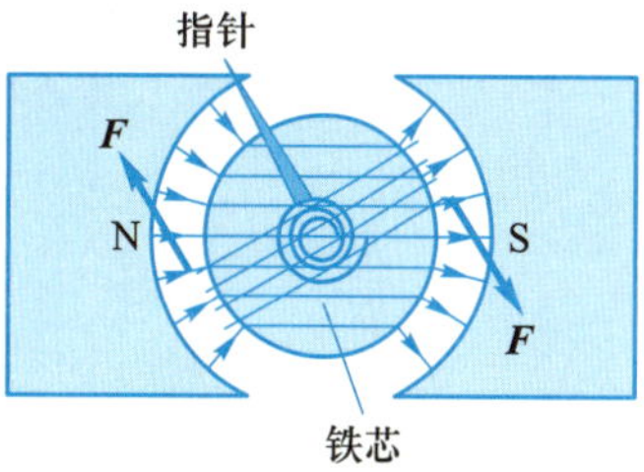

图 3-66 缠绕在铁芯上的电流计线圈

电动机与电流计的工作原理相似，区别在于电动机线圈没有游丝的束缚，因而可以连续沿一个方向转动．如图 3-67 所示，线圈缠绕在电枢上，在图中所示位置，磁场对线圈施加的力矩使得线圈顺时针转动．当线圈越过竖直位置，磁场就会对线圈施加相反方向的力矩使得线圈返回竖直位置．但如果在临界位置使流过线圈的电流反向，线圈就会受到与之前相同方向的力矩从而沿原来方向转动下去．在直流电动机中，可以通过使用换向器和电刷来解决这个问题．如图 3-68 所示，固定的电刷与直流电源相接．换向器每转半圈，其中的每一片就会与另外一只电刷相连，线圈中的电流就会反向，因此线圈可以持续沿着一个方向不停旋转．大多数电动机采用嵌在铁芯槽里的多匝线圈组成的电枢，如图 3-69 所示．电流只在线圈受到的磁力矩最大时流过该匝线圈，因此这种电动机产生的力矩比单匝线圈电动机更稳定．对于交流电动机，由于输入的是交流电，电流本身周期性地改变方向，所以不需要换向器就能工作．许多电动机也用线圈代替永磁铁产生磁场．实际上，大多数的电动机的结构比这里描述的要复杂得多，但基本原理是一样的．

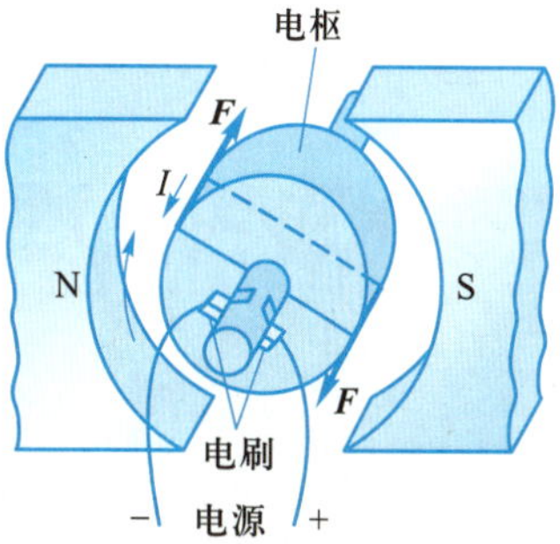

图 3-67 简单直流电动机示意图

NOTE

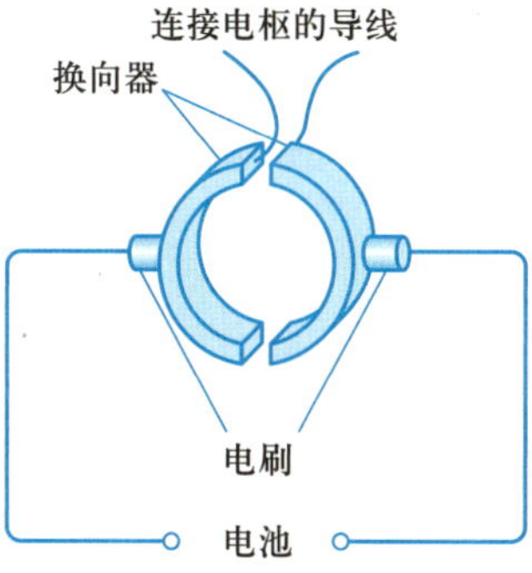

图 3-68 直流电动机中的换向器和电刷

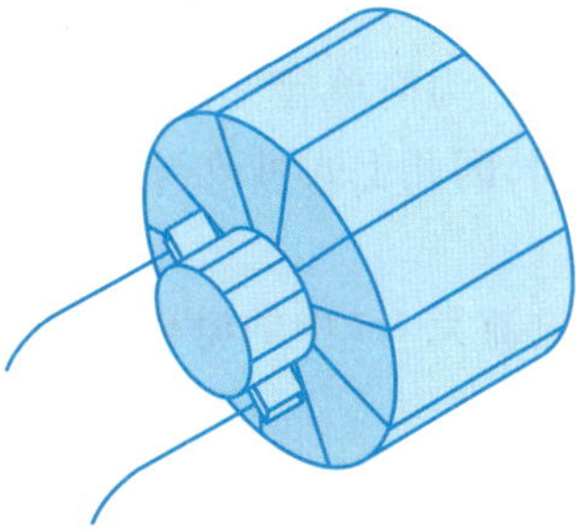
图 3-69 多匝线圈的电动机

3.6 磁场对运动电荷的作用

3.6.1 洛伦兹力

授课视频:洛伦兹力

图 3-70 显示的是带电粒子在磁场中的运动轨迹. 要解释这些美丽的曲线,就需要用到在 3.2 节中讨论的洛伦兹力. 根据式(3-19),如果一个电荷量为 q 的带电粒子,以速度 $\boldsymbol{v}$ 通过磁感应强度为 $\boldsymbol{B}$ 的某一点,则它受到的洛伦兹力为

$$\boldsymbol{F}=q\boldsymbol{v}\times\boldsymbol{B}$$

洛伦兹力的大小为

$$F=qvB\sin\theta$$

其中 θ 是速度 $\boldsymbol{v}$ 和磁感应强度 $\boldsymbol{B}$ 之间的夹角. 洛伦兹力的方向由右手螺旋定则给出. 图 3-71 给出了一个正电荷的受力方向.

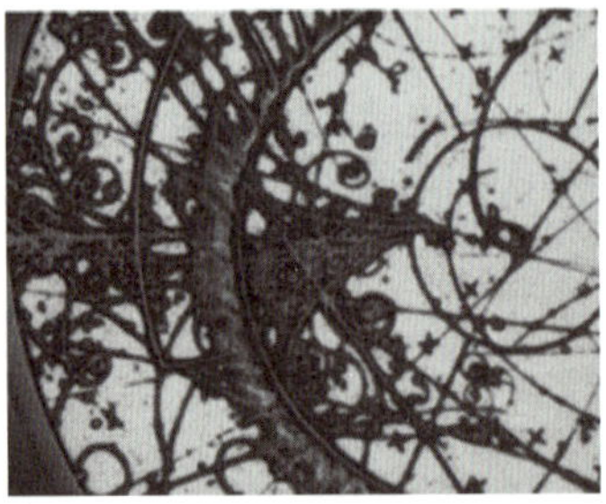

图 3-70 带电粒子在磁场中的运动轨迹(经过艺术化处理)

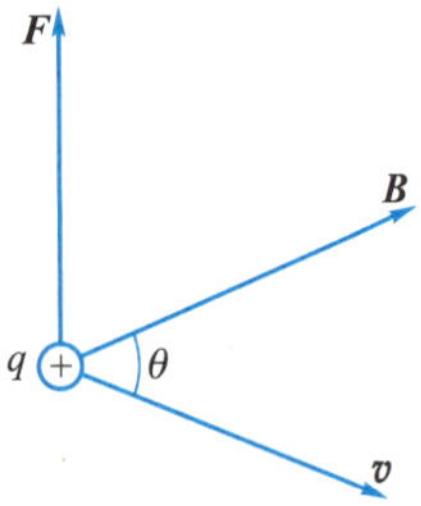

图 3-71 洛伦兹力的方向

对比洛伦兹力 $\boldsymbol{F}=q\boldsymbol{v}\times\boldsymbol{B}$ 和安培力 $\mathrm{d}\boldsymbol{F}=I\mathrm{d}\boldsymbol{l}\times\boldsymbol{B}$,发现它们在形式上非常相似,这里 $q\boldsymbol{v}$ 与 $I\mathrm{d}\boldsymbol{l}$ 相对应. 实际上导线中的电流是大量电荷定向运动形成的,载流导线所受的安培力就是作用在导线中各运动电荷上的洛伦兹力的宏观表现. 下面简单说明它们之间的关系.

如图 3-72 所示,处于外磁场中的载流导线,其截面积为 S,通有电流 I,设导线内的运动电荷数密度为 n,每个电荷所带电荷量为 q,漂移速度为 $\boldsymbol{v}$. 在载流导线上任取一电流元 $I\mathrm{d}\boldsymbol{l}$,其所在处磁感应强度为 $\boldsymbol{B}$,则此电流元所受安培力为

$$\mathrm{d}\boldsymbol{F}=I\mathrm{d}\boldsymbol{l}\times\boldsymbol{B}$$

根据式(3-2),导线中的电流 $I=nqSv$,将其代入上式,可得

$$\mathrm{d}\boldsymbol{F}=nqSv(\mathrm{d}\boldsymbol{l}\times\boldsymbol{B})$$

为简单起见,假设电荷带正电荷,则 $\boldsymbol{v}$ 的方向与电流方向相同,因此上式可改写成

$$\mathrm{d}\boldsymbol{F}=nS\mathrm{d}lq(\boldsymbol{v}\times\boldsymbol{B})$$

电流元 $I\mathrm{d}\boldsymbol{l}$ 中的电荷总数为 $\mathrm{d}N=nS\mathrm{d}l$,代入上式可得

$$\mathrm{d}\boldsymbol{F}=\mathrm{d}N\,(q\boldsymbol{v}\times\boldsymbol{B})$$

可见,电流元 $I\mathrm{d}\boldsymbol{l}$ 所受的安培力就是其所含的 $\mathrm{d}N$ 个运动电荷所受磁场力的矢量和,而单个电荷所受磁场力为

$$\boldsymbol{F}=q\boldsymbol{v}\times\boldsymbol{B}$$

上式即为运动电荷在磁场中所受的洛伦兹力. 这一结果虽然是通过正电荷推出的,但对于负电荷同样成立.

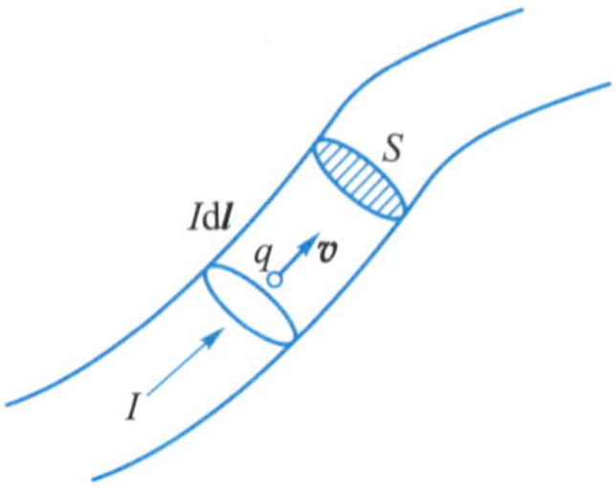

图 3-72 洛伦兹力与安培力的关系

由于洛伦兹力总是垂直于粒子的速度 $\boldsymbol{v}$，所以它只改变速度的方向，不改变速度的大小．也就是说，磁场对带电粒子不做功，不改变它们的动能．因此在只考虑磁场的作用时，带电粒子在磁场中的运动总是匀速率运动．这是洛伦兹力的重要特征．

3.6.2 带电粒子在磁场中的运动

这里重点讨论带电粒子在均匀磁场中的运动情况，对于非均匀磁场的情形只作一些定性的介绍．设质量为 m，电荷量为 q 的粒子，以速度 $\boldsymbol{v}$ 进入均匀磁场 $\boldsymbol{B}$ 中．下面分三种情况进行讨论．

授课视频：带电粒子在磁场中的运动

（1）$\boldsymbol{v}/\!/\boldsymbol{B}$

若带电粒子以速度 $\boldsymbol{v}$ 沿平行于 $\boldsymbol{B}$ 的方向进入磁场，由于 $\boldsymbol{v}$ 和 $\boldsymbol{B}$ 之间的夹角 θ 为零，因此 $F=0$，带电粒子不受磁场力的作用，粒子沿磁场方向做匀速直线运动．

（2）$\boldsymbol{v}\perp\boldsymbol{B}$

如图 3-73 所示，若带电粒子以速度 $\boldsymbol{v}$ 沿垂直于 $\boldsymbol{B}$ 的方向进入磁场，则粒子受到洛伦兹力的大小为 $F=qvB$．由于洛伦兹力始终与速度方向垂直，它只改变粒子的速度方向，不改变速度的大小，所以粒子进入均匀磁场后，将在垂直于磁场的平面内做匀速率圆周运动，洛伦兹力提供粒子做圆周运动的向心力．在图 3-73 所示情形中，带正电荷的粒子沿逆时针方向运动．如果进入这一磁场的是带负电荷的粒子，粒子就会沿顺时针方向运动．历史上，正电子就是基于这一原理被发现的．1928 年，英国物理学家狄拉克从理论上预言：对于每一个粒子，都存在一个反粒子．例如对于电子，存在质量和电荷量都与电子相同，只是所带电荷符号与电子电荷相反的粒子．但是狄拉克的理论在当时没有实验证实．直到 1932 年，美国物理学家安德森在分析宇宙射线穿过处于磁场中的云室所产生的带电粒子的轨迹照片时，偶然发现了一个粒子的轨迹，与电子的轨迹几乎完全相同，只是偏转的方向相反．通过进一步的实验观察，他证实确实存在带正电荷的电子，后来被命名为正电子．正电子的发现是狄拉克反物质理论的第一个实验证明．安德森也为此获得了 1936 年的诺贝尔物理学奖．图 3-74 显示的是气泡室中产生的一对正、负电子的轨迹图，它们沿相反的方向运动．

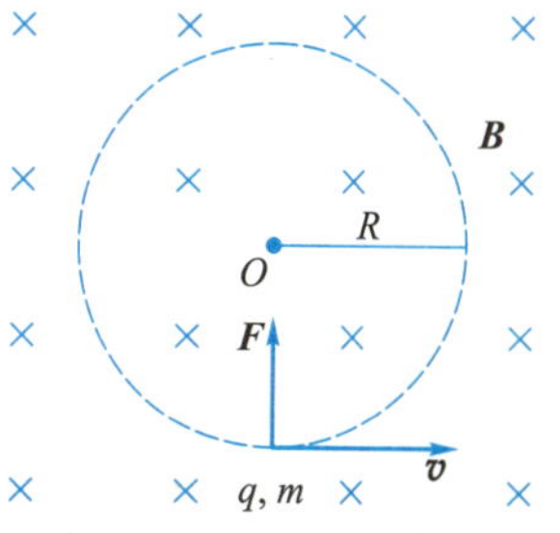

图 3-73 $q>0$，$\boldsymbol{v}\perp\boldsymbol{B}$ 的情况

图 3-74 气泡室中的正、负电子轨迹

利用牛顿第二定律可以把圆周运动的半径、磁感应强度以及粒子运动的速率联系起来．牛顿第二定律给出

$$qvB = m\frac{v^2}{R}$$

回旋半径

由此可得带电粒子做匀速率圆周运动的回旋半径为

$$R = \frac{mv}{qB} \tag{3-59}$$

回旋周期

带电粒子做圆周运动一周所需的时间，即回旋周期为

$$T = \frac{2\pi R}{v} = \frac{2\pi m}{qB} \tag{3-60}$$

回旋频率

单位时间内带电粒子所运行的圈数，即回旋频率为

$$f = \frac{1}{T} = \frac{qB}{2\pi m} \tag{3-61}$$

荷质比

从式（3-59）、式（3-60）和式（3-61）中可以看出，带电粒子的回旋半径 R 与速率 v 成正比，但是回旋周期和回旋频率只依赖于粒子的荷质比 q/m，而与回旋半径以及粒子速率无关．所谓荷质比就是一个带电粒子所带电荷量与其质量之比，是粒子的基本参量之一．这意味着对于一个给定的带电粒子，不管它的速率是多少，在同一磁场中，它的回旋周期都不变．后面将要介绍的回旋加速器正是利用这一原理来加速带电粒子的．

（3）$\boldsymbol{v}$ 与 $\boldsymbol{B}$ 夹角为 θ

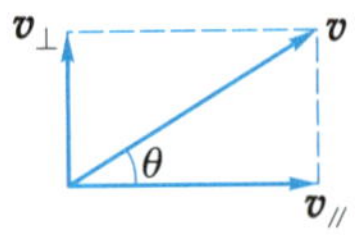

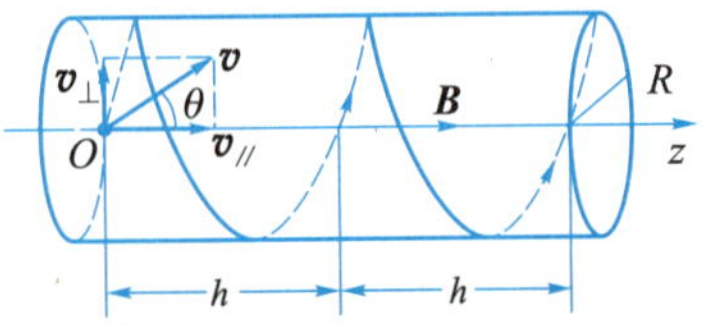

图 3-75 带电粒子在均匀磁场中做螺旋运动

如图 3-75 所示，若带电粒子的速度 $\boldsymbol{v}$ 与 $\boldsymbol{B}$ 之间的夹角为 θ 时，可将 $\boldsymbol{v}$ 分解成沿磁场方向的分速度 $\boldsymbol{v}_{/\!/}$（大小为 $v\cos\theta$）和垂直于磁场方向的分速度 $\boldsymbol{v}_\perp$（大小为 $v\sin\theta$）．粒子平行于磁场方向的分速度不受磁场的影响，因而粒子具有沿磁场方向的匀速直线分运动．而垂直于磁场方向的分速度使粒子产生垂直于磁场方向的匀速圆周分运动．这两种分运动的合运动是一个轴线沿磁场方向的螺旋运动，使粒子不能飞开．根据式（3-59）可得带电粒子的回旋半径为

$$R = \frac{mv_\perp}{qB} = \frac{mv\sin\theta}{qB} \tag{3-62}$$

螺距

在一个回旋周期内，带电粒子沿磁场方向前进的距离称为螺距，其值为

$$h = v_{/\!/}T = \frac{2\pi mv\cos\theta}{qB} \tag{3-63}$$

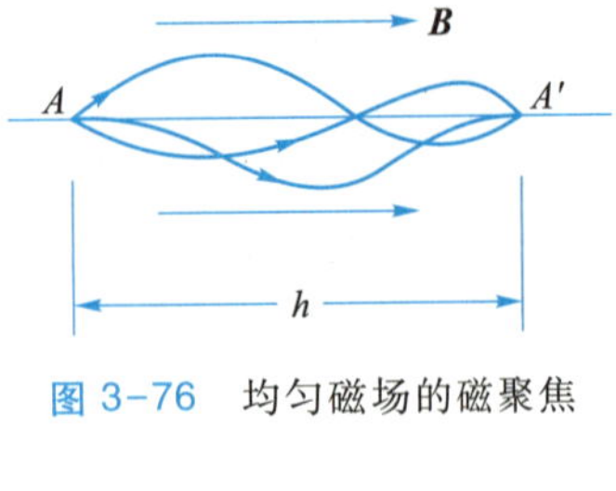

图 3-76 均匀磁场的磁聚焦

如果在均匀磁场中某点 A 处引入一发散角不太大的带电粒子束，其中粒子的速率 v 又大致相等，如图 3-76 所示，则

$$v_\perp = v\sin\theta \approx v\theta$$

其中 θ 很小时，$\sin\theta \approx \theta$．由于圆周运动的回旋半径与粒子速率成正比，所以带电粒子束中各粒子沿半径稍有不同的螺旋线运动．

同时，

$$v_{/\!/}=v\cos\theta\approx v$$

其中 θ 很小时，$\cos\theta\approx1$，带电粒子束中的所有粒子有近似相等的平行速度分量，因此螺距近似相等．这样经过一个回旋周期后，这些带电粒子又重新会聚在 A' 点，这与光束经过透镜后聚焦的现象有些类似，所以称为**磁聚焦**现象．磁聚焦被广泛用于电真空器件，特别是**电子显微镜**中．图 3-77 显示的是光学显微镜和电子显微镜的结构以及成像原理对比示意图．光学显微镜的聚光照明系统由光源和聚光透镜组成，而电子显微镜的相应部分由电子源与聚焦磁场组成．电子源发射高能电子束，聚焦磁场也称为磁透镜，其作用与光学显微镜中的聚光透镜使光束聚焦的作用是一样的．它可以使电子束会聚在样品上，然后经过类似物镜的接物磁场成像，再通过类似目镜的投影磁场，最后在照相底片上形成放大的像．光学显微镜的最大放大倍数约为 2 000 倍，这已是光学显微镜的极限，而电子显微镜的最大放大倍数超过 300 万倍．电子显微镜技术对医学、生物学以及材料科学等学科的发展起着重要作用．它使基础医学研究从细胞水平进入到分子水平，可以确定生物大分子的详细结构，也可以观察病毒和细菌的内部结构．在材料科学方面，利用电子显微镜可以直接观察某些大的有机分子及晶体的结构像，甚至是单个的重原子．电子显微镜的发明开创了物质微观世界研究的新纪元．德国物理学家恩斯特·鲁斯卡由于设计了第一架电子显微镜及在电光学领域所做的基础性工作，获得了 1986 年的诺贝尔物理学奖.

磁聚焦

电子显微镜

NOTE

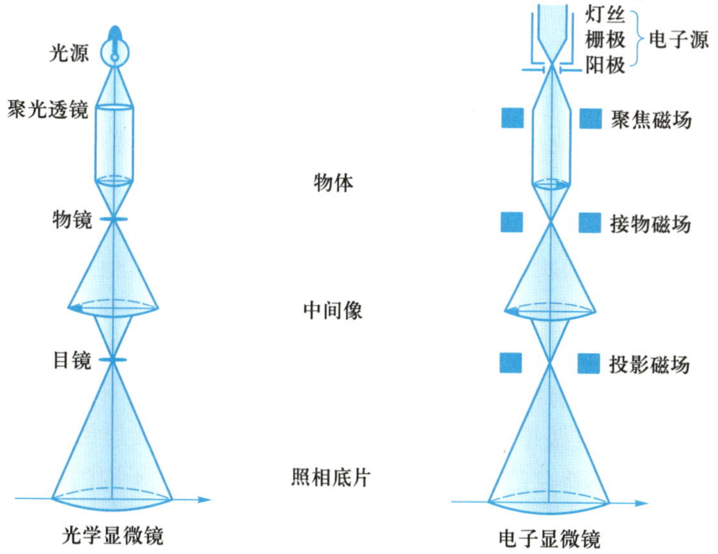

图 3-77　光学显微镜和电子显微镜的结构以及成像原理对比示意图

授课视频：带电粒子运动（续）

在非均匀磁场中，当带电粒子的速度方向与磁场方向不同时，粒子仍然做螺旋运动，但半径和螺距都将发生变化．由于情况比较复杂，所以这里不做定量分析了，只介绍几个有趣的现象以及应用．

磁镜

如图 3-78(a)所示，当带电粒子向磁场较强处运动时，其所受磁力将产生与其运动方向相反的分量，这一分量将使带电粒子的前进速度减小到零，并继而向相反的方向运动，就像光线射到镜面上反射回来一样．因而，强度逐渐增加的会聚磁场能使带电粒子发生反射，这种磁场分布称为**磁镜**.

磁瓶

磁约束

如果把两个电流方向相同的线圈并排放置，就可以产生一个中间弱两端强的磁场，如图 3-78(b)所示．那些沿磁场方向速度分量不太大的带电粒子将由于两端磁镜的“反射”，而被限制在两个通电线圈之间的区域内来回运动而无法逃脱．这种约束带电粒子运动的磁场分布称为**磁瓶**．这种用磁场约束带电粒子运动的技术主要用在受控热核聚变反应装置中，称为**磁约束**．在受控热核聚变反应中，物质温度达到上亿摄氏度，原子都已经完全电离，形成了物质第四态，也就是等离子体．在这样的高温下，所有材料都不能以固态存在，不能用作容器，因而几千万、几亿摄氏度的聚变物质需要采用磁约束来实现聚变反应.

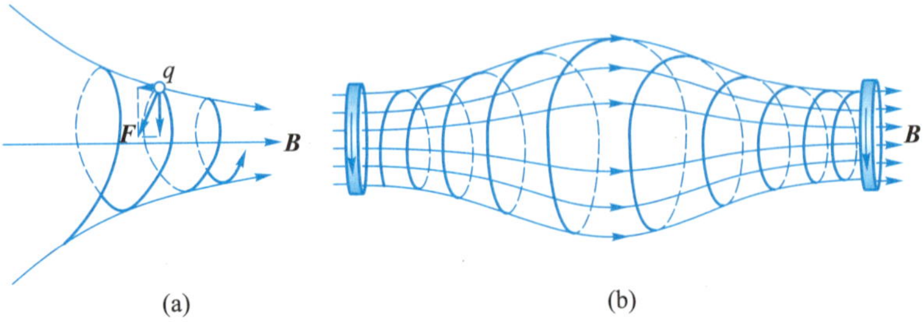

图 3-78 带电粒子在非均匀磁场中的运动

范艾伦辐射带

磁约束现象也存在于宇宙空间中．地球的磁场就是中间弱、两级强，是一个天然的磁捕集器．如图 3-79 所示，地磁场能俘获从外层空间入射的电子和质子形成带电粒子区域，称为**范艾伦辐射带**，是由美国物理学家詹姆斯·范·艾伦发现并以他的名字命名的．范艾伦辐射带有两层，内层在地面上空 800~6 000 km 处，以高能质子居多；外层在 $1.3\times10^5\sim6\times10^5$ km 处，以高能电子居多．范艾伦辐射带中的带电粒子在洛伦兹力的作用下围绕地磁场的磁感应线做螺旋运动，在靠近地磁两极处被反射回来．这样，带电粒子就在范艾伦带中来回振荡直到由于粒子间的碰撞而被逐出为止．辐射带对保护地球起着很好的作用，它能俘获从太阳和其他天体向地球射来的高能粒子，使它们不能到达地面，从

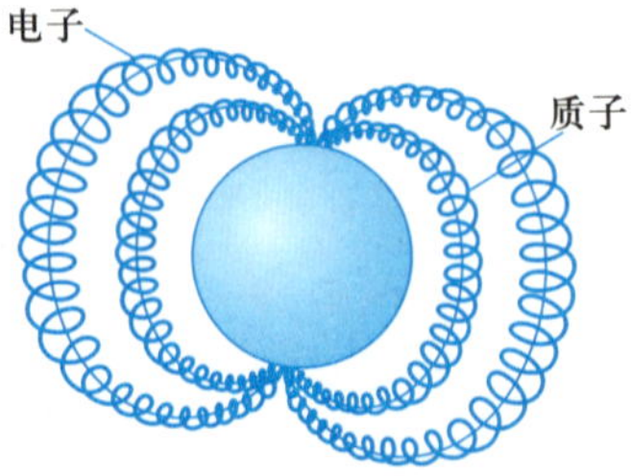

图 3-79 范艾伦辐射带

而避免了高能粒子对人类和其他生物的致命威胁．而另一方面，由于辐射带里的高能粒子能向外辐射电磁波，会对人类身体造成巨大伤害，所以，它又是人类进行星际转移的巨大障碍．在太阳风暴期间，外辐射带可以膨胀 100 多倍，能够吞噬通信卫星和科学卫星，使它们暴露在有害的辐射当中，因此加深对辐射带的了解至关重要.

极光也是一种与带电粒子在磁场中的运动有关的现象．极光是出现在高磁纬地区上空大气中的彩色发光现象（图 3-80）．它被视为自然界中最美丽的奇观之一．长期观测统计结果表明，极光最经常出现的地方是在南北磁纬 67 度附近的两个环带状区域内，分别称作南极光区和北极光区．极光是太阳风与地球磁场相互作用的结果．太阳风是太阳喷射出的高速带电粒子流．当它吹到地球上空，会受到地球磁场的作用．在地磁两极附近，由于磁感应线与地面垂直，外层空间入射的带电粒子可直接射入高空大气层内．它们与大气中的原子和分子碰撞并使它们激发、电离，产生光芒，形成极光．可见极光产生的条件有三个：大气、磁场、高能带电粒子．这三者缺一不可．极光不只在地球上出现，太阳系内的其他一些具有磁场的行星上也有极光，如木星和土星．

极光

图 3-80 极光

3.6.3 应用实例

磁场对运动的带电粒子有磁力作用，这在实际中有许多重要的应用．这里简要介绍几种应用实例.

1. 速度选择器

一些电子器件和科学实验需要具有确定速度的带电粒子束，这可以通过如图 3-81(a)所示的正交电磁场来实现．离子源发射出来的带电粒子速度 $\boldsymbol{v}$ 各不相同，然后进入图示竖直向下的均匀电场 $\boldsymbol{E}$ 和垂直于纸面向内的均匀磁场 $\boldsymbol{B}$ 的共存区域，每个带电粒子会同时受到如图 3-81(b)所示的两种作用力．假如粒子带正电荷，电荷量为 q，则它受到的电场力 $\boldsymbol{F}_e=q\boldsymbol{E}$ 方向向下，磁场力 $\boldsymbol{F}_m=q\boldsymbol{v}\times\boldsymbol{B}$ 方向向上．如果粒子带负电荷，则电场力和磁场力方向均相反．调整 $\boldsymbol{E}$ 和 $\boldsymbol{B}$ 的大小，可以使某些带电粒子受到的电场力和磁场力大小相等，这些粒子将会做匀速直线运动，它们的速率为

$$v=\frac{E}{B} \tag{3-64}$$

正交电磁场

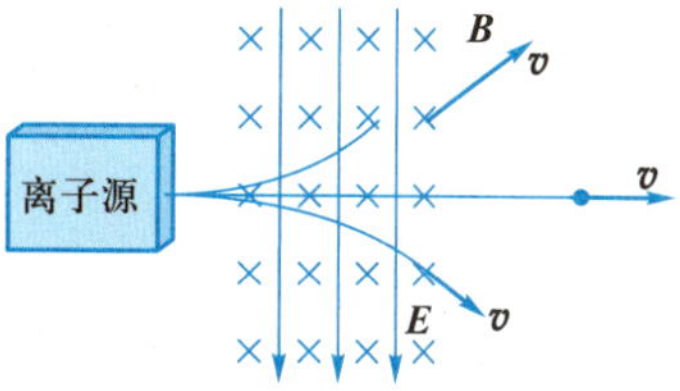

(a)

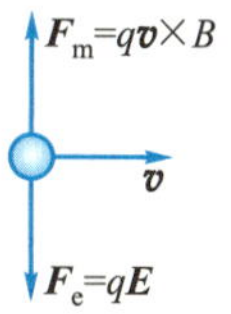

(b)

图 3-81 速度选择器示意图

对于给定的电场和磁场，只有具有式(3-64)中的速率的带电粒子所受到的电场力和磁场力相互平衡．任何具有这一速率的带电粒子，不管它的质量或者电荷量是多少，都可以沿水平方向通过正交电磁场区域．具有高于这一速率的带电粒子会沿磁场力方向偏转，具有低于这一速率的带电粒子会沿电场力方向偏转．这种能够选择具有确定速度的带电粒子的装置，称为**速度选择器**.

速度选择器

2. 汤姆孙实验

正交电磁场的另一个应用实例就是著名的汤姆孙实验．1897 年，英国物理学家 J. J. 汤姆孙用实验证实阴极射线可以被电场和磁场偏转，显示阴极射线是由带电粒子组成的．通过测量，汤姆孙确定这些带电粒子具有完全一样的荷质比，而且具有这一荷质比的带电粒子可以从不同的物质中发射出来，说明这些带电粒子是组成物质的基本成分．后来阴极射线粒子被命名为电子，而汤姆孙因为发现了电子以及对气体放电理论和实验研究所作出的贡献而获得了 1906 年的诺贝尔物理学奖.

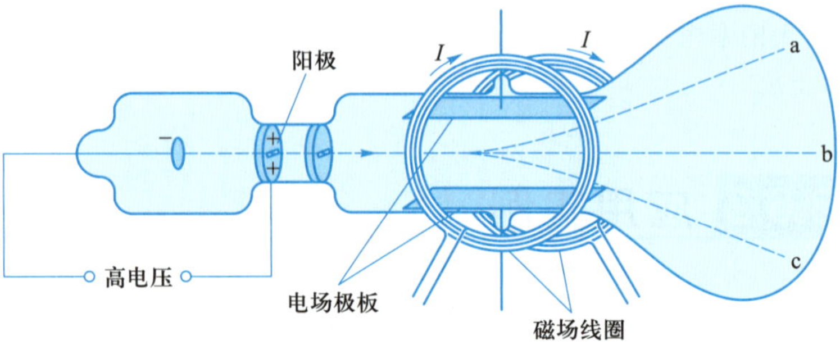

图 3-82 汤姆孙实验装置示意图

NOTE

图 3-82 是汤姆孙实验装置的示意图．电子束经高电压加速后进入正交电磁场区域．一对平行极板产生电场 $\boldsymbol{E}$，一对线圈产生磁场 $\boldsymbol{B}$. 在只有电场的情况下，如果上极板带正电，则电子束沿路径 a 向上偏转．在只有磁场的情况下，如果磁场方向垂直于纸面向内，则电子束沿路径 c 向下偏转．假设电子的速率是 v，电荷量是 $-e$，作用在电子上的磁场力大小为 $F_{\mathrm{m}}=evB$. 在没有电场的情况下，电子束沿圆弧运动，根据牛顿第二定律，有

$$evB=m\frac{v^2}{r}$$

因此

$$\frac{e}{m}=\frac{v}{Br}$$

其中圆弧半径 r 和磁场 B 均可以测定，电子的速率 v 可以采用与

速度选择器一样的原理来确定．通过施加电场，当电场力和磁场力大小相等，即 $eE=evB$ 时，电子束不被偏转，沿路径 b 运动，此时 $v=E/B$. 与上式结合可得

$$\frac{e}{m}=\frac{E}{B^2r} \tag{3-65}$$

式(3-65)右侧的物理量均可以测定，因此尽管汤姆孙实验不能测量电子电荷量 $-e$ 和质量 m，但是电子的荷质比可以由此确定．在电子速度远小于光速的情况下，电子荷质比的精确值为

$$\frac{-e}{m}=-1.758\ 820\ 024(11)\times10^{11}\ \text{C/kg}$$

3. 质谱仪

质谱仪

1919 年，英国化学家和物理学家阿斯顿发明了**质谱仪**．质谱仪是研究同位素的重要手段，不仅可以确定同位素是否存在，同时还可以测量同位素的自然丰度．阿斯顿因此于 1922 年获得了诺贝尔化学奖．

图 3-83 是质谱仪的示意图．从离子源 S 发出的离子经过加速以后通过狭缝 S_1 进入速度选择器．只有速率 $v=E/B$ 的离子能够无偏转地通过正交电磁场区域，再通过狭缝 S_2 进入均匀磁场 $\boldsymbol{B}'$. 由于没有电场，离子在磁场力的作用下做半径为 r 的匀速率圆周运动．若离子的质量为 m，则

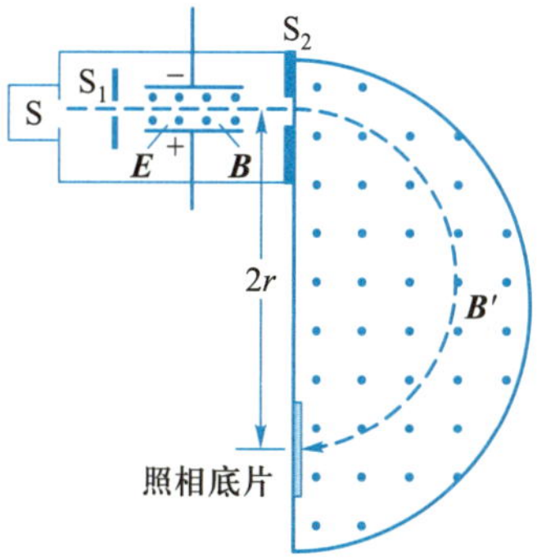

图 3-83 质谱仪示意图

$$qvB'=m\frac{v^2}{r}$$

所以

$$m=\frac{qB'r}{v}=\frac{qBB'r}{E}$$

通过测量上式右侧的各物理量就可以确定离子的质量．可以看出，对于具有相同电荷量的离子，其质量与它的轨道半径成正比．如果这些离子中有不同质量的同位素，它们的轨道半径不一样，就会射到照相底片上不同的位置，形成若干细条纹.

质谱仪被许多不同的科学领域和医学的研究人员用来确定样品中存在何种原子或分子，其浓度是多少．即使离子浓度极少也可以被分离，使质谱仪成为毒理学和监测环境中微量污染物的重要工具．质谱仪已广泛用于食品生产，石油化工生产，电子工业以及核设施的国际监测.

4. 回旋加速器

回旋加速器

1932 年，美国物理学家劳伦斯发明了**回旋加速器**，用以把质子、氘核等粒子加速到高能量来轰击原子核，引起核反应，从而获得有关原子核的信息．高能质子和氘核也可以用来产生放射性

物质用于医学治疗．劳伦斯获得了1939年的诺贝尔物理学奖．

图3-84是回旋加速器的原理图，它的主要部分是两个金属半圆形真空盒，如图(a)所示．由于它们的形状像英文大写字母“D”，所以把它们称为D盒．D盒放在高真空的容器中，再将它们放在电磁铁所产生的强大均匀磁场中，磁场方向与D盒的平面垂直．在两D盒之间加有高频交变电压，其变化周期就选为被加速粒子的回旋周期 $T=\frac{2\pi m}{qB}$. 高频交变电压在两D盒之间产生高频交变电场，而在D盒内由于屏蔽作用没有电场存在.

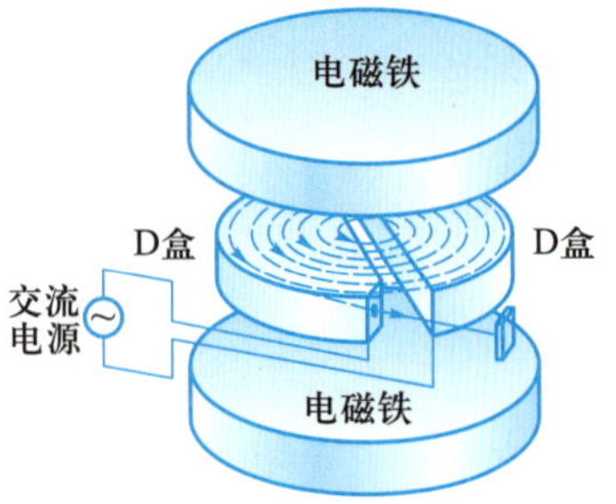

(a)

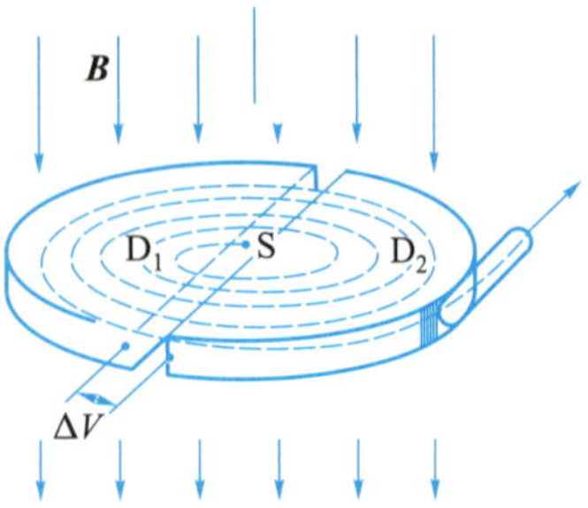

(b)

图3-84 回旋加速器原理图

如图3-84(b)所示，在两D盒的中央是粒子源S. 如果有一带正电荷 q 的粒子以一个小的速度从S被注入到 D_1 中，那么它在 D_1 中做匀速率圆周运动，经半个回旋周期 $\frac{T}{2}=\frac{\pi m}{qB}$ 到达 D_1 和 D_2 之间的缝隙．此时交变电压恰好使 D_1 的电势比 D_2 的电势高，因此粒子被缝隙间的电场加速.

由于粒子的速率 v 增大，所以它在 D_2 内的回旋半径 $R=\frac{mv}{qB}$ 也相应增大．但回旋周期 T 与粒子速率 v 无关，所以粒子在半个回旋周期后又到达缝隙处．而此时两D盒之间的交变电压正好改变符号，即缝隙间的电场正好也改变了方向，所以粒子又一次被加速．这样，带正电荷的粒子，在交变电场和均匀磁场的作用下，多次累积式地被加速而沿着螺旋形的平面轨道运动，直到粒子能量足够高时到达D盒的边缘，被引出加速器．可以算出粒子的最终速率为

$$v=\frac{qBR_0}{m}$$

这里 R_0 是D盒的半径．因此回旋加速器的工作是基于在固定磁场下不同能量的被加速粒子的回旋周期不变这一原理．照此原理，只要加大D盒的半径，就可以获得任何能量的粒子，而这显然受到技术和经济上的制约.

由于相对论效应，能量提高会引起质量增大，所以在加速过程中粒子的回旋周期变长．在能量较高时，回旋粒子就会渐渐与加速电场脱离同步而得不到持续的加速，这就构成了回旋加速器最高能量的限制．为了突破能量限制，科学家们便研制了同步回旋加速器等.

NOTE

授课视频：霍耳效应

5. 霍耳效应

1879年，美国物理学家霍耳在实验中发现，把一块通有电流的导体板放在均匀磁场中，当电流方向与磁场方向垂直时，导体

板内将出现横向电势差,这一现象称为**霍耳效应**.

霍耳效应

霍耳效应可以用磁场对运动电荷的作用来解释. 如图 3-85 所示,一块横截面为矩形、高为 h、厚为 b 的导体载有电流 I,放在均匀磁场 $\boldsymbol{B}$ 中. 首先讨论载流子为负的情况,比如金属导体中的载流子是自由电子,其漂移速度为 $\boldsymbol{v}_D$. 当导体中电流方向水平向左时,$\boldsymbol{v}_D$ 的方向水平向右. 此时负的载流子 q 将受到洛伦兹力 $\boldsymbol{F}_m=q\boldsymbol{v}_D\times\boldsymbol{B}$,方向向上,使得负载流子的运动向上偏转,从而在导体上表面积累负电荷,下表面由于缺少负电荷而积累正电荷. 这样,导体上下表面之间由于载流子偏转而逐渐建立起一个方向向上的横向电场 $\boldsymbol{E}_H$,称为**霍耳电场**. 该电场又使负的载流子受到一个向下的电场力 $\boldsymbol{F}_e=q\boldsymbol{E}_H$. 随着载流子的偏转,电场逐渐增强,当 $\boldsymbol{F}_e=\boldsymbol{F}_m$时,载流子不再继续偏转,恢复原来水平方向的漂移运动,而电流又重新恢复为恒定电流. 此时 $qv_DB=qE_H$,也就是$E_H=v_DB$. 横向电场的出现使导体的横向两侧出现电势差,称为**霍耳电压**,其大小为

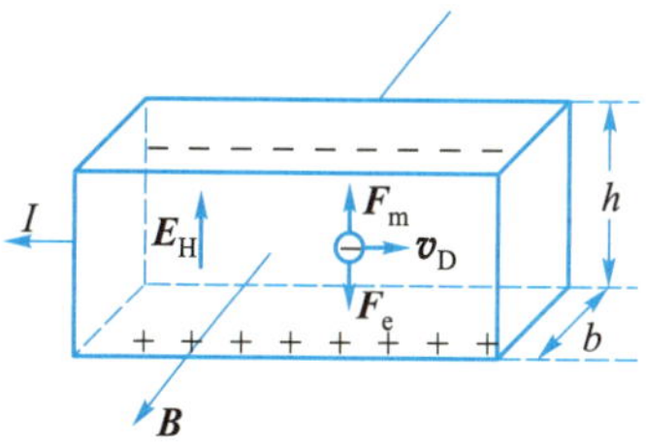

图 3-85 霍耳效应

霍耳电场

霍耳电压

$$U_H=E_Hh=v_DBh$$

由于电流

$$I=nqv_Dbh$$

其中 bh 是导体的横截面积,n 是载流子数密度,所以霍耳电压

$$U_H=\frac{IB}{nqb} \qquad (3-66)$$

极性上负下正. 由此式可见,霍耳电压的大小与电流 I 和磁感应强度 B 成正比,与其厚度 b 成反比,而与导体的高度 h 无关. 其中比例系数

$$K=\frac{1}{nq} \qquad (3-67)$$

称为霍耳系数,是与材料种类有关的常量.

NOTE

如果载流子带正电,电流方向仍然水平向左,那么载流子的漂移速度的方向也向左,根据右手螺旋定则,载流子所受洛伦兹力的方向向上,正电荷在导体上表面积累,因此霍耳电压的极性为上正下负,霍耳电压的大小仍由式(3-66)表示.

霍耳效应具有广泛的应用. 根据霍耳电压的极性,可以判断导体或半导体中载流子的极性,例如判断半导体中是电子导电(N 型半导体)还是空穴导电(P 型半导体). 实际上,通过测量霍耳系数,还可以测定载流子数密度 n. 利用霍耳效应测量磁感应强度 $\boldsymbol{B}$,则是目前测量磁场常用的而且比较精确的方法. 利用霍耳效应制成的霍耳元件具有结构牢固、体积小、重量轻、寿命长、耐震动等优点,并且不怕灰尘、油污、水汽及盐雾等的污染或腐

NOTE

蚀，广泛地应用于工业自动化技术、检测技术及信息处理等方面．如在现代汽车上广泛应用的霍耳元件有：汽车点火系统中的脉冲发生器、ABS 系统中的速度传感器、发动机转速及曲轴角度传感器以及各种开关等.

在霍耳效应被发现约 100 年后，德国物理学家克利青发现了量子霍耳效应．从霍耳电压公式(3-66)可以得出

$$R_H=\frac{U_H}{I}=\frac{B}{nqb} \tag{3-68}$$

显然 R_H 具有电阻的量纲，因而被定义为霍耳电阻．式(3-68)表明霍耳电阻 R_H 与磁感应强度 B 之间呈线性关系．但是 1980 年，克利青在研究极低温度和强磁场中的半导体时，发现霍耳电阻与磁场之间的关系并不是线性的，而是有一系列台阶式的改变，如图 3-86 所示．这一效应只能用量子理论解释，因此称为**量子霍耳效应**．该理论指出，霍耳电阻

量子霍耳效应

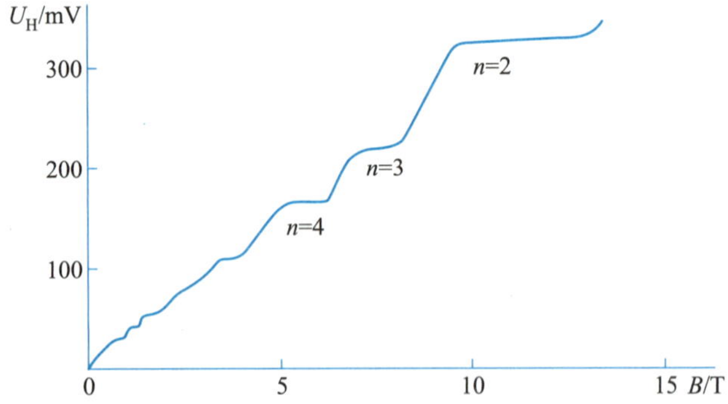

图 3-86 量子霍耳效应

$$R_H=\frac{R_K}{n}\quad (n=1,2,3,\cdots) \tag{3-69}$$

其中 n 是正整数，R_K 称为克利青常量，与元电荷 e 和量子理论中的基本常量——普朗克常量 h 有关，即

$$R_K=\frac{h}{e^2}=25\ 812.806\ \Omega \tag{3-70}$$

由于 R_K 的测定值的数量级可以精确到 10^{-10}，所以从 1990 年开始，人们把由量子霍耳效应所确定的电阻 25 812.806 Ω 作为标准电阻．克利青因为发现了量子霍耳效应获得了 1985 年的诺贝尔物理学奖.

之后，美籍华裔物理学家崔琦和美国物理学家施特默、劳克林在更强磁场下研究量子霍尔效应时发现：式(3-69)中的 n 可以是分数，如 1/3，1/5，1/2，1/4 等，这种现象称为**分数量子霍耳效应**．这个发现使人们对量子现象的认识更进了一步，他们为此获得了 1998 年的诺贝尔物理学奖．

分数量子霍耳效应

3.7 磁场中的磁介质

3.7.1 磁介质对磁场的影响

授课视频:磁介质对磁场的影响

前面讨论了电流和运动电荷在真空中产生的磁场的性质和规律．而在实际应用中,电流或运动电荷的周围一般都存在一些介质或磁性材料．由于物质的分子(或原子)中都存在着运动的电荷,所以当物质放入磁场中时,其中的运动电荷将受到磁力的作用而使物质处于一种特殊的状态中,处于这种特殊状态的物质又会反过来影响磁场的分布．这些与磁场相互影响的物质被称为磁介质．磁带和磁盘就直接依赖于磁性材料的性质．当在磁带或磁盘中储存信息数据时,它们表面的磁性材料性质会随着信息发生相应的变化,从而将信息数据记录下来．本节将讨论磁介质和磁场相互影响的规律.

磁介质

NOTE

类比电介质中的电场,有介质时的磁场可以表示为

$$\boldsymbol{B}=\boldsymbol{B}_0+\boldsymbol{B}' \tag{3-71}$$

其中 $\boldsymbol{B}$ 是总磁场,$\boldsymbol{B}_0$ 是原磁场或者说外磁场,是由传导电流,也就是电荷的宏观定向移动形成的电流产生的．$\boldsymbol{B}'$ 是变化的磁介质产生的附加磁场,它由与介质有关的电流产生．磁介质对磁场的影响可以通过实验观察出来．最简单的方法是对真空中的长直螺线管通以电流,测出其内部的磁感应强度的大小 B_0. 然后使管内充满某种磁介质材料,通以相同的电流,再测出此时管内磁介质内部的磁感应强度的大小 B. 实验表明,在各向同性的磁介质均匀充满磁场的情况下,磁介质内的磁感应强度是真空时的 μ_r 倍,即

$$B=\mu_r B_0 \tag{3-72}$$

式中 μ_r 称为磁介质的相对磁导率,随磁介质的种类或状态的不同而不同,是一个反映磁介质对磁场影响程度的物理量.

相对磁导率

根据相对磁导率 μ_r 的大小,可将磁介质大体分为三类．第一类称为顺磁质．在这类磁介质中,附加磁场 $\boldsymbol{B}'$ 与外磁场 $\boldsymbol{B}_0$ 方向相同,因此总磁场 $\boldsymbol{B}$ 大于 $\boldsymbol{B}_0$,相对磁导率 $\mu_r>1$,表明顺磁质内部的磁场被增强,例如锰、铬、铂、氮、氧等物质是顺磁质．第二类称为抗磁质．在这类磁介质中,附加磁场 $\boldsymbol{B}'$ 与外磁场 $\boldsymbol{B}_0$ 方向相反,因此总磁场 $\boldsymbol{B}$ 小于 $\boldsymbol{B}_0$,相对磁导率 $\mu_r<1$,表明抗磁质内部的磁场被减弱,例如水银、铜、铋、硫等物质是抗磁质．顺磁质和抗磁质

顺磁质

抗磁质

铁磁质

的 μ_r 都约等于 1，因此它们也被称为弱磁质，在工程技术中一般不考虑它们的影响．第三类磁介质称为铁磁质．在铁磁质中，附加磁场 $\boldsymbol{B}'$ 不仅与外磁场 $\boldsymbol{B}_0$ 方向相同，而且总磁场 $\boldsymbol{B}$ 远远大于 $\boldsymbol{B}_0$，相对磁导率 μ_r 远远大于 1，介质内的磁场被大大增强，而且 μ_r 的量值随外磁场 $\boldsymbol{B}_0$ 的大小发生变化，例如纯铁、硅钢等物质是铁磁质．铁磁质对磁场影响很大，因此也被称为强磁质，在工程技术上应用广泛．表 3-1 给出部分常见磁介质的相对磁导率．

NOTE

表 3-1　常见磁介质及其相对磁导率

磁介质种类		相对磁导率 μ_r
顺磁质 $\mu_r>1$	氧（液体，90 K）	$1+769.9\times10^{-5}$
	氧（气体，293 K）	$1+344.9\times10^{-5}$
	铝（293 K）	$1+1.65\times10^{-5}$
	铂（293 K）	$1+26\times10^{-5}$
抗磁质 $\mu_r<1$	铋（293 K）	$1-16.6\times10^{-5}$
	汞（293 K）	$1-2.9\times10^{-5}$
	铜（293 K）	$1-1.0\times10^{-5}$
	氢（气态）	$1-3.98\times10^{-5}$
铁磁质 $\mu_r>>1$	纯铁	5×10^{3}（最大值）
	硅钢	7×10^{2}（最大值）
	坡莫合金	1×10^{5}（最大值）

3.7.2 磁介质的磁化

授课视频：磁介质磁化

下面通过分析物质分子的电结构来进一步解释物质的磁性．根据物质的电结构，所有物质都是由分子或原子组成．在原子内，核外的电子绕着原子核做轨道运动；此外，电子自身还有自旋．这两种运动都会形成微小的环形电流，因而具有一定的磁矩，分别称为轨道磁矩和自旋磁矩．原子核也有磁矩，但小于电子磁矩的千分之一，可忽略不计．在一个分子中有若干个原子，因此，一个分子的磁矩就是其中所有电子的轨道磁矩和自旋磁矩的矢量和，用符号 $\boldsymbol{m}$ 表示．分子磁矩又可以用一个等效的圆电流表示，也就是分子电流，如图 3-87 所示．

分子磁矩

分子电流

在没有外磁场的情况下，有些分子的磁矩具有一定的数值，这个值就叫作分子的固有磁矩．由这些分子组成的物质就是顺磁质．但由于分子热运动，各个分子磁矩的排列是杂乱无章的，所以大量分子固有磁矩的矢量和为零，宏观上不显现磁性，如图

固有磁矩

3-88(a)所示．而有些分子中,所有电子的轨道磁矩和自旋磁矩的矢量和为零,即分子的固有磁矩 $\boldsymbol{m}=0$. 由这些分子组成的物质就是抗磁质,无外磁场时也不显现磁性．铁磁质是顺磁质的一种特殊情况,它们的原子内电子之间还存在一种特殊的相互作用,使它们在有外磁场时具有很强的磁性．关于铁磁质在后面单独介绍．

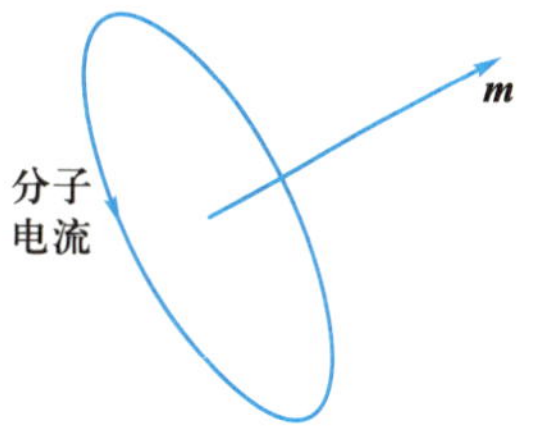

图 3-87 分子电流及分子磁矩

磁化

有外磁场时,磁介质的状态就会发生变化,这种现象被称为磁介质的**磁化**．顺磁质和抗磁质磁化的作用机制不同．当把顺磁质放入外磁场中时,其分子的固有磁矩就要受到外磁场的力矩作用,这力矩使分子磁矩的方向转向外磁场方向,如图 3-88(b)所示．但是由于分子的热运动,各分子磁矩的这种取向不可能完全整齐．外磁场越强,分子磁矩排列得越整齐．这时所有分子磁矩的矢量和就不再是零,有 $\sum \boldsymbol{m} \neq 0$. 这样在宏观上就显示出附加磁场,且与外磁场方向相同．因此顺磁质内部的磁场被增强.

抗磁质的分子没有固有磁矩,为什么也能受磁场的影响进而影响磁场呢？这是因为在外磁场作用下,电子的轨道运动和自旋运动都会发生变化,所以都在原有磁矩的基础上产生一附加磁矩 $\Delta\boldsymbol{m}$,而且不管原有磁矩的方向如何,所产生的附加磁矩的方向都和外磁场方向相反．这些方向相同的附加磁矩的矢量和就是一个分子在外磁场中产生的**感生磁矩**．感生磁矩产生的附加磁场与外磁场方向相反,因此抗磁质内部的磁场被减弱.

感生磁矩

在实验室通常能获得的磁场中,一个分子所产生的感生磁矩要比分子的固有磁矩小 5 个数量级．所以,虽然顺磁质的分子在外磁场中也产生感生磁矩,但和它的固有磁矩相比,感生磁矩的效果是可以忽略不计的,在宏观上只显示出顺磁效应．

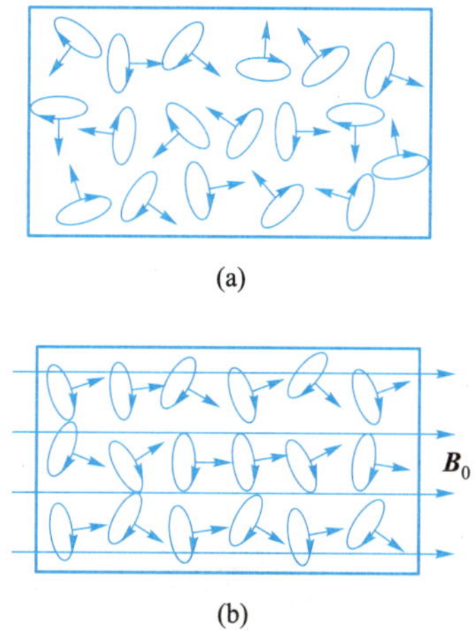

图 3-88 磁介质的磁化

3.7.3 磁化强度矢量 $\boldsymbol{M}$ 与磁化电流

由前面的讨论可知,磁介质磁化后,磁介质中的一个小体积内,各个分子的磁矩的矢量和就不再是零．顺磁质分子的固有磁矩排列得越整齐,它们的矢量和就越大．抗磁质分子所产生的感生磁矩越大,它们的矢量和也越大．同一体积内,分子磁矩矢量和的大小反映了磁介质被磁化的强弱程度．因此,可以用单位体积内分子磁矩的矢量和来表示磁介质磁化的强弱程度,称为**磁化强度矢量**,用符号 $\boldsymbol{M}$ 表示,即

磁化强度矢量

授课视频：磁化强度磁化电流

$$M=\frac{\sum m_i}{\Delta V} \tag{3-73}$$

式中 ΔV 表示磁介质内的一个小体积，$\boldsymbol{m}_i$ 表示在 ΔV 内的磁介质中第 i 个分子的磁矩．在国际单位制中，磁化强度的单位是安培每米，符号为 A/m. 磁化强度的方向在顺磁质中与外磁场方向相同，在抗磁质中与外磁场方向相反.

磁介质被磁化后，顺磁质的分子固有磁矩要沿着外磁场方向取向，抗磁质的分子要产生感生磁矩．这就相当于认为和这些磁矩相对应的分子电流有规则地排列在磁介质的内部．我们以圆柱形顺磁质在均匀外磁场中的磁化为例，考察它的一个横截面．如图 3-89(a)所示，当介质被均匀磁化后，其内部的分子电流环绕方向一致，且均匀排列，在磁介质的内部任意一点处总有方向相反的分子电流流过，它们的效果相互抵消．只有在横截面的边缘上，各分子电流的外面部分未被抵消，它们沿相同方向流动，形成沿截面边缘的一个大环形电流，如图 3-89(b)所示．由于在各个横截面的边缘都出现这种环形电流，宏观上相当于在圆柱形介质表面上有一层电流流过，这种电流就称为**磁化电流**，也称为**束缚电流**．它是分子内的电荷运动一段段接合而成的，不同于金属中由自由电子定向运动形成的传导电流．所以金属中的传导电流以及其他由电荷的定向运动形成的电流可称为**自由电流**．顺磁质的磁化电流方向与磁介质中外磁场的方向成右手螺旋关系，它激发的磁场与外磁场方向相同．抗磁质的磁化电流的方向与外磁场的方向成左手螺旋关系，它激发的磁场与外磁场方向相反.

磁化电流

束缚电流

自由电流

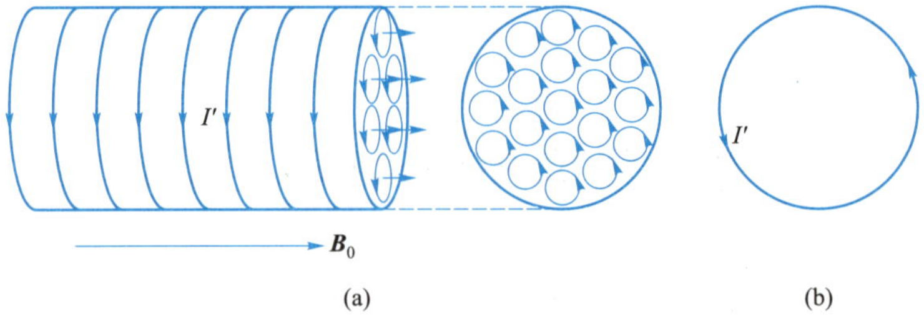

图 3-89 磁化电流

授课视频：磁化强度磁化电流关系

由于磁介质磁化将导致磁化电流的产生，所以用以描述介质磁化程度的物理量——磁化强度与磁化电流之间一定存在某种定量关系．下面以处于外磁场 $\boldsymbol{B}_0$ 中的顺磁质为例推导这一关系．如图 3-90 所示，在磁介质中任取一段线元 $\mathrm{d}\boldsymbol{l}$，它和外磁场 $\boldsymbol{B}_0$ 方向之间的夹角为 θ. 在外磁场作用下，磁介质中的分子磁矩的方向，也就是等效分子电流的平面法线方向将转向外磁场方向.

设每个分子的分子电流为 i，它所环绕的圆周半径为 r，则与线元 $\mathrm{d}\boldsymbol{l}$ 相套合的分子电流的中心都必定处在以 $\mathrm{d}\boldsymbol{l}$ 为轴线，以 r 为半径的斜柱体内．如果磁介质单位体积内的分子数为 n，那么与 $\mathrm{d}\boldsymbol{l}$ 相套合的总分子电流为

$$\mathrm{d}I' = n\pi r^2 \mathrm{d}l\cos\theta \cdot i$$

其中 $\pi r^2 \mathrm{d}l\cos\theta$ 为斜柱体的体积．由于每个分子电流的磁矩大小为 $m = i\pi r^2$，故

$$\mathrm{d}I' = nm\cos\theta\mathrm{d}l$$

式中 nm 表示磁介质单位体积内分子磁矩矢量和的大小，亦即磁化强度 M 的大小，因此有

$$\mathrm{d}I' = M\cos\theta\mathrm{d}l = \boldsymbol{M}\cdot\mathrm{d}\boldsymbol{l} \tag{3-74}$$

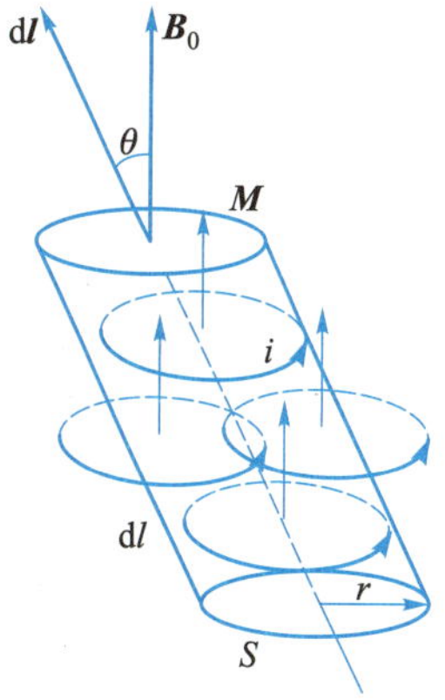

图 3-90 磁化电流与磁化强度的关系

NOTE

若所取线元 $\mathrm{d}\boldsymbol{l}$ 为介质表面的线元，则 $\mathrm{d}I'$ 即为面磁化电流，面磁化电流密度为

$$j' = \frac{\mathrm{d}I'}{\mathrm{d}l} = M\cos\theta = M_l \tag{3-75}$$

即面磁化电流密度等于该磁介质表面处磁化强度沿表面的分量大小．当 $\theta=0$ 时，即 $\boldsymbol{M}$ 与介质表面平行，则有

$$j' = M \tag{3-76}$$

考虑到方向，式(3-76)可以写成

$$\boldsymbol{j}' = \boldsymbol{M}\times\boldsymbol{e}_{\mathrm{n}} \tag{3-77}$$

式中 $\boldsymbol{e}_{\mathrm{n}}$ 为介质表面外法线方向的单位矢量．磁介质内与闭合路径 L 相套连的总磁化电流 I'，应为与闭合路径 L 上各线元相套连的磁化电流的积分，即

$$I' = \oint_L \mathrm{d}I' = \oint_L \boldsymbol{M}\cdot\mathrm{d}\boldsymbol{l} \tag{3-78}$$

也就是说，与任意闭合路径 L 相套连的总的磁化电流等于磁化强度 $\boldsymbol{M}$ 沿该闭合路径的环流．

3.7.4 有磁介质时的安培环路定理 磁场强度矢量 *H*

当磁介质放入外磁场中时，磁介质被磁化而产生磁化电流．磁化电流和自由电流一样，在周围空间产生附加磁场．因此有磁介质存在时的总磁场是自由电流的磁场和磁化电流的附加磁场的叠加结果．由于磁化电流和磁介质磁化的程度有关，而磁化的程度又取决于总磁场，这样问题就非常复杂．但就像在研究电介质和电场的相互影响时一样，通过引入适当的物理量，可以使这

授课视频：磁场强度

种复杂关系得以简化.

如图 3-91 所示,载流导体和磁化后的磁介质组成的系统可以看成由一定的自由电流 I_0 和磁化电流 I' 组成的电流系统. 所有这些电流产生一个磁场分布 $\boldsymbol{B}$. 根据安培环路定理,对任一闭合路径 L,有

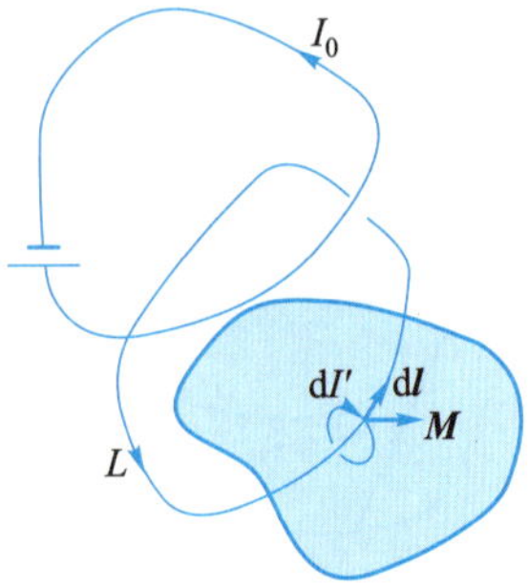

图 3-91 $\boldsymbol{H}$ 的环路定理

$$\oint_L \boldsymbol{B}\cdot\mathrm{d}\boldsymbol{l}=\mu_0\left(\sum I_{0内}+I'_{内}\right) \tag{3-79}$$

式中 $\sum I_{0内}$ 表示 L 所包围的自由电流的代数和,$I'_{内}$ 表示 L 所包围的总磁化电流. 把式(3-78)代入式(3-79),并且移项可得

$$\oint_L \left(\frac{\boldsymbol{B}}{\mu_0}-\boldsymbol{M}\right)\cdot\mathrm{d}\boldsymbol{l}=\sum I_{0内} \tag{3-80}$$

磁场强度

NOTE

现在引入一个辅助物理量 $\boldsymbol{H}$ 表示积分号内的合矢量,称为磁场强度,即

$$\boldsymbol{H}=\frac{\boldsymbol{B}}{\mu_0}-\boldsymbol{M} \tag{3-81}$$

因此有了磁介质后,安培环路定理可改用磁场强度 $\boldsymbol{H}$ 表示为

$$\oint_L \boldsymbol{H}\cdot\mathrm{d}\boldsymbol{l}=\sum I_{0内} \tag{3-82}$$

也就是说,在恒定磁场中,磁场强度 $\boldsymbol{H}$ 沿任一闭合路径的环路积分等于该闭合路径所包围的自由电流的代数和,与磁化电流以及闭合路径外的自由电流都无关. 这一关系称为 $\boldsymbol{H}$ 的环路定理,也是电磁学的一条基本定理. 在没有磁介质的情况下,磁化强度 $\boldsymbol{M}=0$,$\boldsymbol{H}$ 的环路定理就还原为真空中的安培环路定理. 在国际单位制中,$\boldsymbol{H}$ 的单位是安培每米,符号为 A/m,与磁化强度的单位相同.

实验表明,在各向同性的均匀磁介质中,空间任意一点的磁化强度 $\boldsymbol{M}$ 与磁场强度 $\boldsymbol{H}$ 成正比,即

$$\boldsymbol{M}=\chi_{\mathrm{m}}\boldsymbol{H} \tag{3-83}$$

磁化率

式中比例系数 χ_{m} 称为磁介质的磁化率. 由于 $\boldsymbol{M}$ 和 $\boldsymbol{H}$ 的单位相同,所以 χ_{m} 的量纲为 1,它的值与磁介质的性质有关. 把式(3-83)代入 $\boldsymbol{H}$ 的定义式(3-81),可得

$$\boldsymbol{B}=\mu_0\boldsymbol{H}+\mu_0\boldsymbol{M}=\mu_0(1+\chi_{\mathrm{m}})\boldsymbol{H}$$

令

$$\mu_{\mathrm{r}}=1+\chi_{\mathrm{m}} \tag{3-84}$$

μ_{r} 就是该磁介质的相对磁导率,则磁介质中的磁感应强度可表示为

$$\boldsymbol{B}=\mu_0\mu_{\mathrm{r}}\boldsymbol{H}=\mu\boldsymbol{H} \tag{3-85}$$

磁导率

式中 $\mu=\mu_0\mu_{\mathrm{r}}$ 称为磁介质的磁导率,它的单位与 μ_0 相同. 式(3-85)还可以写为

$$H=\frac{B}{\mu} \tag{3-86}$$

H 和 **B** 的这种关系是一个点点对应的关系，也就是在各向同性的磁介质中，某点的磁场强度等于该点的磁感应强度除以该点磁介质的磁导率，二者的方向相同.

类似于在静电场中引入电位移矢量后，可以很方便地根据带电体和电介质的对称性分布，利用 **D** 的高斯定理求解电介质中的电场问题．同样，引入磁场强度 **H** 这个辅助量之后，在磁介质中，可以根据自由电流和磁介质的对称性分布，利用 **H** 的环路定理求出磁场强度 **H** 的分布，然后再利用 **B** 与 **H** 的关系求出磁感应强度 **B** 的分布.

例 3-16

载流螺绕环内部充满相对磁导率为 μ_r 的均匀磁介质，环管的轴线半径为 R，环上均匀密绕 N 匝线圈，如图 3-92 所示．其通有电流 I，求环内的磁场强度 **H** 和磁感应强度 **B**.

授课视频：
[例 3-16]

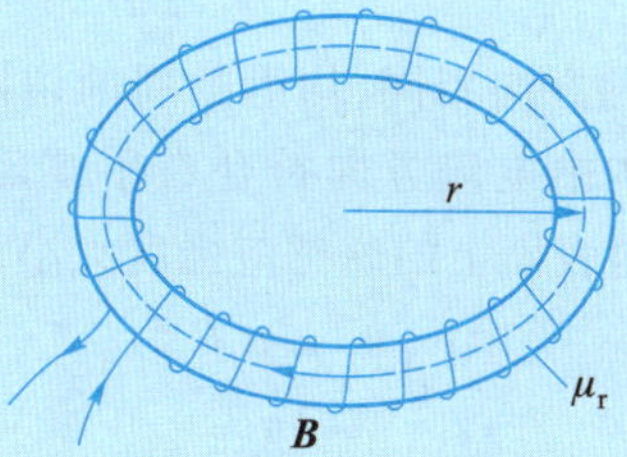

图 3-92 例 3-16 图

解：载流螺绕环可以看成由 N 个圆电流组成的，根据电流分布的对称性可知，与螺绕环中心等距离处磁场大小处处相等，取如图 3-92 中虚线所示半径为 r 的环路，环路上各点磁场强度 **H** 的方向皆沿切线方向，即与该点处线元 d**l** 的方向相同，故由 **H** 的环路定理式(3-82)有

$$\oint \boldsymbol{H}\cdot \mathrm{d}\boldsymbol{l}=2\pi rH=NI$$

则环内磁场强度 **H** 的大小为

$$H=\frac{NI}{2\pi r}$$

当环管横截面半径比螺绕环半径 R 小得多时，可以忽略从环心到管内各点的距离 r 的区别，因此 r 可以取为 R，这样就有

$$H=\frac{N}{2\pi R}I=nI \tag{3-87}$$

其中 $n=N/2\pi R$ 是螺绕环单位长度上的匝数．由式(3-85)可得环内磁感应强度 **B** 的大小为

$$B=\mu H=\mu_0\mu_r nI \tag{3-88}$$

B 和 **H** 的方向相同，都沿切线方向，并且与螺绕环电流方向成右手螺旋关系．与例 3-10 的结果相比较可知，螺绕环内充满磁介质时，其中 B 值为真空时的 μ_r 倍．对于顺磁质和抗磁质 μ_r 约等于 1，磁场变化不大；对于铁磁质 μ_r 远远大于 1，介质内的磁场就会被大大增强.

例 3-17

一无限长同轴电缆内导体芯的半径为 R_1，外导体的内、外半径分别为 R_2 和 R_3，它们之间充满相对磁导率为 μ_r 的各向同性的均匀磁介质，传导电流 I 均匀地流入内导体芯的横截面，并沿外导体均匀流回，如图 3-93(a)所示．求磁介质内的磁感应强度的分布及紧贴内导体芯的磁介质内表面上的面磁化电流．

授课视频：[例 3-17]

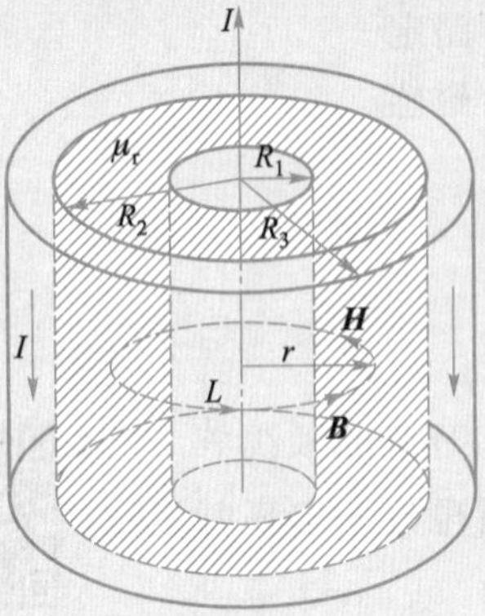

(a)

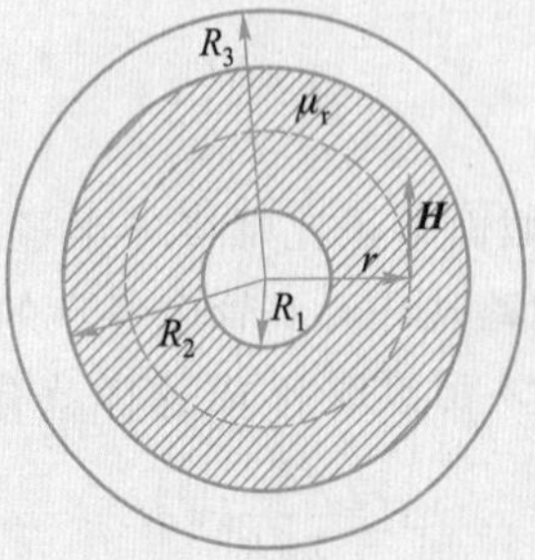

(b)

图 3-93 例 3-17 图

解：图 3-93(b)是同轴电缆的俯视图，设内导体中的电流方向垂直纸面向外．由于电流分布和磁介质分布都具有轴对称性，所以介质内磁场分布也具有轴对称性．在垂直于轴线的平面内，以轴线上点为圆心的同心圆上，各点磁场强度 $\boldsymbol{H}$ 的大小相等，方向均沿圆周的切线方向，与内导体中的电流成右手螺旋关系．现在介质内选取半径为 r 的圆作为安培环路 L，其绕行方向与内导体中电流方向满足右手螺旋关系，则利用 $\boldsymbol{H}$ 的环路定理有

$$\oint \boldsymbol{H}\cdot \mathrm{d}\boldsymbol{l} = 2\pi r H = I$$

可得介质内磁场强度大小为

$$H=\frac{I}{2\pi r}$$

由式(3-85)可得磁介质内磁感应强度大小为

$$B=\mu H=\mu_0\mu_r H=\frac{\mu_0\mu_r I}{2\pi r}$$

$\boldsymbol{B}$ 与 $\boldsymbol{H}$ 的方向相同，均沿圆周的切线方向，与内导体中电流方向符合右手螺旋关系．磁介质内表面上的磁感应强度大小为

$$B_{内}=\frac{\mu_0\mu_r I}{2\pi R_1}$$

利用式(3-76)和式(3-81)，可得紧贴内导体芯的磁介质内表面上面磁化电流密度为

$$j'=M=(\mu_r-1)\frac{I}{2\pi R_1}$$

如果介质是顺磁质，则由式(3-77)可知，$\boldsymbol{j}'$ 的方向沿轴向且与内导体芯中电流方向相同．磁介质内表面上的面磁化电流为

$$I'=j'\cdot 2\pi R_1=(\mu_r-1)I$$

磁化电流产生的磁场叠加在传导电流 I 产生的磁场上，使得顺磁质内的磁场增强．

3.7.5 铁磁质

授课视频：铁磁质

铁、钴、镍和它们与其他金属或非金属组成的合金等磁性很强的物质称为铁磁质．铁磁质的相对磁导率非常大，可以达到10^2、10^3甚至是10^5的数量级，并且随磁场的强弱发生变化．因此，即使把铁磁质放入较弱的外磁场中，也可得到极高的磁化强度，而当外磁场撤去后某些铁磁质仍可保留极强的磁性．这些特性使得铁磁质在电磁铁、电机和变压器等需要增强磁性的重要部件中得到广泛的应用．

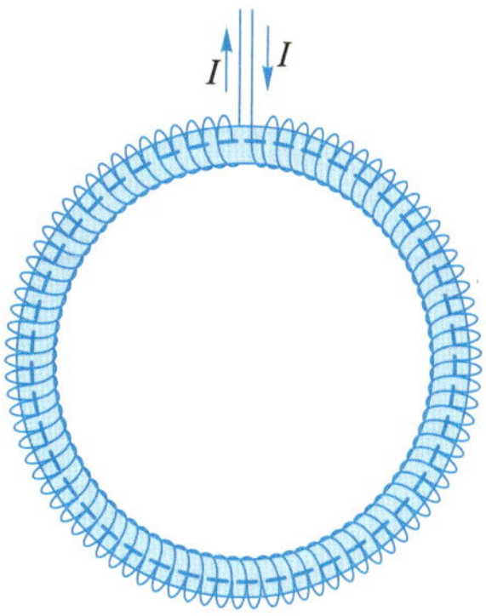

图 3-94 环状铁芯被磁化

铁磁质的磁化机制与顺磁质和抗磁质不同，通常用磁化曲线来描述它的磁化特性．如图 3-94 所示，把待测的铁磁质材料做成环状，外面均匀地绕满导线，这样就形成一个充满铁磁质的螺绕环．线圈中通入电流 I 后，铁磁质就被磁化．在例 3-16 中已经求得铁磁质中的磁场强度的大小 $H=nI$，其中 n 表示螺绕环单位长度上的线圈匝数，因此 H 可由 n 和电流 I 计算出来．环中的磁感应强度 B 可用依据霍耳效应制成的特斯拉计测出，从而得到一组对应的 B 和 H 的值．改变电流 I，可依次测得多组 B 和 H 的值，这样就可以画出 $B-H$ 关系曲线，也就是**磁化曲线**．如果从铁磁质完全没有被磁化开始，逐渐增大线圈中的电流 I，从而逐渐增大 H，这样得到的磁化曲线称为**起始磁化曲线**，如图 3-95 所示．

磁化曲线

起始磁化曲线

根据

$$\mu_r=\frac{B}{\mu_0 H}$$

可以求出不同 H 值时的 μ_r 值，μ_r-H 关系曲线也对应地画在了图 3-95 中．从图中可以看出，当 H 从零逐渐增加时，B 也从零开始增加．H 较小时，B 随 H 近似成正比地增大，H 稍大时 B 开始急剧增大，随后增大减慢，当 H 增大到一定值时 B 几乎不再增加，这时铁磁质达到了磁饱和状态，此时对应的磁感应强度 B_s 称为**饱和磁感应强度**．由于磁化曲线不是线性的，所以 μ_r 随 H 的变化关系更为复杂．

饱和磁感应强度

实验表明，各种铁磁质的起始磁化曲线都是不可逆的．如图 3-96 所示，在磁化达到饱和后，如果慢慢减小电流以减小 H 的值，铁磁质中的 B 并不沿着起始磁化曲线 Oa 逆向逐渐减小，而是沿着曲线 ab 减小，减小得比原来增加时慢；当 $H=0$ 时，B 并不为零，介质的磁化状态并不恢复到原来的起点 O，而是保留一定的磁性，相应的磁感应强度 B_r 叫作**剩余磁感应强度**．这时撤去线圈，铁磁质就是一块永磁体．

剩余磁感应强度

NOTE

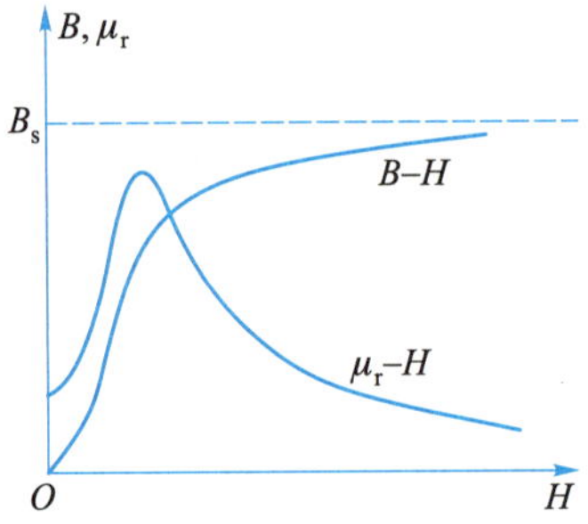

图 3-95 铁磁质中的起始磁化曲线和 μ_r-H 关系曲线

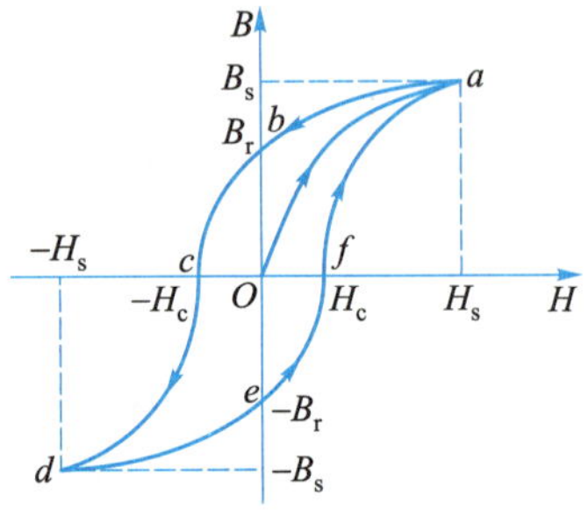

图 3-96 磁滞回线

要完全消除剩磁 B_r，必须让电流 I 反向，只有当反向电流增大到一定值从而使反向的磁场强度增大到 H_c 时，介质才完全退磁，即 $B=0$（图 3-96 中 bc 段）. 使介质完全退磁所需的反向磁场强度 H_c 叫作**矫顽力**. 铁磁质的矫顽力越大，退磁所需的反向磁场也越大. 继续增大反向电流以增大反向磁场 H，可使铁磁质向反方向磁化，并达到反向饱和状态（图 3-96 中 cd 段）. 再将反向电流逐渐减小到零，铁磁质又会达到反向剩磁状态，相应的磁感应强度为 $-B_r$（图 3-96 中 de 段）. 最后将电流又改回原来的方向并逐渐增大，铁磁质又会经 H_c 表示的状态回到原来的饱和状态（图 3-96 中 efa 段）. 这样，磁化曲线就形成一闭合的 B-H 曲线. 因此铁磁质中磁感应强度 B 的变化总是滞后于磁场强度 H 的变化，这一现象称为**磁滞效应**，这一闭合的磁化曲线称为**磁滞回线**. 由磁滞回线可看出，铁磁质中的 B 不是 H 的单值函数，它取决于铁磁质此前的磁化历史. 不同的铁磁质具有不同宽窄的磁滞回线，表示它们具有不同的矫顽力.

矫顽力

磁滞效应

磁滞回线

实验指出，当铁磁质在周期性变化的外磁场作用下反复磁化时，它会发热. 这种因反复磁化发热而引起的能量损耗，称为**磁滞损耗**. 实验和理论证明，单位体积的铁磁质反复磁化一次，因发热而损耗的能量，与铁磁质材料的磁滞回线所包围的面积成正比，即磁滞回线所包围的面积越大，磁滞损耗也越大.

磁滞损耗

铁磁质可以根据其磁滞回线的形状进行分类. 一种铁磁质称为**软磁材料**，其磁滞回线窄长，如图 3-97(a) 所示，显示其矫顽力 H_c 较小，因此易磁化，易退磁，如纯铁、硅钢、含铁、镍的坡莫合金等. 软磁材料在交变磁场中的磁滞损耗小，所以常用作变压器、电动机和发电机的铁芯. 一种铁磁质称为**硬磁材料**，其磁滞回线较宽大，如图 3-97(b) 所示，显示其矫顽力 H_c 较大，剩磁 B_r 较高并且可长久保持，如碳钢、钨钢、铝镍钴合金等. 硬磁材料一

软磁材料

硬磁材料

旦磁化后，其剩磁不易消除，所以常用作永磁铁.

除了通常的软磁材料和硬磁材料外，还有一些具有特殊性能的磁性材料，如矩磁材料. 它的磁滞回线接近矩形，比硬磁材料具有更高的剩磁和矫顽力，如图 3-97(c)所示. 矩磁材料在两个方向上的剩磁可用于表示计算机二进制中的“0”和“1”，因此它可用作计算机中的磁性记忆元件，具有极高的可靠性.

矩磁材料

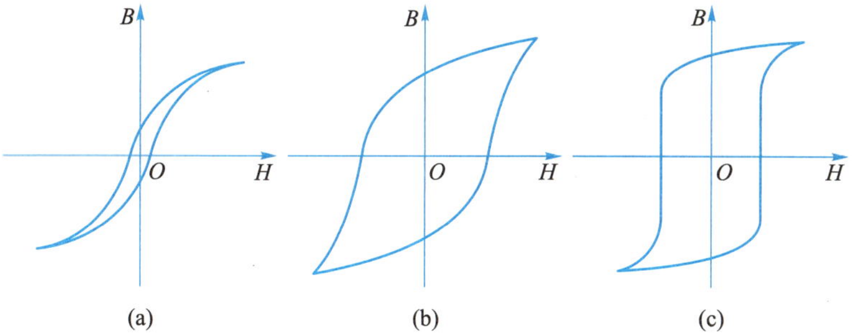

图 3-97 不同铁磁质的磁滞回线

铁磁质不同于其他弱磁质而具有如此特殊的磁性需要用磁畴理论来解释. 根据这一理论，铁磁质中的原子磁矩可以在小区域内自发地平行排列起来，形成一个小的自发磁化区，这种自发磁化的小区域称为磁畴，它的线度约为 10^{-4} m. 没有外磁场作用时，由于热运动，各磁畴的磁矩取向是无规则的，所以宏观上不显示磁性，如图 3-98 所示.

磁畴

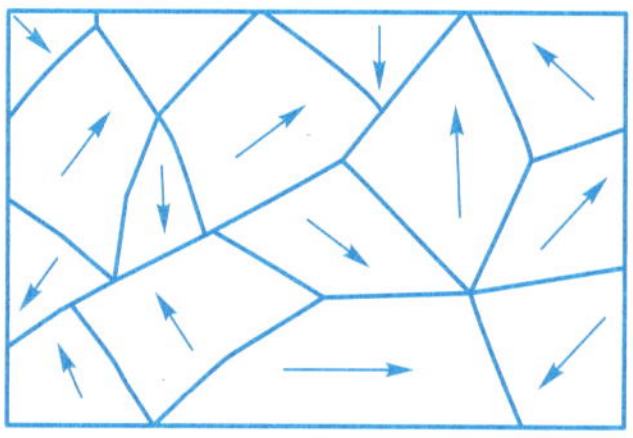

图 3-98 磁畴示意图

若在铁磁质中加上外磁场，当逐渐增大外磁场时，磁矩方向与外磁场方向接近的那些磁畴的体积会逐渐增大，而那些磁矩方向与外磁场方向相反的磁畴体积则逐渐缩小，如图 3-99(b)和(c)所示. 继而其他磁畴的磁矩方向也将在不同程度上转向外磁场方向. 这样磁畴磁矩方向的有序程度提高了，因而宏观上呈现出磁性，如图 3-99(d)所示. 最后当外磁场增大到一定程度时，所有磁畴的磁矩都沿外磁场方向整齐排列，这时铁磁质的磁化就达到了饱和，如图 3-99(e)所示. 由于存在原子间的相互作用，这种磁化状态建立后不易被扰动，所以，即使外磁场撤销，介质也可以有剩磁. 磁滞现象也可以用磁畴的边界很难按原来的形状恢复来说明.

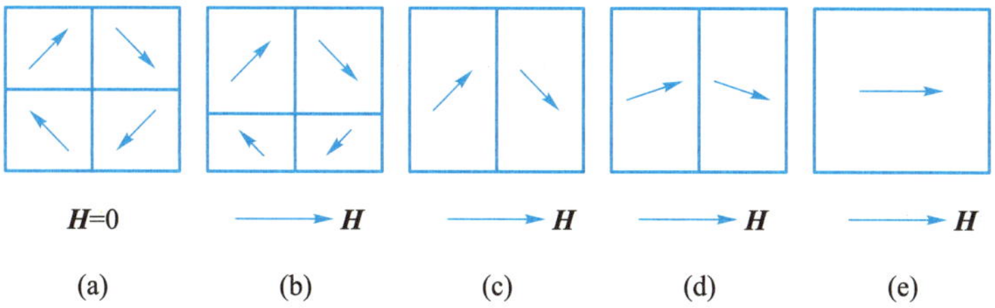

图 3-99 某种铁磁质材料磁化过程示意图

居里点

为了消除剩磁，可以采用振动和加热的方法．在使用磁铁做实验时，不能强烈撞击或摔打磁铁，否则其磁性会消失．而居里发现，对于铁磁质都存在一个临界温度，称为居里点．当温度达到居里点时，由于高温下分子的剧烈运动，磁畴将全部被瓦解，这时铁磁质呈现出顺磁性．例如，铁的居里点为 1 043 K，钴的居里点为 1 390 K，镍的居里点为 630 K.

本章提要

NOTE

1. 电流密度　为矢量

$$\boldsymbol{J}=nq\boldsymbol{v}_{\mathrm{D}}$$

式中 n 为导体内部的载流子数密度，$\boldsymbol{v}_{\mathrm{D}}$ 为载流子的漂移速度.

通过某一面积 S 的电流：$I=\dfrac{\mathrm{d}q}{\mathrm{d}t}=\int_S \boldsymbol{J}\cdot\mathrm{d}\boldsymbol{S}$

电流的连续性方程：$\oint_S \boldsymbol{J}\cdot\mathrm{d}\boldsymbol{S}=-\dfrac{\mathrm{d}q_{内}}{\mathrm{d}t}$

恒定电流的条件：$\oint_S \boldsymbol{J}\cdot\mathrm{d}\boldsymbol{S}=0$

2. 欧姆定律的微分形式

$$\boldsymbol{J}=\sigma\boldsymbol{E}$$

式中 σ 为导体的电导率，其值为该导体电阻率 ρ 的倒数，即 $\sigma=1/\rho$.

3. 电动势　非静电力把单位正电荷经电源内部从负极移动到正极所做的功.

$$\mathscr{E}=\int_-^+ \boldsymbol{E}_{\mathrm{k}}\cdot\mathrm{d}\boldsymbol{l}$$

式中 $\boldsymbol{E}_{\mathrm{k}}$ 为非静电场场强，即 $\boldsymbol{E}_{\mathrm{k}}=\dfrac{\boldsymbol{F}_{\mathrm{k}}}{q}$.

4. 毕奥-萨伐尔定律　电流元 $I\mathrm{d}\boldsymbol{l}$ 所产生的磁感应强度为

$$\mathrm{d}\boldsymbol{B}=\frac{\mu_0}{4\pi}\frac{I\mathrm{d}\boldsymbol{l}\times\boldsymbol{e}_r}{r^2}$$

式中 $\mu_0=4\pi\times10^{-7}\mathrm{N/A^2}$，为真空磁导率.

5. 运动电荷产生的磁场　$\boldsymbol{B}=\dfrac{\mu_0}{4\pi}\dfrac{q\boldsymbol{v}\times\boldsymbol{e}_r}{r^2}$

6. 磁场的高斯定理

通过磁场中任一曲面 S 的磁通量：$\Phi=\int_S \boldsymbol{B}\cdot\mathrm{d}\boldsymbol{S}$

NOTE

通过任意封闭曲面的磁通量为零,即

$$\oint_S \boldsymbol{B} \cdot \mathrm{d}\boldsymbol{S} = 0$$

上式即为磁场的高斯定理,又称为磁通连续原理,表明磁场是无源场,磁感应线是无头无尾的闭合曲线,不存在磁单极子.

7. 安培环路定理

$$\oint_L \boldsymbol{B} \cdot \mathrm{d}\boldsymbol{l} = \mu_0 \sum I_{内}$$

式中右侧的$\sum I_{内}$是闭合路径 L 所包围的恒定电流的代数和,左侧的磁感应强度 $\boldsymbol{B}$ 是由空间所有恒定电流(无论是否被 L 包围)共同产生的.

8. 典型磁场

无限长直电流的磁场:$B = \dfrac{\mu_0 I}{2\pi a}$

圆电流中心的磁场:$B = \dfrac{\mu_0 I}{2R}$

无限长载流直螺线管内的磁场:$B = \mu_0 nI$

载流螺绕环内的磁场:$B = \dfrac{\mu_0 NI}{2\pi r}$

无限大平面电流的磁场:$B = \dfrac{\mu_0}{2} j$

9. 磁场对载流导线的作用

对电流元的安培力:$\mathrm{d}\boldsymbol{F} = I\mathrm{d}\boldsymbol{l} \times \boldsymbol{B}$

任意形状载流导线 L 在磁场中所受安培力:$\boldsymbol{F} = \int_L I\mathrm{d}\boldsymbol{l} \times \boldsymbol{B}$

10. 均匀磁场对载流线圈的作用

线圈磁矩:$\boldsymbol{m} = NIS\boldsymbol{e}_\mathrm{n}$

式中 S 为线圈回路所围面积,N 为线圈匝数,$\boldsymbol{m}$ 方向与线圈中电流方向服从右手螺旋定则.

均匀磁场对平面载流线圈作用的磁力矩:$\boldsymbol{M} = \boldsymbol{m} \times \boldsymbol{B}$

11. 磁场对运动电荷的作用

洛伦兹力:$\boldsymbol{F} = q\boldsymbol{v} \times \boldsymbol{B}$

带电粒子在均匀磁场中的回旋半径:$R = \dfrac{mv}{qB}$

带电粒子在均匀磁场中的回旋周期:$T = \dfrac{2\pi m}{qB}$

12. 霍耳效应　载流导体在磁场中出现横向电势差的现象.

霍耳电压:$U_\mathrm{H} = \dfrac{IB}{nqb}$

NOTE

霍耳系数：$K=\dfrac{1}{nq}$

式中 n 为导体内部的载流子数密度，b 为沿磁场方向导体的厚度.

13. 磁介质

三种磁介质：顺磁质（$\mu_r>1$），抗磁质（$\mu_r<1$），铁磁质（$\mu_r>>1$）.

磁化强度矢量：$\boldsymbol{M}=\chi_m\boldsymbol{H}$

式中比例系数 χ_m 称为磁介质的磁化率.

相对磁导率：$\mu_r=1+\chi_m$

面磁化电流密度：$\boldsymbol{j}'=\boldsymbol{M}\times\boldsymbol{e}_n$

磁场强度矢量：$\boldsymbol{H}=\dfrac{\boldsymbol{B}}{\mu_0}-\boldsymbol{M}$

对各向同性的磁介质：$\boldsymbol{B}=\mu_0\mu_r\boldsymbol{H}=\mu\boldsymbol{H}$

式中 $\mu=\mu_0\mu_r$ 称为磁介质的磁导率.

$\boldsymbol{H}$ 的环路定理：$\oint_L \boldsymbol{H}\cdot d\boldsymbol{l}=\sum I_{0内}$

式中 $\sum I_{0内}$ 是闭合路径 L 所包围的自由电流的代数和.

铁磁质：$\mu_r>>1$，且随磁场的强弱发生变化．有磁滞效应，只有在居里点的温度之下才显示铁磁性，可以用磁畴理论解释.

思考题

3-1 电流密度 $\boldsymbol{J}$ 与电流 I 有什么区别和联系？

3-2 一铜线表面涂以银层，若在导线两端加上给定电压，此时铜线和银层中的电流密度是否相同？

3-3 电动势和电势差的区别是什么？

3-4 毕奥-萨伐尔定律和库仑定律有哪些相似之处与不同之处？

3-5 如思考题 3-5 图所示，一平面中互相垂直的两条绝缘导线通以相等的电流．在平面中哪些点的磁场为零？

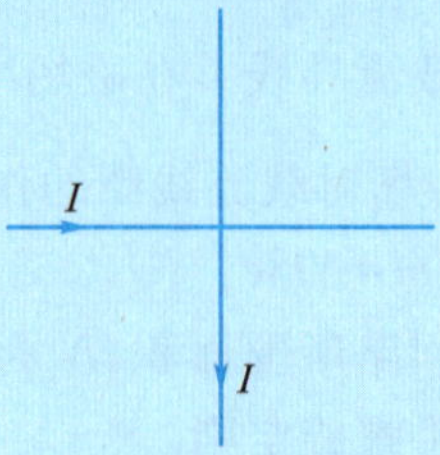

思考题 3-5 图

3-6 以下三种情况能否用安培环路定理来求磁感应强度？请说明理由：

（1）有限长载流直导线产生的磁场；

（2）圆电流产生的磁场；

（3）两个无限长同轴载流圆柱面之间的磁场.

3-7 有人说，“因环路不环绕电流时，环路上磁场必为零，由此可证圆柱面内无磁场．”这样的说法对吗？

3-8 在均匀磁场中,有两个面积相等,通过相同电流的线圈. 其中一个是三角形,另一个是矩形. 这两个线圈所受最大磁力矩是否相等? 磁力的合力是否相等?

3-9 一水平放置的导线载有大电流,另一载有相同方向电流的导线放置在第一根导线的下方. 上方导线中的电流能否使下方导线悬浮在空中? 平衡的条件是什么?

3-10 在静止电荷附近放置一根载流导线,电子是否运动? 如果用一束电子射线代替载流导线,电子是否运动?

3-11 如果想让一个质子在地磁场中总是沿着赤道方向运动,应该向东还是向西来发射这个质子?

3-12 能否利用磁场对带电粒子的作用力来增加粒子的动能?

3-13 磁场对带电粒子的作用力可用于在人造心脏中抽运血液. 如思考题 3-13 图所示,将正交电磁场垂直作用于血管上. 试解释血液中的离子为什么能够移动? 正离子和负离子受到的作用力是否沿同一方向?

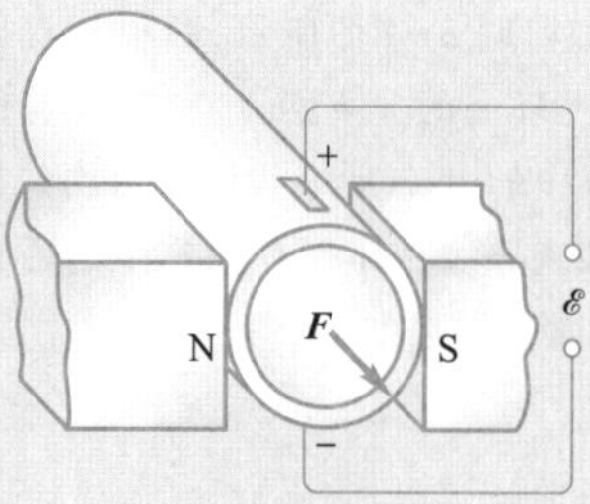

思考题 3-13 图

3-14 比较磁介质的磁化机制与电介质的极化机制.

3-15 为什么装指南针的盒子材料不使用铁,而是使用胶木等?

3-16 如思考题 3-16 图所示,当用磁铁使容器中的一个回形针保持直立以便于拉出时,常常能够拖出一串回形针. 试解释这一现象.

思考题 3-16 图

习题

3-1 一导线长 5.00 m,直径 2.0 mm. 当导线两端的电势差为 22.0 mV 时,其中通过的电流为 750 mA. 如果导线中电子的漂移速度为 1.7×10^{-5} m/s,求:

(1) 这段导线的电阻 R;

(2) 电阻率 ρ;

(3) 电流密度 j;

(4) 导线内的电场强度大小 E;

(5) 电子的数密度 n.

3-2 如习题 3-2 图所示,几种载流导线在平面内分布,电流均为 I,它们在 O 点的磁感应强度为多少?

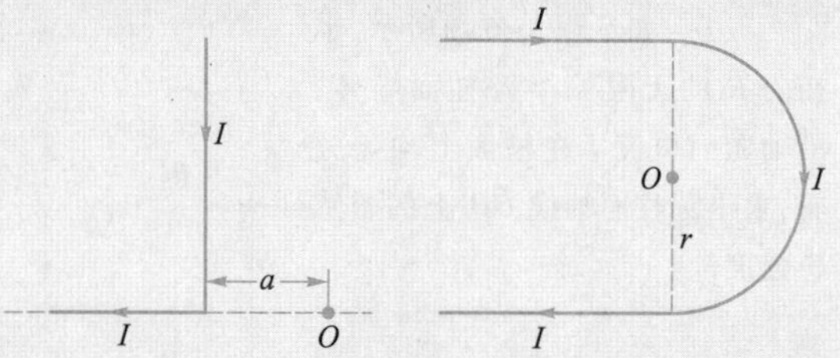

习题 3-2 图

3-3 高为 h 的等边三角形回路载有电流 I,试求该三角形中心处的磁感应强度.

3-4 如习题3-4图所示，两根长直导线沿铜环的半径方向与环上的 a，b 两点相接，并与很远的电源相连，直导线中的电流为 I. 设圆环由均匀导线弯曲而成，求各段载流导线在环心 O 点产生的磁感应强度以及 O 点的总磁感应强度.

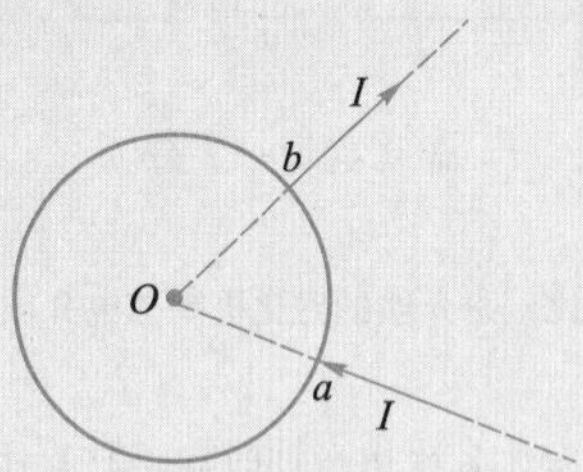

习题3-4图

3-5 如习题3-5图所示，一导线被弯成正 n 边形，各顶点到中心 O 点的距离为 R（图中显示的是正六边形的情况）. 设导线中通有电流 I_0.

(1) 求中心 O 点的磁感应强度；

(2) 证明当 $n\to\infty$ 时，(1)中所求结果约化为圆电流中心处的磁感应强度.

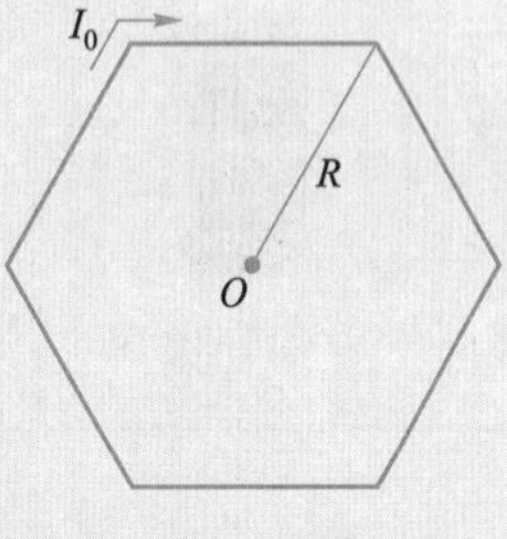

习题3-5图

3-6 如习题3-6图所示，半径为 R 的无限长半圆柱面导体，沿轴向的电流 I 在柱面上均匀分布，求半圆柱面轴线 OO' 上的磁感应强度.

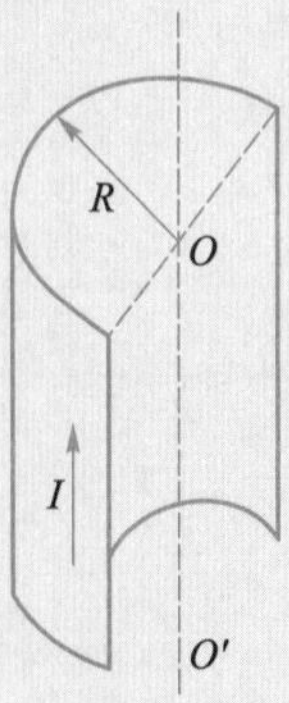

习题3-6图

3-7 如习题3-7图所示，半径为 R 的木球上绕有细导线，所有线圈依次紧密排列，单层盖住半个球面，共有 N 匝. 设导线中电流为 I，求球心处的磁感应强度.

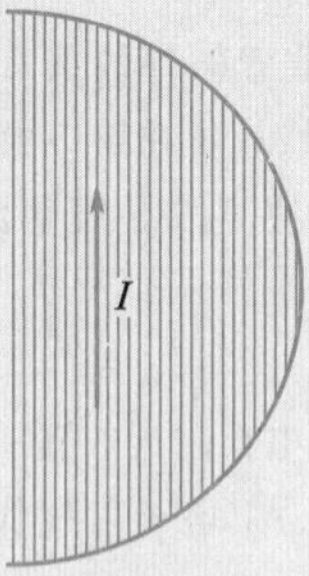

习题3-7图

3-8 如习题3-8图所示，有一无限长通电的扁平铜片，宽度为 a，厚度不计，电流 I 均匀分布，求与铜片共面且到近边距离为 b 的一点 P 的磁感应强度 $\boldsymbol{B}$.

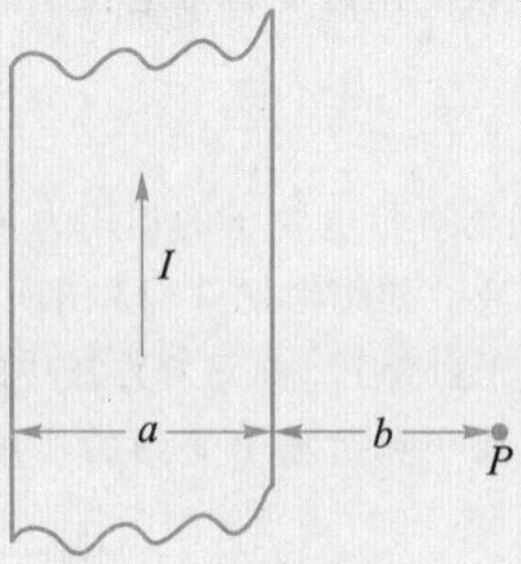

习题3-8图

3-9 如习题3-9图所示，一扇形薄片，半径为 R，张角为 θ，其上均匀分布正电荷，电荷面密度为 σ. 薄片绕过顶角 O 点且垂直于薄片的轴转动，角速度为 ω，求 O 点处的磁感应强度.

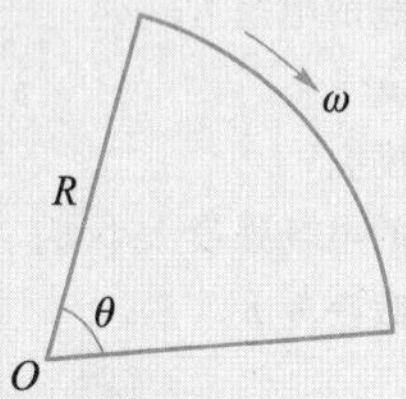

习题3-9图

3-10 如习题 3-10 图所示，一无限长同轴电缆，内导体圆柱的半径为 R_1，外导体的内、外半径分别为 R_2 和 R_3，电流 I 均匀流入内导体圆柱的横截面，并沿外导体均匀流回．导体的磁性可不考虑．试计算以下各处的磁感应强度 $\boldsymbol{B}$：

(1) $r<R_1$；

(2) $R_1<r<R_2$；

(3) $R_2<r<R_3$；

(4) $r>R_3$.

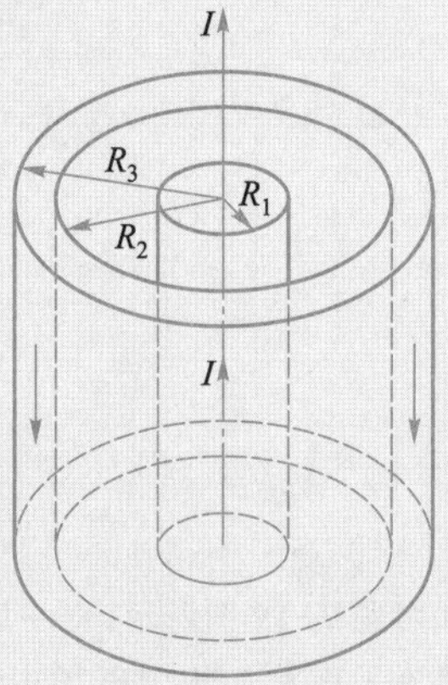

习题 3-10 图

3-11 在半径为 R 的无限长金属圆柱体内部挖去一半径为 r 的无限长圆柱体，两柱体的轴线平行，相距为 d，其横截面如习题 3-11 图所示．在带有空心的圆柱体中，电流 I 沿轴线方向流动，且均匀分布在其截面上，求圆柱轴线上和空心部分轴线上的磁感应强度的大小.

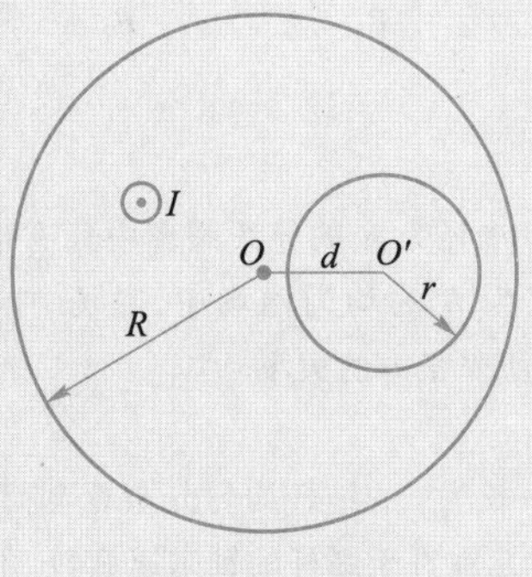

习题 3-11 图

3-12 如习题 3-12 图所示，两平行长直导线相距 $d=40$ cm，每根导线载有电流 $I=20$ A. 求：

(1) 两导线所在平面内与两导线等距离的一点处的磁感应强度；

(2) 通过图中阴影面积的磁通量．($r_1=r_3=10$ cm，$l=25$ cm.)

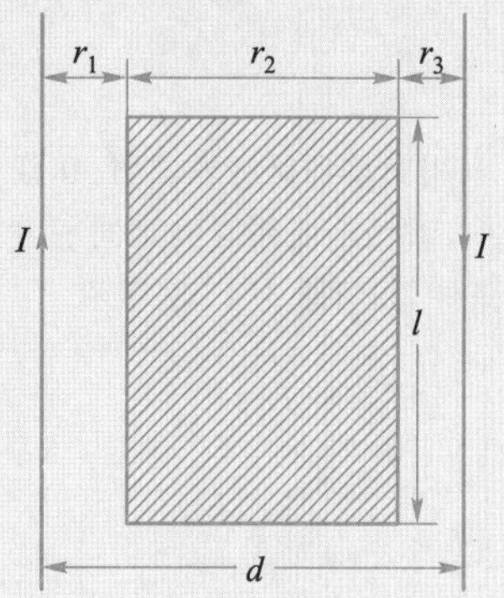

习题 3-12 图

3-13 一无限长圆柱形铜导体（磁导率 μ_0），半径为 R，通有均匀分布的电流 I. 今取一矩形平面 S（长为 1 m，宽为 $2R$），位置如习题 3-13 图所示，求通过该矩形平面的磁通量.

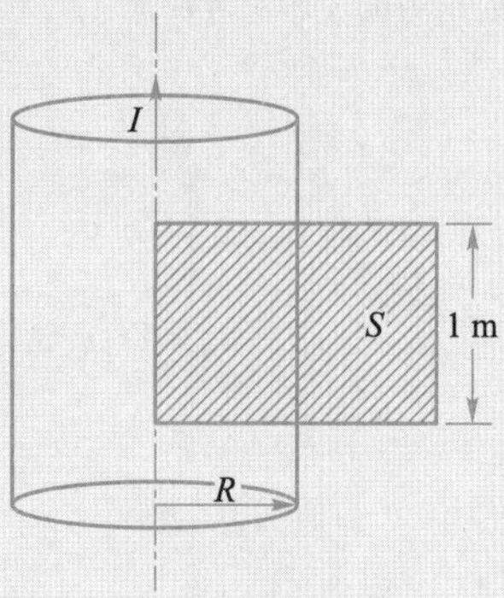

习题 3-13 图

3-14 一边长为 $l=0.15$ m 的立方体如习题 3-14 图所示，有一均匀磁场 $\boldsymbol{B}=(6\boldsymbol{i}+3\boldsymbol{j}+1.5\boldsymbol{k})$T 通过立方体所在区域，求：

(1) 通过立方体阴影面积的磁通量；

(2) 通过立方体六个面的总磁通量.

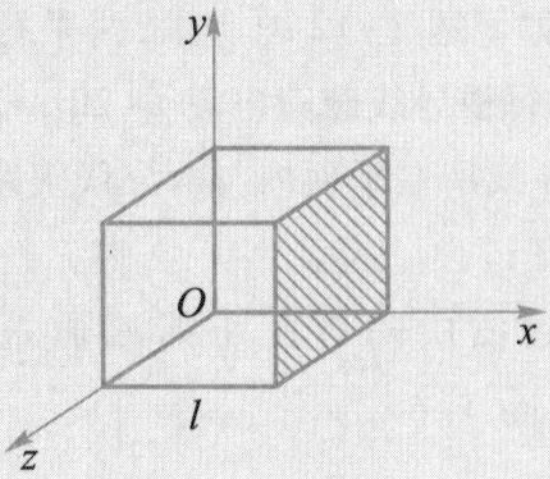

习题 3-14 图

3-15 利用安培环路定理证明：在任何没有电流通过的空间中，磁场不能同时满足同一方向和大小非均匀这两个条件，如习题 3-15 图所示.

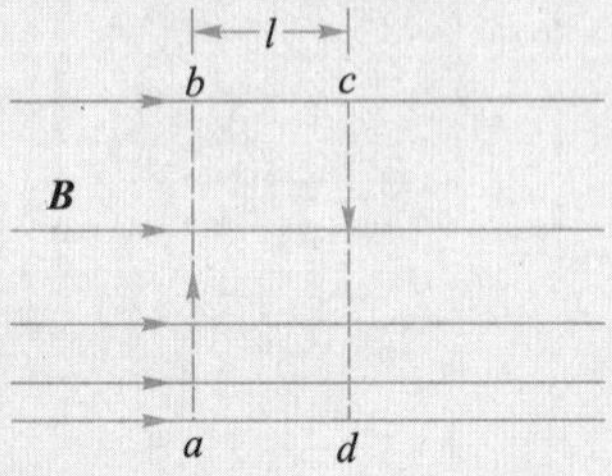

习题 3-15 图

3-16 导线中通有电流 I，置于一个与均匀磁场 $\boldsymbol{B}$ 垂直的平面上，电流方向如习题 3-16 图所示. 求此导线所受的安培力的大小与方向.

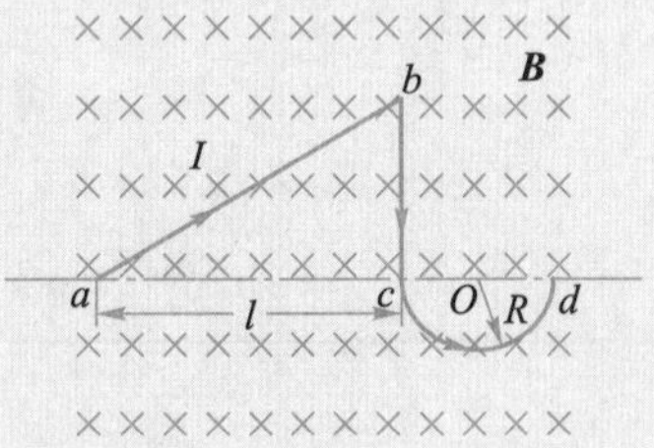

习题 3-16 图

3-17 如习题 3-17 图所示，半径为 R 的半圆线圈通有电流 I_2，置于电流为 I_1 的无限长直电流的磁场中，直电流 I_1 恰好通过半圆的直径，两导线相互绝缘. 求半圆线圈受到无限长直电流 I_1 的安培力.

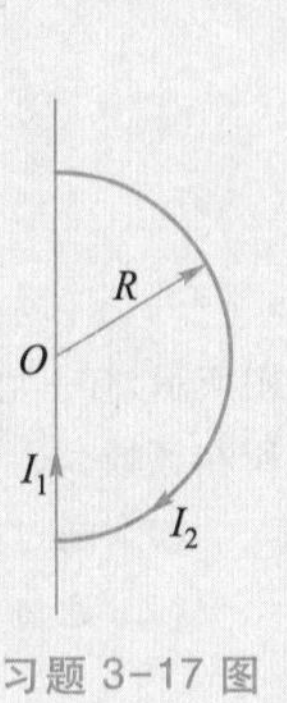

习题 3-17 图

3-18 一半径为 R 的无限长半圆柱面导体如习题 3-18 图所示，其上电流与其轴线上一无限长直导线的电流等值反向. 电流 I 在半圆柱面上均匀分布，求：

（1）轴线上导线单位长度所受的磁力；

（2）若将另一无限长直导线（通有大小、方向与半圆柱面相同的电流 I）代替半圆柱面，产生同样的作用力，该导线应放在何处？

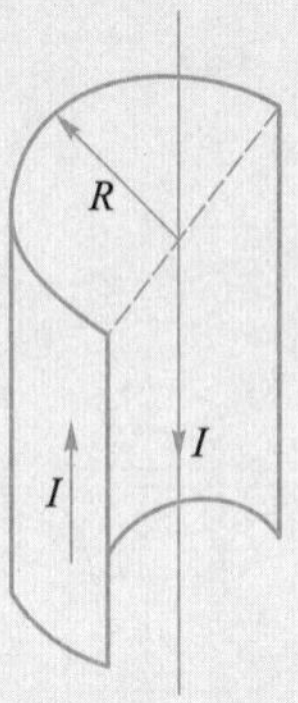

习题 3-18 图

3-19 如习题 3-19 图所示，将一均匀分布着电流的无限大载流平面放入均匀磁场中，电流方向与此磁场垂直. 已知平面两侧的磁感应强度分别为 $\boldsymbol{B}_1$ 和 $\boldsymbol{B}_2$，求该载流平面单位面积所受的磁力的大小和方向.

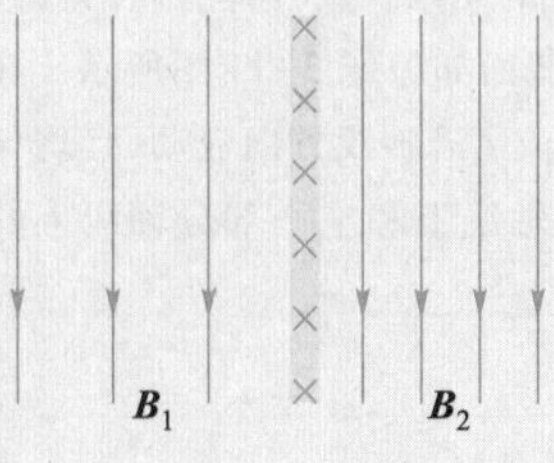

习题 3-19 图

3-20 半径为 R 的导线圆环中通有电流 I，置于磁感应强度为 $\boldsymbol{B}$ 的均匀磁场中，磁场方向与环面垂直. 求导线所受张力的大小.

3-21 长为 l 的细杆均匀分布着电荷 Q. 它绕通过细杆一端并垂直于细杆的轴匀速旋转，角速度为 ω. 求此细杆磁矩的大小.

3-22 半径为 R 的 1/4 圆弧 $\widehat{AB}$，处于均匀磁场 $\boldsymbol{B}_0$ 中，可绕 z 轴转动，其中通有电流 I. 求在如习题 3-22 图所示位置时，

(1) AB 圆弧所受的磁力；

(2) AB 圆弧所受的磁力矩.

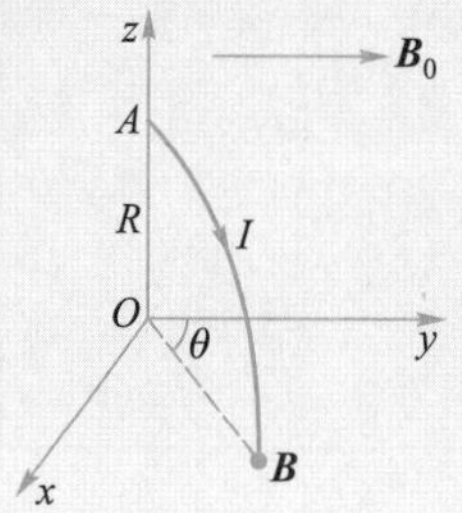

习题 3-22 图

3-23 如习题 3-23 图所示，一根 U 形轻质导线，质量为 m，两端浸没在水银槽中，导线上段长 l，处在磁感应强度为 $\boldsymbol{B}$ 的均匀磁场中. 当电源接通时，导线就会从水银槽中跳起来，假定电流脉冲的时间和导线上升时间相比非常小，试由导线跳起所达高度 h 计算电流脉冲的电荷量 q.

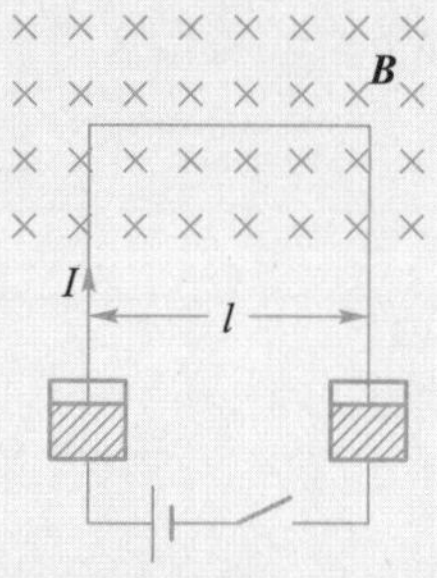

习题 3-23 图

3-24 在电视显像管的电子束中，电子能量为 1.2×10^4 eV，这个显像管的安放位置使电子水平地由南向北运动. 该处地球磁场的竖直分量向下，大小为 5.5×10^{-5} T.

(1) 电子束受地磁场的影响将偏向什么方向？

(2) 电子束在显像管内由南向北通过 20 cm 时将偏移多远？

3-25 在 $B=0.1$ T 的均匀磁场中入射一个能量为 2.0×10^3 eV 的正电子，正电子速度与磁场方向夹角为89°，路径呈螺旋线，其轴线在磁感应强度 $\boldsymbol{B}$ 的方向. 求该螺旋线运动的周期 T，螺距 h 和半径 r.

3-26 北京正负电子对撞机中的储存环周长为 240 m，若动量为 1.49×10^{-18} kg · m/s 的电子在该储存环中做轨道运动，求偏转磁场的磁感应强度.

3-27 如习题 3-27 图所示，在霍耳效应实验中，宽 1.0 cm，长 4.0 cm，厚 1.0×10^{-3} cm 的导体沿长度方向载有 3.1 A 的电流. 当磁感应强度 $B=1.5$ T 的磁场垂直地通过该薄导体时，在导体宽度两端产生 1.0×10^{-5} V 的霍耳电压.

(1) 求载流子的漂移速度；

(2) 求载流子数密度；

(3) 若载流子为电子，试判断霍耳电压的极性.

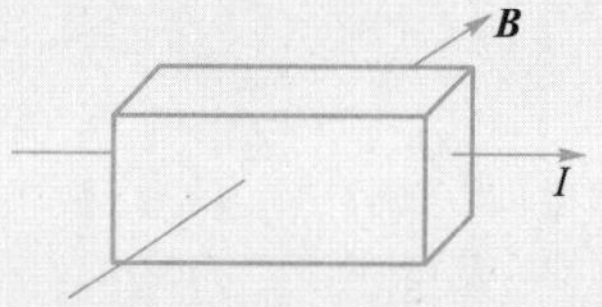

习题 3-27 图

3-28 利用霍耳元件可以测量磁场的磁感应强度. 设一霍耳元件用金属材料制成，其厚度为 0.15 mm，载流子数密度为 $10^{24}\ \mathrm{m}^{-3}$. 将霍耳元件放入待测磁场中，测得霍耳电压为 42 μV，电流为 10 mA，求待测磁场的磁感应强度的大小.

3-29 如习题 3-29 图所示，一磁导率为 μ_1 的无限长圆柱形直导线，半径为 R_1，其中均匀地流有电流 I，导线外包一层磁导率为 μ_2 的圆柱形均匀磁介质，其外半径为 R_2. 求磁场强度和磁感应强度的分布.

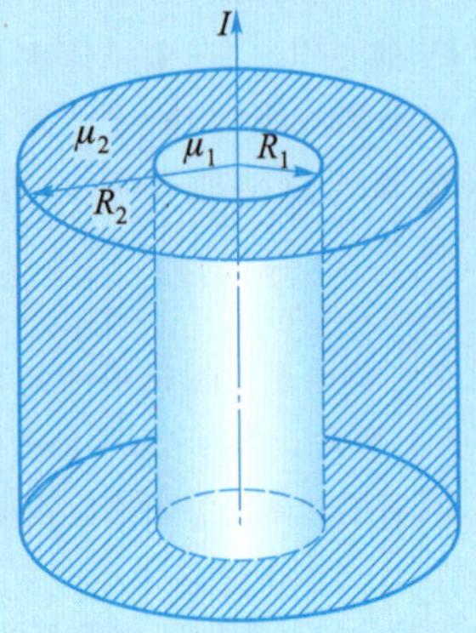

习题 3-29 图

3-30 一无限长均匀密绕直螺线管，其内部充满相对磁导率为 μ_r 的各向同性的均匀顺磁介质．设螺线管单位长度上的线圈匝数为 n，导线中通有电流 I，求管内的磁感应强度 $\boldsymbol{B}$ 及磁介质表面的面磁化电流密度 $\boldsymbol{j}'$.

第 4 章　电磁感应和电磁场

现代人类的生活离不开电力，那么你知道电力是怎么产生的吗？你知道发电机是如何将机械能转化为电能的吗？现代人类的生活也同样离不开无线电通信，那么你知道无线电通信是通过什么来传递信息的吗？要回答这些问题，都离不开提到历史上两位科学巨人的名字，他们是英国科学家法拉第(M. Faraday)和麦克斯韦(J. C. Maxwell)．正是法拉第发现的电磁感应现象，开启了人类进入电气时代的大门；而麦克斯韦则通过对电磁理论的总结，将电学、磁学和光学统一起来，实现了继牛顿之后物理学的第二次大综合，他所预言的电磁波在二十多年后被德国物理学家赫兹(H. R. Hertz)通过实验所验证，人类也因此很快进入了无线电通信时代．

本章将首先讨论电磁感应现象及在此基础上建立的法拉第电磁感应定律；然后通过分析两类不同的电磁感应现象得到动生电动势和感生电动势的定义，并通过对感生电动势起源的分析引出感生电场的概念；接下来将介绍自感和互感现象、磁场的能量、并通过非恒定电流的讨论引出位移电流的概念、得到全电流的安培环路定理；本章最后将介绍完全描述电磁现象规律的麦克斯韦方程组以及电磁波．

4.1　法拉第电磁感应定律

4.1.1　电磁感应现象

1820 年奥斯特发现电流磁效应之后，物理学家便试图寻找它的逆效应，法拉第在 1821 年提出了磁生电的设想．但由于电流的磁效应是一种稳态效应，即恒定电流就能产生磁场，受此影响，当时的物理学家所设计的实验都以恒定的磁场是否能产生电

授课视频：电磁感应现象

场或电流为思路，因此都没有取得成功．直至 1931 年，细心的法拉第在实验中观察到，一个通电线圈产生的磁场虽然不能在另一个线圈中引起电流，但是在通电线圈中电流接通或中断的瞬间，另一个线圈中的检流计指针发生了微小的偏转．法拉第开始意识到，与电流的磁效应是一种稳态效应不同，磁生电是一种暂态效应．于是他设计了各种各样的实验，最终验证了磁生电现象的存在．1831 年底，法拉第向英国皇家学会报告了磁生电的实验现象，并称之为电磁感应现象．这篇具有划时代意义的论文最终促进了统一的电磁学理论的建立．

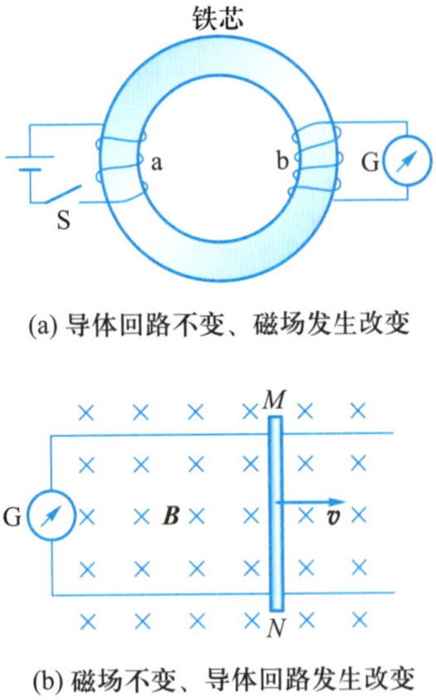

图 4-1 电磁感应现象

电磁感应现象中出现的电流被称为感应电流，电磁感应现象按照产生感应电流方式的不同可分为两大类：一类为导体回路不动而回路周围的磁场发生了变化，其典型的实验装置如图 4-1(a)所示：环形铁芯上分别缠绕两个线圈回路 a 和 b，线圈回路 a 中包含电源和开关 S，线圈回路 b 中串联一检流计 G，在线圈回路 a 中的开关 S 接通或断开的瞬间，线圈回路 b 中的检流计 G 的指针都会发生短暂偏转，这说明回路 b 中出现了感应电流，而在回路 a 中的电流没有变化时，回路 b 中检流计指针始终指向零．另一类是磁场不变而导体回路的整体或其中一部分在磁场中运动，其典型的实验装置如图 4-1(b)所示：空间的磁场 $\boldsymbol{B}$ 保持不变，导体回路中的一部分导体 MN 在磁场中以速度 $\boldsymbol{v}$ 运动，在此过程中导体回路中检流计 G 同样能检测到感应电流的出现．

法拉第通过对这两类电磁感应现象的分析，发现了它们的共同的特点，即穿过闭合回路的磁通量都发生了变化．在图 4-1(a)中，虽然线圈回路都固定不动，但在线圈回路 a 中的开关接通或断开的瞬间，回路中变化的电流将激发变化的磁场，该变化磁场通过铁芯的耦合引起穿过回路 b 的磁通量发生变化，回路 b 中就出现了感应电流；在 4-1(b)中，虽然空间磁场不发生变化，但由于组成导体回路的一部分导体 MN 在磁场中做切割磁感线的运动，这导致穿过导体回路的磁通量发生了变化，导体回路中产生了感应电流．

NOTE

在电磁感应现象中感应电流的产生，说明导体回路中一定出现了某种电动势．而感应电流的大小与回路的电阻有关，感应电动势的大小则和回路的电阻无关，即使导体回路没有闭合，回路中不产生感应电流，但导体上仍然会出现感应电动势，因此电磁感应现象的本质是在回路中激发了电动势．这种由磁通量变化而引起的电动势被称为感应电动势．法拉第在总结不同电磁感应现象的基础上，得到了反映感应电动势和磁通量变化之间关系的电磁感应定律．

4.1.2 法拉第电磁感应定律

法拉第在总结大量电磁感应实验的基础上，得出结论：导体回路中感应电动势的大小与穿过回路的磁通量的时间变化率成正比．这就是法拉第电磁感应定律．1845 年德国物理学家诺伊曼（F. E. Neumann）在法拉第工作的基础上给出了法拉第电磁感应定律的数学表达式：

授课视频：法拉第电磁感应定律

$$\mathscr{E}=-\frac{\mathrm{d}\Phi}{\mathrm{d}t} \tag{4-1}$$

上式中 $\mathscr{E}$ 为导体回路中的感应电动势，负号与感应电动势的方向有关，Φ 为穿过回路围成面积的总磁通量．国际单位制中，Φ 的单位是韦伯（Wb），$\mathscr{E}$ 的单位是伏特（V），因此有 1 V=1 Wb/s.

NOTE

式（4-1）中穿过导体回路围成面积的总磁通量可通过磁感应强度的面积分求得．

$$\Phi=\int_S \boldsymbol{B}\cdot\mathrm{d}\boldsymbol{S} \tag{4-2}$$

其中面 S 是以导体回路为边界的任意曲面．

如果闭合回路是由 N 匝导线构成的线圈，则整个回路可以看成由单独的每一匝导线彼此串联而成，回路中总的感应电动势可看成在每匝导线回路中单独产生的感应电动势之和．设穿过每匝导线回路的磁通量分别为 $\Phi_1,\Phi_2,\cdots,\Phi_N$，则整个闭合回路中的总感应电动势为

$$\begin{aligned}\mathscr{E}&=\mathscr{E}_1+\mathscr{E}_2+\cdots+\mathscr{E}_N=-\frac{\mathrm{d}\Phi_1}{\mathrm{d}t}-\frac{\mathrm{d}\Phi_2}{\mathrm{d}t}-\cdots-\frac{\mathrm{d}\Phi_N}{\mathrm{d}t}\\&=-\frac{\mathrm{d}}{\mathrm{d}t}(\Phi_1+\Phi_2+\cdots+\Phi_N)=-\frac{\mathrm{d}}{\mathrm{d}t}\left(\sum_{i=1}^{N}\Phi_i\right)=-\frac{\mathrm{d}\Psi}{\mathrm{d}t}\end{aligned}$$

式中 $\Psi=\sum_{i=1}^{N}\Phi_i$ 称为全磁通，它表示穿过每匝导线回路的磁通量之和．如果穿过每一匝回路的磁通量都相等为 Φ，则穿过 N 匝线圈的总的磁通量为 $\Psi=N\Phi$，称之为磁链，此时，回路中的总感应电动势可表示为

$$\mathscr{E}=-\frac{\mathrm{d}\Psi}{\mathrm{d}t}=-N\frac{\mathrm{d}\Phi}{\mathrm{d}t} \tag{4-3}$$

如果知道导体回路的电阻 R，就可通过欧姆定律求得回路中所激发的感应电流的大小．

$$I=\frac{\mathscr{E}}{R}=-\frac{1}{R}\frac{\mathrm{d}\Phi}{\mathrm{d}t} \tag{4-4}$$

授课视频：解题方法

利用法拉第电磁感应定律的数学表达式［式(4-1)或式(4-3)］，可求出磁通量变化时闭合回路中所激发的感应电动势的大小，计算方法如下：首先规定闭合回路 L 的绕行方向，然后计算穿过以闭合回路 L 为边界的任意曲面 S 的磁通量，此曲面 S 的正法线方向与回路的绕行方向应满足右手螺旋定则，最后再利用式(4-1)或式(4-3)计算回路中感应电动势 $\mathscr{E}$ 的大小．如果所得的结果为正，说明感应电动势的方向与规定的回路绕行方向一致；如果所得的结果为负，则说明感应电动势的方向与规定的回路绕行方向相反．另外，导体回路中感应电动势的方向还可以根据楞次定律进行判断．

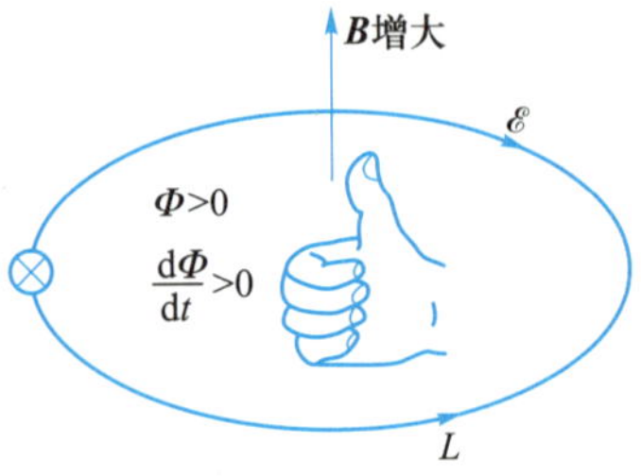

(a) 回路L沿逆时针方向绕行

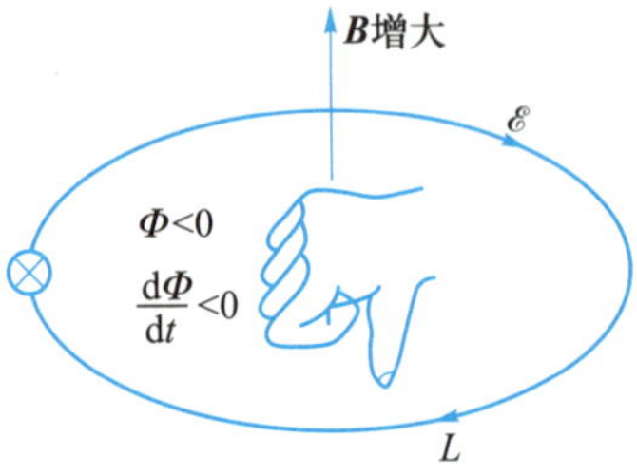

(b) 回路L沿顺时针方向绕行

图 4-2　感应电动势方向的判定

注意，这里可任意规定导体回路 L 的绕行方向（顺时针或逆时针），所得的感应电动势的方向都会彼此一致，不会出现相互矛盾的结果．下面举例说明：如图 4-2 所示，设一水平放置的闭合回路 L 处于向上的磁场中，如果磁感应强度 $\boldsymbol{B}$ 随时间变化，闭合回路 L 中就会激发出感应电动势 $\mathscr{E}$．在计算感应电动势 $\mathscr{E}$ 时，如果假定闭合回路 L 的绕行方向为逆时针方向，即如图 4-2(a) 所示，此时与逆时针绕行方向成右手螺旋关系的方向是向上的，这与磁感应强度 $\boldsymbol{B}$ 的方向一致，因此由式(4-2)计算得到磁通量 $\Phi>0$，若磁感应强度 $\boldsymbol{B}$ 随时间增大，则有$\frac{\mathrm{d}\Phi}{\mathrm{d}t}>0$，由式(4-1)可得 $\mathscr{E}<0$，这说明感应电动势 $\mathscr{E}$ 的方向与回路 L 绕行方向相反，即感应电动势 $\mathscr{E}$ 沿着顺时针方向．相反，如果我们假定闭合回路 L 的绕行方向为顺时针方向，即如图 4-2(b) 所示，与顺时针绕行方向成右手螺旋关系的方向是向下的，这样计算得到的磁通量 $\Phi<0$，若向上的磁感应强度 $\boldsymbol{B}$ 随时间增大，则有$\frac{\mathrm{d}\Phi}{\mathrm{d}t}<0$，由式(4-1)可得 $\mathscr{E}>0$，这说明感应电动势 $\mathscr{E}$ 的方向与回路 L 绕行方向相同，为顺时针方向．另外，在图 4-2 所示两种情形中，若磁感应强度 $\boldsymbol{B}$ 随时间减小，则都可以得到感应电动势 $\mathscr{E}$ 的方向是沿着逆顺时针方向．可以看出，任意规定回路的绕行方向，通过式(4-1)计算得到的感应电动势 $\mathscr{E}$ 的方向是彼此一致的．

例 4-1

如图 4-3 所示，长直导线中通以变化电流 $I=kt$，方向向上，$k>0$ 且为常量．在此导线旁平行地放置一共面的长方形线框，其宽度为 b，高度为 l，线框的一边与通电导线相距 d，求任一时刻线圈中的感应电动势．

授课视频：[例 4-1]

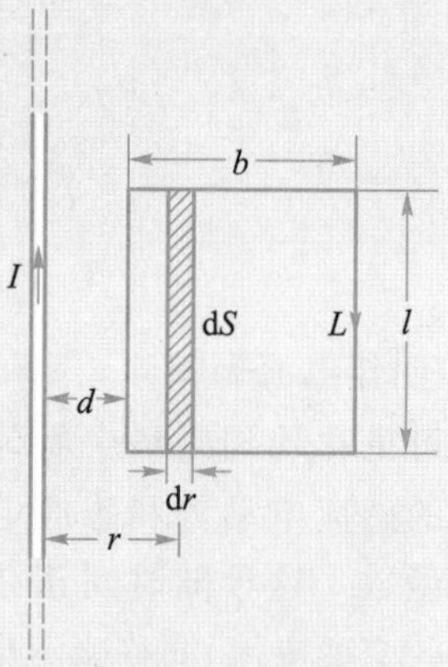

图 4-3 例 4-1 图

解：当长直导线中的电流随时间变化时，将在它的周围空间激发随时间变化的磁场，穿过线框回路的磁通量也将随时间变化，线框中会产生感应电动势．通电直导线在其周围空间激发的磁感应强度分布为

$$B=\frac{\mu_0 I}{2\pi r}$$

其方向在图 4-3 所示情形下为垂直于线框平面向里．

设线框回路的绕行方向为顺时针方向，这里选取线框围成的矩形平面来计算穿过线框的磁通量，则线框围成面积的正法线方向为垂直于线框平面向里．在距离长直导线 r 处取宽度为 $\mathrm{d}r$、高为 l 的面元 $\mathrm{d}S$，有 $\mathrm{d}S=l\mathrm{d}r$，则穿过面元 $\mathrm{d}\boldsymbol{S}$ 的磁通量为

$$\mathrm{d}\Phi=\boldsymbol{B}\cdot\mathrm{d}\boldsymbol{S}=\frac{\mu_0 I}{2\pi r}l\mathrm{d}r$$

对线框围成面积进行积分可得穿过整个线框围成面积的磁通量为

$$\Phi=\int\mathrm{d}\Phi=\int_d^{b+d}\frac{\mu_0 I}{2\pi r}l\mathrm{d}r=\frac{\mu_0 lI}{2\pi}\ln\frac{b+d}{d}$$

将电流 I 随时间变化的关系 $I=kt$ 代入上式，并由法拉第电磁感应定律可得线框中的感应电动势为

$$\mathscr{E}=-\frac{\mathrm{d}\Phi}{\mathrm{d}t}=-\frac{\mu_0 l}{2\pi}\ln\frac{b+d}{d}\frac{\mathrm{d}I}{\mathrm{d}t}=-\frac{\mu_0 lk}{2\pi}\ln\frac{b+d}{d}$$

由于 $k>0$，因此有 $\mathscr{E}<0$，即感应电动势 $\mathscr{E}$ 的方向与所选回路绕行方向相反，即为逆时针方向．

由此例题可以看出，实际中在利用式(4-1)计算回路中的感应电动势时，如果已知磁场的方向，我们可以有意识地规定与此磁场方向构成右手螺旋关系的方向为回路的绕行方向，这样就可以避免在计算穿过回路的磁通量时出现负号，以免与式(4-1)中本身就有的负号发生混淆．

例 4-2

如图 4-4 所示，在磁感应强度为 $\boldsymbol{B}$ 的均匀磁场中，有一平面线圈，由 N 匝导线构成．线圈以角速度 ω 绕与磁场方向垂直的轴 OO'转动，设开始时线圈平面的法线 $\boldsymbol{e}_n$与磁场 $\boldsymbol{B}$ 方向平行，求线圈中的感应电动势．

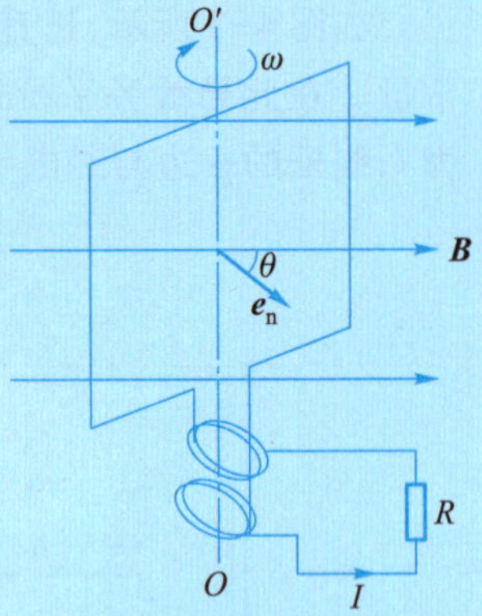

图 4-4 例 4-2 图

解：由已知，$t=0$ 时，线圈平面的法线 $\boldsymbol{e}_n$与磁场 $\boldsymbol{B}$ 方向一致，所以任意时刻线圈平面的法线 $\boldsymbol{e}_n$ 与磁感应强度 $\boldsymbol{B}$ 矢量的夹角为 $\theta=\omega t$. 则任意时刻穿过该线圈的磁链为

$$\Psi=N\Phi=NBS\cos\theta=NBS\cos\omega t$$

由法拉第电磁感应定律的表达式(4-3)，可得线圈中的感应电动势为

$$\mathscr{E}=-\frac{\mathrm{d}\Psi}{\mathrm{d}t}=-\frac{\mathrm{d}}{\mathrm{d}t}(NBS\cos\omega t)=NBS\omega\sin\omega t$$

式中 N、B、S 和 ω 都是常量，令 $\mathscr{E}_m=NBS\omega$，则上式可写为

$$\mathscr{E}=\mathscr{E}_m\sin\omega t$$

式中的 $\mathscr{E}_m$ 称为电动势振幅．

若回路电阻为 R，则电路中的电流为

$$I=\frac{\mathscr{E}_m}{R}\sin\omega t=I_m\sin\omega t$$

式中的 I_m 叫作电流振幅．

由此可见在均匀磁场中做匀速转动的线圈产生的感应电动势和感应电流都是时间的正弦函数．这种随时间正弦变化的电流称为正弦交变电流，简称交流电．以上正是交流发电机的基本原理．实际的大功率交流发电机的转动部分是提供磁场的电磁铁线圈，输出交流电的线圈则是固定不动的，电磁铁线圈的转动可以在空间形成旋转磁场，旋转的磁场在固定不动的线圈上也会激发交变的感应电动势和感应电流．

4.1.3 楞次定律

授课视频：楞次定律

1834 年，俄国物理学家楞次(H. Lenz)在获悉法拉第发现电磁感应定律之后，提出了另一种直接判断感应电流方向的方法，被称为楞次定律．楞次定律的表述可以归结为："感应电流的效果总是反抗引起它的原因"．

在具体的电磁感应现象中，楞次定律又可以通过两种不同的方式表述出来：如果把回路中的感应电流视为由穿过回路的磁通量的变化引起的，那么楞次定律可具体表述为："闭合回路中感应电流的方向，总是使它所激发的磁场穿过回路自身的磁通量阻止原磁通量的变化"，这种表述称为通量表述；如果回路中的感应电流看作由组成回路的导体做切割磁感线运动引起的，那么楞次定律又可表述为："运动导体上的感应电流受到的安培力总是阻碍导体的运动"，这种表述称为力表述.

当穿过回路的磁通量发生了变化，如图 4-5 所示情形，就可以根据楞次定律的通量表述来判断回路中感应电流的方向：在图 4-5(a)所示的磁棒 S 极靠近线圈回路的过程中，穿过线圈向上的磁通量增加，根据楞次定律，感应电流的磁场应阻碍线圈中向上磁通量的增加，即感应电流产生磁场的磁感线应该向下(图中虚线所示)，由右手螺旋定则，可知线圈回路中感应电流的方向为顺时针方向. 反之，在图 4-5(b)所示的磁棒 S 极远离线圈回路的过程中，穿过线圈向上的磁通量减小，线圈回路中感应电流的磁场应阻碍线圈中向上磁通量的减小，即感应电流产生磁场的磁感线应该向上(图中虚线所示)，由此可得线圈回路中感应电流的方向为逆时针方向.

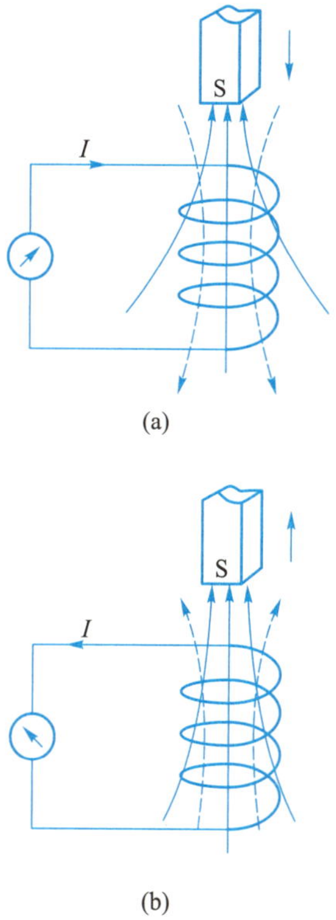

图 4-5 利用楞次定律判断感生电流的方向

当回路中的一部分导体在磁场中运动时，如前面图 4-1(b)所示情形，就可根据楞次定律的力表述来判断回路中感生电流的方向：当导体棒在导体框架上向右运动时，磁场对其上感应电流的安培力应该阻碍其向右的运动，即安培力方向向左，根据安培力的定义式 $\boldsymbol{F}=I\mathrm{d}\boldsymbol{l}\times\boldsymbol{B}$，可以判断出导体棒中流过的感应电流的方向是向上的.

楞次定律的实质是产生感应电流的过程必须遵守能量守恒定律. 如果感应电流的方向不符合楞次定律，那么永动机就可以制成. 例如当回路中的一部分导体在磁场中运动时，假如其上感应电流所受的安培力与其运动方向相同，那么该导体就会不断地被加速，而以更大的速度运动的导体上会产生更大的感应电流，并受到更大的安培力，如此循环往复，能量就会在没有任何消耗的情况下源源不断地产生出来. 显然，这违背了能量守恒定律，因此是不可能的，即感应电流所受安培力一定与导体的运动方向相反.

利用楞次定律可以确定感应电流及感应电动势的方向，它说明了法拉第电磁感应定律表达式(4-1)中的负号，但要定量得到回路中感应电流或感应电动势大小，还须知道穿过回路的磁通量的时间变化率或是导体相对于磁场的运动速度.

4.2 动生电动势和感生电动势

法拉第电磁感应定律的数学表达式(4-1)从现象上总结了

NOTE

感应电动势和磁通量变化之间的关系．根据磁通量变化的不同原因，感应电动势可分为两类：一类是由导体在磁场中运动而引起的感应电动势，称为动生电动势；另一类是由导体回路不动而磁场变化引起的感应电动势，称为感生电动势．

我们知道，产生电动势的本质是电源内部出现了某种非静电起源的作用力，那么对于动生电动势和感生电动势这两种以不同方式产生的电动势，与它们相对应的非静电力分别是什么呢？这一节我们将从电动势的起源出发对这两种感应电动势进行讨论．

4.2.1 动生电动势

授课视频：动生电动势

在电磁感应现象中，单纯由导体运动产生的感应电动势称为动生电动势．考虑如图 4-6 所示的典型的产生动生电动势的实验装置：一个由固定不动的导体框架和可运动的导体棒构成的矩形回路 $abcda$ 放置于均匀磁场 $\boldsymbol{B}$ 中，磁场方向垂直于矩形导体回路 $abcda$，导体棒 ab 以恒定速度 $\boldsymbol{v}$ 向右运动．当导体棒 ab 与 cd 边距离为 x 时，根据法拉第电磁感应定律表达式(4-1)，可得回路中产生的动生电动势的大小为

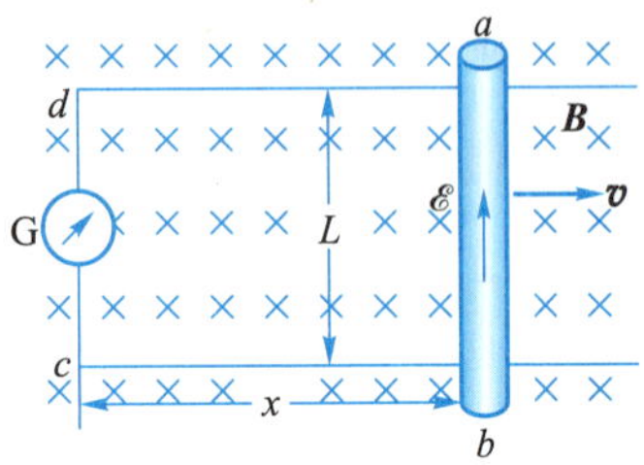

图 4-6 动生电动势的产生

$$\mathscr{E}=\left|-\frac{\mathrm{d}\Phi_{\mathrm{m}}}{\mathrm{d}t}\right|=\frac{\mathrm{d}}{\mathrm{d}t}(BLx)=BL\frac{\mathrm{d}x}{\mathrm{d}t}=BLv \qquad (4-5)$$

根据楞次定律可以判断出感生电动势的方向是由 b 指向 a．由于导体回路中除导体棒 ab 运动外，其余部分均固定不动，因此回路中的动生电动势是由导体棒 ab 在磁场中运动产生的，可将导体棒 ab 视为整个回路的“电源”，电动势的方向说明导体棒的 a 端为电源的正极，b 端为电源的负极．

由 3.1.3 节可以知道，产生电动势的本质是非静电力做功．那么在这里，产生动生电动势的非静电力是什么呢？我们知道，导体中存在自由电子，当导体棒 ab 在磁场中以速度 $\boldsymbol{v}$ 水平向右运动时，导体棒 ab 中的自由电子也将具有水平向右的速度 $\boldsymbol{v}$，由洛伦兹力公式 $\boldsymbol{F}_{\mathrm{L}}=-e\boldsymbol{v}\times\boldsymbol{B}$ 可知，每个电子都将受到向下洛伦兹力 $\boldsymbol{F}_{\mathrm{L}}$ 的作用．正是在向下的洛伦兹力的作用下，电子在导体棒中由 a 端向 b 端做定向运动，从而形成了回路中的感应电流，这也与动生电动势由 b 指向 a 的方向相符合．这说明电子所受到的洛伦兹力就是产生动生电动势的非静电力．由式(3-14)可知，与洛伦兹力相对应的非静电场场强为

NOTE

$$\boldsymbol{E}_{\mathrm{k}}=\frac{\boldsymbol{F}_{\mathrm{L}}}{-e}=\boldsymbol{v}\times\boldsymbol{B} \tag{4-6}$$

上式可以理解为单位正电荷所受的洛伦兹力，即单位正电荷所受的非静电力．根据电动势的定义式(3-15)，在导体棒 ab 中产生的动生电动势应等于将单位正电荷从运动棒的负极移动到正极非静电力所做的功，即非静电场场强 $\boldsymbol{E}_{\mathrm{k}}$ 沿着运动棒 ab 的路径积分，因此有

$$\mathscr{E}=\int_{b}^{a}\boldsymbol{E}_{\mathrm{k}}\cdot\mathrm{d}\boldsymbol{l}=\int_{b}^{a}(\boldsymbol{v}\times\boldsymbol{B})\cdot\mathrm{d}\boldsymbol{l} \tag{4-7}$$

由于 $\boldsymbol{v}\times\boldsymbol{B}$ 的方向为沿着棒由 b 指向 a，所以这里选取的积分路径 $\mathrm{d}\boldsymbol{l}$ 的方向也是从 b 到 a，由此可得运动导体棒上产生的动生电动势为

$$\mathscr{E}=\int_{b}^{a}(\boldsymbol{v}\times\boldsymbol{B})\cdot\mathrm{d}\boldsymbol{l}=\int_{b}^{a}vB\mathrm{d}l=BLv \tag{4-8}$$

其方向是由 b 指向 a．比较上式(4-8)和式(4-5)，可以看出，由电动势定义式(3-15)计算得到运动导体棒的动生电动势和利用法拉第电磁感应定律表达式(4-1)计算得到的结果完全一致．

式(4-7)虽然是在特殊情况下推导得到的动生电动势的表达式，但它也适用于计算在任意磁场中运动的任意导体上产生的动生电动势，即式(4-7)为计算动生电动势的一般定义式．

在利用式(4-7)计算在磁场中的任一运动导体上产生的动生电动势时，可首先在运动导体上任意位置选取一段矢量线元 $\mathrm{d}\boldsymbol{l}$，若其运动速度为 $\boldsymbol{v}$，所在位置处的磁场为 $\boldsymbol{B}$，则在此线元 $\mathrm{d}\boldsymbol{l}$ 上产生的元电动势为

$$\mathrm{d}\mathscr{E}=(\boldsymbol{v}\times\boldsymbol{B})\cdot\mathrm{d}\boldsymbol{l} \tag{4-9}$$

然后再沿着 $\mathrm{d}\boldsymbol{l}$ 的方向从运动导体的一端向另外一端作路径积分，即如式(4-7)所示，就可得到整段运动导线上产生的动生电动势 $\mathscr{E}$．积分路径 $\mathrm{d}\boldsymbol{l}$ 的方向可任意选取，若计算得到的 $\mathscr{E}>0$，则动生电动势 $\mathscr{E}$ 的方向与选定方向一致；若计算得到的 $\mathscr{E}<0$，则动生电动势 $\mathscr{E}$ 的方向与选定方向相反．

可以看出，只要导体在磁场中运动，即使导体不构成闭合回路，也可以根据式(4-7)来计算运动导体上的动生电动势．这是因为运动导体中的自由电子在洛伦兹力的作用下会往导体的一端聚集，使这一端呈现出负电性，即为电动势源的负极；而导体另外一端因自由电子较少则显现出正电性，为电动势源的正极．导体两端的正负电荷会在导体中产生电场，该电场对导体中自由电子的作用力的方向正好与其所受洛伦兹力的方向相反，当两个力达到平衡时，导体两端会对应于一定的电势差，这就是

运动导体上产生的电动势．一旦导体回路闭合，回路中就会流过感应电流．

另外，如果整个导体回路都在磁场中运动，就可沿着导体回路进行如下闭合路径的积分来求出回路中产生的动生电动势．

$$\mathscr{E}=\oint_L(\boldsymbol{v}\times\boldsymbol{B})\cdot\mathrm{d}\boldsymbol{l} \tag{4-10}$$

式中 L 为沿着导体回路的积分路径，积分路径 $\mathrm{d}\boldsymbol{l}$ 的方向选取也是任意的，动生电动势 $\mathscr{E}$ 的方向判断与前面利用式(4-7)求解动生电动势时所用方法相同．

通过以上分析可以知道，产生动生电动势的非静电起源的作用力是洛伦兹力，我们也知道，洛伦兹力是不做功的，而动生电动势可以输出电功，这是否意味着产生动生电动势的过程违反了能量守恒定律？

授课视频：动生电动势能量来源

我们继续讨论图 4-6 所示的产生动生电动势的情形．图 4-7 画出了运动导体棒中自由电子的受力情况以及运动棒的受力情况．运动棒 ab 中的自由电子随棒一起以速度 $\boldsymbol{v}$ 向右运动，受到的洛伦兹力大小为 $F_{\mathrm{L}}=evB$，方向向下．自由电子在此洛伦兹力的作用下沿着导体棒向下做定向的漂移运动，与其相对应的运动速度为 $\boldsymbol{v}'$，向下做漂移运动的电子也会受到一洛伦兹力，其大小为 $F'_{\mathrm{L}}=ev'B$，方向向左．因此，运动电子所受的洛伦兹力的合力为 $\boldsymbol{F}_{\mathrm{L合}}=\boldsymbol{F}_{\mathrm{L}}+\boldsymbol{F}'_{\mathrm{L}}$，电子运动的合速度为 $\boldsymbol{v}_{合}=\boldsymbol{v}'+\boldsymbol{v}$，洛伦兹力合力的功率为

$$\boldsymbol{F}_{\mathrm{L合}}\cdot\boldsymbol{v}_{合}=(\boldsymbol{F}_{\mathrm{L}}+\boldsymbol{F}'_{\mathrm{L}})\cdot(\boldsymbol{v}'+\boldsymbol{v})$$
$$=\boldsymbol{F}_{\mathrm{L}}\cdot\boldsymbol{v}'+\boldsymbol{F}'_{\mathrm{L}}\cdot\boldsymbol{v}=evBv'-ev'Bv=0$$

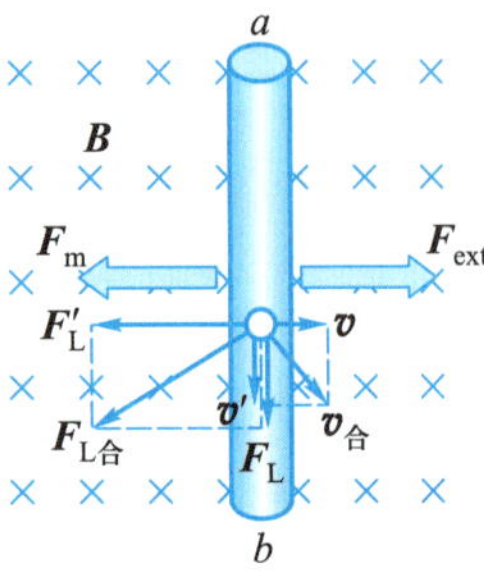

图 4-7 动生电动势产生过程中的能量转化示意图

可见，虽然洛伦兹力提供了产生动生电动势的非静电力，但是洛伦兹力合力的功仍然为 0，因此这并不违背能量守恒定律．

那么电动势输出的电功所需的能量又是从何而来呢？由于自由电子沿着导体棒向下做定向运动时受到向左的洛伦兹力 $\boldsymbol{F}'_{\mathrm{L}}$ 的作用，导体棒中所有做定向运动的自由电子受到的此洛伦兹力的集体表现就是宏观上导体棒所受的安培力，由安培力公式可知，当导体棒载流为 I 时所受的安培力为 $F_{\mathrm{m}}=IlB$. 由于安培力向左，与导体棒的运动方向相反，即该安培力会阻碍导体棒的运动．若要导体棒以恒定速度 $\boldsymbol{v}$ 向右运动，就必须对该导体棒施加一水平向右的外力 $\boldsymbol{F}_{\mathrm{ext}}$，且 $F_{\mathrm{ext}}=F_{\mathrm{m}}=IlB$. 由此可得外力的功率为

$$P_{\mathrm{ext}}=F_{\mathrm{ext}}v=IlvB$$

导体棒上的动生电动势 $\mathscr{E}$ 在回路流过感应电流 I 时所输出的电功率为

$$P=\mathscr{E}I=IlvB$$

由以上两式可以看出，$P=P_{ext}$，即电动势的输出功率与外力的功率相等．这说明动生电动势所提供的电能来源于外力克服安培力做功，而洛伦兹力的合力在此过程中并不做功．因此，产生动生电动势的过程并不违反能量守恒定律．

授课视频：法拉第成就

例 4-3

1831 年，法拉第发现了电磁感应现象之后不久，又利用电磁感应原理发明了世界上第一台真正意义上的发电机——法拉第圆盘发电机，如图 4-8(a)所示．该发电机的构造与现代的发电机不同，在磁场中转动的不是线圈，而是一个铜的圆盘．圆心处固定一个摇柄，圆盘的边缘和圆心处各与一个电刷紧贴，用导线把电刷与电流计连接起来；铜圆盘放置在蹄形永磁体的磁场中，当转动摇柄使铜圆盘旋转起来时，电路中就产生了持续的电流．根据此原理，设半径为 R 的圆盘在垂直于盘面的均匀磁场 $\boldsymbol{B}$ 中，以角速度 ω 绕轴转动，试求圆盘中心与边缘之间的感应电动势的大小．

授课视频：[例 4-3]

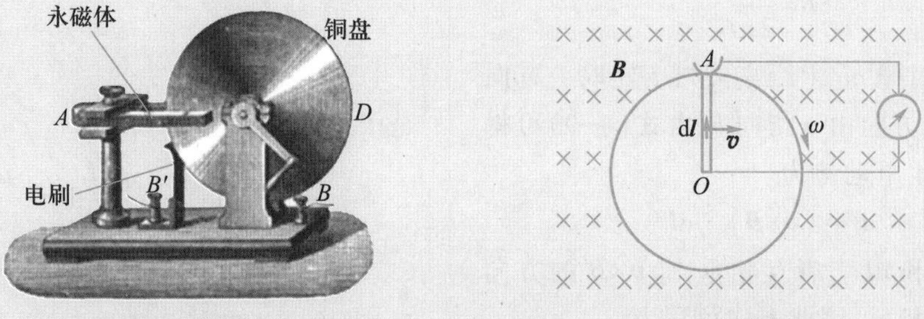

(a) 实物图　　(b) 工作原理图

图 4-8　法拉第圆盘发电机

解：为了方便计算，在图 4-8(b)中画出了法拉第圆盘发电机的工作原理图．铜盘可视为许多沿半径方向的铜棒组成的，当盘在均匀磁场 $\boldsymbol{B}$ 中转动时，每一半径方向的铜棒都做切割磁感应线的运动，其上会产生动生电动势．考虑连接圆盘中心 O 和边沿电刷接触点 A 之间的半径，在距离 O 点 l 处取一有向线元 $\mathrm{d}\boldsymbol{l}$，方向由 O 指向 A. 此线元的速度大小为 $v=\omega l$，方向垂直于半径方向．可以看出，$\boldsymbol{v}$、$\boldsymbol{B}$ 和 $\mathrm{d}\boldsymbol{l}$ 三者互相垂直，由动生电动势公式(4-9)可得线元 $\mathrm{d}\boldsymbol{l}$ 上的动生电动势为

$$\mathrm{d}\mathscr{E}=(\boldsymbol{v}\times\boldsymbol{B})\cdot\mathrm{d}\boldsymbol{l}=vB\mathrm{d}l=B\omega l\mathrm{d}l$$

半径 OA 上的总电动势为

$$\mathscr{E}=\int_O^A\mathrm{d}\mathscr{E}=\int_0^R(\boldsymbol{v}\times\boldsymbol{B})\cdot\mathrm{d}\boldsymbol{l}=\int_0^R B\omega l\mathrm{d}l$$

$$=\frac{1}{2}B\omega R^2$$

可以看出 $\mathscr{E}>0$，这表明动生电动势 $\mathscr{E}$ 的方向与积分路径方向相同，即为由 O 指向 A. 如果沿着圆盘上其他半径方向进行计算，可以得到与上式相同的结果，且圆盘边沿处的电势都高于圆盘中心．因此，整个圆盘的电动势可以看成无数半径方向的动生电动势的并联结果，即圆盘中心与边缘之间的感

应电动势为 $\frac{1}{2}B\omega R^2$，方向由圆盘中心指向圆盘边沿．

法拉第圆盘发电机是世界上的第一台发电机，它揭开了人类将机械能转化为电能的序幕．后来出现的功率较大的可供实用的发电机就是在此基础上，将蹄形永磁体改为能产生强大磁场的电磁铁，用多匝线圈代替铜圆盘，并改进了电刷制成的．

例 4-4

如图 4-9 所示，在通有电流 I 的长直导线旁有一长为 L 金属棒 ab，其与长直导线共面且互相垂直，a 端与长直导线的距离为 d. 若金属棒以恒定速度 $\boldsymbol{v}$ 沿着与长直导线平行的方向运动，求金属棒中的动生电动势．

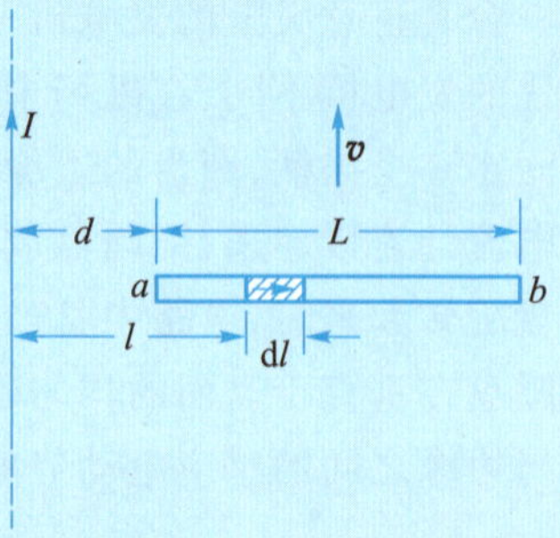

图 4-9 例 4-4 图

解：通电直导线在金属棒一侧产生的磁场方向垂直于纸面向里，大小为

$$B=\frac{\mu_0 I}{2\pi r}$$

在金属棒 ab 上距离 a 端 l 处取一有向线元 $\mathrm{d}\boldsymbol{l}$，其方向由 a 指向 b，由式(4-9)可得 $\mathrm{d}\boldsymbol{l}$ 上的动生电动势为

$$\mathrm{d}\mathscr{E}=(\boldsymbol{v}\times\boldsymbol{B})\cdot\mathrm{d}\boldsymbol{l}$$

这里 $\boldsymbol{v}$、$\boldsymbol{B}$ 和 $\mathrm{d}\boldsymbol{l}$ 三者互相垂直，$\boldsymbol{v}\times\boldsymbol{B}$ 的方向与 $\mathrm{d}\boldsymbol{l}$ 方向相反，因此上式可写为

$$\mathrm{d}\mathscr{E}=-vB\mathrm{d}l=-v\frac{\mu_0 I}{2\pi l}\mathrm{d}l$$

整个金属棒上的电动势为

$$\mathscr{E}=\int_a^b \mathrm{d}\mathscr{E}=\int_d^{d+L}-v\frac{\mu_0 I}{2\pi l}\mathrm{d}l=-\frac{\mu_0 I v}{2\pi}\ln\frac{d+L}{d}$$

由于 $\mathscr{E}<0$，说明 $\mathscr{E}$ 的方向与 $\mathrm{d}\boldsymbol{l}$ 方向相反，即由 b 指向 a，a 端电势高．

下面再利用动生电动势公式(4-7)来求解例 4-2. 当平面线圈在磁场中转动时，由于线圈中只有 ab 边和 cd 边切割磁感应线，而 bc 边和 da 边不切割磁感应线，因此线圈中的总电动势由 ab 边和 cd 边上产生的动生电动势贡献．设 ab 和 cd 边的长度为 l_1，bc 边和 da 边的长度为 l_2，考虑某一时刻 t 线圈处于如图 4-10 所示的位置，线圈平面法线 $\boldsymbol{e}_n$ 与磁感应强度 $\boldsymbol{B}$ 矢量的夹角为 θ，则 ab 边产生的动生电动势为

$$\mathscr{E}_{ab}=\int_a^b(\boldsymbol{v}\times\boldsymbol{B})\cdot\mathrm{d}\boldsymbol{l}=-\int_0^l vB\sin\theta\mathrm{d}l=-Bl_1v\sin\theta$$

负号说明 ab 边产生的动生电动势 $\mathscr{E}_{ab}$ 沿着从 b 到 a 的方向．

cd 边的动生电动势为

$$\mathscr{E}_{cd}=\int_c^d(\boldsymbol{v}\times\boldsymbol{B})\cdot \mathrm{d}\boldsymbol{l}=-\int_0^{l_1}vB\sin(\pi-\theta)\,\mathrm{d}l=-Bl_1v\sin\theta$$

负号说明 cd 边产生的动生电动势 $\mathscr{E}_{cd}$ 沿着从 d 到 c 的方向．

可以看出，$\mathscr{E}_{ab}$ 和 $\mathscr{E}_{cd}$ 在回路中方向相同，均沿着 $adcba$ 的方向，因此单匝回路中的动生电动势的大小为

$$\mathscr{E}=\mathscr{E}_{ab}+\mathscr{E}_{cd}=2Bl_1v\sin\theta$$

将 $v=\dfrac{l_2}{2}\omega$，$\theta=\omega t$ 代入上式，并考虑 N 匝线圈及线圈的面积 $S=l_1l_2$，得任意时刻 t 线圈回路中产生的动生电动势为

$$\mathscr{E}=NBl_1l_2\omega\sin\omega t=NBS\omega\sin\omega t$$

此结果和前面利用法拉第电磁感应定律计算得到的结果相同．

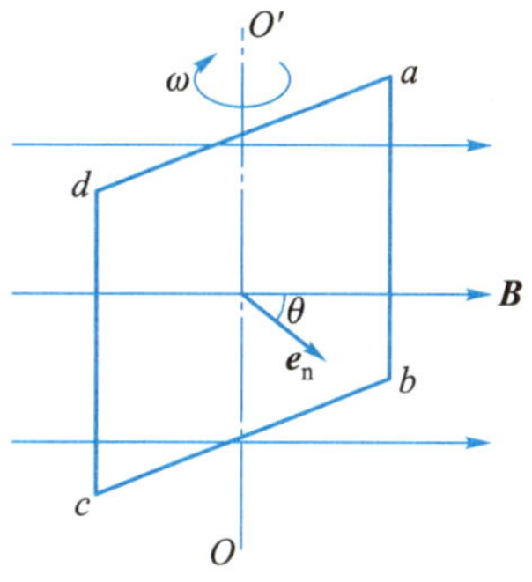

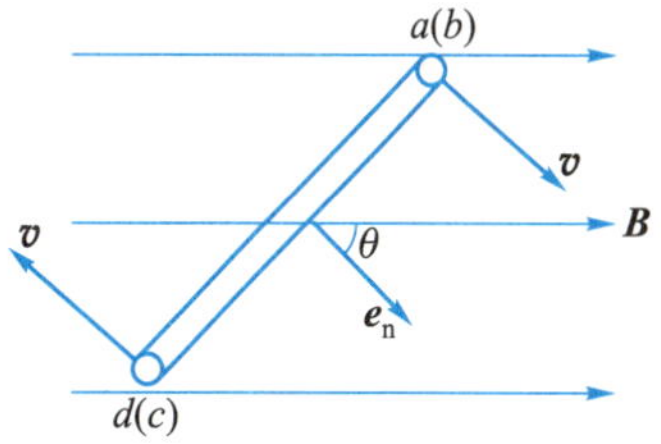

(b) 俯视图

图 4-10 线圈在均匀磁场中转动

授课视频：感生电动势

4.2.2 感生电动势

导体回路固定不动，导体回路所在位置处的磁场随时间变化所产生的感应电动势，称为感生电动势．图 4-11 为产生感生电动势的典型电路：当线圈中流过的电流 I 随时间发生变化时，其激发的空间磁场 B 也会发生变化，这样穿过导体回路 L 的磁通量就会随时间发生改变，回路 L 中会产生感生电动势．根据法拉第电磁感应定律表达式(4-1)及磁通量的定义式(4-2)，可得回路中产生的感生电动势为

$$\mathscr{E}=-\frac{\mathrm{d}\Phi}{\mathrm{d}t}=-\frac{\mathrm{d}}{\mathrm{d}t}\int_S\boldsymbol{B}\cdot\mathrm{d}\boldsymbol{S}\qquad(4-11)$$

式中 S 是以回路 L 为边界的任意曲面，其法线方向与回路 L 的绕行方向构成右手螺旋关系．

由于回路固定不动，故 S 不随时间变化，这里只有磁感应强度 B 随时间变化，因此可以将式(4-11)中的时间微分移到积分号内，式(4-11)变为

$$\mathscr{E}=-\int_S\frac{\partial\boldsymbol{B}}{\partial t}\cdot\mathrm{d}\boldsymbol{S}\qquad(4-12)$$

这就是计算导体回路中因磁场变化而激发的感生电动势的公式．

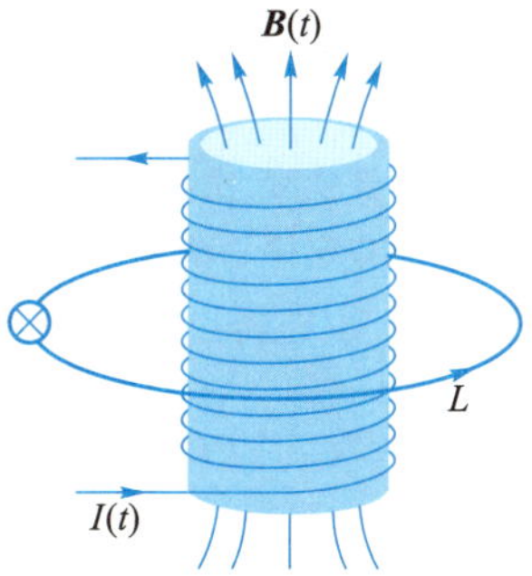

图 4-11 感生电动势

我们知道，回路中出现了感应电动势，说明回路中一定存在某种非静电起源的作用力．这里，产生感生电动势、使正电荷在电动势源(导体回路)中从负极移动到正极的非静电力又是什么呢？我们还知道，只要电荷受力，不是电场力就是磁场力(在这里不考虑电荷所受的万有引力)．这里导体回路没有相对于磁场运

NOTE

动，因此产生感生电动势的非静电力一定不是磁场力（洛伦兹力）．这是否就意味着导体内部的电荷受到的非静电力只能是一种电场力呢？

麦克斯韦分析大量电磁感应现象后大胆地提出了假设：变化的磁场在其周围空间会激发电场，这种电场称为感生电场，其电场强度用 $\boldsymbol{E}_k$ 表示．感生电场与静电场一样都对电荷存在力的作用，即电荷 q 受到的感生电场力可以表示成 $\boldsymbol{F}=q\boldsymbol{E}_k$；所不同的是静电场是由静止电荷产生，而感生电场则是由变化的磁场激发．正是不同于静电场的感生电场的存在，才在导体回路中引起了感生电动势，因此感生电场力就是产生感生电动势的非静电力，感生电场 $\boldsymbol{E}_k$ 即为产生电动势的非静电场场强．由电动势定义式（3-15），可得回路中的感生电动势为

$$\mathscr{E}=\oint_L \boldsymbol{E}_k \cdot \mathrm{d}\boldsymbol{l} \tag{4-13}$$

这里的 L 为沿着导体回路的闭合路径．如果知道空间感生电场的分布，则可根据式（4-13）计算出任意回路中的感生电动势．

对于既存在导体回路在磁场中运动，又存在空间磁场随时间变化的情形，导体回路中的感应电动势则由动生电动势和感生电动势组成．结合式（4-13）和式（4-10），可得导体回路 L 中感应电动势的大小可表示为

$$\mathscr{E}=\oint_L (\boldsymbol{v}\times\boldsymbol{B}+\boldsymbol{E}_k)\cdot \mathrm{d}\boldsymbol{l} \tag{4-14}$$

上式可以看作法拉第电磁感应定律的另外一种表达方式．

授课视频：法拉第电磁感应定律总结

总结起来，法拉第电磁感应现象可以通过两种不同的方式进行描述：一种是利用式（4-1），通过计算磁通量的时间变化率来得到导体回路中产生的感应电动势；另一种是利用式（4-14），通过电动势的定义分别计算出动生电动势和感生电动势的大小，再将两者相加得到回路中产生的感应电动势．第一种描述方式抓住了动生电动势和感生电动势的共同特点，对电磁感应规律进行了统一的表述，无论回路中存在哪种电动势或者两者都有，都可以通过磁通量的时间变化率求出总的感应电动势，而并不去区分它们．第二种描述方式却从本质上揭示了感应电动势的不同起源，具有更为深刻的物理内涵．引起动生电动势和感生电动势的非静电力是完全不同的，前者起源于洛伦兹力 $\boldsymbol{v}\times\boldsymbol{B}$，后者起源于变化磁场 $\partial\boldsymbol{B}/\partial t$ 产生的感生电场 $\boldsymbol{E}_k$．

例 4-5

如图 4-12 所示，导体棒 CD 置于一个三角形导体框架 MON 上，它们处于与其所在平面相垂直的磁场 $\boldsymbol{B}$ 中，三角形框架的夹角为 α. 以 O 点为坐标原点，ON 为 x 轴，$t=0$ 时刻导体棒 CD 从 $x=0$ 处开始以恒定速率 v 沿着 x 轴正方向运动，空间磁感应强度 $B=Kx\cos\omega t$，求 CD 棒运动到 x 位置处时，导体回路 $CDOC$ 内感应电动势的大小.

授课视频：[例 4-5]

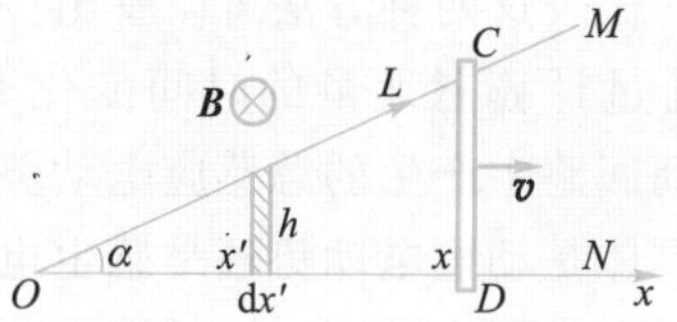

图 4-12 例 4-5 图

解法一：这里磁场随时间变化，导体棒 CD 在磁场中运动，因此回路中产生的感应电动势既包含动生电动势，又包含感生电动势. 这里我们先利用式(4-1)，通过计算磁通量的时间变化率来求回路中的感应电动势.

首先来计算穿过导体回路 $CDOC$ 围成面积的磁通量. 选取回路的绕行方向为顺时针方向，与顺时针方向构成右手螺旋关系的方向为 $CDOC$ 围成面积的法线正向(垂直于纸面向里，正好与图示的磁感应强度 $\boldsymbol{B}$ 的正方向相同). 由于磁感应强度 $\boldsymbol{B}$ 在平面内不均匀分布，所以需要通过积分来计算穿过 $CDOC$ 围成面积的磁通量. 取 x' 处宽度为 dx' 的面元 dS，其高度 $h=x'\tan\alpha$，面元 $dS=h dx'$，穿过此面元 dS 的元磁通量 $d\Phi$ 为

$$d\Phi=\boldsymbol{B}\cdot d\boldsymbol{S}=BdS=Bhdx=Bx'\tan\alpha dx'$$

由磁通量的定义式(4-2)可得穿过导体回路 $CDOC$ 围成平面的磁通量

$$\Phi=\int_S \boldsymbol{B}\cdot d\boldsymbol{S}=\int_0^x Bx'\tan\alpha dx'$$

$$=\int_0^x Kx'\cos\omega t\cdot x'\tan\alpha dx'$$

$$=\int_0^x Kx'^2\cos\omega t\tan\alpha dx'=\frac{1}{3}Kx^3\cos\omega t\tan\alpha$$

利用法拉第电磁感应定律表达式(4-1)可得导体回路 $CDOC$ 内产生的感应电动势为

$$\mathscr{E}=-\frac{d\Phi}{dt}=-\frac{d}{dt}\left(\frac{1}{3}Kx^3\cos\omega t\tan\alpha\right)$$

$$=-Kx^2\frac{dx}{dt}\cos\omega t\tan\alpha+\frac{1}{3}Kx^3\omega\sin\omega t\tan\alpha$$

$$=-Kx^2v\cos\omega t\tan\alpha+\frac{1}{3}Kx^3\omega\sin\omega t\tan\alpha$$

上式中由于 x 随时间而变化，$\cos\omega t$ 也是时间的函数，所以在磁通量 Φ 对时间 t 进行微分时得到了两项，第一项中 $\frac{dx}{dt}$ 就是导体棒 CD 的运动速率 v，此项对应于因导体棒 CD 运动产生的动生电动势，第二项则对应于因磁场随时间变化而产生的感生电动势.

解法二：这里我们也可以根据电动势的定义式(4-14)，通过分别计算回路中的动生电动势和感生电动势来得到回路中总的感应电动势.

由于导体棒 CD 在磁场中运动，由动生电动势的定义式(4-7)可得

$$\mathscr{E}_{动生}=\int_C^D(\boldsymbol{v}\times\boldsymbol{B})\cdot d\boldsymbol{l}=-\int_C^D vKx\cos\omega t dl$$

$$=-vKx\cos\omega t\int_C^D dl$$

$$=-vKx\cos\omega t\cdot x\tan\alpha$$

$$=-vKx^2\cos\omega t\tan\alpha$$

上式中 $\boldsymbol{v}\times\boldsymbol{B}$ 和 $d\boldsymbol{l}$ 的方向(由 C 指向 D)正好相反，因此在化为标量形式时会出现一个“-”号. 这里得到的动生电动势与解法一中得到的感应电动势中的第一项相同.

由于磁场随时间变化，根据感生电动势的定义式(4-13)和式(4-12)可得

$$\mathscr{E}_{\text{感生}}=\oint_L \boldsymbol{E}_{\mathrm{k}}\cdot \mathrm{d}\boldsymbol{l}=-\int_S \frac{\partial \boldsymbol{B}}{\partial t}\cdot \mathrm{d}\boldsymbol{S}=-\int_S\frac{\partial B}{\partial t}\mathrm{d}S$$

$$=-\int_0^x \frac{\partial}{\partial t}(Kx'\cos \omega t)x'\tan \alpha \mathrm{d}x'$$

$$=\int_0^x Kx'\omega\sin \omega t\cdot x'\tan \alpha \mathrm{d}x'$$

$$=K\omega\sin \omega t\tan \alpha\int_0^x x'^2\mathrm{d}x'$$

$$=\frac{1}{3}Kx^3\omega\sin \omega t\tan \alpha$$

上式所选取的路径积分的方向为顺时针方向，式中计算$\frac{\partial \boldsymbol{B}}{\partial t}$的面积分的方法与解法一中计算磁通量(磁感应强度 $\boldsymbol{B}$ 的面积分)的方法完全相同．这里求得的感生电动势与解法一中得到的感应电动势中的第二项相同．

导体回路 $CDOC$ 内产生的总的感应电动势为

$$\mathscr{E}=\mathscr{E}_{\text{动生}}+\mathscr{E}_{\text{感生}}$$

$$=-Kx^2v\cos \omega t\tan \alpha+\frac{1}{3}Kx^3\omega\sin \omega t\tan \alpha$$

可见，利用两种方法能得到彼此相一致的结果．比较这两种方法可以看出，利用式(4-1)通过计算磁通量的时间变化率可以直接得到回路中产生的总感应电动势，而不用区分具体是动生电动势还是感生电动势，因此这种方法更为简便．一般情况下，如果存在闭合回路，且穿过其的磁通量又可方便地被计算出来时，都可以考虑利用式(4-1)通过计算磁通量的时间变化率来计算回路中的感应电动势．

4.2.3 感生电场

授课视频：感生电场的性质

上面我们通过回路中产生的感应电动势大小讨论了电磁感应的规律．在分析产生感生电动势的非静电力时，麦克斯韦提出了感生电场的假设，他认为正是感生电场提供了产生感生电动势的非静电力．这不仅揭示了产生感生电动势的本质，而且将变化的磁场和电场联系了起来．比较式(4-13)和式(4-12)，可得

$$\oint_L \boldsymbol{E}_{\mathrm{k}}\cdot \mathrm{d}\boldsymbol{l}=-\int_S\frac{\partial \boldsymbol{B}}{\partial t}\cdot \mathrm{d}\boldsymbol{S} \qquad (4-15)$$

式(4-15)中 S 是以回路 L 为边界的任意曲面，其法线方向与回路 L 的绕行方向构成右手螺旋关系．式(4-15)被称为感生电场的环路定理，其本质就是变化的磁场产生电场．可以看出，感生电场 $\boldsymbol{E}_{\mathrm{k}}$ 的环流可以不等于零，任意电荷沿闭合路径一周感生电场对其所做的功也可以不等于零，所以感生电场被称为有旋场(又叫涡旋电场)，感生电场是一种非保守力场．可以证明，感生电场的电场线是无头无尾的闭合曲线，因此感生电场在任意闭合曲面上的通量一定为零，这就是感生电场的高斯定理，表示为

$$\oint_S \boldsymbol{E}_{\mathrm{k}}\cdot \mathrm{d}\boldsymbol{S}=0 \qquad (4-16)$$

式中 S 为任意的闭合曲面．感生电场的高斯定理说明了感生电场是无源场．

感生电场虽然是在分析感生电动势的起源时被假设出来的，但是感生电场是客观存在的．当磁场随时间变化时，在其周围空间就能激发感生电场，这与是否存在导体回路没有关系．如果此时正好有闭合导体回路被放入该感生电场中，感生电场就会使导体中的自由电荷做定向运动，从而形成感生电流．因此可以说，感生电场的概念是以法拉第电磁感应定律为基础，它源于法拉第电磁感应定律又高于法拉第电磁感应定律．感生电场的存在已被近代科学实验所证实．例如电子感应加速器就是利用变化的磁场所产生的感生电场来加速电子的．

授课视频:实际电场的性质

这里我们学习了由变化磁场产生的感生电场，在第一章和第二章中我们已经学习了由静止电荷产生的静电场．感生电场和静电场之间既有相同之处，即它们都对处于其中的电荷存在力的作用，两种电场力都可以表示为 $\boldsymbol{F}=q\boldsymbol{E}$；但是它们之间又有很大区别，其主要区别见表 4-1.

NOTE

表 4-1　静电场与感生电场的主要区别

	静电场 $\boldsymbol{E}_{静}$	感生电场 $\boldsymbol{E}_{\mathrm{k}}$
场源	静止的电荷	变化的磁场
电场线	起始于正电荷、终止于负电荷	无头无尾的闭合曲线
环路定理	$\oint_L \boldsymbol{E}_{静}\cdot \mathrm{d}\boldsymbol{l}=0$	$\oint_L \boldsymbol{E}_{\mathrm{k}}\cdot \mathrm{d}\boldsymbol{l}=-\int_S \frac{\partial \boldsymbol{B}}{\partial t}\cdot \mathrm{d}\boldsymbol{S}$
高斯定理	$\oint_S \boldsymbol{E}_{静}\cdot \mathrm{d}\boldsymbol{S}=\frac{1}{\varepsilon_0}\sum_{内} q_i$	$\oint_S \boldsymbol{E}_{\mathrm{k}}\cdot \mathrm{d}\boldsymbol{S}=0$
电场性质	保守场	非保守场，有旋场

从表 4-1 可以看出，静电场和感生电场是性质完全不同的两种电场：静电场由静止电荷产生，为有源场和保守场（无旋场），静电场线起始于正电荷，终止于负电荷；而感生电场则由变化的磁场产生，为无源场和非保守场（有旋场），感生电场线为无头无尾的闭合曲线。另外，与静电场路径积分相联系的是电势差，与感生电场路径积分相联系的是感应电动势，两者都能使导线中的自由电子做定向运动形成电流，但是两者的概念却完全不同，电势差一定是由导线两端积累的净电荷产生的静电场引起，而电动势则与导线上是否有净电荷的积累无关，只与其上感生电场的分布有关。因此在存在感应电动势的电路中，我们不能简单地通过流过的电流来计算一个电阻两端的电势差。

如果实际空间中既存在静止电荷，又存在变化磁场，那么空间中就既有静电场 $\boldsymbol{E}_{静}$ 又有感生电场 $\boldsymbol{E}_{\mathrm{k}}$，空间中的总电场就为静

NOTE

电场 $\boldsymbol{E}_{静}$ 和感生电场 $\boldsymbol{E}_k$ 的矢量叠加的结果，即 $\boldsymbol{E}=\boldsymbol{E}_{静}+\boldsymbol{E}_k$. 这样，根据表4-1中所示的两种电场分别满足的高斯定理和环路定理，就可以得到总电场 $\boldsymbol{E}$ 满足的高斯定理和环路定理，分别如下式(4-17)和式(4-18)所示．

$$\oint_S \boldsymbol{E}\cdot \mathrm{d}\boldsymbol{S}=\frac{1}{\varepsilon_0}\sum_{内} q_i \tag{4-17}$$

$$\oint_L \boldsymbol{E}\cdot \mathrm{d}\boldsymbol{l}=-\int_S \frac{\partial \boldsymbol{B}}{\partial t}\cdot \mathrm{d}\boldsymbol{S} \tag{4-18}$$

以上两式就是麦克斯韦方程组中关于电场的两个基本方程式．

另外，在恒定情况下，即一切物理量都不随时间变化时，$\frac{\partial B}{\partial t}=0$，式(4-18)变为

$$\oint_L \boldsymbol{E}\cdot \mathrm{d}\boldsymbol{l}=0$$

这就是表 4-1 中静电场 $\boldsymbol{E}_{静}$ 满足的环路定理。可见，静电场的环路定理是式(4-18)在恒定条件下的一个特例。

例 4-6

当磁场分布具有轴对称性且随时间变化时，就可以利用感生电场的环路定理式(4-15)来计算其所激发的感生电场的分布．如图 4-13 所示，磁场均匀分布于半径为 R 的圆柱形区域内，方向沿轴线向上(如载流长直螺线管中的磁场)．当磁感应强度 $\boldsymbol{B}(t)$ 随时间变化时，求空间激发的感生电场的分布．

授课视频：感生电场计算：[例 4-6]

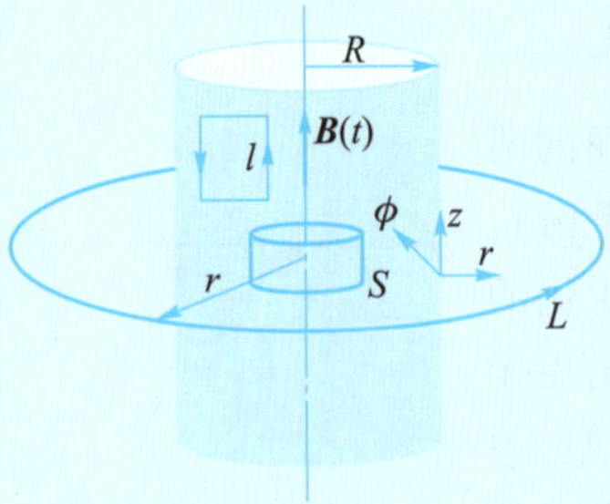

图 4-13　感生电场的计算

解：由于磁场分布具有轴对称性，那么其所激发的感生电场也应该具有相应的轴对称性．首先根据感生电场的基本性质(高斯定理和环路定理)来分析感生电场在空间分布的对称性．采用柱坐标系，其坐标轴分别为 r,ϕ,z. 空间任意位置的感生电场可以表示成如下在 r,ϕ,z 上的分量相叠加的形式．

$$\boldsymbol{E}_k=\boldsymbol{E}_r+\boldsymbol{E}_\phi+\boldsymbol{E}_z$$

选取如图 4-13 中所示的同轴的闭合圆柱面为高斯面 S，由于感生电场具有轴对称性，因此，如果感生电场存在径向分量 E_r，则其在该圆柱面的侧面上处处相等；如果感生电场存在轴向分量 E_z，则其在该圆柱面的两个底面上相对应的位置处应大小相同．

由感生电场的高斯定理 $\oint_S \boldsymbol{E}_k\cdot \mathrm{d}\boldsymbol{S}=0$，可得

$$\boldsymbol{E}_r\cdot \boldsymbol{S}_{侧面}+\int_{上底面}\boldsymbol{E}_z\cdot \mathrm{d}\boldsymbol{S}-\int_{下底面}\boldsymbol{E}_z\cdot \mathrm{d}\boldsymbol{S}=0$$

上式中将感生电场在高斯面上的通量表示成感生电场的三个分量分别在圆柱面的底

面和侧面上的通量之和的形式．由于角向分量 $\boldsymbol{E}_\phi$ 平行于圆柱面的底面和侧面，它不贡献通量，所以在上式中没有表示出来；径向分量 $\boldsymbol{E}_r$ 平行于底面，它只在侧面上有通量 $\boldsymbol{E}_r \cdot \boldsymbol{S}_{侧面}$；轴向分量 $\boldsymbol{E}_z$ 平行于侧面，它只在底面上有通量，又由于上底面和下底面的法线方向相反，所以 $\boldsymbol{E}_z$ 在底面上的通量表示成 $\int_{上底面} \boldsymbol{E}_z \cdot \mathrm{d}\boldsymbol{S} - \int_{下底面} \boldsymbol{E}_z \cdot \mathrm{d}\boldsymbol{S}$，由 $\boldsymbol{E}_z$ 的对称性可知其值为0. 上式变为

$$\boldsymbol{E}_r \cdot \boldsymbol{S}_{侧面} = 0$$

这说明 $\boldsymbol{E}_r = 0$，即感生电场肯定不存在径向分量．这样，感生电场只剩下轴向分量 E_z 和角向分量 $\boldsymbol{E}_\phi$.

接下来我们选取一个与轴线共面且有两条边平行于轴线的矩形回路 l，如图 4-13 所示．对此闭合回路应用感生电场的环路定理 $\oint_L \boldsymbol{E}_\mathrm{k} \cdot \mathrm{d}\boldsymbol{l} = -\int_S \frac{\partial \boldsymbol{B}}{\partial t} \cdot \mathrm{d}\boldsymbol{S}$，由于磁场方向沿着轴线，所以 $\frac{\partial \boldsymbol{B}}{\partial t}$ 的方向也一定沿着轴线．又由于矩形回路 l 与轴线共面，所以 $\frac{\partial \boldsymbol{B}}{\partial t}$ 在矩形回路围成面积上的通量为0，即环路定理中等号右边的面积分为0，环路定理变为 $\oint_L \boldsymbol{E}_\mathrm{k} \cdot \mathrm{d}\boldsymbol{l} = 0$. 角向分量 $\boldsymbol{E}_\phi$ 与矩形回路处处垂直，可知 $\boldsymbol{E}_\phi$ 对线积分无贡献；轴向分量 $\boldsymbol{E}_z$ 与矩形回路中的两条水平边垂直，其在水平边上的线积分为0. 感生电场在矩形回路上的环流只包含轴向分量 E_z 在两条竖直边上的线积分，因此有

$$\boldsymbol{E}_{z1} \cdot \boldsymbol{l} - \boldsymbol{E}_{z2} \cdot \boldsymbol{l} = (\boldsymbol{E}_{z1} - \boldsymbol{E}_{z2}) \cdot \boldsymbol{l} = 0$$

上式中 $\boldsymbol{E}_{z1}$ 和 $\boldsymbol{E}_{z2}$ 分别为感生电场在矩形回路的两条竖直边处的轴向分量，l 为竖直边的长度．由于两条竖直边上的积分路径方向正好相反，所以轴向分量 $\boldsymbol{E}_z$ 在两条竖直边上的线积分的符号相反．由上式可得，

$$\boldsymbol{E}_{z1} = \boldsymbol{E}_{z2}$$

这说明，感生电场的环路定理要成立，就要求感生电场在不同位置处的轴向分量处处相等．这里所取的闭合回路 l 是任意的矩形环路，其宽度可以是任意值（可以是无限大），因此，如果要求离开轴线不同距离处的感生电场的轴向分量相等，自然就要求轴向分量处处为0，即感生电场不存在轴向分量 $\boldsymbol{E}_z$.

通过以上分析可以得出，感生电场只存在角向分量 $\boldsymbol{E}_\phi$，由对称性可知与轴线距离相等处的角向分量 $\boldsymbol{E}_\phi$ 应相等．因此，在以轴线为中心的任一同心圆上，感生电场的大小处处相等，方向沿着切线方向．这说明感生电场的电场线为同心圆环状的闭合曲线．

知道了感生电场分布的对称性，就可利用感生电场的环路定理来求解空间感生电场的分布．选取以轴线为中心、半径为 r、方向沿逆时针方向的一个圆为积分路径 L. 由感生电场的环路定理

$$\oint_L \boldsymbol{E}_\mathrm{k} \cdot \mathrm{d}\boldsymbol{l} = -\int_S \frac{\partial \boldsymbol{B}}{\partial t} \cdot \mathrm{d}\boldsymbol{S}$$

可得，当 $r<R$ 时，有

$$E_\mathrm{k} \cdot 2\pi r = -\frac{\mathrm{d}B}{\mathrm{d}t} \cdot \pi r^2$$

将上式化简，可得圆柱形区域内（磁场存在区域内）激发的感生电场为

$$E_\mathrm{k} = -\frac{r}{2}\frac{\mathrm{d}B}{\mathrm{d}t} \tag{4-19}$$

当 $r>R$ 时，有

$$E_\mathrm{k} \cdot 2\pi r = -\frac{\mathrm{d}B}{\mathrm{d}t} \cdot \pi R^2$$

将上式化简，可得圆柱形区域外（磁场存在区域之外）激发的感生电场为

$$E_\mathrm{k} = -\frac{R^2}{2r}\frac{\mathrm{d}B}{\mathrm{d}t} \tag{4-20}$$

式(4-19)和式(4-20)分别是分布于圆柱形区域内的均匀磁场随时间变化时，在圆柱形区域内和外激发的感生电场的表达式.

这里选取的积分路径 L 的方向为逆时针方向，因此与之构成右手螺旋关系的向上方向为面元矢量 $\mathrm{d}\boldsymbol{S}$ 的正向，结果中的“-”号说明当 $\frac{\mathrm{d}\boldsymbol{B}}{\mathrm{d}t}$ 方向向上时，计算得到的 $E_\mathrm{k}<0$，即感生电场 $\boldsymbol{E}_\mathrm{k}$ 沿着顺时针方向；而当 $\frac{\mathrm{d}\boldsymbol{B}}{\mathrm{d}t}$ 方向向下时，计算得到的 $E_\mathrm{k}>0$，即感生电场 $\boldsymbol{E}_\mathrm{k}$ 沿着逆时针方向.

进一步讨论，在存在闭合回路的情况下，感生电场是引起感生电动势或感生电流的原因。根据楞次定律，回路中感生电流的方向可以通过磁通量的变化来判断，因此感生电场的方向可以类似地通过磁场的变化来判断：某一回路上感生电场的方向同与回路中磁场变化 $\frac{\mathrm{d}\boldsymbol{B}}{\mathrm{d}t}$ 构成右手螺旋关系的方向相反（也可称感生电场方向同磁场变化 $\frac{\mathrm{d}\boldsymbol{B}}{\mathrm{d}t}$ 的方向构成左手螺旋关系）。这可以理解为：如果感生电场在回路中引起了感生电流，那么感生电流激发的磁场一定阻碍穿过回路的磁场的变化。

总结起来，感生电场的环路定理中的负号源于法拉第电磁感应定律中的负号，因此两个负号具有相同的含义，即与感生电场或感应电动势的方向有关，两者的方向都可以通过楞次定律来判断，即感生电场及相应的感应电流的效果总是反抗或阻止引起它的原因，因此这里的负号可以理解为“反抗”或“阻止”. 又由于电流激发磁场遵循的是右手螺旋定则，自然地，磁场变化与其所激发的感生电场间就构成左手螺旋关系.

授课视频：感应加速器

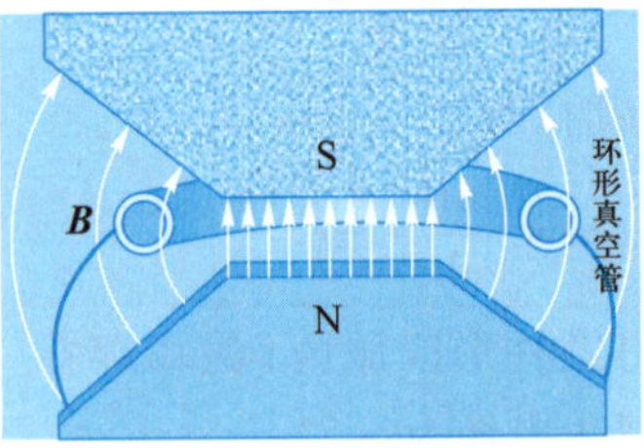

(a) 电子感应加速器原理图

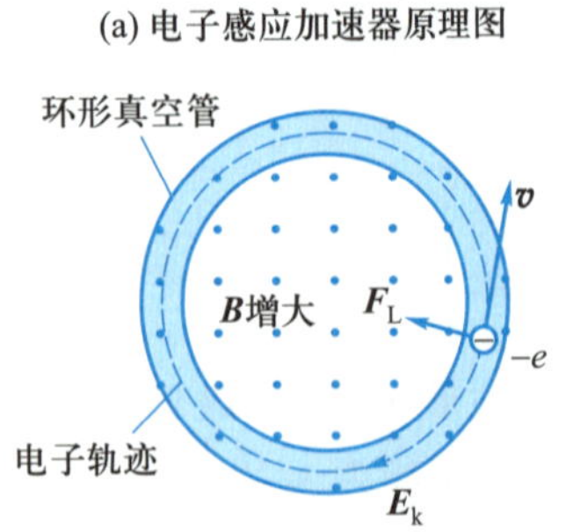

(b) 环形真空管俯视图

图 4-14 电子感应加速器

电子感应加速器就是利用了具有轴对称性的磁场随时间变化时所激发的感生电场来加速电子的. 图 4-14(a)为电子感应加速器的原理图. 在柱形电磁铁的两极间有一频率很高的交变磁场，在磁场中放置一环形真空管作为电子的运行轨道. 高频变化的磁场将沿轨道方向产生感生电场，用电子枪将电子注入环形轨道，电子受到这一感生电场的持续作用而不断被加速. 电子在加速运动的同时还会受到磁场的洛伦兹力，在适当条件下该洛伦兹力正好能提供电子做圆周运动所需的向心力，如图 4-14(b)所示. 这样，电子就能在环形真空管中保持圆周运动并不断被加速至具有很高的能量.

设环形真空管的轴线半径为 a，磁场为柱形均匀磁场，磁感应强度 $\boldsymbol{B}$ 随时间变化，由式(4-19)可知环形真空管轴线上的感生电场为

$$E_\mathrm{k}=-\frac{a}{2}\frac{\partial B}{\partial t}$$

设磁场方向向上为正，磁感应强度 $\boldsymbol{B}$ 按照正弦函数随时间变化，其在一个周期内随时间的变化关系曲线为正弦曲线，如图4-15所示．由于感生电场 $\boldsymbol{E}_k$ 的方向与磁场时间变化率 $\frac{d\boldsymbol{B}}{dt}$ 的方向构成左手螺旋关系，所以在磁感应强度 $\boldsymbol{B}$ 变化的第1和第4个1/4周期中，$\frac{d\boldsymbol{B}}{dt}$ 的方向向上，感生电场 $\boldsymbol{E}_k$ 则沿着顺时针方向（俯视）；而在磁感应强度 $\boldsymbol{B}$ 变化的第2和第3个1/4周期中，$\frac{d\boldsymbol{B}}{dt}$ 的方向向下，感生电场 $\boldsymbol{E}_k$ 则沿着逆时针方向（俯视）．如果电子进入环形真空管时的速度沿着逆时针方向（俯视），那么电子只有在第1和第4个1/4周期中才能被感生电场加速．又由于电子在磁场中做圆周运动会受到洛伦兹力，根据洛伦兹力公式 $\boldsymbol{F}_L = q\boldsymbol{v}\times\boldsymbol{B}$ 可知，电子只有在磁感应强度 $\boldsymbol{B}$ 变化的第1和第2个1/4周期中才受到指向圆心的洛伦兹力，此时的洛伦兹力才可以提供电子做圆周运动所需的向心力．

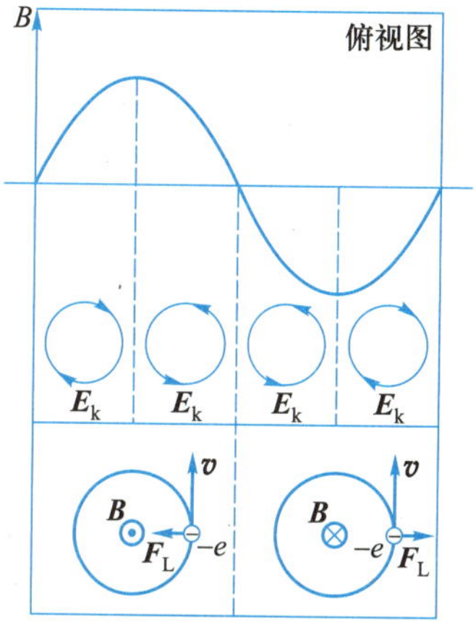

图4-15 电子感应加速器中感生电场、电子所受洛伦兹力随磁感应强度的变化情况

根据以上分析可以看出，只有在磁感应强度 $\boldsymbol{B}$ 随时间变化的第1个1/4周期中，才能既使电子在环形真空管中保持圆周运动，又使电子不断地被感生电场所加速．实际情况就是利用磁感应强度 $\boldsymbol{B}$ 随时间变化的第1个1/4周期来加速电子，在合适的条件下，这足以使电子在环形真空管中经历数十万圈的持续加速，从而获得高达数十兆电子伏的能量，并在第1个1/4周期结束时被引出环形真空管．

进一步讨论，电子感应加速器中的电子轨迹及所加磁场应该满足什么样的条件才能使电子在第1个1/4周期中既能被加速又能保持圆周运动呢？设电子轨道的半径为 R，轨道处的磁感应强度为 B_R，由洛伦兹力公式和向心力公式，有

$$evB_R = \frac{mv^2}{R}$$

由此得

$$mv = ReB_R$$

可以看出，要电子在半径为 R 的圆形轨道上不断被加速，就要求电子的动量 mv 与轨道处的磁感应强度 B_R 成正比。由前面例4-7中的讨论可知，电子轨道处的感应电场的大小为 $E_R = \frac{1}{2\pi R}\frac{d\Phi}{dt}$，考虑电子在被此电场加速的过程，由牛顿第二定律

$$\frac{d(mv)}{dt} = eE_R = \frac{e}{2\pi R}\frac{d\Phi}{dt}$$

$$d(mv) = \frac{e}{2\pi R}d\Phi$$

考虑磁场变化的第一个1/4周期，当 $t=0$ 时，电子速率 $v=0$，轨道

NOTE

NOTE

内区域的磁感应强度 $B=0$,穿过轨道的磁通量 $\Phi=0$。虽然电子轨道内区域的磁场分布是轴对称的,但却不一定均匀。设轨道内区域某一时刻 t 的平均磁感应强度为 $\overline{B}$,此时穿过轨道的磁通量为 $\Phi=\overline{B}\cdot\pi R^2$。对上式从 0 到 t 进行积分,得

$$mv=\frac{e}{2\pi R}\Phi=\frac{e}{2\pi R}\cdot\pi R^2\,\overline{B}=Re\,\frac{\overline{B}}{2}$$

与前面得到的 $mv=Re\,B_R$ 进行比较,得

$$B_R=\frac{\overline{B}}{2}$$

这就是使电子在第 1 个 1/4 周期内既能被加速又能保持圆周运动所需的条件,即电子轨道处的磁感应强度应等于轨道内区域平均磁感应强度的一半。利用这样的电子感应加速器可将电子加速到具有百 MeV 的能量,其速度十分接近光速。另外以上讨论在相对论情形下也是成立的,因此电子即使被加速到速度接近光速,其仍能沿着相同的轨道做圆周运动。由于做高速圆周运动的电子能不断地辐射出能量,电子速度越高,辐射损耗的能量越大,所以这也限制了利用电子感应加速器来进一步获得能量更高的电子。

实际中如果将电子感应加速器产生的能量较高的电子引出并射在钨、铂等金属靶上,就可以通过韧致辐射产生 γ 射线;利用电子感应加速器得到的能量较低的电子则可用于产生硬 X 射线。因此,电子感应加速器被广泛地应用于核物理、工业探伤及医学等领域。

例 4-7

如图 4-16 所示,随时间变化磁场 $B(t)$ 均匀分布于半径为 R 的圆柱形区域,磁场方向平行于轴线,一棒长为 L 金属棒正好位于圆形区域弦 ab 的位置. 若 $\frac{dB}{dt}>0$,试求金属棒中感生电动势的大小.

授课视频:[例 4-7]

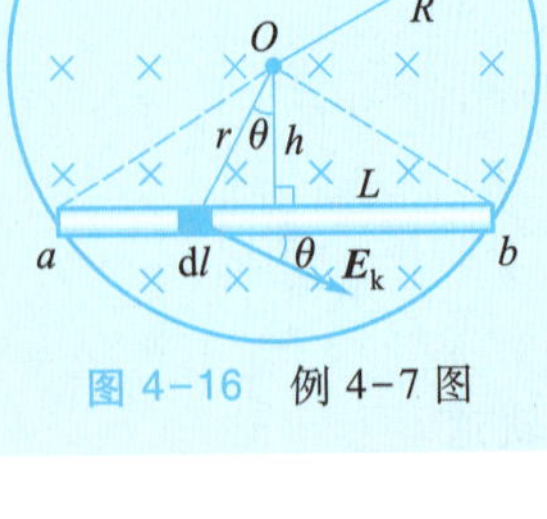

图 4-16 例 4-7 图

解法一:利用感生电动势的定义式(4-13)求解.

由于磁场分布具有轴对称性,可知感生电场的分布也具有轴对称性,感生电场线是一系列以 O 为圆心的同心圆. 圆柱内半径为 r 的圆周上各点感生电场的大小可由式(4-19)给出,即为 $E_k=\frac{r}{2}\frac{dB}{dt}$. 由于 $\frac{dB}{dt}>0$,

即磁场向里增大，所以$\frac{\mathrm{d}\boldsymbol{B}}{\mathrm{d}t}$的方向也是向里，与之构成左手螺旋关系的是逆时针方向，因此感生电场 $\boldsymbol{E}_{\mathrm{k}}$ 的方向为沿同心圆的切线指向逆时针方向．

在金属棒上沿着由 a 至 b 方向任取一有向线元 $\mathrm{d}\boldsymbol{l}$，其到圆心 O 的距离为 r．线元 $\mathrm{d}\boldsymbol{l}$ 处感生电场的大小为 $E_{\mathrm{k}}=\frac{r}{2}\frac{\mathrm{d}B}{\mathrm{d}t}$，方向垂直于相对应的半径 r，如图 4-16 所示．设该感生电场 $\boldsymbol{E}_{\mathrm{k}}$ 与有向线元 $\mathrm{d}\boldsymbol{l}$ 间的夹角为 θ，根据电动势的定义，有

$$\mathscr{E}_{ab}=\int_a^b \boldsymbol{E}_{\mathrm{k}}\cdot \mathrm{d}\boldsymbol{l}=\int_a^b E_{\mathrm{k}}\mathrm{d}l\cos\theta$$

$$=\int_a^b \frac{r}{2}\cdot\frac{\mathrm{d}B}{\mathrm{d}t}\mathrm{d}l\cos\theta$$

在图 4-16 过圆心 O 中作金属棒的垂线，不难看出，该垂线与半径 r 间夹角也为 θ，上式中的 $r\cos\theta$ 就等于圆心 O 到金属棒的垂直距离 h．由于 h 和$\frac{\mathrm{d}B}{\mathrm{d}t}$都与积分变量无关，所以可以将其提到积分号外，得

$$\mathscr{E}_{ab}=\int_a^b \frac{h}{2}\frac{\mathrm{d}B}{\mathrm{d}t}\mathrm{d}l=\frac{h}{2}\frac{\mathrm{d}B}{\mathrm{d}t}\int_a^b \mathrm{d}l=\frac{hL}{2}\frac{\mathrm{d}B}{\mathrm{d}t}$$

$$=\frac{L}{2}\frac{\mathrm{d}B}{\mathrm{d}t}\sqrt{R^2-\frac{L^2}{4}}$$

这里，指向逆时针方向的感生电场 $\boldsymbol{E}_{\mathrm{k}}$ 与有向线元 $\mathrm{d}\boldsymbol{l}$ 间的夹角为锐角 θ，可知所得的 $\mathscr{E}_{ab}>0$，这表明金属棒上的感生电动势的方向与积分路径的方向相同，即由 a 指向 b.

解法二：利用法拉第电磁感应定律表达式（4-1）求解．

连接 Oa、Ob 构成三角形回路 $ObaO$，选取顺时针方向为回路的绕行方向，由法拉第电磁感应定律可得回路中的总感应电动势为

$$\mathscr{E}_{ObaO}=-\frac{\mathrm{d}\Phi}{\mathrm{d}t}=-\frac{\mathrm{d}}{\mathrm{d}t}\int_S \boldsymbol{B}\cdot \mathrm{d}\boldsymbol{S}=-\frac{\mathrm{d}}{\mathrm{d}t}\int_S B\mathrm{d}S$$

$$=-\frac{\mathrm{d}B}{\mathrm{d}t}\int_S \mathrm{d}S=-S_{\Delta}\frac{\mathrm{d}B}{\mathrm{d}t}$$

由于三角形回路可以看成由三条边串联而成，所以有

$$\mathscr{E}_{ObaO}=\mathscr{E}_{Ob}+\mathscr{E}_{ba}+\mathscr{E}_{aO}$$

又由于感生电场线是一系列以 O 为圆心的同心圆，边 Ob 和 aO 正好为圆形区域的半径，所以 Ob 和 aO 上各点的感生电场都与 Ob 和 aO 垂直，即有 $\mathscr{E}_{Ob}=\mathscr{E}_{aO}=0$，从而有

$$\mathscr{E}_{ObaO}=\mathscr{E}_{ba}=-S_{\Delta}\frac{\mathrm{d}B}{\mathrm{d}t}$$

上式中 S_{Δ} 为三角形 ΔOba 围成的面积，其大小为 $S_{\Delta ab}=\frac{1}{2}Lh=\frac{L}{2}\sqrt{R^2-\frac{L^2}{4}}$，代入上式可得导体杆 ba 上感生电动势的大小为

$$\mathscr{E}_{ba}=-S_{\Delta}\frac{\mathrm{d}B}{\mathrm{d}t}=-\frac{L}{2}\frac{\mathrm{d}B}{\mathrm{d}t}\sqrt{R^2-\frac{L^2}{4}}$$

由于$\frac{\mathrm{d}B}{\mathrm{d}t}>0$，则 $\mathscr{E}_{ba}<0$，表明其方向与回路的绕行方向相反，即金属棒上的感生电动势的方向为由 a 指向 b.

这里我们用两种方法，得到了彼此一致的结果．可以看出，利用感生电动势的定义式可以求解任意导体上的感生电动势，并不要求导体构成闭合回路．而要利用法拉第电磁感应定律表达式（4-1）求解，必须要求导体构成闭合回路．另外，如果导体本身不构成闭合回路，也可以通过添加辅助线使其构成一个闭合回路，如果辅助线上的电动势很容易求出，这样就可以通过求解磁通量的时间变化率较为简便地求出导体上感生电动势的大小．

4.2.4 涡电流及电磁阻尼

授课视频：涡电流

当大块金属处在变化的磁场中，或在磁场中运动时，在其内部也会出现感应电流．由于大块金属内部处处可以构成回路，所以，感应电流在其内部自行闭合，形成涡旋状，称为涡电流，简称涡流．由于大块金属的电阻一般都很小，所以涡流通常是很强的．

涡电流具有显著的热效应、机械效应和电磁效应，这些效应在实际中被大量地应用于各个领域．

1. 涡电流的热效应

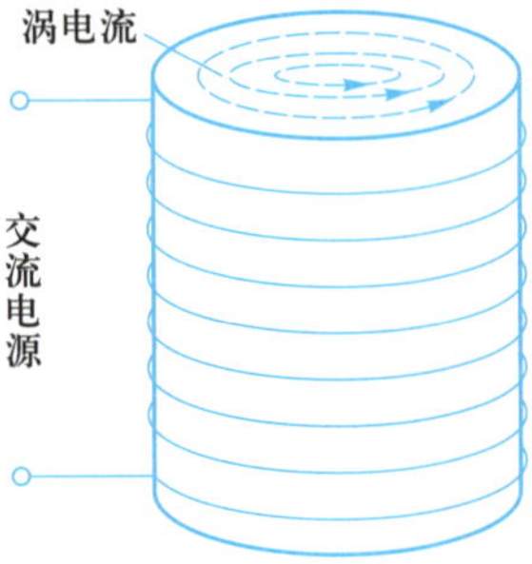

图 4-17 涡电流

如图 4-17 所示，在圆柱形铁芯上绕有线圈，当线圈中通过交变的电流时，铁芯所在区域的磁场也不断发生改变．铁芯可看作由一层一层的圆筒状薄壳组成，每层薄壳都相当于一个闭合回路．由于穿过每层薄壳回路的磁通量随磁场的变化而不断地变化，在每层薄壳回路中都将产生感应电动势并形成环形的感应电流，这就是涡流．

金属中涡流的大小与磁场的变化频率有关，磁场变化频率越高，产生的涡流越大．强大的涡流可以产生剧烈的热效应，利用这种热效应，可以将金属加热到很高的温度以至于熔化．

高频感应电炉就是利用这一原理来冶炼金属的．如图 4-18(a) 所示，当流过环状线圈上的电流高频变化时，就会使被置于线圈中的金属工件内产生涡流而被加热到很高的温度．因为只要金属内部的磁场不断变化，金属中就会产生涡流而被加热，所以高频感应电炉中的金属可以不与外界接触就能被加热，这样就可冶炼各种特种合金和高纯度活泼难熔金属．

(a) 高频感应电炉

(b) 家用电磁炉

图 4-18 涡电流热效应的应用

我们日常生活中所熟悉的电磁炉也是利用涡流的热效应来加热和烹制食物的．如图 4-18(b) 所示，电磁炉内部有一个圆盘形的线圈，当这个线圈上通过 20～25 kHz 左右的交变电流时，就会在附近激发交变磁场，此时若将金属锅置于电磁炉之上，金属锅的锅底内就会被激发产生涡流，金属锅因此被加热．由于涡流是直接在金属锅底中产生并使其被加热，所以电磁炉的炉面是由玻璃或陶瓷制成．

在有些情况下，涡流的热效应是有害的．例如在许多电磁设备中常有大块的金属部件，涡流可使这些金属部件发热，造成能量损耗，这被称为涡流耗损，有时甚至由于过热而烧毁设备．这种情况下就需要避免涡流的热效应．例如变压器中，是通过铁芯将变压器原边产生的交变磁场耦合到副边，从而达到升压或降压的目的．但是，交变磁场在铁芯中引起的涡流会带来大量的热损耗．为了防止或者减小铁芯中出现的涡流，通常将相互绝缘的薄硅钢片一片片叠合成铁芯，如图 4-19 所示，硅钢片平面与磁感应线平行．这样，一方面由于硅钢片本身电阻较大，另一方面，涡流被限制在各薄片的截面内，使得每个硅钢片中的涡流大大减小，从而减少了电能的损耗．另外，电动机的转子和定子上也是用片状软磁材料叠合而成，这也是为了有效地避免涡流的热效应，提高电动机的效率．

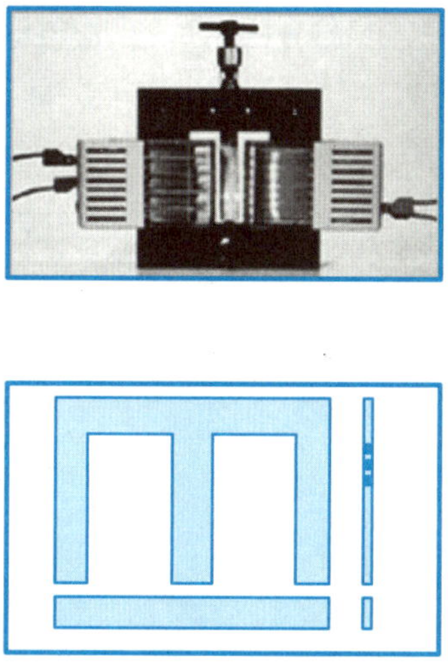

图 4-19　避免涡电流热效应：变压器中的铁芯

在高频电路中会因为涡流而出现所谓的趋肤效应．如图 4-20 所示，当导线中流过数十千赫兹以上的高频电流 i 时，高频变化的电流会在导线内部激发高频变化的磁场 $\boldsymbol{B}$，该高频变化磁场 $\boldsymbol{B}$ 会在导线内部激发涡流 i'，此涡流 i' 在导线的中心区域总是与电流流向相反，使得流过导线中心区域的实际电流大大减小，这样电流就集中于靠近导线表面附近的区域内流动，这种效应被称为趋肤效应．电流变化的频率越高，趋肤效应越明显．趋肤效应使得电流流过的有效横截面积大大减小，因而使导线的实际电阻大大增加，导线上的热损耗增大．为了在高频电路中防止趋肤效应带来的热损耗，通常用多股很细的导线制成高频传输线．虽然在每一根细导线中仍然会有趋肤效应，但是这样的多股细线大大地提高了导线表面附近截面的面积，使得电流流过的有效横截面积增加，减少了由趋肤效应带来的热损耗．

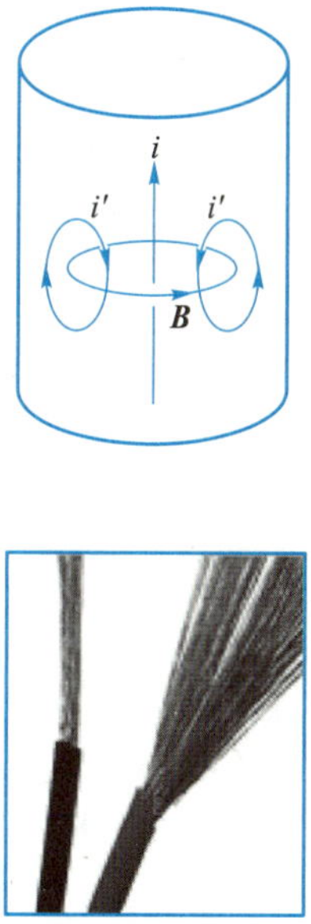

图 4-20　趋肤效应

2. 涡电流的机械效应

楞次定律告诉我们，运动导体中的感应电流所受安培力总是阻碍导体和磁场间的相对运动，根据这一原理，涡流还可用于电磁阻尼或电磁驱动．

电磁阻尼的原理如图 4-21 所示，把铜片悬挂起来形成一个摆，并使其摆过磁铁的两极间．在其摆进或摆出磁场存在区域时，由于穿过摆动铜片的磁通量发生了变化，铜片内将产生涡流，而涡流会受到与铜片运动方向相反的安培力，铜片的摆动会很快地由于阻尼作用而停下来．利用这种磁场对涡流的阻尼作用，可制成各种电动阻尼器．例如在磁电式电表中，为了使测量时指针

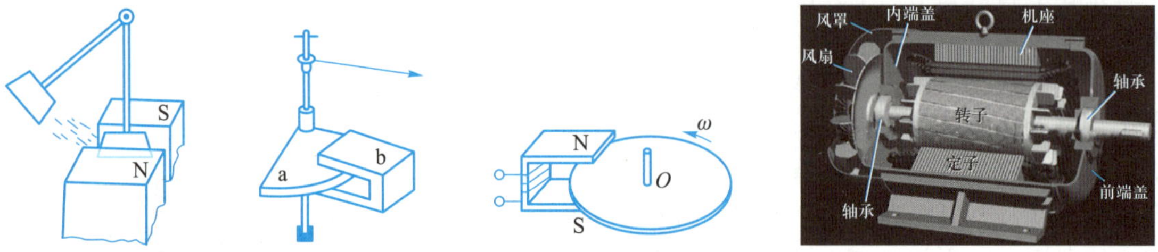

(a) 基本原理 (b) 磁电式电表 (c) 电磁制动器 (d) 交流感应电动机

图 4-21 涡电流的机械效应:电磁阻尼和电磁驱动

NOTE

的摆动能迅速稳定下来,就采用了类似的电磁阻尼. 又如电气机车中用到的电磁制动器,也采用了这种电磁阻尼的原理. 在需要制动时,激磁线圈通电产生磁场,磁场在制动轴上的旋转电枢上激发涡流,电枢内的涡流与磁场相互作用形成制动力矩.

此外,涡流还可用于电磁驱动. 与电磁阻尼不同,此时磁场相对于导体运动,导体中产生的涡流同样会受到安培力而阻碍导体和磁场间的相对运动,这样导体就会跟随磁场运动起来. 交流感应电动机就是采用了这种电磁驱动的原理.

3. 涡电流的电磁效应

交变电流通过线圈时能产生交变的磁场,这个磁场能在金属物体内激发涡流,涡流也会产生磁场,该磁场能够反过来影响原来的磁场,并使检测线圈中激发的感生电流发生变化,这就是涡电流的电磁效应. 机场安检门以及探雷器就是利用了涡电流的这种效应,如图 4-22 所示,当磁场区域内出现金属物体时,检测线圈中会检测到感应电流的变化,从而发出报警声.

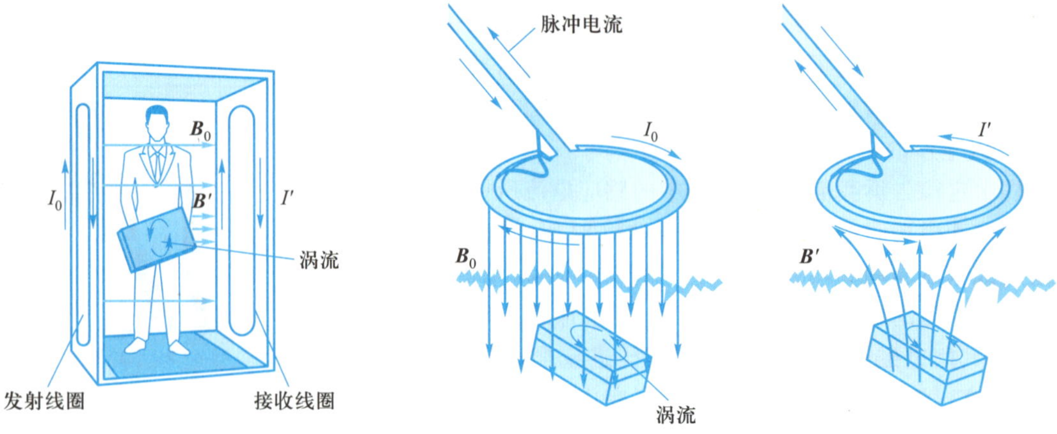

(a) 机场安检门 (b) 探雷器

图 4-22 涡电流的电磁效应

4.3 自感与互感

4.3.1 自感

如图 4-23 所示,当线圈中通有电流 I 时,电流 I 所产生磁场 B 在线圈自身回路中也会产生磁通量 Ψ. 当电流 I 随时间变化时,其所产生的变化磁场 B 通过线圈自身回路的全磁通 Ψ 也将随时间变化. 由法拉第电磁感应定律,线圈自身回路中会产生感应电动势 $\mathscr{E}$. 这种由于电路自身电流变化而在自身回路中激发感应电动势的现象称为自感现象,相应的感应电动势称为自感电动势.

授课视频:自感

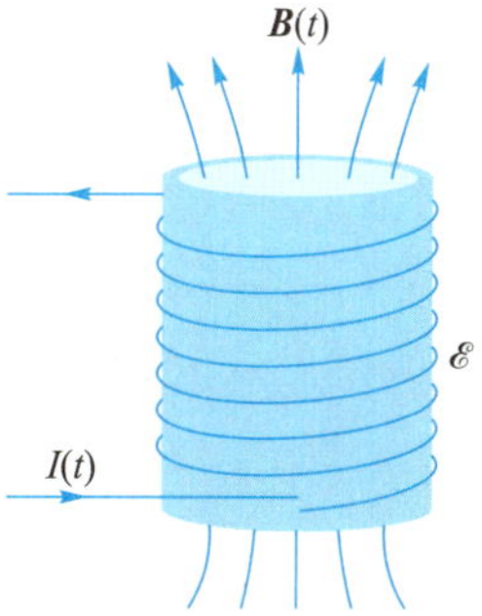

图 4-23 自感现象

自感现象可以通过如图 4-24 所示的典型实验演示出来. 回路由电池、开关 S、灯泡和电感线圈 L 组成. 在图(a)的电路中,在开关闭合的瞬间,回路中电流从 0 开始增大,可以明显地观察到灯泡 1 比灯泡 2 先亮,灯泡 2 会缓慢地亮起来. 这是因为在电流增大过程中,灯泡 2 所在支路中的电感线圈会产生自感电动势,该自感电动势与电流方向相反,灯泡 2 所在支路中的电流会缓慢增大;而灯泡 1 所在支路中无自感线圈,其中电流在开关闭合后迅速增大到稳定值. 在图(b)的电路中,当开关突然断开时,可以观察到灯泡在开关断开后的短时间内更亮地一闪. 这是因为开关断开时回路中电流骤降至 0,电流的变化率很大,电感线圈中会瞬间产生很大的自感电动势,使得在电感线圈与灯泡构成的回路中流过了更大的感应电流.

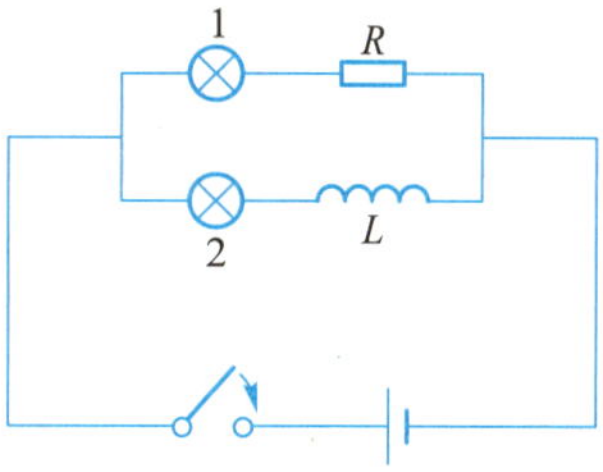

(a) 开关闭合瞬间

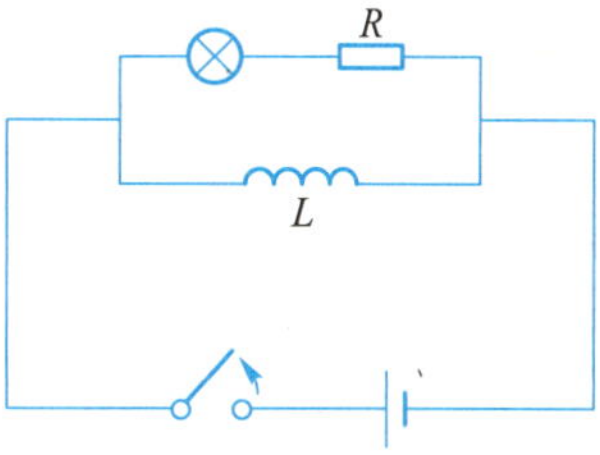

(b) 开关断开瞬间

图 4-24 自感现象演示实验

该演示实验说明电感线圈中产生了阻碍线圈中电流变化的自感电动势. 设线圈中流过的电流为 I,根据毕奥-萨伐尔定律,该电流在空间中产生的磁感应强度 $\boldsymbol{B}$ 的大小与电流 I 成正比. 因此通过线圈自身的全磁通 Ψ 也与电流 I 成正比,即

$$\Psi = LI \tag{4-21}$$

式中,比例系数 L 叫作线圈的自感系数,简称自感. 上式(4-21)也是自感 L 的定义式. 在国际单位制中,自感的单位是亨利(H).

$$1\ \mathrm{H} = \frac{1\ \mathrm{Wb}}{1\ \mathrm{A}}$$

它表示:当线圈中通过 1 A 的电流,该电流激发磁场通过线圈自身的全磁通正好为 1 Wb,则该线圈的自感为 1 H. 实际应用时,

NOTE

由于亨利(H)单位太大,故常用的是毫亨(mH)、微亨(μH). 其换算关系为

$$1\ \mathrm{H}=10^{3}\ \mathrm{mH}=10^{6}\ \mu\mathrm{H}$$

实验表明,在非铁磁质的情况下,自感 L 与线圈的几何形状、大小、匝数及周围磁介质的情况有关,与线圈中的电流无关. 对于确定的线圈和磁介质(非铁磁质),自感 L 为常量. 此时当线圈中的电流发生变化时,通过线圈的磁通量也发生改变,根据法拉第电磁感应定律表达式(4-1),线圈中产生的自感电动势为

$$\mathscr{E}_{L}=-L\frac{\mathrm{d}I}{\mathrm{d}t} \tag{4-22}$$

式中负号表示自感电动势 $\mathscr{E}_L$ 的方向总是反抗线圈中电流的改变,即当电流增加时,自感电动势与电流的流向相反;当电流减小时,自感电动势与电流的流向相同. 由此可见,只要线圈中出现电流变化,就会在线圈中激发自感电动势,自感电动势的方向总是阻碍线圈中电流的变化. 将式(4-22)变形,可得

$$L=-\mathscr{E}_{L}\bigg/\frac{\mathrm{d}I}{\mathrm{d}t} \tag{4-23}$$

上式为自感 L 的第二种定义方式,自感系数的单位亨利(H)也因此可表示为

$$1\ \mathrm{H}=\frac{1\ \mathrm{V}\cdot 1\ \mathrm{s}}{1\ \mathrm{A}}$$

自感 L 的定义式(4-23)更加清晰地说明了自感 L 的物理意义:自感 L 表示了一个线圈中电流每秒变化 1 A 时,在线圈中产生的自感电动势的大小. 线圈的自感 L 越大,在相同的电流变化率下激发的自感电动势就越大. 由于自感电动势 $\mathscr{E}_L$ 的方向总是反抗线圈中电流的改变,所以自感 L 越大,线圈回路中的电流就越不容易改变. 这一特性和力学中物体的惯性相似,因此可认为自感 L 是描述线圈"电磁惯性"的一个物理量.

自感的值一般可采用实验的方法来测定,对于一些简单的线圈回路也可根据自感的第一个定义式(4-21)进行计算:此时,可首先假设线圈中流过电流 I,计算该载流线圈产生的磁场分布,然后计算该磁场通过线圈自身回路的全磁通,最后再利用式(4-21)求出自感 L.

例 4-8

如图 4-25 所示，一均匀密绕长直螺线管，长为 l，截面半径为 R，线圈总匝数为 N，其内部充满磁导率为 μ 的均匀磁介质．求：

（1）此螺线管的自感；

（2）如果螺线管导线中通有电流 $I=I_0\cos\omega t$，螺线管中的自感电动势．

授课视频：
自感例题

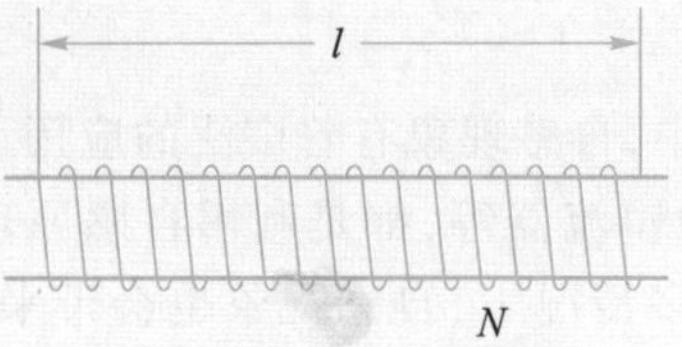

图 4-25 例 4-8 图

解：(1) 设长直螺线管通过电流 I，螺线管内的磁感应强度为

$$B=\mu\frac{N}{l}I$$

通过螺线管的全磁通 Ψ 为

$$\Psi=N\Phi=NBS=\mu\frac{N^2}{l}I\pi R^2$$

由式(4-21)可得螺线管的自感为

$$L=\frac{\Psi}{I}=\frac{\mu N^2\pi R^2}{l}$$

考虑到螺线管单位长度的匝数可表示为 $n=\frac{N}{l}$，螺线管的体积为 $V=\pi R^2 l$，故上式还可表示为

$$L=\mu n^2 V$$

可见，自感 L 与线圈的几何形状、大小、匝数及周围磁介质有关，与线圈中的电流无关．

（2）当螺线管导线中电流 $I=I_0\cos\omega t$ 随时间变化时，由式(4-22)可得螺线管中产生自感电动势为

$$\mathscr{E}_L=-L\frac{\mathrm{d}I}{\mathrm{d}t}=\frac{\mu N^2\pi R^2 I_0\omega}{l}\sin\omega t$$

例 4-9

如图 4-26 所示，截面为矩形的均匀密绕螺绕环，内外半径分别为 R_1 和 R_2，厚度为 h，共有 N 匝线圈，求该螺绕环的自感．

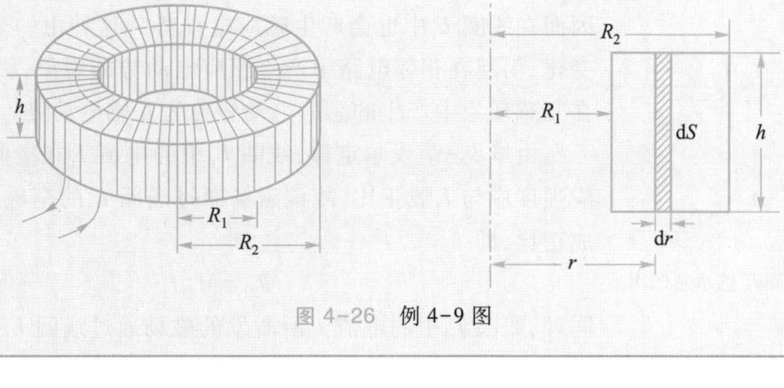

图 4-26 例 4-9 图

解：设螺绕环上通过电流 I，由安培环路定理可得螺绕环内的磁感应强度为

$$B=\frac{\mu_0 NI}{2\pi r}$$

在螺绕环的矩形截面上距离螺绕环环心 r 处取宽度为 $\mathrm{d}r$、高为 h 的面元 $\mathrm{d}\boldsymbol{S}$，该磁场通过螺绕环的全磁通为

$$\Psi=N\Phi=N\int_S \boldsymbol{B}\cdot \mathrm{d}\boldsymbol{S}$$

$$=\int_{R_1}^{R_2}\frac{\mu_0 N^2 I}{2\pi r}h\,\mathrm{d}r=\frac{\mu_0 N^2 hI}{2\pi}\ln\frac{R_2}{R_1}$$

由式(4-21)可得螺绕环的自感为

$$L=\frac{\Psi}{I}=\frac{\mu_0 N^2 h}{2\pi}\ln\frac{R_2}{R_1}$$

NOTE

在电工和无线电技术中，自感现象有着广泛的应用．例如常用的扼流圈，日光灯上用的镇流器等，都是利用自感原理控制线圈中的电流变化的．在许多情况下，自感现象也会带来危害，如当无轨电车车顶上的受电弓脱离电网而使电路突然断开时，由于自感而产生自感电动势，在电网和受电弓之间形成较高电压，导致空气隙"击穿"产生电弧造成电网的损坏．电机和强力电磁铁，在电路中都相当于自感很大的线圈，在启动和断开电路时，往往因自感在电路中形成瞬时的过大电流，有时会造成事故．为减少这种危险，电机采用降压启动，断路时，增加电阻使电流减小，然后再断开电路．

4.3.2 互感

授课视频：互感

如图 4-27 所示，存在两个彼此靠近的线圈 L_1 和线圈 L_2，当线圈 L_1 中的电流 I_1 改变时，它所激发的磁场也发生改变，该变化磁场通过线圈 L_2 的磁通量也随之改变，由法拉第电磁感应定律，在线圈 L_2 中会产生感应电动势．同样，当线圈 L_2 中电流 I_2 改变时，其产生的变化磁场也会造成通过线圈 L_1 的磁通量发生改变，因而在线圈 L_1 中也会产生感应电动势．这种由一个电路中电流变化，引起在相邻电路中产生感应电动势的现象，称为互感现象．在互感现象中产生的感应电动势称为互感电动势．

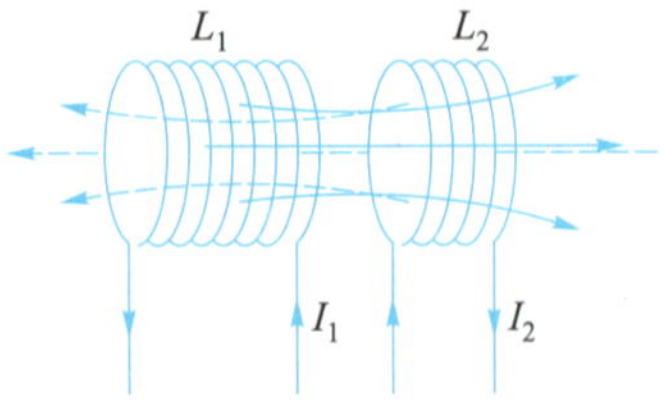

图 4-27 两线圈互感示意图

由毕奥-萨伐尔定律，线圈 L_1 中的电流 I_1 在空间激发的磁感应强度应与 I_1 成正比，故该磁场通过线圈 L_2 的全磁通 Ψ_{21} 应与 I_1 成正比，即

$$\Psi_{21}=M_{21}I_1$$

同理，线圈 L_2 中的电流 I_2 所激发的磁场通过线圈 L_1 的全磁通 Ψ_{12} 也应与 I_2 成正比，即

NOTE

$$\Psi_{12}=M_{12}I_2$$

可以证明，对于任意两个给定的回路及磁介质（非铁磁质），有

$$M_{21}=M_{12}=M$$

M 被称为两回路之间的互感系数，简称互感．由以上讨论可以得到互感系数 M 的第一种定义式

$$M=\frac{\Psi_{21}}{I_1} \quad \text{或} \quad M=\frac{\Psi_{12}}{I_2} \tag{4-24}$$

即两个回路的互感 M，在数值上等于当其中一个回路中通过 1 A 的电流时，所产生的磁场通过另一个回路的全磁通的大小．互感 M 只与两回路的结构（如形状、大小、匝数）、相对位置及周围磁介质的情况有关，而与回路中的电流无关．

根据法拉第电磁感应定律，当线圈 L_1 中电流 I_1 发生改变时，在线圈 L_2 中激发的互感电动势 $\mathscr{E}_{21}$ 为

$$\mathscr{E}_{21}=-\frac{\mathrm{d}\Psi_{21}}{\mathrm{d}t}=-M\frac{\mathrm{d}I_1}{\mathrm{d}t}$$

同理，线圈 L_2 中电流 I_2 发生变化时，在线圈 L_1 中激起互感电动势 $\mathscr{E}_{12}$ 为

$$\mathscr{E}_{12}=-\frac{\mathrm{d}\Psi_{12}}{\mathrm{d}t}=-M\frac{\mathrm{d}I_2}{\mathrm{d}t}$$

通过以上两式可以得到两回路间互感系数 M 的第二种定义式

$$M=-\mathscr{E}_{21}\Big/\frac{\mathrm{d}I_1}{\mathrm{d}t} \quad \text{或} \quad M=-\mathscr{E}_{12}\Big/\frac{\mathrm{d}I_2}{\mathrm{d}t} \tag{4-25}$$

即两个回路的互感 M，在数值上等于当其中一个回路中电流变化率为 1 A/s 时，在另一个回路中产生的感应电动势的大小．在国际单位制中，互感的单位与自感的单位相同，也为亨利（H）、毫亨（mH）、微亨（μH）．

互感 M 的计算一般比较复杂，实际中常常采用实验的方法来测定．在一些简单的情况下，可以通过互感 M 的第一个定义式（4-24）来求互感 M：此时，先假设其中一回路中通过电流 I，计算该电流产生的磁场分布，然后计算该磁场通过另一回路的全磁通，最后利用定义式（4-24）求出互感 M.

例 4-10

如图 4-28 所示，一密绕长直螺线管，长度为 l，截面积为 S，匝数为 N_1，在其上密绕一匝数为 N_2 的短线圈，计算这两个线圈间的互感．

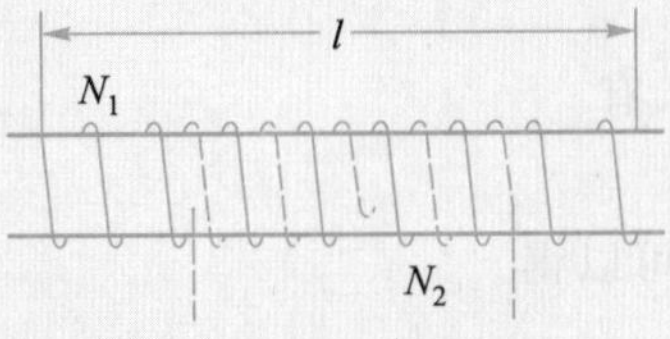

图 4-28 例 4-10 图

解：设在长直螺线管内通有电流 I，则其内部的磁感应强度为

$$B=\mu_0 nI=\mu_0\frac{N_1 I}{l}$$

该磁场通过短线圈的全磁通为

$$\Psi=N_2BS=\mu_0\frac{N_2N_1SI}{l}$$

由式(4-24)可得它们的互感为

$$M=\frac{\Psi}{I}=\mu_0\frac{N_2N_1S}{l}$$

可见，互感 M 与它们的形状、大小、匝数以及磁介质有关，与电流 I 无关．

例 4-11

如图 4-29 所示，一长直导线旁放一高度为 a，宽度为 b 的矩形线框，线框的一边与导线相距为 d，当长直导线中通有电流 $I=I_0\cos\omega t$ 时，求线框中的互感电动势的大小．

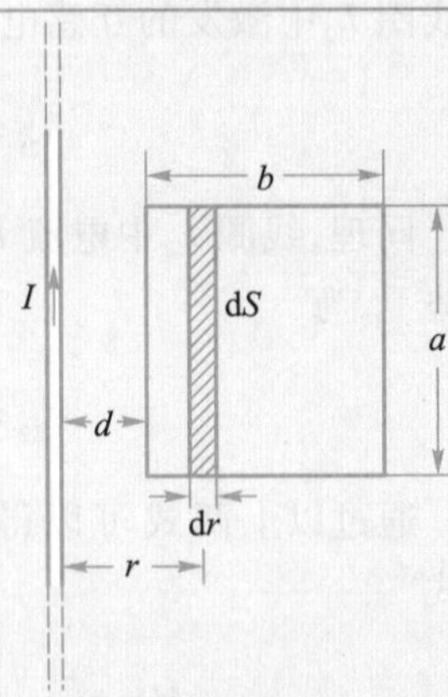

图 4-29 例 4-11 图

解：要求线框中的互感电动势，需要先求长直导线与线框间的互感 M. 设某时刻 t，导线中电流 $I>0$，电流方向如图 4-29 所示，载流长直导线在垂直距离为 r 处的磁感应强度为

$$B=\frac{\mu_0 I}{2\pi r}$$

在矩形线框所围面积上距离导线 r 处取宽度为 dr、高为 a 的面元 $d\boldsymbol{S}$，该磁场穿过矩形线框的磁通量为

$$\Phi=\int_S \boldsymbol{B}\cdot d\boldsymbol{S}=\int_d^{d+b}\frac{\mu_0 I}{2\pi r}a\,dr=\frac{\mu_0 Ia}{2\pi}\ln\frac{d+b}{d}$$

由互感的定义式(4-24)可得它们的互感为

$$M=\frac{\Phi}{I}=\frac{\mu_0 a}{2\pi}\ln\frac{d+b}{d}$$

当长直导线中电流 $I=I_0\cos\omega t$ 随时间变化时，其磁场通过矩形线圈的磁通量也将随时间变化，因此在线框中产生互感电动势为

$$\mathscr{E}=-\frac{d\Phi}{dt}=-M\frac{dI}{dt}=\frac{\mu_0 aI_0\omega}{2\pi}\ln\frac{d+b}{d}\sin\omega t$$

互感在电工和电子技术中应用很广泛．通过互感可以使能量或信号由一个线圈方便地传递到另一个线圈；利用互感现象的原理可制成变压器、感应线圈等．但在有些情况中，互感也存在不利的一面．例如，有线电话往往由于两路电话线之间的互感而有可能造成串音；收录机、电视机及电子设备中也会由于导线或部件间的互感而妨碍正常工作．这些互感都要尽量避免．

NOTE

4.3.3 串联线圈的自感系数

存在互感的两个线圈间的互感系数 M 与两线圈分别的自感系数 L_1 和 L_2 存在一定的联系。考虑无磁漏这种最简单的情形，即每个线圈产生的磁场都通过两个线圈的每一匝，如两线圈并排密绕在铁芯上的情形。设两组线圈中分别流过 I_1 和 I_2 的电流，所产生的磁通量分别为 Φ_1 和 Φ_2，其匝数分别为 N_1 和 N_2，由式(4-21)自感系数的定义式，有

$$L_1=\frac{N_1\Phi_1}{I_1},\quad L_2=\frac{N_2\Phi_2}{I_2}$$

由式(4-24)互感系数定义式可得

$$M=\frac{N_2\Phi_{21}}{I_1}=\frac{N_1\Phi_{12}}{I_2}$$

由于无磁漏，所以 $\Phi_{21}=\Phi_1$，$\Phi_{12}=\Phi_2$，上式变为

$$M=\frac{N_2\Phi_1}{I_1}=\frac{N_1\Phi_2}{I_2}$$

因此有 $$M^2=\frac{N_2\Phi_1}{I_1}\cdot\frac{N_1\Phi_2}{I_2}=\frac{N_1\Phi_1}{I_1}\cdot\frac{N_2\Phi_2}{I_2}=L_1L_2$$

在无磁漏的情况下，两线圈的互感系数与自感系数间存在如下关系

$$M=\sqrt{L_1L_2} \tag{4-26}$$

当两线圈间存在磁漏的情况下，由于每个线圈产生的磁场并不是全部穿过另一个线圈，所以有 $\Phi_{21}<\Phi_1$，$\Phi_{12}<\Phi_2$，两线圈间的互感系数小于 $\sqrt{L_1L_2}$。

如果将两线圈串联起来，此时两个线圈可以看作一个线圈，其总自感系数 L 与两线圈分别的自感系数 L_1、L_2 以及它们间的互感系数 M 有关。线圈的串联可分为顺接和反接两种方式：当两线圈如图 4-30(a)所示连接时，线圈 1 中流过电流在线圈 2 处产生磁场的方向与线圈 2 自身电流产生磁场的方向相同，反过来线圈 2 中流过电流在线圈 1 处产生磁场的方向也与线圈 1 自身电流产生磁场的方向相同，这种连接方式称为顺接；当两线圈如图 4-30(b)所示连接时，两线圈分别流过的电流在对方线圈位置处产生磁场的方向正好与线圈自身电流产生磁场的方向相反，这种连接方式称为反接。那么当线圈顺接或者反接时，总自感系数 L 又与两线圈分别的自感系数 L_1、L_2 以及它们间的互感系数 M 有什么样的关系呢？

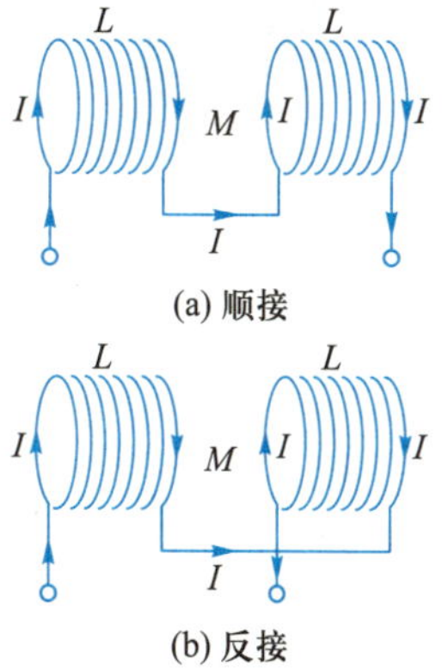

图 4-30 线圈的顺接和反接

首先讨论无磁漏条件下的顺接情形，当有电流 I 通过时，线

NOTE

圈 1、2 中电流分别产生的磁场在线圈 1 和线圈 2 位置处的方向都相同，因此该电流 I 产生的磁场穿过两线圈的总磁链为

$$\Psi = \Psi_1 + \Psi_{12} + \Psi_2 + \Psi_{21}$$

其中 $\Psi_1 = L_1 I$, $\Psi_{12} = MI$, $\Psi_2 = L_2 I$, $\Psi_{21} = MI$,

由此可得穿过两线圈的总磁链为

$$\Psi = (L_1 + L_2 + 2M)I$$

由于两线圈顺接后可视为构成了一个回路，由自感系数的定义式 $\Psi = LI$ ，可得顺接回路的自感系数为

$$L = L_1 + L_2 + 2M \tag{4-27}$$

再考虑无磁漏下两线圈反接的情形，当有电流 I 通过时，线圈 1 中电流和线圈 2 中电流产生的磁场在两线圈位置处的方向正好相反，因此该电流 I 产生的磁场穿过两线圈的总磁链为

$$\Psi = \Psi_1 - \Psi_{12} + \Psi_2 - \Psi_{21}$$

同样，由两线圈各自自感系数的定义式和两线圈间互感系数的定义式，可得穿过两线圈的总磁链为

$$\Psi = (L_1 + L_2 - 2M)I$$

由于两线圈反接后可视为构成了一个回路，由自感系数的定义式 $\Psi = LI$ ，可得反接回路的自感系数为

$$L = L_1 + L_2 - 2M \tag{4-28}$$

4.4 磁场的能量和能量密度

授课视频：磁场能量

上一节在演示自感现象的典型实验中，包含电感线圈的通电回路突然断开时，回路中的灯泡在开关断开后的短时间内更亮地一闪，这说明电感线圈中储存了某种形式的能量，这种能量在开关断开后释放了出来，使回路中灯泡突闪了一下．那么，电感线圈在流过电流 I 时，储存了多少能量呢？

我们来讨论如图 4-31 所示的包含电感线圈的电路，电感线圈的自感为 L，电路中灯泡的电阻为 R，电源电动势为 $\mathscr{E}$. 当合上开关 S 时，电路闭合，电流将从 0 开始逐渐增大到某一稳定值 I. 设在电流增大过程中某一时刻 t，回路中的电流为 i，由欧姆定律，有

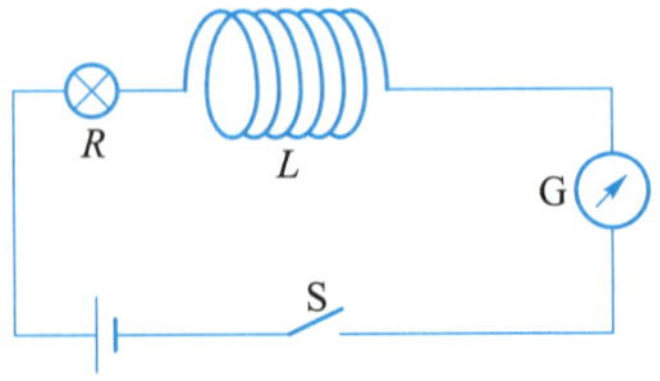

图 4-31 电感线圈回路的充电过程

$$\mathscr{E} + \mathscr{E}_L = iR$$

上式中 $\mathscr{E}_L$ 电感线圈上因电流变化产生的自感电动势，其大小为 $\mathscr{E}_L = -L\dfrac{\mathrm{d}i}{\mathrm{d}t}$，代入上式有

NOTE

$$\mathscr{E}-L\frac{\mathrm{d}i}{\mathrm{d}t}=iR$$

将上式两边同乘以 i,并移项得

$$i\mathscr{E}=i^2R+Li\frac{\mathrm{d}i}{\mathrm{d}t}$$

上式可理解为电源在 t 时刻输出的瞬时功率等于消耗在电阻 R 上的功率加上克服自感电动势做功的功率．由此可得,在 t 到 $t+\mathrm{d}t$ 时刻间电源电动势克服自感电动势做的元功为

$$\mathrm{d}W=Li\frac{\mathrm{d}i}{\mathrm{d}t}\cdot\mathrm{d}t=Li\mathrm{d}i$$

因此,在电流由 0 增大到稳定值 I 的过程中电源电动势克服自感电动势做的总功为

$$W=\int_0^I Li\mathrm{d}i=\frac{1}{2}LI^2$$

这一总功以能量的形式储存在电感线圈中,在开关断开时释放出来,使灯泡突闪一下,这与电容的充放电过程相似．因此,自感为 L 的电感线圈中流过 I 的电流时,电感线圈储存的能量可以表示为

$$W=\frac{1}{2}LI^2 \tag{4-29}$$

载流线圈中储存的能量通常又称为自感磁能．在电流相同的情况下,自感 L 越大的线圈,自感磁能也越大．

在静电学中我们曾经讨论过,当电容器带有电荷量 Q 时,电容器所储存的能量可以看作储存在电容器内部产生的电场中的．相似地,由于线圈在流过电流时,线圈内部产生了磁场,所以也可以将线圈所储存的能量视为储存在线圈内部产生的磁场中的．那么此能量与描述磁场的磁感应强度 B 之间有什么关系呢？为简单起见,下面借助载流长直螺线管这一特例进行讨论．

设有一个长直螺线管,管内充满磁导率为 μ 的磁介质,管内体积为 V,单位长度的匝数为 n,由例 4-8 可知其自感 $L=\mu n^2V$. 当螺线管通过电流 I 时,则由式(4-29)可得通电螺线管所储存的能量为

$$W_{\mathrm{m}}=\frac{1}{2}LI^2=\frac{1}{2}\mu n^2I^2V$$

若忽略边缘效应,可认为螺线管内各处的磁感应强度都相等,为 $B=\mu nI$. 将上式中的 μnI 替换成 B,可得

$$W_{\mathrm{m}}=\frac{1}{2}\frac{B^2}{\mu}V$$

NOTE

由于长直螺线管内为均匀磁场，管内的磁感应强度处处相等为 B，故与磁感应强度 B 相联系的单位体积的磁场能量为

$$w_m=\frac{W_m}{V}=\frac{1}{2}\frac{B^2}{\mu} \tag{4-30}$$

上式即为与磁感应强度 B 相对应的能量密度，简称为磁能密度．考虑到 $B=\mu H$，磁能密度还可表示为

$$w_m=\frac{1}{2}\frac{B^2}{\mu}=\frac{1}{2}BH=\frac{1}{2}\mu H^2 \tag{4-31}$$

磁能密度还可用矢量表示为

$$w_m=\frac{1}{2}\boldsymbol{B}\cdot\boldsymbol{H} \tag{4-32}$$

以上结果虽是从长直螺线管这一特例导出的，但可以证明，它对任何磁场都普遍适用．如果磁场分布不均匀，则磁能密度的分布也不均匀，此时若要计算存在磁场的区域所包含的能量，需在磁场分布空间中，通过如下体积积分计算出磁场所包含的总能量，即

$$W_m=\int_V w_m\,\mathrm{d}V=\int_V\frac{1}{2}BH\,\mathrm{d}V \tag{4-33}$$

总结起来，与电场储能相类似，一方面，磁场的能量可以视为储存在空间磁场中，与磁感应强度 B 相对应的磁能密度由式(4-31)给出．如果知道磁场在空间的分布，就可利用式(4-33)计算出空间磁场所包含的总能量．另一方面，磁场的能量也可以视为储存在通电线圈这样的电路元件中，自感系数为 L 的电感线圈中流过电流 I 时所储存的能量由式(4-29)给出．表 4-2 给出了电场能量和磁场能量的对比情况．

表 4-2 电场能量和磁场能量的对比

	储存在电容或电感中	储存在电场或磁场中
电场能量	$W_e=\frac{1}{2}CU^2$	$w_e=\frac{1}{2}\boldsymbol{D}\cdot\boldsymbol{E}$ $W_e=\int_V w_e\,\mathrm{d}V=\int_V\frac{1}{2}DE\,\mathrm{d}V$
磁场能量	$W_m=\frac{1}{2}LI^2$	$w_m=\frac{1}{2}\boldsymbol{B}\cdot\boldsymbol{H}$ $W_m=\int_V w_m\,\mathrm{d}V=\int_V\frac{1}{2}BH\,\mathrm{d}V$

若空间同时存在电场和磁场且知道其分布，则空间任意位置处的与电场和磁场对应的总能量密度可以表示为

$$w=\frac{1}{2}\boldsymbol{D}\cdot\boldsymbol{E}+\frac{1}{2}\boldsymbol{B}\cdot\boldsymbol{H} \tag{4-34}$$

存在电场和磁场空间所包含的总能量可以通过对总能量密度进行体积积分求得．

例 4-12

一无限长同轴电缆由两个金属圆筒组成，内、外筒半径分别为 R_1 和 R_2，其间充满磁导率为 μ 的磁介质，如图 4-32 所示．电流 I 由内筒流出，经外筒流回形成闭合回路，试求该同轴电缆单位长度上储存的磁能和自感．

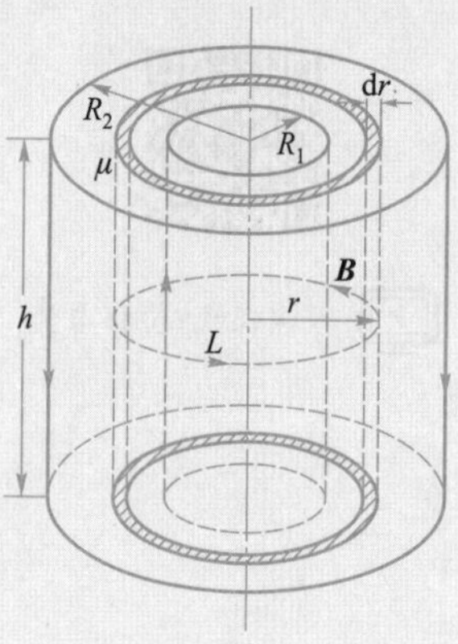

图 4-32 例 4-12 图

解：由安培环路定理可知，同轴电缆内、外区域的磁感应强度 $\boldsymbol{B}$ 的大小分别为

$$B=\begin{cases}0, & r<R_1\\ \dfrac{\mu I}{2\pi r}, & R_1<r<R_2\\ 0, & r>R_2\end{cases}$$

由磁场分布情况可知，磁场能量只存在于内外筒之间的区域，该区域内磁能密度的分布为

$$w_{\mathrm{m}}=\frac{1}{2}\frac{B^2}{\mu}=\frac{1}{2\mu}\left(\frac{\mu I}{2\pi r}\right)^2=\frac{\mu I^2}{8\pi^2 r^2}$$

如图 4-32 所示，在内外筒之间取一半径为 r、厚度为 $\mathrm{d}r$、长度为 h 的一段薄圆筒，其体积为 $\mathrm{d}V=2\pi r\mathrm{d}rh$，其中所含的磁场能量为

$$\mathrm{d}W_{\mathrm{m}}=w_{\mathrm{m}}\mathrm{d}V=\frac{\mu I^2}{8\pi^2 r^2}\mathrm{d}V=\frac{\mu I^2}{8\pi^2 r^2}2\pi rh\mathrm{d}r=\frac{\mu I^2 h\mathrm{d}r}{4\pi r}$$

则长为 h 的同轴电缆内所含的总磁场能量

$$W_{\mathrm{m}}=\int_V w_{\mathrm{m}}\mathrm{d}V=\int_{R_1}^{R_2}\frac{\mu I^2 h\mathrm{d}r}{4\pi r}=\frac{\mu I^2 h}{4\pi}\ln\frac{R_2}{R_1}$$

同轴电缆单位长度上储存的磁能为

$$W'_{\mathrm{m}}=\frac{W_{\mathrm{m}}}{h}=\frac{\mu I^2}{4\pi}\ln\frac{R_2}{R_1}$$

与自感磁能公式 $W_{\mathrm{m}}=\dfrac{1}{2}LI^2$ 对比，可得同轴电缆单位长度上的自感为

$$L=\frac{\mu}{2\pi}\ln\frac{R_2}{R_1}$$

此例题给出了求解自感的另一种方法，即通过自感磁能来求解．同学们还可尝试利用自感的定义式(4-21)，通过磁通量求解自感来验证这里的结果．

4.5 麦克斯韦方程组 电磁波

19 世纪 60 年代，麦克斯韦在总结了前人的大量研究成果后，进一步提出了感生电场和位移电流的概念，将宏观电磁学的基本规律概括成四个基本方程，即麦克斯韦方程组．这一简洁的数学方程组高度概括了电磁场领域中已有的各种规律和实验事实，并预言了电磁波的存在，这一预言于 1888 年被赫兹通过电磁振荡实验证实，从而实现了电、磁、光的统一．

4.5.1 位移电流

授课视频:位移电流

上一章我们曾学习过,对于恒定电流产生的磁场,有如下形式的安培环路定理成立

$$\oint_L \boldsymbol{H} \cdot \mathrm{d}\boldsymbol{l} = \sum I_{\text{内}}$$

式中,$\sum I_{\text{内}}$是回路 L 中穿过的传导电流,此电流还可以如式(3-5)通过空间电流密度分布表示出来,这样安培环路定理也可写为如下形式

$$\oint_L \boldsymbol{H} \cdot \mathrm{d}\boldsymbol{l} = \int_S \boldsymbol{J}_{\mathrm{c}} \cdot \mathrm{d}\boldsymbol{S} \qquad (4-35)$$

式中面积 S 是以回路 L 为边界的任意曲面,$\boldsymbol{J}_{\mathrm{c}}$ 为曲面上各点的电流密度. 这一安培环路定理只适用于稳定电流,却不适用于非稳定电流.

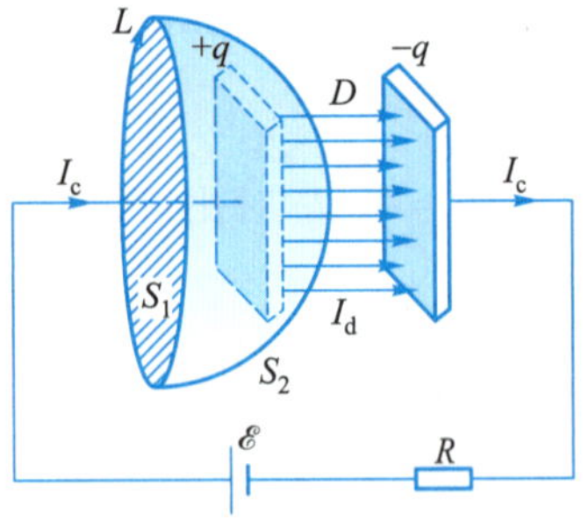

图 4-33 非稳定电流的安培环路定律讨论

NOTE

这里我们来考虑一种典型的非稳定电流,即如图 4-33 所示的对电容充电的过程,由于充电电流不可能穿过电容器两极板间的介质,传导电流不再连续,回路中的充电电流会随时间逐渐减小,最后降为 0. 如果对该非稳定电流应用安培环路定理,选取如图 4-33 所示任意回路 L,分别考虑以闭合回路 L 为边界的两个曲面 S_1 和 S_2,其中曲面 S_1 与导线相交,曲面 S_2 跨过电容器两极板之间,与导线不相交. 根据式(4-35),在计算穿过该回路的传导电流时,如果选取 S_1 面进行计算,可得 $\int_{S_1} \boldsymbol{J}_{\mathrm{c}} \cdot \mathrm{d}\boldsymbol{S} = I_{\mathrm{c}}$,其中 I_{c} 为导线中的充电电流;如果选取 S_2 面进行计算,由 S_2 面上的充电电流密度 $\boldsymbol{J}_{\mathrm{c}}$ 处处为 0,可得 $\int_{S_2} \boldsymbol{J}_{\mathrm{c}} \cdot \mathrm{d}\boldsymbol{S} = 0$. 可以看出,选取以闭合回路 L 为边界的不同曲面去计算穿过回路的电流时,得到了完全不同的结果. 这说明安培环路定理不适用于非稳定电流. 如何将稳定电流的安培环路定理推广到非稳定电流呢?

继续讨论图 4-33 所示的电容充电过程,考虑包围电容器其中一个极板的任意闭合曲面 S,有如下电荷守恒定律和电位移矢量的高斯定理成立

$$\oint_S \boldsymbol{J}_{\mathrm{c}} \cdot \mathrm{d}\boldsymbol{S} = -\frac{\mathrm{d}q}{\mathrm{d}t}$$

$$\oint_S \boldsymbol{D} \cdot \mathrm{d}\boldsymbol{S} = q$$

以上两式中,$\boldsymbol{J}_{\mathrm{c}}$ 为高斯面上各点的传导电流密度,$\boldsymbol{D}$ 为高斯面上各点的电位移矢量,q 为电容极板上充上的电荷量. 联立以上两式消去其中的 q,得

NOTE

$$\oint_S \boldsymbol{J}_c \cdot d\boldsymbol{S} = -\frac{d}{dt}\oint_S \boldsymbol{D} \cdot d\boldsymbol{S}$$

由于闭合曲面 S 不随时间变化,上式可改写为

$$\oint_S \left(\boldsymbol{J}_c + \frac{\partial \boldsymbol{D}}{\partial t} \right) \cdot d\boldsymbol{S} = 0 \tag{4-36}$$

将上式和电流的恒定条件 $\oint_S \boldsymbol{J} \cdot d\boldsymbol{S} = 0$ 相比较可以发现,如果将 $\frac{\partial \boldsymbol{D}}{\partial t}$(具有电流密度的量纲)对应为一种电流密度,$\boldsymbol{J}_c + \frac{\partial \boldsymbol{D}}{\partial t}$就对应于由这种电流和传导电流组成的总电流的电流密度. 式(4-36)就说明了此总电流满足恒定条件,其电流线构成闭合的曲线.

1862 年麦克斯韦在研究电磁场的规律时,发现了恒定电流的安培环路定理不适用于非恒定电流这一问题. 在分析对电容充电的非恒定电流时,他注意到虽然充电的传导电流在电容器两极板间中断,但电容器两极板所带电荷 q 在充电过程中不断增多,极板间的电场不断增强,即在极板间的区域存在$\frac{\partial \boldsymbol{D}}{\partial t}$. 麦克斯韦发现,如果将极板间变化的电场对应为一种电流的话,在电容器两极板间中断了的传导电流就被连接了起来,而且两种电流的电流线合起来又重新构成了闭合的曲线.

麦克斯韦通过对非恒定电流的分析及对电磁场的对称性的思考,发现了其中最本质的东西,他提出,既然变化的磁场可以产生感生电场,那么变化的电场也应该能产生磁场,且其产生磁场的方式与传导电流相同. 麦克斯韦就将这种变化的电场定义为了一种电流,称为位移电流,用 I_d表示. 与位移电流相对应的电流密度矢量就是电位移矢量的时间变化率,即

$$\boldsymbol{J}_d = \frac{\partial \boldsymbol{D}}{\partial t} \tag{4-37}$$

相应地,流过某一截面 S 的位移电流 I_d可表示为

$$I_d = \int_S \frac{\partial \boldsymbol{D}}{\partial t} \cdot d\boldsymbol{S} = \frac{d\Phi_d}{dt} \tag{4-38}$$

可以看出,流过某一截面 S 的位移电流 I_d 可以表示为通过该截面的电位移通量的时间变化率.

与自由电荷在导体中定向运动形成的传导电流相区别,位移电流对应于空间电位移矢量的变化,只要通过某截面的电位移通量随时间变化,就有流过该截面的位移电流,位移电流的本质是变化的电场.

如果变化的电场就对应于一种电流(位移电流),且这种电流

NOTE

还能以与传导电流相同的方式激发磁场的话，前面如图 4-33 所示的，在计算通过 S_1 面和 S_2 面的电流时得到了不一致结果的问题就被解决了：将式(4-36)中的闭合曲面 S 看成由这两个曲面 S_1 和 S_2 组成，由于穿过 S_1 面的只有传导电流(电场只存在于电容器两极板间)，穿过 S_2 面的只有位移电流，所以式(4-36)可变为

$$\int_{S_1} \boldsymbol{J}_{\mathrm{c}} \cdot \mathrm{d}\boldsymbol{S} + \int_{S_2} \frac{\partial \boldsymbol{D}}{\partial t} \cdot \mathrm{d}\boldsymbol{S} = 0$$

上式说明，由 S_1 面流入闭合曲面 S 的传导电流等于由 S_2 面流出闭合曲面 S 的位移电流，即通过 S_1 面的传导电流和通过 S_2 面的位移电流大小相等、方向相同．这样，安培环路定理无论是按 S_1 面去计算穿过的电流还是按 S_2 面去计算穿过的电流都能得到相同的结果．

位移电流的引入，深刻地揭示了变化的电场与磁场间的内在联系．麦克斯韦通过位移电流的假设，很好地解决了恒定电流的安培环路定理用于非恒定电流时出现的矛盾，将恒定电流的安培环路定理推广到了非恒定电流．

4.5.2 安培环路定理的普遍表达式

授课视频：安培环路定理的普遍表达式

位移电流的引入，意味着位移电流能以与传导电流相同的方式激发磁场．如果空间既存在传导电流，又存在位移电流，麦克斯韦从激发磁场的角度考虑，将它们之和定义为全电流，即

$$I_{\mathrm{s}} = I_{\mathrm{c}} + I_{\mathrm{d}} \tag{4-39}$$

上式中 I_{s} 为全电流，I_{c} 为传导电流，I_{d} 为位移电流．位移电流及位移电流密度的定义分别由式(4-38)和式(4-37)给出．相应地，全电流密度矢量可表示为

$$\boldsymbol{J}_{\mathrm{s}} = \boldsymbol{J}_{\mathrm{c}} + \frac{\partial \boldsymbol{D}}{\partial t} \tag{4-40}$$

上式中 $\boldsymbol{J}_{\mathrm{s}}$、$\boldsymbol{J}_{\mathrm{c}}$ 和 $\dfrac{\partial \boldsymbol{D}}{\partial t}$ 分别为全电流、传导电流和位移电流的电流密度矢量．由上一节的讨论可知，全电流的电流线构成闭合的曲线，全电流是恒定连续的，它满足如下恒定条件

$$\oint_S \left(\boldsymbol{J}_{\mathrm{c}} + \frac{\partial \boldsymbol{D}}{\partial t} \right) \cdot \mathrm{d}\boldsymbol{S} = 0 \tag{4-41}$$

上式中的 S 为空间中任意闭合曲面．

麦克斯韦在定义了全电流之后，自然地将恒定电流的安培环路定理推广到了适用于非恒定电流，得到了普遍意义上的安培环路定理，即

NOTE

$$\oint_L \boldsymbol{H}\cdot \mathrm{d}\boldsymbol{l}=I_{\mathrm{c}}+I_{\mathrm{d}}=\int_S\left(\boldsymbol{J}_{\mathrm{c}}+\frac{\partial \boldsymbol{D}}{\partial t}\right)\cdot \mathrm{d}\boldsymbol{S} \tag{4-42}$$

式中面积 S 是以闭合回路 L 为边界的任意曲面，闭合回路 L 的绕行方向与面元矢量 $\mathrm{d}\boldsymbol{S}$ 的方向满足右手螺旋关系．上式表明，磁场强度 $\boldsymbol{H}$ 沿空间中任一闭合回路 L 的线积分等于穿过以该闭合回路为边界的任意曲面 S 的全电流．这就是全电流的安培环路定理，也称为安培环路定理的普遍表达式．普遍意义的安培环路定理式(4-42)的本质是变化的电场激发磁场，它是电磁学的基本方程之一．

由安培环路定理的普遍表达式(4-42)可以看出，就磁效应而言，位移电流和传导电流是等价的：位移电流和传导电流都能激发磁场，它们与磁场的关系都遵从安培环路定理，它们的方向与磁场强度 $\boldsymbol{H}$ 的方向都构成右手螺旋关系．但是传导电流和位移电流却有着本质的区别：传导电流起源于自由电荷在导体中的定向运动；位移电流则源于空间变化的电场，无论有无导体存在，只要空间中电场随时间变化，就存在位移电流．

例 4-13

如图 4-34 所示，一半径为 R 的圆板形电容器，两极板间为真空，忽略边缘效应，电容器极板间的电场可视为均匀的．充电时，极板间的电场强度的时间变化率 $\dfrac{\mathrm{d}E}{\mathrm{d}t}=k$，$k$ 为常量．求：

(1) 电容器两极板间的位移电流；

(2) 距两极板中心连线为 $r(r\leqslant R)$ 处的磁感应强度．

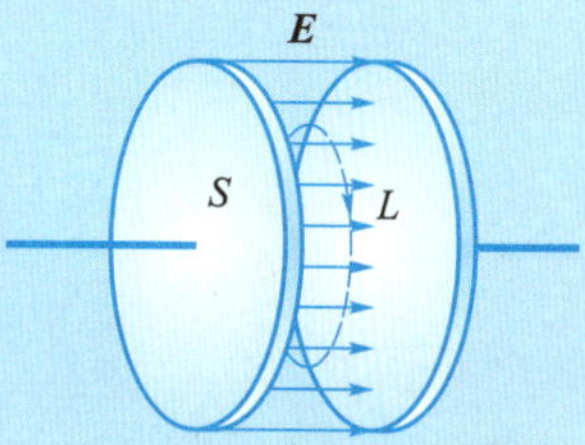

图 4-34 例 4-13 图

解：(1) 根据位移电流的定义式(4-38)，电容器两极板之间的位移电流为

$$I_{\mathrm{d}}=\frac{\mathrm{d}\Phi_{\mathrm{d}}}{\mathrm{d}t}=S\frac{\mathrm{d}D}{\mathrm{d}t}=\varepsilon_0 S\frac{\mathrm{d}E}{\mathrm{d}t}=\varepsilon_0 k\pi R^2$$

(2) 由题意可知，两极板间的位移电流具有轴对称性，故位移电流所激发的磁场也具有轴对称性，磁感应线为一系列以两极板中心连线为轴线的同心圆，其方向与位移电流方向构成右手螺旋关系．

根据位移电流和其所激发磁场的对称性，在电容器内取以对称轴为中心，半径为 r 的圆形积分回路 L，其方向如图 4-34 所示，根据全电流的安培环路定理

$$\oint_L \boldsymbol{H}\cdot \mathrm{d}\boldsymbol{l}=\int_S \frac{\partial \boldsymbol{D}}{\partial t}\cdot \mathrm{d}\boldsymbol{S}$$

可得

$$H2\pi r=\pi r^2\frac{\mathrm{d}D}{\mathrm{d}t}$$

又 $B=\mu_0 H$，$D=\varepsilon_0 E$，可得在 $r\leqslant R$ 的区域内磁感应强度的大小为

$$B=\frac{r}{2}\mu_0\varepsilon_0\frac{\mathrm{d}E}{\mathrm{d}t}=\frac{\mu_0\varepsilon_0 kr}{2}$$

磁感应强度 $\boldsymbol{B}$ 的方向沿着同心圆的切线方向，当 $k>0$ 时，其方向与图 4-34 中所示方向相同，当 $k<0$ 时，其方向与图 4-34 中所示方向相反．

NOTE

与例 4-6 中求解具有轴对称性的变化磁场所激发的感生电场相对比，可以看出，由于磁场的环路定理中不存在负号，所以位移电流的方向$\left(\text{实质上就是}\dfrac{\mathrm{d}\boldsymbol{E}}{\mathrm{d}t}\text{的方向}\right)$与其所激发的磁场间满足右手螺旋定则，而感生电场的环路定理中存在一个负号（源于法拉第电磁感应定律），变化的磁场$\dfrac{\mathrm{d}\boldsymbol{B}}{\mathrm{d}t}$的方向和其所激发的感生电场间就构成了左手螺旋关系．

4.5.3 麦克斯韦方程组

感生电场和位移电流的引入使电场和磁场自然而彻底地联系了起来，变化的磁场激发涡旋电场，变化的电场也激发涡旋磁场．变化的电场和变化的磁场密切联系，构成了一个统一的电磁场整体．麦克斯韦将电磁场的规律加以总结和推广，归纳出一组完全反映宏观电磁场规律的方程组，称为麦克斯韦方程组，其积分形式为

$$\left.\begin{aligned}
&(1)\quad \oint_S \boldsymbol{D}\cdot\mathrm{d}\boldsymbol{S}=\int_V \rho\,\mathrm{d}V=q_0\\
&(2)\quad \oint_L \boldsymbol{E}\cdot\mathrm{d}\boldsymbol{l}=-\int_S \frac{\partial \boldsymbol{B}}{\partial t}\cdot\mathrm{d}\boldsymbol{S}\\
&(3)\quad \oint_S \boldsymbol{B}\cdot\mathrm{d}\boldsymbol{S}=0\\
&(4)\quad \oint_L \boldsymbol{H}\cdot\mathrm{d}\boldsymbol{l}=I_c+\int_S \frac{\partial \boldsymbol{D}}{\partial t}\cdot\mathrm{d}\boldsymbol{S}
\end{aligned}\right\}\qquad(4-43)$$

方程(1)为电场的高斯定理，它反映了静电场的有源性，即静电场的电场线起始于正电荷，终止于负电荷．感生电场为无源场，其电场线为无头无尾的闭合曲线，感生电场的存在不会影响到电场高斯定理的表现形式．

方程(2)为电场的环路定理，它说明了变化的磁场激发电场．当然，这里的电场是指感生电场，感生电场是以变化的磁场为中心的涡旋场．静电场为保守场，其场强沿任意环路的积分为零，静电场的存在不会影响到电场环路定理的表现形式．

方程(3)为磁场的高斯定理，也称为磁通连续定理，它说明磁感应线总是闭合曲线，或者说自然界不存在单一的磁荷（或磁单极子）．

方程(4)是全电流的安培环路定理，它说明位移电流能以与传导电流相同的方式激发磁场，其实质就是变化的电场激发磁场．

NOTE

利用麦克斯韦方程组,在已知电荷和电流分布的情况下,可给出电场和磁场的唯一分布．若给定初始条件,这组方程可如同牛顿运动方程描述质点动力学过程一样,可对电磁场的动力学过程进行完全的描述．

麦克斯韦方程组的积分形式是通过宏观的通量和环路积分来描述电磁场的性质和规律,它不能反映每一个场点的电磁场量之间的关系,要想了解空间各点的电磁场分布和变化情况,需通过微分形式的麦克斯韦方程组．利用矢量分析中的高斯定理和斯托克斯定理,可以由麦克斯韦方程组的积分形式导出如下微分形式:

$$\left.\begin{aligned}&(1)\quad \nabla\cdot\boldsymbol{D}=\rho_0\\&(2)\quad \nabla\times\boldsymbol{E}=-\frac{\partial\boldsymbol{B}}{\partial t}\\&(3)\quad \nabla\cdot\boldsymbol{B}=0\\&(4)\quad \nabla\times\boldsymbol{H}=\boldsymbol{J}_c+\frac{\partial\boldsymbol{D}}{\partial t}\end{aligned}\right\}\tag{4-44}$$

在介质中,上述麦克斯韦方程组尚不完备,需要补充三个与介质性质有关的方程式．对于各向同性的介质,各场量之间满足如下关系:

$$\left.\begin{aligned}&(5)\quad \boldsymbol{D}=\varepsilon\boldsymbol{E}\\&(6)\quad \boldsymbol{B}=\mu\boldsymbol{H}\\&(7)\quad \boldsymbol{J}=\sigma\boldsymbol{E}\end{aligned}\right\}\tag{4-45}$$

以上三个介质方程是麦克斯韦方程组的辅助方程,式中 ε、μ 和 σ 分别为介质的介电常量、磁导率和电导率．此外,对处在电磁场中以速度 $\boldsymbol{v}$ 运动的带电粒子 q,还将受到电磁场的作用力 $\boldsymbol{F}_\mathrm{L}$,即

$$(8)\quad \boldsymbol{F}_\mathrm{L}=q\boldsymbol{E}+q\boldsymbol{v}\times\boldsymbol{B}\tag{4-46}$$

上式常被称为洛伦兹力公式．

以上麦克斯韦方程组、介质方程以及洛伦兹力公式,构成了完整的电磁场方程,结合初始条件和边界条件,原则上就可以解决经典电磁学的所有问题．电磁场理论的建立,在物理学史上是一次重大的突破,并对生产技术以及人类生活产生了深刻影响．因而麦克斯韦方程组被爱因斯坦称为“自牛顿以来,物理学史上经历的最深刻和最有成果的一次变革”．当然,物质世界是不可穷尽的,人类的认识是没有止境的．19 世纪末期起陆续发现了一些麦克斯韦电磁场理论无法解释的实验事实(包括电磁以太,黑体辐射能谱的分布,线状光谱的发现,光电效应等),导致了 20 世纪以来关于高速运动物体的相对论理论,关于微观系统的量子力学理论,以及关于电磁场及其与物质相互作用的量子电动力学等理论的出现,从而在物理学的发展史上产生了更为深刻而富有成果的重大飞跃．

4.5.4 电磁波

授课视频：电磁波

NOTE

麦克斯韦在建立电磁场理论的同时预言了电磁波的存在，即变化的电场在其邻近的区域产生变化的磁场，而这些变化的磁场，又在其邻近的区域产生变化的电场，这样，变化的电场与变化的磁场相互激发，由近及远地向周围传播出去，形成电磁波．

1. 电磁波的预言及其实验验证

根据麦克斯韦方程组可以非常方便地推导出真空中的平面电磁波所满足的波动方程．考虑在无电荷、无电流和没有任何介质的真空中，麦克斯韦方程组的微分形式[式(4-44)]变为

$$\left.\begin{aligned}&\nabla\cdot\boldsymbol{E}=0\\&\nabla\times\boldsymbol{E}=-\frac{\partial\boldsymbol{B}}{\partial t}\\&\nabla\cdot\boldsymbol{B}=0\\&\nabla\times\boldsymbol{B}=\varepsilon_0\mu_0\frac{\partial\boldsymbol{E}}{\partial t}\end{aligned}\right\}\tag{4-47}$$

再考虑一维情形，即 $\boldsymbol{E}$ 和 $\boldsymbol{B}$ 都只是一维坐标 x 和时间 t 的函数，由式(4-47)可得

$$\left.\begin{aligned}&\frac{\partial^2\boldsymbol{E}}{\partial x^2}=\varepsilon_0\mu_0\frac{\partial^2\boldsymbol{E}}{\partial t^2}\\&\frac{\partial^2\boldsymbol{B}}{\partial x^2}=\varepsilon_0\mu_0\frac{\partial^2\boldsymbol{B}}{\partial t^2}\end{aligned}\right\}\tag{4-48}$$

可以看出，以上电场强度 $\boldsymbol{E}$ 和磁感应强度 $\boldsymbol{B}$ 所满足的方程式都具有波动方程的形式，它们就是平面电磁波的波动方程．根据波动方程中的常系数可以计算出电磁波在真空中的传播速度 c，为

$$c=\frac{1}{\sqrt{\varepsilon_0\mu_0}}=\frac{1}{\sqrt{4\pi\times10^{-7}\times8.85\times10^{-12}}}\ \text{m/s}\approx3\times10^{8}\ \text{m/s}$$

根据电磁场理论计算出的电磁波传播速度等于真空中的光速 c.

从麦克斯韦方程组到电磁波的预言，可以看出，麦克斯韦方程组在形式上是如此的完美，方程中磁场和电场处于对称的位置，空间和时间也处于对称的位置．通过电磁波的传播速度等于光速，麦克斯韦还预言了光就是一种电磁波．但是，当时的科学界并没有认识到麦克斯韦电磁理论的伟大意义，能否证明有电磁波的存在，成为检验麦克斯韦理论是否正确的关键．直到 1888 年，德国物理学家赫兹(H. R. Hertz)才通过电磁振荡实验证实了

电磁波的存在,遗憾的是,麦克斯韦并没有看到自己的理论被实验所验证(麦克斯韦于 1879 年因病去世)

NOTE

赫兹实验的实验原理图如图 4-35 所示:实验装置由电磁波发生器和检波器构成.电磁波发生器中感应圈与一对放电电极相连,当感应圈中产生高压使电极间产生火花放电时,线圈回路中会激发起高频振荡.如同一个振荡偶极子(其辐出电磁波如图 4-36 所示),线圈回路中的高频振荡信号以电磁波的形式向外辐出能量.检波器为一个具有微小开口的铜环,如果火花放电时发生器往外辐出了电磁波,铜环就处于空间分布的涡旋电场中,这一涡旋电场能在铜环中激发感应电动势,使铜环开口处出现电势差,并导致火花放电.实验中赫兹观察到,电磁波发生器的电极间出现火花放电的同时,铜环开口处也有火花跳过,从而证实了电磁波的存在.此外,赫兹还通过实验测得了电磁波的传播速度与麦克斯韦预言的完全相同,即电磁波的传播速率等于光速,并且验证了电磁波具有和光波相同的性质.

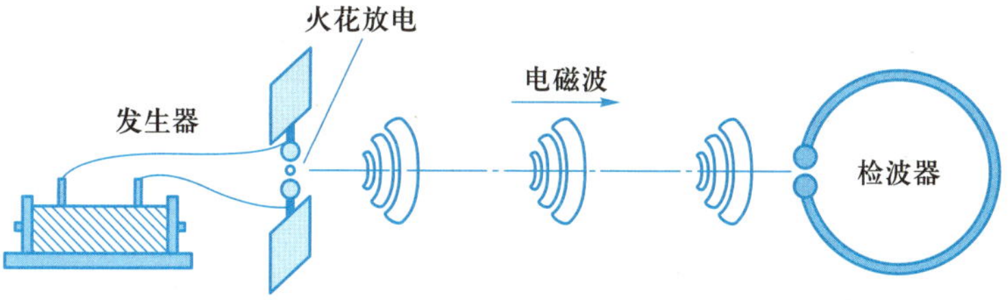

图 4-35 赫兹实验:验证电磁波的存在

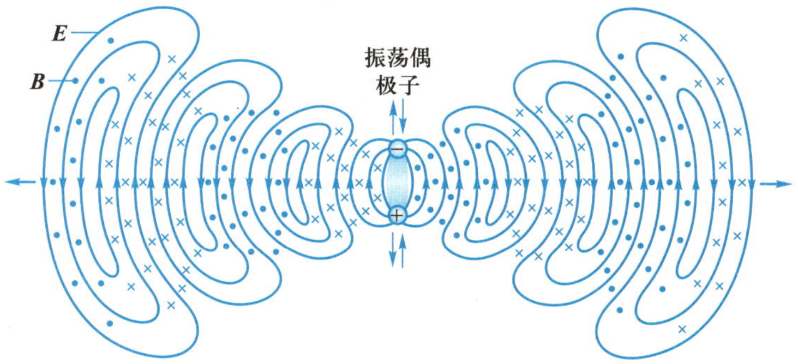

图 4-36 振荡偶极子发射的电磁波

赫兹实验的成功震惊了当时的科学界,使科学家们真正意识到麦克斯韦电磁理论的重要意义,人类也因此很快进入了无线电通信时代.为了纪念赫兹实验的重要意义,频率单位被命名为"赫兹(Hz)".

2. 电磁波的性质

电磁波和机械波虽然本质不同,但其描述方式完全相同.由于电磁波是由变化的电场和变化的磁场交替激发产生的，所以它无须借助介质就能在真空或介质中传播．赫兹实验中产生电磁波的原理就如同振动偶极子，电偶极子在振荡过程中往外辐出的电磁波的情况如图 4-36 所示．图中画出的电偶极子所在的任意平面内的电场线和磁感应线，其中在页面内的闭合或不闭合的曲线为电场线，圆点和十字叉表示垂直于页面的磁感应线．可以看出，在偶极子振荡过程中，电场线和磁感应线可以摆脱偶极子，形成闭合曲线，并远离偶极子传播成为电磁波．

电磁波在向外传播过程中，电场和磁场彼此依存．图 4-37 画出了某一时刻在电磁波的传播方向上电场和磁场的分布情况．

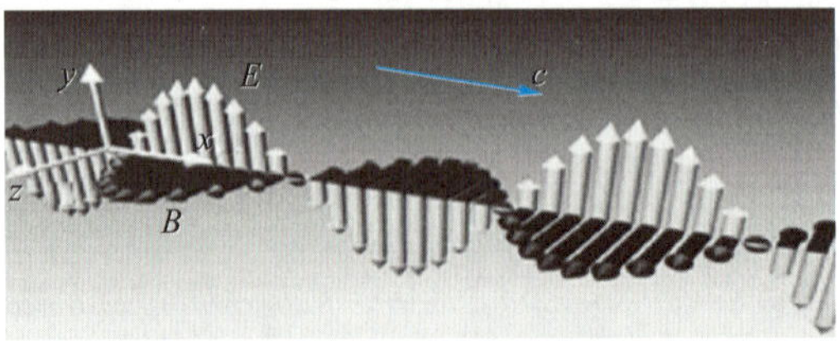

图 4-37 电磁波传播方向上电场和磁场的分布

NOTE

可以看出，电磁波是横波．电磁波中的电矢量 $\boldsymbol{E}$ 和磁矢量 $\boldsymbol{B}$ 互相垂直，且都垂直于电磁波的传播方向，$\boldsymbol{E}\times\boldsymbol{B}$ 为电磁波的传播方向．电矢量 $\boldsymbol{E}$ 和磁矢量 $\boldsymbol{B}$ 皆做周期性的变化，每时每刻它们的相位相同．

另外，由麦克斯韦方程组可以解得，电矢量 $\boldsymbol{E}$ 和磁矢量 $\boldsymbol{B}$ 在大小上成比例，它们满足

$$\sqrt{\varepsilon}E=\frac{B}{\sqrt{\mu}} \tag{4-49}$$

电磁波在介质中的传播速度为

$$v=\frac{1}{\sqrt{\varepsilon\mu}}=\frac{1}{\sqrt{\varepsilon_r\mu_r\varepsilon_0\mu_0}} \tag{4-50}$$

其中 ε_r、μ_r 为介质的相对介电常量和相对磁导率．由于电磁波在真空中的传播速度为 $c=\frac{1}{\sqrt{\varepsilon_0\mu_0}}=3\times10^8$ m/s，所以电磁波在介质中的传播速度还可表示为

$$v=\frac{c}{\sqrt{\varepsilon_r\mu_r}}=\frac{c}{n} \tag{4-51}$$

其中 $n=\sqrt{\varepsilon_r\mu_r}$ 为介质的折射率．

电磁波的传播伴随着能量的传递，电磁波的能量既包含电场能量，又包含磁场能量，空间各点电磁波的能量密度为

NOTE

$$w=w_{\mathrm{e}}+w_{\mathrm{m}}=\frac{1}{2}\varepsilon E^2+\frac{B^2}{2\mu}=\varepsilon E^2=\frac{B^2}{\mu} \tag{4-52}$$

单位时间内通过与波传播方向相垂直的单位面积的电磁波的能量,称为电磁波的能流密度,用 $\boldsymbol{S}$ 表示,其大小为

$$S=\frac{w\cdot \mathrm{d}S\cdot v\mathrm{d}t}{\mathrm{d}S\mathrm{d}t}=wv \tag{4-53}$$

将式(4-50)和式(4-52)代入上式,并考虑式(4-49)可得

$$S=EH$$

由于 $\boldsymbol{E}$,$\boldsymbol{B}$ 和传播方向互相垂直并满足右手螺旋定则,且能量的传播方向就是电磁波的传播方向,所以能流密度可以表示成矢量形式,即

$$\boldsymbol{S}=\boldsymbol{E}\times\frac{\boldsymbol{B}}{\mu}=\boldsymbol{E}\times\boldsymbol{H} \tag{4-54}$$

电磁波的能流密度矢量 $\boldsymbol{S}$ 称为坡印廷矢量.

对于简谐电磁波,$\boldsymbol{S}$ 在一个周期内的平均值,即平均能流密度为

$$\overline{S}=\frac{E_0B_0}{2\mu}=\frac{1}{2}E_0H_0$$

式中 E_0 和 H_0 分别为电矢量和磁矢量的振幅,通常将电磁波的平均能流密度称为电磁波的强度(在光学中称为光强,用 I 表示).

电磁波按照频率 ν(或波长 $\lambda=c/\nu$)的不同,可分为无线电波、红外线、可见光、紫外线、X 射线和 γ 射线等,图 4-38 中,按照频率从小到大(波长从大到小)的顺序画出了整个电磁波谱.

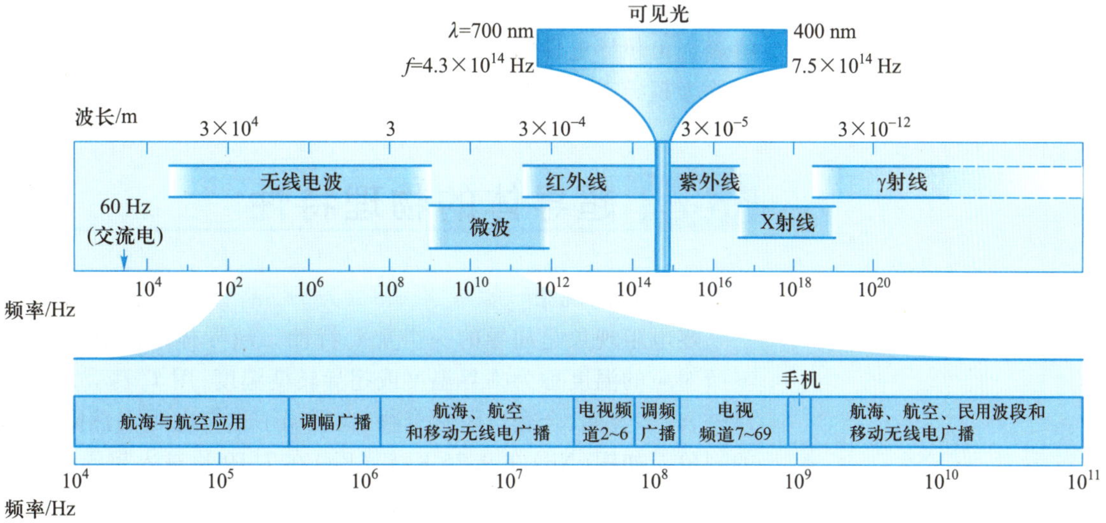

图 4-38 电磁波谱

可以看出，无线电波的波长最长，无线电波因波长不同又分为长波、中波、短波和微波等，被分别用于通信、广播和电视等无线电通信领域；其次是红外线、可见光和紫外线，这三部分合称光辐射，在所有的电磁波中只有可见光是人眼可以看到的，其波长范围在 400~700 nm；然后就是 X 射线，波长最短的电磁波是 γ 射线．

麦克斯韦（James Clerk Maxwell，1831—1879），19 世纪伟大的物理学家，经典电磁理论的奠基人，统计物理学奠基人之一．在气体动理论、光学、热力学、弹性理论等方面均有重要贡献．他建立了经典电磁理论，并预言了电磁波的存在．他的《电磁通论》与牛顿时代的《自然哲学的数学原理》并驾齐驱，成为人类探索电磁规律的一个里程碑．他的理论又成为爱因斯坦开创相对论的重要基础．

*4.6 超导

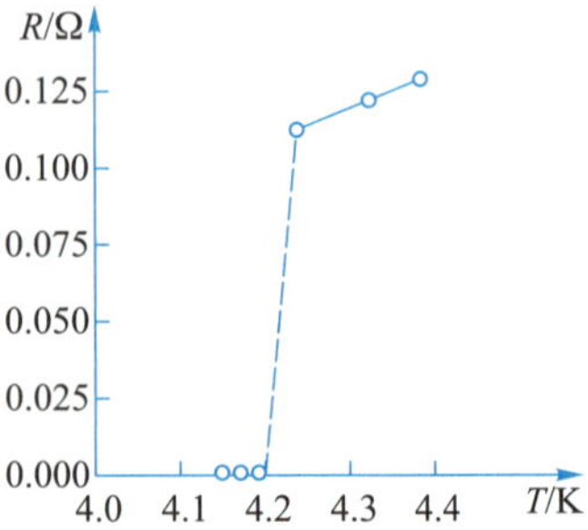

图 4-39 汞的电阻随温度的变化关系

1911 年，荷兰物理学家昂内斯（H. K. Onnes）在实验中发现，当汞的温度被冷却到 4.2 K 附近时，其电阻突然消失，汞（Hg）的电阻随热力学温度的变化关系如图 4-39 所示．后来昂内斯还发现许多金属或合金都具有与上述汞相类似的低温下电阻下降为零的性质，他认为这是物质的一种新的状态，具有全新的性质，称之为超导电性．现在发现许多材料都具有超导电性，人们将冷却到一定温度下电阻变为零的现象称为零电阻现象或超导电现象，将表现出超导电性的材料称为超导体，将物质处于超导电性的状态称为超导态．

4.6.1 超导体的物理特性

1. 零电阻现象

零电阻现象是超导的一个重要特性．超导体电阻突然变为零所对应的温度称为临界温度或超导转变温度，用 T_c 表示．除汞以外，许多金属、合金以及化合物，在低温下也有电阻突然降为零的现象．如铌（Nb）在 9.26 K，铅（Pb）在 7.19 K 进入超导态．

为了确认超导态下电阻是否真正消失，昂内斯还进行了更为灵敏的持续电流实验．他将样品做成环状，置于与环平面垂直的磁场中,然后冷却样品使其进入超导态,随后撤去磁场,这样在超导环中会产生感生电流. 根据对该电流衰减状况的估计,超导环的电阻率应小于 $4^{-18}\Omega\cdot m$. 其后又有人做过同样的实验,电流持续了两年半之久仍无明显的变化. 现代更精确的实验表明,超导体的剩余电阻率仅相当正常良导体电阻率的百万亿分之一. 因此,完全可以认为超导态下电阻为零. 所谓零电阻,是指直流电阻而言的,在交流电情况下电阻并不为零.

2. 全抗磁性——迈斯纳效应

1933 年,德国科学家迈斯纳等人通过实验发现,超导体内部的磁感应强度为零,磁通量被完全排斥在超导体之外. 这说明超导体具有完全抗磁性,这种现象被称为迈斯纳效应.

迈斯纳的实验是将铅和锡的圆柱形样品放在与其轴向垂直的磁场中,在正常状态下,有磁通量通过样品,当温度降低,使样品由正常态转变为超导态时,磁场的分布发生了变化,原来穿过样品的磁通量被完全排斥到样品之外,同时样品外的磁通密度变大,如图 4-40 所示.

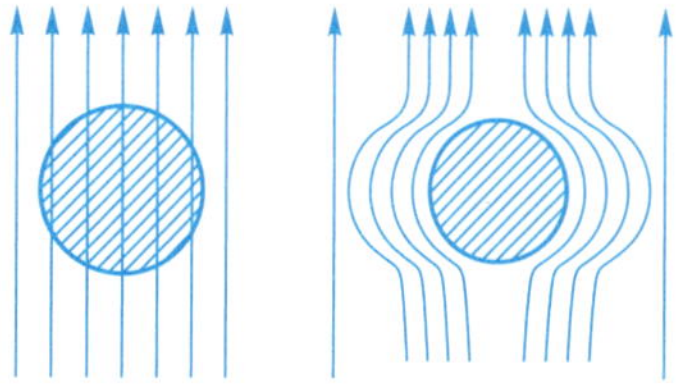

图 4-40 迈斯纳效应

造成超导体内部磁场为零的原因,是在超导体表面产生了电流,该电流在超导体内部产生一个与外磁场等大反向的内磁场,完全抵消了样品内部的外磁场,从而使得超导体内部磁场为零. 在超导体的外部,超导体表面电流的磁场和原磁场叠加后使得合磁场的磁感应线绕过超导体而发生弯曲.

3. 临界磁场和临界电流

超导体是否处于超导态不仅与温度有关,还与外磁场的大小有关. 实验表明,在温度低于 T_c 的情况下,当外磁场足够强时,超导电性将被破坏. 在一定温度下,破坏超导电性所需的最小磁场称为临界磁场,用 $H_c(T)$ 表示. $H_c(T)$ 和 T 的关系可近似地表示为

$$H_c(T)=H_c(0)\left[1-\left(\frac{T}{T_c}\right)^2\right] \tag{4-55}$$

式中,$H_c(0)$ 为 $T=0$ K 时超导体的临界磁场,由于 $T<T_c$,因此可得,临界磁场随温度的减小而增大.

在不加外磁场的情况下,当超导体中的电流超过某一确定值 I_c 时,超导态也将转变为正常态,这个电流值 I_c 被称为超导体的临界电流. 临界电流 I_c 的大小也与温度有关. 临界电流实际上就是在超导体内部产生临界磁场大小的磁场时的对应电流值. 例如,在 0 K 附近,直径为 0.2 cm 的汞超导线,最大允许通过 200 A 的电流,如果电流再大,它将失去超导电性.

超导体按其磁化特性可分为两类. 第一类超导体是前面所

NOTE

介绍的，只有一个临界磁场，即在临界温度以下，当外磁场 $H<H_c$ 时，超导体具有完全抗磁性；当外磁场 $H>H_c$ 时，超导体变为正常态，磁感线可以进入其内部．而第二类超导体则存在两个临界磁场 H_{c1}（下临界磁场）和 H_{c2}（上临界磁场），当 $H<H_{c1}$ 时，它处于超导态，具有完全抗磁性；当 $H>H_{c2}$ 时，则为正常态，磁感线可以进入其内部；而当 $H_{c1}<H<H_{c2}$ 时，超导体虽能保持零电阻特性，但磁感线部分地进入其内部，不再具备完全抗磁性，此状态称为混合态，具有一定的超导电性．

4.6.2 BCS 理论简介

按照经典电子说，当金属处于正常态时，其中的传导电流是由其内部自由电子在电场作用下做定向运动而形成的．电子在定向运动过程中会受到金属中晶格振动、晶格缺陷和杂质的散射，因此产生电阻．在低温下，尽管晶格振动的减弱会使电子受到的散射减小，但杂质和晶格缺陷与温度无关，因此即使金属处于绝对零度，电阻也不会完全消失．那么如何解释超导电性呢？

1957 年美国科学家巴丁（J. Bardeen）、库珀（L. N. Cooper）、施里弗（J. R. Schrieffer）在量子力学的基础上建立了低温超导的微观理论——BCS 理论，较为成功地解释了这一问题．由于它涉及较深的数学和量子力学知识，下面只做简单介绍．

我们知道，由于库仑力的作用，电子与电子之间互相排斥，电子与离子之间互相吸引．在金属中由于每一个电子将排斥其他电子，使其周围负电荷的密度减小；从效果上看，这就等同于在电子外面裹上了一层正电荷，它将对电子的负电荷作用产生屏蔽，从而使电子之间的库仑排斥作用减弱．与此同时，电子还将吸引周围晶格的正离子，使这些离子向这个电子微微靠拢，此时点阵结构发生畸变，在局部上正电荷密度增加，这些稍微靠拢的正电荷又会进一步吸引其他电子，总的效果是一个电子对另一个电子产生了微小的吸引力．在室温下，这种吸引力是微不足道的，但在低温下，由于热运动几乎消失，这种吸引力足以使两个电子永久结合成对，称为库珀（电子）对．

在超导态下，传输电流的不是单个电子，而是靠电子对的定向运动．每个电子对都有一个与电流方向（电场方向）相反的净动量．当电子对中的一个电子受到散射而改变其动量时，根据动量守恒，另一个电子也将同时受到散射而发生相反的动量变化，结果是保持其总动量不变．于是晶格散射作用的结果从总的效果上看即被消除,从而在宏观上表现出零电阻现象.

4.6.3 约瑟夫森效应

在两块超导体之间夹上一层很薄的绝缘层,就形成了一个超导体-绝缘层-超导体结(SIS 结),称为约瑟夫森结,如图 4-41 所示. 1962 年英国科学家约瑟夫森(B. D. Josephson)首先从理论上预言,当此绝缘层足够薄(例如 1 nm 左右)时,超导体内的库珀电子对就可以通过隧道效应穿过绝缘层,形成通过绝缘层的电流. 这一预言后来被实验所证实. 这种库珀电子对穿过绝缘层的隧道效应被称为约瑟夫森效应.

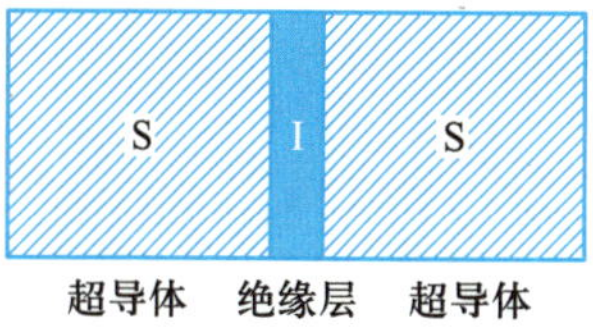

图 4-41 约瑟夫森结

NOTE

按照经典物理,电子是不可能通过两个超导层之间的绝缘层的,该绝缘层对电子的运动形成了一个高势能区——势垒,超导体中电子的能量不足以使它越过该势垒,也不会形成宏观的电流. 然而,按照量子力学的解释,电子具有波动性,即使其能量低于势垒高度,也有穿过势垒的概率,这种量子力学的现象称为隧道效应.

约瑟夫森效应有直流效应和交流效应两种. 当通过超导结的电流很小(几十微安到几十毫安)时,宏观电流呈现无阻流动,整个超导结与一块超导体相似,绝缘层两端不产生电压,此现象称为直流约瑟夫森效应. 所能承受的最大无阻电流(超导电流)称为超导结临界电流 I_c,当通过超导结的电流小于 I_c 时,超导结的绝缘层也具有超导电性. 而当电流大于 I_c 时,结区两端会出现一个有限的电压,因正常的隧道效应而产生有阻的电流. 同时,结区还将产生一个交变的超导电流,并向外辐射电磁波,该交变电流和电磁波的频率 ν 与结区两端电压 V 成正比,即

$$\nu=\frac{2e}{h}V \tag{4-56}$$

超导结不仅能辐射电磁波,还能吸收一定频率的电磁波. 超导结这种在直流电压作用下产生交变电流,从而辐射或吸收电磁波的特性,称为交流约瑟夫森效应.

4.6.4 超导在技术中的应用

超导体由于其独特的性质,在技术上有着广阔的应用前景.

(1) 超导磁体:利用超导体制成的超导磁体,可产生极强的

NOTE

磁场．其体积小、重量轻，无须庞大的水冷设备．可应用在高能加速器、医用核磁共振波谱仪、磁流体发电、受控热核反应等方面．

(2) 超导输电和超导储能：利用超导电缆可实现长距离无损耗输电，而且因其体积小、重量轻，可铺设于在地下管道中，节省输电设备，且不需要升压降压．此外，利用超导线中的持续电流，可以借磁场的形式储存电能，以调节城市每日用电的高峰与低潮．

(3) 超导磁悬浮和电磁推进器：利用超导体的抗磁性，可以制成超导磁悬浮列车，由于减少了摩擦，可大大提高列车的速度，目前已研制出时速超过 550 km 的磁悬浮列车；用磁悬浮发射火箭，可将发射速度提高三倍以上；在船体上安装超导磁体构成的电磁推进器，可对船体产生强大的推动力．

(4) 超导电子器件：利用约瑟夫森效应制成的超导量子干涉仪，可精密地测量磁场的微小变化．在医学上可用于测人体的心磁图和脑磁图等，作为诊断疾病的有效手段．利用约瑟夫森效应器件可制成开关元件用于计算机，其开关速度比半导体元件快约 1 000 倍，而功耗却低 1 000 倍．

本章提要

1. 法拉第电磁感应定律

电磁感应现象：当穿过闭合导体回路所围面积的磁通量发生变化时，回路中产生电流的现象称为电磁感应现象，相应的电流称为感应电流．产生感应电流的本质是回路中出现了感应电动势．

法拉第电磁感应定律：导体回路中感应电动势的大小与穿过回路的磁通量的时间变化率成正比，其数学表达式为

$$\mathscr{E}=-\frac{\mathrm{d}\Phi}{\mathrm{d}t}=-\frac{\mathrm{d}}{\mathrm{d}t}\int_S \boldsymbol{B}\cdot\mathrm{d}\boldsymbol{S}$$

式中的负号与电动势的方向有关，对于 N 匝导线构成的线圈，有

$$\mathscr{E}=-\frac{\mathrm{d}\Psi}{\mathrm{d}t}=-N\frac{\mathrm{d}\Phi}{\mathrm{d}t}$$

式中 Ψ 称为全磁通，它表示穿过各匝回路的磁通量之和 $\Psi=\sum_{i=1}^{N}\Phi_i$．当穿过每匝回路的磁通量都相等时，$N$ 匝线圈中的全磁

NOTE

通 $\Psi=N\Phi_{m}$ 称为磁链．

2. 楞次定律

通量表述：闭合回路中感应电流的方向，总是使它所激发的磁场来阻止引起感应电流的磁通量的变化．

力表述：运动导体上的感应电流受的安培力总是反抗（或阻碍）导体的运动．

楞次定律的实质是产生感应电流的过程必须遵守能量守恒定律．利用楞次定律可以很方便地判断感应电动势及感应电流的方向．

3. 动生电动势

在电磁感应现象中，单纯由导体运动产生的感应电动势称为动生电动势．产生动生电动势的非静电起源的作用力是洛伦兹力．当导体棒 ab 在磁场中运动时，导体棒 ab 中产生的动生电动势为

$$\mathscr{E}=\int_{b}^{a}(\boldsymbol{v}\times\boldsymbol{B})\cdot\mathrm{d}\boldsymbol{l}$$

如果整个导体回路都在磁场中运动，回路中产生的动生电动势为

$$\mathscr{E}=\oint_{L}(\boldsymbol{v}\times\boldsymbol{B})\cdot\mathrm{d}\boldsymbol{l}$$

4. 感生电动势与感生电场

感生电动势：导体或导体回路在磁场中固定不动，而磁场随时间发生变化时，在导体或导体回路内产生的电动势称为感生电动势，其表达式为

$$\mathscr{E}=\oint_{L}\boldsymbol{E}_{\mathrm{k}}\cdot\mathrm{d}\boldsymbol{l}=-\frac{\mathrm{d}\Phi}{\mathrm{d}t}$$

产生感生电动势的非静电起源的作用力是感生电场力．

感生电场：变化的磁场在其周围激发的电场，称为感生电场，用 $\boldsymbol{E}_{\mathrm{k}}$ 表示．感生电场的电场线为闭合曲线，感生电场为非保守力场、涡旋场．感生电场的性质可由如下环路定理和高斯定理给出．

$$\oint_{L}\boldsymbol{E}_{\mathrm{k}}\cdot\mathrm{d}\boldsymbol{l}=-\int_{S}\frac{\partial\boldsymbol{B}}{\partial t}\cdot\mathrm{d}\boldsymbol{S}$$

$$\oint_{S}\boldsymbol{E}_{\mathrm{k}}\cdot\mathrm{d}\boldsymbol{S}=0$$

5. 自感

由于电路自身电流变化而在自身回路中激发感应电动势的现象称为自感现象，相应的感应电动势称为自感电动势．

自感：$$L=\frac{\Psi}{I}$$

NOTE

自感电动势：$$\mathscr{E}_L=-L\frac{\mathrm{d}I}{\mathrm{d}t}$$

自感 L 是描述线圈“电磁惯性”的一个物理量．在非铁磁质的情况下，自感 L 与线圈的几何形状、大小、匝数及周围磁介质有关，与线圈中的电流无关．

6. 互感

由一个电路中电流变化，引起在相邻电路中产生感应电动势的现象，称为互感现象．在互感现象中产生的感应电动势称为互感电动势．

互感：$$M=\frac{\Psi_{21}}{I_1}=\frac{\Psi_{12}}{I_2}$$

两线圈的互感电动势：$$\mathscr{E}_{12}=-M\frac{\mathrm{d}I_2}{\mathrm{d}t}\quad 或\quad \mathscr{E}_{21}=-M\frac{\mathrm{d}I_1}{\mathrm{d}t}$$

在非铁磁质的情况下，互感 M 只与两回路的结构（如形状、大小、匝数）、相对位置及周围磁介质的情况有关，而与回路中的电流无关．

7. 磁场的能量

磁场的能量可以看成储存在通电线圈这样的电路元件中的，自感系数为 L 的电感线圈中流过电流 I 时所储存的能量为

$$W_m=\frac{1}{2}LI^2$$

载流线圈中储存的能量通常又称为自感磁能．

磁场的能量可以看成是储存在空间磁场中的，与磁感应强度 B 相对应的磁能密度及空间磁场所包含的总能量由以下两式给出：

磁场能量密度：$$w_m=\frac{1}{2}\frac{B^2}{\mu}=\frac{1}{2}BH=\frac{1}{2}\mu H^2$$

磁场的能量：$$W_m=\int_V w_m\mathrm{d}V$$

8. 位移电流

位移电流对应于空间电位移矢量的变化，只要通过某截面的电位移通量随时间变化，就有流过该截面的位移电流，位移电流的本质是变化的电场．

位移电流密度矢量：电场中某点的位移电流密度矢量等于该点电位移矢量随时间的变化率．

$$\boldsymbol{J}_d=\frac{\partial\boldsymbol{D}}{\partial t}$$

位移电流强度：电场中通过某一截面的位移电流强度等于通

NOTE

过该截面的电位移通量随时间的变化率

$$I_d=\frac{d\Phi_d}{dt}=\int_S\frac{\partial \boldsymbol{D}}{\partial t}\cdot d\boldsymbol{S}$$

9. 全电流的安培环路定理

磁场强度 $\boldsymbol{H}$ 沿磁场中任一闭合回路的线积分在数值上等于穿过以该闭合回路为边界的任意曲面的全电流的代数和，其数学表达式为

$$\oint_L \boldsymbol{H}\cdot d\boldsymbol{l}=I_c+\int_S\frac{\partial \boldsymbol{D}}{\partial t}\cdot d\boldsymbol{S}$$

普遍意义的安培环路定理的本质是变化的电场激发磁场，它是电磁学的基本方程之一．

10. 麦克斯韦方程组

1865 年麦克斯韦将电磁场的规律加以总结和推广，归纳出一组完全反映宏观电磁场规律的方程组，称为麦克斯韦方程组，其积分形式为

$$\begin{cases}\oint_S \boldsymbol{D}\cdot d\boldsymbol{S}=\oint_V \rho dV=q_0\\ \oint_L \boldsymbol{E}\cdot d\boldsymbol{l}=-\int_S\frac{\partial \boldsymbol{B}}{\partial t}\cdot d\boldsymbol{S}\\ \int_S \boldsymbol{B}\cdot d\boldsymbol{S}=0\\ \oint_L \boldsymbol{H}\cdot d\boldsymbol{l}=I_c+\int_S\frac{\partial \boldsymbol{D}}{\partial t}\cdot d\boldsymbol{S}\end{cases}$$

麦克斯韦方程组中的各个量是通过介质的性质相互联系的，三个介质方程是麦克斯韦方程组的辅助方程，在各向同性的介质中，介质方程的形式为

$$\boldsymbol{D}=\varepsilon_0\varepsilon_r\boldsymbol{E}$$

$$\boldsymbol{B}=\mu_0\mu_r\boldsymbol{H}$$

$$\boldsymbol{J}=\sigma\boldsymbol{E}$$

对处在电磁场中以速度 $\boldsymbol{v}$ 运动的带电粒子 q，还将受到电磁场的作用力 $\boldsymbol{F}_L$，

$$\boldsymbol{F}_L=q\boldsymbol{E}+q\boldsymbol{v}\times\boldsymbol{B}$$

上式常被称为洛伦兹力公式．

以上麦克斯韦方程组、介质方程以及洛伦兹力公式，构成了完整的电磁场方程，结合初始条件和边界条件，原则上可以解决经典电磁学的所有问题．

11. 电磁波

1865 年，麦克斯韦在建立电磁场理论的同时预言了电磁波

的存在，这一预言于 1888 年由赫兹通过电磁振荡实验证实．

真空中电磁波的传播速度：$c=\dfrac{1}{\sqrt{\varepsilon_0\mu_0}}\approx 3\times10^8\ \mathrm{m/s}$

电磁波中电矢量 $\boldsymbol{E}$ 和磁矢量 $\boldsymbol{B}$ 在大小之间满足的关系：

$$\sqrt{\varepsilon}E=\frac{B}{\sqrt{\mu}}$$

电磁波的能量密度：$w=w_e+w_m=\dfrac{1}{2}\varepsilon E^2+\dfrac{1}{2}\mu H^2=\varepsilon E^2=\dfrac{B^2}{\mu}$

电磁波的能流密度矢量，即坡印廷矢量 $\boldsymbol{S}$：$\boldsymbol{S}=\boldsymbol{E}\times\boldsymbol{H}$

思考题

4-1 电动势和电势差有什么区别？

4-2 利用法拉第电磁感应定律求解电动势时，是否一定要求导体构成闭合回路？利用动生电动势和感生电动势的定义求解时情况又是如何？

4-3 为什么动生电动势一定要与运动的导体相联系，而感生电动势却不用跟真实的导体相联系？

4-4 洛伦兹力不做功，而洛伦兹力又是产生动生电动势的非静电力，这是否违背了能量守恒定律？

4-5 法拉第电磁感应定律、感生电场的环路定理中的负号有什么物理意义？该负号与楞次定律有什么关系？

4-6 发电机和电动机在工作原理上有什么不同？

4-7 电子感应加速器中是如何使电子既能保持圆周运动又能被不断加速的？

4-8 请解释通有强电流的电路为何在突然断电时会产生电火花？

4-9 两个半径不同的金属环如何放置可使它们的互感系数最大？又如何放置可使它们的互感系数最小？

4-10 请解释机场安检系统金属探测器的工作原理．

4-11 麦克斯韦方程组中各个方程的物理意义是什么？

4-12 真空中的电磁波的传播速度在不同参考系中是否会有变化？

习题

4-1 如习题 4-1 图所示，相距为 d 的两长直导线间放置一长为 l，宽为 b 的共面线框，线框左侧边与相邻导线相距为 a，两长直导线中的电流大小均为 $I=I_0\sin\omega t$（I_0 和 ω 是正的常量），且始终保持反向，求线框上的感应电动势．

4-2 半径为 R 的线圈在磁感应强度为 $\boldsymbol{B}$ 的地磁场中以角速度 ω 旋转，线圈匝数为 N．求线圈中产生的感应电动势是多少？可产生的最大感应电动势是多少？何时出现最大感应电动势？

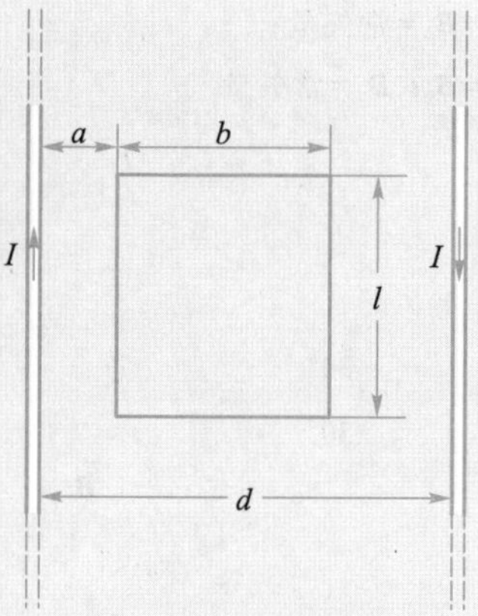

习题 4-1 图

4-3 如习题 4-3 图所示,载流长直导线中电流为 I,一矩形线圈以速度 $\boldsymbol{v}$ 向右平动,线圈长为 l,宽为 a,匝数为 N,其左侧边与导线距离为 d,求线圈中的感应电动势.

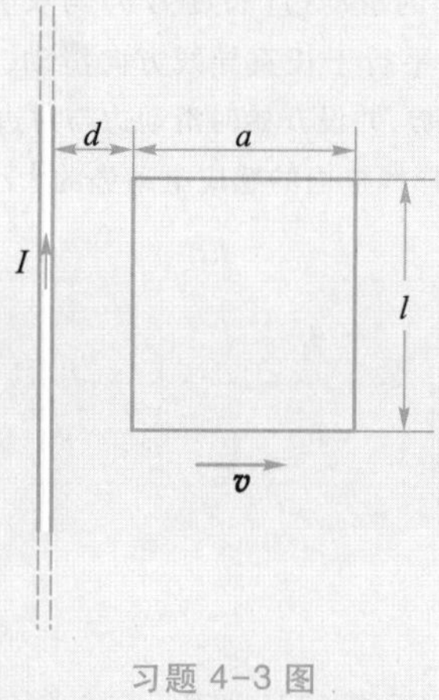

习题 4-3 图

4-4 要从真空仪器的金属部件上清除出气体,可采用感应加热的方法.如习题 4-4 图所示,将需要加热的电子管阳极放置在长为 $L=20$ cm 的均匀密绕长直螺线管内,电子管阳极是截面半径为 $r=4$ mm,长为 $l(l\ll L)$ 而管壁极薄的空心圆筒,电阻为 $R=5\times10^{-3}$ Ω.均匀密绕长直螺线管匝数 $N=30$ 匝,通高频电流 $I=25\sin\omega t,\omega=2\pi\times10^{5}$ Hz,求电子管阳极圆筒中产生的感应电流的最大值.

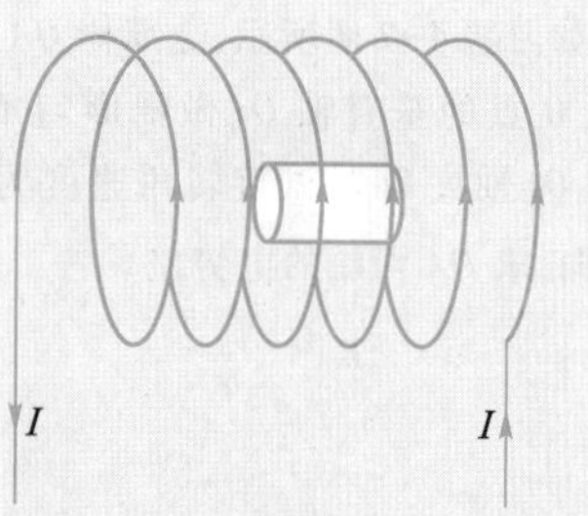

习题 4-4 图

4-5 如习题 4-5 图所示,载有恒定电流 I 的长直导线旁有一半圆环导线 CD,半圆环半径为 R.环面与直导线垂直,且半圆环两端点连线的延长线与直导线相交.半圆环以速度 v 沿平行于直导线中的电流的方向(即垂直纸面向外)平移.求半圆环上的感应电动势.哪端电势高?

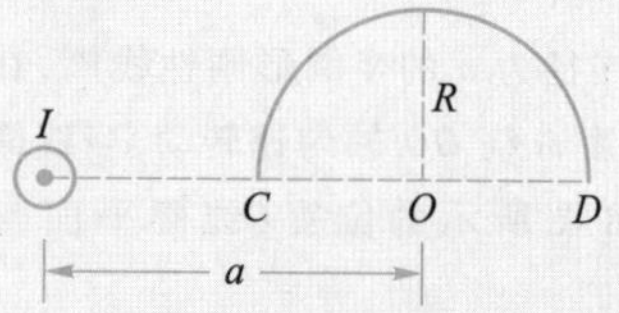

习题 4-5 图

4-6 如习题 4-6 图所示,载流长直导线与一长为 L 的导体棒 OM 共面,棒以角速度 ω 绕端点 O 转动,O 点至导线的距离为 r_0.试分别求棒转至与导线平行时和垂直时,棒中的动生电动势.

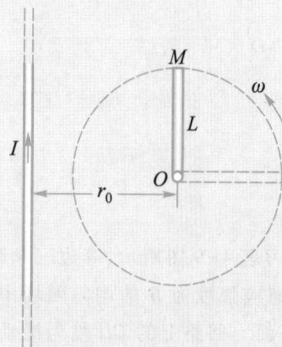

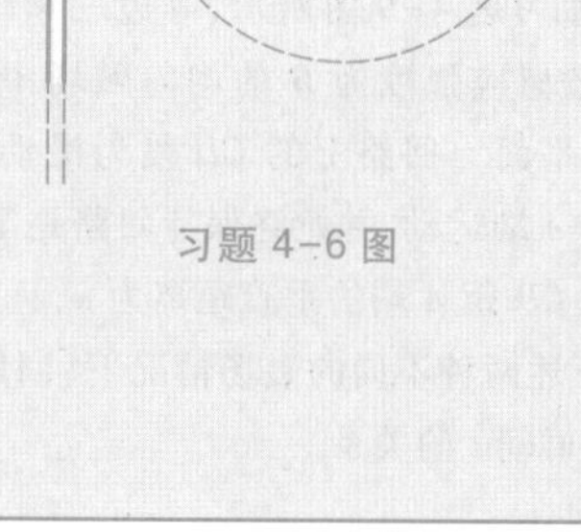

习题 4-6 图

4-7 如习题 4-7 图所示,金属棒 OA 在均匀磁场 $\boldsymbol{B}$ 中绕通过 O 点的垂直轴 Oz 做锥形匀角速旋转,棒 OA 长 l_0,与 Oz 轴夹角为 θ,旋转角速度为 ω. 磁场方向沿 Oz 轴向,求 OA 两端的电势差.

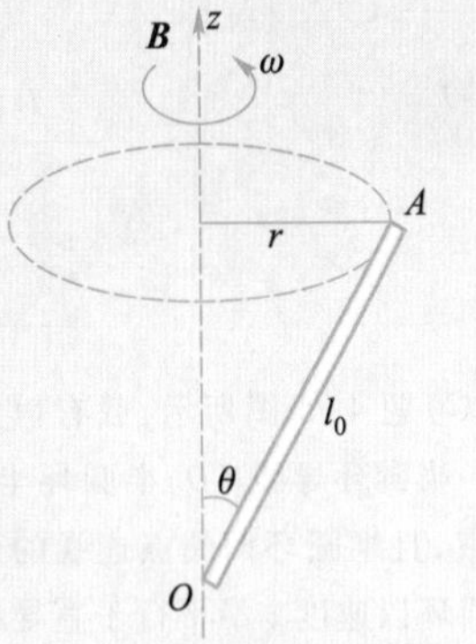

习题 4-7 图

4-8 半径为 a 的半圆形刚性线圈,在均匀磁场 $\boldsymbol{B}$ 中以角速度 ω 绕 OO' 轴匀速转动,当线圈平面转至如习题 4-8 图所示的位置(线圈平面与 $\boldsymbol{B}$ 平行)时,求:

(1) 线圈中感应电流的方向;

(2) 感应电动势 $\mathscr{E}_{AOD}$ 和 $\mathscr{E}_{DCA}$ 的大小.

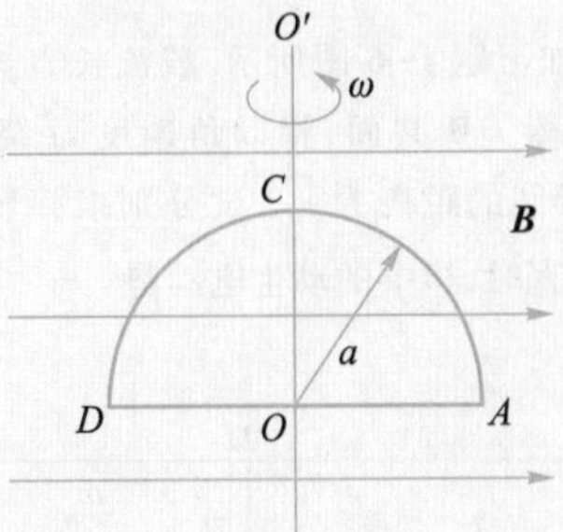

习题 4-8 图

4-9 如习题 4-9 图所示,等边三角形平面回路 $ACDA$ 放在磁感应强度为 $\boldsymbol{B}$ 的均匀磁场中,磁场方向垂直于回路平面. 回路上的 CD 段为滑动导线,它以匀速 $\boldsymbol{v}$ 远离 A 端运动,并始终保持回路是等边三角形. 设滑动导线 CD 距 A 端的垂直距离为 x,且 $t=0$ 时,$x=0$. 试求在下述两种不同的磁场情况下,回路中的感应电动势 $\mathscr{E}$ 和时间 t 的关系.

(1) $\boldsymbol{B}=\boldsymbol{B}_0$ = 常矢量;

(2) $\boldsymbol{B}=\boldsymbol{B}_0 t$,$\boldsymbol{B}_0$ = 常矢量.

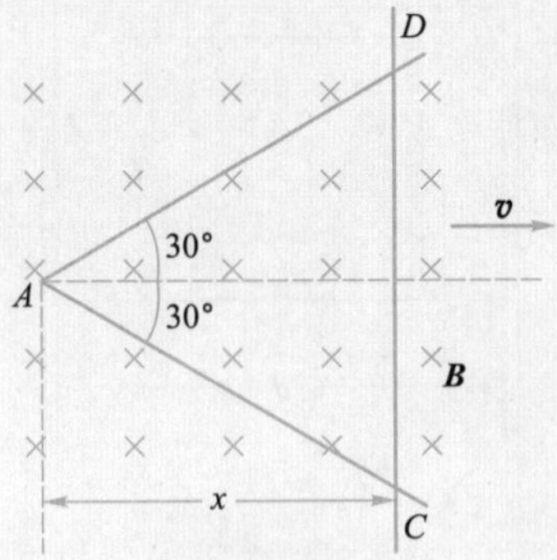

习题 4-9 图

4-10 如习题 4-10 图所示,真空中一长直导线通有电流 $I(t)=I_0 e^{-\lambda t}$(式中 I_0、λ 为常量,t 为时间),有一带滑动边的矩形导线框与长直导线平行共面,二者相距 a,矩形线框的滑动边(长度为 b)与长直导线垂直,且以匀速 $\boldsymbol{v}$ 沿平行于长直导线方向滑动,若忽略线框中的自感电动势,并设开始时滑动边与对边重合. 求任意时刻 t 在矩形线框内的感应电动势的大小和方向.

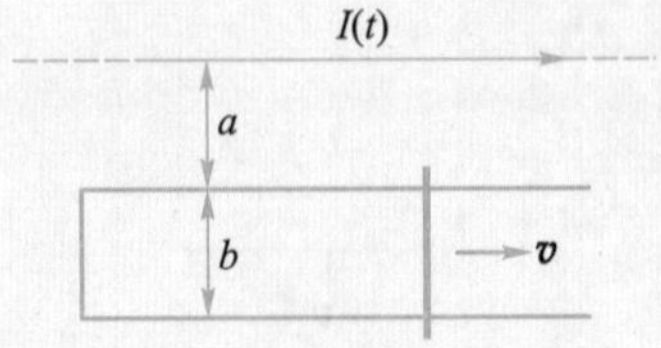

习题 4-10 图

4-11 如习题 4-11 图所示,在半径为 R 的载流长直螺线管内,磁感应强度为 $\boldsymbol{B}$ 的均匀磁场以恒定的变化率 $\dfrac{dB}{dt}$ 随时间增加. 试求在螺线管内、外的感生电场分布.

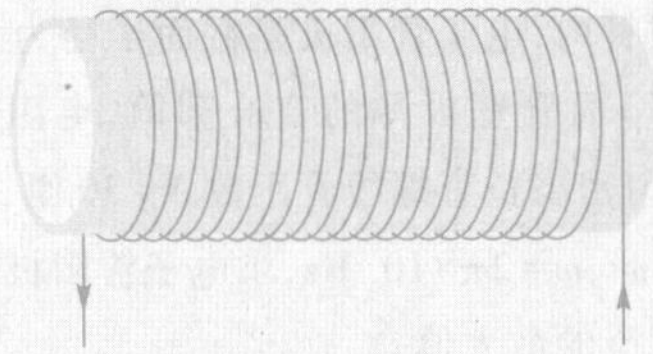
习题 4-11 图

4-12 在无限长直螺线管中，均匀分布着变化的磁场 $\boldsymbol{B}(t)$，该磁场变化率为 $\frac{\mathrm{d}B}{\mathrm{d}t}=k(k>0$，且为常量)，方向与螺线管轴线平行，如习题 4-12 图所示，现在其中放置一直角型导线 abc，若已知螺线管截面半径为 R，$ab=l$，试求：

(1) 螺线管中的感生电场；

(2) ab，bc 两段导线中的感生电动势．

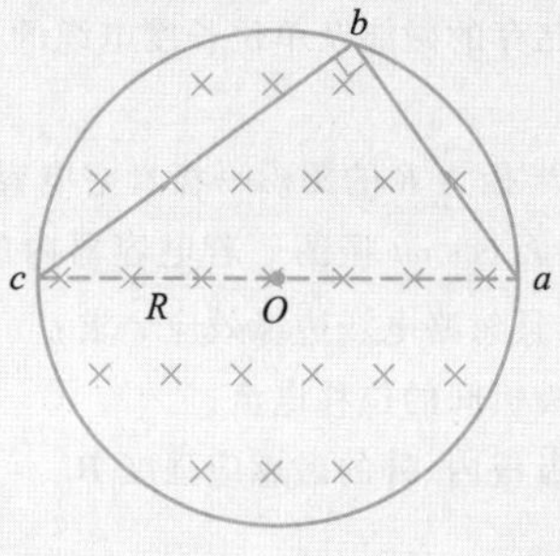

习题 4-12 图

4-13 如习题 4-13 图所示，截面为矩形的均匀密绕螺绕环，内、外半径分别为 R_1 和 R_2，厚度为 h，共有 N 匝线圈，求该螺绕环的自感．

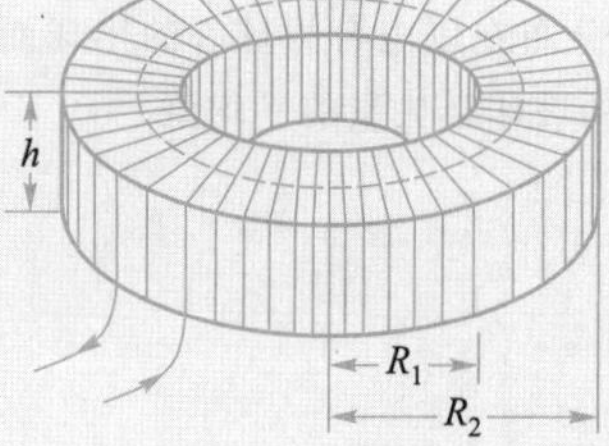

习题 4-13 图

4-14 两条平行的输电线，横截面都是半径为 a 的圆面，中心相距为 d，电流沿两输电线一去一回，若两导线内部的磁场均可略去不计，求两输电线间单位长度上的自感．

4-15 一长直螺线管的导线中通有 10.0 A 的恒定电流时，通过每匝线圈的磁通量为 20 μWb；当电流以 4.0 A/s 的速率变化时，产生的自感电动势是 3.2 mV. 求该螺线管的自感与总匝数．

4-16 无限长直导线和一矩形线框，如习题 4-16 图所示放置，它们同在纸面内，彼此绝缘，线框短边与长直导线平行，线框的尺寸如图所示，且 $\frac{b}{c}=3$.

(1) 求直导线和线框的互感；

(2) 若长直导线中通以电流 $I=I_0\sin\omega t$，求线框中的互感电动势；

(3) 若线框中通以电流 $I=I_0\sin\omega t$，求直导线中的互感电动势．

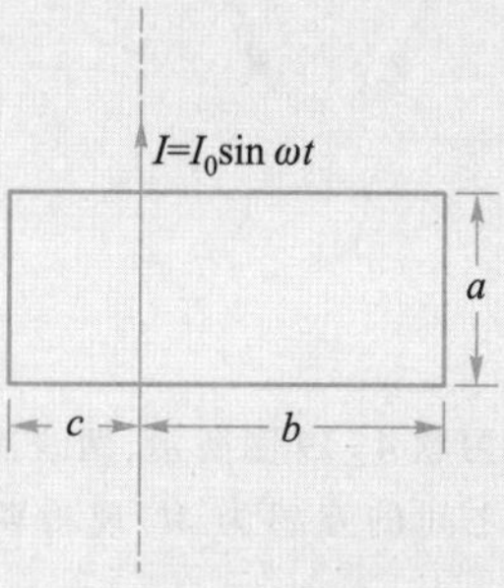

习题 4-16 图

4-17 如习题 4-17 图所示，截面为矩形的螺绕环，总匝数为 N，内外半径分别为 R_1 和 R_2，厚度为 h，沿环的轴线拉一根直导线，求直导线与螺绕环的互感．

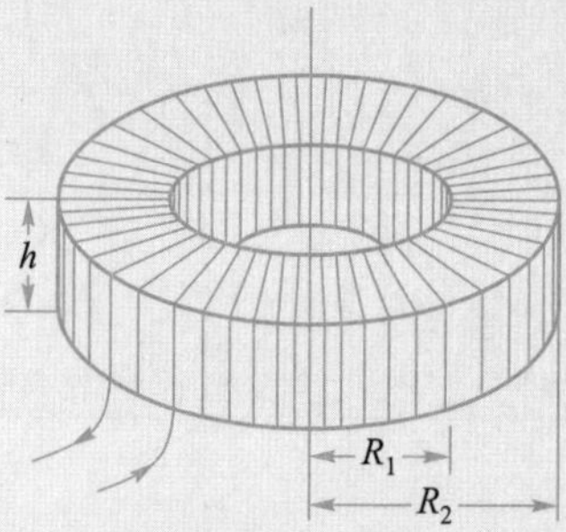

习题 4-17 图

4-18 如习题 4-18 图所示，大、小两个圆环形线圈同轴平行放置，大线圈半径为 R，由 N_1 匝细导线密绕而成；小线圈半径为 r，由 N_2 匝细导线密绕而成，两线圈相距为 d，由于 r 很小，所以可认为大线圈在小线圈处产生的磁场是均匀的．求：

(1) 两线圈的互感；

(2) 当小线圈中的电流变化率为 $\frac{dI}{dt}=k$ 时，大线圈内磁通量的变化率．

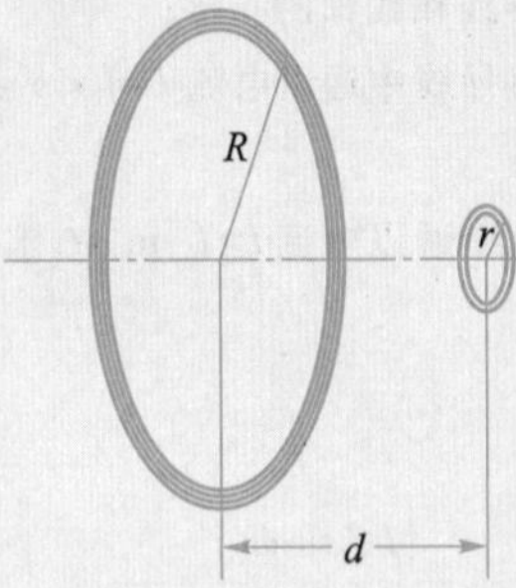

习题 4-18 图

4-19 如习题 4-19 图所示，两线圈自感分别为 L_1 和 L_2，它们之间的互感为 M，现将两线圈串联．证明：

(1) 当两线圈顺接时，即 2、3 端相连，1、4 端接入电路，整个回路的等效自感为 $L=L_1+L_2+2M$；

(2) 当两线圈反接时，即 2、4 端相连，1、3 端接入电路，整个回路的等效自感为 $L=L_1+L_2-2M$.

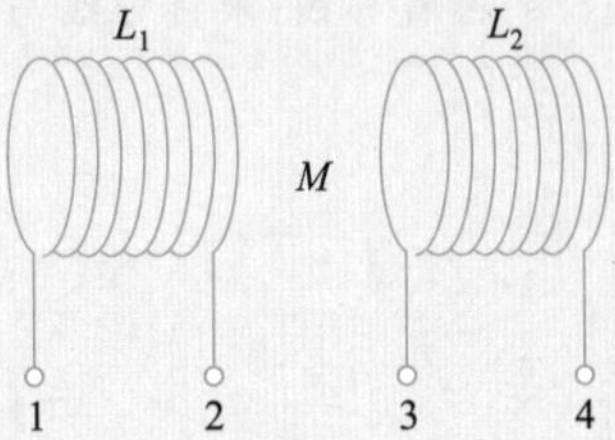

习题 4-19 图

4-20 无限长直导线流过电流 I 时，其截面各处的电流密度均相等．试证明导线内单位长度内所储存的磁能为 $\mu I^2/16\pi$.

4-21 由中心导体圆柱和外层导体圆筒组成的同轴电缆，内外半径分别为 R_1 和 R_2，筒和圆柱间充以电介质，电介质和金属的 μ_r 均可取作 1，电流从中心圆柱流出，从外层圆筒流回，求此电缆通过电流 I 时，单位长度内储存的磁能及单位长度电缆的自感．

4-22 半径为 R 的圆形平板真空电容器，两极板间场强按 $E=E_0\cos\omega t$ 振荡．若电容器内的电场在空间均匀分布，且忽略电场边缘效应．求：

(1) 两极板间的位移电流；

(2) 两极板内、外的磁感应强度 $\boldsymbol{B}$.

4-23 有一平行圆形极板组成的电容器，电容为 1×10^{-12} F，若在其两端加上频率为 50 Hz、峰值为 1.74×10^5 V 的交变电压，计算极板间的位移电流最大值．

4-24 已知电台的平均辐射功率为 $\overline{P}$，假设辐射能流均匀地分布在以电台为球心的半球面上，试求距离电台 r 处的坡印廷矢量的平均值．

附　　录

常用物理常量表

物理量	符号	数值	单位	相对标准不确定度
真空中的光速	c	299 792 458	$m\cdot s^{-1}$	精确
普朗克常量	h	$6.626\ 070\ 15\times10^{-34}$	$J\cdot s$	精确
约化普朗克常量	$h/2\pi$	$1.054\ 571\ 817\cdots\times10^{-34}$	$J\cdot s$	精确
元电荷	e	$1.602\ 176\ 634\times10^{-19}$	C	精确
阿伏伽德罗常量	N_A	$6.022\ 140\ 76\times10^{23}$	mol^{-1}	精确
玻耳兹曼常量	k	$1.380\ 649\times10^{-23}$	$J\cdot K^{-1}$	精确
摩尔气体常量	R	$8.314\ 462\ 618\cdots$	$J\cdot mol^{-1}\cdot K^{-1}$	精确
理想气体的摩尔体积（标准状况下）	V_m	$22.413\ 969\ 54\cdots10^{-3}$	$m^3\cdot mol^{-1}$	精确
斯特藩-玻耳兹曼常量	σ	$5.670\ 374\ 419\cdots10^{-8}$	$W\cdot m^{-2}\cdot K^{-4}$	精确
维恩位移定律常量	b	$2.897\ 771\ 955\times10^{-3}$	$m\cdot K$	精确
引力常量	G	$6.674\ 30(15)\times10^{-11}$	$m^3\cdot kg^{-1}\cdot s^{-2}$	2.2×10^{-5}
真空磁导率	μ_0	$1.256\ 637\ 062\ 12(19)\times10^{-6}$	$N\cdot A^{-2}$	1.5×10^{-10}
真空电容率	ε_0	$8.854\ 187\ 812\ 8(13)\times10^{-12}$	$F\cdot m^{-1}$	1.5×10^{-10}
电子质量	m_e	$9.109\ 383\ 701\ 5(28)\times10^{-31}$	kg	3.0×10^{-10}
电子荷质比	$-e/m_e$	$-1.758\ 820\ 010\ 76(53)\times10^{11}$	$C\cdot kg^{-1}$	3.0×10^{-10}
质子质量	m_p	$1.672\ 621\ 923\ 69(51)\times10^{-27}$	kg	3.1×10^{-10}
中子质量	m_n	$1.674\ 927\ 498\ 04(95)\times10^{-27}$	kg	5.7×10^{-10}
氘核质量	m_d	$3.343\ 583\ 7724(10)\times10^{-27}$	kg	3.0×10^{-10}
氚核质量	m_t	$5.007\ 356\ 7446(15)\times10^{-27}$	kg	3.0×10^{-10}
里德伯常量	R_∞	$1.097\ 373\ 156\ 8160(21)\times10^{7}$	m^{-1}	1.9×10^{-12}
精细结构常数	α	$7.297\ 352\ 5693(11)\times10^{-3}$		1.5×10^{-10}
玻尔磁子	μ_B	$9.274\ 010\ 0783(28)\times10^{-24}$	$J\cdot T^{-1}$	3.0×10^{-10}
核磁子	μ_N	$5.050\ 783\ 7461(15)\times10^{-27}$	$J\cdot T^{-1}$	3.1×10^{-10}
玻尔半径	a_0	$5.291\ 772\ 109\ 03(80)\times10^{-11}$	m	1.5×10^{-10}
康普顿波长	λ_C	$2.426\ 310\ 238\ 67(73)\times10^{-12}$	m	3.0×10^{-10}
原子质量常量	m_u	$1.660\ 539\ 066\ 60(50)\times10^{-27}$	kg	3.0×10^{-10}

注：①表中数据为国际科学理事会（ISC）国际数据委员会（CODATA）2018 年的国际推荐值。

②标准状况是指 $T=273.15\ K$，$p=101325\ Pa$

常用数值表

名称	计算用值
地球	
质量	5.98×10^{24} kg
平均半径	6.37×10^{6} m
平均轨道速度	29.8 km/s
表面重力加速度	9.8 m/s^2
平均密度	5.52×10^{3} kg/m^3
太阳	
质量	1.989×10^{30} kg
平均半径	6.96×10^{8} m
平均密度	1.41×10^{3} kg/m^3
表面的温度	5 800 K
中心的温度	1.50×10^{7} K
总辐射功率	4×10^{26} W
自转周期	25 d（赤道），37 d（靠近极地）

习 题 答 案

本书习题答案可通过扫描下方二维码获取。

索　　引

本书索引可通过扫描下方二维码获取。

参 考 文 献

本书参考文献可通过扫描下方二维码获取。

班级______________　　　学号______________　　　姓名______________

练　习　一

一、选择题

1-1　下列说法中正确的是(　　).

(A) 电场中某点场强的方向,就是将点电荷放在该点所受电场力的方向

(B) 电场中某点场强的方向,就是将正点电荷放在该点所受电场力的方向

(C) 在以点电荷为中心的球面上,由该点电荷所产生的场强处处相同

(D) 以上说法都不正确

1-2　如图所示,在坐标$(a,0)$处放置一点电荷$+q$,在坐标$(-a,0)$处放置另一点电荷$-q$,P点是x轴上的一点,坐标为$(x,0)$. 当$x \gg a$时,该点场强的大小为(　　).

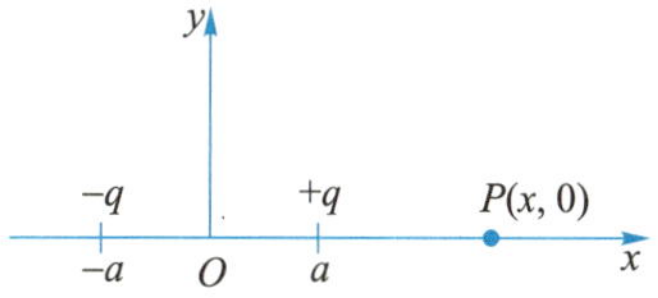

练习 1-2 图

(A) $\dfrac{q}{4\pi\varepsilon_0 x}$　　(B) $\dfrac{q}{4\pi\varepsilon_0 x^2}$

(C) $\dfrac{qa}{2\pi\varepsilon_0 x^3}$　　(D) $\dfrac{qa}{\pi\varepsilon_0 x^3}$

1-3　如图所示,一沿x轴放置的“无限长”分段均匀带电直线的电荷线密度分别为$+\lambda_e(x<0)$和$-\lambda_e(x>0)$,则xOy平面上坐标为$(0,a)$的P点处的场强为(　　).

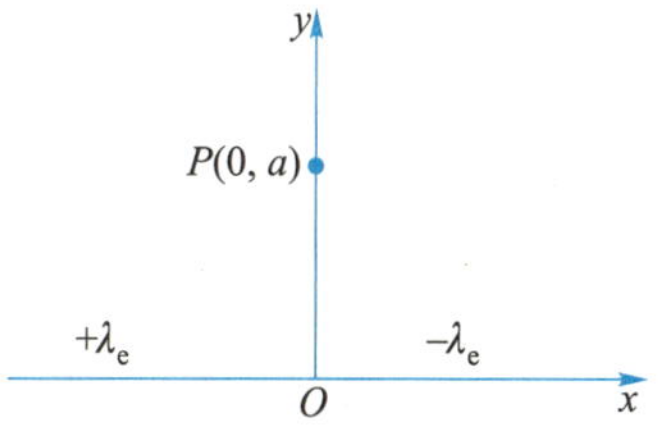

练习 1-3 图

(A) $\dfrac{\lambda_e}{2\pi\varepsilon_0 a}\boldsymbol{i}$　　(B) 0

(C) $\dfrac{\lambda_e}{4\pi\varepsilon_0 a}\boldsymbol{i}$　　(D) $\dfrac{\lambda_e}{4\pi\varepsilon_0 a}(\boldsymbol{i}+\boldsymbol{j})$

1-4　两个带电体Q_1,Q_2,其几何中心相距R,Q_1受Q_2的电场力$\boldsymbol{F}$应如下(　　)计算.

(A) 把Q_1分成无数个微小电荷元$\mathrm{d}q$,先用积分法得出Q_2在$\mathrm{d}q$处产生的电场强度$\boldsymbol{E}$的表达式,求出$\mathrm{d}q$受的电场力$\mathrm{d}\boldsymbol{F}=\boldsymbol{E}\mathrm{d}q$,再把这无数个$\mathrm{d}q$受的电场力$\mathrm{d}\boldsymbol{F}$进行矢量叠加,从而得出$Q_1$受$Q_2$的电场力$\boldsymbol{F}=\int_{Q_1}\boldsymbol{E}\mathrm{d}q$

(B) $\boldsymbol{F}=Q_1Q_2\boldsymbol{R}/(4\pi\varepsilon_0R^3)$

(C) 先采用积分法算出Q_2在Q_1的几何中心处产生的电场强度$\boldsymbol{E}_0$,则$\boldsymbol{F}=Q_1\boldsymbol{E}_0$

(D) 把Q_1分成无数微小电荷元$\mathrm{d}q$,电荷元$\mathrm{d}q$对Q_2几何中心的径矢为$\boldsymbol{r}$,则Q_1受Q_2的电场力为$\boldsymbol{F}=\int_{Q_1}[Q_2\boldsymbol{r}\mathrm{d}q/(4\pi\varepsilon_0Rr^3)]$

1-5　真空中有A、B两平板,相距为d,板面积为$S(S \gg d^2)$,分别带有电荷$+q$和$-q$,在忽略边缘效应的情况下,两板间的相互作用力的大小为(　　).

(A) $q^2/(4\pi\varepsilon_0d^2)$　　(B) $q^2/(\varepsilon_0S)$

(C) $2q^2/(\varepsilon_0S)$　　(D) $q^2/(2\varepsilon_0S)$

二、填空题

1-6　在氢原子中，质子受到的电场力与质子在地球表面附近所受重力之比为________________.（$m_p = 1.67 \times 10^{-27}$ kg，氢原子半径 $a_0 = 5.3 \times 10^{-11}$ m）

1-7　如图所示，带电荷量均为$+q$ 的两个点电荷，分别位于 x 轴上的$+a$ 和$-a$ 位置．则 y 轴上各点场强表达式为 $\boldsymbol{E}$ = ________，场强最大值的位置为 y = ____________.

1-8　如图所示，两根相互平行的“无限长”均匀带正电荷直线 1、2，相距为 d，其电荷线密度分别为 λ_{e1} 和 λ_{e2}，则场强等于零的点与直线 1 的距离 a = ________________.

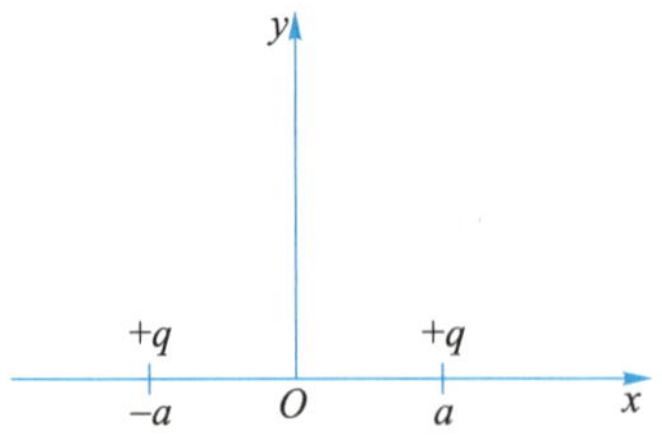

练习 1-7 图

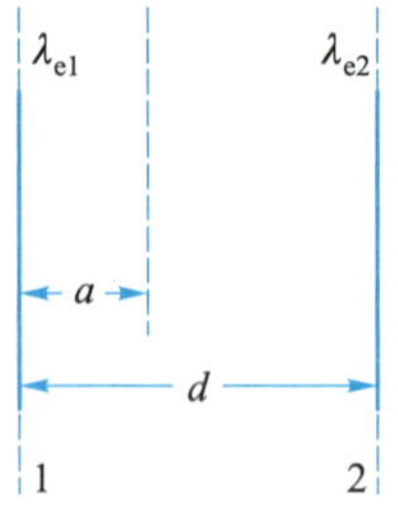

练习 1-8 图

三、计算题

1-9　在边长为 a 的正方形的四角，依次放置点电荷 q、$2q$、$-4q$ 和 $2q$，中心放置一个单位正电荷，求这个电荷受力的大小和方向．

1-10　如图所示，在一长度为 L、电荷线密度为 λ_e 的均匀带电细棒的延长线上，距棒端为 a 处有一点电荷 q. 求 q 受到的库仑力．

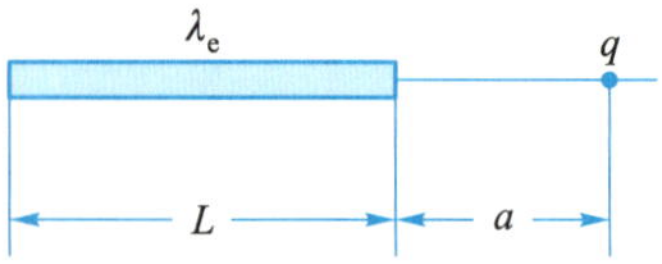

练习 1-10 图

班级______________　　　　学号______________　　　　姓名______________

1-11　一长为 L 的均匀带电直线，电荷线密度为 λ_e. 求直线的延长线上距直线中点为 $r(r>L/2)$ 处的电场强度 .

1-12　一半径为 R 的半球面，均匀地带有电荷，电荷面密度为 σ_e. 求球心处电场强度的大小 .

1-13　如图所示，一带电细线弯成半径为 R 的半圆形，电荷线密度为 $\lambda_e=\lambda_0\cos\theta$. 其中，$\lambda_0$ 为正常量，θ 为径向与 x 轴的夹角 . 求圆心 O 点的电场强度 .

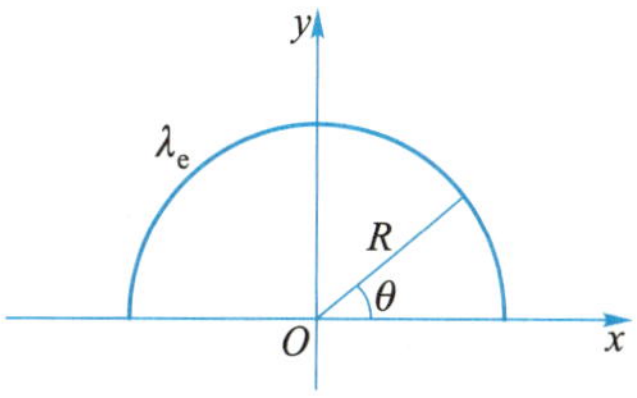

练习 1-13 图

1-14　一根不导电的细塑料杆，被弯成近乎完整的圆，圆的半径为 0.5 m，杆的两端有 2 cm 的缝隙，3.12×10^{-9}C 的正电荷均匀地分布在杆上．求圆心处电场强度的大小和方向．

1-15　如图所示，两根平行长直线间距为 $2a$，一端用半圆形线连起来，全线上均匀带电．试证明在圆心 O 处的电场强度为零．

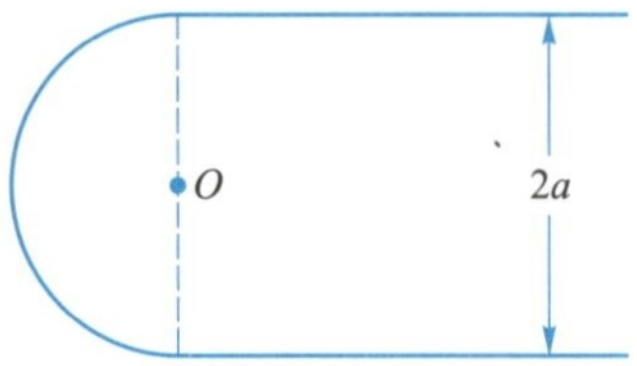

练习 1-15 图

1-16　如图所示，一环形薄片由细绳悬吊着，环的外半径为 R，内半径为 $R/2$，并有电荷 Q 均匀地分布在环面上，细绳长 $3R$，也有电荷 Q 均匀分布在绳上．求圆环中心 O 点（在细绳延长线上）的电场强度．

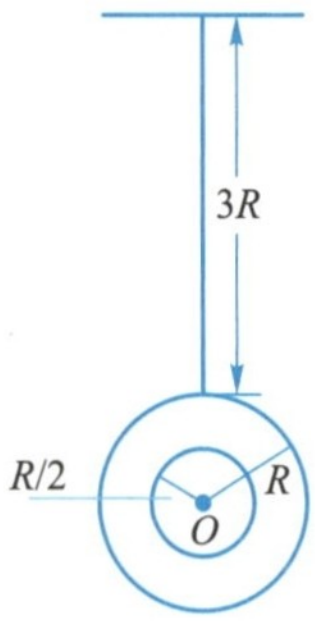

练习 1-16 图

班级______________　　学号______________　　姓名______________

练　习　二

一、选择题

2-1　根据高斯定理的数学表达式 $\oint_S \boldsymbol{E}\cdot \mathrm{d}\boldsymbol{S}=\frac{1}{\varepsilon_0}\sum q_{内}$ 可知，下述各种说法中正确的是（　　）.

(A) 闭合面内的电荷代数和为零时，闭合面上各点场强一定为零

(B) 闭合面内的电荷代数和不为零时，闭合面上各点场强一定处处不为零

(C) 闭合面内的电荷代数和为零时，闭合面上各点场强不一定处处为零

(D) 闭合面上各点场强均为零时，闭合面内一定处处无电荷

2-2　有两个电荷量都是 $+q$ 的点电荷，相距为 $2a$. 今以左边的点电荷所在处为球心，以 a 为半径作一球形高斯面. 在球面上取两块相等的小面积 S_1 和 S_2，其位置如图所示. 设通过 S_1 和 S_2 的 $\boldsymbol{E}$ 通量分别为 Φ_{e1} 和 Φ_{e2}，通过整个球面的 $\boldsymbol{E}$ 通量为 Φ_{eS}，则（　　）.

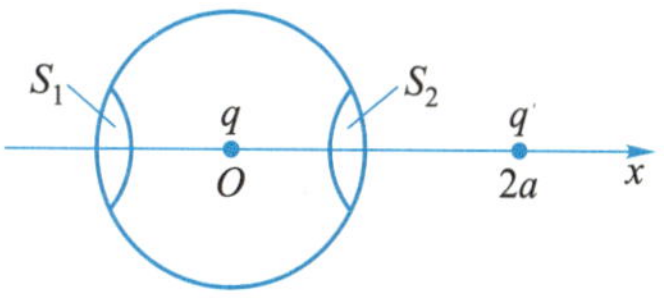

练习 2-2 图

(A) $\Phi_{e1}>\Phi_{e2}$，$\Phi_{eS}=q/\varepsilon_0$

(B) $\Phi_{e1}<\Phi_{e2}$，$\Phi_{eS}=2q/\varepsilon_0$

(C) $\Phi_{e1}=\Phi_{e2}$，$\Phi_{eS}=q/\varepsilon_0$

(D) $\Phi_{e1}<\Phi_{e2}$，$\Phi_{eS}=q/\varepsilon_0$

2-3　在空间有一非均匀电场，其电场线分布如图所示. 现在电场中取一半径为 R 的闭合球面. 已知通过球面上 ΔS 的 $\boldsymbol{E}$ 通量为 $\Delta\Phi_e$，则通过球面其余部分的 $\boldsymbol{E}$ 通量为（　　）.

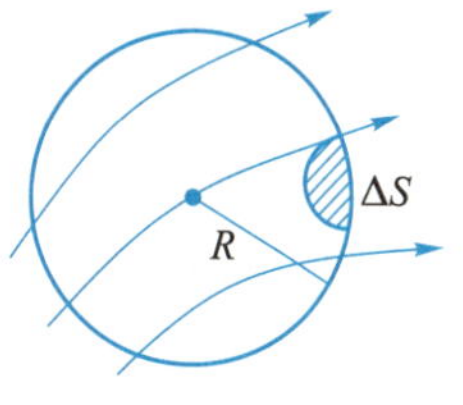

练习 2-3 图

(A) $-\Delta\Phi_e$

(B) $4\pi R^2\Delta\Phi_e/\Delta S$

(C) $(4\pi R^2-S)\Delta\Phi_e/\Delta S$

(D) $-(4\pi R^2-S)\Delta\Phi_e/\Delta S$

(E) 0

2-4　设有一无限大均匀带正电荷的平面，取 x 轴垂直带电平面，坐标原点在带电平面上，则其空间各点的电场强度 $\boldsymbol{E}$ 随距平面的位置坐标 x 变化的关系曲线为（　　）（规定场强沿 x 轴正方向为正，反之为负）.

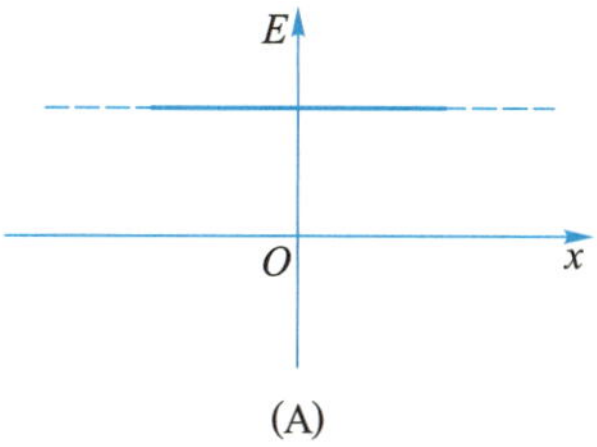

(A)

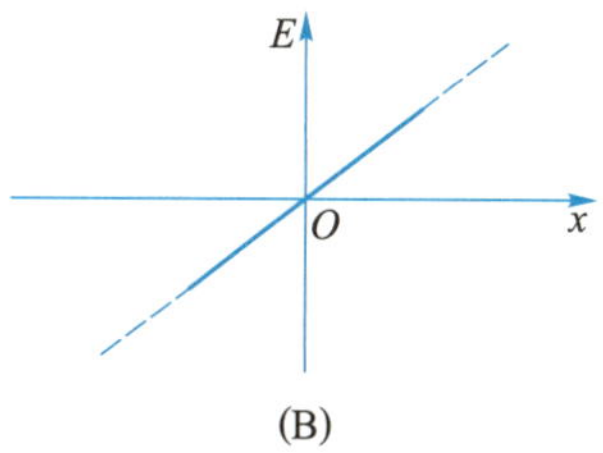

(B)

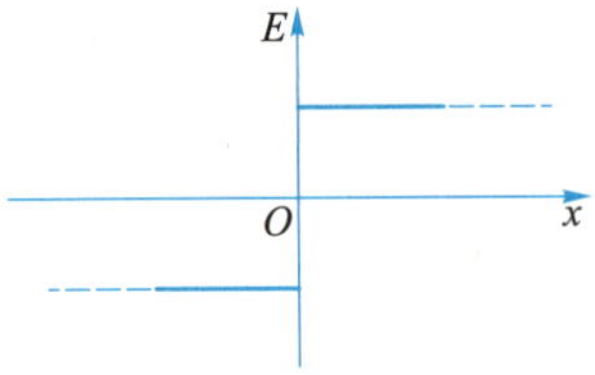

(C)

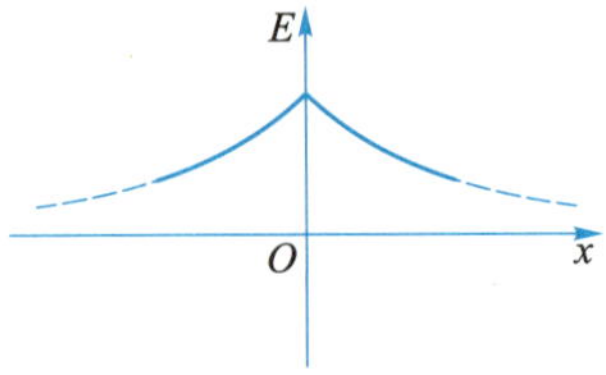

(D)

练习 2-4 图

2-5　两个同心均匀带电球面，半径分别为 R_1 和 R_2（$R_1<R_2$），所带电荷分别为 Q_1 和 Q_2. 设某点与球心相距 r，当 $R_1<r<R_2$ 时，该点的电场强度的大小为（　　）.

（A）$\dfrac{1}{4\pi\varepsilon_0}\cdot\dfrac{Q_1+Q_2}{r^2}$　　（B）$\dfrac{1}{4\pi\varepsilon_0}\cdot\dfrac{Q_1-Q_2}{r^2}$

（C）$\dfrac{1}{4\pi\varepsilon_0}\cdot\left(\dfrac{Q_1}{r^2}+\dfrac{Q_2}{R_2^2}\right)$　　（D）$\dfrac{1}{4\pi\varepsilon_0}\cdot\dfrac{Q_1}{r^2}$

二、填空题

2-6　一均匀带正电荷的直线，电荷线密度为 λ_e，其单位长度上总共发出的电场线条数（即 $\boldsymbol{E}$ 通量）为________________.

2-7　一均匀带电直线长为 d，电荷线密度为 $+\lambda_e$，以直线中点 O 为球心，R 为半径（$R>d$）作一球面，如图所示，则通过该球面的电场强度通量为________. 带电直线的延长线与球面交点 P 处的电场强度的大小为__________，方向__________.

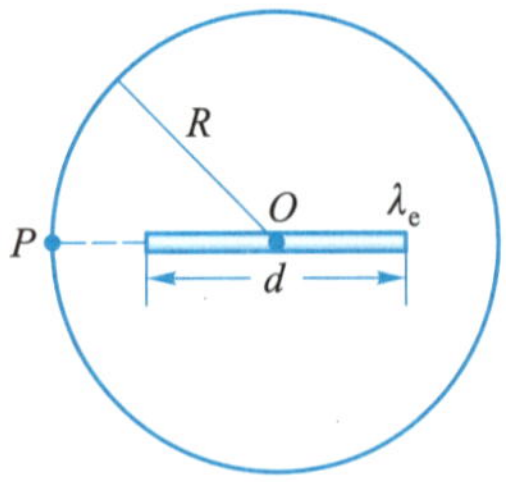

练习 2-7 图

2-8　三个平行的"无限大"均匀带电平面，电荷面密度都是 $+\sigma_e$，如图所示．则 A、B、C、D 四个区域的电场强度分别为：$E_A=$____________，$E_B=$______________，$E_C=$______________，$E_D=$______________（设方向向右为正）.

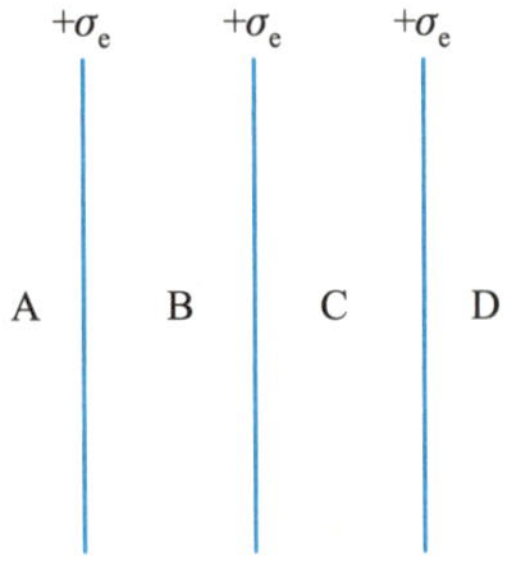

练习 2-8 图

三、计算题

2-9　实验表明：在靠近地面处有一定的电场，$\boldsymbol{E}$ 方向垂直于地面向下，大小约为 100 $\mathrm{V\cdot m^{-1}}$；在离地面 1.5 km 高的地方，$\boldsymbol{E}$ 方向也垂直于地面向下，大小约为 25 $\mathrm{V\cdot m^{-1}}$.

（1）求从地面到此高度大气中电荷的平均体密度；

（2）若地球上的电荷全部均匀分布在表面，且地球内部的电场强度为零．求地面上的电荷面密度．

班级______________ 学号______________ 姓名______________

2-10 两根无限长的均匀带电直线相互平行,相距为 $2a$,电荷线密度分别为 $+\lambda_e$ 和 $-\lambda_e$. 求每单位长度的带电直线所受的电场力.

2-11 如图所示,一厚度为 b 的无限大均匀带电厚壁,电荷体密度为 ρ_e, x 为垂直于壁面的坐标,原点在厚壁的中心. 求电场强度分布并画出 $E-x$ 曲线.

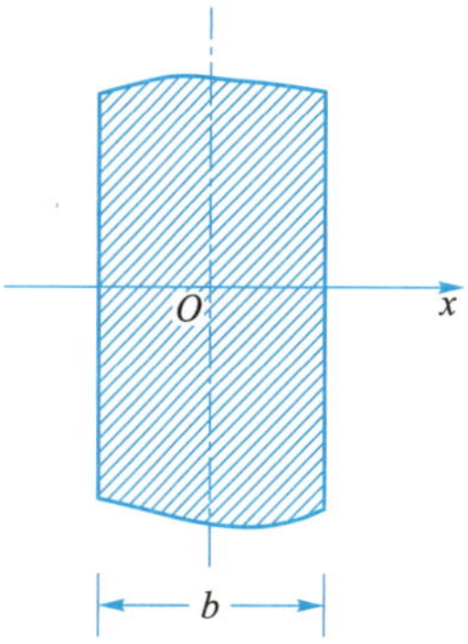

练习 2-11 图

2-12 如图所示,一无限大均匀带电薄平板,电荷面密度为 σ_e. 在平板中部有一个半径为 R 的小圆孔. 求通过圆孔中心并与平板垂直的直线上的电场强度分布.

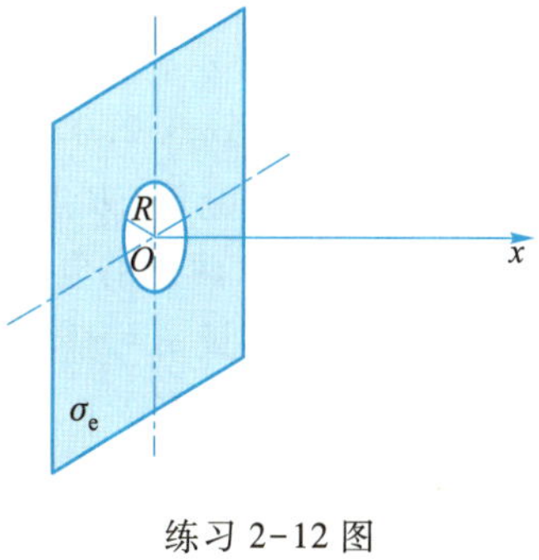

练习 2-12 图

2-13　两均匀带电球面同心放置，半径分别为 R_1 和 R_2（$R_1<R_2$）．已知内、外球面之间的电势差为 U_{12}，求两球面间的电场强度分布．

2-14　一半径为 R 的均匀带电球体，电荷体密度为 ρ_e．求：

（1）球外任一点的电势；

（2）球表面上的电势；

（3）球内任一点的电势．

2-15　一无限长均匀带电圆柱体，半径为 R，电荷体密度为 ρ_e．求柱体内、外的电势分布（以轴线为电势零点），并画出 $\varphi-r$ 曲线．

2-16　如图所示，三块互相平行的无限大均匀带电平面，电荷面密度分别为 $\sigma_1=1.2\times10^{-4}\,\mathrm{C\cdot m^{-2}}$，$\sigma_2=2.0\times10^{-5}\,\mathrm{C\cdot m^{-2}}$，$\sigma_3=1.1\times10^{-4}\,\mathrm{C\cdot m^{-2}}$．$A$ 点与平面Ⅱ相距 5.0 cm，B 点与平面Ⅱ相距 7.0 cm.

（1）计算 A、B 两点的电势差；

（2）若把电荷量 $q_0=-1.0\times10^{-8}$ C 的点电荷从 A 点移到 B 点，外力克服电场力做功是多少？

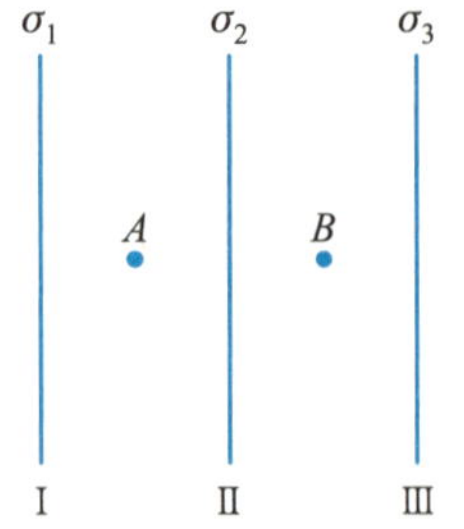

练习 2-16 图

班级______________　　学号______________　　姓名______________

练　习　三

一、选择题

3-1　关于静电场中某点电势值的正负，下列说法中正确的是(　　).

(A) 电势值的正负取决于置于该点的试验电荷的正负

(B) 电势值的正负取决于电场力对试验电荷做功的正负

(C) 电势值的正负取决于电势零点的选取

(D) 电势值的正负取决于产生电场的电荷的正负

3-2　如图所示，在点电荷 q 的电场中，选取以 q 为中心、R 为半径的球面上一点 P 处作为电势零点，则与点电荷 q 距离为 r 的 P' 点的电势为(　　).

(A) $\dfrac{q}{4\pi\varepsilon_0 r}$

(B) $\dfrac{q}{4\pi\varepsilon_0}\left(\dfrac{1}{r}-\dfrac{1}{R}\right)$

(C) $\dfrac{q}{4\pi\varepsilon_0(r-R)}$

(D) $\dfrac{q}{4\pi\varepsilon_0}\left(\dfrac{1}{R}-\dfrac{1}{r}\right)$

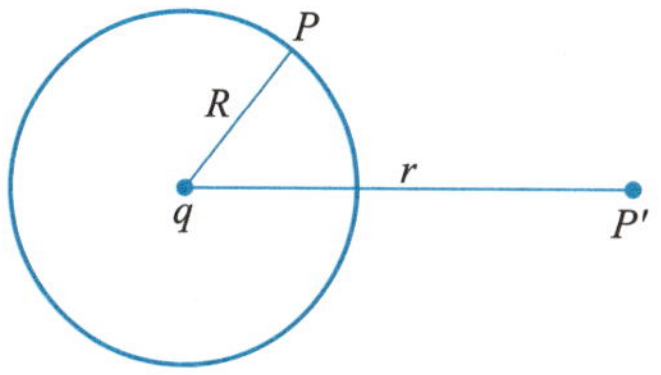

练习 3-2 图

3-3　真空中一半径为 R 的球面均匀带有电荷量 Q，在球心 O 点有一带电荷量为 q 的点电荷，如图所示．设无限远处为电势零点，则在球内离球心 O 点距离为 r 的 P 点处的电势为(　　).

(A) $\dfrac{q}{4\pi\varepsilon_0 r}$

(B) $\dfrac{1}{4\pi\varepsilon_0}\left(\dfrac{q}{r}+\dfrac{Q}{R}\right)$

(C) $\dfrac{q+Q}{4\pi\varepsilon_0 r}$

(D) $\dfrac{1}{4\pi\varepsilon_0}\left(\dfrac{q}{r}+\dfrac{Q-q}{R}\right)$

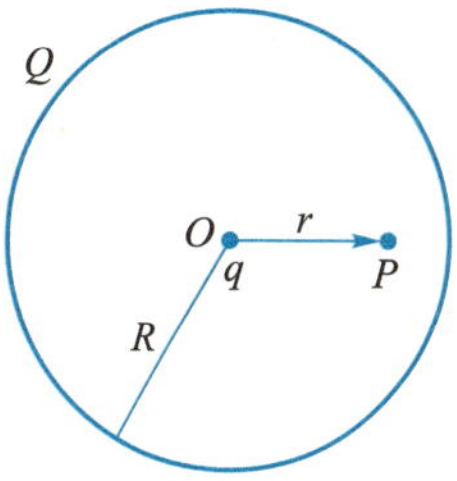

练习 3-3 图

3-4　点电荷 $-q$ 位于圆心 O 处，A、B、C、D 为同一圆周上的四点，如图所示．现将一试验电荷从 A 点分别移动到 B、C、D 各点，则(　　).

(A) 从 A 到 B，电场力做功最大

(B) 从 A 到 C，电场力做功最大

(C) 从 A 到 D，电场力做功最大

(D) 从 A 到 B、C、D 各点，电场力做功相等

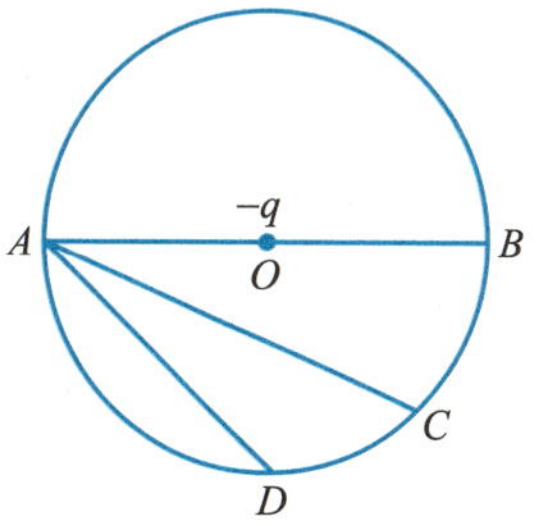

练习 3-4 图

3-5　在真空中半径分别为 R 和 $2R$ 的两个同心球面，其上分别均匀地带有电荷量 $+q$ 和 $-3q$，如图所示．现将一电荷量为 $+Q$ 的带电粒子从内球面处由静止释放，则该粒子达到外球面时的动能为(　　)．

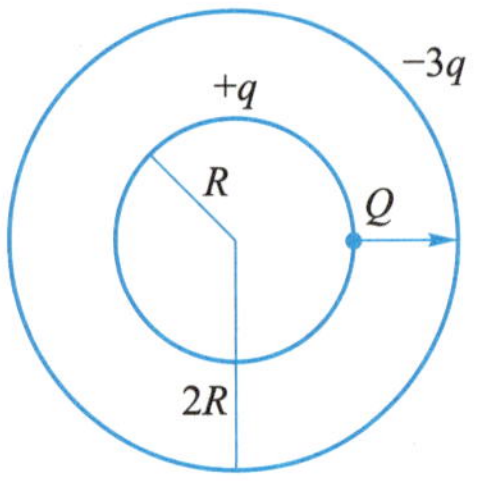

练习 3-5 图

(A) $\dfrac{qQ}{4\pi\varepsilon_0 R}$

(B) $\dfrac{qQ}{2\pi\varepsilon_0 R}$

(C) $\dfrac{qQ}{8\pi\varepsilon_0 R}$

(D) $\dfrac{3qQ}{8\pi\varepsilon_0 R}$

二、填空题

3-6　AC 为一根长为 $2l$ 的带电细棒，左半部均匀带有负电荷，右半部均匀带有正电荷．电荷线密度分别为 $-\lambda_e$ 和 $+\lambda_e$，如图所示．O 点在棒的延长线上，距 A 端的距离为 l. P 点在棒的垂直平分线上，到棒的垂直距离为 l. 以棒的中点 B 为电势零点，则 O 点电势 φ_O＝__________；P 点电势 φ_P＝__________．

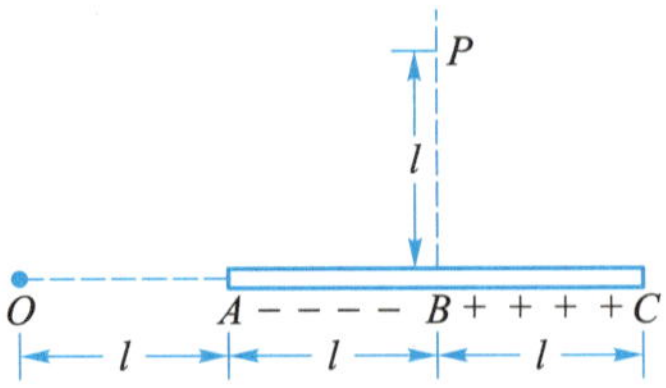

练习 3-6 图

3-7　两均匀带电球面同心放置，半径分别为 R_1 和 R_2($R_1<R_2$)．已知内、外球面之间的电势差为 U_{12}，则两球面间的电场分布为____________________．

3-8　真空中一半径为 R 的均匀带电球面，总电荷为 Q. 今在球面上挖去很小一块面积 ΔS(连同其上电荷)，设无限远处电势为零，则挖去小块后球心处电势为____________________．

3-9　一电偶极矩为 $\boldsymbol{p}$ 的电偶极子放在场强为 $\boldsymbol{E}$ 的均匀外电场中，$\boldsymbol{p}$ 与 $\boldsymbol{E}$ 的夹角为 α 角. 在此电偶极子绕垂直于($\boldsymbol{p}$,$\boldsymbol{E}$)平面的轴沿 α 角增加的方向转过 180°的过程中，电场力做功 A＝__________．

三、计算题

3-10　如图所示，A 点有点电荷 $+q$，B 点有点电荷 $-q$，$AB=2R$，OCD 是以 B 点为中心、R 为半径的半圆．

(1) 将正电荷 q_0 从 O 点沿 OCD 移到 D 点，电场力做功是多少？

(2) 将负电荷 $-q_0$ 从 D 点沿 AB 延长线移到无限远处，电场力做功是多少？

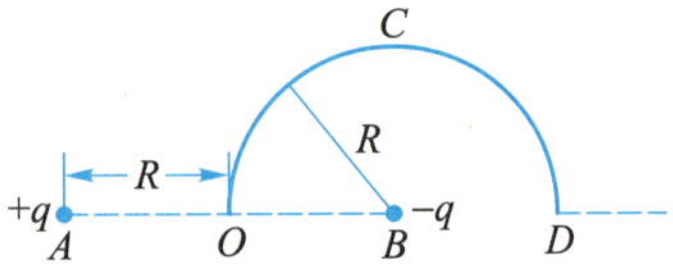

练习 3-10 图

班级______________ 学号______________ 姓名______________

3-11 如图所示,一均匀带电细杆,长 $l=15.0$ cm,电荷线密度 $\lambda_e=2.0\times10^{-7}\mathrm{C\cdot m^{-1}}$. 求:

(1) 带电细杆延长线上与杆的一端相距 $a=5.0$ cm 处的 A 点的电势;

(2) 细杆中垂线上与带电细杆相距 $b=5.0$ cm 处的 B 点的电势;

(3) 现将一单位正电荷从 A 点沿题图所示的路径移至 B 点,求带电细杆的电场对单位正电荷做的功.

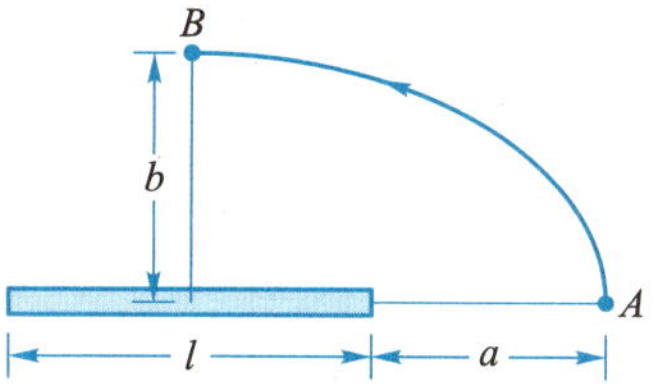

练习 3-11 图

3-12 两个同心的均匀带电球面,半径分别为 $R_1=5.0$ cm,$R_2=20.0$ cm,已知内球面的电势为 $\varphi_1=60$ V,外球面的电势为 $\varphi_2=-30$ V.

(1) 求内、外球面上所带电荷量;

(2) 在两个球面之间何处的电势为零?

3-13 一半径为 R 的均匀带正电细圆环,所带的电荷线密度为 λ_e,在通过环心垂直于环面的轴线上有 A、B 两点,它们与环心 O 的距离分别为 R 和 $2R$. 一质量为 m、所带电荷量为 q 的点电荷在环的轴线上运动. 求:

(1) 点电荷 q 在 O 处的电势能;

(2) 点电荷 q 从 A 点运动到 B 点过程中,电场力所做的功.

3-14　如图所示，一均匀带电圆环板，内、外半径分别为 R_1 和 R_2，电荷面密度为 σ_e.

（1）求通过环心垂直于环面的轴线上任意 P 点的电势；

（2）若有一质子沿轴线从无限远处射向带正电的圆环，要使质子能穿过圆环，它的初速度至少应为多少？

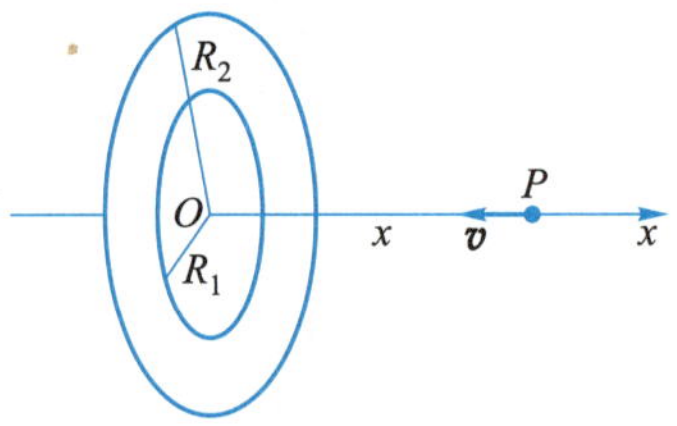

练习 3-14 图

3-15　如图所示，一锥顶角为 θ 的圆台，上下底面半径分别为 R_1 和 R_2，在它的侧面上均匀带电，电荷面密度为 σ_e. 求顶点 O 的电势 .

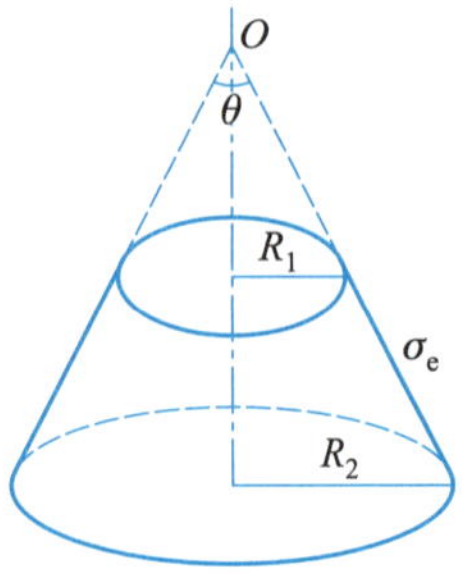

练习 3-15 图

班级______________　　　学号______________　　　姓名______________

练　习　四

一、选择题

4-1　将无限大均匀带电平面 A 与大平板导体 B 平行放置,如题图所示. 已知 A、B 所带电荷量分别为 Q_A、Q_B. 则达到静电平衡后,平板导体 B 左表面 S 上所带电荷量为(　　).

(A) Q_B

(B) $-Q_A$

(C) $\frac{1}{2}(Q_B-Q_A)$

(D) $\frac{1}{2}(Q_B+Q_A)$

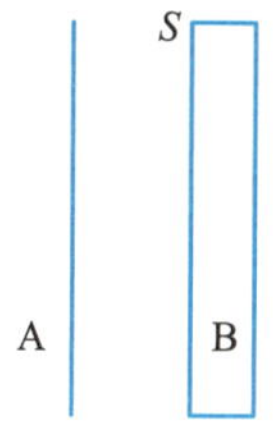

练习 4-1 图

4-2　如图所示,一封闭的导体壳 A 内有两个导体 B 和 C. A、C 不带电,B 带正电荷,则 A、B、C 三导体的电势 φ_A、φ_B、φ_C 的大小关系是(　　).

(A) $\varphi_B=\varphi_A=\varphi_C$

(B) $\varphi_B>\varphi_A=\varphi_C$

(C) $\varphi_B>\varphi_C>\varphi_A$

(D) $\varphi_B>\varphi_A>\varphi_C$

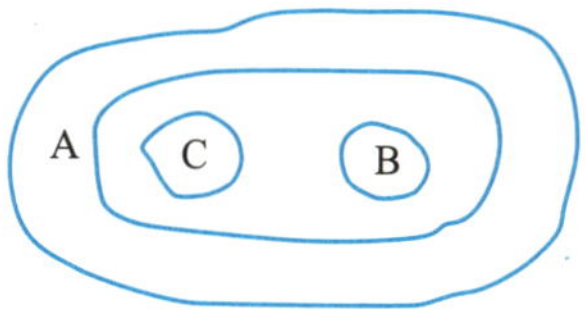

练习 4-2 图

4-3　在静电场中作闭合曲面 S,若有 $\oint_S \boldsymbol{D}\cdot d\boldsymbol{S}=0$(式中 $\boldsymbol{D}$ 为电位移矢量),则 S 面内必定(　　).

(A) 既无自由电荷,也无束缚电荷

(B) 没有自由电荷

(C) 自由电荷和束缚电荷的代数和为零

(D) 自由电荷的代数和为零

4-4　在一点电荷 q 产生的静电场中,一块电介质如图所示放置,以点电荷所在处为球心作一球形闭合面 S,则对此球形闭合面(　　).

(A) 高斯定理成立,且可用它求出闭合面上各点的场强

(B) 高斯定理成立,但不能用它求出闭合面上各点的场强

(C) 由于电介质不对称分布,高斯定理不成立

(D) 即使电介质对称分布,高斯定理也不成立

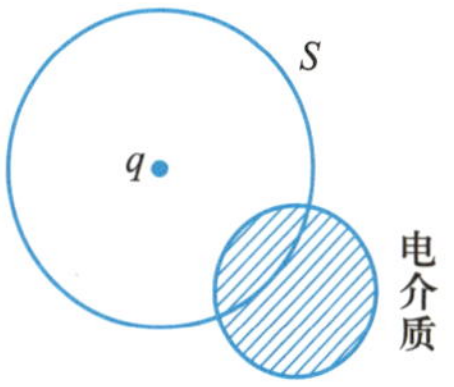

练习 4-4 图

4-5　在空气平行板电容器中,平行地插上一块各向同性均匀电介质板,如图所示. 当电容器充电后,若忽略边缘效应,则电介质中的场强 $\boldsymbol{E}$ 与空气中的场强 $\boldsymbol{E}_0$ 相比较,应有(　　).

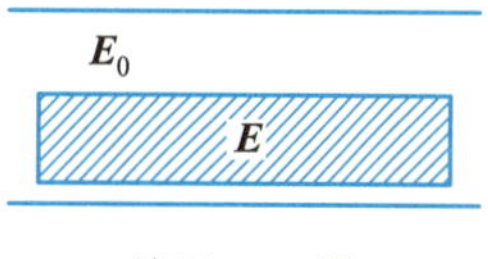

练习 4-5 图

(A) $E>E_0$,两者方向相同

(B) $E=E_0$,两者方向相同

(C) $E<E_0$,两者方向相同

(D) $E<E_0$,两者方向相反

二、填空题

4-6 在一个不带电的导体球壳内,先放进一电荷为$+q$的点电荷,点电荷不与球壳内壁接触.然后使该球壳与地接触一下,再将点电荷$+q$取走.此时,球壳的电荷为__________,电场分布的范围是__________________.

4-7 一平行板电容器,两板间充满各向同性均匀电介质,已知相对介电常量为ε_r.若极板上的自由电荷面密度为σ_e,则介质中电位移的大小$D=$____________,电场强度的大小$E=$____________.

4-8 半径为R_1和R_2的两个同轴金属圆筒,其间充满相对介电常量为ε_r的均匀介质.设两筒上单位长度带有的电荷分别为$+\lambda_e$和$-\lambda_e$,则介质中离轴线的距离为r处的电位移的大小$D=$________________,电场强度的大小$E=$____________________.(忽略边缘效应.)

三、计算题

4-9 一导体球A半径为R_1,其外同心地罩以内、外半径分别为R_2和R_3的导体球壳B,二者带电后导体球A电势为φ_1,外球壳B电势为φ_2.

(1) 求此系统的电荷和电场分布;

(2) 若用导线将导体球A和球壳B连接起来,结果又如何?

4-10 如图所示,有三块互相平行的导体板A、B和C.外面的两块A和C用导线连接,原来不带电,A和C之间的导体板B上所带总电荷面密度为$1.3\times10^{-5}\ \mathrm{C\cdot m^{-2}}$.求每块板的两个表面的电荷面密度各是多少?(忽略边缘效应.)

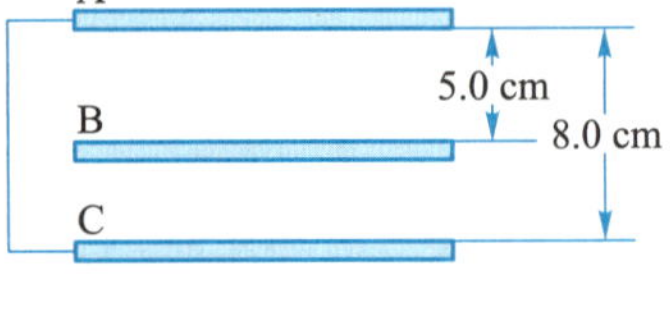

练习 4-10 图

班级______________　　学号______________　　姓名______________

4-11　如图所示，不带电的导体球 A 含有两个球形空腔，两空腔中心分别有一点电荷 q_b 和 q_c，导体球外距导体球很远的 r 处有另一点电荷 q_d. 试求 q_b、q_c 和 q_d 各受到多大的力？哪个答案是近似的？

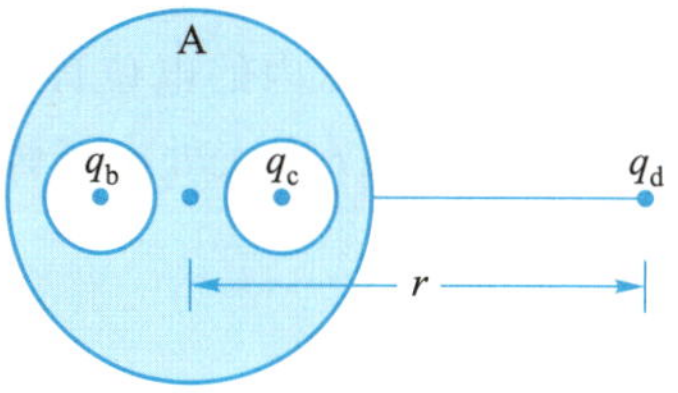

练习 4-11 图

4-12　如图所示，一半径为 R、球心位于 O 点的导体球所带电荷量为 Q. 将所带电荷量为 $q(q>0)$ 的点电荷放在导体球外距球心 O 点为 $x(x>R)$ 处. P 点在点电荷 q 与球心 O 的连线上，且 $|OP|=R/2$. 求：

（1）O 点的场强和电势；

（2）导体球上电荷在 P 点激发电场的场强和电势.

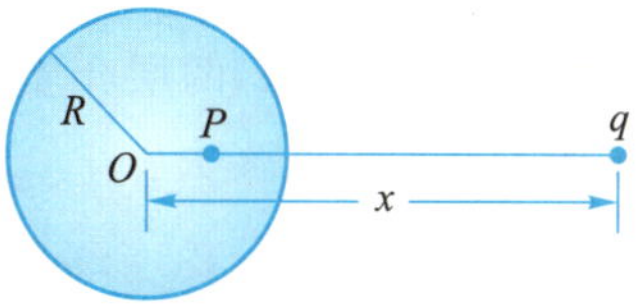

练习 4-12 图

4-13　如图所示，两个同心的薄金属球壳，内、外球壳半径分别为 $R_1=0.02$ m 和 $R_2=0.06$ m. 球壳间充满两层均匀电介质，相对介电常量分别为 $\varepsilon_{r1}=6$ 和 $\varepsilon_{r2}=3$. 两层电介质的分界面半径 $R=0.04$ m. 设内球壳带电荷量 $Q=-6\times10^{-8}$ C，求：

（1）$\boldsymbol{D}$ 和 $\boldsymbol{E}$ 的分布，并画 $D-r$，$E-r$ 曲线；

（2）两球壳之间的电势差；

（3）贴近内金属壳的电介质表面上的束缚电荷面密度.

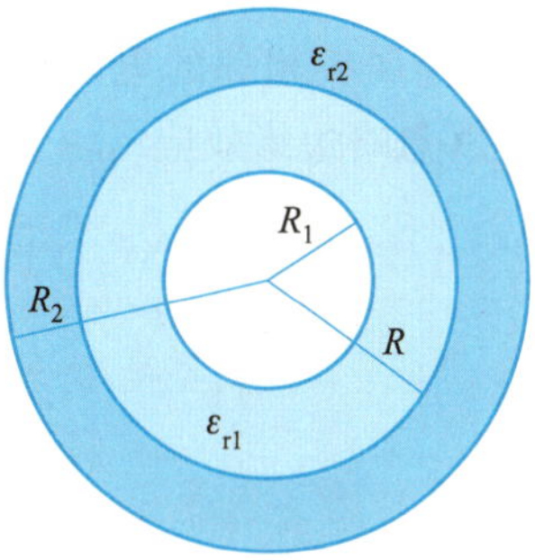

练习 4-13 图

4-14　半径为 R 的介质球，相对介电常量为 ε_r，其电荷体密度为 $\rho=\rho_0(1-r/R)$，式中，ρ_0 为常量，r 是球心到球内某点的距离．

(1) 求介质球内的电位移和电场强度分布；

(2) 在半径 r 多大处电场强度最大？

4-15　两共轴的导体长圆筒的内、外筒半径分别为 R_1 和 R_2，且 $R_2<2R_1$．其间有两层各向同性均匀电介质，分界面半径为 r_0．内层介质相对介电常量为 ε_{r1}，外层介质相对介电常量为 ε_{r2}，且 $\varepsilon_{r2}=\varepsilon_{r1}/2$．两层介质的击穿场强都是 E_{max}．当电压升高时，哪层介质先击穿？两筒间能加的最大电压多大？

4-16　如图所示，两平行金属板相距为 d，板间充以介电常量分别为 ε_1 和 ε_2 的两种各向同性均匀电介质，其面积分别占 S_1 和 S_2．设两板分别带有等量异号电荷 $+Q$ 和 $-Q$，求金属板上电荷面密度的分布以及与金属板相邻的电介质表面上的束缚电荷面密度的分布．(忽略边缘效应．)

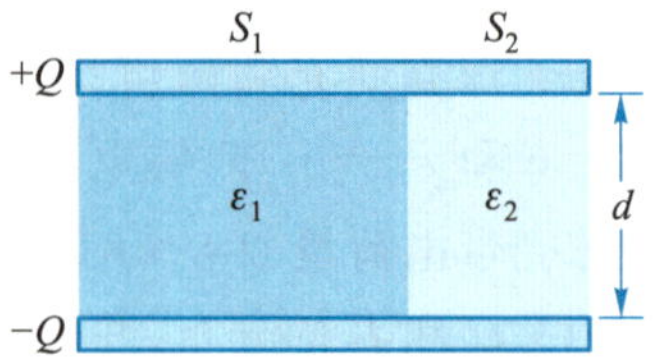

练习 4-16 图

班级______________ 学号______________ 姓名______________

练 习 五

一、选择题

5-1 如果某带电体电荷分布的体密度 ρ_e 增大为原来的 2 倍，则电场的能量变为原来的(　　).

(A) 2 倍　　(B) 1/2

(C) 1/4　　(D) 4 倍

5-2 一空气平行板电容器，接电源充电后电容器中储存的能量为 W_{e0}，在保持电源接通的条件下，在两极间充满相对介电常量为 ε_r 的各向同性均匀电介质，则该电容器中储存的能量 W_e 为(　　).

(A) $W_e = W_{e0}/\varepsilon_r$　　(B) $W_e = \varepsilon_r W_{e0}$

(C) $W_e = (1+\varepsilon_r) W_{e0}$　　(D) $W_e = W_{e0}$

5-3 如图所示，两个完全相同的电容器 C_1 和 C_2，串联后与电源连接．现将一各向同性均匀电介质板插入 C_1 中，则(　　).

(A) 电容器组总电容减小

(B) C_1 上的电荷量大于 C_2 上的电荷量

(C) C_1 上的电压高于 C_2 上的电压

(D) 电容器组储存的总能量增大

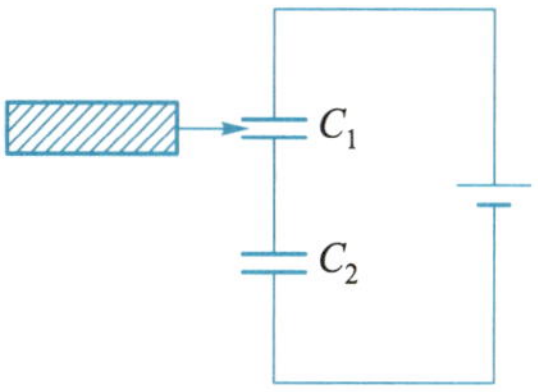

练习 5-3 图

5-4 C_1 和 C_2 两空气电容器并联以后接电源充电，在电源保持连接的情况下，在 C_1 中插入一电介质板，则(　　).

(A) C_1 极板上电荷量增加，C_2 极板上电荷量减少

(B) C_1 极板上电荷量减少，C_2 极板上电荷量增加

(C) C_1 极板上电荷量增加，C_2 极板上电荷量不变

(D) C_1 极板上电荷量减少，C_2 极板上电荷量不变

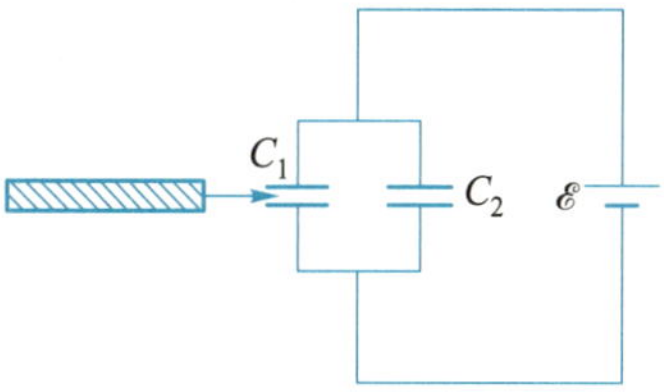

练习 5-4 图

5-5 有 A、B、C 三个平行板电容器，极板面积均相等，B、C 的板间距相等，并且小于 A 的板间距，C 的内部充满电介质，如图所示．将三个电容器充以同样电荷量，若用导线分别将它们两个极板连接放电，则生成电火花强度的大小关系为(　　).

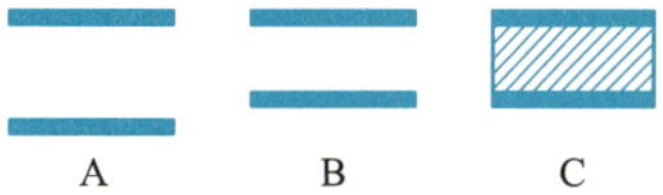

练习 5-5 图

(A) A>B 且 B<C

(B) A<B 且 B>C

(C) A<B<C

(D) A>B>C

二、填空题

5-6　如图所示，半径为 R_0 的导体球 A，带电荷量 Q，球外套一内外半径为 R_1 和 R_2 的同心球壳 B，设 r_1、r_2、r_3、r_4 分别代表图中Ⅰ、Ⅱ、Ⅲ、Ⅳ区域内任一点至球心 O 的距离．则：(1) 若球壳 B 为导体时，各点电位移的大小分别为 D_1＝________；D_2＝________；D_3＝________；D_4＝________；(2) 若球壳 B 为介质壳，相对介电常量为 ε_r，各点电场强度的大小分别为 E_1＝________；E_2＝________；E_3＝________；E_4＝________．此时以无限远处为电势零点，则 A 球的电势为 φ＝________．

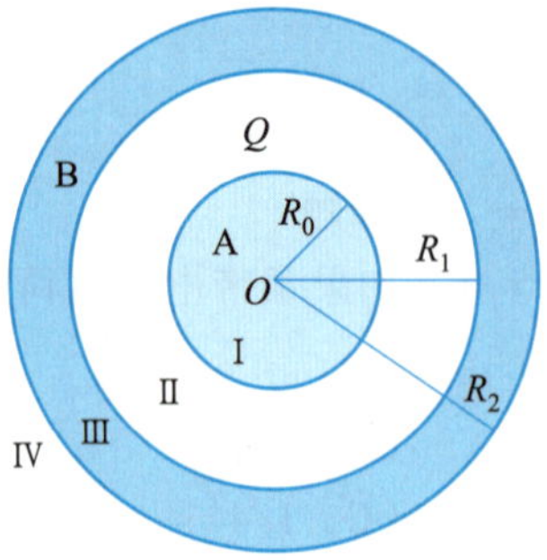

练习 5-6 图

5-7　一平行板电容器两极板间电压为 U，其间充满相对介电常量为 ε_r 的各向同性均匀电介质，电介质厚度为 d．则电介质中的电场能量密度 w_e＝________．

5-8　两块"无限大"平行导体板，相距为 $2d$，且都与地连接，如图所示．两板间充满正离子气体（与导体板绝缘），离子数密度为 n，每一离子所带电荷量为 q，如果气体中的极化现象忽略不计，可以认为电场分布相对中心平面 OO' 是对称的，则在两极板间的场强分布为 $\boldsymbol{E}$＝________，电势分布 φ＝________．（选地的电势为零）

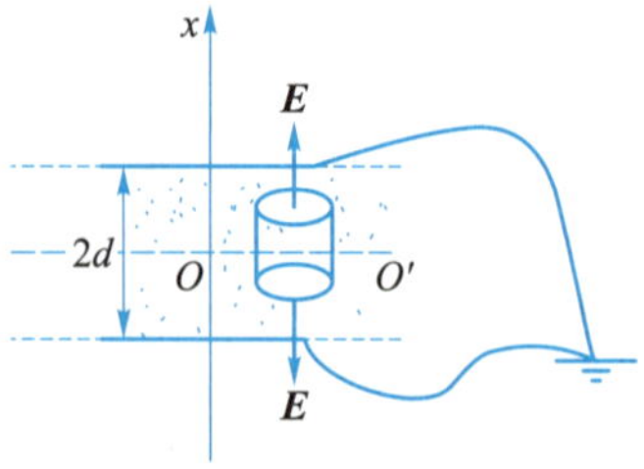

练习 5-8 图

三、计算题

5-9　如图所示，一铜球所带电荷量为 Q，半径为 R，上半铜球被相对介电常量为 ε_{r1} 的电介质包围，下半铜球被相对介电常量为 ε_{r2} 的电介质包围．若将上、下两个铜半球上的电荷分别视为均匀分布的，求贴近铜球上、下表面的电介质表面上的束缚电荷面密度．

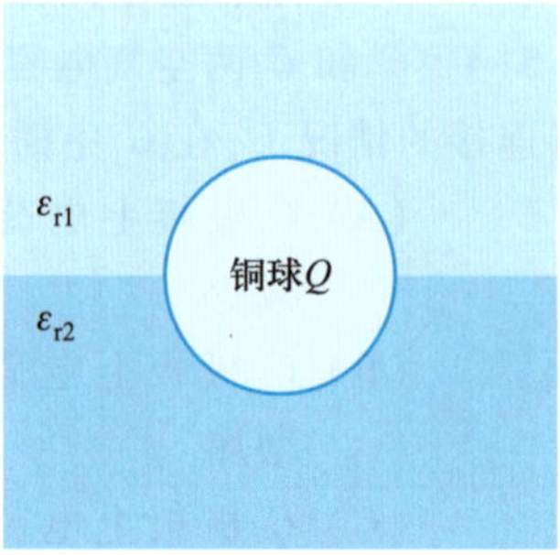

练习 5-9 图

5-10　如图所示，同轴电缆由半径为 R_1 的导线和半径为 R_3 的导体圆筒构成，在两导体圆筒之间用两层电介质隔离，分界面的半径为 R_2，其介电常量分别为 ε_1 和 ε_2．若使两层电介质中最大电场强度相等，其条件如何？并求此情况下电缆单位长度的电容．

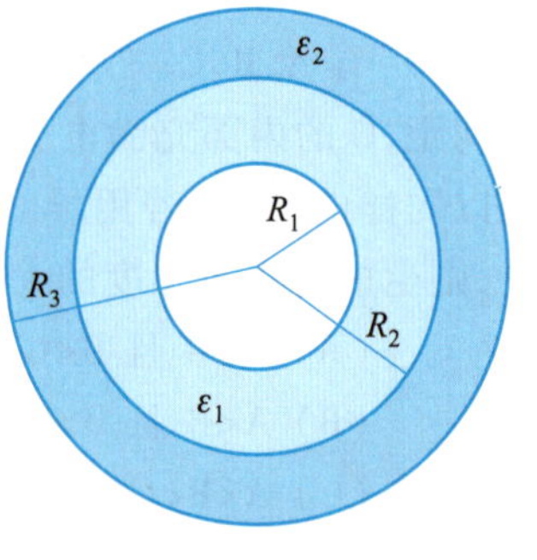

练习 5-10 图

班级______________ 学号______________ 姓名______________

5-11 如图所示，一个平行板电容器的 A、B 两极板相距 0.50 mm，每个极板的面积均为 0.02 m^2，放在一个金属盒子 K 中．电容器两极板到盒子上下底面的距离各为 0.25 mm，忽略边缘效应，求此电容器的电容．若将一个极板和盒子用导线连接，电容器的电容又是多大？

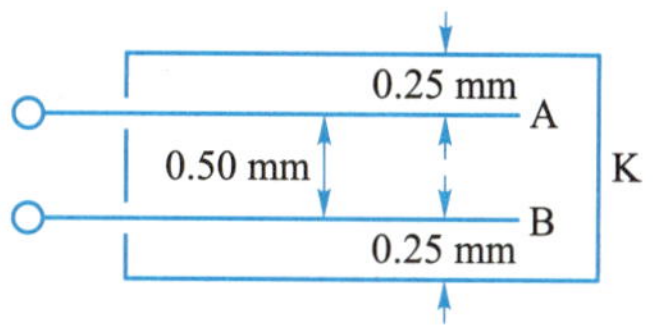

练习 5-11 图

5-12 如图所示，一个电容器由两块长方形金属平板组成，两板的长度为 a，宽度为 b．两宽边相互平行，两长边的一端相距为 d，另一端略微抬起一段距离 l（$l \ll d$）．板间为真空．求此电容器的电容．

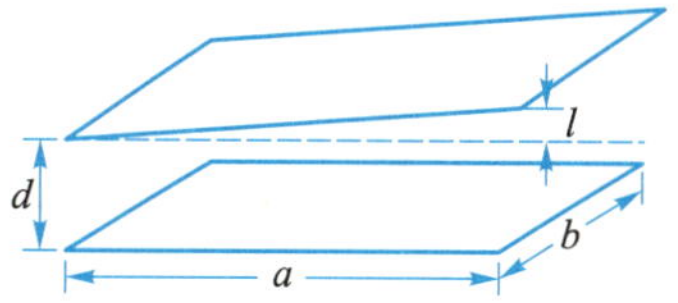

练习 5-12 图

5-13 为了测量电介质材料的相对介电常量，将一块厚为 $d_0 = 1.5$ cm 的电介质平板慢慢地插进一平行板电容器间距 $d = 2.0$ cm 的两极板之间．在插入过程中，电容器的电荷保持不变．插入电介质板之后，电容器两极板间的电势差减小为原来的 60%．求电介质的相对介电常量多大？

5-14　如图所示，一平行板电容器面积为 S，极板间距为 d，板间以两层厚度相同而相对介电常量分别为 ε_{r1} 和 ε_{r2} 的电介质充满．求此电容器的电容．

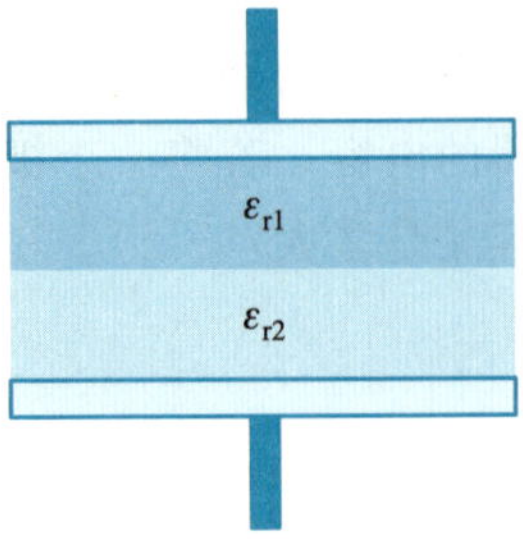

练习 5-14 图

5-15　将一个 100 pF 的电容器充电到 100 V，然后把它和电源断开，再把它和另一电容器并联，最后电压为 30 V．第二个电容器的电容多大？并联时损失了多少电能？这电能哪里去了？

5-16　如图所示，一平行板电容器，极板面积为 S，极板间距为 d.

(1) 充电后保持其电荷量 Q 不变，将一块厚为 b 的金属板平行于两极板插入．与金属板插入前相比，电容器储能增加多少？

(2) 金属板进入时，外力(非静电力)对它做功多少？是被吸入还是需要推入？

(3) 若充电后保持电容器的电压 U 不变，则(1)、(2)两问结果又如何？

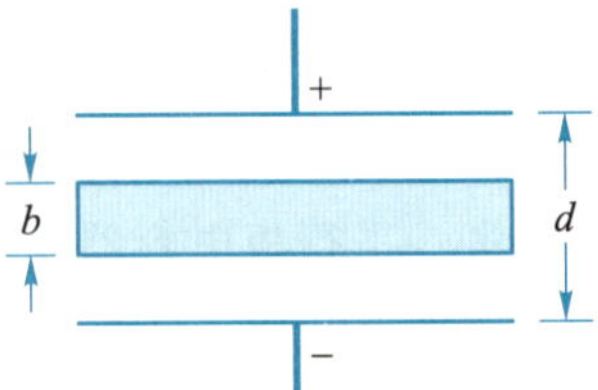

练习 5-16 图

班级______________　　学号______________　　姓名______________

练　习　六

一、选择题

6-1　如图所示，螺线管内轴上放入一小磁针，当开关 S 闭合时，小磁针的 N 极的指向（　　）.

（A）向外转 90°

（B）向里转 90°

（C）保持图示位置不动

（D）旋转 180°

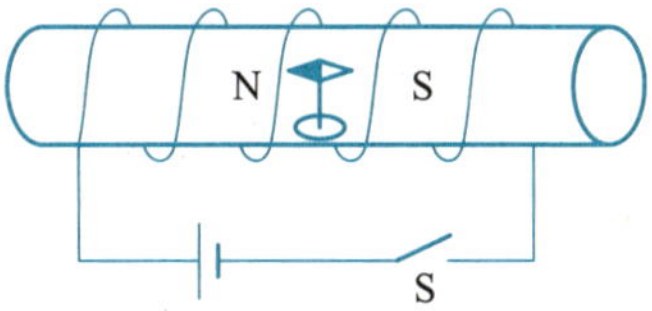

练习 6-1 图

6-2　如图所示，有两根载有相同电流的无限长直导线，分别通过 $x_1=1$、$x_2=3$ 的点，且平行于 y 轴，则磁感应强度 $\boldsymbol{B}$ 等于零的地方是（　　）.

（A）在 $x=2$ 的直线上　　（B）在 $x>2$ 的区域

（C）在 $x<1$ 的区域　　（D）不在 Oxy 平面上

6-3　在一平面内，有两条垂直交叉但相互绝缘的导线，流过每条导线的电流 i 的大小相等，其方向如图所示，哪些区域中某些点的磁感应强度 $\boldsymbol{B}$ 可能为零？（　　）.

（A）仅在象限 Ⅰ　　（B）仅在象限 Ⅱ

（C）仅在象限 Ⅰ，Ⅲ　　（D）仅在象限 Ⅱ，Ⅳ

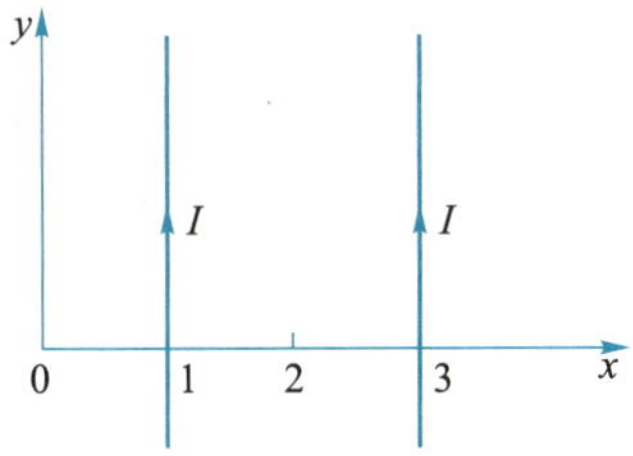

练习 6-2 图

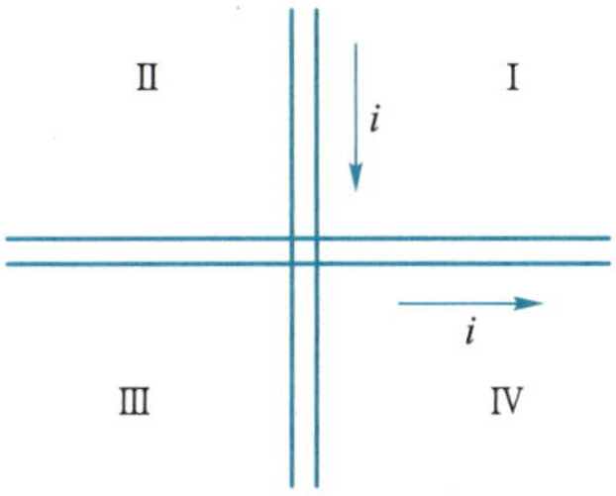

练习 6-3 图

6-4　在真空中有一根半径为 R 的半圆形细导线，流过的电流为 I，则圆心处的磁感应强度为（　　）.

（A）$\dfrac{\mu_0 I}{4\pi R}$　　（B）$\dfrac{\mu_0 I}{2\pi R}$

（C）0　　（D）$\dfrac{\mu_0 I}{4R}$

6-5　电流由长直导线 1 沿半径方向经 a 点流入一电阻均匀分布的圆环，再由 b 点沿切向从圆环流出，经长直导线 2 返回电源，如图所示．已知直导线上电流强度为 I，圆环的半径为 R，且 a、b 与圆心 O 三点在同一直线上．设直电流 1、2 及圆环电流分别在 O 点产生的磁感应强度为 $\boldsymbol{B}_1$、$\boldsymbol{B}_2$ 及 $\boldsymbol{B}_3$，则 O 点的磁感应强

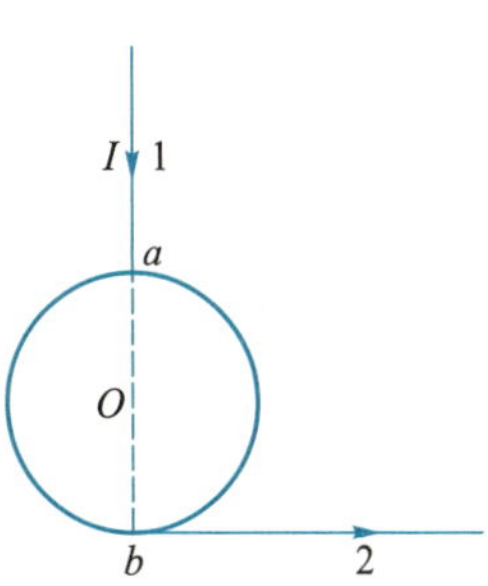

练习 6-5 图

度的大小(　　).

(A) $B=0$,因为 $B_1=B_2=B_3=0$

(B) $B=0$,因为 $B_1+B_2=0, B_3=0$

(C) $B\neq0$,因为虽然 $B_1=B_3=0$,但 $B_2\neq0$

(D) $B\neq0$,因为虽然 $B_1=B_2=0$,但 $B_3\neq0$

二、填空题

6-6　均匀带电细直线 AB,电荷线密度为 λ,绕垂直于直线的轴 O 以角速度 ω 匀速转动,如图所示. 则 O 点的磁感应强度大小为__________.

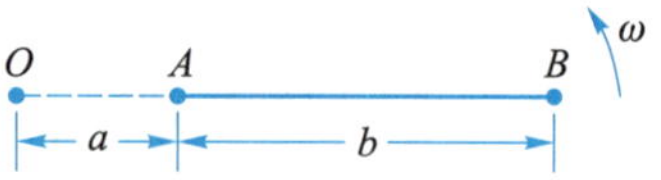

练习 6-6 图

6-7　地面上空 25 m 处的高压输电线通有电流 1.8×10^3 A,则地面上由该电流所产生的磁感应强度大小为__________.

6-8　地球北极地磁场磁感应强度 $\boldsymbol{B}$ 的大小为 6.0×10^{-5} T,若设想此磁场是赤道处的圆电流所产生的,则该电流大小为__________,流向为__________.

三、计算题

6-9　一导线长 5.00 m,直径 2.0 mm. 当导线两端的电势差为 22.0 mV 时,其中通过的电流为 750 mA. 如果导线中电子的漂移速度为 1.7×10^{-5} m/s,求:

(1) 这段导线的电阻 R;

(2) 电阻率 ρ;

(3) 电流密度 j;

(4) 导线内的电场强度 $\boldsymbol{E}$ 的大小;

(5) 电子的数密度 n.

6-10　如图所示为几种载流导线在平面内分布,电流均为 I,它们在 O 点的磁感应强度为多少?

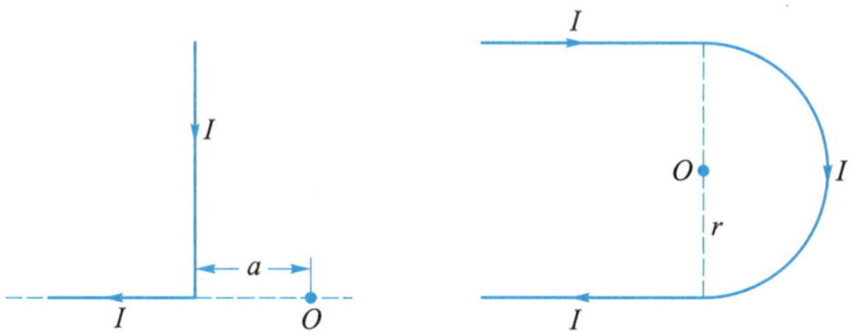

练习 6-10 图

班级______________　　学号______________　　姓名______________

6-11　高为 h 的等边三角形回路载有电流 I，试求该三角形中心处的磁感应强度．

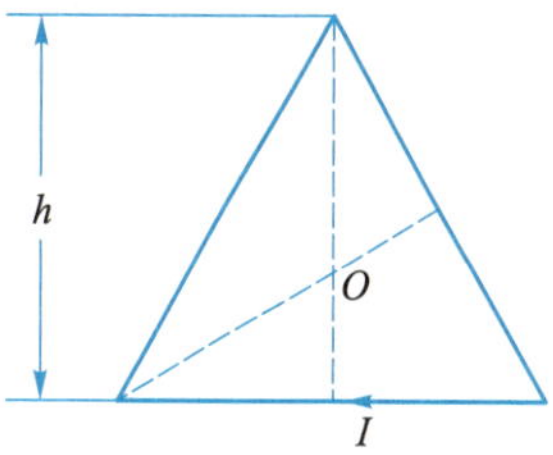

练习 6-11 图

6-12　如图所示，两根长直导线沿铜环的半径方向与环上的 a、b 两点相接，并与很远的电源相连，直导线中的电流为 I. 设圆环由均匀导线弯曲而成，求各段载流导线在环心 O 点产生的磁感应强度以及 O 点的总磁感应强度．

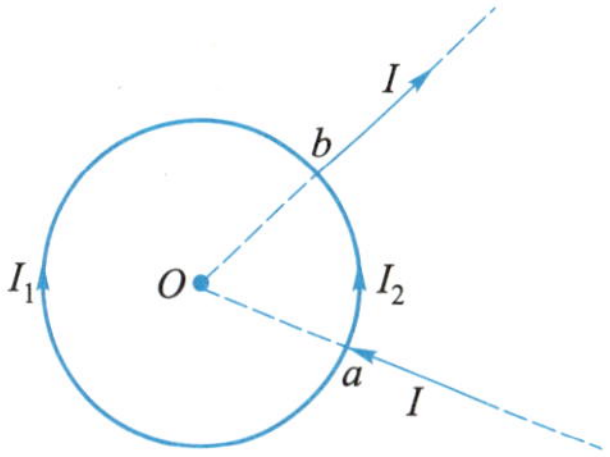

练习 6-12 图

6-13　如图所示，一导线被弯成正 n 边形，各顶点到中心 O 点的距离为 R（图中显示的是正六边形的情况）. 如果导线中通有电流 I_0，

（1）求中心 O 点的磁感应强度；

（2）证明当 $n \to \infty$ 时，（1）中所求结果约化为圆电流中心处的磁感应强度．

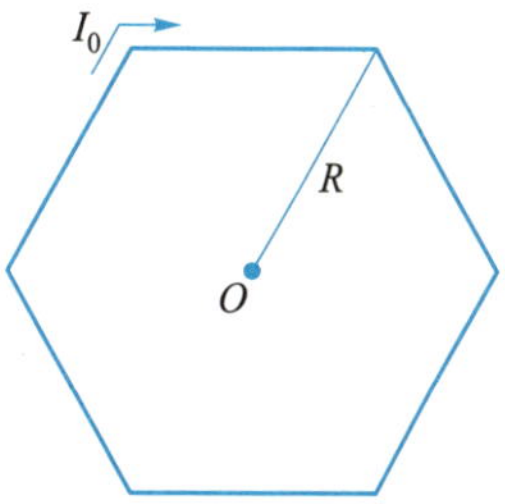

练习 6-13 图

6-14　如图所示，半径为 R 的无限长半圆柱面导体，沿长度方向的电流 I 在柱面上均匀分布，求半圆柱面轴线 OO' 上的磁感应强度．

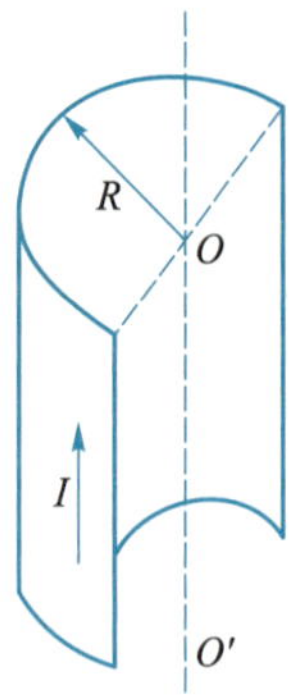

练习 6-14 图

6-15　如图所示，有一无限长通电的扁平铜片，宽度为 a，厚度不计，电流 I 均匀分布，求与铜片共面且到近边距离为 b 的一点 P 的磁感应强度 $\boldsymbol{B}$.

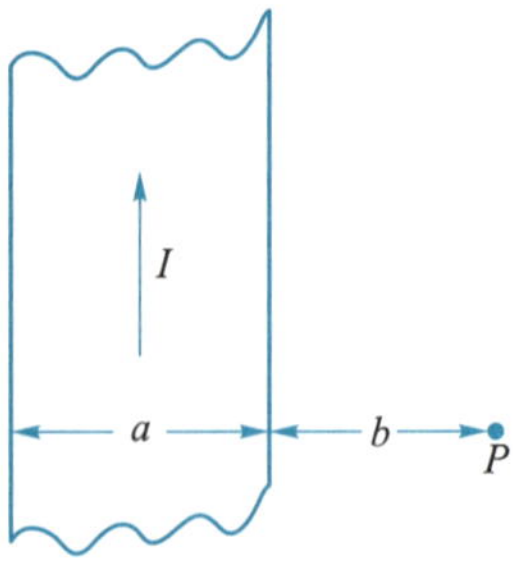

练习 6-15 图

6-16　如图所示，一扇形薄片，半径为 R，张角为 θ，其上均匀分布正电荷，电荷面密度为 σ. 薄片绕过顶角 O 点且垂直于薄片的轴转动，角速度为 ω，求 O 点处的磁感应强度．

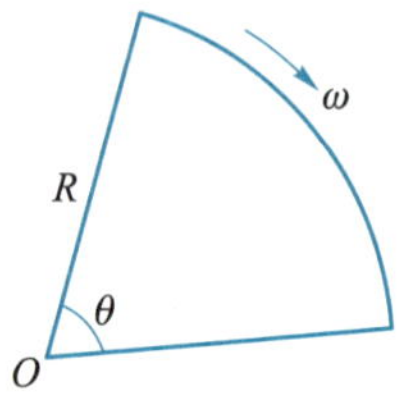

练习 6-16 图

班级____________　　学号____________　　姓名____________

练　习　七

一、选择题

7-1　若空间存在两根无限长直载流导线，空间的磁场分布就不具有简单的对称性，则该磁场分布(　　).

(A) 不能用安培环路定理来计算

(B) 可以直接用安培环路定理求出

(C) 只能用毕奥-萨伐尔定律求出

(D) 可以用安培环路定理和磁感应强度的叠加原理求出

7-2　一载有电流 I 的细导线分别均匀密绕在半径为 R 和 r 的长直圆筒上形成两个螺线管($R=2r$)，两螺线管单位长度上的匝数相等．两螺线管中的磁感应强度大小 B_R 和 B_r 应满足(　　).

(A) $B_R=2B_r$　　(B) $B_R=B_r$

(C) $2B_R=B_r$　　(D) $B_R=4B_r$

7-3　如图所示，两根直导线 ab 和 cd 沿半径方向被接到一个截面处处相等的铁环上，恒定电流 I 从 a 端流入而从 d 端流出，则磁感应强度 $\boldsymbol{B}$ 沿图中闭合路径 L 的积分 $\oint_L \boldsymbol{B}\cdot \mathrm{d}\boldsymbol{l}$ 等于(　　).

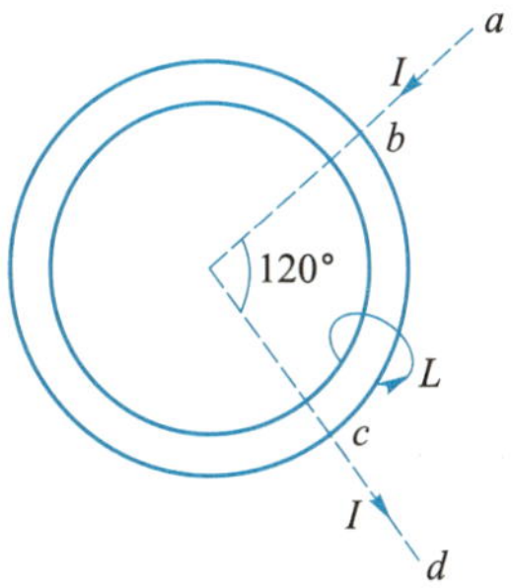

练习 7-3 图

(A) $\mu_0 I$

(B) $\mu_0 I/3$

(C) $2\mu_0 I/3$

(D) $\mu_0 I/4$

7-4　两根平行的金属线载有沿同一方向流动的电流．这两根导线将(　　).

(A) 互相排斥

(B) 互相吸引

(C) 先排斥后吸引

(D) 先吸引后排斥

7-5　如图所示，均匀磁场中有一矩形通电线圈，它的平面与磁场平行，在磁场作用下，线圈发生转动，其方向是(　　).

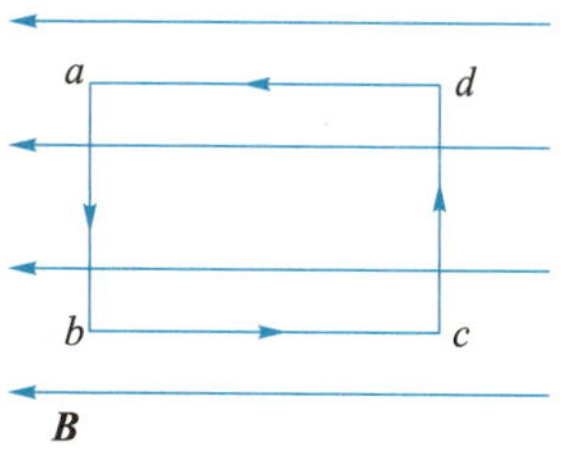

练习 7-5 图

(A) ab 边转入纸内，cd 边转出纸外

(B) ab 边转出纸外，cd 边转入纸内

(C) ad 边转入纸内，bc 边转出纸外

(D) ad 边转出纸外，bc 边转入纸内

二、填空题

7-6　某磁场的磁感应强度为 $\boldsymbol{B}=(a\boldsymbol{i}+b\boldsymbol{j}+c\boldsymbol{k})\,\mathrm{T}$，则通过一半径为 R，开口向 z 轴正方向的半球壳表面的磁通量

大小为______________________Wb.

7-7　如图所示，四分之一圆弧电流置于磁感应强度为 $\boldsymbol{B}$ 的均匀磁场中，则圆弧所受的作用力大小为________________，方向为________________.

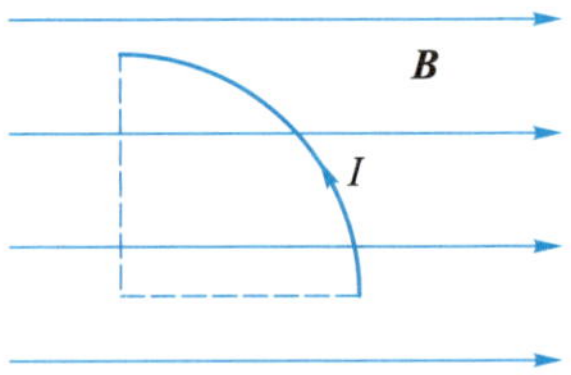

练习 7-7 图

7-8　将一个通过电流强度为 I 的闭合回路置于均匀磁场中，回路所围面积的法线方向与磁场方向的夹角为 θ. 若通过此回路的磁通量为 Φ，则回路所受磁力矩的大小为______________________.

三、计算题

7-9　如图所示，一无限长同轴电缆，内导体圆柱的半径为 R_1，外导体的内、外半径分别为 R_2 和 R_3，电流 I 均匀流入内导体圆柱的横截面，并沿外导体均匀流回．导体的磁性可不考虑．试计算以下各处的磁感应强度 $\boldsymbol{B}$：

(1) $r<R_1$；

(2) $R_1<r<R_2$；

(3) $R_2<r<R_3$；

(4) $r>R_3$.

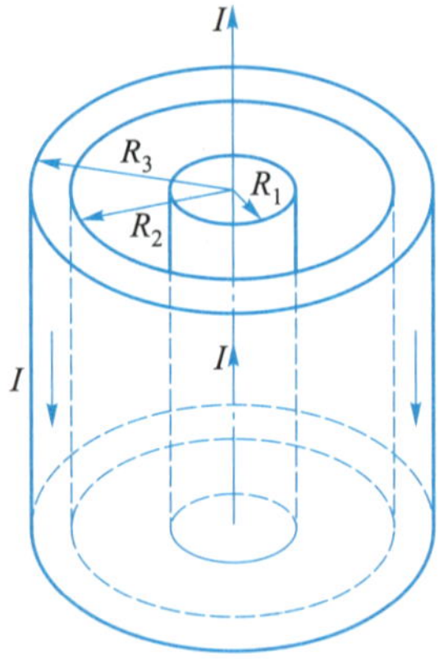

练习 7-9 图

7-10　在半径为 R 的无限长金属圆柱体内部挖去一半径为 r 的无限长圆柱体，两柱体的轴线平行，相距为 d，其横截面如图所示．在带有空心的圆柱体中，电流 I 沿轴线方向流动，且均匀分布在其截面上，求圆柱轴线上和空心部分轴线上的磁感应强度的大小．

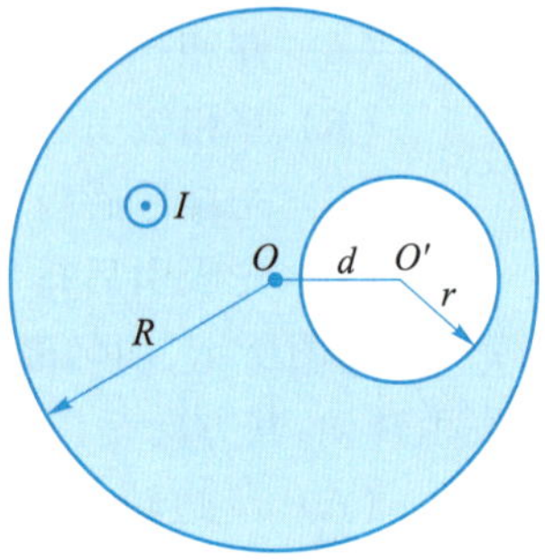

练习 7-10 图

班级______________ 学号______________ 姓名______________

7-11　如图所示，两平行长直导线相距 $d=40$ cm，每根导线载有电流 $I=20$ A. 求：

（1）两导线所在平面内与两导线等距离的一点处的磁感应强度；

（2）通过图中阴影面积的磁通量 .（$r_1=r_3=10$ cm，$l=25$ cm.）

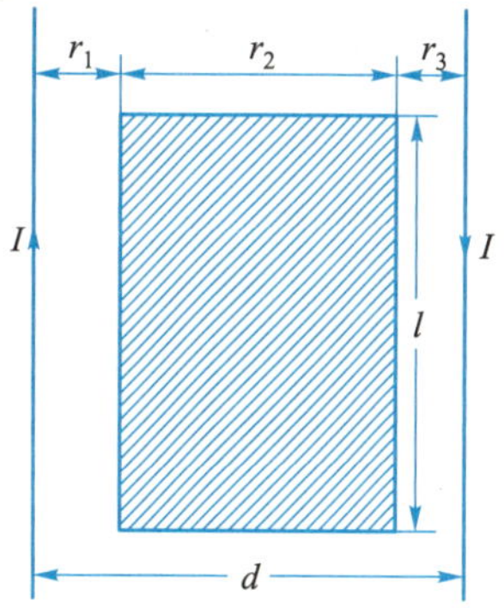

练习 7-11 图

7-12　一无限长圆柱形铜导体（磁导率 μ_0），半径为 R，通有均匀分布的电流 I. 今取一矩形平面 S（长为 1 m，宽为 $2R$），位置如图所示，求通过该矩形平面的磁通量 .

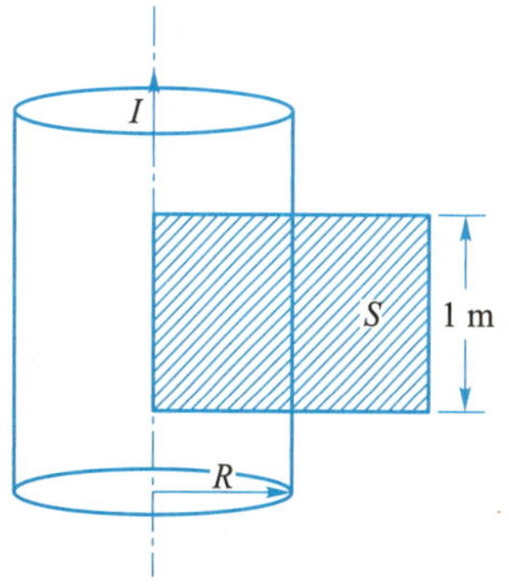

练习 7-12 图

7-13　一边长为 $l=0.15$ m 的正立方体如图所示，有一均匀磁场 $\boldsymbol{B}=(6\boldsymbol{i}+3\boldsymbol{j}+1.5\boldsymbol{k})$ T 通过立方体所在区域，求：

（1）通过立方体阴影面积的磁通量；

（2）通过立方体六个面的总磁通量 .

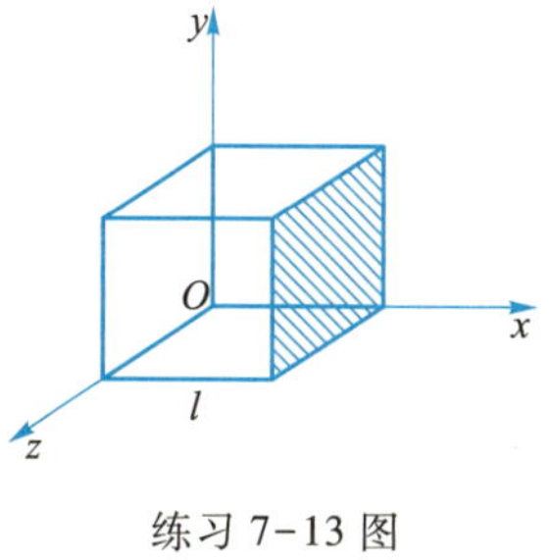

练习 7-13 图

7-14　如图所示的导线中通有电流 I. 置于一个与均匀磁场 $\boldsymbol{B}$ 垂直的平面上,电流方向如图所示. 求此导线所受的安培力的大小与方向.

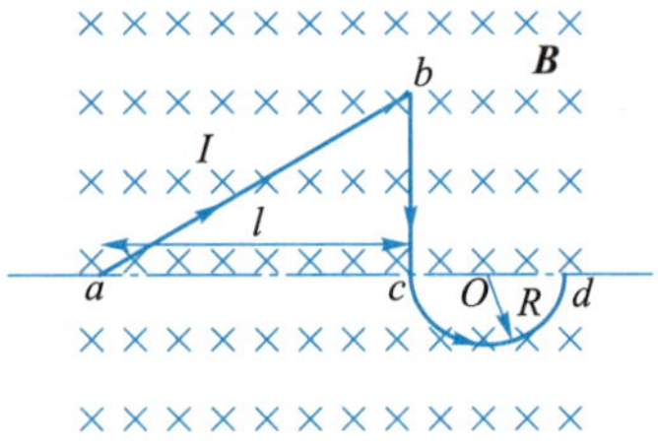

练习 7-14 图

7-15　一半径为 R 的无限长半圆柱面导体如图所示,其上电流与其轴线上一无限长直导线的电流等值反向. 电流 I 在半圆柱面上均匀分布:

(1) 求轴线上导线单位长度所受的磁力;

(2) 若将另一无限长直导线(通有大小、方向与半圆柱面相同的电流 I)代替半圆柱面,产生同样的作用力,该导线应放在何处?

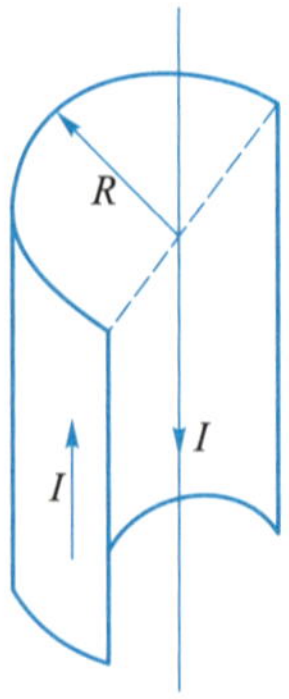

练习 7-15 图

7-16　如图所示,将一均匀分布着电流的无限大载流平面放入均匀磁场中,电流方向与此磁场垂直. 已知平面两侧的磁感应强度分别为 B_1 和 B_2,求该载流平面单位面积所受的磁力的大小和方向.

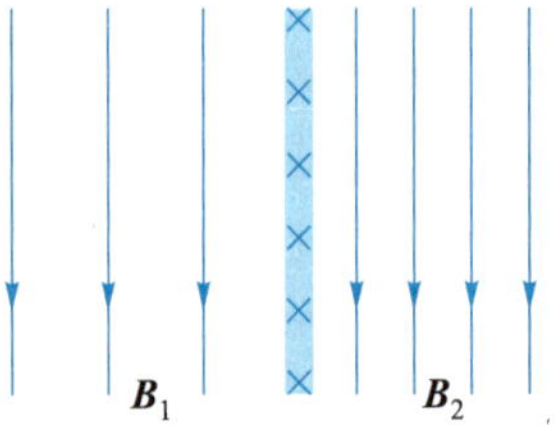

练习 7-16 图

班级______________ 学号______________ 姓名______________

练 习 八

一、选择题

8-1 在阴极射线管外,如图所示放置一个蹄形磁铁,则阴极射线将(   ).

(A) 向上偏

(B) 向下偏

(C) 向纸外偏

(D) 向纸内偏

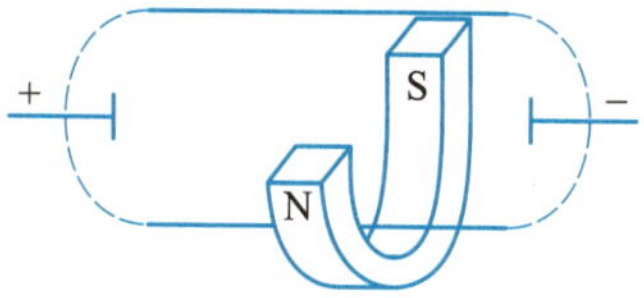

练习 8-1 图

8-2 两带电粒子在均匀磁场中的运动轨迹如图所示,则(   ).

(A) 两粒子的电荷必然同号

(B) 两粒子的电荷可以同号也可异号

(C) 两粒子的动量大小必然不同

(D) 两粒子的运动周期必然不同

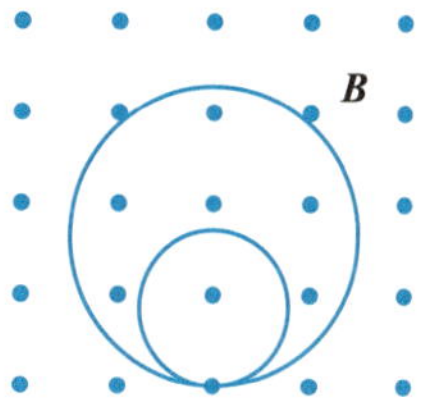

练习 8-2 图

8-3 如图所示是在云室中拍摄的从 O 点出发的正、负电子的径迹,均匀磁场垂直向里,可以判定(   ).

(A) a、b 是正电子,c 是负电子,a、b、c 同时回到 O 点

(B) a、b 是负电子,c 是正电子,a 首先回到 O 点

(C) a、b 是负电子,c 是正电子,b 首先回到 O 点

(D) a、b 是负电子,c 是正电子,a、b、c 同时回到 O 点

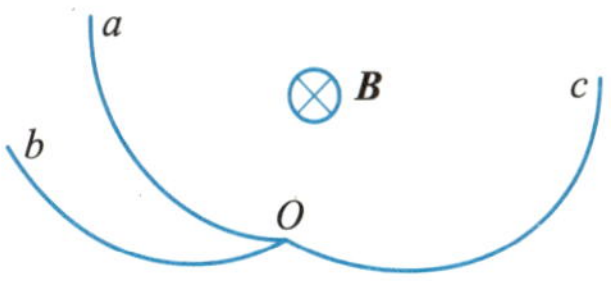

练习 8-3 图

8-4 如图所示,流出纸面的电流为 $2I$,流进纸面的电流为 I,则下述各式中哪一个是正确的?(   ).

(A) $\oint_{L_1} \boldsymbol{H} \cdot \mathrm{d}\boldsymbol{l} = 2I$

(B) $\oint_{L_2} \boldsymbol{H} \cdot \mathrm{d}\boldsymbol{l} = I$

(C) $\oint_{L_3} \boldsymbol{H} \cdot \mathrm{d}\boldsymbol{l} = -I$

(D) $\oint_{L_4} \boldsymbol{H} \cdot \mathrm{d}\boldsymbol{l} = -I$

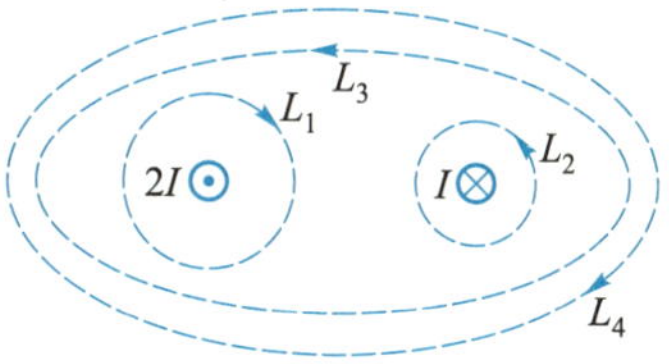

练习 8-4 图

8-5 关于恒定磁场的磁场强度 $\boldsymbol{H}$ 的下列说法哪个正确?(   ).

(A) $\boldsymbol{H}$ 仅与传导电流有关

(B) 若闭合曲线内没有包围传导电流,则曲线上各点的 $\boldsymbol{H}$ 必为零

(C) 若闭合曲线上各点 $\boldsymbol{H}$ 均为零,则该曲线所包围传导电流的代数和为零

(D) 以闭合曲线 L 为边缘的任意曲面的 $\boldsymbol{H}$ 通量均相等

二、填空题

8-6　如图所示，一质量为 m、电荷量为$-e$ 的电子，在底边距顶点 O 为 l 的地方，以垂直于底边的速度 $\boldsymbol{v}$ 射入均匀磁场区，为使电子不从上面边界跑出则电子的速度最大不能超过____________.

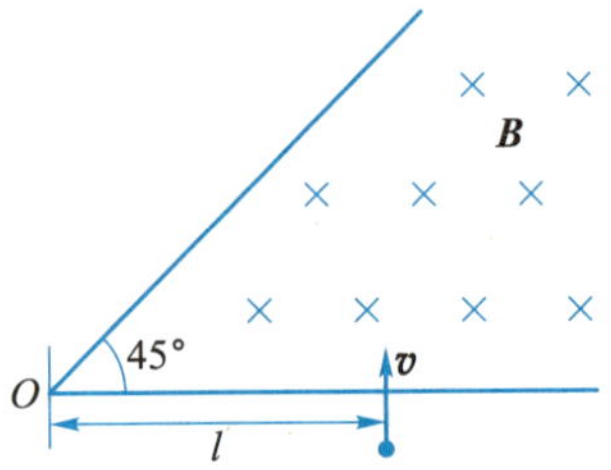

练习 8-6 图

8-7　A、B 两个电子都垂直于磁场方向射入一均匀磁场而做圆周运动. A 电子的速率是 B 电子速率的两倍. 设 R_A、R_B分别为 A 电子与 B 电子的轨道半径；T_A、T_B分别为它们各自的周期. 则 $R_A : R_B$ =________，$T_A : T_B$ =________.

8-8　按玻尔的氢原子理论，电子在以质子为中心、半径为 r 的圆形轨道上运动. 如果把这样一个原子放在均匀的外磁场中，使电子轨道平面与 $\boldsymbol{B}$ 垂直，如图所示，在 r 不变的情况下，电子轨道运动的角速度将____________(填增加、减小或不变).

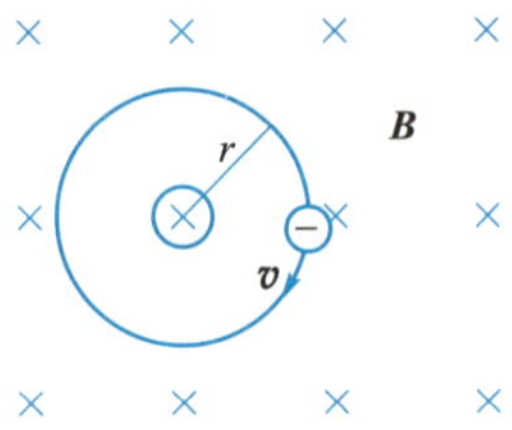

练习 8-8 图

三、计算题

8-9　长为 l 的细杆均匀分布着电荷 Q. 它绕通过细杆一端并垂直于细杆的轴匀速旋转，角速度为 ω. 求此细杆磁矩的大小.

8-10　在电视显像管的电子束中，电子能量为 1.2×10^4 eV，这个显像管的安放位置使电子水平地由南向北运动. 该处地球磁场的竖直分量向下，大小为 5.5×10^{-5} T.

(1) 电子束受地磁场的影响将偏向什么方向?

(2) 电子束在显像管内由南向北通过 20 cm 时将偏移多远?

班级______________ 学号______________ 姓名______________

8-11 在 $B=0.1\ \mathrm{T}$ 的均匀磁场中入射一个能量为 $2.0\times10^{3}\ \mathrm{eV}$ 的正电子，正电子速度与磁场方向夹角为 89°，路径为螺旋线，其轴线在磁感应强度 $\boldsymbol{B}$ 的方向．求该螺旋线运动的周期 T，螺距 h 和半径 r.

8-12 北京正负电子对撞机中的储存环周长为 240 m，若动量为 $1.49\times10^{-18}\ \mathrm{kg\cdot m/s}$ 的电子在该储存环中做轨道运动，求偏转磁场的磁感应强度．

8-13 如图所示，在霍耳效应实验中，宽 1.0 cm，长 4.0 cm，厚 1.0×10^{-3} cm 的导体沿长度方向载有 3.1 A 的电流．当磁感应强度 $B=1.5\ \mathrm{T}$ 的磁场垂直地通过该薄导体时，在导体宽度两端产生 1.0×10^{-5} V 的霍耳电压．求：

（1）载流子的漂移速度；

（2）载流子数密度；

（3）若载流子为电子，试判断霍耳电压的极性．

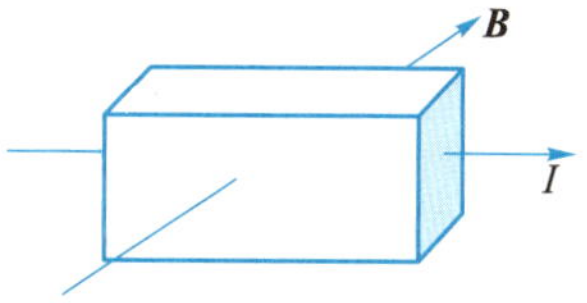

练习 8-13 图

8-14　利用霍耳元件可以测量磁场的磁感应强度．设一霍耳元件用金属材料制成，其厚度为 0.15 mm，载流子数密度为 $10^{24}\ \mathrm{m^{-3}}$．将霍耳元件放入待测磁场中，测得霍耳电压为 42 μV，电流为 10 mA，求待测磁场的磁感应强度的大小．

8-15　如图所示，一磁导率为 μ_1 的无限长圆柱形直导线，半径为 R_1，其中均匀地流有电流 I，导线外包一层磁导率为 μ_2 的圆柱形均匀磁介质，其外半径为 R_2．求磁场强度和磁感应强度的分布．

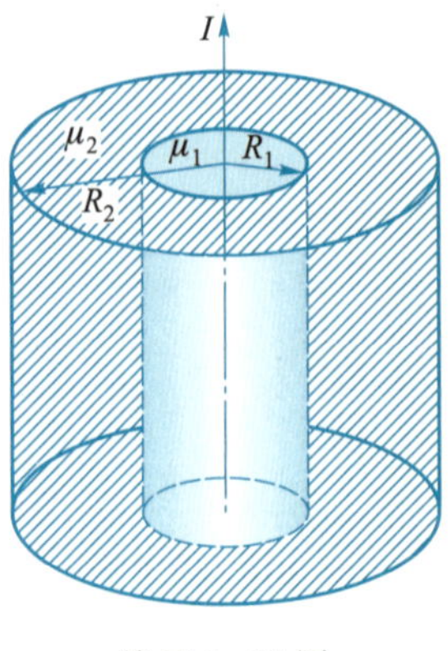

练习 8-15 图

8-16　一无限长均匀密绕直螺线管，其内部充满相对磁导率为 μ_r 的各向同性的均匀顺磁介质．设螺线管单位长度上的线圈匝数为 n，导线中通有电流 I，求管内的磁感应强度 $\boldsymbol{B}$ 及磁介质表面的面磁化电流密度 $\boldsymbol{j}'$．

班级______________ 学号______________ 姓名______________

练 习 九

一、选择题

9-1 在一线圈回路中,规定如图所示的回路绕行方向(从磁铁方向看过去为顺时针方向),若磁铁沿箭头方向靠近线圈,设此时穿过线圈回路的磁通量为 Φ,线圈回路中产生感应电动势 $\mathscr{E}$,则有( ).

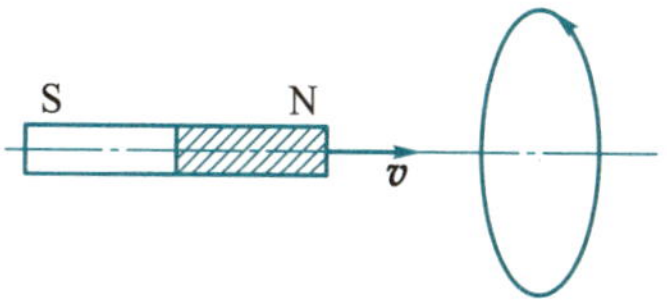

练习 9-1 图

(A) $\Phi>0, \mathrm{d}\Phi/\mathrm{d}t<0, \mathscr{E}<0$

(B) $\Phi<0, \mathrm{d}\Phi/\mathrm{d}t>0, \mathscr{E}>0$

(C) $\Phi>0, \mathrm{d}\Phi/\mathrm{d}t>0, \mathscr{E}<0$

(D) $\Phi<0, \mathrm{d}\Phi/\mathrm{d}t<0, \mathscr{E}>0$

9-2 两根无限长平行直导线载有大小相等方向相反的电流 I,I 以 $\mathrm{d}I/\mathrm{d}t$ 的变化率增长,一矩形线圈位于导线平面内(如图),则( ).

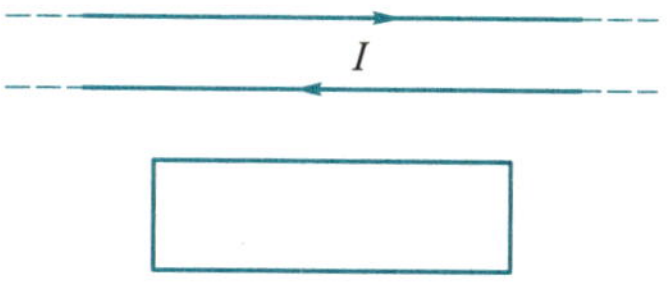

练习 9-2 图

(A) 线圈中感应电流为顺时针方向

(B) 线圈中无感应电流

(C) 线圈中感应电流为逆时针方向

(D) 线圈中感应电流方向不确定

9-3 如图所示,一导体棒 ab 在均匀磁场中沿金属导轨向右做匀加速运动,则在电容器的 M 极板上( ).

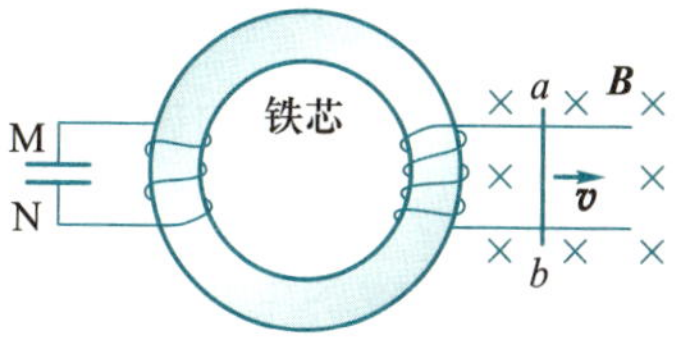

练习 9-3 图

(A) 带有一定量的正电荷

(B) 带有一定量的负电荷

(C) 带有越来越多的正电荷

(D) 带有越来越多的负电荷

9-4 如图所示,圆铜盘水平放置在均匀磁场中,$\boldsymbol{B}$ 的方向垂直盘面向上.当铜盘绕通过中心垂直于盘面的轴沿图示方向转动时,( ).

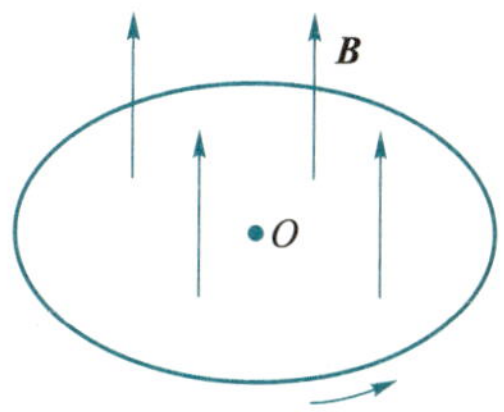

练习 9-4 图

(A) 铜盘上有感应电流且沿着铜盘转动的相反方向流动

(B) 铜盘上有感应电流且沿着铜盘转动的方向流动

(C) 铜盘上有感应电动势,铜盘边缘处电势最高

(D) 铜盘上有感应电动势,铜盘边缘处电势最低

9-5 在圆柱形空间内有一磁感应强度为 $\boldsymbol{B}$ 的均匀磁场,如图所示,$\boldsymbol{B}$ 的大小以速率 $\mathrm{d}B/\mathrm{d}t$ 变化,在磁场中有 A、B 两点,其间可放直导线 AB 和弯曲的导线 $\widehat{AB}$,则( ).

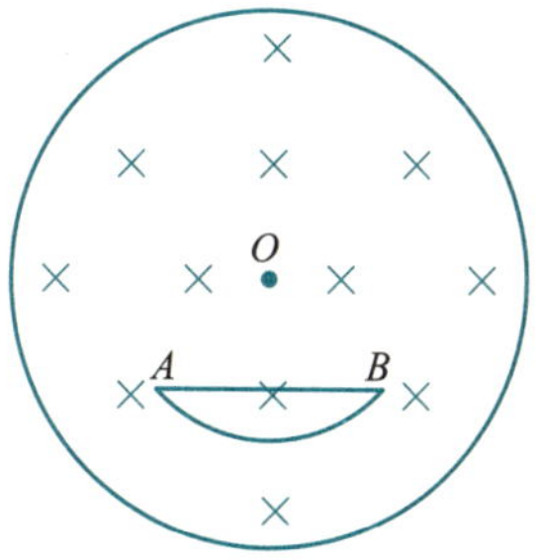

练习 9-5 图

（A）电动势只在直导线 AB 中产生

（B）电动势只在弯曲的导线 $\overset{\frown}{AB}$ 中产生

（C）电动势在直导线 AB 和弯曲的导线 $\overset{\frown}{AB}$ 中都产生，且两者大小相等

（D）电动势在直导线 AB 和弯曲的导线 $\overset{\frown}{AB}$ 中都产生，且直导线 AB 的电动势小于弯曲导线 $\overset{\frown}{AB}$ 的电动势

二、填空题

9-6　在磁感应强度为 $\boldsymbol{B}$ 的磁场中，以速度 $\boldsymbol{v}$ 垂直切割磁感应线运动的一长为 L 的金属杆，相当于__________，它的电动势为__________，产生此电动势的非静电力是__________.

9-7　如图所示．一半径为 r 的很小的金属圆环，在初始时刻与一半径为 $a(a\gg r)$ 的大金属圆环共面且同心．在大圆环中通以恒定的电流 I，方向如图所示．如果小圆环以匀角速度 ω 绕其任意方向的直径转动，并设小圆环的电阻为 R，则任意时刻 t 通过小圆环的磁通量为__________，小圆环中的感应电流为__________.

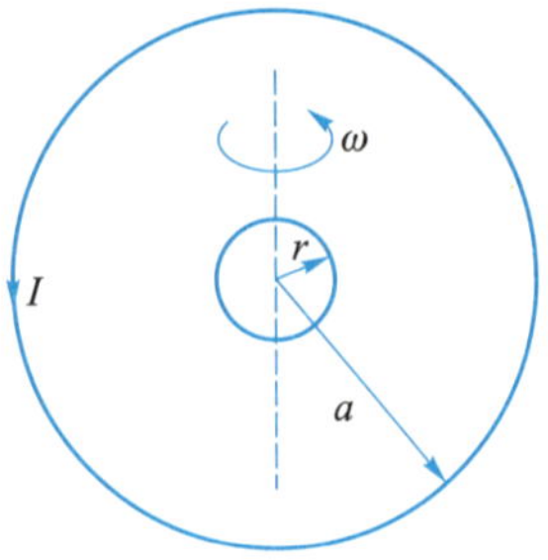

练习 9-7 图

9-8　感应电场是由____________产生的，它的电场线是__________.

三、计算题

9-9　如图所示，相距为 d 的两长直导线间放置一长为 l，宽为 b 的共面线框，线框左侧边与相邻导线相距为 a，两长直导线中的电流大小均为 $I=I_0\sin\omega t$（I_0 和 ω 是正的常量），且始终保持反向，求线框上的感应电动势．

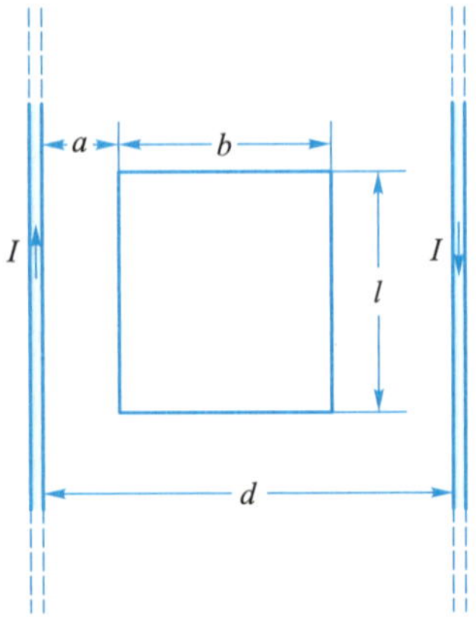

练习 9-9 图

9-10　如图所示，载流长直导线中电流为 I，一矩形线圈以速度 $\boldsymbol{v}$ 向右平动，线圈长为 l，宽为 a，匝数为 N，其左侧边与导线距离为 d，求线圈中的感应电动势．

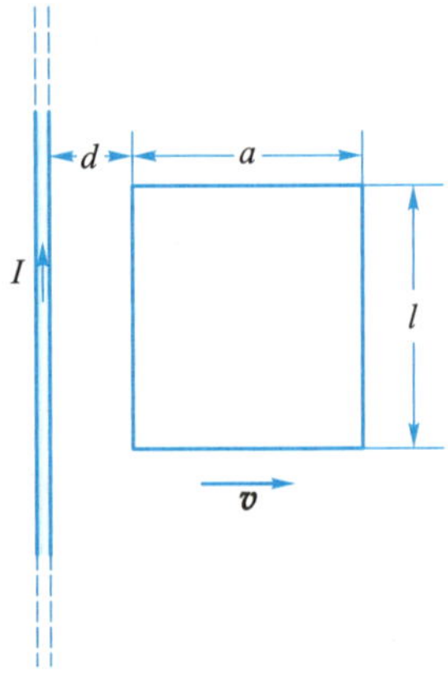

练习 9-10 图

班级＿＿＿＿＿＿ 学号＿＿＿＿＿＿ 姓名＿＿＿＿＿＿

9-11 如图所示，载有恒定电流 I 的长直导线旁有一半圆环导线 CD，半圆环半径为 R. 环面与直导线垂直，且半圆环两端点连线的延长线与直导线相交. 半圆环以速度 $\boldsymbol{v}$ 沿平行于直导线中的电流的方向（即垂直纸面向外）平移. 求半圆环上的感应电动势. 哪端电势高？

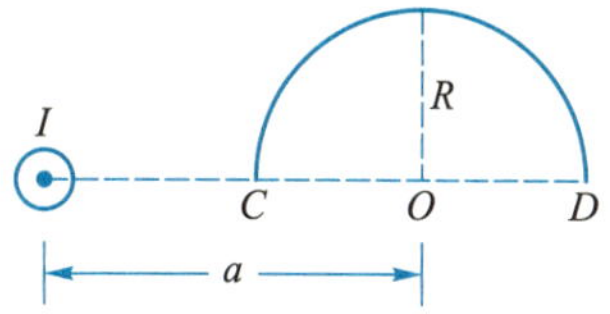

练习 9-11 图

9-12 如图所示，金属棒 OA 在均匀磁场 $\boldsymbol{B}$ 中绕通过 O 点的垂直轴 Oz 做锥形匀角速度旋转，棒 OA 长 l_0，与 Oz 轴夹角为 θ，旋转角速度为 ω. 磁场方向沿 Oz 轴向，求 OA 两端的电势差.

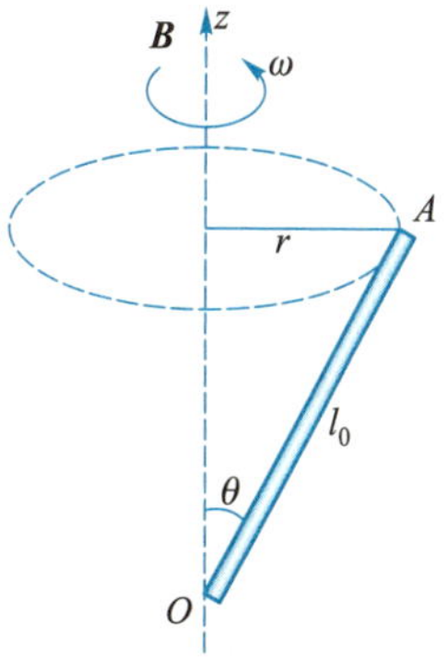

练习 9-12 图

9-13 半径为 a 的半圆形刚性线圈，在均匀磁场 $\boldsymbol{B}$ 中以角速度 ω 绕 OO' 轴匀速转动，当线圈平面转至如图所示的位置（线圈平面与 $\boldsymbol{B}$ 平行）时，求：

（1）线圈中感应电流的方向；

（2）感应电动势 $\mathscr{E}_{AOD}$ 和 $\mathscr{E}_{DCA}$ 的大小.

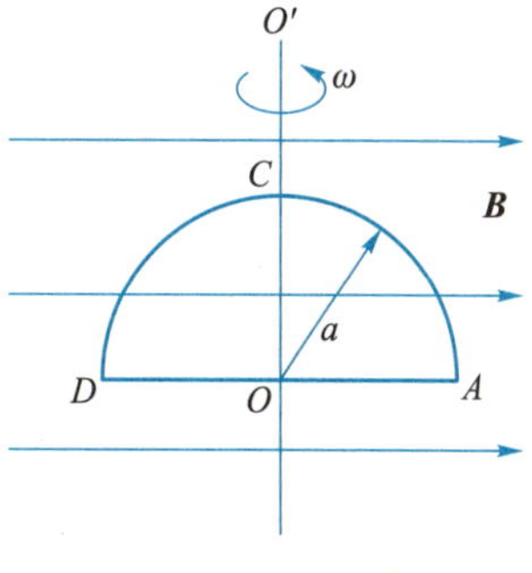

练习 9-13 图

9-14　如图所示，等边三角形平面回路 $ACDA$ 放在磁感应强度为 $\boldsymbol{B}$ 的均匀磁场中，磁场方向垂直于回路平面．回路上的 CD 段为滑动导线，它以匀速 $\boldsymbol{v}$ 远离 A 端运动，并始终保持回路是等边三角形．设滑动导线 CD 距 A 端的垂直距离为 x，且 $t=0$ 时，$x=0$. 试求在下述两种不同的磁场情况下，回路中的感应电动势 $\mathscr{E}$ 和时间 t 的关系．

（1）$\boldsymbol{B}=\boldsymbol{B}_0=$ 常矢量；

（2）$\boldsymbol{B}=\boldsymbol{B}_0 t$，$\boldsymbol{B}_0=$ 常矢量．

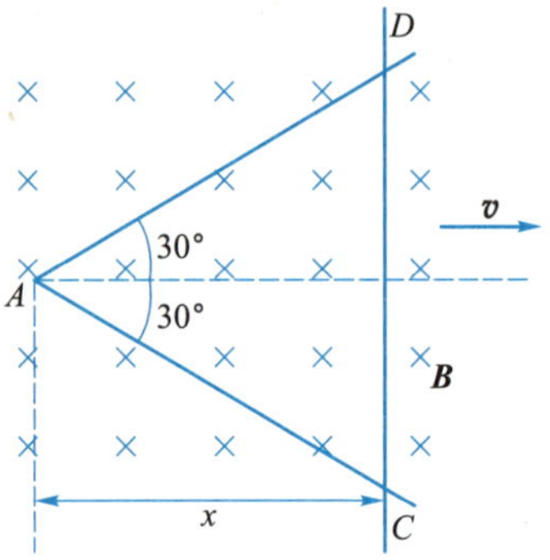

练习 9-14 图

9-15　如图所示，在半径为 R 的载流长直螺线管内，磁感应强度为 $\boldsymbol{B}$ 的均匀磁场以恒定的变化率 $\frac{\mathrm{d}B}{\mathrm{d}t}$ 随时间增加．试求在螺线管内、外的感生电场分布．

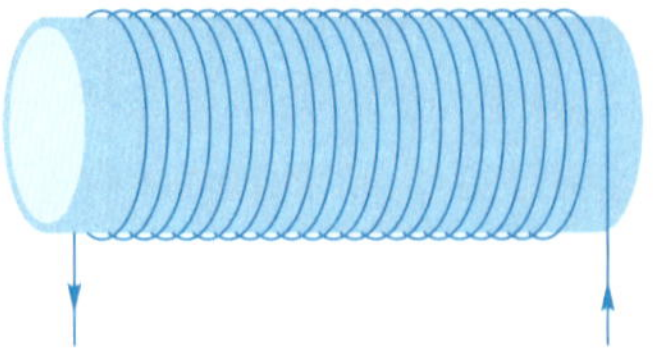

练习 9-15 图

9-16　在无限长直螺线管中，均匀分布着变化的磁场 $\boldsymbol{B}(t)$，该磁场变化率为 $\frac{\mathrm{d}B}{\mathrm{d}t}=k$（$k>0$，且为常量），方向与螺线管轴线平行，如图所示，现在其中放置一直角型导线 abc，若已知螺线管截面半径为 R，$ab=l$，试求：

（1）螺线管中的感生电场；

（2）ab、bc 两段导线中的感生电动势．

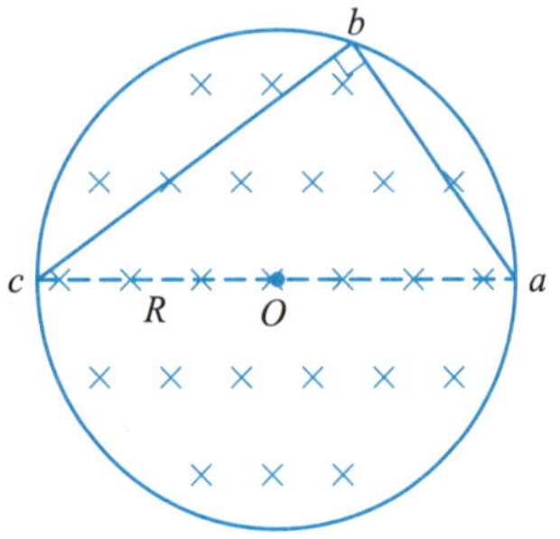

练习 9-16 图

班级______________　　学号______________　　姓名______________

练　习　十

一、选择题

10-1　在一个中空的圆柱面上紧密地绕有两个完全相同的线圈 aa' 和 bb'，两线圈的自感都为 L，若将线圈的两端 a 和 b、a' 和 b' 分别连接一起接入电路中，则两线圈并联成的新线圈的自感的大小为(　　).

(A) L　　(B) $2L$　　(C) $L/2$　　(D) $\sqrt{2}L$

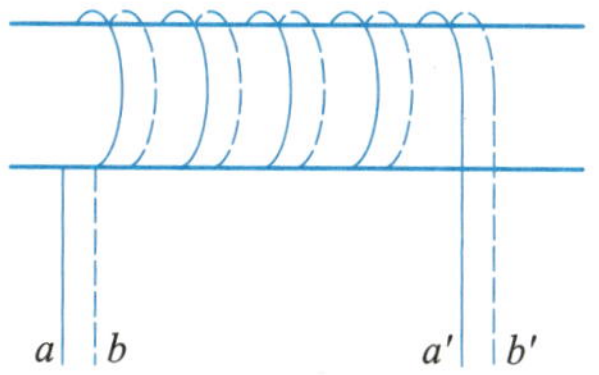

练习 10-1 图

10-2　面积分别为 S 和 $2S$ 的两圆线圈 1、2，如图所示放置，通有相同的电流．设线圈 1 的电流所产生的通过线圈 2 的磁通量为 Φ_{21}，线圈 2 的电流所产生的通过线圈 1 的磁通量为 Φ_{12}，则 Φ_{21} 和 Φ_{12} 的关系为(　　).

(A) $\Phi_{21}=2\Phi_{12}$　　(B) $\Phi_{21}=\Phi_{12}/2$

(C) $\Phi_{21}=\Phi_{12}$　　(D) $\Phi_{21}>\Phi_{12}$

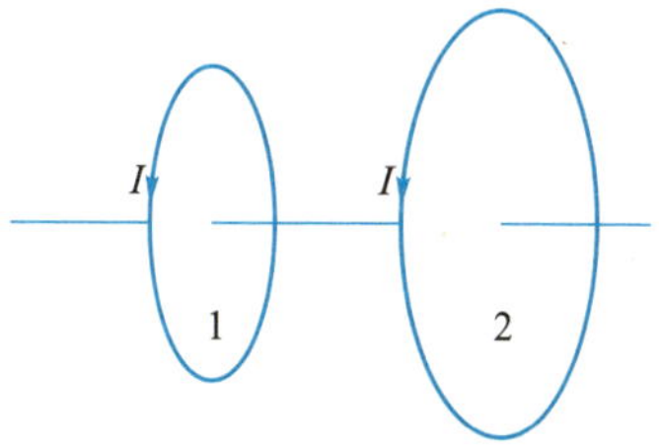

练习 10-2 图

10-3　一个电阻为 R，自感为 L 的线圈，将它接在一个电动势为 $\mathscr{E}(t)$ 的交变电源上，设线圈的自感电动势为 $\mathscr{E}_1$，则线圈中的电流为(　　).

(A) $\mathscr{E}(t)/R$　　(B) $[\mathscr{E}(t)-\mathscr{E}_1]/R$

(C) $[\mathscr{E}(t)+\mathscr{E}_1]/R$　　(D) $\mathscr{E}_1/R$

10-4　两根很长的平行直导线，其间距离为 a，与电源组成闭合回路如图所示．已知导线上的电流强度为 I，在保持 I 不变的情况下，若将导线间距离增大，则空间的(　　).

(A) 总磁能将增大

(B) 总磁能将减小

(C) 总磁能将保持不变

(D) 总磁能的变化不能确定

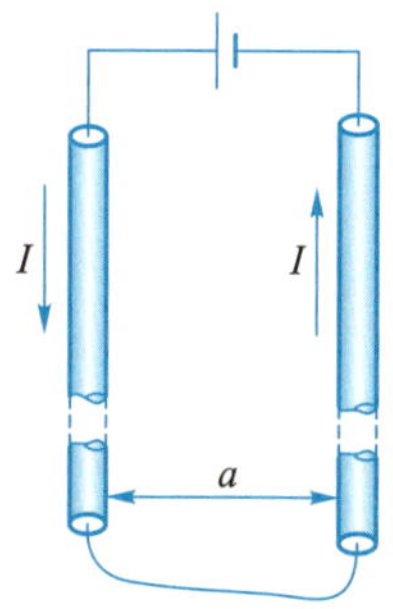

练习 10-4 图

10-5　如图所示，平板电容器(忽略边缘效应)充电时，沿环路 L_1、L_2 磁场强度 $\boldsymbol{H}$ 的环流中，必有(　　).

(A) $\oint_{L_1}\boldsymbol{H}\cdot \mathrm{d}\boldsymbol{l}>\oint_{L_2}\boldsymbol{H}\cdot \mathrm{d}\boldsymbol{l}$

(B) $\oint_{L_1}\boldsymbol{H}\cdot \mathrm{d}\boldsymbol{l}=\oint_{L_2}\boldsymbol{H}\cdot \mathrm{d}\boldsymbol{l}$

(C) $\oint_{L_1}\boldsymbol{H}\cdot \mathrm{d}\boldsymbol{l}<\oint_{L_2}\boldsymbol{H}\cdot \mathrm{d}\boldsymbol{l}$

(D) $\oint_{L_1}\boldsymbol{H}\cdot \mathrm{d}\boldsymbol{l}=0$

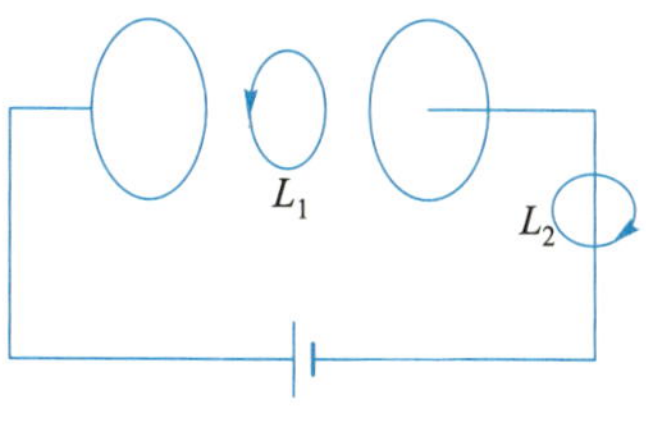

练习 10-5 图

二、填空题

10-6　真空中两条相距为 $2d$ 的平行长直导线，通以方向相同、大小相等的电流 I，O、P 两点与两导线在同一平面内，与导线距离均为 d，O 点位于两导线中间，P 点位于两导线外侧．则 O 点的磁能密度为____________，P 点的磁能密度为____________．

10-7　一平行板空气电容器的两极板都是半径为 R 的圆板，在充电时，板间电场强度的变化率为 $\mathrm{d}E/\mathrm{d}t$，若忽略边缘效应，则两板间的位移电流为____________________．

10-8　反映电磁场基本性质和规律的麦克斯韦方程组的积分形式为

$$\oint_S \boldsymbol{D}\cdot \mathrm{d}\boldsymbol{S}=\int_V \rho_0 \mathrm{d}V \qquad ①$$

$$\oint_l \boldsymbol{E}\cdot \mathrm{d}\boldsymbol{l}=-\int_S \left(\partial \boldsymbol{B}/\partial t\right)\cdot \mathrm{d}\boldsymbol{S} \qquad ②$$

$$\oint_S \boldsymbol{B}\cdot \mathrm{d}\boldsymbol{S}=0 \qquad ③$$

$$\oint_l \boldsymbol{H}\cdot \mathrm{d}\boldsymbol{l}=\int_S \left(\boldsymbol{j}+\partial \boldsymbol{D}/\partial t\right)\cdot \mathrm{d}\boldsymbol{S} \qquad ④$$

试判断下列结论可由以上哪一个麦克斯韦方程式得出．

(1) 变化的磁场一定伴随有电场：______；

(2) 磁感线为无头无尾的闭合曲线：____________；

(3) 电场线起始于正电荷，终止于负电荷：________________．

三、计算题

10-9　如图所示，截面为矩形的均匀密绕螺绕环，内外半径分别为 R_1 和 R_2，厚度为 h，共有 N 匝线圈，求该螺绕环的自感．

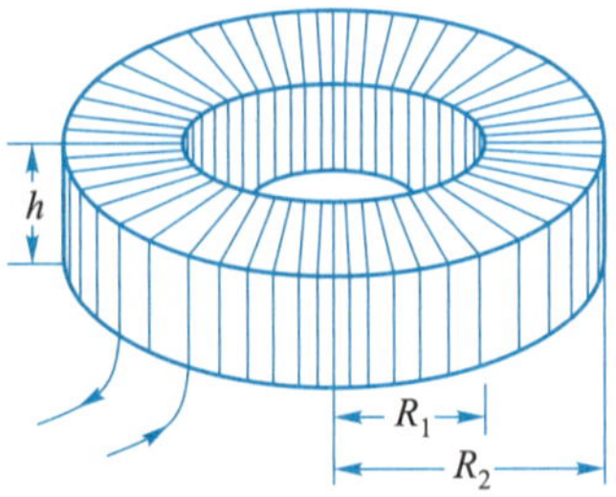

练习 10-9 图

10-10　一长直螺线管的导线中通入 10.0 A 的恒定电流时，通过每匝线圈的磁通量为 20 μWb；当电流以 4.0 A/s 的速率变化时，产生的自感电动势是 3.2 mV．求该螺线管的自感与总匝数．

班级______________　　学号______________　　姓名______________

10-11　无限长直导线和一矩形线框，如图所示放置，它们同在纸面内，彼此绝缘，线框短边与长直导线平行，线框的尺寸如图所示，且 $b=3c$. 求：

(1) 直导线和线框的互感；

(2) 若长直导线中通以电流 $I=I_0\sin\omega t$，求线框中的互感电动势；

(3) 若线框中通以电流 $I=I_0\sin\omega t$，求直导线中的互感电动势.

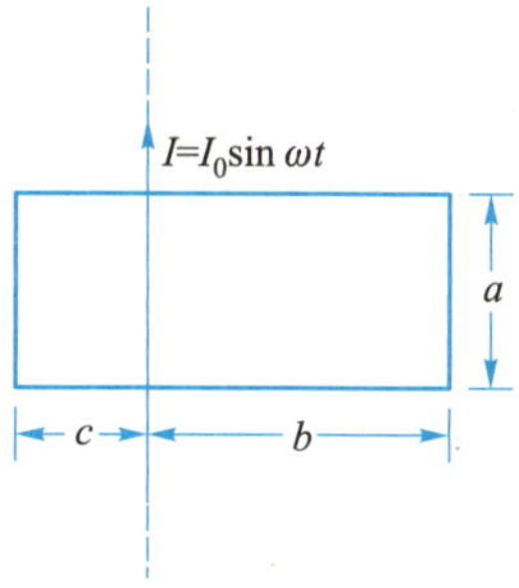

练习 10-11 图

10-12　如图所示，大、小两个圆环形线圈同轴平行放置，大线圈半径为 R，由 N_1 匝细导线密绕而成；小线圈半径为 r，由 N_2 匝细导线密绕而成，两线圈相距为 d，由于 r 很小，所以可认为大线圈在小线圈处产生的磁场是均匀的. 求：

(1) 两线圈的互感；

(2) 当小线圈中的电流变化率 $\dfrac{dI}{dt}=k$ 时，大线圈内磁通量的变化率.

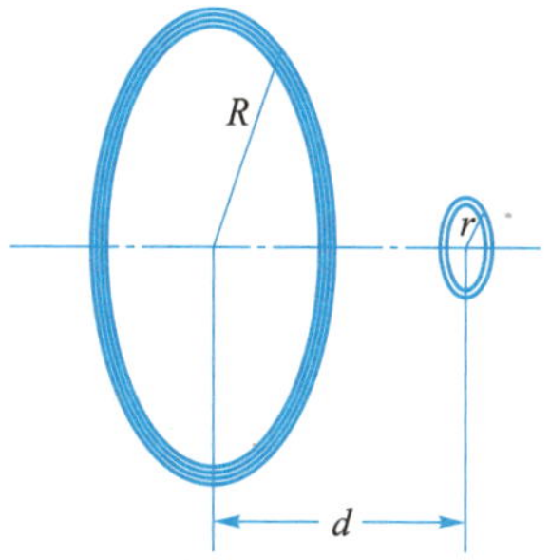

练习 10-12 图

10-13　如图所示，两线圈自感分别为 L_1 和 L_2，它们之间的互感为 M，现将两线圈串联. 证明：

(1) 当两线圈顺接时，即 2、3 端相连，1、4 端接入电路，整个回路的等效自感为 $L=L_1+L_2+2M$；

(2) 当两线圈反接时，即 2、4 端相连，1、3 端接入电路，整个回路的等效自感为 $L=L_1+L_2-2M$.

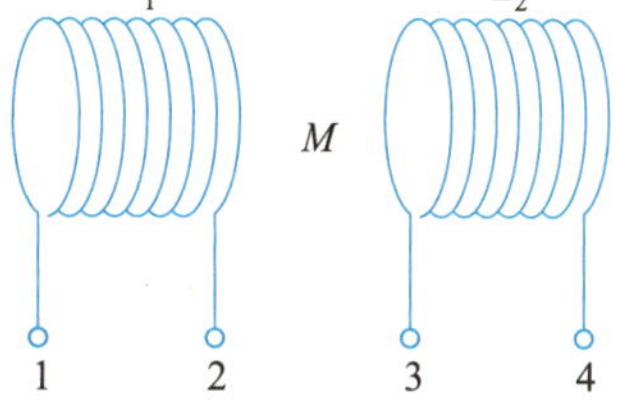

练习 10-13 图

10-14　无限长直导线流过电流 I 时，其截面各处的电流密度均相等．试证明导线内单位长度内所储存的磁能为 $\mu I^2/16\pi$.

10-15　由中心导体圆柱和外层导体圆筒组成的同轴电缆，内外半径分别为 R_1 和 R_2，筒和圆柱间充以电介质，电介质和金属的 μ_r 均可取作 1，电流从中心圆柱流出，从外层圆筒流回，求此电缆通过电流 I 时，单位长度内储存的磁能及单位长度电缆的自感．

10-16　半径为 R 的圆形平板真空电容器，两极板间场强按 $E=E_0\cos\omega t$ 振荡．若电容器内的电场在空间均匀分布，且忽略电场边缘效应．求：

（1）两极板间的位移电流；

（2）两极板内、外的磁感应强度 $\boldsymbol{B}$.